짜릿짜릿 전자회로 DIY 2판
Make: Electronics 2/E

Make: Electronics 2/E
by Charles Platt

Authorized Korean translation of the English edition of Make: Electronics (ISBN 9781680450262) ©
2015 Helpful Corporation, published by Maker Media, Inc.

Korean-language edition copyright © 2016 Insight Press

This translation is published and sold by permission of O'Reilly Media, Inc., which owns or controls
all rights to sell the same.

이 책의 한국어판 저작권은 에이전시 원을 통해 저작권자와의 독점 계약으로 인사이트에 있습니다.
저작권법에 의해 한국 내에서 보호를 받는 저작물이므로 무단전재와 무단복제를 금합니다.

짜릿짜릿 전자회로 DIY 2판 : 뜯고 태우고 맛보고, 몸으로 배우는

초판 1쇄 발행 2012년 3월 16일 **초판 5쇄 발행** 2015년 9월 24일 **2판 1쇄 발행** 2016년 11월 30일 **2판 2쇄 발행** 2019년 7월 22일 **지은이** 찰스 플랫 **옮긴이** 이하영 **펴낸이** 한기성 **펴낸곳** 인사이트 **편집** 조은별·이은순 **본문 디자인** 윤영준 **제작·관리** 박미경 **용지** 월드페이퍼 **출력** 소다미디어 **인쇄** 현문인쇄 **제본** 자현제책 **등록번호** 제2002-000049호 **등록일자** 2002년 2월 19일 **주소** 서울시 마포구 연남로5길 19-5 **전화** 02-322-5143 **팩스** 02-3143-5579 **블로그** http://blog.insightbook.co.kr **이메일** insight@insightbook.co.kr **ISBN** 978-89-6626-189-5 책값은 뒤표지에 있습니다. 잘못 만들어진 책은 바꾸어 드립니다. 이 책의 정오표는 http://blog.insightbook.co.kr에서 확인하실 수 있습니다. 이 도서의 국립중앙도서관 출판예정도서목록(CIP)은 서지정보유통지원시스템 홈페이지(http://seoji.nl.go.kr)와 국가자료공동목록시스템(http://www.nl.go.kr/kolisnet)에서 이용하실 수 있습니다.(CIP제어번호: CIP2016027388)

짜릿짜릿 전자회로 DIY 2판

찰스 플랫 지음 | 이하영 옮김

인사이트 insight

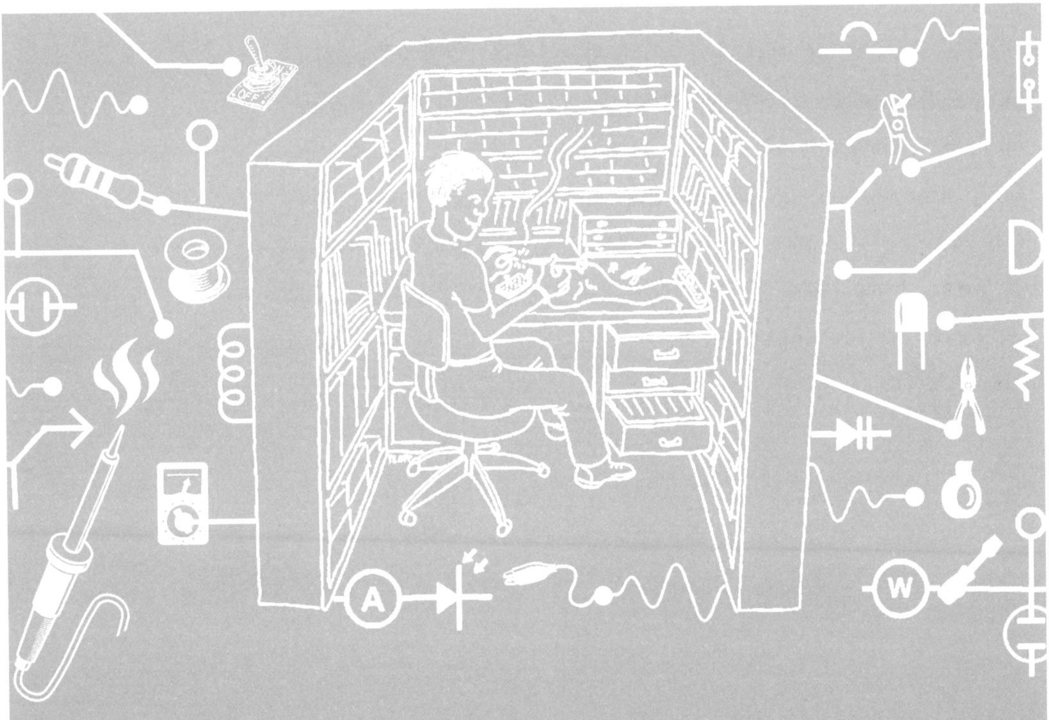

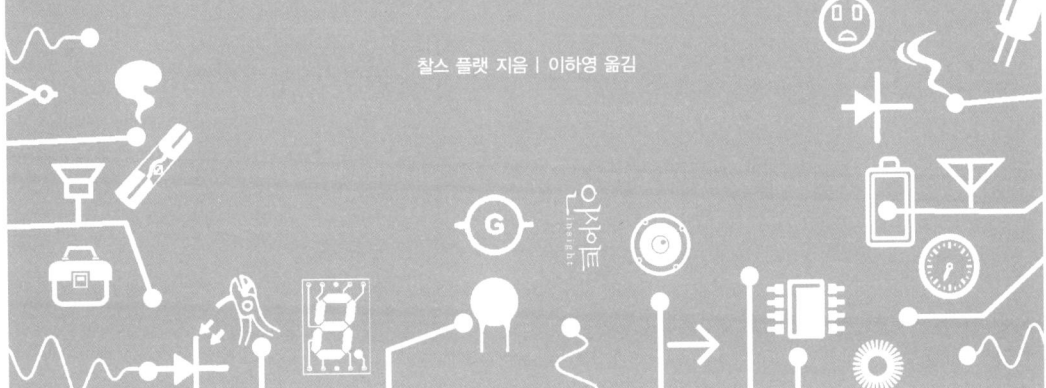

헌정사

제2판을 집필하는 데 여러 아이디어를 제안해준 『짜릿짜릿 전자회로 DIY』 초판의 독자들, 그중에서도 특히 Jeremy Frank, Russ Sprouse, Darral Teeples, Andrew Shaw, Brian Good, Behram Patel, Brian Smith, Gary White, Tom Malone, Joe Everhart, Don Girvin, Marshall Magee, Albert Qin, Vida John, Mark Jones, Chris Silva, Warren Smith에게 이 책을 바친다. 이 중에는 자진해서 책의 오류를 검토해준 독자도 있었다. 독자들의 의견은 언제나 굉장한 자원이 된다.

감사의 말

내가 전자공학을 발견할 수 있었던 것은 학교 친구들 덕분이었다. 우리는 '너드'였다. 그 단어가 존재하기 전에도 그랬다. 패트릭 패그(Patrick Fagg), 휴 레빈슨(Hugh Levinson), 그레이엄 로저스(Graham Rogers), 존 위티(John Witty)는 내게 일말의 가능성을 일깨워주었다.

마크 프라운펠더(Mark Frauenfelder)는 꾸준히 무언가를 만들던 때로 돌아갈 수 있도록 등을 떠밀어주었다. 가레스 브랜윈(Gareth Branwyn)이 『짜릿짜릿 전자회로 DIY』를 쓸 수 있게 도와주었고 브라이언 젭슨(Brian Jepson) 덕분에 이 책의 초판과 재판이 세상에 나올 수 있었다. 이 셋은 내가 아는 한 최고의 편집자들이자 내가 가장 좋아하는 사람들이기도 하다. 대부분의 저자들이 나처럼 운이 좋지는 않다는 것을 안다.

데일 도허티(Dale Dougherty)에게도 감사를 전하고 싶다. 그는 내가 상상하지도 못했지만 아주 큰 의미를 가질 수 있는 어떤 일을 시작할 수 있도록 책을 만드는 데 일원으로 맞아주었다.

러스 스프라우즈(Russ Sprouse)와 앤서니 골린(Anthony Golin)이 회로의 제작과 점검을 담당해주었다. 기술면에서 사실 관계 확인은 필립 마렉(Philipp Marek), 프레드릭 잰슨(Fredrik Jansson), 스티브 콘클린(Steve Conklin)에게 도움을 받았다. 그렇지만 이 책에 오류가 아직 남아 있더라도 이들의 책임은 아니다. 누군가가 오류를 찾기보다 내가 오류를 저지르는 쪽이 훨씬 더 쉽다.

차례

옮긴이의 글 ix
제2판에서 변경된 내용 x
들어가는 글: 이 책을 즐기는 방법 xii

01 기본적인 내용 1

1장에 필요한 항목 1
실험 1: 전기의 맛을 보자! 8
실험 2: 건전지를 망가뜨려보자! 14
실험 3: 첫 번째 회로를 만들어보자 21
실험 4: 전압을 변화시켜보자 25
실험 5: 전지를 만들어보자 41

02 스위칭 51

2장에 필요한 항목 51
실험 6: 간단한 스위치 63
실험 7: 릴레이 조사하기 74
실험 8: 릴레이 오실레이터 80
실험 9: 시간과 커패시터 91
실험 10: 트랜지스터를 이용한 스위칭 102
실험 11: 빛과 소리 112

03 좀 더 진지한 작업을 해보자 — 121

3장에 필요한 항목 — 121
실험 12: 두 전선을 연결해보자 — 133
실험 13: LED를 구워보자 — 148
실험 14: 주기적으로 반짝이는 웨어러블 장치 — 151
실험 15: 침입 경보기 1부 — 160

04 칩스, 아호이! — 173

4장에 필요한 항목 — 173
실험 16: 펄스 만들기 — 179
실험 17: 음조 조정하기 — 192
실험 18: 침입 경보기 (거의) 마무리하기 — 202
실험 19: 반응시간 측정기 — 219
실험 20: 논리 배우기 — 235
실험 21: 강력한 자물쇠 — 248
실험 22: 자리 경쟁 — 260
실험 23: 플리핑과 바운싱 — 269
실험 24: 좋은 주사위 — 274

05 이제 뭘 할까? — 291

공구, 장비, 부품, 물품 — 291
작업 공간 바꾸기 — 292
이름표 붙이기 — 295
작업대 위 — 296
인터넷에서 참고 자료를 찾을 수 있는 곳 — 297
책 — 298

실험 25: 자기학	300
실험 26: 탁상용 발전기	304
실험 27: 스피커 망가뜨리기	311
실험 28: 코일 리액터 만들기	315
실험 29: 주파수 필터링하기	318
실험 30: 음을 왜곡하기	328
실험 31: 납땜과 전원 없이 라디오 만들기	334
실험 32: 하드웨어, 소프트웨어를 만나다	342
실험 33: 실세계의 상태 확인하기	360
실험 34: 더 좋은 주사위	369

06 공구, 장비, 부품, 물품 — 389

키트	389
검색과 인터넷 구매	389
물품과 부품 구매 목록	397
공구와 장비 구매하기	409
공급업체	411
찾아보기	413

옮긴이의 글

흔히들 공대 출신들 중에 글 잘 쓰는 사람이 별로 없다는 이야기를 많이 한다. 반박하고 싶지만 이 분야에서 여러 글을 번역하고 있다 보면 정말 그런 게 아닌가 하는 의심이 들 때가 참 많다. 특히나 기본적인 지식은 갖추고 있어도 전공자만큼 해당 분야를 충분히 알지 못하는 상태에서 기존의 자료와 씨름하며 번역을 하는 일이 다반사인 내게, 적당히 단어만 붙여 놓아도 이 정도는 알겠지라며 써 놓은 글들을 번역할 때는 진땀마저 날 정도다.

그러나 찰스 플랫은 이러한 생각이 틀렸을 수도 있음을 증명해 보인다. 게다가 그냥 글만 잘 쓰는 게 아니다. 찰스 플랫은 독자들에게 친절하다. 내용이 쉽게 전달될 수 있도록 쓰려고 고심한 흔적들이 책 구석구석에 가득하다. 거기다 전자부품들로 실험을 진행해 나가는 동안, 내용이 어려워 독자들이 겁이라도 먹을까 걱정하는 듯이 때로는 친한 삼촌처럼, 때로는 함께 머리를 싸매고 고민해 주는 친구처럼, 툭하니 실없는 농담을 던지기도 하고 자신의 실패담을 풀어놓기도 한다. 사진이 있다 해도 글자가 빽빽하게 들어 찬 300페이지가 넘는 책을 번역하면서 이해가 쉽지 않아 고민했던 적도 많았지만, 그럴 때 찰스 플랫의 별 것 아닌 듯한 응원과 농담에 피식, 웃었던 적도 여러 번이었다.

그러니 전자부품에 관심은 있었지만 어떻게 친해져야 할지 엄두가 안 났던 독자라면 분명 이 책에서 많은 도움을 받을 수 있을 것이라 생각한다. 전자부품에 익숙한 독자라도 실험을 하나하나 따라가며 찰스 플랫의 시행 착오와 이를 해결해 나가는 과정을 보다 보면, 단순히 지식을 하나 얻는 것보다 더 소중한 문제를 해결하는 요령을 익힐 수 있을 것이다.

마지막으로 이 책의 초판을 번역하신 김현규 님께 감사를 드린다. 이 책을 번역하는 동안 초판의 번역에 큰 도움을 받았다. 또, 찰스 플랫의 책을 번역할 기회를 주신 인사이트 출판사 여러분께도 감사를 전한다.

2016년 이하영

제2판에서 변경된 내용

이 책 초판의 내용은 모두 다 다시 썼으며 사진과 회로도 대부분 교체했다.

모든 실험에는 배선 오류를 줄이기 위해 '1열 버스 브레드보드(single-bus breadboard)'를 사용한다(『짜릿짜릿 전자회로 DIY 플러스』와 동일). 브레드보드를 바꾸면서 회로도 모두 다시 구성해야 했지만 그럴만한 가치가 있었다고 믿는다.

부품 배열을 보여줄 때도 브레드보드에 구성한 회로 사진 대신 '회로도'를 사용했다. 이 편이 더 명확하게 부품 배열을 보여줄 수 있을 것이다.

'브레드보드의 내부 연결 모습'은 회로도에 맞게 다시 그렸다.

공구와 물품을 소개할 때 '새 사진'을 사용했다. 작은 부품은 격자가 있는 배경을 사용해서 크기를 짐작할 수 있도록 했다.

부품은 가급적 더 저렴한 것으로 교체했다. 사야 하는 부품의 종류도 줄였다.

세 가지 실험은 완전히 수정했다.

- 초판에서 LS 시리즈의 74xx 칩을 사용했던 '좋은 주사위' 프로젝트에는 책의 나머지 실험들과 일관성을 유지할 수 있도록 74HCxx 칩을 사용했으며 이 편이 최근의 칩 사용 흐름과도 일치한다.
- 단접합 트랜지스터(unijunction transistor)를 사용하는 프로젝트는 바이폴라 트랜지스터(bipolar transistor) 2개를 사용한 쌍안정 멀티바이브레이터(astable multivibrator) 회로로 바꾸었다.
- 마이크로컨트롤러 부분에서는 아두이노가 메이커 커뮤니티에서 가장 인기 있다는 사실을 인정했다.

새로운 부품 키트

이러한 개선 사항들 중 많은 부분은 독자들이 제안해준 내용이며 그러한 제안 덕분에 더 나은 책을 펴낼 수 있었다. 아쉬운 점은 이러한 변화로 호환성에 문제가 생겼다는 것이다. 그 말은, 초판용으로 판매되던 부품 키트가 제2판용 키트와 호환되지 않는다는 뜻이다.

제2판용 키트를 구매하려면 6장의 설명에 따른다. eBay나 Amazon에서 외부 공급업체가 아직도 판매하고 있는 이전의 키트를 사지 않도록 주의하자. 특히 라디오섁(Radio Shack)에서 만든 키트는 개인이 중고로 거래하기도 한다. 이를 통제할 방법이 없어서 유감스럽다. 키트 설명에 제2판에 대한 언급이 없다면 호환이 되지 않는다고 생각하는 편이 낫다.

그 외에 변경된 사항

그 외에도, ABS 플라스틱을 사용해 작업 공간을 바꾸는 두 개의 프로젝트는 유용하다고 생각하지 않는 독자들이 많아서 생략했다.

페이지 레이아웃도 휴대용 단말기에서 쉽게 읽을 수 있도록 전부 변경했다. 서식은 평문 마크업 언어로 제어되기 때문에 이후에 수정이 더 빠르고 간단하게 이루어질 것이다. 이 책이 향후 몇 년간은 더 유용하고 적절한 정보를 제공하는 책으로 남을 수 있기를 바란다.

2015년 찰스 플랫

들어가는 글: 이 책을 즐기는 방법

누구나 전자기기를 사용하지만 대부분의 사람들은 그 안에서 어떤 일이 벌어지는지 알지 못한다.

이걸 알아야 할 필요가 있냐고 생각할지도 모른다. 내연기관 엔진의 동작 원리를 이해하지 못하더라도 운전하는 데 아무런 지장이 없는데 어째서 전기와 전자회로를 알아야 할까?

내 생각에는 세 가지 이유가 있다.

- 기술의 동작 원리를 배우면 세상에 지배되지 않고 세상을 좀 더 잘 통제할 수 있다. 또, 문제에 부딪혔을 때 좌절하지 않고 문제를 해결할 수 있다.
- 제대로만 접근한다면 전자기학을 배우는 일이 즐거울 수 있다. 아주 저렴하기까지 하다.
- 전자회로에 대한 지식은 직장에서 자신의 가치를 향상시켜줄 수 있으며 완전히 새로운 직업의 세계로 이끌어줄 수도 있다.

발견을 통한 배움

대부분의 입문서는 기본 개념을 설명하는 정의와 이론에서 시작하고, 회로는 설명한 내용을 보여주는 용도로 들어간다. 학교에서의 과학 교육도 비슷하게 진행될 때가 많다. 나는 이런 것이 '설명을 통한 배움'이라고 생각한다.

이 책은 다른 방법을 취한다. 나는 독자들이 무엇을 배울지 알지 못하는 채로 직접 뛰어들어 부품을 조립해보았으면 좋겠다. 무슨 일이 일어나는지 보다 보면 무슨 일이 일어나는지 이해하게 된다. 이는 '발견을 통한 배움'이다. 내 생각에는 이쪽이 더 재미있고 흥미롭고 기억에도 오래 남는다.

발견을 통해 배우다 보면 실수를 할 수도 있다. 그렇다고 해도 나쁠 건 없다고 본다. 실수는 뭔가를 배울 수 있는 소중한 기회이기 때문이다. 부품을 뜯고 태우고 맛보면서 사용하는 부품들의 동작과 한계를 직접 확인해보았으면 좋겠다. 이 책에서 사용한 아주 낮은 전압은 민감한 부품들을 손상시킬 수는 있어도 인체에 해를 끼치지는 않는다.

발견을 통한 배움에서 중요한 점은 직접 해봐야 한다는 것이다. 단지 읽는 것만으로도 이 책에서 어느 정도의 가치는 끌어낼 수 있다. 그렇지만 직접 실험을 해보면 훨씬 더 값진 경험을 만끽할 수 있다.

다행히 필요한 공구와 부품은 비싸지 않다. 전자회로를 취미로 즐기는 데는 수예 같은 취미와 비교해 비용이 더 많이 들지도 않고 대단한 작업장이 필요하지도 않다. 모든 실험은 작업대 위에서 할 수 있다.

이 책의 난이도

나는 여러분이 사전 지식이 전혀 없는 상태에서 이 책을 시작한다고 가정했다. 따라서 처음의 실험 몇 가지는 만능기판이나 납땜인두를 사용할 필요조차 없을 정도로 정말 단순하다.

개념들은 이해하기 어렵지 않다고 생각한다. 물론 전자기학을 조금 더 정식으로 공부해서 자신만의 회로를 설계해보고 싶다면 그건 쉽지 않을 수 있다. 그러나 이 책에서는 이론을 최소화했고 필요한 계산이라고는 사칙연산 수준밖에 없다. 소수점을 한두 자리 옮길 때는 도움이 필요할 수도 있다(반드시 그러리라는 법은 없다).

이 책을 사용하는 방법

입문서에서 정보를 전달할 때는 지침을 안내하거나 참고할 내용을 제시하는 두 가지 방법을 사용할 수 있다. 나는 두 가지 방법을 모두 쓰기로 했다.

다음과 같이 시작하는 부분은 '지침 안내' 부분이다.

- 실험
- 실험 준비물
- 주의

실험은 이 책의 핵심이며 순서대로 설명되어 있어서 먼저 배운 지식을 뒤에서 적용해볼 수 있다. 실험은 가급적 건너뛰지 않고 번호순으로 하는 것이 좋다.

다음과 같이 시작하는 부분은 '참고 내용 제시' 부분이다.

- 기초지식
- 이론
- 배경지식

참고 내용 부분이 중요하기는 하지만(아니라면 책에 넣지 않았을 것이다) 인내심이 부족한 편이라면 내킬 때만 보거나 그냥 넘어갔다가 나중에 다시 돌아와도 된다.

문제가 생겼을 때의 해결 방법

보통 회로가 동작하도록 만드는 방법은 한 가지인 데 비해 회로가 동작하지 않도록 만드는 실수는 수백 가지다. 그러니 정말로 조심해서 체계적으로 과정을 밟아 나가지 않으면 성공할 수 없는 것이 당연하다.

물론 부품이 아무 일도 하지 않으면 그때 느끼는 좌절감은 엄청나다. 나도 안다. 그렇더라도 완성한 회로가 제대로 동작하지 않는다면 내가 추천하는 오류 찾기 절차를 따라 해보자(89페이지 '기초지식: 오류 찾기' 참조). 또한 어려움에 부딪힌 독자들이 내게 이메일을 보낸다면 정성껏 답장을 할 것이다. 그렇다 하더라도 그보다 본인이 직접 문제를 해결하려고 노력하는 과정이 필요하다.

저자와 독자 사이의 의사소통

여러분과 내가 서로 소통하기를 원하는 경우로는 세 가지 상황이 있을 수 있다.

- 이 책에 포함된 실수로 인해 프로젝트를 제대로 완성할 수 없다면 여러분에게 그 사실을 여러분에게 알려주고 싶다. 또한 이 책과 함께 판매되는 부품 키트에 무엇인가 문제가 있을 때도 여러분에게 공지하고 싶다. 이것이 '내가 여러분에게 공지'하는 피드백이다.
- 여러분이 이 책이나 부품 키트에서 실수를 찾으면 내게 알려주고 싶을 것이다. 이것이 '여러분이 내게 주는' 피드백이다.
- 뭔가를 작동시키는 데 문제가 생겼는데 저자의 실수인지 본인의 실수인지 모르는 경우에는 도움이 필요할 수도 있다. 이는 '여러분이 나에게 질문'하는 피드백이다.

각각의 상황에서 어떻게 대처해야 할지 알려주겠다.

내가 여러분에게 공지하는 경우

『짜릿짜릿 전자회로 DIY 플러스』와 관련해 이미 내게 연락처를 등록했다면 『짜릿짜릿 전자회로 DIY』에 관한 갱신 내용 공지를 받기 위해 연락처를 다시 등록할 필요는 없다. 그러나 아직 등록하지 않았다면 어떤 식으로 공지가 이루어지는지 알려주겠다.

내 책이나 부품 키트에 오류가 있더라도 내가 연락처를 갖고 있지 않은 독자에게는 그 사실을 공지할 수 없다. 따라서 다음의 목적을 위해 이메일 주소를 보내주기 바란다. 이메일은 다른 목적으로 사용되지 않는다.

- 이 책이나 이 책의 다음 단계인 『짜릿짜릿 전자회로 DIY 플러스』에서 심각한 오류가 발견되면 그에 대한 해결책을 공지한다.
- 이 책이나 『짜릿짜릿 전자회로 DIY 플러스』와 관련해서 판매되는 부품 키트에 오류가 발견되거나 문제가 생기면 이를 공지한다.
- 이 책이나 『짜릿짜릿 전자회로 DIY 플러스』가 완전히 새롭게 개정되거나 내 다른 책이 출간되면 이를 공지한다. 이러한 공지는 거의 없을 것이다.

다들 등록 카드를 보내면 추첨을 통해 상품을 준다는 광고를 본 적이 있을 것이다. 나는 그보다 더 나은 조건을 제시하겠다. 등록된 이메일 주소는 위의 세 가지 목적으로만 사용되며, 등록한 독자 모두에게 공개된 적 없는 전자회로 프로젝트를 완성할 수 있도록 2페이지짜리 PDF 파일을 보내주겠다. 이 프로젝트는 재미있고 독특하면서 상대적으로 쉽다. 이메일 주소를 등록해야만 파일을 받을 수 있을 것이다.

여러분의 참여를 독려하는 이유는 오류가 발견되었을 때 내게는 여러분에게 알려줄 방법이 없고, 여러분의 입장에서도 혼자서 애쓰다가 오류를 뒤늦게 발견하면 짜증이 날 수 있기 때문이다. 이는 내 명성과 내 작업의 평판에 해가 된다. 나는 독자들이 불만을 느끼지 않도록 상당히 신경 쓴다.

- make.electronics@gmail.com으로 본문 내용을 입력하지 말고 메일을 보내면 된다(원한다면 뭔가 의견을 남겨주어도 된다). 제목에 REGISTER라고 표시해주기 바란다.

여러분이 내게 알리는 경우

오탈자를 알려주고 싶다면 출판사에서 관리하는 '오탈자' 등록 웹사이트를 활용하는 편이 낫다. 출판사에서 등록된 '오탈자' 정보를 바탕으로 오류를 수정해서 개정판을 발간한다.

오류를 발견했다면 다음의 오탈자 등록 웹사이트에 등록해주기 바란다.

http://shop.oreilly.com/category/customer-service/faq-errata.do

사이트에는 오탈자를 등록하는 방법이 설명되어 있다.

여러분이 나에게 질문하는 방법

내게 주어진 시간이 무한하지는 않지만 제대로 동작하지 않는 프로젝트의 사진을 보내준다면 도움을 줄 수도 있다. 그러나 사진이 반드시 필요하다.

이런 경우 make.electronics@gmail.com으로 메일을 보내면 된다. 잊지 말고 제목을 HELP라고 달자.

공개 게시판에 글 게시

이 책에 대해 이야기를 나누거나 문제점을 토로할 수 있는 인터넷 포럼이 많이 있지만 독자로서의 권리를 충분히 인식하고 공정하게 사용해주기 바란다. 부정적인 의견은 하나만이라도 생각보다 큰 영향을 미칠 수 있다. 분명히 여러 개의 긍정적인 의견을 능가할 수 있을 것이다.

보통은 아주 긍정적인 의견들이 여러 개라도, 한두 번 정도는 인터넷에서 부품을 찾지 못하겠다든가 하는 소소한 이유로 짜증난 독자들에게 의견을 받는다. 이런 경우 내게 질문을 남겼다면 기쁘게 도움을 주었을 것이다.

나는 한 달에 한 번 아마존의 리뷰를 읽고 필요하다면 항상 답변을 남긴다. 물론 단순히 내가 책을 쓴 방식이 싫다면 마음 편히 그렇다고 리뷰를 남겨도 된다.

한 걸음 더 가보기

이 책을 끝까지 마쳤다면 전자회로의 여러 기본 개념을 파악했을 것이다. 여기서 더 나아가고 싶은 독자라면 그다음 단계로 내가 쓴 『짜릿짜릿 전자회로 DIY 플러스』를 보면 좋다. 조금 더 어렵기는 하지만 이 책에서 사용한 것과 같은 '발견을 통한 학습' 방법을 사용한다. 이 책을 마치면 전자기학에 대해 '중급' 수준의 이해도를 갖출 수 있도록 구성했다.

내가 '고급' 안내서를 쓸 정도의 자격이 있는 것은 아니라서 『짜릿짜릿 전자회로 DIY 플러스』같은 세 번째 단계의 책을 쓸 생각은 없다.

전기 이론을 더 공부하고 싶은 이들에게 가장 많이 추천하는 책은 폴 셔츠(Paul Scherz)의 『발명가를 위한 실용적인 전자기학(Practical Electronics for Inventors』(국내 미출간)이다. 발명가가 아니더라도 이 책이 얼마나 유용한지는 알 수 있을 것이다.

기본적인 내용 01

1장에서는 실험 1~5를 다룬다.

실험 1에서는 말 그대로 전기의 맛을 보여줄 생각이다! 전선과 부품에서만이 아니라 자신을 둘러싼 세상에서도 전류를 몸으로 느끼고 전기 저항의 성격을 발견할 수 있다.

실험 2~5에서는 전압과 전류의 측정법과 더 나아가 테이블 위에 놓인 일상 물품으로 전기를 발생시키는 방법을 살펴본다.

전자공학에 대해 어느 정도 지식이 있는 사람이라도, 뒤로 넘어가기 전에 여기에 나오는 실험을 한 번씩 해볼 것을 권한다. 실험은 그 자체로도 재미있지만 기본적인 개념을 분명히 이해하는 데에도 도움이 된다.

1장에 필요한 항목

이 책은 각 장을 시작할 때 필요한 공구, 장비, 부품, 물품을 사진과 함께 설명한다. 필요 물품을 확인한 후 간단히 참조할 수 있도록 이 책의 뒷부분에 구입 방법을 정리해 두었다.

- 공구와 장비 구매는 409페이지의 '공구와 장비 구매하기'를 참조한다.
- 부품은 400페이지의 '부품'을 참조한다.
- 물품은 397페이지의 '물품'을 참조한다.
- 필요한 부품을 묶어서 구매하고 싶다면 키트를 선택하면 된다. 더 자세한 정보는 389페이지의 '키트'를 참조한다.

소모품이 아닌 항목은 '공구와 장비(tools and equipment)'로 분류한다. 공구와 장비에는 펜치와 계측기 등이 포함된다. 전선과 땜납 같은 '물품(supplies)'은 여러 프로젝트에 사용되면서 소모되지만 권장한 양만큼 구매한다면 이 책의 모든 실험에 충분히 사용할 수 있다. '부품(components)' 목록은 개별 프로젝트마다 프로젝트의 일부로 제공한다.

계측기(멀티미터)

그림 1-1 이런 유형의 아날로그 계측기는 이 책의 실험에 충분하지 않다. 디지털 계측기가 필요하다.

공구와 장비의 사용 방법을 간단히 설명하겠다. 나는 계측기가 가장 필수적인 장비라고 생각하기 때문에 계측기부터 시작해보자. 계측기를 사용하면 회로의 두 지점 사이에 걸리는 전압의 크기나 회로를 지나가는 전류의 크기를 알 수 있다. 또, 계측기는 전선의 연결 오류를 발견하거나, 저항 또는 전하의 저장 능력을 뜻하는 정전용량을 구하기 위해 부품을 평가할 때도 사용할 수 있다.

사전 지식이 거의 없다면 사용되는 용어를 혼동할 수 있으며 계측기의 사용법도 복잡하고 어려워 보일 수 있지만 사실 그렇지 않다. 계측기를 사용하면 볼 수 없는 것들을 볼 수 있기 때문에 학습 과정이 오히려 더 수월해진다.

어떤 계측기를 구입할지 이야기하기 전에 구입하지 말아야 하는 계측기부터 살펴보자. 그림 1-1의 것과 같이 눈금 위로 바늘이 움직이는 '아날로그' 구식 계측기를 갖고 싶지는 않을 것이다.

값을 숫자로 알려주는 '디지털' 계측기를 구입하는 편이 좋은데 구입 시 참고할 수 있도록 네 가지 유형을 예로 선택했다.

그림 1-2는 내가 찾은 가장 저렴한 디지털 계측기로 페이퍼백 소설 한 권이나 6팩들이 탄산음료 캔보다 저렴하다. 물론 아주 높은 저항이나 아주 낮은 전압은 측정할 수 없으며, 측정할 수 있다 하더라도 정확도가 떨어진다. 정전용량은 아예 측정할 수도 없다. 그렇다고 해도 예산이 아주 부족하다면 이 정도의 제품만으로도 이 책의 실험을 해 나가는 데 무리는 없다.

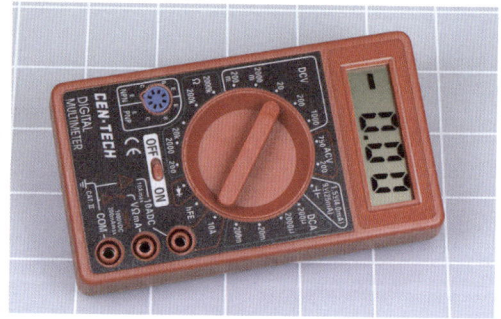

그림 1-2 내가 찾은 가장 저렴한 계측기.

그림 1-3의 계측기는 앞의 제품보다 정확도가 높고 기능도 더 많다. 이 정도 사양의 계측기는 전자 장치를 공부할 때 기본으로 사용하기 좋다.

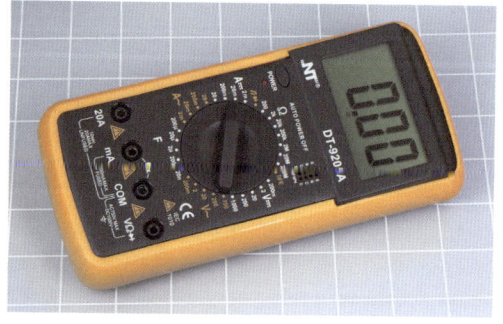

그림 1-3 이 정도 사양의 계측기는 기본으로 사용하기 좋다.

그림 1-4의 계측기는 조금 비싸기는 하지만 훨씬 더 잘 만들어진 제품이다. 이 모델은 단종되었지만 비슷한 사양의 다른 제품을 쉽게 찾을 수 있다. 가격은 그림 1-3에서 보는 NT 브랜드의 약 2~3배이다. 익스테크(Extech)는 안정적인 기업으로, 저렴한 제품을 판매하는 경쟁사들과 달리 자체 제품의 수준을 유지하려고 노력한다.

그림 1-4 다소 높은 가격의 잘 만들어진 계측기.

그림 1-5는 개인적으로 책을 집필할 때 가장 선호했던 제품이다. 튼튼해 보이는 이 제품은 내가 원하는 기능을 모두 갖추고 있으며 측정값 범위가 넓고 정확도도 매우 뛰어나다. 그러나 가격이 저가 제품의 20배에 달한다. 장기 투자하는 셈치고 구입할 수도 있겠다.

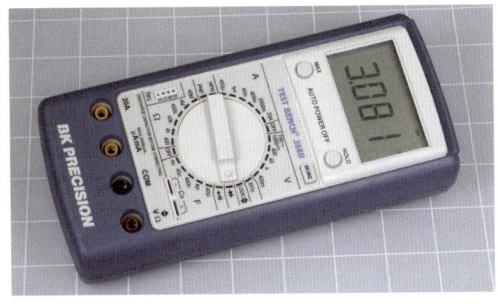

그림 1-5 뛰어난 품질의 제품.

그렇다면 어떤 계측기를 구입해야 할까? 초보 운전자에게 비싼 자동차가 꼭 필요하지 않은 것과 마찬가지로 전자부품을 공부할 때 반드시 비싼 가격의 계측기를 살 필요는 없다. 반면에 최저가격의 계측기를 사면 퓨즈가 내장형이라 교체가 어렵거나 로터리 스위치의 접촉부가 지나치게 빨리 닳는 등의 단점이 있을 수 있다. 비싸지는 않으면서 적당히 사용할 수 있을 법한 제품이 필요하다면 적당히 구입할 수 있는 방법이 있다.

- 이베이에서 가장 저렴한 모델을 찾은 뒤, 그 가격의 두 배 정도 되는 제품을 구입한다.

가격과 관계없이 다음의 특성과 기능은 중요하다.

범위 조정

계측기가 측정할 수 있는 값이 아주 많기 때문에 값의 범위를 좁힐 수 있는 계측기를 구매해야 한다. 계측기 중에는 다이얼을 돌려서 원하는 범위를 대략적으로 선택할 수 있는 '수동 범위 조정 방식(manual ranging)'을 사용하는 제품도 있다. 그 범위는 예를 들어 2~20V가 될 수도 있다.

'자동 범위 조정 방식(autoranging)'을 사용하는 계측기도 있는데 계측기를 연결한 뒤 모든 것이 파악될 때까지 그냥 기다리기만 하면 되기 때문에 사용이 더 편리하다. 그러나 여기서 중요한 점은 '기다려야 한다'는 것이다. 자동 범위 조정 방식은 내부에서 측정이 이루어질 때마다 몇 초를 기다려야 한다. 나는 참을성이 없는 편이라 수동 범위 조정 계측기를 더 선호한다.

자동 범위 조정 계측기의 또 다른 문제는 범위를 스스로 정할 수 없기 때문에 계측기에서 사용되는 단위를 알기 위해 화면에 나타나는 작은 글자를 주의 깊게 확인해야 한다는 점이다. 예를 들어, 저항을 측정할 때의 단위가 K인지 M인지에 따라 그 값은 1,000배나 차이 날 수 있다. 이 때문에 나는 개인적으로 다음을 권장한다.

- 첫 도전이라면 수동 범위 조정 제품을 사용할 것을 권한다. 오류가 생길 일도 거의 없으며 다른 제품보다 가격이 다소 저렴하다.

보통은 판매업자가 제공하는 계측기의 설명서에 수동 방식과 자동 방식 사용 여부가 표시되지만 만약 없다면 선택 장치 다이얼의 사진을 보면 알 수 있다. 그림 1-4처럼 다이얼 주변에 숫자가 하나도 없다면 자동 방식의 계측기이다. 다른 그림의 제품들은 수동 방식 계측기이다.

측정값

다이얼은 측정 가능한 유형을 알려주거나 최소한 예측할 수 있게 해준다. '볼트, 암페어, 옴'은 보통 글자 V와 A, 그리고 그림 1-6에서 보듯이 그리스 문자로 오메가를 뜻하는 기호 Ω로 간단히 나타낼 수 있다. 이러한 특성들은 그 의미를 지금 당장은 모를 수도 있지만 기본적인 개념이다.

계측기는 또한 밀리암페어(mA)와 밀리볼트(mV) 단위를 측정할 수 있어야 한다. 계측기의 다이얼에 분명하게 표시되어 있지 않더라도 사양에는 명시되어 있다.

그림 1-6 저항을 나타내는 그리스 문자 오메가의 표기 방법 3가지.

'DC/AC'는 직류와 교류를 뜻한다. 푸시버튼으로, 또는 주 선택 장치 다이얼에서 DC/AC를 선택할 수 있다. 보통 푸시버튼 방식이 사용하기 더 편하다.

'연결 점검(continuity testing)'. 전기 회로의 접속 불량이나 단선을 확인할 수 있는 유용한 기능이다. 연결되어 있을 때 경보 소리가 나는 제품이 좋으며 이 경우 그림 1-7처럼 작은 점으로부터 부채꼴 모양으로 선이 퍼져나가는 모양의 기호가 표시되어 있다.

그림 1-7 이 기호는 소리로 회로의 연결을 점검할 수 있는 기능을 나타낸다. 아주 유용한 기능이다.

돈을 조금만 더 보태면 다음의 값들(중요도순으로 나열)도 측정할 수 있는 계측기를 구매할 수 있다.

'정전용량(capacitance)'. 커패시터는 대부분의 전자회로에 필요한 소형 부품이다. 소형 커패시터는 크기가 작아서 표면에 수치가 표시되지 않는 경우가 많기 때문에 정전용량의 측정이 중요할 수 있다. 이 기능은 커패시터끼리 섞여 있거나 심지어 바닥에 떨어뜨렸을 때 특히 유용하다. 아주 저렴한 계측기 중에는 정전용량을 측정하지 못하는 제품이 많다. 측정 기능이 있다면 보통 측정 단위인 패럿을 뜻하는 문자 F가 표시되어 있다. 약어인 CAP가 사용될 수도 있다.

'트랜지스터 테스트'. E, B, C, E라고 표시된 작은 구멍을 보고 알 수 있다. 트랜지스터를 여기에 꽂아 테스트한다. 트랜지스터를 어느 방향으로 두어야 할지 알려주며 이 방향이 반대가 되면 트랜지스터는 타버린다.

'주파수(frequency)'. Hz로 나타낸다. 이 책의 실험들에서는 중요하지 않지만 깊이 있게 공부해두면 유용할 수 있다.

위에서 언급한 것 이외의 특성은 중요하지 않다.

그래도 어떤 계측기를 구매해야 할지 모르겠다면 실험 1, 2, 3, 4에서 계측기가 어떻게 사용되는지를 조금 더 살펴보자.

보안경

실험 2에서는 보안경이 필요할 수 있다. 가장 저렴한 플라스틱 보안경은 우리의 작은 모험에 사용하기에 충분하다. 전지가 폭발할 위험이 거의 없고 있더라도 대단하지 않기 때문이다.

보안경 대신 일반 안경을 사용할 수도 있고 투명 플라스틱 조각을 눈에 대고 실험을 해도 된다(예를 들어 플라스틱 물병을 잘라 쓸 수 있다).

전지와 커넥터

전지와 커넥터는 회로의 일부가 되기 때문에 부품으로 분류한다. 이런 부품 주문에 관한 자세한 사항은 401페이지 '기타 부품'을 참조한다.

이 책의 거의 모든 실험에서 전원은 9볼트를 사용한다. 슈퍼마켓이나 편의점에서 판매하는 일반적인 9볼트 건전지를 사용할 수 있다. 나중에 AC 어댑터로 업그레이드하겠지만 지금 당장은 필요 없다.

실험 2에서는 1.5볼트 AA형 건전지가 2개 필요하며 알카라인 건전지여야 한다. 이 실험에는 충전용 건전지가 적합하지 않다.

건전지에서 회로로 전원을 공급하려면 그림 1-8에서 보는 것과 같은 9볼트 건전지용 커넥터와 그림 1-9에서 보는 것과 같은 AA형 건전지 1개용 건전지 홀더가 필요하다. 1개짜리 홀더로 충분하지만 9볼트 건전지용 커넥터는 나중에 사용할 것을 대비해 적어도 3개는 준비해두자.

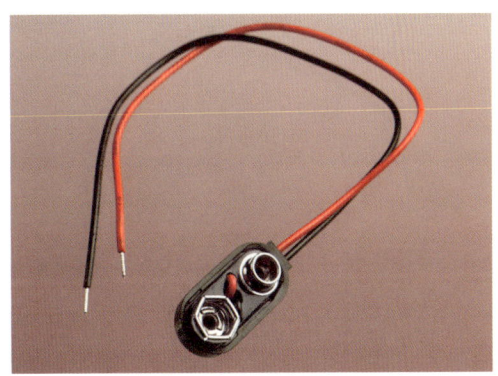

그림 1-8 9볼트 건전지로부터 전원을 공급하기 위한 커넥터.

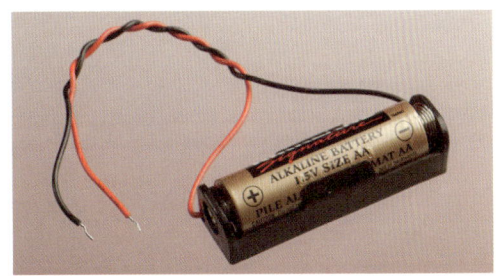

그림 1-9 1개의 AA형 건전지에는 이와 같은 건전지 홀더가 필요하다. 건전지 2개용(또는 3개용이나 4개용) 홀더는 사지 않도록 한다.

테스트 리드

처음의 몇 가지 실험에서는 테스트 리드(test lead)를 사용해서 부품을 서로 연결한다. 여기서 리드는 '더블엔드(double-ended)' 유형을 사용한다. 전선에는 끝부분이 2개인 게 당연한데 왜 군이 '더블엔드'라고 부르는 걸까? 이는 양쪽 끝이 그림 1-10처럼 '악어 클립(alligator clip)'으로 싸여 있는 전선을 말할 때 사용하기 때문이다. 악어 클립을 사용하면 뭔가를 단단히 고정할 수 있어서 손이 자유로워진다.

각 끝부분에 플러그가 달린 테스트 유형이 필요하지는 않다. 이런 유형의 전선은 '점퍼선(jumper wire)'이라고 부르기도 한다.

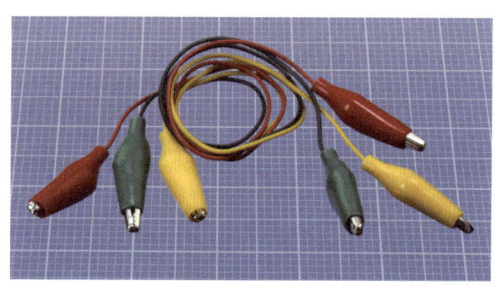

그림 1-10 양쪽 끝에 악어 클립이 달린 더블엔드 테스트 리드.

테스트 리드는 이 책의 목적에 따라 장비로 분류한다. 자세한 정보는 409페이지의 '공구와 장비 구매하기'를 참조한다.

가변저항

가변저항(potentiometer)은 오래된 스테레오의 볼륨 조절기 같은 기능을 한다. 그림 1-11에서 보는 것과 같은 유형은 현대의 기준에서 큰 편이지만 우리는 테스트 리드의 악어 클립을 단자에 고정시켜야 하기 때문에 큰 가변저항이 필요하다. 반지름이 2.5cm인 가변저항이면 충분하다. 저항은 1K라고 표기되어 있어야 한다. 가변저항 구매에 관한 자세한 사항은 401페이지 '기타 부품'을 확인한다.

그림 1-11 첫 번째 실험에 필요한 기본 유형의 가변저항.

퓨즈

퓨즈는 회로에 지나치게 많은 전류가 흐를 때 이를 차단한다. 그림 1-12에서 보는 것과 같은 1A 자동차용 퓨즈를 사는 편이 좋다. 테스트 리드에 연결하기 쉽고 그 안의 구성 성분을 들여다볼 수 있기 때문이다. 자동차용 퓨즈는 다양한 크기로 판매되지만 정격 전류가 1A이기만 하면 크기는 상관없다. 고의나 실수로 고장 낼 수 있으니 3개를 사두자. 자동차 부품 공급업체에서 퓨즈를 구매하고 싶지 않다면 전자부품 공급업체에서 그림 1-13과 같은 2AG[1], 1A인 원통형 유리 퓨즈를 사용할 수도 있다. 그러나 원통형 퓨즈는 사용이 그다지 쉽지 않다.

---

[1] 반지름 5mm, 길이 15mm.

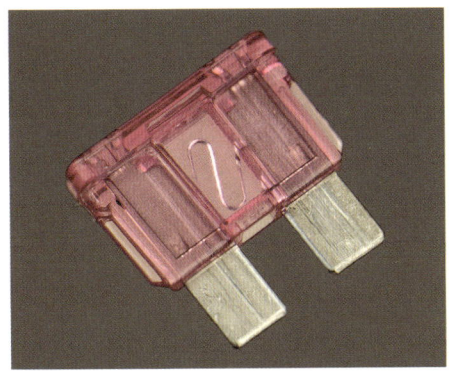

그림 1-12 이러한 자동차용 퓨즈는 전자부품 장비에서 사용되는 원통형 퓨즈보다 다루기 쉽다.

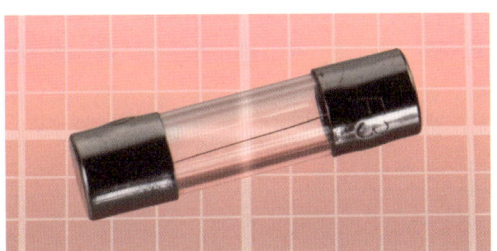

그림 1-13 이와 같은 원통형 퓨즈를 사용할 수도 있지만 악어 클립으로 잡기가 쉽지 않다.

발광 다이오드

'LED(light-emitting diode)'로 더 잘 알려져 있다. 다양한 형태와 유형으로 판매된다. 우리가 사용할 LED는 정확히 말하자면 'LED 인디케이터'이다. 카탈로그에서는 흔히 '표준 스루홀 LED'라고 표현한다. 그림 1-14의 샘플은 반지름이 5mm이지만 공간이 한정되어 있으면 3mm LED를 회로에 사용하는 편이 더 수월할 수 있다. 그러나 어느 쪽도 사용 가능하다.

이 책에서 내가 선호하는 것은 지나치게 강렬한 빛을 내뿜지 않으면서 보통 빨간색, 노란색, 초록색으로 판매되는 '일반 LED'이다. 대량으로

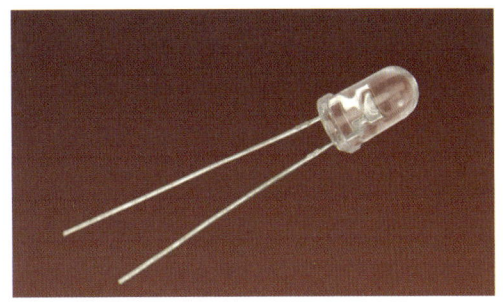

그림 1-14 지름이 약 5mm인 발광 다이오드(LED).

판매되는 경우가 많으며 여러 곳에 사용되기 때문에 색깔별로 최소한 10개는 사두자.

일반 LED는 '투명한' 플라스틱이나 수지로 싸여 있지만 전원이 들어오면 색을 띤다. 그 외에 빛과 동일한 색을 넣은 플라스틱이나 수지를 사용한 LED도 있다. 두 가지 유형 모두 사용할 수 있다.

몇 가지 실험에서는 '저전류 LED'가 선호된다. 저전류 LED는 가격이 조금 저렴하지만 더 민감하다. 예를 들어 실험 5와 같이 직접 만든 배터리에서 소량의 전류가 생성될 때 저전류 LED를 사용하면 더 나은 결과를 얻을 수 있다. 키트에서 제공하는 부품을 사용하지 않는다면 401페이지 '기타 부품'에서 구매를 위한 추가 정보를 확인할 수 있다.

저항

회로의 여러 부품에서 전압과 전류를 제한하려면 다양한 저항이 필요하다. 보통은 그림 1-15처럼 생겼다. 저항 본체의 색은 무엇이라도 상관없다. 뒤에서 색 띠를 보고 부품값을 알아내는 방법을 설명할 것이다.

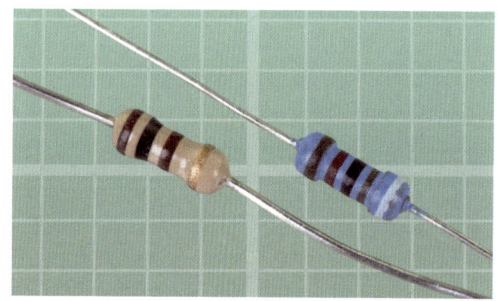

그림 1-15 필요한 유형의 저항 2개. 둘 다 정격 전력이 0.25와트이다.

직접 저항을 산다면 저항이 너무 작고 저렴해서 각 실험에서 명시한 값의 저항을 골라 주문하기가 어려울 수 있다. 재고나 할인 상품, 또는 이베이(eBay)에서 대량으로 묶음 판매하는 것을 사도록 한다. 이 책에서 사용하는 모든 저항값의 목록과 저항에 관한 더 자세한 정보는 400페이지 '부품'을 참조한다.

실험 1~5에서 이 외에 필요한 부품은 없다. 그러니 이제 시작해보자!

실험 1: 전기의 맛을 보자!

전기를 맛볼 수 있을까? 맛은 몰라도 느껴볼 수는 있다.

실험 준비물

- 9V 전지 1개
- 계측기 1개

이거면 충분하다!

주의: 9볼트 이상에서는 실험하지 말 것!

이 실험에서는 9볼트 전지만 사용한다. 더 높은 전압의 전지나 더 높은 전류가 흐를 수 있는 큰 전지는 사용하지 '않는다'. 또한 치아 교정을 위해 금속 보철을 하고 있다면 전지가 보철에 닿지 않도록 주의해야 한다. 가장 중요한 점은 어떤 크기의 전지를 사용하더라도 피부가 갈라진 곳에 전류를 흘려서는 안 된다는 것이다.

실험 순서

혓바닥에 촉촉하게 침을 묻히고 그림 1-16처럼 혀끝에 9볼트 전지의 금속 단자를 갖다 대보자 (어쩌면 혀가 이 그림만큼 크지 않을지도 모른다. 내 혀는 분명 이 정도로 크지 않다. 그래도 혀의 크기에 관계없이 이 실험은 성립한다).

그림 1-16 용감한 메이커가 알카라인 전지의 특성을 테스트하고 있다.

따끔한 느낌이 드는가? 이제 전지는 옆으로 치워 두고 혀를 잡은 뒤 휴지로 침을 완전히 닦아내자. 그런 다음 전지를 혀에 다시 대보면 아까보다는 덜 따끔할 것이다.

여기서 무슨 일이 일어난 걸까? 계측기를 사용해서 알아보자.

계측기 설정하기

계측기에 전지가 이미 들어 있는가? 다이얼을 돌려서 아무 기능이나 선택한 다음 화면에 숫자가 나타나는지 확인해보자. 화면에 아무것도 나타나지 않으면 사용하기 전에 계측기를 열어서 전지를 넣는다. 전지 넣는 방법은 계측기에 딸린 설명서를 확인한다.

계측기에는 빨간색 리드와 검은색 리드가 제공된다. 각각의 리드에는 한쪽 끝에 플러그가, 다른 한쪽 끝에 강철 탐침(probe: 프루브)이 있다. 플러그를 계측기에 끼운 뒤 탐침을 원하는 곳에 갖다 댄다(그림 1-17 참조). 탐침은 전기를 감지할 수는 있지만 거의 방출하지 않는다. 이 책의 실험에서처럼 소량의 전류와 전압을 다룰 때 탐침 때문에 다칠 위험은 없다(날카로운 끝으로 찌르는 건 완전히 별개의 이야기다).

대부분의 계측기에는 소켓이 3개 있지만 4개 있는 제품도 있다. 그림 1-18~20을 참조한다. 기본 규칙은 다음과 같다.

- 소켓 중 하나에는 'COM'이라고 표시되어 있다. 이 소켓은 어떤 값을 측정하든 '공통(common)'으로 사용된다. 검은색 리드를 이 소켓에 끼워 둔다.
- 다른 소켓은 옴(Ω) 기호와 볼트를 뜻하는 V로 구별된다. 저항이나 전압을 측정할 때 사용된다. 빨간색 리드를 이 소켓에 끼운다.
- VΩ(볼트/옴) 소켓은 mA(밀리암페어) 단위의 작은 전류를 측정하는 데에도 사용할 수 있다. 이런 용도로 사용되는 별도의 소켓이 있을 때는 빨간색 리드의 위치를 바꿔야 할 수도 있다. 여기에 관해서는 뒤에서 다룬다.
- 추가 소켓에는 2A, 5A, 10A, 20A 같이 측정할 수 있는 최대 암페어를 표시하기도 한다. 이 소켓은 고전류를 측정하는 데 사용된다. 이 책의 프로젝트에서는 필요 없다.

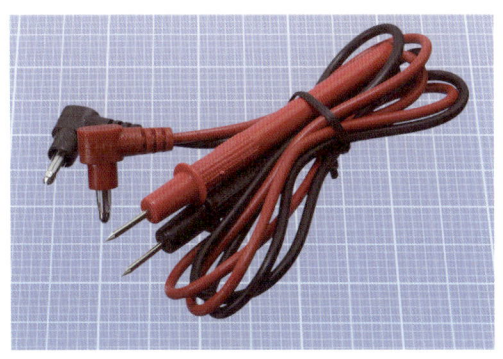

그림 1-17 계측기에 사용할 리드. 끝에 금속 탐침이 달렸다.

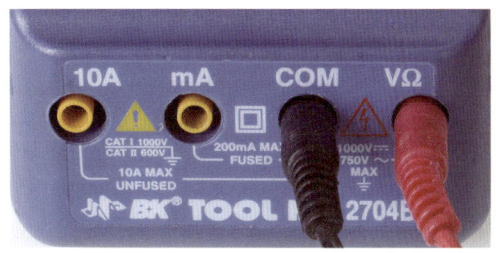

그림 1-18 이 계측기의 소켓 표시를 주의 깊게 보자.

실험 1: 전기의 맛을 보자!

그림 1-19 이 계측기에서는 소켓의 기능이 다르게 구분되어 있다.

그림 1-20 또 다른 계측기의 소켓.

를 사용한다. 예를 들어 1,500옴의 저항은 1.5K로 나타낼 수 있다.

999,999옴을 넘는 저항은 '메가옴(megohm)', 즉, 1,000,000옴을 뜻하는 M으로 나타낸다. 평상시 말할 때는 메가옴을 흔히 '메그'라고 발음한다. '2.2메그 레지스터'는 저항값이 2.2M라는 뜻이다.

옴, 킬로옴, 메가옴의 변환 표는 그림 1-21과 같다.

옴	킬로옴	메가옴
1Ω	0.001K	0.000001M
10Ω	0.01K	0.00001M
100Ω	0.1K	0.0001M
1,000Ω	1K	0.001M
10,000Ω	10K	0.01M
100,000Ω	100K	0.1M
1,000,000Ω	1,000K	1M

그림 1-21 가장 일반적인 옴의 배수를 나타낸 변환 표.

- 유럽에서는 실수를 줄이기 위해 소수점 대신 R, K, M을 사용하기도 한다. 즉, 5.6K는 유럽의 회로도에서 5K6으로, 6.8옴은 6R8로 표시된다. 여기에서는 유럽식 표기 방식을 사용하지 않지만 다른 회로도에서 보게 될 수도 있다.

전기저항이 매우 높은 물질을 '절연체(insulator)'라고 부른다. 여러 가지 색깔의 전선 피복을 포함해 대부분의 플라스틱이 절연체에 속한다.

전기저항이 매우 낮은 물질은 '도체(conductor)'라고 부른다. 구리, 알루미늄, 은, 금 같은 금속은 훌륭한 도체라고 할 수 있다.

기초지식: 옴

이제 옴(ohm)으로 표시되는 저항을 허로 느껴볼 것이다. 옴이란 뭘까?

마일이나 킬로미터 단위로 거리를 측정하고, 파운드나 킬로그램을 이용해서 무게를 측정하고, 섭씨와 화씨를 이용해 온도를 측정하는 것처럼 전기저항은 옴이라는 단위로 측정한다. 옴은 전기 분야의 선구자 게오르그 시몬 옴(Georg Simon Ohm)의 이름을 딴 국제 표준 단위다.

옴을 나타내는 데에는 그리스 알파벳의 오메가 기호를 사용하지만 999옴을 넘는 저항은 '킬로옴(kilohm)', 즉, 1,000옴을 나타내는 대문자 K

혓바닥 측정하기

계측기 앞의 다이얼을 살펴보면 옴 기호가 표시된 위치를 하나 이상 확인할 수 있다. 자동 범위 조정 계측기에서 다이얼을 그림 1-22에서처럼 옴 기호가 있는 쪽을 가리키도록 설정하고 탐침을 혓바닥에 '살짝' 가져다 댄 후 계측기가 범위를 자동으로 결정하도록 기다린다. 수치를 보여주는 화면에 문자 K가 나타나는지 살펴보아야 한다. 탐침으로 혓바닥을 '찌르지 않도록' 주의하자!

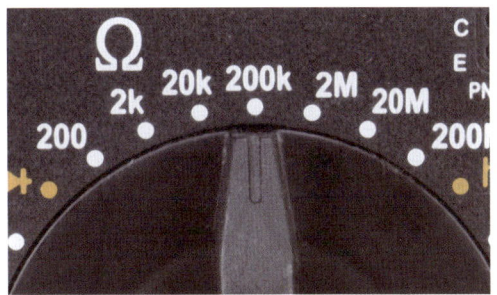

그림 1-23 수동 계측기는 범위를 직접 설정해야 한다.

그림 1-22 자동 계측기에서는 그냥 다이얼을 옴(오메가) 기호가 있는 위치로 돌리면 된다.

그림 1-24 다른 수동 계측기의 다이얼이지만 원리는 동일하다.

수동 범위 조정 계측기에서는 값의 범위를 직접 선택해야 한다. 혓바닥을 측정하려면 200K(200,000옴) 정도가 적당하다. 다이얼 옆에 쓰여진 숫자가 최댓값이기 때문에 200K는 '200,000옴 이하', 20K는 '20,000옴 이하'를 뜻한다는 것을 알아두자. 그림 1-23과 1-24는 수동 계측기를 확대한 모습이다.

양쪽 탐침을 약 2.5cm 간격을 두고 혀에 가져다 대어보자. 계측기에 표시된 저항값은 50K 정도일 것이다. 탐침을 치우고 혀를 내밀어 휴지로 물기가 없을 때까지 꼼꼼히 닦아내자. 혀를 축이지 않은 상태에서 다시 실험해보면 저항값이 아마도 더 크게 나올 것이다. 수동 계측기를 사용해서 저항값을 구하려고 할 때는 더 높은 범위를 선택해야 할 수도 있다.

- 땀을 흘렸을 때처럼 피부에 습기가 있다면 전기저항은 감소한다. 이런 원리를 사용한 것이 거짓말 탐지기이다. 의도적으로 거짓말을 하는 사람은 스트레스 상태에서 땀을 흘리기 쉽기 때문이다.

이 실험을 통해 얻을 수 있는 결론은 다음과 같다. 저항이 낮으면 더 많은 전류가 흐르며 처음의 혓바닥 실험의 경우 전류가 더 많이 생성되면 혀가 느끼는 찌릿함의 정도가 더 커진다.

기초지식: 전지 내부

처음의 혓바닥 실험에서는 전지를 사용할 때 전지가 어떻게 작동하는지는 굳이 설명하지 않았다. 이제 생략하고 넘어갔던 사실을 짚어볼 시간이다.

9볼트 전지에는 '전자(electron)'(전기 입자라고 볼 수 있다)를 자유롭게 이동하도록 해주는 화학물질이 포함되어 있다. 자유전자는 화학물질이 반응함에 따라 한쪽 전극에서 다른 쪽 전극으로 이동하려는 성질이 있다. 전지 내부에 하나는 가득 차고 하나는 비어 있는 2개의 물탱크가 있다고 상상해보자. 탱크가 파이프와 밸브로 서로 연결되어 있는 상태에서 밸브를 열면 물은 높이가 같아질 때까지 비어 있는 쪽으로 흘러간다. 상상하기 쉽도록 그림 1-25처럼 그려보았다. 이처럼 전지의 두 극을 연결하는 전기적인 길을 연다면, 그 길이 혓바닥의 습기로 이루어져 있다고 하더라도 전자가 그 사이를 흐른다.

전자는 어떤 물질(마른 혀)에서보다 다른 물질(젖은 혀)에서 더 쉽게 흐른다.

좀 더 알아보기

혓바닥 실험은 반복할 때마다 탐침 사이의 거리가 달라질 수 있기 때문에 잘 통제되는 실험이라고 할 수 없다. 탐침 사이의 거리가 중요할지도 모른다는 생각이 드는가? 그렇다면 알아보자.

계측기 탐침 끝이 0.5cm만 떨어지도록 잡고 젖은 혀에 대보자. 이제 탐침을 2cm만큼 떨어뜨리고 똑같이 반복해보자. 저항값은 어떠한가?

전자가 짧은 거리를 이동할 때는 저항을 적게 받는다. 따라서 전류가 증가한다.

이와 비슷한 실험을 그림 1-26처럼 팔에 해 볼 수도 있다. 정해진 간격(예를 들면 0.5cm)만큼 거리를 늘려가며 계측기에 나타난 저항값을 확인할 수 있다. 탐침 사이의 거리를 두 배로 늘리면 계측기에 나타난 저항값도 두 배가 되는가? 이 명제가 참인지 거짓인지 어떻게 증명할 수 있을까?

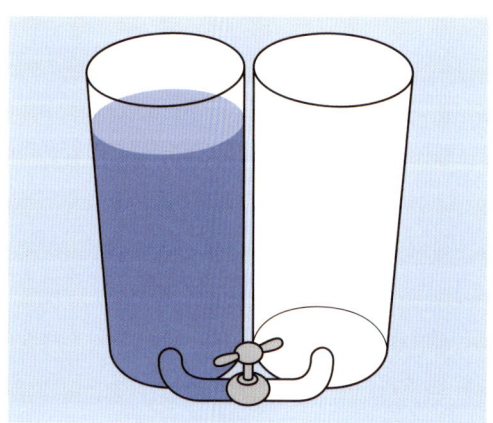

그림 1-25 전지를 연결된 한 쌍의 물탱크라고 생각해 볼 수 있다.

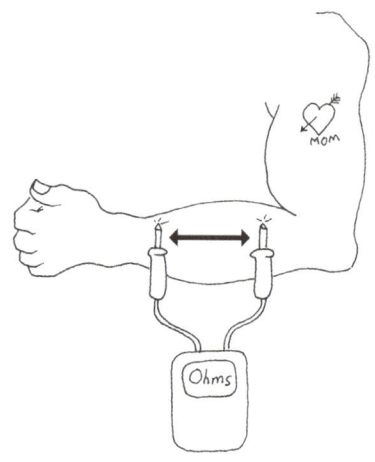

그림 1-26 탐침 사이의 거리를 달리하고 계측기에 나타난 저항값을 확인한다.

측정할 저항이 계측기가 감당할 수 없을 정도로 지나치게 높다면 숫자가 표시되는 대신 L 같은 오류 메시지가 나타난다. 그다음은 피부를 촉촉하게 한 뒤 실험을 반복해서 결과를 확인해보아야 한다. 문제가 있다면 피부의 수분이 증발하면서 저항이 변할 수 있다는 점뿐이다. 실험 하나에서 모든 요인을 통제하는 일이 얼마나 힘든지 알 수 있다. 임의로 바뀔 수 있는 요인은 '비통제변수(uncontrolled variables)'라고 한다.

아직 다루지 않은 변수가 하나 있는데 그것은 바로 각 탐침과 피부 사이의 압력이다. 탐침을 더 세게 누르면 아마도 저항이 줄어들 것이다. 그러나 이를 어떻게 증명할 수 있는가? 이 변수를 제거하기 위해 실험을 어떻게 설계해야 하는가?

피부 저항을 측정하는 것이 지겨워졌다면 탐침을 물컵에 담가 볼 수도 있다. 그런 뒤 물에 소금을 조금 녹이고 실험을 반복해보자. 분명 물에서는 전기가 흐른다는 이야기를 들어본 적은 있겠지만 그게 그렇게 간단한 이야기는 아니다. 여기에는 물속의 불순물들이 중요한 역할을 한다.

불순물이 전혀 없는 물의 저항값을 측정하면 무슨 일이 일어날까? 먼저 해야 할 일은 순수한 물을 구하는 것이다. 소위 말하는 '정제수(purified water)'는 보통 정수한 후 미네랄이 첨가되기 때문에 우리에게 필요한 물은 아니다. 이와 비슷하게 '용천수(spring water)'도 완전히 순수한 물은 아니다. 우리에게 필요한 물은 '증류수(distilled water)'나 '탈염수(deionized water)'다. 이런 물들은 보통 슈퍼마켓에서 판매한다. 계측기 탐침 사이의 거리를 2.5cm씩 떨어뜨릴 때마다 순수한 물의 저항값은 혀의 저항값보다 클 것이다. 직접 실험을 통해 확인해보자.

내가 저항과 관련해 생각해낸 실험은 이게 전부이다. 그러나 설명할 배경 지식이 아직 조금 남았다.

배경지식: 저항을 발견한 사람

1787년 독일 바바리아[2]에서 태어난 게오르그 시몬 옴(그림 1-27)은 뒤늦게 유명세를 탔으며 그전까지 직접 만든 전선으로 전기의 성질을 연구했다(1800년대 초기에는 트럭을 타고 전문 공구매장으로 가서 연결용 전선 꾸러미를 산다는 선택지는 없었다).

옴은 재원과 수학적 능력이 부족했지만, 온도가 일정하다면 구리 같은 도체의 전기저항이 단면적에 반비례하고 도체를 통과해 지나가는 전류는 도체에 걸리는 전압에 비례한다는 사실을 1827년 실제로 시연해 보였다. 그로부터 14년 후 런던의 왕립학회는 마침내 그의 공로를 인정하고 코플리 메달(Copley Medal)을 수여했다. 그가 발견한 법칙을 옴의 법칙(Ohm's Law)이라고 부른다. 여기에 관해서는 실험 4에서 더 자세히 설명하겠다.

---

[2] 바이에른 주의 다른 이름.

그림 1-27 게오르그 시몬 옴. 선구적인 연구로 영예를 얻었지만 그가 연구한 내용의 대부분은 상대적으로 그다지 알려져 있지 않다.

청소와 재활용

이번 실험으로 전지가 손상되거나 심각하게 방전이 되지는 않았을 것이기 때문에 다시 사용할 수 있다.

계측기는 보관하기 전에 스위치를 반드시 꺼야 한다. 계측기 중에는 스위치를 끄지 않은 상태에서 한동안 사용하지 않으면 알림음을 내서 알려주는 제품이 많지만 그렇지 않은 제품도 있다. 계측기는 아무것도 측정하지 않으면 스위치를 켜놓은 상태에서도 전기를 많이 소모하지는 않는다.

실험 2: 건전지를 망가뜨려보자!

전기의 힘을 좀 더 잘 느껴보기 위해서 대부분의 책에서 하지 말라고 하는 일을 해보려고 한다. 바로 건전지를 쇼트시켜 볼 거라는 이야기다('쇼트 회로(short circuit)'란 전원의 두 단자를 직접 연결한 것을 뜻한다).

주의: 소형 건전지를 사용하자

지금 하려는 실험은 안전하지만 쇼트 회로는 아주 위험할 수 있다. 가정에서 벽에 붙은 전원 콘센트는 절대로 쇼트 회로로 만들면 안 된다. 그랬다가는 큰 폭발음과 섬광이 발생하고 사용한 전선이나 도구가 부분적으로 녹으며 녹아내린 금속 입자가 날아올라 화상을 입거나 실명할 수 있다.

자동차 배터리를 쇼트시키면 흐르는 전류가 엄청나기 때문에 배터리가 폭발해서 산성 물질을 뒤집어쓸 수도 있다. 그림 1-28의 저 남자에게 한 번 물어보시라(대답을 할 수 있다면 말이지만).

그림 1-28 자동차 배터리의 두 단자 사이에 렌치를 떨어뜨리면 인체에 해롭다. '고작' 12볼트의 배터리라도 쇼트 회로는 위험할 수 있다.

리튬 충전지는 전동 공구나 노트북 컴퓨터 같은 휴대용 장치 들에서 많이 볼 수 있는데 리튬 충전지는 절대로 쇼트시켜서는 안 된다. 쇼트시키면 불이 나서 화상을 입을 수 있다. 리튬 충전지는 그림 1-29처럼 쇼트를 시키지 않더라도 불이 날 수 있다. 초기 일부 노트북 컴퓨터가 저절로 폭발하거나 화재가 발생한 일이 생긴 후로 이러한 일을 예방하기 위해서 리튬 충전지 팩을 개선했다. 그러나 리튬 충전지를 쇼트시키는 것은 지금도 썩 좋은 생각이 아니다.

그림 1-29 절대로 리튬 충전지를 갖고 놀아서는 안 된다.

이 실험에서는 알카라인 건전지만, 그것도 한 개짜리 AA형 건전지만 사용한다. 불량품 건전지를 사용할 때를 대비해서 보호용 안경을 쓸 수도 있다.

실험 준비물

- 1.5V AA형 건전지 2개
- 건전지 홀더 1개
- 1A 퓨즈 2개
- 보호용 안경(보통 안경이나 선글라스도 가능)
- 양끝에 악어 클립이 달린 테스트 리드 2개

전류로 열 발생시키기

반드시 알카라인 건전지를 사용한다. 충전지는 종류를 불문하고 사용해서는 안 된다.

그림 1-9처럼 양쪽에 얇은 전선이 달린 건전지 홀더에 건전지를 넣고 두 전선의 피복이 벗겨진 끝부분을 그림 1-30과 같이 함께 꼬아준다. 처음에는 아무 일도 일어나지 않는 것 같지만 1분이 지나면 전선이 점점 뜨거워짐을 알 수 있다. 다시 1분이 지나면 건전지도 뜨거워진다.

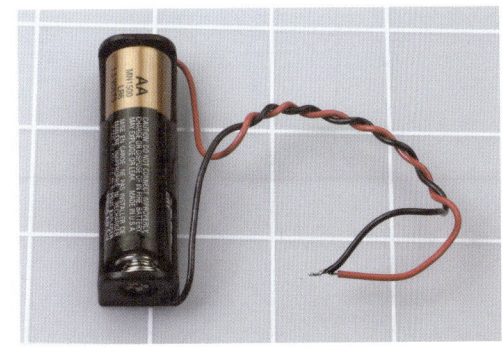

그림 1-30 알카라인 건전지를 쇼트시키더라도 지시를 정확히 따르면 안전하다.

열은 전기가 전선과 건전지의 '전해액(electrolyte)'(전도성 액체)을 통과하면서 발생한다. 수동식 펌프를 이용해서 자전거 바퀴에 공기를 넣어본 적이 있다면 펌프질을 할 때 펌프가 뜨거워진다는 사실을 알고 있을 것이다. 전기도 비슷하다. 전기가 입자(전자)로 구성되어 있기 때문에 전선을 통과할 때 전선을 뜨겁게 만든다고 생각하면 된다. 정확한 비유는 아니지만 이 책의 내용을 이해하는 데는 충분하다.

전자는 어디에서 왔을까? 전지 내부의 화학반응에 의해 전자가 자유롭게 이동하면서 전기적 압력이 생겨난다. 이러한 압력을 '전압(voltage)'이라고 부르고 볼트(volt)라는 단위로 측정한다.

볼트라는 단위는 또 다른 전기 분야의 선구자인 알레산드로 볼타(Alessandro Volta)의 이름에서 따온 것이다.

물통에 담긴 물의 비유로 다시 돌아가보자. 물통의 수위는 수압과 비례하며 이는 전압에 비유할 수 있다. 그림 1-31은 이를 보여준다.

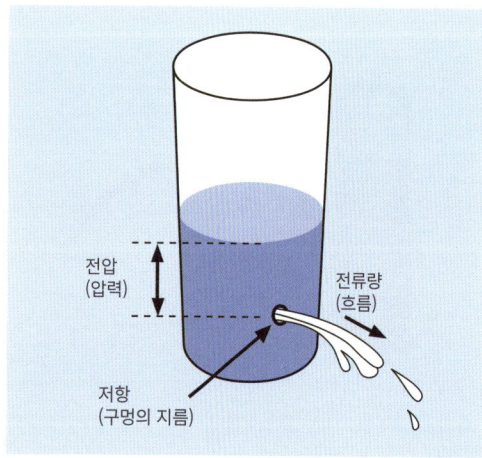

그림 1-31 수압은 전기에서 전압에 비유할 수 있다.

그러나 전압은 반쪽짜리 이야기일 뿐이다. 전자가 전선을 통과해 흐를 때 흐른 전자의 양을 '전류량(amperage)'이라고 한다. 전류량을 뜻하는 영어 단어는 전기 분야의 또 다른 선구자인 앙드레 마리 앙페르(Andre-Marie Ampere)에서 따왔다. 이러한 전기 흐름은 보통 '전류(current)'라고 부른다. 전류(즉, 전류량)는 열을 발생시킨다.

- 전압은 압력이라고 생각하자.
- 전류는 유량이라고 생각하자.

배경지식: 왜 혓바닥은 뜨거워지지 않을까?

9볼트 전지를 혀에 대었을 때 찌릿한 느낌은 들었지만 열이 느껴질 정도는 아니었다. 전지를 쇼트시켰을 때는 1.5볼트짜리 건전지를 사용했을 뿐인데도 상당한 열이 발생했다. 이 점을 어떻게 설명할 수 있을까?

계측기로 측정했을 때 혀의 전기저항은 매우 높았다. 이렇게 높은 전기저항이 전자의 흐름을 방해했다.

전선의 저항은 매우 낮아서 전선이 전지의 두 단자를 연결하고 있으면 더 많은 열이 발생한다. 다른 모든 인자가 동일하게 유지될 때 다음이 성립한다.

- 저항이 낮으면 더 많은 전류가 흐른다.
- 전기로 인해 발생하는 열은 일정 시간 동안 도선을 통과하는 전기의 양(전류)에 비례한다(이런 상관관계는 전선이 뜨거워지면서 저항이 변하면 더 이상 유효하지 않지만 그래도 비례 관계에 가깝다).

다른 기본적인 개념도 알아보자.

- 매 초당 흐르는 전기의 양은 암페어(ampere) 또는 '앰프(amp)'[3] 단위로 측정된다.
- 전기가 흐르도록 하는 전기적인 압력은 '볼트(volt)' 단위로 측정된다.

---

[3] 우리나라에서는 앰프라는 용어를 거의 사용하지 않으므로 이 책에서는 되도록 암페어라는 용어를 사용한다.

- 전기의 흐름을 막는 저항은 '옴(ohm)' 단위로 측정된다.
- 높은 저항은 전류를 제한한다.
- 높은 전압은 저항을 더 쉽게 이길 수 있어서 전류의 양을 늘린다.

전압, 저항, 전류량(전압, 저항, 흐름)의 관계는 그림 1-32에 나타나 있다.

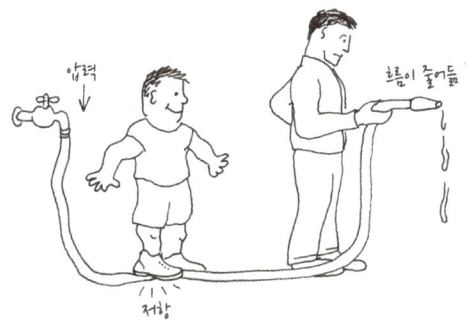

그림 1-32 물과 전기의 경우 저항은 압력을 막고 흐름을 줄인다.

기초지식: 전압의 기본 상식

전압은 국제 표준 측정 단위로 대문자 V로 표시된다. 미국과 몇몇 다른 국가에서 가정용 교류(AC) 전압은 110V, 115V, 120V로 공급되며 대형 가전제품을 위한 220V, 230V, 240V 전압이 별도의 회로로 공급된다. 이전의 반도체 전자부품은 보통 5V~20V의 DC 전력을 사용했지만 최근의 표면 부착형 부품은 2V 미만의 전력을 사용할 수도 있다. 마이크 같은 일부 부품은 밀리볼트(millivolt) 단위로 측정되는 전압을 전달한다. 밀리볼트는 mV로 나타내며 1,000분의 1볼트와 같다. 전기가 먼 곳으로 송출될 때의 전압은 킬로볼트(kV) 단위로 측정된다. 일부 장거리용 전선은 메가볼트의 출력을 사용하기도 한다. 그림 1-33은 밀리볼트, 볼트, 킬로볼트의 변환 표를 나타낸 것이다.

밀리볼트	볼트	킬로볼트
1mV	0.001V	0.000001kV
10mV	0.01V	0.00001kV
100mV	0.1V	0.0001kV
1,000mV	1V	0.001kV
10,000mV	10V	0.01kV
100,000mV	100V	0.1kV
1,000,000mV	1,000V	1kV

그림 1-33 밀리볼트, 볼트, 킬로볼트의 변환 표.

기초지식: 전류의 기본 상식

전류는 국제 표준 측정 단위로 대문자 A로 나타낸다. 가전제품은 몇 암페어 정도의 전류를 사용하며 미국의 회로 차단기의 정격 전류는 20A이다. 전자부품 중에는 정격 전류가 밀리암페어 단위인 부품이 많다. 밀리암페어는 mA로 나타내며 1,000분의 1암페어다. 액정 화면 등의 장치는 1,000분의 1밀리암페어인 마이크로암페어(μA)를 사용한다. 그림 1-34는 마이크로암페어, 밀리암페어, 암페어의 변환 표를 나타낸 것이다.

마이크로암페어	밀리암페어	암페어
1μA	0.001mA	0.000001A
10μA	0.01mA	0.00001A
100μA	0.1mA	0.0001A
1,000μA	1mA	0.001A
10,000μA	10mA	0.01A
100,000μA	100mA	0.1A
1,000,000μA	1,000mA	1A

그림 1-34 마이크로암페어, 밀리암페어, 암페어의 변환 표.

퓨즈가 끊어지는 원리

건전지 홀더의 전선을 통해 정확히 얼마의 전류가 흘러야 건전지를 쇼트시킬 수 있을까? 쇼트되는 전류의 크기를 측정할 수 있을까?

쉽지는 않다. 계측기를 사용해서 높은 전류를 측정한다면 계측기 내부의 퓨즈가 끊어질 수도 있기 때문이다. 그러니 계측기는 치워두고 1암페어 퓨즈를 사용해보자. 이 정도는 그다지 비싸지 않으니 망가져도 된다.

먼저 확대경이 있다면 확대경으로 퓨즈를 살펴보자. 자동차용 퓨즈를 보면 가운데의 투명한 창에 알파벳 'S'자 모양이 보일 것이다. 이 그림의 S는 쉽게 녹는 금속을 얇게 만든 것이다. 그림 1-12에서 확인할 수 있다. 유리로 된 원통형 퓨즈에서는 얇은 전선 조각이 같은 역할을 한다.

1.5볼트 건전지를 건전지 홀더에서 빼내자. 이 건전지는 여기에서 더 이상 사용하지 않으며 가능하다면 나중에 재활용한다. 함께 꼬아두었던 2개의 전선을 분리하고 그림 1-35와 1-36에서 보는 것처럼 2개의 테스트 리드를 사용해서 건전지 홀더를 퓨즈와 연결한다. 건전지 홀더에 새 건전지를 끼우고 퓨즈를 살펴보자. 퓨즈가 나간다면 금속이 녹는 부분인 한가운데가 끊어질 것이다. 그림 1-37과 1-38을 보면 내 말이 무슨 뜻인지 이해할 수 있다.

1암페어 퓨즈는 전류의 크기가 같은 다른 퓨즈와 비교했을 때 정격전압이 같더라도 더 쉽게 끊어진다. 퓨즈가 끊어지지 않았다면 건전지와 연결된 전선을 퓨즈에 직접 연결해보자. 이렇게 하면 전류가 테스트 리드를 통과해 흐르지 않는

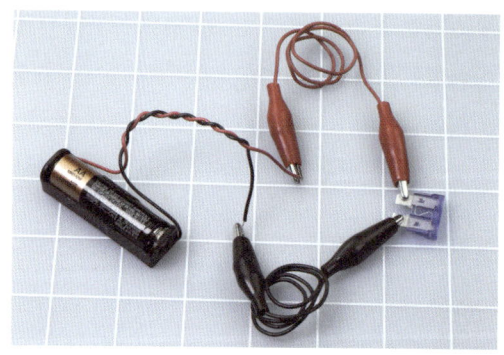

그림 1-35 자동차용 퓨즈를 쇼트시키는 방법.

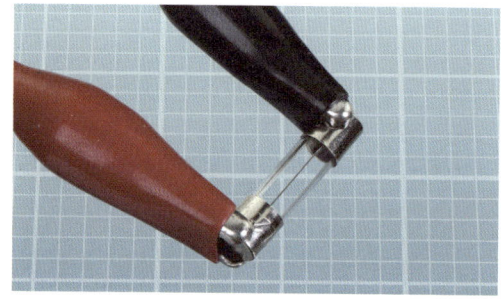

그림 1-36 작은 원통형 퓨즈에 테스트 리드 연결하는 법.

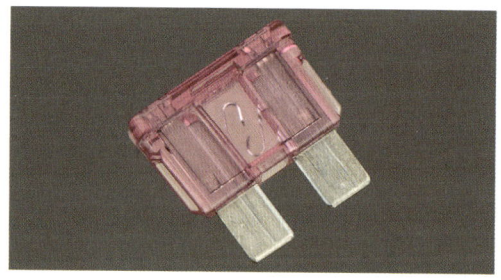

그림 1-37 쇼트된 원형 퓨즈. 마찬가지로 퓨즈가 끊어졌다.

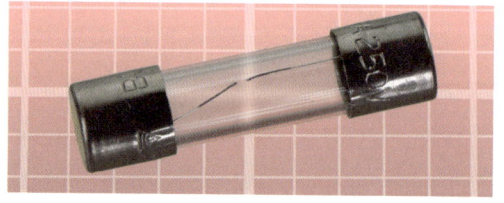

그림 1-38 퓨즈 안의 연결부가 끊어진 것에 주목하자.

다. 새 AA형 건전지가 아니라면 퓨즈가 반응할 때까지 몇 초 더 기다려야 할지도 모른다. 그랬는데도 아무 반응이 없으면 AA형 건전지와 전압은 같으면서 더 큰 전류가 흐르는 C형 건전지나 D형 건전지를 써볼 수도 있다. 그러나 이 정도까지 필요하지 않을 것이다.

퓨즈의 작동 방식은 이렇다. 녹아서 나머지 회로를 보호하는 것이다. 퓨즈 내부의 연결이 아주 조금 끊어진 것만으로 전류의 흐름을 완전히 막을 수 있다.

기초지식: 직류와 교류

전지로부터 나오는 전류는 '직류(DC: direct current)'라고 한다. 수도꼭지에서 물이 흘러나오는 것처럼 한 방향으로 끊김 없이 흐른다.

가정용 콘센트에서 나오는 전류는 이와는 완전히 다르다. 콘센트의 '활(live)선'용 단자나 '중성(neutral)선'용 단자와 비교할 때 초당 60번(유럽을 비롯한 많은 국가에서는 초당 50번) 양에서 음으로 변한다. 이러한 형태의 전류를 '교류(AC: alternating current)'라고 한다. 교류는 세차용 고압 세척기를 사용할 때 파동 모양으로 나타나는 물줄기와 비슷하다.

교류는 전압을 높여서 전기를 멀리 전송할 때 등에 반드시 필요하다. AC는 또한 모터와 가전제품에도 유용하게 사용된다. 전기 콘센트의 모양은 그림 1-39와 같다. 이런 유형의 콘센트는 일본과 북미 및 남미 지역에서 사용된다. 유럽에서 사용되는 콘센트는 이와 모양은 다르지만 원리는 같다.

그림에서 소켓 A는 '활선'용 단자라 부르며, '중성선'이라고 부르는 소켓 B에 비해 전압이 상대적으로 양과 음의 값으로 변한다. 소켓 C는 접지선용 단자로 가전제품 내부에 전선의 연결이 끊어지는 등의 결함이 발생하면 전압을 떨어뜨린다.

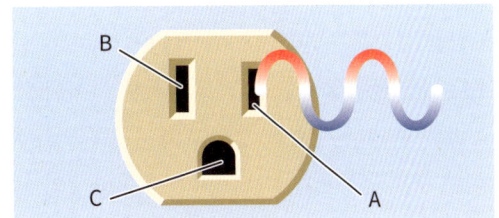

그림 1-39 전기 콘센트.

미국에서는 그림에 나온 형태의 콘센트가 사용되며 이때의 정격전압은 110~120볼트다. 더 높은 전압을 사용하는 콘센트도 있지만 그렇다고 해도 마찬가지로 활선, 중성선, 접지선으로 구성되며 3상 콘센트를 제외하면 이러한 형태가 실제로 가장 많이 사용된다.

이 책에서는 두 가지 이유로 대부분 직류에 대해서만 다루는데, 첫째, 간단한 전자회로에는 직류가 사용되며, 둘째, 직류의 성질을 이해하기가 훨씬 더 쉽기 때문이다.

- 앞으로 특별한 언급이 없다면 DC를 사용한다고 생각하면 된다.

배경지식: 전지 발명가

알레산드로 볼타(그림 1-40)는 1745년 이탈리아에서 태어났다. 과학이 세분화되는 시기는 이때보다 한참 뒤다. 그는 화학을 공부한 후(1776년

메탄을 발견했다) 물리학 교수가 되었으며, 개구리의 다리가 정전기에 반응해서 경련을 일으키는 갈바닉 반응에 관심을 가지고 연구했다.

볼트는 소금물이 가득 든 와인잔을 사용해서 두 전극(하나는 구리, 다른 하나는 아연) 사이의 화학적 반응이 전류를 안정적으로 생성해낸다는 사실을 입증해보였다. 1800년에는 구리와 아연으로 만든 판을 소금물에 적신 종이판 사이에 끼워 쌓아 올리는 식으로 장치를 개선했다. 이 볼타 전지(voltaic pile)가 서구 사회에서 발명된 최초의 전지 형태다.

흐름을 측정할 수 있는 최초의 장치인 '갈바노미터(galvanometer)'를 만들었으며 불소 원자를 발견하기도 했다.

그림 1-41 앙드레 마리 앙페르는 전선을 흐르는 전류가 주변에 자기장을 생성한다는 사실을 발견했다. 그는 이 원리를 바탕으로 전류로 불리게 될 현상을 처음 안정적으로 측정해냈다.

그림 1-40 알레산드로 볼타가 전기를 만들어낼 수 있는 화합바응을 발견했다.

배경지식: 전자기학의 아버지

1775년 프랑스에서 출생한 앙드레 마리 앙페르(그림 1-41)는 수학 천재였으며 과학 교사가 되었지만 그의 지식의 대부분은 아버지의 서재에서 독학으로 배운 것이었다. 그의 가장 잘 알려진 업적은 1820년 전류에 의해 자기장이 생성되는 방식을 설명한 전자기학(electromagnetism)의 이론을 도출해낸 것이다. 그는 또한 전기의

청소와 재활용

쇼트시켰던 건전지는 손상되었기 때문에 버려야 할 것이다. 배터리에는 생태계에 영향을 미치는 중금속이 포함되어 있기 때문에 그냥 버리는 것은 바람직하지 않다. 아마도 살고 있는 지역의 재활용 정책에 전지 처리 방법이 정해져 있을 것이다(일례로 캘리포니아 주에서는 모든 전지를 재활용해야 한다). 자세한 사항은 지역 규정을 확인한다.

끊어진 퓨즈는 더 이상 사용할 수 없으니 버려야 한다.

퓨즈를 사용해서 보호했던 건전지는 아직 사용할 수 있다.

건전지 홀더도 나중에 다시 사용할 수 있다.

실험 3: 첫 번째 회로를 만들어보자

이제 전기를 이용해서 뭔가 유용한 것을 만들어 볼 시간이다. 이를 위해서 저항과 발광 다이오드(LED) 같은 부품들을 살펴보자.

실험 준비물

- 9V 전지 1개
- 저항: 470Ω, 1K, 2.2K 각 1개
- 일반 LED 1개
- 양끝에 악어 클립이 달린 테스트 리드 3개
- 계측기 1개

실험 준비

이제 전기회로에서 가장 기본이 되는 부품인 저항에 익숙해지자. 이름에서 알 수 있듯이 저항은 전기의 흐름을 방해한다. 예상했겠지만 저항값은 옴 단위로 측정한다.

꾸러미로 판매하는 저항을 구입했다면 아무 표시 없는 봉투에 담겨서 배송될 수 있다. 그래도 별 문제는 없다. 저항값은 쉽게 알아낼 수 있다. 사실 봉투에 저항값이 분명하게 적혀 있더라도 섞여 있기 쉬우므로 직접 확인해보기를 권한다. 확인하는 방법에는 두 가지가 있다.

- 계측기를 사용한다. 저항 측정 모드로 설정한 뒤 사용하자.

- 대부분의 저항에 인쇄되어 있는 색깔 코드[4]를 배워둔다. 바로 아래에서 색깔 코드에 대해 알아보자.

저항값을 확인하고 나면 작은 플라스틱 부품 보관함의 칸에 이름표를 붙여서 저항을 분류해 보관하는 것이 좋다. 개인적으로 미국이라면 공구점인 마이클스(Michael's)에서 판매하는 보관함을 선호하지만 다른 제품도 많이 있다. 소형 비닐을 사용할 수도 있으며 이베이에서 plastic bags(비닐 봉투)로 검색하면 여러 제품을 찾을 수 있다.

기초지식: 저항 해석하기

저항 중에는 그림 1-42처럼 저항값이 작은 글씨로 분명하게 쓰여 있어서 확대경으로 읽을 수 있는 제품이 있다.

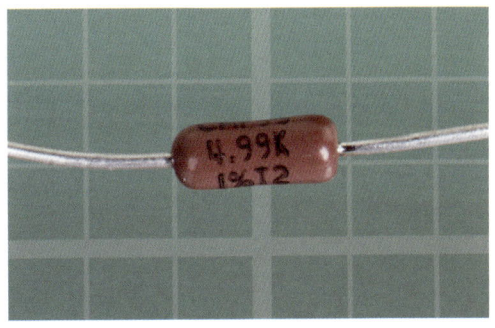

그림 1-42 저항값이 표시된 저항은 소수에 불과하다.

그러나 대부분의 저항은 줄무늬 형태의 색깔 코드를 사용한다. 그림 1-43은 코드의 규칙을 보여준다.

---

4 저항에 있는 각종 색의 띠.

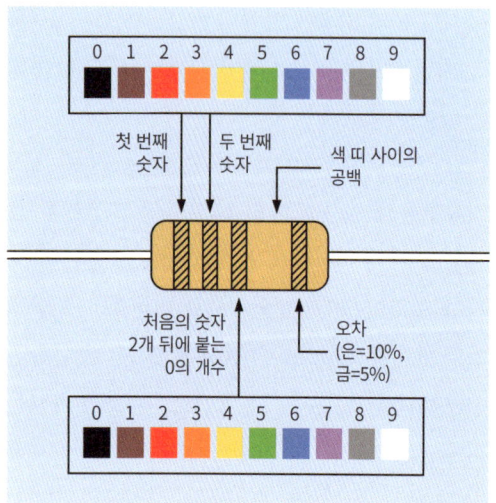

그림 1-43 저항값을 나타내는 코드 규칙. 왼쪽 선의 개수가 본문의 설명처럼 3개가 아닌 4개인 저항도 있다.

그림 1-44는 몇 가지 예를 보여준다. 위에서부터 아래로 순서대로 10% 오차의 1,500,000옴(1.5M) 저항, 5% 오차의 560옴 저항, 10% 오차의 4,700옴(4.7K) 저항, 5% 오차의 65,500옴(65.5K) 저항이다.

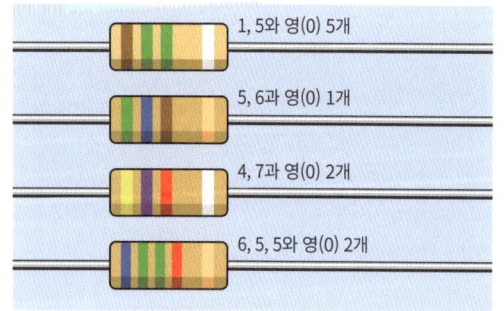

그림 1-44 색깔 코드가 표시된 저항의 네 가지 예.

색깔 코드는 다음과 같이 정리할 수 있다.

- 저항 본체의 색깔은 무시한다(예외는 저항이 흰색일 때이다. 흰색 저항은 불연성이거나 퓨즈가 달린 저항을 뜻하므로 교체해야 한다면 반드시 같은 유형의 저항이어야 한다. 그러나 흰색 저항을 볼 일은 많지 않다).
- 은색 또는 금색의 띠를 찾아서 이 띠가 오른쪽에 오도록 저항의 방향을 바꾼다. 은색 띠는 저항값의 정확도가 표시된 값의 10% 이내, 금색 띠는 5% 이내임을 뜻한다. 이 정확도를 저항의 '오차(tolerance)'라 한다.
- 은색 또는 금색의 띠가 없으면 색 띠가 모여 있는 쪽이 왼쪽으로 오도록 저항을 놓는다. 보통 띠가 3개 모여 있다. 띠가 4개일 경우도 조금 뒤에 설명한다.
- 처음의 띠 2개는 왼쪽부터 오른쪽의 순서로 저항값의 처음 두 자리를 뜻한다. 왼쪽에서 세 번째 띠는 처음 2개의 숫자 뒤에 붙는 0의 개수를 뜻한다. 각각의 색이 의미하는 숫자는 그림 1-43을 참고한다.

저항에 표시된 띠가 3개가 아닌 4개라면 처음의 띠 '3개'가 저항값 앞의 숫자, '네 번째' 띠가 0의 개수가 된다. 세 번째 숫자 띠가 있으면 좀 더 정밀한 저항값을 표시할 수 있다.

어려운가? 그렇다면 계측기를 사용해서 저항값을 확인해도 된다. 단, 계측기의 측정값이 저항에 표시된 값과는 조금 다를 수 있다는 점은 알아두자. 이는 계측기가 아주 정확하지 않아서일 수도 있고 저항이 아주 정확하지 않아서일 수도 있으며 둘 다여서일 수도 있다. 그러나 차이가 크지 않다면 이 책의 프로젝트에 사용하기에 큰 문제는 없다.

LED에 불을 켜보자

이제 가지고 있는 LED를 살펴보자. 구식 백열전구는 상당한 전기를 열로 변환하기 때문에 전력이 낭비된다. 그러나 LED의 방식은 그보다 훨씬 뛰어나다. LED는 대부분의 전력을 빛으로 변환하기 때문에 제대로만 취급하면 반영구적으로 사용할 수 있다!

LED의 경우 공급되는 전력량과 전력 공급 방식이 꽤 까다롭다. 따라서 반드시 다음의 규칙을 따라야 한다.

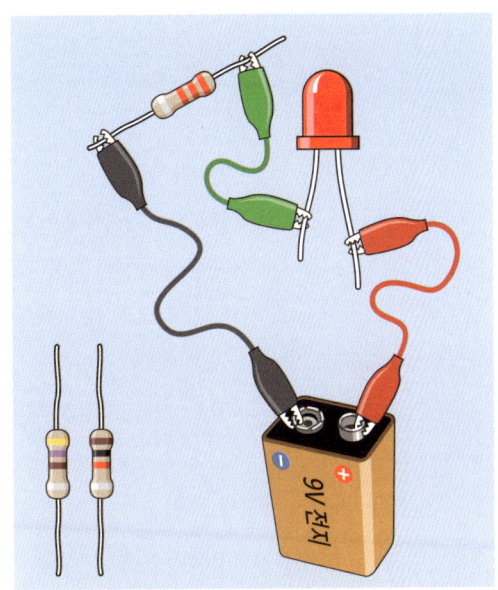

그림 1-45 LED를 밝히기 위한 첫 번째 회로.

- LED에서 나오는 두 단자 중 길이가 '긴' 단자를 '양극'에, 짧은 단자를 음극에 연결해야 한다.
- 긴 단자와 짧은 단자 사이에 걸린 전압차는 제조사가 정한 한도를 넘지 않아야 한다. 이 한도를 '순방향 전압(forward voltage)'이라 한다.
- 긴 단자를 통해 LED로 들어가 짧은 단자로 나오는 전류는 제조사가 정한 한도를 넘지 않아야 한다. 이 한도를 '순방향 전류(forward current)'라 한다.

이 규칙을 어기면 어떤 일이 일어날까? 실험 4에서 직접 알아보자.

이 실험에서는 새 9볼트 전지를 준비해야 한다. 그림 1-8처럼 전지에 커넥터를 사용할 수 있지만 그림 1-45처럼 악어 클립을 사용해서 테스트 리드 2개를 직접 전지 단자에 연결하는 것이 더 쉽다.

먼저 2.2K 저항을 선택하자. 2.2K는 2,200옴을 뜻한다. 왜 딱 떨어지는 2,000 같은 저항값이 아닌 2,200을 사용하는 걸까? 이에 관해서는 나중에 간단히 설명하겠지만 지금 당장 알고 싶다면 24페이지의 '배경지식: 복잡한 숫자들'을 참고하자.

2.2K 저항의 색 띠는 빨강-빨강-빨강으로 이는 2와 2 다음에 0이 2개 따라온다는 뜻이다. 1K 저항(갈색-검정-빨강) 하나와 470옴 저항(노랑-보라-갈색) 하나도 필요하니 준비하자.

2.2K 저항을 그림 1-45와 같이 회로에 연결한다. 전지의 양극이 오른쪽에 오도록 전지를 올바로 놓아야 한다.

- '플러스(+)' 기호는 항상 '양'을 뜻한다.
- '마이너스(-)' 기호는 항상 '음'을 뜻한다.

LED의 긴 단자가 오른쪽에 와야 하며 악어 클립끼리 서로 닿지 않도록 주의해야 한다. 제대로 연결하면 LED가 흐릿하게 빛나는 것을 알 수 있다.

이제 2.2K 저항 대신 1K 저항으로 바꾸어보자. LED가 더 밝게 빛나는 것을 알 수 있다.

1K 저항 대신 470옴 저항으로 바꾸면 LED는 더 밝게 빛난다.

이 실험은 당연한 것처럼 보일지 모르지만 중요한 사실을 알려준다. 저항은 회로에 흐르는 전류의 일부를 차단한다. 저항의 값이 크면 더 많은 전류를 차단해서 LED로 흘러가는 전류의 양이 줄어든다.

저항 확인하기

앞에서 저항값을 확인하기 위해 계측기를 사용할 수 있다고 말했다. 계측기 사용법은 아주 쉽다. 측정 방법은 그림 1-46과 같다. 먼저 계측기를 저항 측정 모드로 설정한다. 저항과 다른 부품의 연결을 끊은 뒤 계측기의 탐침을 저항에 가져다 댄다. 수동 범위 조정 계측기를 사용한다면 저항값이 생각했던 것보다 높지 않은지 확인해야 한다. 그러지 않으면 오류 메시지가 나타날 수 있다.

기억해야 할 점은 저항의 리드를 탐침으로 단단히 누르면 더 정확한 측정값을 얻을 수 있다는 것이다. 이때 손가락으로 저항과 탐침을 잡지 않도록 주의한다. 몸에 닿으면 저항의 저항값과 신

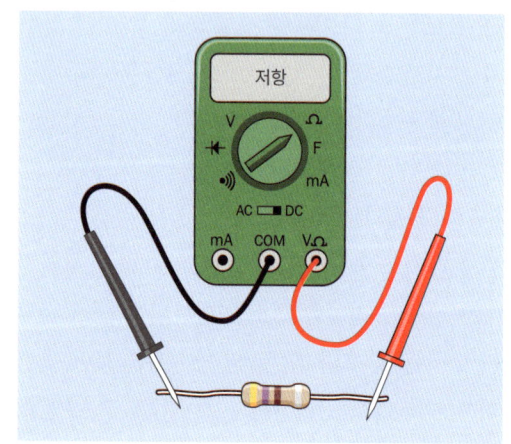

그림 1-46 저항값 확인하기.

체의 저항값이 함께 측정된다. 저항은 비금속 탁자 같은 절연된 표면 위에 두어야 한다. 탐침을 잡을 때는 플라스틱 손잡이 부분을 사용해야 하며 금속으로 된 끝부분으로 세게 눌러야 한다.

탐침 대신 한 쌍의 테스트 리드를 사용할 수도 있다. 악어 클립으로 각각 저항의 양 끝에 두 리드의 한쪽을 연결하고 계측기 탐침에 두 리드의 다른 쪽을 연결한다. 이렇게 하면 손을 쓰지 않으면서도 저항값을 확인할 수 있으며 이쪽이 사용하기 훨씬 수월하다.

배경지식: 복잡한 숫자들

저항을 몇 개 확인해보거나 인터넷에서 구매해보면 동일한 숫자들이 반복해서 등장한다는 것을 알 수 있다. 천 단위 저항값으로 많이 사용되는 저항은 1.0K, 1.5K, 2.2K, 3.3K, 4.7K, 6.8K, 만 단위의 저항값으로 많이 사용되는 저항은 10K, 15K, 22K, 33K, 47K, 68K이다.

이런 숫자 쌍들을 '승수(multiplier)'라고 부르

는데 옴 단위의 기본 저항값에 1, 10, 100, 1,000, 10,000 같은 수를 곱해서 구할 수 있기 때문이다.

숫자가 복잡한 데에는 논리적인 이유가 있다. 오래 전의 저항은 정확도가 ±20%인 경우가 많아서 1.0K 저항의 실제 저항값은 1+20%=1.2K이고 1.5K 저항의 저항값도 1.5-20%=1.2K가 될 수 있었다. 그 때문에 1K와 1.5K 사이의 저항값을 구별해 표기하는 것이 무의미했다. 이와 마찬가지로 68옴 저항의 실제 저항값이 68+20%=80옴 이상이고 100옴 저항의 실제 저항값도 100-20%=80옴이 될 수 있어서 68옴과 100옴 사이의 저항값을 구분하는 것도 의미가 없었다.

그림 1-47의 표 첫 행에서 흰색 숫자는 저항의 원래 승수다. 이 숫자들은 저항의 저항값이 ±10% 이내의 정확도를 가지는 오늘날에도 널리 사용된다.

검은색 숫자와 흰색 숫자를 포함시키면 10% 저항에서 가능한 모든 승수를 구할 수 있다. 그런 다음 파란색 값을 포함시키면 5% 저항에서 가능한 모든 승수를 구할 수 있다.

1.0	1.5	2.2	3.3	4.7	6.8
1.1	1.6	2.4	3.6	5.1	7.5
1.2	1.8	2.7	3.9	5.6	8.2
1.3	2.0	3.0	4.3	6.5	9.1

그림 1-47 저항의 기본적인 승수와 커패시터 값. 자세한 내용은 본문 참조.

나는 이 책의 프로젝트에 기본적인 승수 6개만 사용해서 필요한 저항의 범위를 최소화했다. 정확도가 중요한 경우(예를 들어 실험 19와 같이 인체의 반응을 측정하는 회로) 출력을 미세하게 조정하기 위해 가변저항을 사용할 수 있다. 가변저항은 바로 다음 실험에서 소개한다.

청소와 재활용

전지와 LED는 다음 실험에서 다시 사용한다. 저항도 나중에 다시 사용할 수 있다.

실험 4: 전압을 변화시켜보자

전류를 제어하는 '가변저항(potentiometer)'을 회로에 삽입하면 저항을 변화시킬 수 있다. 이 실험에서는 가변저항을 사용해서 전압과 전류, 그리고 이 둘 사이의 관계에 대해 더 자세히 알아본다. 또한, 제조사의 데이터시트를 읽는 방법도 배워보자.

실험 준비물

- 9V 전지 1개
- 저항: 470Ω 1개와 1K 1개
- 일반 LED 2개
- 양쪽 끝에 악어 클립이 달린 테스트 리드 4개
- 1K 선형 가변저항 2개
- 계측기 1개

가변저항의 내부를 들여다보자

첫 번째 할 일은 가변저항이 어떻게 동작하는지 살펴보는 것이고 이를 위해 가장 좋은 방법은 가변저항을 열어보는 것이다. 열어본 가변저항을 원래대로 다시 돌리지 못할 경우를 대비해서 가변저항을 2개 준비했다.

이 책의 초판을 읽은 독자들은 가변저항을 열어서 고장 낼 위험을 무릅쓰는 것은 낭비라고 불평했다. 그러나 원래 무언가를 배우려면 펜과 종이, 화이트보드 마커 같은 것들을 소모해야 하기 마련이다. 그러나 가변저항의 미래를 위험에 빠뜨리고 싶지 않다면 그건 그대로 두고 그림의 사진으로 배워보자.

대부분의 가변저항은 작은 금속 조각들로 고정되어 있다. 이 조각들을 위쪽으로 펴야 한다. 이렇게 하려면 칼을 끼워 넣어 지렛대로 사용하거나 드라이버나 펜치 같은 도구를 사용해야 한다. 이 실험에서 사용해야 하는 도구는 명시하지 않았지만 집에 있는 칼이나 드라이버, 펜치 같은 도구면 된다.

그림 1-48에서 빨간색 원으로 표시한 금속 조각이 보인다(네 번째 조각은 부품의 축에 가려져 보이지 않는다). 그림 1-49는 금속 조각을 위쪽으로 펴서 밖으로 펼친 모습을 보여준다.

그림 1-49 위쪽으로 펴서 밖으로 펼친 금속 조각.

금속 조각을 폈다면 한 손으로 가변저항의 아랫부분을 잡고 다른 손으로 조심스럽게 손잡이를 들어 올린다. 가변저항은 그림 1-50처럼 분리되어야 한다.

그림 1-50 원으로 표시된 부분이 가변저항의 와이퍼다.

안쪽을 보면 원형으로 된 '저항체(track)'가 보인다. 구입한 가변저항이 저렴한 것인지, 고급품인지에 따라 저항체는 전도성 플라스틱으로 만들어졌을 수도 있고 사진처럼 코일이 감겨 있을 수도 있다. 어느 쪽이든 원리는 같다. 코일이나 플라스틱은 저항을 가지며(1K 가변저항은 총

그림 1-48 가변저항을 고정시키는 금속 조각.

1,000옴의 저항을 가진다) 손잡이를 돌리면 '와이퍼'가 저항 성분과 마찰하면서 중앙의 단자로부터 다른 지점으로 이동한다. 와이퍼는 그림 1-50에 빨간색 원으로 표시했다.

아마도 다시 조립해서 사용할 수 있겠지만 필요하다면 미리 준비해둔 다른 가변저항을 사용해도 된다.

가변저항 점검하기

계측기를 저항 모드로 설정하고(수동 범위 조작 계측기의 경우 최소 1K) 그림 1-51처럼 탐침을 인접한 2개의 단자에 갖다 댄다. 가변저항의 손잡이를 시계 방향으로 돌리면(파란색 화살표 부분) 저항이 거의 0까지 줄어든다. 손잡이를 시계 반대 방향으로 돌리면 저항은 약 1K까지 증가한다. 이제 검은색 탐침은 그대로 두고 빨간색 탐침을 반대쪽 단자에 갖다 대면 가변저항은 처음과는 반대로 작동한다.

가운데 단자가 가변저항의 와이퍼와 연결되어 있다고 생각하는가? 다른 두 단자는 저항체의 양 끝과 연결되어 있을까?

빨간색 탐침을 검은색 탐침이 있는 곳으로 이동시키고 검은색 탐침을 빨간색 탐침이 있는 곳으로 이동시키더라도 둘 사이의 저항은 변하지 않는다. 어느 방향에서 측정하더라도 저항값은 같다. LED를 바르게 연결하는 방법은 정해져 있었지만 가변저항에는 '극성(polarity)이 없어서' 어느 방향으로 연결해도 된다.

주의: 전원을 연결하면 안 된다

저항값을 측정하는 동안 회로에 전원을 연결해서는 안 된다. 계측기는 저항을 측정할 때 내부 전지에서 아주 소량의 전압을 사용한다. 전원을 연결해서 내부 전압과 외부 전압이 충돌하기를 바라지는 않을 것이다.

주의: 실험 시 LED 손상

다음의 실험을 여러 번 해봤지만 별일이 없었다. 그렇지만 LED에 금이 갔다는 독자도 있었다. 만일을 위해 보호용 안경을 쓸 수도 있다. 일반 안경을 사용해도 된다.

LED에 불을 밝혀보자

이제 가변저항을 사용해서 LED의 밝기를 조정할 수 있다. 그림 1-52처럼 모든 부품을 정확하게 연결해야 한다. 보이는 것처럼 악어 클립 2개는 단자와 연결한다. 실험 3에서는 저항값이 정

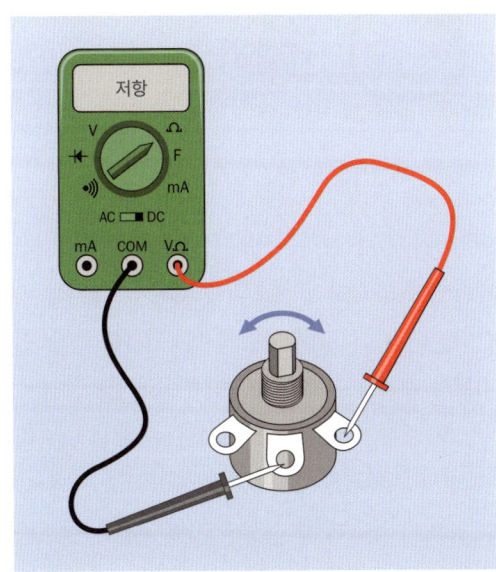

그림 1-51 가변저항의 작동을 점검하는 절차.

해진 저항을 사용한 반면(그림 1-45 참조) 여기서는 가변저항을 사용한다.

　시작할 때는 (앞에서 했던 것처럼) 손잡이를 '시계 반대 방향'으로 끝까지 돌려두어야 한다. 그러지 않으면 시작도 하기 전에 LED가 타버릴 수 있다. 이제 손잡이를 아주 천천히 파란색 화살표를 따라 시계 방향으로 돌린다. 손잡이를 돌리면 돌릴수록 LED가 점점 더 밝아지고, 또 밝아지고, 아, 이런, 결국 LED가 타버렸다! 현대의 전자부품이 얼마나 쉽게 고장 나는지 이제 감이 좀 오는가? 내가 이 실험에 'LED에 불을 켜보자'라고 제목을 달았을 때 LED가 끝도 없이 밝아질 거라고 생각한 사람은 없었을 것이다.

　타버린 LED는 치워 둔다. 미안한 말이지만 한번 타버린 LED는 다시 켜지지 않는다.

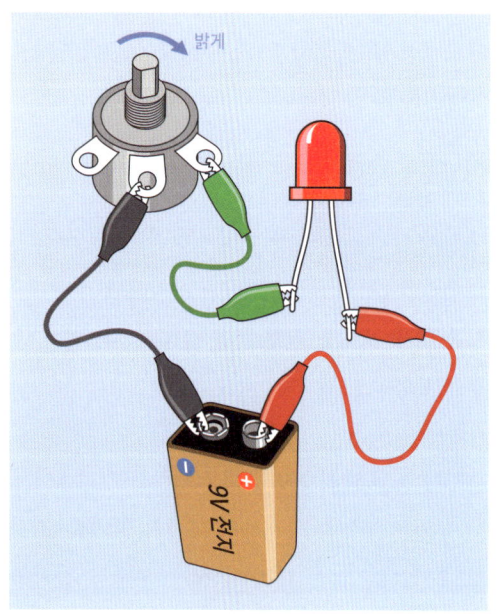

그림 1-52 가변저항으로 LED의 밝기 조정하기.

새 LED로 교체하고 이번에는 LED를 태우지 않도록 해보자. 이를 위해 회로에 그림 1-53처럼 470옴 저항을 추가한다. 전기는 이제 가변저항뿐 아니라 470옴 저항도 통과해 지나가기 때문에 가변저항의 값이 0으로 줄어들더라도 LED를 보호할 수 있다. 이제는 뭔가가 고장 날 걱정을 할 필요 없이 가변저항의 손잡이를 돌려도 된다.

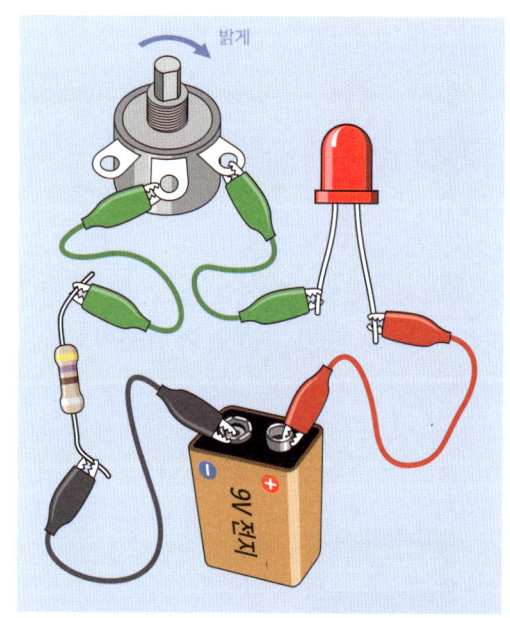

그림 1-53 LED 보호하기.

여기서 LED가 9볼트 전지에 직접 연결하기에는 지나치게 민감한 부품이라는 교훈을 얻기를 바란다. 따라서 LED를 회로에 사용할 때는 반드시 저항을 추가로 연결해 보호해주어야 한다.

　LED를 1.5볼트 건전지 하나와 직접 연결하면 전원을 인가할 수 있을까? 확인해보자. LED에 불빛이 약하게 들어올 수도 있지만 1.5볼트는

LED의 '문턱 전압(threshold)'보다 낮다. LED에 불을 밝히려면 얼마만큼의 전압이 필요한지 확인해보자.

전위차 측정하기

전지를 회로에 연결하고 계측기의 다이얼을 DC 전압 측정 모드로 설정한다. 계측기에 꽂혀 있는 빨간색 리드는 그대로 두어도 된다. 전압 측정용 소켓이 저항 측정용 소켓과 같기 때문이다.

수동 계측기라면 전압을 9볼트 이상으로 설정한다. 계측기의 다이얼 옆에 표시된 숫자가 각 범위의 최댓값이라는 점을 잊지 말자.

이제 그림 1-54처럼 탐침을 가변저항의 단자에 갖다 대보자. 그런 뒤 탐침을 제 위치에 가져다 대고 가변저항을 조금씩 위아래로 변경한다. 그에 따라 전압이 변하는 것을 확인할 수 있다. 이를 두 탐침 사이의 '전위차(potential difference)'라고 부른다.

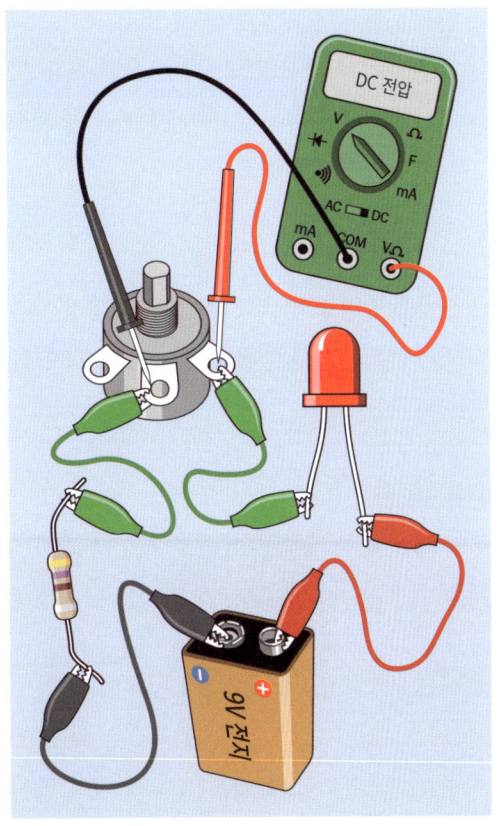

그림 1-54 LED의 전위차 측정하기.

- '전위차'란 두 지점 사이의 전압이라는 뜻이다.

LED의 전위를 측정할 때 가변저항을 조정하면 전위도 생각했던 만큼은 아니지만 변한다. LED 내에서 어느 정도 자체 조정이 이루어져서 전압과 전류가 변하고, 그에 따라 저항도 바뀌기 때문이다.

빨간색과 검은색 탐침의 위치를 바꾸면 어떻게 될까? 바꾸어 측정해보면 계측기의 화면에 마이너스 기호가 나타난다. 이렇게 해도 계측기에 손상이 발생하는 일은 없지만 빨간색 탐침을 양극에 두고 전압을 측정해야 혼동을 줄일 수 있다.

마지막으로 탐침을 고정저항에 갖다 대고 가변저항을 변화시키면서 다시 한 번 전위차를 측정해보자. 이 단순한 회로의 모든 부품은 전지의 전압을 공유한다. 따라서 가변저항이 자기 몫을 줄이면 더 큰 전압차가 고정저항과 LED에 걸리게 된다. 그뿐만 아니라 가변저항의 저항값이 낮아지면 회로의 전체 저항값도 낮아지기 때문에 더 많은 전류가 흐른다.

다음 사항은 꼭 기억해두도록 하자.

- 회로에 연결된 모든 장치의 전위차를 다 더한 총합은 전지의 전압과 같다.
- 회로에서 두 지점 사이의 '상대' 전압을 측정할 수 있으며 이를 전위차라 한다.
- 전압을 측정할 때 계측기를 청진기처럼 사용하면 회로 연결을 방해하거나 끊지 않고도 측정이 가능하다.

전류 확인하기

이제 다른 측정 실험을 해보자. 이 실험에서는 계측기를 mA(밀리암페어) 측정 모드로 설정해서 회로의 전류를 확인할 것이다. 전류를 측정할 때는 다음의 규칙을 반드시 준수해야 한다.

- 전류(전류량)는 계측기를 '통과'할 때만 측정할 수 있다.
- 계측기를 반드시 회로에 위치시켜야 한다.
- 전류가 지나치게 높으면 계측기 내부의 퓨즈가 끊어질 수 있다.
- 소켓은 계측기에 mA라고 표시된 것을 사용해야 한다. 지금까지 사용한 소켓과 같을 수도 있고 다른 것일 수도 있다.

측정하기 전에 반드시 계측기를 전압이 아닌 mA 측정 모드로 설정해야 한다.

주의: 계측기 과부하

전류를 측정할 때는 조심해야 한다. 예를 들어 계측기가 mA 측정 모드로 설정된 상태에서 탐침을 전지의 단자에 바로 가져다 대면 그 즉시 과부하가 발생해서 계측기 내부의 퓨즈가 끊어질 수 있다. 저렴한 계측기는 여분으로 제공되는 퓨즈가 없기 때문에 퓨즈가 나가면 계측기 덮개를 열어 퓨즈의 용량을 확인하고 그에 해당하는 제품을 인터넷에서 찾아 구입해야 한다. 이 과정은 정말로 번거롭다(나는 이런 일을 이미 몇 번이나 경험했다). 게다가 정말 저렴한 계측기라면 퓨즈 교체 자체가 쉽지 않을 수도 있다.

- 회로에 전류를 제한하는 부품이 있을 때만 전류를 측정한다.
- 미리 경고하지만 계측기에 별도의 전류 측정 소켓이 있다면 실제로 전류를 측정하는 동안 반드시 빨간색 리드를 소켓에 연결해 두어야 한다. 전류 측정이 끝나면 빨간색 리드를 전압/저항 소켓으로 다시 옮겨 둔다.

전류 측정하기

그림 1-55처럼 계측기를 LED와 가변저항 사이에 위치시킨다. 가변저항을 조금씩 위아래로 조정하면 회로의 저항값이 변하면서 전류의 흐름(즉, '전류량')이 변하는 것을 알 수 있다. 앞의 실험에서 LED가 타버린 것은 너무 많은 전류로 인해 LED에 발생한 열이 마치 퓨즈를 녹이듯이 내부를 녹여버렸기 때문이다. 저항이 높아지면 전류량이 제한된다.

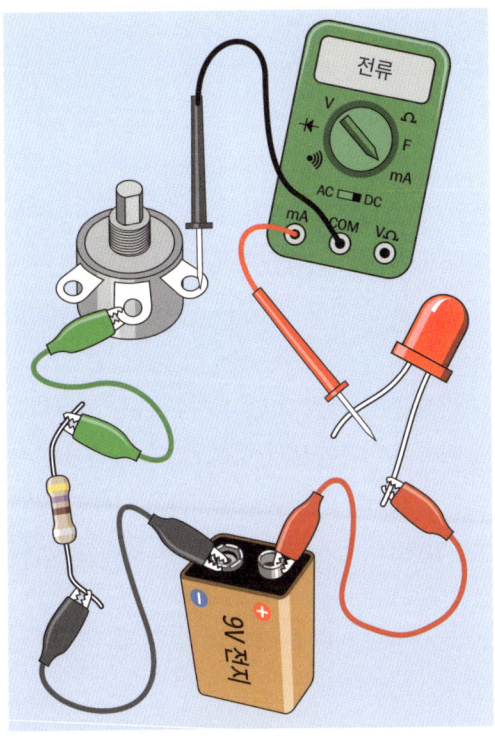

그림 1-55 전류가 회로를 돌면서 계측기를 통과해 지나간다.

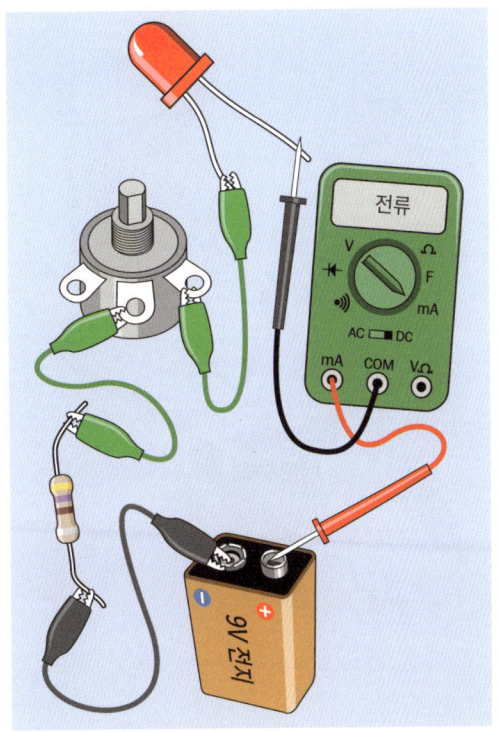

그림 1-56 간단한 회로를 흐르는 전류는 회로의 어떤 위치에서 측정하더라도 그 크기가 같다.

이제 재미있는 실험을 해보려고 한다. 가변저항을 시계 반대 방향으로 끝까지 돌리고 측정한 전류의 값을 기록해두자.

가변저항을 조정하지 않고 그림 1-56처럼 계측기를 전지와 LED 사이에 위치시켜보자. 지금의 전류 크기는 얼마인가? 이전의 측정값과 같을 수도 있지만 악어 클립을 옮기는 과정에서 저항이 살짝 변하면서 아주 조금 차이가 생길 수도 있다.

- 간단한 회로에서의 전류는 어디에서 측정하더라도 같다. 왜냐하면 전자가 달리 흘러갈 곳이 없기 때문이다.

측정하기

이제 실제로 수치를 확인해볼 시간이다. 이 과정을 통해 모든 전자부품에 적용되는 가장 기본적인 규칙을 이해할 수 있을 것이다.

회로에서 LED를 제거하고 계측기를 전지와 가변저항 사이에 직접 위치시키자. 470옴 저항 대신 그림 1-57처럼 1K 저항(갈색-검정-빨강 순서)을 사용한다. 이제 회로에는 1K 가변저항과 1K 저항이 걸린다(계측기에도 저항이 존재하지만 너무 낮기 때문에 무시해도 된다. 전선과 악어 클립에도 크기가 아주 작은 저항이 존재하지만 이 값은 계측기의 저항값보다 낮다).

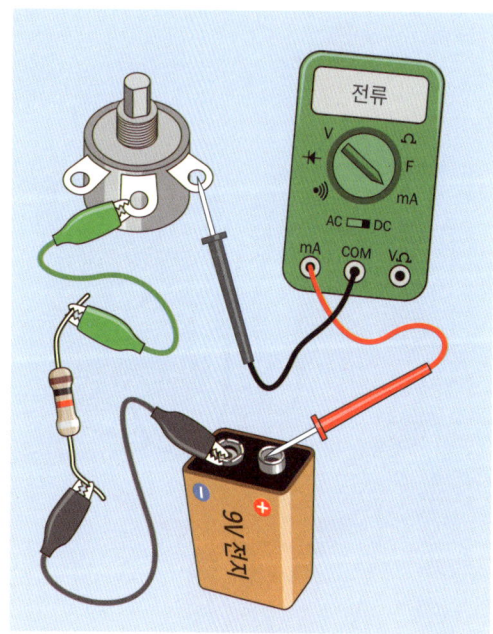

그림 1-57 이 마지막 LED 실험에서는 LED를 제거한다.

총 저항이 1K일 때 9mA

총 저항이 1.5K일 때 6mA

총 저항이 2K일 때 4.5mA

뭔가 재미있는 사실을 눈치챘는가? 각 값에서 왼쪽과 오른쪽의 숫자를 곱하면 결과값이 모두 9가 나온다. 그리고 우연히도 전지의 전압이 9볼트다.

측정값이 3개밖에 안 되지만 다른 고정저항을 사용해서 추가로 실험해보더라도 결과는 분명 마찬가지일 것이다. 이를 나는 다음과 같이 정리했다.

전지 전압 = 밀리암페어 × 킬로옴

가변저항을 시계 방향으로 끝까지 돌리면 저항이 거의 0으로 줄어든다. 이제 회로에는 고정저항인 1,000Ω만 걸려 있다. 자, 계측기에는 얼마의 전류가 흐른다고 표시되는가? 가변저항을 시계 반대 방향으로 반쯤 돌리면 저항이 약 500Ω 늘어난다. 이제 회로에 걸리는 저항은 약 1,500Ω이다. 이제 계측기에 표시된 전류의 크기는 얼마인가?

이번에는 가변저항을 시계 반대 방향으로 끝까지 돌려서 회로에 1,000Ω 저항을 걸어주면 고정저항의 값과 더해져 총 저항은 2,000Ω이 된다. 이때 전류량은 얼마인가?

내가 실험해보았을 때는 다음과 같은 값을 얻었다. 여러분이 얻은 값도 이와 비슷할 것이다.

그런데 잠깐. 1K는 1,000옴이고 1mA는 1,000분의 1암페어다. 그러니 볼트, 암페어, 옴의 기본단위를 사용하면 우리의 식은 다음과 같이 나타낼 수 있다.

전압 = (암페어 / 1,000) × (옴 × 1,000)

(여기서 흔히 '슬래시'라고 부르는 / 기호를 사용하는데 이 기호는 나눈다는 뜻이다.)

이 식에서 1,000은 서로 약분되어 사라지므로 다음과 같은 수식을 얻을 수 있다.

전압 = 전류(암페어) × 저항(옴)

이 식은 '옴의 법칙(Ohm's Law)'이라고 하며 아주 기본적인 식이다.

기초지식: 옴의 법칙

옴의 법칙은 보통 다음과 같이 나타낸다.

전압 = 전류 × 저항

약어를 써서 나타내면 다음과 같다.

$V = I \times R$

대문자 I는 전류를 나타내는데 초기에 전류가 자기장을 유도하는 성질을 뜻하는 '유도 계수(inductance)'를 사용하여 측정되었기 때문이다. 전류(current)를 뜻하는 C 같은 문자를 쓰면 더 도움이 될지도 모르지만 이미 너무 많은 사람들이 I로 사용하고 있기 때문에 다른 문자를 사용하도록 모두를 설득하기에는 너무 늦었다. 그냥 I가 전류를 뜻한다고 기억하자.

용어를 바꿔서 식을 다시 쓰면 다음과 같다.

$I = V / R$

$R = V / I$

공식을 적용할 때에는 단위를 일관되게 사용해야 한다. V는 볼트 단위, I는 암페어 단위, R은 옴 단위로 측정해야 한다. 전류를 밀리암페어 단위로 측정했다면 어떻게 해야 하나? 암페어로 나타내면 된다. 예를 들어 30mA의 전류라면 30mA = 0.03A이므로 식에서 0.03으로 써야 한다. 이게 복잡한 것 같으면 암페어 값을 구하기 위해 밀리암페어 단위로 구한 전류값을 계산기를 써서 1,000으로 나누면 된다. 마찬가지로 밀리볼트 값을 볼트로 변환하려면 1,000으로 나누면 된다.

실수할 위험을 최소화하려면 다음과 같이 옴의 법칙을 실제 단위로 외울 수도 있다.

볼트 = 암페어 × 옴
암페어 = 볼트 / 옴
옴 = 볼트 / 암페어

그러나 다음을 반드시 기억해야 한다.

- 단순한 회로에서 볼트는 두 지점 간의 '전압차'를 측정한 것이다. 또, 옴은 동일한 두 지점 사이의 저항을, 암페어는 회로를 통과해 흐르는 전류를 측정한 것이다.

기초지식: 직렬연결과 병렬연결

이 점검 회로에서 저항과 가변저항은 '직렬(series)'로 연결되어 있었다. 직렬이란 전기가 하나를 통과한 뒤 다른 하나를 지나야 한다는 뜻이다. 그와 달리 두 저항을 나란히 '병렬(parallel)'로 연결하기도 한다.

- 직렬로 연결된 저항은 하나의 저항 다음에 다른 저항이 위치한다.
- 병렬로 연결된 저항은 나란히 위치한다.

같은 값의 저항 2개를 직렬로 연결하면 전기가 장벽 2개를 연속으로 통과해야 하기 때문에 전체 저항은 2배가 된다(그림 1-58 참조).

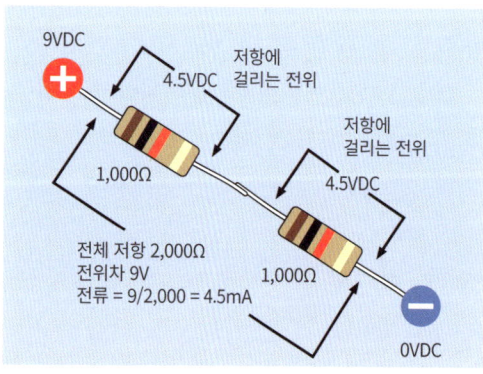

그림 1-58 같은 값을 가진 저항 2개를 직렬로 연결한 모습.

같은 값의 저항 2개를 병렬로 연결하면 전기가 하나의 경로가 아닌 같은 저항값을 가진 2개의 경로로 지나가기 때문에 전체 저항은 절반으로 줄어든다(그림 1-59 참조).

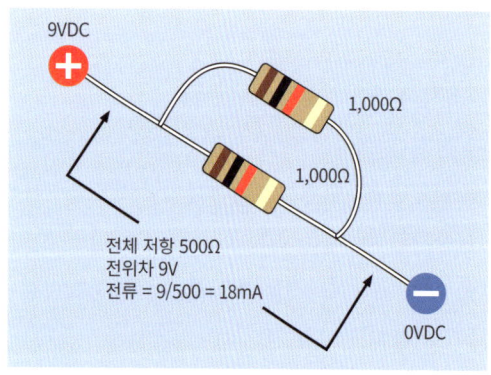

그림 1-59 같은 값을 가진 저항 2개를 병렬로 연결한 모습.

두 그림에서 밀리암페어 단위로 표현된 전류는 옴의 법칙을 사용해 계산한 결과이다.

실제로 저항을 병렬로 연결하는 일은 잘 없으며 그보다는 다른 유형의 부품을 병렬로 연결하는 일이 많다. 예를 들어 가정용 전구는 모두 주전원과 병렬로 연결되어 있다. 따라서 부품을 병렬로 계속 연결하면 회로의 저항이 줄어든다는 사실을 이해하면 도움이 된다. 그와 동시에 전기가 통과하는 경로가 늘어날 때마다 회로를 통과해 지나가는 전체 전류의 크기는 커진다.

옴의 법칙 사용하기

옴의 법칙은 쓸모가 많다. 예를 들어 옴의 법칙을 적용하면 어떤 저항을 LED와 직렬로 연결해야 하는지 정확하게 알 수 있어서 LED에서 발생하는 빛의 밝기를 최대로 올리면서도 LED를 보호할 수 있다.

제일 먼저 해야 할 일은 제조사에서 작성한 LED의 사양을 확인하는 것이다. 이러한 정보는 인터넷으로 제공되는 데이터시트에서 쉽게 확인할 수 있다. 예를 들어 비쉐이 반도체(Vishay Semiconductors)에서 생산한 LED를 사용한다고 하자. 상표를 보면 부품 번호가 TLHR5400이라는 것을 알 수 있다. 상표는 LED가 담긴 꾸러미를 우편으로 받았을 때 잘라내어 LED와 함께 보관했다고 하자(적어도 이렇게 했어야 한다).

그다음 해야 할 일은 구글에서 다음과 같이 회사명과 부품 번호를 검색하는 것이다.

vishay tlhr5400

검색 결과에서 비쉐이가 제공하는 데이터시트가 가장 위에 나타날 것이다. 스크롤을 아래로 내리면서 원하는 정보를 확인할 수 있다. 그림 1-60은 내가 캡처한 결과 화면의 왼쪽과 오른쪽을 표시한 것이다. 빨간색 박스를 그려 왼쪽에서는 부품 번호를, 오른쪽에서는 두 가지 유형의 순방향 전압을 각각 표시했다. 'Typ'는 평상 범위, 'Max'는 최댓값을 뜻한다. 따라서 LED는 일반적으로 2V의 전위차에서 작동한다. 그러나 'at IF(mA)'는 무슨 뜻일까? 여기서 I는 회로를 지나가는 전류를 나타낼 때 사용한다는 사실을 잊지 말자. F는 '순방향(forward)'이라는 뜻이다. 그러므로 'at IF(mA)'는 표의 순방향 전압이 20mA의 순방향 전류일 때 측정되었으며 이 LED에 권장되는 값이라는 뜻이다.

PRODUCT GROUP AND PACKAGE DA

- Product group: LED
- Package: 5 mm
- Product series: standard
- Angle of half intensity: ± 30°

PARTS TABLE

PART	COLOR	LUMINO MIN		I_F nA)	FORWARD VOLTAGE (V) MIN.	TYP.	MAX.	at I_F (mA)	TECI
TLHR5400	Red	1./		10	-	2	3	20	GaA
TLHR5400-AS12Z	Red			10	-	2	3	20	GaA
TLHR5401	Red		25	10	-	2	3	20	GaA
TLHR5405	Red		625	10	-	2	3	20	GaA
TLHR5405-AS12Z	Red		625	10	-	2	3	20	GaA

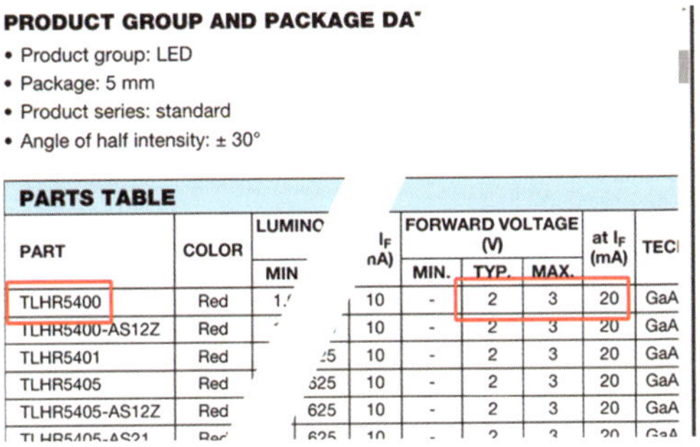

그림 1-60 LED 데이터시트를 캡처한 화면.

킹브라이트(Kingbright)의 WP7113SGC를 사용한다면 어떨까? 이번에 구글을 검색했을 때는 두 번째 검색 결과에 필요한 데이터시트가 표시되었다. 데이터시트의 두 번째 페이지에는 순방향 전압의 평상 범위값이 2.2V, 최댓값이 2.5V, 이때 순방향 전류의 최댓값이 25mA로 명시되어 있다. 킹브라이트에서 제공하는 데이터시트는 비쉐이의 데이터시트와 배치가 다르지만 원하는 정보를 찾는 것은 어렵지 않다.

비쉐이의 LED를 계속 살펴보자. 이제 이 LED가 2V, 20mA일 때 잘 작동한다는 사실을 알고 있기 때문에 옴의 법칙을 이용하면 나머지도 구할 수 있다.

저항은 얼마나 커야 할까?

그림 1-61의 간단한 회로에서 정확한 저항값을 알고 싶다고 하자. 그렇다면 먼저 내가 앞에서 언급했던 규칙을 기억해야 한다.

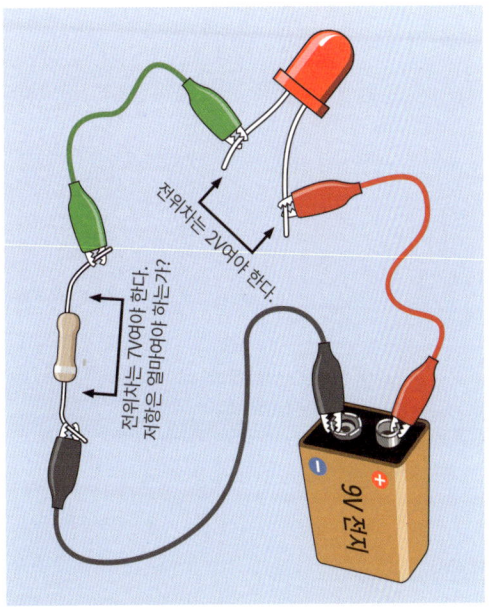

그림 1-61 이 기본 회로를 사용하면 저항의 값을 계산할 수 있다.

- 회로에 연결된 모든 장치의 전위차를 다 더한 총합은 전지의 전압과 같다.

전지가 9V인데 그중에서 LED에 2V가 필요하다. 따라서 저항은 전압을 7V만큼 낮추어야 한다.

그러면 전류는 어떻게 되나? 앞에서 언급했던 다른 규칙을 떠올려보자.

- 간단한 회로에서의 전류는 어디에서 측정하더라도 같다.

따라서 저항을 통과하는 전류는 LED를 통과하는 전류와 같다. 목표는 20mA이지만 옴의 법칙을 사용하려면 모든 단위를 통일시켜야 한다. 볼트와 옴 단위를 사용하려면 전류의 단위도 암페어로 표시해야 한다. 그러니 20mA는 20/1,000암페어, 즉 0.02암페어가 된다.

이제 알고 있는 값을 써보자. 이게 가장 기본이다.

V = 7
I = 0.02

어떤 옴의 법칙을 사용해야 할까? 우리가 모르고, 또 알고 싶은 값이 왼쪽에 오도록 해야 하므로 저항이 왼쪽에 위치한 식을 사용한다.

R = V / I

이제 다음과 같이 V와 I의 값을 대입한다.

R = 7 / 0.02

소수점이 포함된 계산을 할 때 혼동되는 부분에 관해서는 나중에 이야기하겠지만 시간 절약을 위해 계산기로 계산하면 결과는 다음과 같다.

R = 7 / 0.02 = 350Ω

350Ω은 표준적인 저항값이 아니므로 대신 330Ω의 저항을 사용한다. 만약 가지고 있는 LED가 더 민감한 제품이라면 그다음의 표준 저항값인 470Ω을 사용할 수 있다. 아마도 실험 3에서 470Ω의 저항을 사용한 사실을 기억할 텐데 이게 바로 그 이유다. 내가 산수를 좀 한다.

어떤 사람들은 직렬로 연결된 저항의 정확한 값을 구하기 위해 전압을 전류로 나눌 때 공급 전압(여기서는 9V)을 사용해야 한다고 착각하기도 한다. 그러나 그런 생각은 틀렸다. 공급 전압은 저항과 LED에 '모두' 적용되기 때문이다. 저항의 값을 구하려면 그 사이의 전압차인 7V를 사용해야 한다.

만약 전원 공급 장치를 바꾸면 어떤 일이 생길까? 이 책의 뒷부분에 나오는 실험 중에는 5V 전원을 사용하는 경우도 있다. 이때 적절한 저항값은 어떻게 바뀔까?

LED에는 2V의 전압이 걸린다. 공급되는 전원은 5V이므로 저항에 걸리는 전압은 3V로 줄어든다. 전류는 동일하기 때문에 계산은 다음과 같다.

R = 3 / 0.02

따라서 저항값은 150Ω이 된다. 그렇지만 LED가 지나치게 밝아지지 않도록 최대 전류가 20mA 미만인 LED를 사용할 수도 있다. 또한 전지로 회로에 전원을 공급한다면 전지의 수명을 늘리기 위해 전기 소비를 줄이고 싶을 수도 있다. 이런 점들을 염두에 두고 저항값을 표준적인 값에서 한 단계 높여 220Ω으로 정할 수도 있다.

배경지식: 활선

앞에서 전선은 저항값이 아주 낮다고 말했다. 전선의 저항값이 아주 낮으면 언제나 무시할 수 있을까? 사실 그렇지는 않다. 높은 전류가 흐르면 전선이 뜨거워진다. 실제로 실험 2에서 1.5V 건전지를 쇼트시켰을 때 이 현상을 확인한 바 있다. 전선이 뜨거워지면 전선에 의해 전압이 일부 차단되어 전선에 연결된 장치에 걸리는 전압이 낮아진다.

다시 한 번 말하지만 옴의 법칙을 사용하면 일부 숫자를 계산할 수 있다.

저항값이 0.2Ω인 아주 긴 전선이 있다고 하자. 여기에 전기를 많이 소비하는 장치를 작동시키기 위해 15A의 전류를 흘러보내려고 한다.

먼저 알고 있는 값을 써보자.

R = 0.2(전선의 저항)

I = 15(회로를 지나가는 전류량)

구하려는 값은 전선의 한쪽 끝과 다른 쪽 끝 사이에서 일어난 '전압 강하(voltage drop)'의 크기이며 단위는 V이다. 따라서 V가 왼쪽에 오는 옴의 법칙 식을 사용해야 한다.

V = I × R

이제 값을 대입해보자

V = 15 × 0.2 = 3V

고전압 전원 공급 장치가 있다면 3V 전원을 공급하는 일은 크게 어렵지 않지만 12V 자동차 배터리를 사용한다면 이 정도 길이의 전선에는 사용할 수 있는 전압의 4분의 1이 필요하다.

자동차에서 배선이 상대적으로 두꺼운 것은 바로 12V의 전기 중에서 낭비되는 양을 최소화하기 위해서이다.

기초지식: 소수점

영국의 전설적인 정치가 윈스턴 처칠은 '망할 점들(those damned dots)'에 대해 불평을 늘어놓은 것으로 유명하다. 당시 모든 정부 지출을 감독하는 재무장관을 맡고 있던 처칠로서는 소수점 때문에 겪는 어려움이 사실은 상당한 문제였다. 그러나 처칠이 영국의 전통적인 방식으로 어려움을 이겨냈으니 여러분도 할 수 있을 것이다.

먼저 나눗셈에 소수가 포함되어 있다고 가정해보자. 윗변과 아랫변의 숫자에서 같은 횟수만큼 소수점을 옮겨주면 계산이 수월해질 수 있다. 따라서 LED에 직렬로 연결된 저항의 값을 알기 위해 7/0.02의 결괏값을 구하려면 윗변과 아랫변 숫자의 소수점을 각각 두 번 오른쪽으로 옮겨준다.

7 / 0.02 = 700 / 2

이렇게 하면 계산이 아주 쉬워진다. 소수점을 표시된 자리수보다 아래로 옮겨야 한다면 소수점을 한 번 옮길 때마다 영을 추가로 붙여주면 된다. 따라서 7.0은 소수점을 오른쪽으로 두 번 옮겨야 하기 때문에 700이 된다.

곱셈에 소수가 포함되어 있다면 어떻게 할까? 예를 들어 0.03과 0.002를 곱한다고 해보자. 나누기 대신 곱하기를 하기 때문에 두 수의 소수점을 반대로 움직여야 한다. 예를 들면 다음과 같다.

0.03 × 0.002 = 3 × 0.00002

따라서 결과는 0.00006이 된다. 다시 말하지만 이 방법이 너무 복잡한 것 같다면 계산기를 사용해도 된다. 그러나 종이에 써서 계산하거나 심지어 암산하는 편이 훨씬 빠를 때가 있다.

이론: 혓바닥 실험과 관련된 계산

앞의 실험에서 내가 했던 질문으로 돌아가보자. 어째서 여러분의 혓바닥은 뜨거워지지 않았을까?

이제 옴의 법칙을 알고 있기 때문에 그 해답을 숫자로 설명할 수 있다. 전지의 정격전압이 9V이고 혓바닥의 저항이 50K(50,000Ω)라고 하자. 언제나처럼 먼저 알고 있는 값을 써보자.

V = 9
R = 50,000

구하려는 값이 전류 I이므로 왼쪽에 전류가 오는 옴의 법칙 식을 사용한다.

I = V / R

값을 대입한다.

I = 9 / 50,000 = 0.00018A

암페어 값을 밀리암페어로 바꾸기 위해 소수점을 오른쪽으로 세 자리 옮겨주자.

I = 0.18 mA

이 전류의 크기는 매우 작은 수준이다. 이 정도의 전류로는 많은 열을 발생시키지 못한다.

그렇다면 전지를 쇼트시키면 어떨까? 어느 정도 크기의 전류가 전선에 열을 발생시켰을까? 전선의 저항이 0.1Ω이었다고 가정해보자(아마도 더 작았겠지만 대략 0.1Ω이라고 해보자). 알고 있는 값을 써보자.

V = 1.5
R = 0.1

구하고자 하는 값은 I이므로 다음의 식을 사용한다.

I = V / R

값을 대입한다.

I = 1.5 / 0.1 = 15A

이 값은 혀를 통과해 지나갔을 전류의 약 100,000배에 달한다. 얇은 전선에 상당한 열을 발생시키기에 충분한 크기다.

난방기나 테이블톱(table saw) 같은 대형 전동 공구에는 1.5A의 전류가 흐를 수도 있다. 조그만 AA형 건전지로도 그 정도의 전류가 나올 수 있을지 궁금할지도 모른다. 그에 대한 대답은… 나도 모른다. 내 계측기로는 그 정도 크기의 전류를 측정할 수 없을 것이다. 15A 전류만으로도 내 계측기의 퓨즈가 끊어질 것이기 때문이다. 탐침을 10A라고 쓰여진 고전류 소켓에 꽂더라도 안 될 것이다. 그러나 1A 퓨즈 대신 10A 퓨즈를 사용해서 실험을 해보았을 때 10A 퓨즈는 끊어지지 않았다.

자, 왜 그랬을까? 옴의 법칙에 따르면 전류는 15A이어야 하지만 무슨 이유에서인지 그보다 낮았다. 어쩌면 건전지 홀더에 달린 전선의 저항이 실제로는 0.1Ω보다 컸기 때문일까? 아니다. 나는 저항값이 그보다 낮았을 거라고 생각한다. 그렇다면 전류가 옴의 법칙의 결과보다 낮아진 이유는 무엇일까?

그에 대한 답은 우리가 사는 세상의 모든 것이 어느 정도의 저항을 가지기 때문이다. '전지도 마찬가지다.' 전지가 회로에서 상당한 부분을 차지한다는 사실을 언제나 잊어서는 안 된다.

전지를 쇼트시켰을 때 전선뿐 아니라 전지도 뜨거워졌던 것을 기억하는가? 당연하지만 전지에도 '내부 저항(internal resistance)'이 존재한다. 내부저항은 밀리암페어 수준의 작은 전류를 사용하는 경우에는 무시할 수 있는 정도이지만 전류가 커지면 전지가 차지하는 비중도 높아진다.

앞에서 대용량 전지(특히 자동차 배터리) 사용을 주의하라고 한 것도 이 때문이었다. 전지의 용량이 커지면 내부저항은 훨씬 작아지기 때문에 전류가 훨씬 커져서 엄청난 양의 열을 발생시키며 폭발이 일어날 수도 있다. 자동차 배터리는 시동 모터를 구동시킬 때 말 그대로 수백 암페어의 전류가 흐르도록 설계되었다. 이 정도의 전류라면 충분히 전선을 녹이고 끔찍한 화재를 일으킬 수 있다. 사실, 자동차 배터리를 사용하면 금속을 용접할 수도 있다.

리튬 전지도 내부 저항이 낮아서 쇼트시키면 매우 위험하다. 그러니 다음을 반드시 기억해두자.

- 높은 전류는 고전압과 마찬가지로 제대로만 다룬다면 위험하지 않다. 그래도 위험한 건 위험한 거다.

배경지식: 와트

사람들에게 익숙한 단위 중에 아직 언급하지 않은 것이 바로 와트(watt)이다.

와트는 전력의 단위로, 전력은 공급되는 시간 동안 일을 한다. 엔지니어들은 한 사람, 동물 한 마리, 기계 한 대가 기계적인 저항을 극복하고 무엇인가를 움직였을 때 일을 한다고 표현하기도 한다. 예로는 평평하게 뻗은 도로를 따라 이동하는 자동차(마찰과 공기저항을 극복)나 계단을 올라가는 사람(중력을 극복) 등이 있다.

전력 1와트로 1초 동안 할 수 있는 일의 양을 '1줄(joule)'이라 하며 보통 대문자 J로 나타낸다.

P는 전력을 나타낼 때 사용한다.

J = P × s

식은 다음과 같이 바꿔 표현할 수도 있다.

P = J / s

전자가 회로를 지나가려면 어느 정도의 저항을 극복해야 하기 때문에 일을 하고 있다고 볼 수 있다.

와트의 정의는 쉽다.

와트 = 볼트 × 암페어

또는 관용적으로 와트를 나타내는 단위인 W를 사용해서 다음과 같이 동일한 의미의 식 3개를 만들 수도 있다.

W = V × I (와트 = 볼트 × 암페어)

V = W / I

I = W / V

밀리와트(mW), 킬로와트(kW), 메가와트(MW)라는 용어는 여러 상황에서 일반적으로 사용된다. 메가와트 단위는 보통 발전소의 발전기 같은 중장비에 사용된다. 밀리와트에 사용하는 소문자 m과 메가와트에 사용하는 대문자 M을 혼동하지 않도록 주의해야 한다. 밀리와트, 와트, 킬로와트의 변환 표는 그림 1-62와 같다.

밀리와트	와트	킬로와트
1mW	0.001W	0.000001kW
10mW	0.01W	0.00001kW
100mW	0.1W	0.0001kW
1,000mW	1W	0.001kW
10,000mW	10W	0.01kW
100,000mW	100W	0.1kW
1,000,000mW	1,000W	1kW

그림 1-62 가장 흔히 사용되는 밀리와트, 와트, 킬로와트의 변환 표.

구식 백열등은 단위로 와트를 사용한다. 음향 시스템도 마찬가지다. 와트는 증기기관을 발명한 제임스 와트(James Watt)의 이름에서 따왔다. 그뿐 아니라 와트는 마력과도 서로 변환할 수 있다.

저항은 일반적으로 1/4와트, 1/2와트, 1와트처럼 다룰 수 있는 전력의 양에 따라 등급이 매겨진다. 이 책의 프로젝트에는 언제나 1/4와트 저항을 사용할 수 있다. 이 사실은 어떻게 알 수 있을까?

9V 전지를 사용했던 첫 번째 LED 회로로 돌아가보자. 전류가 20mA일 때 7V만큼 전압 강하를 해야 했던 사실을 기억할 것이다. 이때 저항에는 몇 와트의 전력이 부과될까?

알고 있는 값을 써보자.

V = 7(저항에서의 전위차)

I = 20mA = 0.02A

구하는 값이 W이기 때문에 W가 왼쪽에 오는 식을 사용한다.

W = V × I

값을 대입한다.

W = 7 × 0.02 = 0.14와트

즉, 0.14와트의 전력이 저항에서 사용된다. 1/4 와트는 0.25와트이므로 1/4와트 저항에 0.14와트의 전력이 부과되어도 아무런 문제가 없다. 사실 1/8와트의 저항을 사용해도 되겠지만 이후의 실험에서 1/4와트 저항이 필요할 수도 있다. 1/4와트 저항이 조금 더 비싸고 크기도 조금 더 크다.

배경지식: 전력량의 기원

제임스 와트(그림 1-63)는 증기기관 발명자로 잘 알려져 있다. 1736년 스코틀랜드에서 태어난 그는 글래스고 대학에 작은 연구회를 설립하고 증기로 실린더의 피스톤을 효과적으로 움직일 수 있는 장치의 설계를 완성하기 위해 노력했다. 경제적인 문제와 초기 단계에 불과했던 당시 금속 가공 기술의 한계로 인해 1776년에서야 증기기관이 실제로 응용되기 시작했다.

특허 취득에 어려움을 겪기는 했지만 당시에는 의회 법령에 의해서만 특허 취득이 가능했다. 그와 그의 동업자는 결국 혁신적인 발명으로 큰돈을 벌어들일 수 있었다. 그가 비록 전기 분야의 선도자들보다 훨씬 앞선 시대를 살기는 했지만 그가 죽고 70년이 지난 1889년 그의 이름이 암페어와 볼트를 곱한 값으로 정의되는 전력의 기본 단위로 지정되었다.

청소와 재활용

망가진 LED는 버려도 된다. 그 외의 모든 것은 다시 사용할 수 있다.

실험 5: 전지를 만들어보자

인터넷이 없던 예전에는 아이들이 가질 만한 것이 워낙 부족했기 때문에 부엌 식탁에 앉아 못과 동전을 레몬에 끼워 넣어서 전지를 만드는 등의 실험을 하며 놀았다. 믿기 어렵겠지만 사실이다!

현대의 LED는 몇 밀리암페어의 전류만으로도 빛을 밝힐 수 있기 때문에 옛날의 레몬 전지 실험은 지금 해보면 더 재미있을 것이다. 한 번도 해본 적이 없다면 이번이 좋은 기회다.

실험 준비물
- 레몬 2개, 또는 100% 레몬 농축액 1병
- 미국의 1센트 동전 등 구리 도금된 동전 4개
- 철물점에서 구매한 2.5cm 이상의 아연 도금

그림 1-63 제임스 와트가 증기기관을 발명함에 따라 산업혁명이 일어났다. 그는 사후에 전력의 기본 단위에 자신의 이름이 사용되는 영예를 누리게 되었다.

된 강철 브래킷[5] 4개
- 양쪽 끝에 악어 클립이 달린 테스트 리드 5개
- 계측기 1개
- 저전류 LED 1개(일반 LED와 저전류 LED의 차이점은 7페이지 '발광 다이오드' 참조)

실험 준비

전지는 '전기화학적(electrochemical)' 장치이다. 다시 말해 화학적 반응을 통해 전기가 생성된다. 당연한 이야기겠지만 이러한 전지가 작동하려면 제대로 된 화학물질을 사용해야만 하며 여기서 사용할 화학물질은 구리, 아연, 레몬 주스다.

주스를 구하기는 그다지 어렵지 않을 것이다. 레몬 자체도 저렴하지만 노랗고 조그만 플라스틱 용기에 든 농축액을 사도 된다. 어느 쪽이든 상관없다.

1센트 동전은 더 이상 구리로 만들지 않지만 구리로 겉을 얇게 도금하는데 이것으로 충분하다. 동전이 새것이고 반짝거리기만 하면 된다. 구리가 산화되어서 흐린 갈색을 띠고 있으면 실험이 제대로 되지 않는다.

아연을 구하기는 조금 까다롭다. 실험에는 녹이 스는 현상을 방지하기 위해 '아연으로 도금된' 금속이 필요하다. 동네 철물점에 가면 아연 도금된 작은 강철 브래킷을 구할 수 있으며 가격도 많이 비싸지 않다. 각 변이 2.5cm 정도인 브래킷이면 충분하다.

---

5 못을 박을 때 덧대는 금속 조각.

레몬 실험: 1부

레몬을 반으로 자르고 자른 레몬에 동전을 끼운다. 동전과 가급적 가까운 곳에 아연 도금한 브래킷을 끼우되 닿지는 않도록 주의한다. 이제 계측기를 최대 2V DC를 측정할 수 있도록 설치하고 탐침 하나를 동전에, 다른 탐침 하나를 브래킷에 갖다 댄다. 계측기에서 0.8~1V의 전압을 확인할 수 있을 것이다.

일반적인 LED에 전기를 공급하려면 전압이 이보다 높아야 한다. 그렇다면 전압은 어떻게 높일 수 있을까? 전지를 직렬로 연결하면 된다. 다시 말해 레몬이 더 필요하다! 테스트 리드를 사용해서 그림 1-64처럼 전지를 연결한다. 각각의 리드가 브래킷과 동전을 연결한다는 것에 주의한다. 동전과 동전을 연결하거나 브래킷과 브래킷을 연결해서는 안 된다.

그림 1-64 레몬 3개로 만든 배터리는 저전류 LED를 밝히기에 충분한 전압을 생성한다.

동전과 브래킷이 서로 가까우면서도 닿지 않도록 모든 것을 신중히 배치했다면, 레몬 주스 전지 3개를 직렬로 연결했을 때 LED를 밝힐 수 있을 것이다.

또 다른 방법은 그림 1-65처럼 여러 개의 칸으로 나누어진 작은 부품 보관함을 사용하는 것이다. 모든 것을 제대로 배치한 뒤 레몬 농축액을 붓는다. 식초나 포도 주스를 사용해도 비슷한 결과를 얻을 수 있다.

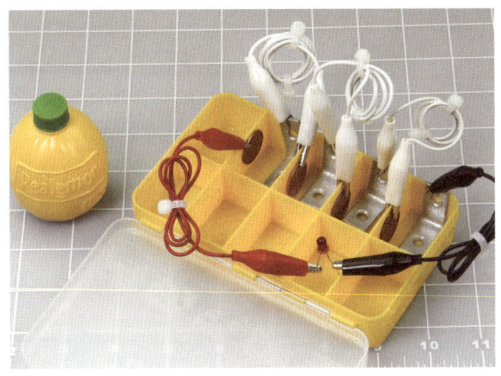

그림 1-65 직접 짠 레몬 주스나 시판용 레몬 농축액은 장치가 대단히 멋지지 않더라도 안정적인 결과를 낸다. 이 그림에서 원래 부품을 담는 용도의 상자가 전지셀 4개로 만든 레몬 전지로 바뀌었다.

나는 레몬 주스 전지에 전지셀을 4개 사용하기로 했다. LED에는 어느 정도 전압이 필요하고 전지로는 LED를 망가뜨릴 정도의 전류를 흘려보내지 못하기 때문이다. 사진에서처럼 배치하면 바로 작동한다.

이론: 전기의 속성

레몬 전지의 작동 방식을 이해하려면 원자에 대한 기본 지식부터 알아야 한다. 각각의 원자 중앙에는 양의 전하를 가지는 양자로 이루어진 핵이 위치한다. 핵은 음의 전하를 띠는 전자로 둘러싸여 있다.

원자핵을 깨려면 많은 에너지가 필요하며 또 핵폭발에서처럼 많은 에너지를 방출한다. 그러나 전자들이 알아서 떨어져 나가거나 결합하도록 하는 데는 에너지가 거의 들지 않는다. 예를 들어 아연이 산과 화학반응을 일으키면 전자가 발생할 수 있다.

이런 화학반응은 아연 도금한 부품이 어디에도 연결되어 있지 않으면 금방 멈춘다. 전자가 갈 곳이 없어 제자리에 축적되기 때문이다. 전자는 상호 반발력을 가진다. 그림 1-66처럼 싫어하는 사람들이 서로 떠나기를 바라면서, 그와 동시에 새로운 사람들이 들어오지 못하도록 막는 모습을 상상하면 된다.

그림 1-66 전극 위의 전자들이 상당히 나쁜 태도를 취하고 있는데 이를 상호 반발이라고 한다.

이제 전선으로 전자가 모이는 아연 전극을 다른 금속(예를 들어 구리) 전극에 연결하면 어떤 일이 일어날지 생각해보자. 다른 전극에는 전자가 들어갈 '구멍'이 있다. 전자들은 한 원자에서 다른 원자로 이동하며 쉽게 전선을 통과할 수 있다. 이 길을 열기만 하면 상호 반발력 때문에 원자들이 서둘러서 새로운 집을 찾아 달아나려고 한다. 이 때문에 전류가 생긴다(그림 1-67 참조). 아연 전극의 전자 수가 줄어들었기 때문에 아연

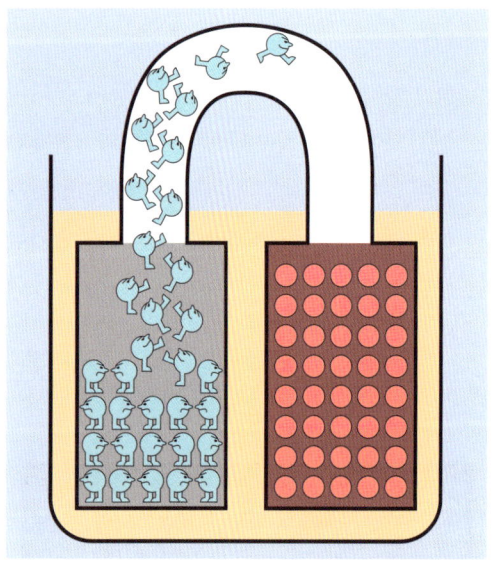

그림 1-67 전자가 아연 전극으로부터 구리 전극으로 빠져나간다.

과 산의 화학반응이 계속되면서 사라진 전자 대신 새로운 전자를 채워 넣는다. 그러나 새로 생성된 전자들도 다른 전자들과 마찬가지로 서로에게서 벗어나려는 성질이 있기 때문에 곧장 전선을 타고 달아난다. 이러한 힘으로 움직이는 전자는 LED를 통과해서 지나가면서 에너지를 방출해서 LED의 불을 밝힌다.

이러한 과정은 아연과 산의 반응이 멈출 때까지 이어진다. 반응이 멈추는 것은 보통 산과 반응하지 않는 산화아연 같은 화합물 층이 생성되면서 산이 그 아래에 있는 아연과 반응하지 못하도록 막기 때문이다(이 때문에 아연 전극을 산성 전해질에서 빼내면 거무스름하게 보일 수 있다).

이러한 설명은 '일차전지(primary battery)'에 해당된다. 일차전지는 단자를 서로 연결하는 즉시 전자가 한 전극에서 다른 전극으로 이동하면서 전기가 발생되는 전지를 말한다. 일차전지가 생성하는 전류의 양은 전지 내의 화학반응으로 인해 전자가 발생하는 속도에 좌우된다. 전극에서 금속이 드러난 부분이 화학반응에 모두 사용되면 전지에서 더 이상 전기가 발생하지 않으며 전지가 다됐다고 표현한다. 전지는 충전하기 쉽지 않은데 화학반응을 되돌리기가 쉽지 않고 전극이 산화되었을 가능성이 높기 때문이다.

'이차전지(secondary battery)'라 불리는 충전지는 전극과 전해질을 잘 선택해서 화학반응을 되돌릴 수 있도록 한 것이다.

배경지식: 양극과 음극

앞에서 전기는 음의 전하를 가지는 전자의 흐름이라고 말했다. 그런데도 나는 왜 지금까지 한 실험에서 전기가 전지의 양극에서 음극으로 흐르는 것처럼 말했을까?

이야기는 전기 연구 과정에서 있었던 안타까운 일화에서 시작되었다. 벤저민 프랭클린은 폭풍우가 칠 때의 번개 같은 현상을 연구하면서 전류의 성질을 파악하려고 노력했는데 이때 '전기 유체'가 양에서 음으로 흐르는 것을 관찰했다고 믿었다. 그는 이러한 개념을 1747년에 발표했다.

사실 이건 프랭클린의 실수였는데 이 실수

가 안타깝게도 1897년 물리학자 J. J. 톰슨(J. J. Thomson)이 전자를 발견할 때까지 수정되지 않고 남아 있었다. 전기는 실제로 음전하로 이루어진 입자의 흐름이었으며 이 입자는 음전하가 더 큰 쪽으로부터 '음전하가 더 작은 쪽', 다시 말해 '양전하가 더 큰 쪽'으로 움직였다. 따라서 전지에서 전자는 음극에서 생성되어 양극으로 이동한다.

이 사실이 밝혀졌을 때 사람들이 전기가 양에서 음으로 이동한다는 벤저민 프랭클린의 생각을 폐기했어야 한다고 생각할지 모른다. 그러나 사람들은 이 개념을 무려 150년 동안이나 사용했다. 그뿐 아니라 전자가 전선을 통과해 이동할 때 같은 양의 양전하가 반대 방향으로 이동한다고 생각할 수도 있다. 전자가 원래 있던 곳을 떠나면서 음전하를 함께 가지고 가기 때문에 원래 있던 곳은 조금 양극화된다. 전자가 반대쪽에 도달하면 전자가 가져온 음전하로 인해 도달한 곳이 조금 음극화된다. 이는 가상의 양의 입자가 반대 방향으로 이동한다면 일어날 수 있는 일이다. 더욱이 전기의 동작을 설명하기 위한 수식들을 양전하가 이동한다고 가정하고 적용하더라도 계산 결과는 동일하다.

결국 전통과 관습에 따라 전기가 양에서 음으로 흐른다는 벤저민 프랭클린의 잘못된 개념이 살아남게 되었다. 결과적으로 큰 차이가 없었기 때문에 가능했던 일이다.

다이오드나 트랜지스터 같은 부품을 나타내는 기호에서 이러한 부품들의 배치 방향을 알려주는 화살표를 사용하는데 이 화살표들은 실제

그림 1-68 번개가 쳤을 때 날씨에 따라 전자가 땅으로부터 발로 들어와서 머리를 지나 구름 쪽으로 빠져나갈 수도 있다. 벤저민 프랭클린이 알았다면 깜짝 놀랐을 것이다.

전기의 흐름과 관계없이 모두 양에서 음의 방향을 가리킨다.

벤저민 프랭클린이 번개를 연구할 당시 전하가 양의 영역(하늘의 구름)에서 음의 저장소(지구)로 이동하는 현상이 번개라고 생각했다. 그러나 구름이 더 양극성을 띠는 것은 사실이지만, 간단히 표현하면 실제로 번개는 전자가 땅에서부터 하늘로 올라가는 현상이다. 그렇다. 누군가가 '벼락을 맞는다'면 그 사람은 그림 1-68에서처럼 전자를 받아서가 아니라 전자를 방출해서 다치게 된다.

이론: 기초적인 측정법

이제 조금 앞으로 돌아가서 보통은 전자회로 서적의 시작 부분에 나오는 용어의 정의를 살펴보자.

전위는 각각의 전자부품에 걸리는 전하를 모두 더해 측정한다. 전위의 기본 단위는 '쿨롱

(coulomb)'이며 1쿨롱은 총 6,241,509,629,152, 650,000(약 6.24×10^{18})개의 전자가 가지는 전하량과 같다.

초당 전선을 통과하는 전자의 개수를 안다면 전류량을 계산해 암페어로 나타낼 수 있다. 식은 다음과 같다.

1암페어 = 1쿨롱 / 초

(약 624경 개 전자/초)

전류가 이동하는 전선 안을 볼 수 있다고 해도 전자는 가시광선의 파장보다 작아서 눈으로 볼 수 없다. 거기다 전자가 너무 많고 또 너무 빨리 움직인다. 그래도 간접적으로 이들을 확인할 방법이 있다. 예를 들어 전자의 움직임은 전자기력의 파장을 생성한다. 전자가 많으면 더 많은 전자기력을 생성하기 때문에 이를 측정할 수 있으며 이 값을 이용해 전류량을 계산할 수 있다. 전력 회사에서 가정에 설치한 전기 계량기는 이러한 원리로 작동한다.

전자가 도선을 통과하도록 밀어내는 힘을 전압이라고 하며 전압으로 인해 생성되는 전류는 배터리를 쇼트시켰을 때 확인했던 것처럼 열을 발생시킬 수 있다(사용한 전선에 저항이 없다면 전선을 통과하는 전기는 열을 발생시키지 않을 것이다). 이러한 열은 전기 스토브처럼 바로 사용할 수도 있지만, 모터를 돌리는 등 다른 방식으로 전기에너지를 사용할 수도 있다. 어느 쪽이든 일을 하기 위해 전자에서 에너지를 끌어온다는 점은 같다.

1볼트는 1암페어의 전류를 생성하는 데 드는 압력의 크기이고 이때 하는 일의 양을 1와트라고 정의할 수 있다. 앞에서 정의한 것처럼 1와트 = 1볼트 × 1암페어지만 이 정의는 사실 다음 식에서 유도된 것이다.

1볼트 = 1와트 / 1암페어

와트는 전기에만 국한되는 용어가 아니기 때문에 와트로 정의하는 편이 조금 더 의미가 있을 것이다. 여기에 흥미가 있는 사람들을 위해 다음과 같이 미터법의 단위를 역산해볼 수도 있다.

1와트 = 1줄 / 초

1줄 = 1뉴턴의 힘을 사용해서 물체를 1미터 움직이는 데 필요한 일의 양

1뉴턴 = 1kg의 물체를 초당 1m/s의 속도만큼 가속시키는 데 필요한 힘

이를 기초로 모든 전기 단위는 질량, 시간, 전하량을 관찰한 결과로 나타낼 수 있다.

실질적인 이야기들

실용적인 용도를 생각하면 전기를 직관적으로 이해하는 편이 그냥 이론을 아는 것보다 더 도움이 될 수 있다. 개인적으로는 물통의 비유를 좋아한다. 물통의 비유는 수십 년간 전기의 이해를 돕는 데 사용되었다.

나는 그림 1-31을 설명하면서 물통의 구멍에서 새어나오는 물의 속도를 전류량에, 물통의 수위

로 인해 생기는 압력을 전압에, 그리고 구멍의 크기를 저항에 비유할 수 있다고 말했다.

이 그림에서 전력량은 무엇에 해당될까? 그림 1-69처럼 구멍에서 흘러나오는 물이 부딪히도록 작은 물레바퀴를 놓는다고 생각해보자. 물레바퀴에 기계장치를 덧붙일 수도 있다. 이제 물은 흘러나오면서 뭔가 일을 한다(전력량은 일을 하는 속도를 측정하는 단위라는 사실을 기억하자).

그림 1-70 이 시스템이 계속 일을 하려면 우리가 이 시스템에 일을 쏟아 부어야 한다.

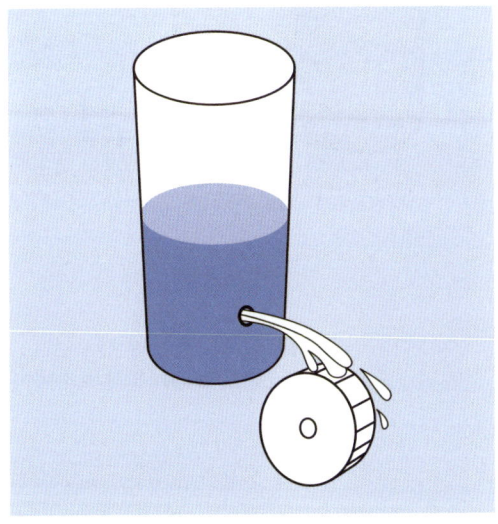

그림 1-69 물레바퀴가 물의 흐름으로부터 에너지를 받으면 이 물의 흐름은 얼마만큼의 일을 하게 된다. 이런 식으로 일정 시간 동안 한 일은 와트 단위로 측정될 수 있다.

이렇게 하면 아무것도 하지 않으면서 뭔가를 얻는 것처럼 보일 수 있다. 마치 시스템에 에너지를 돌려주지 않으면서 흐르는 물에서 일을 추출해내는 것처럼 보일 수도 있다. 그러나 물통의 수위가 내려가고 있다는 사실을 잊어서는 안 된다. 이 그림에 흘러나온 물을 다시 물통에 부어줄 사람을 그려 넣고 나면 어떤 일을 얻으려면 그만큼의 일을 해주어야 한다는 사실이 좀 더 분명해 보인다(그림 1-70 참조).

이와 마찬가지로 전지는 아무것도 받아들이지 않으면서 전력을 생산하는 것처럼 보이지만 그 안의 화학반응이 순수한 금속을 금속 화합물로 바꾸고 이러한 상태 변화로 인해 전지에서 전력을 얻을 수 있다. 충전지라면 충전 과정에서 화학반응을 되돌려서 전력을 다시 넣어주어야 한다.

물통으로 돌아가서 물통에서 물레바퀴를 돌릴 수 있을 정도의 힘을 얻을 수 없다고 가정해보자. 이 문제를 해결하기 위해서는 그림 1-71처럼 수위를 높여서 더 큰 힘을 얻을 수 있다.

이는 전지 2개의 양극과 음극을 서로 직렬로 붙인 것과 똑같은 효과를 낸다(레몬 전지에서 여

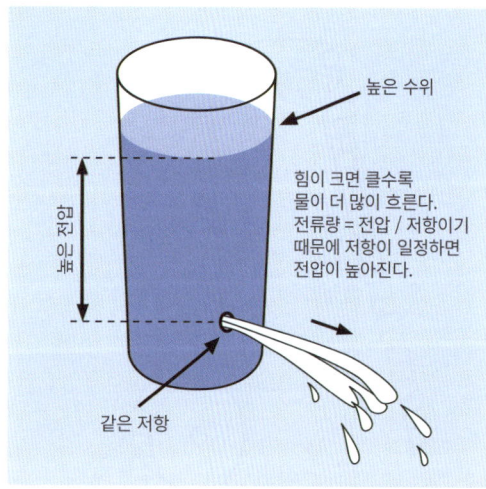

그림 1-71 사용할 수 있는 일의 양은 물의 압력이 높을수록 커진다.

러 개의 레몬을 연결하라고 한 것과 같다). 전지 2개를 직렬로 연결하면 전압은 그림 1-72에서처럼 2배가 된다. 회로의 저항이 일정할 때 전압이 증가하면 전류량도 증가한다.

전류량 = 전압 / 저항이기 때문이다.

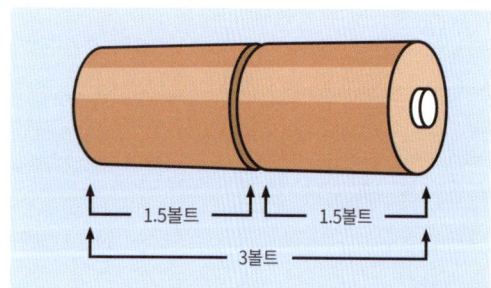

그림 1-72 직렬로 연결된 전지 2개가 모두 완전히 충전된 상태라면 전지 1개를 사용할 때보다 2배의 전압을 얻을 수 있다.

물통의 비유로 다시 돌아가 생각해보자. 만약 물레바퀴를 돌리는 시간을 2배로 늘리고 싶은데 물통의 물이 부족하다면 어떻게 해야 할까? 두 번째 물통을 만든 뒤 물통에서 나오는 물을 같은 구멍에서 나오도록 연결할 수 있을 것이다. 이와 마찬가지로 전지 2개를 나란히 병렬로 연결하면 전압은 변하지 않으면서 전지의 지속 시간을 2배로 늘릴 수 있다. 또는 전지 2개를 병렬로 연결하면 1개를 사용할 때보다 더 많은 전류를 흘러 보낼 수도 있다(그림 1-73 참조).

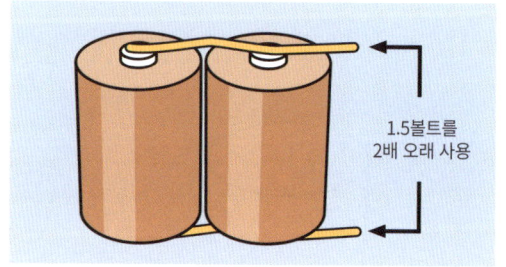

그림 1-73 전지를 병렬로 연결하면 전압은 이전과 동일하면서도 사용 시간이 2배로 늘어난다.

요약

- 전지 2개를 직렬로 연결하면 전압이 2배가 된다.
- 전지 2개를 병렬로 연결하면 같은 크기의 전류를 2배의 시간 동안 사용할 수 있으며, 2배 크기의 전류를 전지 1개를 사용할 때와 같은 시간 동안 사용할 수 있다.

지금 당장 필요한 이론은 이것으로 충분하다. 다음 장에서는 전기에 관한 기본 지식을 쌓을 수 있는 실험을 계속함으로써 재미있고 유용한 장치들로 차근차근 안내할 것이다.

청소와 재활용

레몬이나 레몬 주스에 집어넣었던 금속 조각은

변색되었을 수 있지만 다시 사용할 수 있다. 아연 이온이 레몬에 남아 있을 수 있기 때문에 사용한 레몬을 먹는 것은 썩 좋은 생각이 아닐 수 있다.

스위칭 02

실험 6~11이 실려 있는 이 장에서는 단순해 보이는 스위칭(switching)의 개념을 살펴본다. 여기에서 다루는 스위칭은 손으로 조작하는 방식이 아니라 전기의 흐름을 바꾸거나 제어하는 법을 뜻한다. 스위칭은 아주 중요한 개념이며 스위칭이 없이는 어떠한 디지털 장치도 존재할 수 없다.

오늘날 스위칭은 대부분 트랜지스터를 통해 이루어진다. 뒤에서 자세하게 다루겠지만 그 전에 먼저 개념 이해를 돕기 위해 릴레이를 소개하려고 한다. 릴레이(relay)는 내부에서 어떤 일이 일어나는지 눈으로 볼 수 있기 때문에 이해하기가 쉽다. 릴레이를 설명하기 전에 손으로 켜고 끄는 스위치를 통해 다음에 나올 개념 몇 가지를 알아보자. 다시 말해 스위치, 릴레이, 트랜지스터 순으로 살펴보겠다.

이 장에서는 정전 용량에 관해서도 다룰 텐데 정전 용량이 전자회로에서 저항만큼이나 기본적인 개념이기 때문이다.

2장에 필요한 항목

앞에서 말한 것처럼 공구와 장비를 구매할 때 구매 목록은 409페이지의 '공구와 장비 구매하기'를 참조한다. 부품과 물품이 포함된 키트를 구매하려면 389페이지의 '키트'를 참조한다. 부품과 물품을 인터넷에서 직접 구매하고 싶다면 400페이지의 '부품'을 참조한다.

필수 지식: 소형 드라이버

그림 2-1은 스탠리(Stanley)에서 만든 소형 드라이버 세트다(부품 번호 66-052). 집에 있는 드라이버는 부품에 쓰인 대부분의 작은 나사를 조작하기에는 너무 크다.

그림 2-1과 비슷하면서도 저렴한 드라이버 세트를 살 수도 있겠지만 유명 상표의 드라이버에 사용된 강철의 품질이 더 좋을 것이다.

그림 2-1 소형 드라이버. 일자드라이버와 십자드라이버가 모두 포함되어 있다. 흰 선의 간격은 약 2.5cm이다.

필수: 소형 롱노즈 펜치

'롱노즈 펜치(long-nosed plier)'는 끝에서부터 끝까지 12cm가 넘지 않는 제품이 필요하다. 롱노즈 펜치는 전선을 정확히 구부리거나 손가락으로 잡기에는 너무 작은 부품을 집는 데 사용한다. 이러한 작업을 하기 위해 쓸데없는 돈을 써가며 뛰어난 품질의 공구를 살 필요는 없을 듯하니 마음 편히 가장 싼 제품을 고르자. 그림 2-2의 제품을 예로 들 수 있다. 이 제품은 손잡이에 스프링이 달려 있어서 좋아하지 않는 사람들이 있지만 여분으로 펜치가 하나 더 있다면 스프링은 떼어버려도 된다.

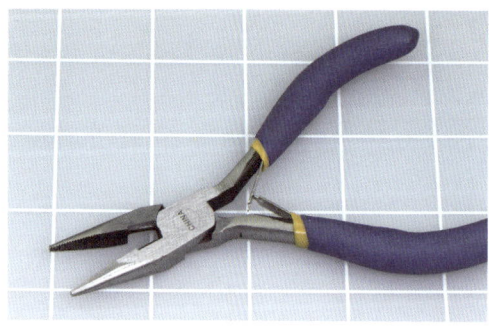

그림 2-2 전자부품 작업에 적합한 펜치의 길이는 12cm를 넘지 않아야 한다.

선택: 주둥이가 뾰족한 롱노즈 펜치

이 유형은 소형 롱노즈 펜치처럼 생겼지만 주둥이가 조금 더 정밀하고 뾰족하다. 브레드보드에 촘촘히 배치된 부품을 다룰 때 사용한다. 이런 제품을 구입하기 가장 좋은 곳은 구슬 세공 같은 공예 전문 홈페이지나 상점이다. 그러나 구슬 공예 전용 펜치는 줄에 고리를 만들기 위해 주둥이가 둥글게 처리되어 있으므로 이런 제품은 사지 않도록 주의한다. 우리가 사용하기에는 그림 2-3처럼 주둥이 안쪽이 평평한 제품이 좋다.

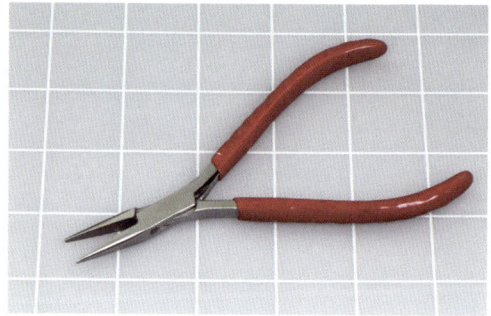

그림 2-3 주둥이가 뾰족한 롱노즈 펜치를 사용하면 아주 정밀한 작업을 할 수 있다.

필수: 니퍼

펜치 중에는 주둥이 부분에 절단용 날이 있어서 전선을 자르는 데 유용한 제품이 있다. 그러나 전선이 다른 것과 붙어 있거나 펜치로는 전선에 닿지 않는 경우가 종종 생긴다. 이럴 때는 그림 2-4와 같은 '니퍼(wire cutter)'가 반드시 필요하다. 니퍼의 길이는 12cm를 넘지 않아야 한다. 얇고 부드러운 구리선을 자르는 데만 사용한다면 아주 좋은 품질의 제품을 살 필요는 없다.

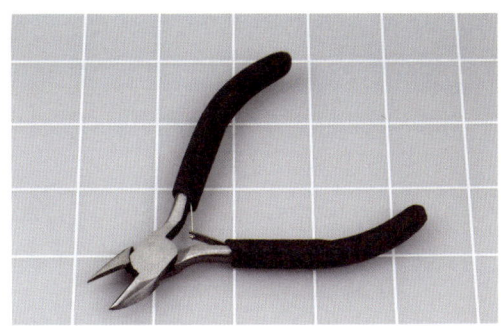

그림 2-4 니퍼의 길이는 12cm를 넘지 않아야 한다.

선택: 플러시 커터

그림 2-5와 같은 '플러시 커터(flush cutter)'는 모양과 기능이 니퍼와 비슷하지만 더 얇고 작으며 좁은 공간에서 훨씬 수월하게 작업할 수 있다. 그러나 니퍼보다 안정성이 덜하다. 플러시 커터와 니퍼 중 무엇을 사용할지는 개인의 선호에 따라 다르다. 나는 니퍼를 선호한다.

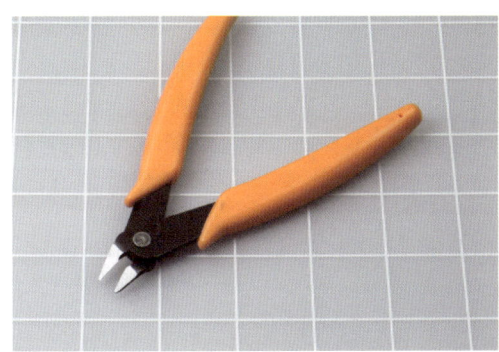

그림 2-5 플러시 커터는 니퍼보다 더 협소한 공간에서 사용할 수 있다.

필수: 와이어 스트리퍼(전선 스트리퍼, 스트리퍼)

우리가 사용할 전선은 플라스틱 피복이 입혀진 유형일 것이다. '와이어 스트리퍼(wire stripper)'는 전선의 피복을 짧게 벗겨내 내부의 도선 부분

을 노출할 수 있도록 특별 설계되었다. 남자다움을 과시하고 싶은 사람은 이런 작업에 공구를 쓸 필요가 없다고 말할지도 모른다. 그러나 나는 내 앞니 안쪽 구석이 두 군데나 떨어져 나가고 나서야 이런 생각이 썩 좋지 않다는 것을 깨달았다 (그림 2-6).

그림 2-6 급했나? 와이어 스트리퍼를 찾을 수가 없었나? 그렇더라도 이건 썩 좋은 생각이 아니다.

그렇지 않다면 그림 2-7처럼 니퍼를 사용할 수도 있다. 한 손으로 전선을 잡고 다른 손으로는 니퍼를 전선에 가져다 대고 피복만 잘리도록 부드럽게 손잡이를 쥔 뒤 두 손을 바깥으로 당기면 된다. 그러나 이는 연습을 해야 가능한 기술이다. 니퍼가 아무것도 하지 않고 미끄러지거나 피복만 벗겨지는 대신 전선이 끊어지는 경우도 있다.

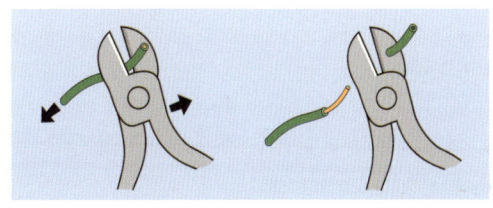

그림 2-7 니퍼를 사용해서 전선의 피복을 벗기는 방법. 와이어 스트리퍼를 사용하는 편이 더 쉽다.

몇 달러 투자해서 와이어 스트리퍼를 구매하면

작업이 훨씬 수월해진다.

이 책의 초판에는 자동 스트리퍼도 선택 공구로 포함시켰다. 자동 스트리퍼를 사용하면 한 손으로도 전선의 피복을 벗길 수 있다. 그러나 안타깝게도 자동 스트리퍼는 일반 스트리퍼보다 훨씬 비싸며 많은 브랜드의 제품이 이 책의 모든 회로에 필요한 22게이지 연결용 전선과는 잘 맞지 않았다. 그래서 자동 스트리퍼는 더 이상 추천하지 않는다.

그림 2-8과 같은 유형의 스트리퍼는 여러 제조사에서 출시했다. 각진 손잡이, 일자 손잡이, 곡선 손잡이가 달린 제품이 판매되는데 무엇을 써도 상관없을 듯하다. 사용 방식은 모두 같다. 전선을 적절한 크기의 구멍에 넣고 주둥이를 닫은 뒤 피복을 벗겨내면 된다.

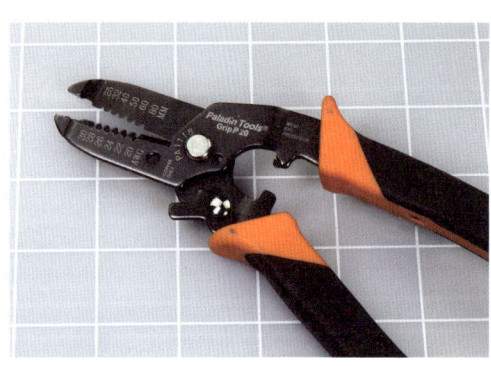

그림 2-8 추천하는 와이어 스트리퍼는 20~30게이지 전선에 사용하도록 만들어졌다.

그러나 구멍마다 맞는 두께의 전선이 있다는 점을 반드시 명심해야 한다.

'전선 게이지'는 도선의 두께를 측정하는 단위다. 숫자가 높으면 전선의 두께가 얇다는 뜻이다. 20게이지 전선은 이 책의 실험에 사용하기에 조금 두껍고 24게이지는 조금 얇다. 최적의 두께는 22게이지이기 때문에 22게이지 눈금이 표시된 스트리퍼를 사면 작업이 수월하다. 그림 2-8에서 보는 것처럼 20~30게이지에 사용할 수 있는 제품에는 22게이지 전선용의 작은 구멍이 있다. 이런 스트리퍼가 우리 작업에 알맞다.

필수: 브레드보드

'브레드보드(breadboard)'는 실험 8 이전에는 필요하지 않지만 여기서 간단히 소개한다. 브레드보드는 2.54mm 간격으로 구멍이 뚫린 작은 플라스틱 판을 말한다. 이 구멍에 부품과 전선을 끼운다. 플라스틱 아래에는 구멍을 따라 부품과 전선을 연결시켜줄 도선이 숨겨져 있다.

브레드보드를 사용하면 지금까지 사용했던 테스트 리드보다 깔끔하게 부품을 연결할 수 있으며 납땜으로 작업하는 것보다 연결하기도, 되돌리기도 쉽다.

- 브레드보드의 정식 명칭은 '무땜납 브레드보드(solderless breadboard)'이며 '프로토타이핑 보드(prototyping board)'라고도 부른다.

어디 제품인지는 중요하지 않지만 이 책에서 쓰는 것과 같은 유형의 제품을 사도록 한다. 3가지 유형이 있지만 이 책에서는 하나의 유형만 사용한다.

브레드보드 유형 1: 소형 브레드보드 그림 2-9. '아두이노용'으로 흔히 판매되지만 우리가 사용하기에는 구멍이 충분치 않으니 이 유형은 사지 않도록 한다.

그림 2-9 소형 브레드보드는 이 책의 여러 프로젝트에 사용하기에는 크기가 너무 작다.

브레드보드 유형 2: 1열 버스(single bus) 브레드보드

그림 2-10. '버스'라는 용어는 숫자가 붙어 있으며 구멍 5개씩으로 이루어진 짧은 열을 따라 세로 방향으로 길게 뚫려 있는 구멍들을 말한다. 사진에서 브레드보드 양쪽 끝에 위치한 1열 버스는 빨간색 상자로 표시했다. 이 유형의 브레드보드를 산다. 실수를 피하기 위해 사려는 제품의 사진을 확인하자. 또한 위에서 아래까지 60줄, 연결 지점(즉, 구멍)의 개수가 700개라는 것을 확인하자. 직접 구매하려면 아마존이나 이베이에서 solderless breadboard 700(무땜납 브레드보드 700)으로 검색하자.

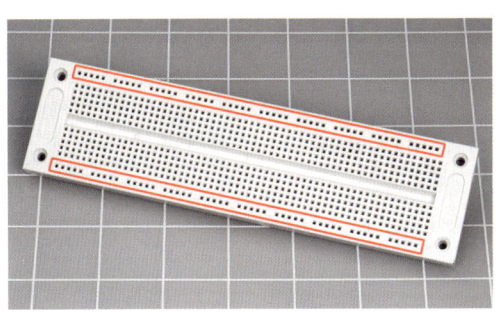

그림 2-10 1열 버스 브레드보드에는 세로 방향으로 길게 구멍이 뚫려 있다.

원한다면 2열 버스 브레드보드를 사서 남는 한 줄의 버스는 무시할 수도 있다.

브레드보드 유형 3: 2열 버스(dual bus) 브레드보드

그림 2-11. 이 유형은 브레드보드의 양쪽 끝에 세로 방향으로 길게 두 줄의 구멍이 뚫려 있으며 사진에서 2열 버스는 빨간색 상자로 표시했다. 2열 버스 유형이 사용하기 더 편리할 수 있기 때문에 이 책의 초판에서는 이쪽을 사용했다. 그러나 초심자들이 2열 버스 유형을 사용하면 전선을 연결할 때 실수하기 쉽다는 사실을 알고 더 이상 추천하지 않기로 했다.

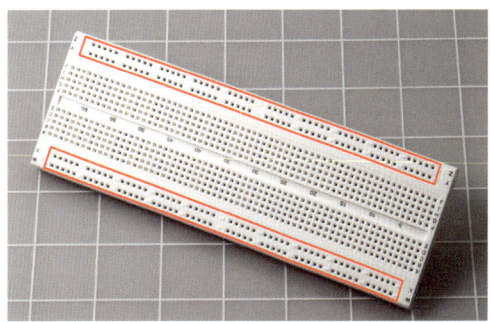

그림 2-11 2열 버스 브레드보드에는 구멍이 길게 두 줄로 뚫려 있다. 사진에서 빨간색 상자로 표시했다. 이 유형의 브레드보드는 더 이상 추천하지 않는다.

이제 브레드보드 추천은 끝났다. 자, 몇 개를 구매해야 할까? 예전에는 "하나면 된다"고 답했다. 브레드보드는 재사용이 가능하다는 사실을 잊지 말자. 그러나 가격이 저렴해진 것을 생각하면 2개나 3개쯤 사두어도 좋다. 여분을 사두면 먼저 조립한 회로를 분해하지 않고도 새로운 회로를 시험해볼 수 있다.

물품

부품과 물품이 포함된 키트를 구매하려면 389페이지의 '키트'를 참조한다. 물품을 직접 구매하려면 397페이지의 '물품'을 참조한다.

필수: 연결용 전선[1]

브레드보드에서 부품 연결에 사용하는 이런 유형의 전선을 '연결용 전선(hookup wire)'이라고 하지만 일반 범주로는 '벌크 전선(bulk wire)'에 해당될 때도 있다. 어느 쪽이든 피복 안에 얇은 전선들이 꼬여 있는 연선(stranded wire)이 아닌 하나의 도선만 든 단선(solid-core wire)을 구입해야 하며 두께는 22게이지여야 한다.

전선은 그림 2-12처럼 플라스틱 원통에 감겨서 25피트(약 8m)와 100피트(약 30m) 길이로 많이 판매된다.

그림 2-12 그림에서 보는 것처럼 연결용 전선은 25피트나 100피트 단위로 원통에 감겨서 판매된다.

전선은 100피트 단위로 구매하면 피트당 가격은 내려가지만 그보다 길이는 짧은 피복 전선을 3가지 색상으로 구매하기를 권한다. 전선 색깔이 다르면 만들어놓은 회로에서 오류를 찾을 때 도움이 된다. 빨간색과 파란색은 양극과 음극에 연결할 때, 그리고 다른 한 색은 그 외의 연결이 필요할 때 사용할 수 있다.

피복을 벗기면 그림 2-13처럼 단일 도선(solid conductor)이 나타난다. 이를 그림 2-14의 연선과 비교해보자. 연선은 조금 후에 설명하겠지만 몇 가지 용도로 사용된다. 그렇지만 연선을 브레드보드에 사용하면 금세 좌절하기 쉽다. 반드시 단선을 사용해야 한다.

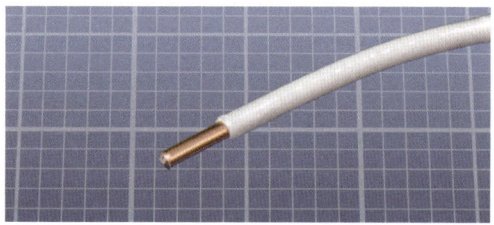

그림 2-13 플라스틱 피복 안은 단선으로 이루어져 있다.

그림 2-14 특정한 목적(본문 참조)에 사용하기에는 연선이 나을 수 있다.

22게이지 전선 전용으로 설계된 와이어 스트리퍼가 필요하다고 했으니 전선도 20게이지나 24게이지가 아닌 반드시 22게이지를 구매해야 한

---

[1] 훅업 와이어는 부품을 연결할 때 사용하는 전선으로 이 책에서는 연결용 전선이라 표현한다.

다. 24게이지 전선은 브레드보드에 끼우면 헐거워서 연결이 안정적이지 않은 반면 20게이지 전선은 약간 두꺼워서 브레드보드에 끼우려고 하면 제 위치에 들어가지 않고 구부러질 수 있다. 겨우 끼웠다 하더라도 빼기가 쉽지 않다.

전선 피복을 벗겼을 때 구리선이 은색 피복으로 싸인 경우가 있다. 이런 전선을 '주석 도금선(tinned wire)'이라고 한다. 그런가 하면 아무 처리도 안 된 구리선도 있는데 둘 중에 어느 것이 특별히 더 좋다고는 생각하지 않는다.

전선은 얼마나 필요할까? 이 책의 회로를 구성하려면 색깔별로 25피트(약 8m)만 있으면 충분하다. 그러나 실험 26, 28, 29에서는 코일 형태의 전선을 만들고, 전기와 자기의 관계를 살펴보고, 광석 수신 라디오(crystal-set radio)를 직접 만들어야 한다. 이러한 프로젝트를 해보려면(할 만한 가치가 있다고 생각한다) 전선이 200피트(약 60m) 필요하다. 선택은 여러분의 몫이다. 이 책에서 추천하는 키트 중에 이 정도 길이의 전선이 들어 있는 제품은 없다. 전선 구매 정보는 397페이지 '물품'을 참고하자.

점퍼

전선의 일부를 자르고 피복을 끝에서 최소 0.6cm, 최대 1cm 벗겨낸 뒤 브레드보드의 구멍에 피복을 벗긴 전선을 꽂으면 '점퍼(jumper)'를 만든 것이다. 점퍼는 브레드보드에서 사이에 있는 구멍을 건너뛰어 연결을 만들어주는 것을 뜻한다. 이런 유형의 점퍼를 사용하면 회로를 깔끔하게 구성할 수 있어서 상대적으로 오류를 쉽게 발견할 수 있다.

문제는 전선의 피복을 벗기고 알맞은 각도로 구부리는 작업이 지루하다는 것이다. 작업에 맞는 제대로 된 도구를 쓰더라도 그렇다. 그러니 이런 과정이 싫은 사람들은 '기성품 점퍼선(pre-cut wire)'을 구매하고 싶을 수도 있다. 이런 전선 세트는 그림 2-15와 같이 생겼다. 이와 같은 제품을 찾는 데 도움이 필요하면 397페이지의 '물품'을 확인하자.

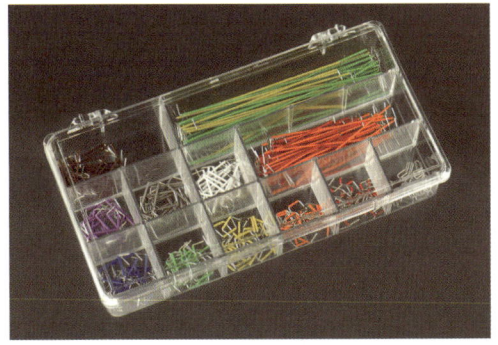

그림 2-15 미리 잘라서 피복을 벗긴 상태로 판매하는 브레드보드용 기성품 점퍼선.

나는 예전에 기성품 점퍼선을 썼지만 전선의 기능이 아니라 길이에 따라 색이 달라져서 지금은 사용하지 않는다. 빨간 선은 길이가 약 6mm, 노란 선은 약 8mm이다.

나는 회로에서 하는 역할에 따라 전선의 색을 달리해서 사용하려고 한다. 따라서 빨간 선은 길이에 관계없이 항상 전원의 양극에 연결할 것이다.

이렇게 하려면 나처럼 직접 전선을 자르는 수밖에 없다. 원한다면 기성품을 사용해도 된다. 그렇지만 기성품은 색상 때문에 쓸 때 헷갈리는 데다 가격도 비싸다.

점퍼와 관련해서 분명히 해두어야 할 점이 한 가지 더 있다. 많은 사람들이 브레드보드의 구멍에 딱 맞는 크기의 작은 플러그가 끝부분에 달린 여러 색의 점퍼선을 사용한다. 이런 '플러그 점퍼선'은 묶음으로 판매하며 인터넷에서 점퍼선을 검색하면 아마도 검색 결과의 제일 위쪽에 표시될 것이다.

플러그 점퍼선은 유연하고 길이가 8cm 정도이기 때문에 브레드보드 회로에 필요한 어떤 연결에도 사용할 수 있다. 또 재사용이 가능하며 가장 단순하고 빠르고 저렴한 대안일 수 있다.

그림 2-16 구부릴 수 있는 플러그 점퍼선을 사용해서 미니보드에 구성한 회로.

그것까지는 좋다. 그렇지만 플러그 점퍼선을 사용할 경우 실수를 찾아내기가 쉽지 않다. 그림 2-16은 휘어지는 플러그 점퍼선을 사용해서 이 책에 수록되지 않은 조그만 회로를 만든 것이다. 그림 2-17은 22게이지 단선으로 직접 만든 점퍼를 사용해서 그림 2-16과 똑같은 회로를 만든 것이다. 이 두 회로에는 전선 연결 오류가 하나씩 있다. 손으로 자른 전선을 사용한 회로에서는 오류를 금방 찾았다. 반면 플러그 점퍼선을 사용한 경우 오류를 찾는 데 시간이 꽤 걸릴 것이고, 어쩌면 찾는 데 계측기를 사용해야 할지도 모른다.

그뿐 아니라 구부릴 수 있는 플러그 점퍼선에 결함이 생기거나 플러그 때문에 연결이 느슨해질 수도 있다. 이런 경우 오류를 발견하기란 거의 불가능하다. 따라서 내 결론은 다음과 같다.

- 구부릴 수 있는 플러그 점퍼선은 권장하지 않는다.

그림 2-17 단선을 손으로 잘라 만든 점퍼선을 사용해서 위의 그림과 동일하게 구성한 회로.

선택: 연선

연결용 연선으로 돌아가보자. 연선을 사용하면 한 가지 장점이 있다. 그것은 바로 단선보다 훨씬 잘 구부러져서 회로 보드에서 스위치나 가변저항을 연결할 때 유용하다는 것이다. 구부러지기 쉬운 성질은 움직이거나 진동하는 물체를 연결하는 전선에는 필수적이다.

쉽게 구부러지는 전선은 이 책에 나오는 프로젝트에 반드시 필요하지는 않지만 25피트(약

8m) 길이의 22게이지 연선은 가끔 유용하게 쓰일 수 있다. 연선을 구매하고자 한다면 가지고 있는 단선의 색과 겹치지 않는 색을 골라야 서로 혼동해서 사용하는 일을 막을 수 있다.

부품

다시 말하지만 이 책의 프로젝트용 부품 키트를 구매할 수 있다. 필요하다면 389페이지의 '키트'를 확인하자. 인터넷에서 부품을 직접 사고 싶다면 400페이지의 '부품'을 확인하자.

필수: 토글스위치

일반 크기의 '토글스위치(toggle switch)'는 구식 장치이지만 이 책의 스위칭 실험에는 꽤 유용하게 쓰인다. 토글스위치는 2개 필요하고 단극쌍투(SPDT, single-pole double-throw)형이어야 한다. 이에 대해서는 뒤에서 자세히 설명하겠다. 쌍극쌍투(DPDT, double-pole double-throw)형을 사용할 수도 있지만 단극쌍투형보다 조금 더 비싸다.

'나사형 단자(screw terminal)'가 달린 토글스위치를 사용하면 스위치를 전선과 연결하는 불편이 줄어들지만 다른 유형의 단자와는 연결할 수 없다.

대표적인 일반 크기의 토글스위치는 그림 2-18과 같다. 이스위치(E-Switch)의 ST163D00이 대표적인 제품이지만 이베이에서 검색하면 가격이 더 저렴한 일반 토글스위치도 찾을 수 있다.

그림 2-18 일반 크기의 토글스위치.

필수: 텍타일 스위치

혼란스럽겠지만 텍타일 스위치(tactile switch)는 보통 생각하는 스위치처럼 생기지 않았다. 오히려 아주 작은 푸시버튼처럼 생겼다. 텍타일 스위치를 브레드보드에 연결하면 사용자의 입력을 회로로 쉽게 보낼 수 있다.

가장 일반적으로 사용되는 텍타일 스위치에는 보드에 꽂기 위한 용도의 작은 다리가 4개 달려 있어서 신경이 쓰일 수 있다. 다리가 4개이다 보니 제대로 끼워지지 않는 경우가 흔하기 때문이다. 텍타일 스위치는 새끼 메뚜기처럼 예상치 않은 순간에 튀어오르기 쉽다. 두 핀의 간격이 0.2인치(약 5mm) 떨어져 있는 텍타일 스위치를 사용할 것을 권장한다. 이 책의 프로젝트에서는 그림 2-19와 같은 알프스(Alps)의 SKRGAFD-010을 사용할 수 있다. 두 핀의 간격이 0.2인치인 텍타일 스위치(예를 들면 파나소닉(Panasonic)의 EVQ-11 시리즈)라면 어떤 제품이라도 대신 사용할 수 있다.

그림 2-19 이 책에서 브레드보드 사용 프로젝트에 권장하는 텍타일 스위치.

필수: 릴레이

핀 기능이 제조사들 사이에서 표준화되어 있지 않기 때문에 릴레이의 경우 추천한 릴레이 이외의 제품을 구매할 때는 주의해야 한다. 나는 그림 2-20에 나온 오므론(Omron) G5V-2-H1-DC9를 추천하는데 핀 기능이 릴레이에 인쇄되어 있기 때문에 헷갈릴 위험이 적다.

RY-9W-K를 사용할 수도 있다. 이들 제품은 모두 9VDC DPDT 릴레이로 그림 2-21의 왼편과 같이 핀이 배열되어 있다. 핀 간격을 밀리미터 단위로 나타낼 때 0.2인치는 5mm나 5.08mm로, 0.3인치는 7.5mm나 7.62mm로 대체될 수 있다.

그림이 릴레이에 인쇄되어 있다면 그림 2-21의 오른쪽과 같은 모습이어야 한다. 릴레이의 데이터시트에는 이런 정보가 거의 항상 포함되어 있다. 다른 핀 기능을 가진 릴레이를 사용할 수도 있지만 내가 이 책에서 사용하는 회로도와는 일치하지 않기 때문에 사용하기 불편할 수 있다.

내가 추천하는 릴레이는 대단히 민감한 유형으로, 이는 다시 말해 소비하는 전류가 작다는 뜻이다. 다른 제품을 사용할 수도 있지만 그 경우 사용하는 전류가 커진다. 어떤 유형의 릴레이라도 동일한 9VDC 코일 전압을 사용하고 핀 간격도 같아야 한다.

그림 2-20 이 책에서 추천하는 릴레이.

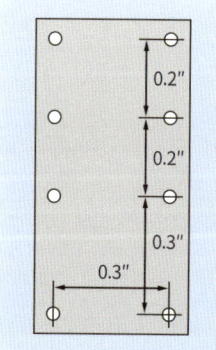 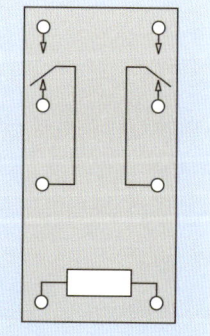

그림 2-21 릴레이의 핀 간격과 내부 연결은 이와 같아야 한다.

오므론은 대형 릴레이 제조업체이기 때문에 내가 추천한 제품이 한동안은 판매될 것이라 생각한다. 오므론의 제품 대신 액시콤(Axicom)의 V23105-A5006-A201이나 후지쯔(Fujitsu)의

릴레이를 구매할 때 한 가지 조심해야 할 점은 하나의 특정 방향으로 전류를 공급하기 위한 요건인 극성이다. 왜냐하면 릴레이는 전류가 다른

방향으로 코일을 통과할 때 동작하지 않기 때문이다. 파나소닉의 많은 릴레이 제품이 극성을 가지기 때문에 구매 전에 데이터시트를 주의해서 읽어야 한다.

마지막으로 반드시 구매해야 하는 릴레이는 '논래칭(nonlatching)' 유형[2]이다.

이 내용이 복잡하고 지나치게 전문적인 것 같다면 실험 7에서 릴레이 사용 방법을 설명할 테니 그때까지 구매하지 않고 기다려도 된다. 실험 7을 제대로 해보려면 릴레이가 2개 필요하다.

필수: 반고정 가변저항

실험 4에서 사용한 크고 투박한 가변저항 대신 뒤에서는 더 작고 싸고 브레드보드에 연결할 수 있는 '반고정 가변저항(trimmer potentiometer)'을 사용할 것이다. 그림 2-22는 저항값을 임의로 다양하게 조정할 수 있는 반고정 가변저항을 보여준다.

그림 2-22 반고정 가변저항.

사진의 왼쪽과 오른쪽에 있는 반고정 가변저항이 이 책에서 사용하는 유형이다. 단자를 브레드보드에 끼우면 가변저항이 브레드보드와 수평을 이룬다. 이 둘 사이의 차이점은 한쪽이 다른 쪽보다 크다는 것뿐이다. 비슷한 종류 중에는 브레드보드와 수직하는 제품도 있지만 사진에 나온 제품을 구하기가 더 쉽다.

사진의 가운데에 있는 제품은 부품 내부의 웜 기어(worm gear)에 연결된 황동 나사를 이용해 미세한 조정이 가능한 것으로 황동 나사를 '여러 번 돌릴 수 있는 유형의 가변저항(multi-turn trimmer)'이다. 그렇지만 이 부품은 사용이 불편하고 비싼 데다가 이 책의 실험에 그 정도의 정확도가 필요하지 않기 때문에 반드시 구매할 필요는 없다.

필수: 트랜지스터

이 책에서는 한 가지 유형의 '트랜지스터(transistor)'만 사용한다. 부품 번호는 2N2222이지만 불행히도 모든 2N2222 트랜지스터가 비슷한 것은 아니다.

키트를 사용한다면 아무런 문제가 없다. 그러나 직접 구매한다면 숫자 2222 앞에 P2N이 붙어 있는 부품은 피해야 한다. P2N2222가 출시되었을 때 제조사들은 수십 년간 표준화되어온 2N2222의 핀 기능을 뒤집었다(왜 이런 일을 했을까? 모를 일이다).

[2] 릴레이의 형태에는 래칭(latching)과 논래칭(non-latching)이 있다. 릴레이는 전자식으로 스위치를 제어하는데, 래칭은 전자석에 의해서 스위치가 한번 움직이면 별도의 조작이 있기 전까지 스위치의 위치가 변하지 않는 형태이며, 논래칭 형태는 스위치에 스프링과 같은 것이 붙어 있어서 전자석에 의하여 움직인 스위치가 전자석에 전류가 흐르지 않으면 원래의 위치로 돌아가는 방식이다.

규칙은 다음과 같다.

- 부품 번호 2N2222나 PN2222나 PN2222A는 괜찮다. PN2222는 2N2222보다 더 일반적으로 사용되는 명칭이지만 어느 쪽이나 잘 동작한다.
- 부품 번호 P2N2222나 P2N2222A는 '괜찮지 않다'.

조심해야 할 점은 인터넷으로 2N2222를 검색하면 P2N2222의 검색 결과도 같이 나온다는 것이다. 검색 엔진이 검색을 돕기 위해 숫자 2222 앞에 다른 문자가 붙은 부품도 보여주기 때문이다. 그러니 주의해서 구매하자! 또한 트랜지스터를 검사할 수 있는 계측기가 있다면 하나하나 검사해보자. 트랜지스터가 원래의 핀 기능을 사용한다면 계측기로 검사했을 때 부품의 증폭비(amplification ratio)가 200이 넘는다. 트랜지스터의 유형을 잘못 선택했다면 계측기에 오류가 뜨거나 증폭비가 50 미만이라고 나온다.

2N2222 트랜지스터는 한때 작은 원통형 금속 패키지를 사용했다. 요즘은 거의 대부분 검은 플라스틱 패키지를 사용한다. 두 가지 유형 모두 그림 2-23에서 볼 수 있다. 플라스틱과 금속 패키지 모두 트랜지스터의 부품 번호가 P2N으로 시작하지 않는다면 똑같이 잘 동작한다.

필수: 커패시터

'커패시터(capacitor)'는 저항만큼 싸지는 않지만 아주 비싸지도 않으니 다양한 종류의 소형 커패

그림 2-23 2N2222 트랜지스터 2개. 둘 중 어느 쪽을 사용해도 상관없다.

시터를 대량으로 구매하는 것도 괜찮다. 우리가 사용할 커패시터 값의 범위는 주로 마이크로패럿(μF) 단위로 측정된다. 이에 대한 자세한 설명은 회로에서 커패시터를 사용할 때 한다.

값이 작을 때는 '세라믹 커패시터(ceramic capacitor)' 사용을 추천한다. 값이 크다면 '전해 커패시터(electrolytics capacitor)'가 더 낫다. 추가적인 구매 안내는 400페이지의 '부품'을 참고한다. 그림 2-24는 다양한 커패시터를 보여준다. 원통형은 전해 커패시터고 그 외에는 세라믹 커패시터다.

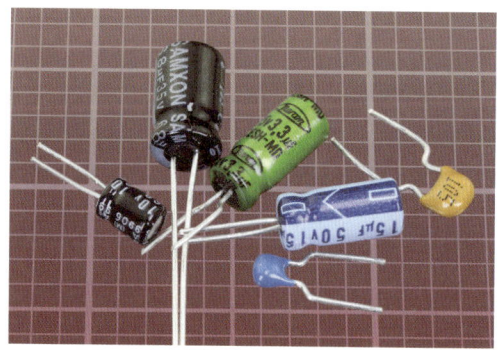

그림 2-24 다양한 커패시터.

필수: 저항

직접 부품을 구매하는 경우 이미 실험 1에서 내 제안대로 저항을 꾸러미로 샀을 거라 가정한다.

필수: 스피커

스피커의 반지름은 적어도 2.5cm여야 하지만 5cm도 괜찮다. 그렇지만 7.5cm는 넘지 않도록 하자. 임피던스는 8Ω 이상이어야 한다. 스피커를 영문으로 검색할 때에는 제품명에 loudspeaker가 아닌 'speaker'를 사용하는 공급업체도 있다는 점을 기억하자. 이 때문에 'loudspeaker'로 검색하면 아무것도 검색되지 않을 수도 있다.

이 책에서는 하이파이 음향을 사용하지 않기 때문에 저렴한 스피커라면 뭐든 상관없다. 그림 2-25는 두 종류의 스피커를 보여준다.

그림 2-25 두 종류의 스피커. 하나는 반지름이 2.5cm, 다른 하나는 5cm다.

기타

지금까지 내가 꽤 많은 부품을 지정해주었다고 생각할 수도 있다. 그렇지만 내가 명시한 거의 모든 부품은 다시 사용할 수 있으며, 이 책의 나머지 장에서 추가로 구매해야 할 부품은 그다지 많지 않다는 점을 믿어주기 바란다.

실험 6: 간단한 스위칭

이 실험을 통해 수동 조작되는 스위치의 기능을 익힐 수 있다. 스위치 사용 방법 정도는 이미 알고 있다고 생각할 수도 있지만 쌍투(double-throw) 스위치 2개가 회로에 결합되어 있을 때의 스위치 사용법은 조금 더 재미있다.

실험 준비물

- 드라이버, 니퍼, 와이어 스트리퍼
- 22게이지, 30cm 이하의 연결용 전선
- 9V 전지 1개
- 일반 LED 1개
- SPDT형 또는 DPDT형 토글스위치 2개
- 470Ω 저항 1개
- 양끝에 악어 클립이 달린 테스트 리드 2개

그림 2-26처럼 부품을 연결해보자. 여기서 검은색 전선 2개의 양끝을 벗기는 기술을 연마해야 한다. 스위치의 나사 단자와 연결하기 위해서 펜치로 각 전선이 알파벳 J 모양이 되도록 끝을 구부리자. 그런 다음 구부린 끝을 왼쪽 나사의 아래에 끼우고 나사를 시계 방향으로 조여서 전선이 같이 고정되도록 한다.

LED의 긴 리드 역시 나사 단자의 한쪽 끝과 연결한다. 실수로 LED의 짧은 리드를 단자와 연결해서는 안 된다. 긴 리드는 반드시 짧은 리드보다 더 양의 값을 띠는 단자에 연결해야 한다는 사실을 잊지 말자.

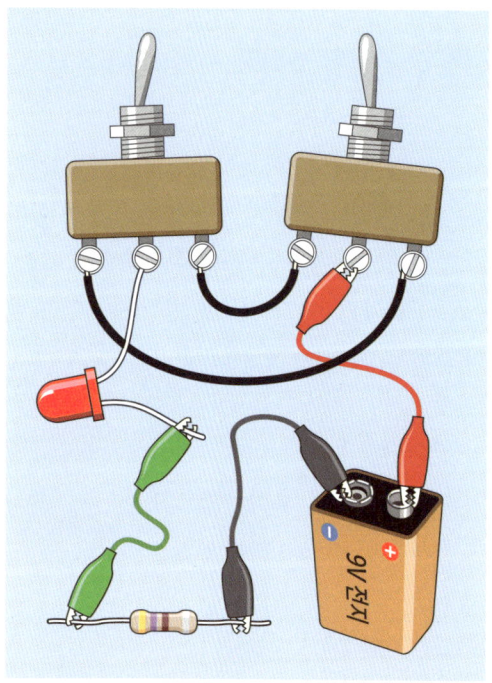

그림 2-26 첫 번째 스위치 연결 실험.

기초지식: 스위치에 대한 모든 것

'토글'이란 토글스위치에서 손가락으로 움직이는 부분이다. 그림 2-26과 같은 유형의 토글스위치에서 토글을 움직이면 그림 2-27에서 보는 것처럼 가운데 단자가 오른쪽이나 왼쪽의 단자 중 하나와 연결된다.

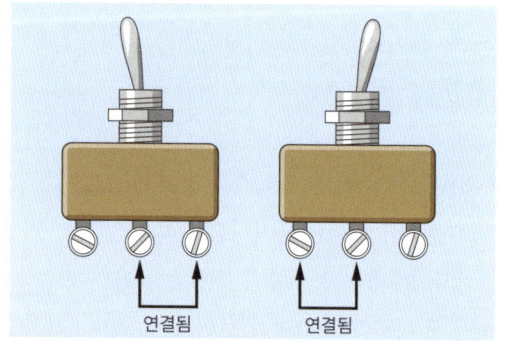

그림 2-27 토글스위치는 보통 이런 방식으로 동작하지만 항상 그런 것은 아니다.

스위치에 나사 단자가 달려 있지 않으면 검은색 전선 대신 악어 클립이 달린 테스트 리드를 사용해야 한다. 또, 테스트 리드를 하나 더 사용해서 LED와 왼쪽 스위치의 가운데 단자를 연결해야 한다.

전지를 연결하고 나면 실험 시작이다. 스위치를 움직여보자. 어떤 일이 일어나는가?

LED가 켜진 상태라면 스위치 2개 중 하나를 움직여서 LED를 끈다. LED가 꺼진 상태라면 스위치 2개 중 하나를 움직여 켠다. 이 재미있는 동작에 대해 간단히 설명하겠지만(68페이지 '회로도에 대해서 알아보기' 참조) 그에 앞서 기초지식과 배경지식을 먼저 살펴보아야 한다.

가운데 단자를 스위치의 '극(pole)'이라 한다. 토글을 왼쪽이나 오른쪽 두(double) 방향으로 움직여서(throw) 두 가지 연결을 만들어낼 수 있기 때문에 이런 스위치를 '쌍투(雙投, double-throw)' 스위치라고 하고 약어는 DT(또는 2T)로 나타낸다. 따라서 단극쌍투(單極雙投, single-pole, double-throw) 스위치는 약어로 'SPDT'(또는 1P2T) 스위치라고 부른다.

어떤 스위치는 단자가 3개가 아닌 2개뿐이다. 이런 스위치를 on/off 스위치라고 하는데 한쪽으로 움직이면 연결이 만들어지고 다른 쪽으로 움직이면 연결이 만들어지지 않기 때문이다. 가정에서 사용하는 대부분의 전등 스위치는 이런 유형이다. 단투(單投) 스위치라고도 부른다.

따라서 '단극단투(單極單投, single-pole, single-throw)' 스위치는 약어로 'SPST'(또는 1P1T) 스위치라고 부른다.

어떤 스위치는 극 2개가 완전히 분리되어 있어서 스위치를 한 번 조작했을 때 동시에 두 가지 연결을 별도로 만들 수 있다. 이러한 유형을 '쌍극(double-pole)' 스위치라 하며 약어로 DP(또는 2P)라고 한다. 구형 '나이프' 스위치의 사진은 그림 2-28부터 2-30까지에서 확인할 수 있다. 나이프 스위치는 지금도 학교에서 어린이들에게 전자부품을 가르칠 때 사용된다. 실용적인 목적으로 이와 같은 스위치를 사용하지는 않겠지만 나이프 스위치를 사용하면 SPST, SPDT, DPST 연결의 차이를 아주 분명히 보여줄 수 있다.

친 과학자가 단극쌍투 나이프 스위치를 사용해서 자신의 실험에 동력을 공급하는 모습이다. 스위치는 편의를 위해 지하 연구실의 벽에 설치되어 있다.

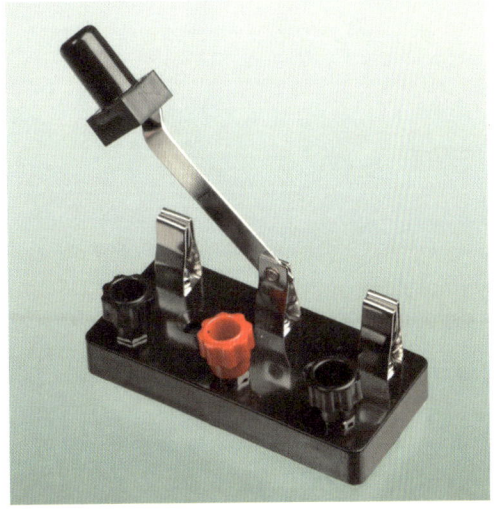

그림 2-29 단극쌍투(SPDT) 스위치는 극 하나로 연결을 선택할 수 있다.

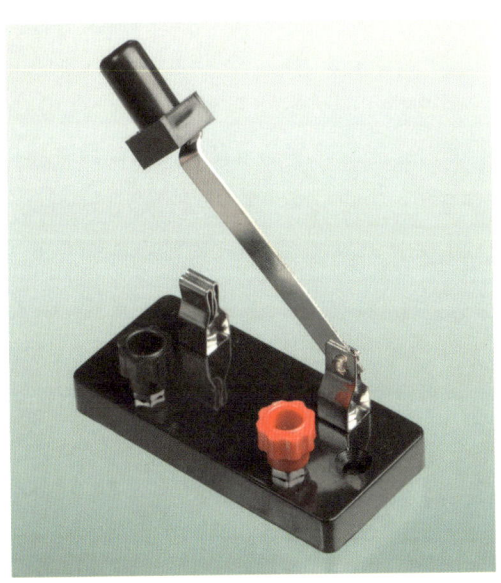

그림 2-28 교육용으로 제조된 단극단투(SPST) 스위치.

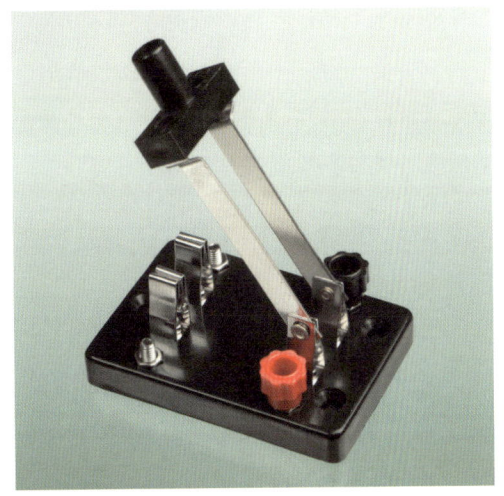

그림 2-30 쌍극단투(DPST) 스위치는 극 2개가 서로 완전히 분리되어 있다. 각각의 극은 접점을 반드시 1개만 가질 수 있다.

나이프 스위치가 제대로 된 용도로 사용되는 곳은 아마도 공포 영화일 것이다. 그림 2-31은 미

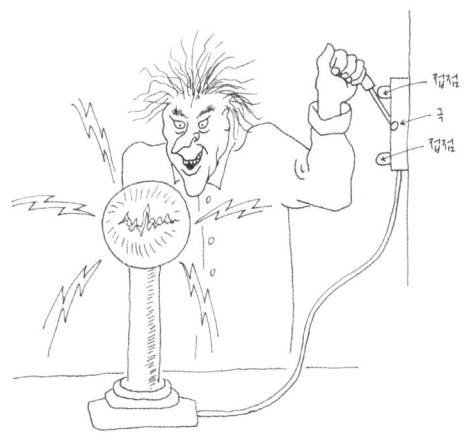

그림 2-31 왼쪽: 미친 과학자. 오른쪽: SPDT 나이프 스위치.

그런가 하면 극이 3개나 4개인 스위치를 구매할 수도 있다(로터리 스위치(rotary switch)의 경우 극이 더 많은 것도 있지만 이 책에서는 사용하지 않는다). 또한 쌍투 토글스위치에 '중앙에 꺼짐' 위치를 추가한 것도 있다.

이를 모두 정리해서 가능한 스위치의 유형과 그 약어를 보여주는 표를 작성했다. 푸시버튼도 같은 약어를 사용한다(그림 2-32 참조). 부품 카탈로그를 읽을 때 이 표를 확인하면 약어의 뜻을 기억하는 데 도움이 될 것이다.

	단극	쌍극	3극	4극
단투	SPST (또는 1P1T) on-off	DPST (또는 2P1T) on-off	3PST (또는 3P1T) on-off	4PST (또는 4P1T) on-off
쌍투	SPDT (또는 1P2T) on-off	DPDT (또는 2P2T) on-off	3PDT (또는 3P2T) on-off	4PDT (또는 4P2T) on-off
중앙에 꺼짐이 있는 쌍투	SPDT (또는 1P2T) on-off-on	DPDT (또는 2P2T) on-off-on	3PDT (또는 3P2T) on-off-on	4PDT (또는 4P2T) on-off-on

그림 2-32 이 표는 선택할 수 있는 여러 가지 토글스위치와 푸시버튼을 요약한 것이다.

스위치 중에는 내부에 스프링이 있어서 스위치에 가한 압력이 사라지면 원래의 위치로 돌아가도록 설계된 것도 있다. 괄호 안에 ON이나 OFF가 표시되어 있는데 괄호 안의 상태를 유지하려면 압력을 가해야 한다는 뜻이다.

다음은 몇 가지 예를 든 것이다.

- OFF-(ON): 괄호 안이 ON이기 때문에 ON이 일시적인 상태이다. 따라서 이렇게 표시되어 있으면 단극 스위치이면서 눌렀을 때만 연결되고, 누르지 않으면 원래의 위치로 돌아가 연결되지 않는다. 이런 유형은 '평상시 열림(normally open)' 스위치, 줄여서 'NO'라고도 부른다. 푸시버튼도 대부분 이런 방식으로 동작한다.
- ON-(OFF): 일시적 스위치(momentary switc)[3]의 반대 유형이다. 보통은 ON 상태이지만 스위치를 누르면 연결이 끊어진다. 따라서 OFF가 일시적인 상태이다. '평상시 닫힘(normally closed)' 스위치, 줄여서 'NC'라고 부른다.
- (ON)-OFF-(ON): 이런 유형의 스위치는 중앙에 꺼짐 위치가 있다. 어떤 방향으로든 스위치를 누르면 일시적으로 연결되지만 스위치에서 손을 떼면 다시 중앙으로 돌아간다.

---

[3] 보통 스위치라고 하면 많은 경우 이 형태의 스위치를 의미한다. biased switch라고도 부르는데, 버튼을 누르면 일시적으로 원래 있던 상태(biased state)에서 다른 상태로 바뀌기 때문이다.

ON-OFF-(ON)이나 ON-(ON) 같은 다른 종류도 있다. 괄호 안이 일시적 상태라는 것만 기억해 두면 스위치가 어떻게 동작하는지 알 수 있을 것이다.

스파크

전기를 연결하거나 끊을 때 종종 스파크가 생긴다. 스파크는 스위치 접점에 좋지 않은 영향을 미친다. 스파크가 일어나면 접촉면이 닳아서 어느 순간 더 이상 안정적으로 연결되지 않는다. 이런 이유로 사용하는 전압과 전류에 맞는 스위치를 사용해야 한다.

이 책에 나오는 전자 회로는 낮은 전류와 낮은 전압을 사용하기 때문에 대부분의 경우 어떤 스위치를 사용해도 괜찮다. 그러나 모터의 경우 켜거나 끄는 순간 모터가 지속적으로 동작할 때의 정격전류보다 2배 이상의 전류가 필요하다. 예를 들어 2A 모터를 켜고 끄려면 4A 스위치를 사용해야 한다.

연결 점검하기

스위치는 계측기를 사용해서 점검할 수 있다. 스위치를 점검하면 스위치를 어느 한쪽으로 움직였을 때 어느 접점이 연결되는지 알 수 있다. 가지고 있는 푸시버튼이 평상시 열림(스위치를 누르면 연결) 유형인지 평상시 닫힘(스위치를 누르면 연결 끊김) 유형인지를 알고 싶을 때에도 유용하게 사용할 수 있다.

스위치를 점검할 때는 계측기를 '연결(continuity)' 점검 모드로 두면 편하다. 회로가 연결되어 있으면 계측기에서 '삑' 소리가 나거나 결과가 화면에 표시되고 연결이 되지 않으면 아무런 변화가 없다. 연결 점검 모드로 설정된 계측기의 예는 그림 2-33, 2-34, 2-35를 참조한다. 실험 1에서 계측기에서 연결 점검을 나타내는 데 사용되는 기호를 보여준 바 있다(그림 1-7 참조).

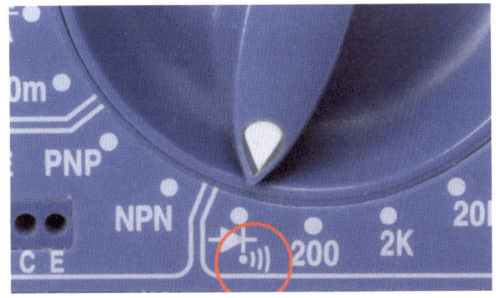

그림 2-33 연결 점검 모드로 설정된 계측기 다이얼.

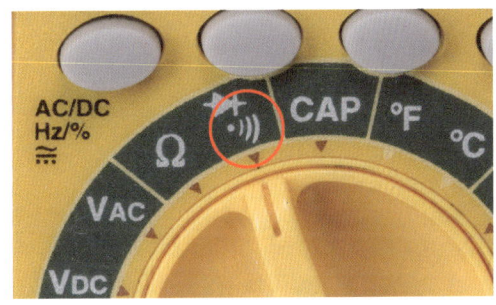

그림 2-34 연결 점검 모드로 설정된 또 다른 계측기 다이얼.

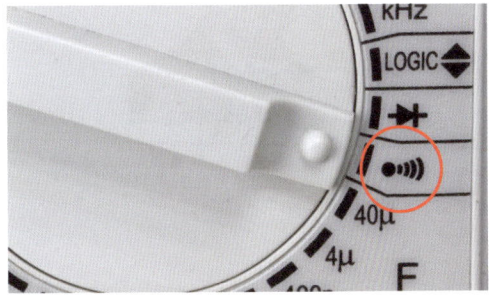

그림 2-35 연결 점검 모드로 설정된 세 번째 계측기 다이얼.

배경지식: 초기의 스위치

스위치는 아주 기본적인 기능이고 그 개념이 너무 간단해서 스위치가 점진적인 진화의 과정을 거친 산물이라는 사실을 잊어버리기 쉽다. 초기의 나이프 스위치는 전기 분야의 개척자들이 연구실의 장치를 단순히 껐다 켰다 하기에는 적절했지만 전화 시스템이 보급되면서 조금 더 정교한 방식이 필요해졌다. 보통, 과거의 전화 교환원들은 '교환대(switchboard)' 앞에 앉아 10,000쌍의 회선을 서로 연결해야 했다. 이런 일은 어떻게 가능했을까?

1878년 찰스 E. 스크리브너(Charles E. Scribner, 그림 2-36)는 '잭나이프 스위치(jack-knife switch)'를 개발했다. 이런 이름이 붙게 된 것은 교환원이 잡게 되는 스위치 손잡이가 잭나이프의 손잡이와 닮았기 때문이다. 스위치에서 튀어나와 있는 플러그를 소켓에 끼우면 소켓 내부에서 연결이 이루어지는 시스템이었다. 소켓 내부에 실제로 스위치 접점이 있었다.

기타와 앰프에 달린 오디오 연결 부분도 같은 원리로 동작하며 연결 부분을 '잭(jack)'이라고 부르는데 이 용어는 스크리브너의 발명에서 기인한 것이다. 스위치 연결은 지금도 잭 소켓 안에 위치한다.

요즘은 전화 교환대를 보기가 전화 교환원 보기만큼 힘든 것이 사실이다. 전자식으로 동작하는 릴레이가 그 자리를 대신했는데 릴레이에 대해서는 이 장의 뒤에서 설명하겠다. 릴레이 다음에는 트랜지스터가 등장해서 움직이는 부분이 없이도 모든 것이 잘 동작했다. 실험 10에서는 트랜지스터를 사용해서 전류를 스위칭해볼 것이다.

회로도에 대해서 알아보기

그림 2-37은 그림 2-26의 회로를 간단하게 그린 것으로 이를 '회로도(schematic)'라고 한다. 여기서부터는 회로를 회로도로 나타낼 텐데 이 편이 연결 상태를 이해하기 더 쉽기 때문이다. 회로도를 이해하려면 몇 가지 기호를 알아야 한다.

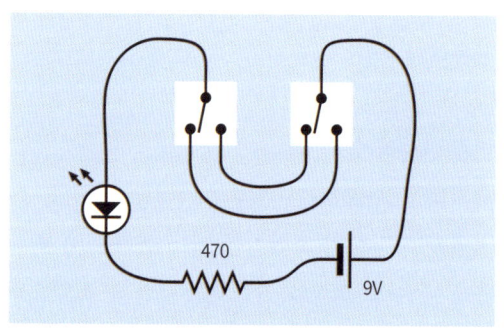

그림 2-37 스위치가 2개인 회로를 회로도로 다시 그렸다.

그림 2-36 찰스 E. 스크리브너는 '잭나이프 스위치'를 개발해서 1800년대 후반 전화 시스템에 필요한 부분을 해결해주었다. 오늘날의 오디오 잭도 같은 원리로 동작한다.

그림 2-26과 그림 2-37은 모두 같은 부품과 부품 간의 연결을 나타낸 것이다. 회로도에서 지그재그 모양은 저항, 대각선 방향의 화살표 2개가 있는 기호는 LED이며 전지는 길이가 다른 2개의

평행선으로 나타낸다.

LED 기호에서 큰 삼각형은 전류가 흐르는 방향을 나타내며 전류는 항상 양극에서 음극으로 흐른다고 간주한다. 한 쌍의 대각선 화살표는 여기에서 사용된 부품이 '빛을 내는' 다이오드(diode, LED)임을 알려준다(뒤에서 다른 유형의 다이오드도 살펴볼 것이다). 전지 기호에서 두 평행선 중 긴 선이 양극을 나타낸다.

전기가 회로를 지나는 경로를 따라 스위치가 어느 한쪽 방향으로 바뀐다고 생각해보자. 이제 스위치의 상태가 바뀜에 따라 LED가 켜지거나 꺼진다.

그림 2-38은 같은 회로도를 좀 더 단순하게 나타낸 것이다. 직선을 사용했으며 전원의 양극을 왼쪽 위에, 음극을 오른쪽 아래에 위치시켰다. 회로도를 보면 전류가 위에서 아래로 흐르며 앰프로 입력되는 오디오 신호 등의 신호 종류가 왼쪽에서 오른쪽으로 이동하는 것을 쉽게 알 수 있다. 위에서 아래로 회로도를 그리면 이해하기 훨씬 쉽다.

이기는 하지만 완전히 동일한 회로를 나타낸다는 것이다. 실제로 중요한 것은 부품의 유형과 연결 방식이다. 부품의 정확한 위치는 상관없다.

- 회로도는 부품을 어디에 놓아야 하는지 알려주지 않으며 어떻게 연결하는지만 알려준다.

우연찮게 그림 2-38과 같은 회로가 가정에서 실제로 사용될 수도 있다. 대표적인 예가 계단의 위와 아래에 전등 스위치를 2개 설치해서 두 스위치 중 어느 쪽을 사용하더라도 전등을 켜고 끌 수 있도록 하는 것이다. 그림 2-39는 이를 나타낸 것으로 AC 전원의 활선과 중성선이 그림의 왼쪽 아래에서 들어온다. 활선이 스위칭되면 중성선이 전등과 연결된다(구불구불한 선이 있는 흰색 원은 구형 백열등을 나타낸 것이다).

이 회로도에 문제가 있다면 표준화되지 않은 기호가 몇 가지 있다는 점뿐이다. 같은 부품을 나타내지만 모양은 다른 기호를 볼 수도 있다. 이에 대해서는 차차 설명하겠다.

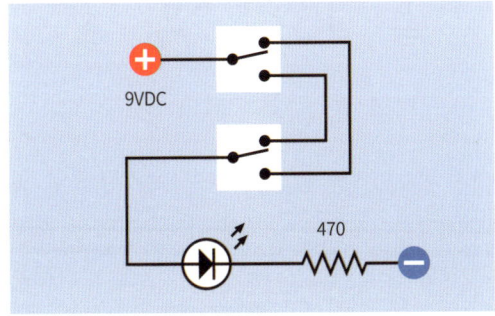

그림 2-38 그림 2-37의 회로도를 더 일반적인 방식으로 다시 그렸다.

여기에서 중요한 점은 2개의 회로도가 다르게 보

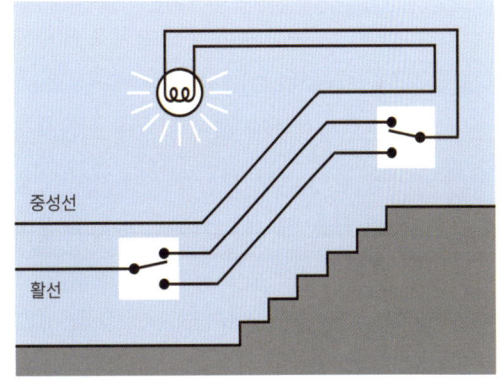

그림 2-39 그림 2-38과 동일한 회로는 가정에서 스위치 2개로 전구 1개를 켜고 끌 때 사용된다.

기초지식: 기본적인 회로 기호

1. 스위치 그림 2-40은 가장 기본적인 부품인 단극단투(SPST) 스위치를 나타내는 서로 다른 다섯 가지 기호를 보여준다. 모든 기호의 극이 오른쪽에, 접점이 왼쪽에 위치하지만 이 때문에 큰 차이가 생기지는 않는다. 이 책에서는 스위치 주변에 흰색 상자가 포함된 기호를 사용하는데 스위치가 두 부분으로 나뉘어 표현되어 있지만 실제로 이 두 부분이 하나의 부품이라는 사실을 강조하기 위해서다.

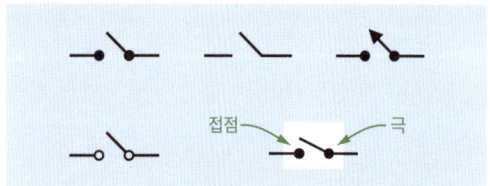

그림 2-40 SPST 스위치를 나타내는 5가지 종류의 회로도 기호. 기능은 모두 같다.

그림 2-41을 보면 쌍극쌍투(DPDT) 스위치를 사용할 때 상황이 조금 더 복잡해짐을 알 수 있다. 대시 기호(–)는 스위치가 켜졌을 때 각각의 극과 그에 연결되는 접점이 전기적으로 서로 절연되어 있더라도 두 부분이 하나의 스위치로 동작한다는 사실을 보여준다. 가운데와 같은 유형의 기호는 큰 회로도에서 부품 배치 때문에 스위치에서 두 부분을 붙여 그리기가 힘들 때 보통 사용된다. 각각의 극은 약어의 끝에 A, B, C를 붙여 구별하기 때문에 스위치가 나뉘어 그려져 있더라도 실제로는 하나의 스위치에 연결되어 있다는 사실을 알 수 있다.

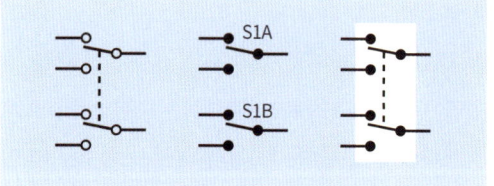

그림 2-41 DPDT 스위치의 3가지 유형.

2. 전원 DC(직류) 전원은 여러 가지로 나타낼 수 있다. 그림 2-42의 윗줄은 전지의 기호를 보여준다. 짧은 선이 음극을, 긴 선이 양극을 나타낸다. 기존에는 선 한 쌍이 1.5볼트 전지, 두 쌍이 3볼트 전지를 의미했다. 그러나 회로에서 진공관과 함께 사용되는 높은 전압은 보통 전지 여러 개를 일렬로 늘어놓는 대신 두 전지 사이에 대시 기호(–)를 그어 나타냈다.

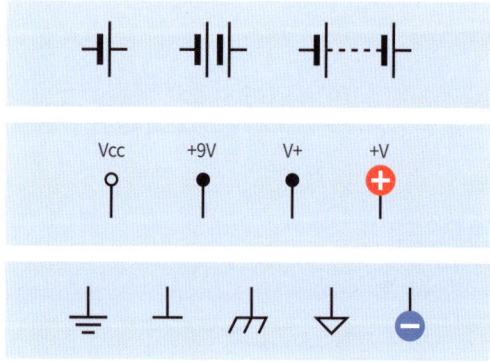

그림 2-42 회로에서 양과 음의 DC 전원을 표현하는 다양한 방법.

전지 기호는 단순한 회로도에서도 사용할 수 있지만 그림 2-42의 가운데와 아래에서 보는 것처럼 양과 음의 DC 전원을 개별 기호로 나타내는 방식이 더 많이 사용된다. 양극은 회로에 위치시키고 Vcc, Vcc나 V+, +V 또는 전압을 표시하는 숫자가 붙은 +V를 함께 표시해준다. 원래 Vc는 트랜지스터의 일부인 컬렉터(collector)에서의 전압을 뜻했다. V$_{CC}$는 전체 회로에 공급되는 전원을 뜻했지만 현재는 회로 안에 트랜지스터가 있는지 여부와 관계없이 사용된다. 많은 사람들이 유래는 모르는 채 그냥 '브이시시'라고 읽는다.

이 책은 호화로운 컬러로 인쇄되기 때문에 양극 입력을 나타내기 위해 빨간색 원에 플러스가 표시된 기호를 사용했다.

전원의 음극에는 그림 2-42 아래쪽의 기호를 무엇이든 사용해도 된다. 음극은 '음의 접지(negative ground)' 또는 그냥 '접지(ground)'라고 부를 수도 있다. 회로의 여러 부품이 음전위(negative potential)를 공유하기 때문에 하나의 회로도에서 여러 개의 접지 기호를 보게 될 수도 있다. 이렇게 그리는 편이 부품들을 하나의 접지와 모두 연결되도록 선을 그리는 것보다 편리하다.

이 책에서는 음극을 나타낼 때 파란색 원에 마이너스가 표시된 기호를 선택했다. 보기만 해도 접지라는 것을 직관적으로 알 수 있기 때문이다. 이 기호는 다른 일반적인 회로도에서 자주 사용되지 않는다.

지금까지는 전지로 구동되는 장치에 대해 설명했다. 콘센트와 연결해서 AC 전원을 사용하는 장치의 경우 상황은 조금 더 복잡하다. 콘센트에는 소켓이 활선 단자용, 중성선 단자용, 접지선 단자용 3개가 있기 때문이다. AC 전원을 나타내는 회로도 기호는 보통 그림 2-43과 같이 S자가 누워 있는 모양으로 표시한다. 종종 전원값이 표시되는데 미국에서는 보통 110V, 115V, 120V를 사용한다. 회로에서 그림 2-43의 오른쪽과 같은 기호는 전자부품이 내장된 AC 장치의 몸체를 뜻한다.

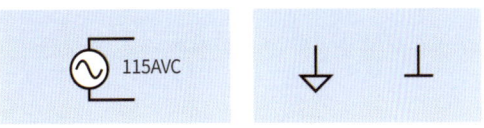

그림 2-43 AC 전원 기호(왼쪽)와 AC 장치의 몸체(오른쪽).

가정의 AC 콘센트에서 접지 핀은 실제로 건물 밖의 지면과 연결되어 있다는 사실에 주의하자. 접지 핀과 연결된 금속 몸체의 전기 장치는 '접지된다'. 물론 높은 전압을 사용하지 않고 전지로 구동되는 회로를 접지시킬 필요는 없지만 그렇다고 해도 접지 기호는 사용할 수 있다.

장치가 접지되었음을 뜻하는 'grounded'라는 단어 대신 영국에서는 'earthed'를 사용하기도 한다.

3. 저항 저항 기호의 종류는 그림 2-44에서 보는 것과 같은 2가지뿐이다. 왼쪽 기호는 미국에서 사용되는 것으로 기호 옆에 저항값을 옴 단위로 나타낸 숫자가 표시된다. 저항을 구별하는 다른 방법으로 저항을 R1, R2, R3 등으로 표시하고 별도의 부품 목록에서 값을 표기하기도 한다. 그림의 오른쪽 기호는 유럽에서 사용되는 것으로 여기서도 숫자는 저항을 옴 단위로 나타낸다. 그림에서 220옴이라는 값은 임의로 선택했다.

그림 2-44 저항의 기호. 왼쪽은 미국, 오른쪽은 유럽에서 사용한다.

저항값에 소수점이 포함된 경우 유럽에서는 소수점 대신 K나 M을 사용하며 1K 미만의 저항값은 R 뒤에 숫자로 표기한다는 점을 기억하자.

4. 가변저항 그림 2-45의 왼쪽 기호는 미국에서 사용되고 오른쪽 기호는 유럽에서 사용된다. 두 기호 모두 화살표는 가변저항의 와이퍼를 나타낸다. 470옴은 임의로 선택한 저항값이다.

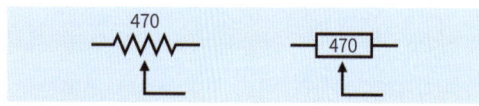

그림 2-45 왼쪽의 가변저항 기호는 미국에서 사용되고 오른쪽의 기호는 유럽에서 사용된다.

5. 푸시버튼 사용할 수 있는 푸시버튼 기호는 그림 2-46에서 보는 것처럼 3가지이다. 이 기호들은 압력을 가했을 때 두 접점이 만나고 압력이 사라지면 회로가 열리는 평상시 열림 푸시버튼이나 일시적 스위치의 일반적인 유형을 나타낼 때 사용된다. 하나의 버튼을 눌러서 여러 접점이 만나거나 떨어지는 더 복잡한 푸시버튼이라면 다극 스위치 기호를 사용할 수 있다.

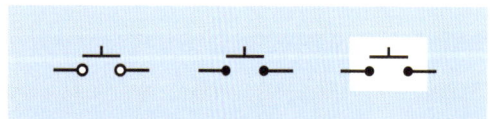

그림 2-46 푸시버튼 기호의 3가지 종류. 이 책에서는 스위치를 분명하게 구별할 수 있도록 흰색 상자가 그려진 기호를 사용하지만 이 방식은 다른 데서는 쓰이지 않는다.

6. 발광 다이오드(LED) 그림 2-47은 LED 기호의 종류를 보여준다. 원이 포함되었는지, 삼각형이 흰색인지 검은색인지 관계없이 기호는 모두 동일하다. 이 책에서는 LED를 분명하게 구별할 수 있도록 원 안을 흰색으로 표시했지만 이런 방식이 어디에서나 적용되는 건 아니다. LED 기호는 회로 작성의 편의를 위해 어느 방향으로든 그릴 수 있다. 화살표 역시 어느 방향이나 가리킬 수 있다.

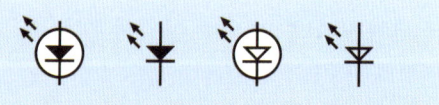

그림 2-47 LED를 나타내는 4가지 방법. 기능 면에서는 모두 동일하다.

다른 기호 종류는 이 책의 뒤에서 설명한다. 다음의 내용을 반드시 기억해두도록 하자.

- 회로도에서 부품의 위치는 기능과 아무런 상관이 없다.
- 회로도에서 사용되는 기호의 모양은 중요하지 않다.
- 부품 간의 연결은 대단히 중요하다.

회로 배치

앞에서 회로도는 보통 관습에 따라 위쪽에 양극을, 아래쪽에 음극을 둔다고 설명했다. 이렇게 그리면 회로 동작 방식을 이해하기가 훨씬 쉽지만 실제로 회로를 만들고자 할 때는 전혀 도움이 되지 않는다. 분명 브레드보드를 사용할 텐데 브레드보드에는 회로도와는 전혀 다른 배치가 필요하기 때문이다.

내가 본 거의 대부분의 전자부품 도서에서는 회로도에 그려진 회로를 브레드보드용으로 바꾸는 일을 독자에게 맡겼다. 이렇게 바꾸기는 매우 어려울 수 있으며 전자회로를 배우는 데 상당한 장벽이 될 수 있다. 따라서 이 책의 회로도에서는 모든 부품을 브레드보드와 비슷한 형식으로 배치한다. 실험 8에서 브레드보드를 직접 다루어보면 무슨 말인지 더 잘 이해할 수 있을 것이다.

전선의 교차

회로도에서 다루어야 하는 마지막 주제는 서로 교차되는 두 전선을 나타내는 방법이다. 지금까지 만든 간단한 회로에서는 전선이 교차되는 일이 없었지만 회로가 조금 더 복잡해지면 서로 전기적으로 연결되어 있지 않은 전선이 교차되는 일이 생긴다. 회로도에서는 교차되는 전선을 어떻게 나타낼까?

이 책의 초판에서는 전선이 서로 교차되는 곳을 조그만 반원 모양으로 나타냈다. 이는 그림 2-48에서 보여주는 '과거의 방식'이다. 이런 방식을 사용하면 전기적으로 연결되지 않은 전선을 분명히 알 수 있기 때문에 나는 이쪽을 선호한다. 그러나 몇십 년 전만 해도 회로를 그래픽 소프트웨어가 아닌 펜과 잉크로 그렸기 때문에 조그만 반원을 그리는 것이 점점 문제가 되면서 사용 빈도가 줄어들었다.

그 대안으로 사용된 방식이 그림 2-48의 '새로운 방식'으로 두 전선 중 하나를 끊어진 것처럼 표현한 것이다. 그런데 이 방법은 혼란을 일으킬 수 있으며 자동 회로 도면 소프트웨어로 그리기가 어렵다. 그 결과 이 방식도 거의 사용되지 않는다.

세 번째 '일반적 방식'은 현재 가장 흔하게 사용된다. 이번 판에서는 세계에서 공통으로 사용

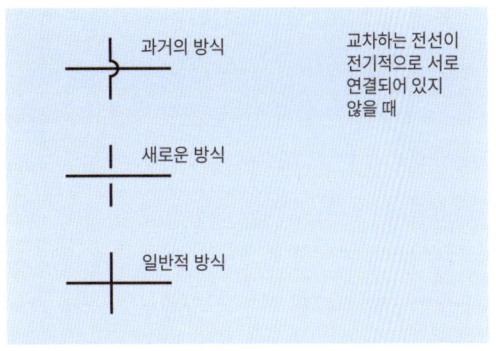

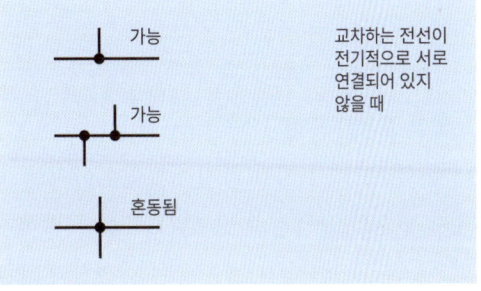

그림 2-48 교차하거나 교차하지 않는 전선을 나타내는 다양한 방식. 자세한 내용은 본문 참조.

하는 일반적 방식을 따르기로 했다. 그러나 과거의 방식이 보기에 더 분명하다는 내 생각이 변한 것은 아니다.

이런 의문이 들지도 모른다. 교차하는 두 선이 전기적으로 연결되지 않은 상태를 뜻한다면 두 직선이 연결되어 있을 때는 어떻게 나타낼까? 그 답은 바로 점을 찍는 것이다. 단, 혼란을 피하기 위해서 작은 점이 아닌 큰 점을 사용한다. 그림 2-48의 아래쪽 표시 기호를 보면 내 말 뜻을 이해할 수 있다. 일반적인 규칙은 다음과 같다.

- 교차하는 두 선은 전기적인 연결을 뜻하지 않는다.
- 선이 교차하는 곳에 점이 그려져 있으면 그

곳에 전기적인 연결이 있다는 뜻이다.

하나 더 주의할 점이 있다. 분명하게 표시하려면 실제로 그림 2-48의 아래와 같은 방식은 피하는 편이 좋다. 이 방식을 사용하면 회로의 의미를 분명하게 인지할 수 없다. 그 대신에 바로 위의 방식을 사용하면 어떤 상황에서도 서로 교차하는 전선들이 연결되어 있지 않다는 것을 알 수 있다.

색깔을 표시한 도선

내가 회로도에서 가장 마지막으로 이야기할 주제가 전선의 교차라고 말했나? 사실을 밝히자면 사소한 문제가 하나 더 남았다. 전원의 양극과 음극을 혼동하는 일이 없도록 이후 나올 회로도에서 모든 양의 도선은 빨간색으로, 음극 또는 접지는 파란색으로 나타낸다. 이전에 이 표기 방식을 사용했더니 도움이 많이 됐다는 독자들이 있었기 때문에 그런 방식을 계속 사용할 생각이다.

  음극/접지에는 검은색이 좀 더 흔하게 사용된다(계측기나 전지 커넥터에서도 검은색 전선이 음극/접지를 뜻한다). 그러나 파란색도 가끔 사용되며 검은색보다 더 눈에 띈다.

  이 책이 아닌 다른 곳에서 보게 될 회로도는 이런 식의 유용한 구별법을 사용하지 않는다는 점을 명심하자. 보통은 모든 전선이 검은색이어서 전원의 어느 극에 연결되었는지 확인해야 한다.

실험 7: 릴레이 조사하기

스위칭 탐험의 다음 실험은 원격 조작 스위치를 사용해보는 것이다. '원격 조작'은 신호를 보내서 그에 대한 반응으로 스위치가 켜지거나 꺼지게 하는 것을 말한다. 이런 스위치는 회로의 한쪽에서 받은 명령을 다른 쪽으로 전달하기 때문에 '릴레이(relay, 계전기)'라 부른다.

- 흔히 릴레이는 낮은 전압이나 전류로 높은 전압이나 전류의 스위칭을 제어한다.

이 원리는 아주 유용할 수 있다. 예를 들어, 차의 시동을 걸 때 상대적으로 작고 값싼 점화 스위치에서 얇고 비싼 전선을 따라 시동 모터 옆에 있는 릴레이로 약한 신호를 보낸다. 릴레이는 100A의 전류를 흘려보낼 수 있는 더 짧고 두껍고 비싼 전선을 통해 신호를 보내 모터를 구동시킨다.

  마찬가지로 구형 세탁기의 세탁조가 회전할 때 뚜껑을 들어 올리려면 약한 신호를 얇은 전선을 통해 릴레이로 전달하는 스위치를 달아야 한다. 릴레이는 젖은 옷이 가득 든 세탁조를 회전시키는 커다란 모터를 끄는 더 큰 역할을 한다.

실험 준비물
- 9V 전지 1개
- DPDT 9VDC 릴레이 2개
- SPST형 텍타일 스위치 1개

- 양끝에 악어 클립이 달린 테스트 리드 5개
- 만능 칼 1자루
- 계측기 1개

릴레이

이 책에서 추천하는 릴레이는 한쪽 끝에 핀이 2개, 다른 쪽 끝에 핀이 6개 있는 유형이다. 6개의 핀은 그림 2-49처럼 3개씩 2줄을 이루고 있다(릴레이는 핀이 있는 쪽이 위를 향하도록 거꾸로 놓여 있다). 릴레이를 2개 산다면 하나는 패키지를 칼로 열어 내부를 관찰하는 데 사용할 수 있다. 아주, 아주 조심한다면 릴레이를 열어본 뒤에도 다시 사용할 수 있지만 그렇지 않더라도 여분으로 사둔 릴레이를 쓰면 된다.

주의: 극성 문제

일부 릴레이는 릴레이 내부에 숨겨진 코일에 전압을 적용하는 방식이 까다롭다. 코일을 통과해서 한쪽으로 흐르는 전기일 경우 모든 것이 잘 동작하지만 양과 음의 연결이 바뀌면(다시 말해, 극성이 바뀌면) 릴레이는 동작을 멈춘다.

이는 릴레이의 데이터시트에서 극성을 분명히 명시하지 않을 때 특히 문제가 된다. 이 책에서 추천하는 릴레이에는 특정한 극성 요건이 없다. 60페이지의 '필수: 릴레이'를 참조한다.

과정

테스트 리드와 텍타일 스위치(푸시버튼)를 그림 2-49처럼 연결한다(이 그림의 부품들이 비율에

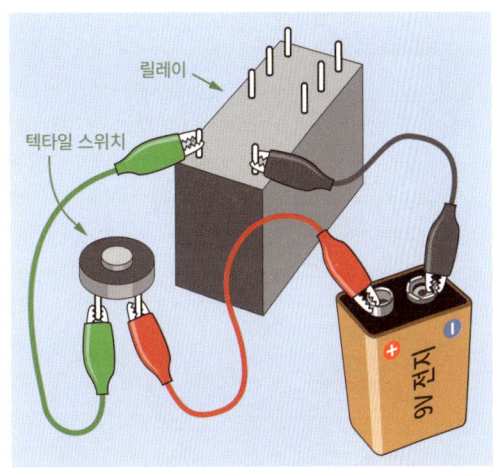

그림 2-49 릴레이의 내부에서 일어나는 일을 알아보기 위한 첫 번째 단계.

맞게 그려지지 않았다는 점에 주의하자). 버튼을 눌러서 9V의 전압을 다른 핀과 떨어져 있는 한 쌍의 핀에 걸어주면 아주 작게 딸깍 하는 소리가 들린다. 버튼을 놓으면 다시 한 번 딸깍 소리가 들릴 수도 있다(청력이 썩 좋지 않다면 릴레이를 손톱으로 부드럽게 눌러보자. 딸깍 소리가 날 때 나는 약한 진동을 느낄 수 있다).

이때 무슨 일이 일어나는가? 이를 알아내는 데 계측기가 도움이 된다. 계측기를 연결 점검 모드로 설정하고 탐침을 마주 대어서 계측기가 작동하는지 확인한다. 삑 소리가 나지 않는다면 계측기를 연결 점검 모드로 설정하지 않았거나 전지가 다됐거나 탐침 중 하나를 잘못된 소켓에 꽂은 것이다.

이제 그림 2-50처럼 탐침을 핀에 갖다 대고 버튼을 누른다. 계측기는 버튼이 눌려 있는 동안 삑 소리를 낸다.

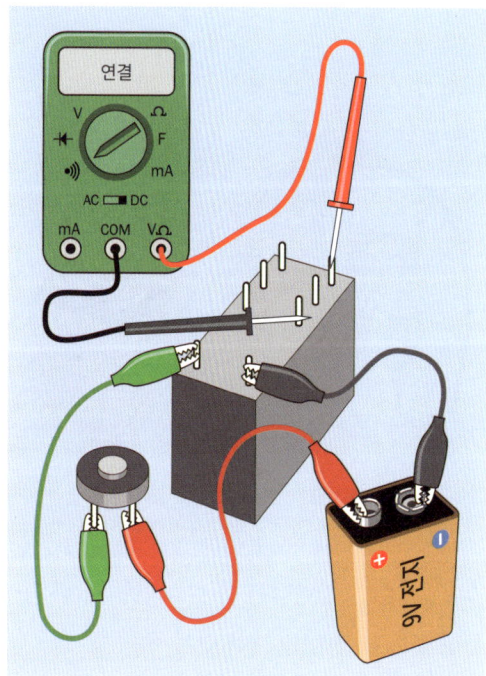

그림 2-50 두 번째 단계: 연결 상태 측정.

이 테스트를 통해 가장 가까운 쪽에 있는 한 쌍의 단자에 전압을 걸었을 때 릴레이 내부의 일부 접점이 닫힌다는 사실을 알 수 있다. 그러나 핀에 탐침을 갖다 댄 채로 버튼을 누르기가 어려울 수도 있다. 그런 경우 그림 2-51처럼 테스트 리드 2개를 사용해보자. 악어 클립으로 각각의 리드 끝은 계측기 탐침에, 다른 쪽 끝은 릴레이 핀에 연결하면 두 손을 자유롭게 사용할 수 있다.

이제 빨간색 테스트 리드를 가장 멀리 떨어진 릴레이 핀에서 떼어내서 그 옆의 비어 있는 핀으로 옮긴다. 이렇게 하면 계측기의 동작이 바뀌면서 버튼을 누르지 않았을 때 소리가 나고 버튼을 눌렀을 때 소리가 나지 않는다는 사실을 알 수 있다.

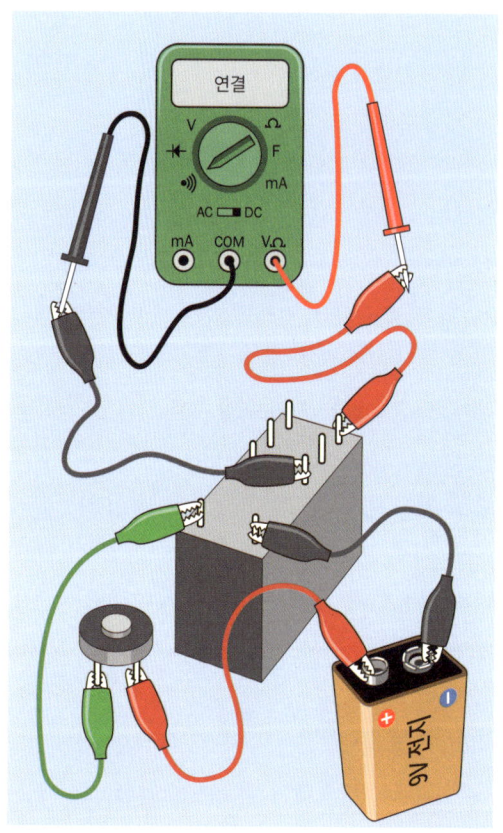

그림 2-51 테스트 리드를 사용해서 계측기 탐침을 연결하면 손으로 탐침을 잡고 있을 필요가 없다.

릴레이 내부에서 일어나는 일

그림 2-52는 버튼을 눌렀을 때 릴레이의 내부를 엑스레이로 찍은 것처럼 보여준다. 릴레이 아래쪽에는 코일이 있어서 자기장을 생성하고 한 쌍의 내부 스위치를 움직인다. 코일은 오른쪽의 스위치를 움직여서 핀 A와 C를 내부적으로 연결하고, 그 결과 계측기에서 삑 소리가 난다.

릴레이의 코일이 내부 스위치를 밀어서 코일에서 멀어지도록 만드는 것처럼 보이는 이유가 궁금할 수도 있다. 그 이유는 릴레이 내부에 있

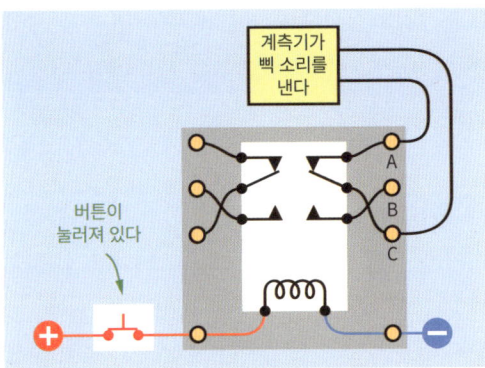

그림 2-52 릴레이의 내부에서 버튼이 눌리면 계측기가 삑 소리를 내기 시작한다.

는 기계적인 연결이 당기는 힘을 미는 힘으로 변환시키기 때문이다. 이 실험의 뒷부분에서 릴레이의 패키지를 열어볼 텐데 그때 이 연결을 확인할 수 있다.

그림 2-53은 버튼을 누르지 않고 있을 때 어떤 일이 일어났는지를 보여준다. 스위치의 접점이 떨어져서 반대 상태가 되면 A와 C의 연결이 끊기고 B와 C가 연결된다. 릴레이 코일에 전기가 전혀 흐르지 않을 때 접점은 이 상태로 유지된다.

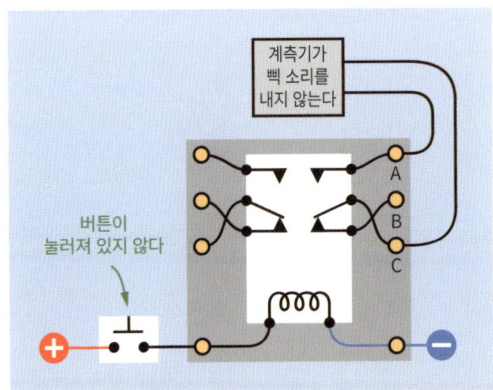

그림 2-53 버튼이 눌려 있지 않고 계측기가 삑 소리를 내지 않을 때 릴레이 내부.

기타 릴레이

내가 설명한 핀의 기능이 이 크기의 릴레이에서 가장 일반적이라고 생각하지만 예외가 있어서 다르게 동작할 수도 있다. 사실 이 책의 초판에서는 다른 핀 기능을 가진 릴레이를 사용했다.

쌍극쌍투(DPDT) 릴레이를 처음 본다면 릴레이 내부에서 어떤 일이 일어나는지 어떻게 알 수 있을까? 코일에 전압을 걸어주는 한편 계측기로 여러 쌍의 핀을 시험할 수 있다. 하나씩 지워나가다 보면 핀의 연결 방식을 알 수 있다.

아니면 제조사의 데이트시트를 확인할 수도 있다. 데이터시트에는 그림 2-21과 같은 그림이 포함되어 있다.

이것으로 릴레이에 대한 모든 것을 알게 되었을까? 아니다. 단지 표면만 겨우 건드렸을 뿐이다.

- 릴레이 중에는 전원이 꺼졌을 때 어느 한쪽 위치에 남아 있는 '래칭 릴레이(latching relay)' 도 있다. 래칭 릴레이에는 보통 스위치를 양쪽으로 움직이기 위해서 '코일이 2개' 있다. 이 책에서는 사용하지 않는다.
- 릴레이는 극이 2개인 것도 있고 1개뿐인 것도 있다. 릴레이는 쌍투인 것도 있고 단투인 것도 있다.
- 릴레이의 코일은 AC로 동작하는 것도 있고 DC로 동작하는 것도 있다. 그러나 앞에서 말한 것처럼 어떤 DC 코일에는 정확한 극성을 가진 DC 전압이 적용되어야 한다.

언제나 그렇듯이 데이터시트에서 필요한 정보

를 얻을 수 있다. 그림 2-54는 다양한 릴레이 유형의 회로 기호를 모아놓은 것이다. A는 단극단투(SPST)형, B는 단극쌍투(SPDT)형 스위치이다. C는 단극단투(SPST)형으로 여러 부분이 하나의 부품 안에 들어 있다는 점을 상기시키기 위해 흰색 상자로 둘러싸서 나타냈다. D는 단극쌍투(SPDT)형, E는 쌍극쌍투(DPDT)형 스위치이고, F는 단극쌍투(SPDT)형 래칭 스위치이다. 릴레이 회로도는 항상 내부 스위치가 열린 상태로 그려진다. 예외는 래칭 릴레이로, 이때 스위치의 위치는 임의로 나타낸다.

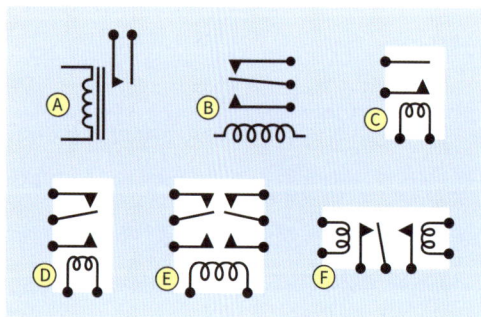

그림 2-54 다양한 릴레이 회로 기호. 자세한 내용은 본문 참조.

지금까지 보아온 릴레이는 모두 큰 전류를 스위칭할 수 없는 '소신호 릴레이(small-signal relay)'다. 더 큰 릴레이는 더 큰 전류를 스위칭할 수 있을 것이다. 릴레이를 고를 때는 정격전류가 회로의 최대 전류보다 크거나 같은 것을 고르는 것이 중요한데 릴레이에 과부하가 걸리면 스파크가 발생해서 접점이 금세 망가지기 때문이다.

뒤에 나올 실험에서 릴레이를 가정의 방범 시스템에 활용하는 등의 실용적 용도를 알아볼 것이다. 그에 앞서 릴레이를 '즈즈즈' 하고 벌레 소리를 내는 오실레이터로 바꾸는 법을 소개하겠다. 그러려면 먼저 내부를 들여다볼 필요가 있다.

릴레이를 열어보자

성미가 급한 사람이라면 그림 2-55와 그림 2-56과 같은 방법으로 릴레이를 열어볼 수 있다. 그러나 보통은 문구용 칼이나 다용도 칼 같은 가장 일반적인 도구를 사용하는 편이 낫다.

그림 2-55 릴레이를 여는 방법 1(추천하지 않음).

그림 2-56 릴레이를 여는 방법 2(절대 추천하지 않음).

그림 2-57과 그림 2-58은 내가 사용하는 방법이다. 플라스틱 패키지의 모서리를 내부가 드러날 때까

지 머리카락 두께 정도로 깎아낸다. 그 이상 깎지 않도록 주의한다. 내부의 부품이 칼날과 가까이에 있기 때문이다. 이제 윗부분을 들어낼 차례다. 나머지 모서리도 같은 방법으로 깎아내자. 정말로 조심스럽게 작업했다면 내부가 드러난 상태에서도 코일에 전기를 연결했을 때 작동한다.

릴레이의 내부

그림 2-59는 일반적인 릴레이 내부의 부품을 단순화해서 나타낸 것이다. 코일(A)이 전자기력을 발생시켜서 막대(B)를 아래로 끌어당긴다. 플라스틱 연결 부위(C)는 휘어지는 금속 띠를 밖으로 밀어내서 접점 사이에 있는 릴레이의 극(D)을 움직인다(이 릴레이는 이 책의 실험용으로 추천한 릴레이와 구성이 조금 다르지만 원리는 같다).

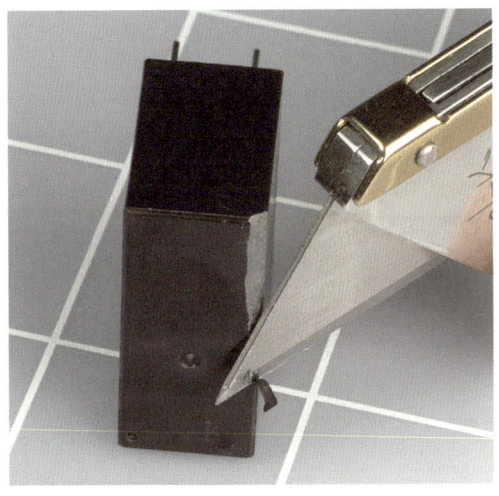

그림 2-57 릴레이를 여는 첫 번째 단계는 플라스틱 패키지의 모서리를 깎아내는 것이다. 항상 몸에서 떨어뜨린 상태에서 작업대 쪽을 향해 위에서 아래로 잘라낸다.

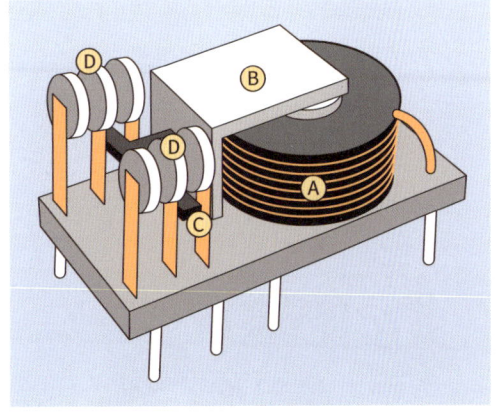

그림 2-59 간단하게 나타낸 릴레이의 내부. 자세한 내용은 본문 참조.

그림과 패키지를 벗겨낸 실제 릴레이(그림 2-60)를 비교해가며 살펴볼 수 있다.

그림 2-61은 패키지를 제거한 다양한 크기의 릴레이를 보여준다. 우연히도 모두 12VDC용이다. 가장 왼쪽의 자동차용 릴레이는 패키지 크기를 크게 고려하지 않고 설계했기 때문에 가장 이해하기 쉽고 간단하다. 더 작은 릴레이는 좀 더 신경 써서 설계되고 더 복잡해서 이해하기가 더 어렵다. 작은 릴레이가 큰 릴레이보다 작은 전류

그림 2-58 모서리를 모두 깎아낸 뒤 패키지의 한쪽을 비집어 열 수 있다.

실험 7: 릴레이 조사하기 79

를 스위칭하도록 설계하는 것이 보통이지만 항상 그렇지는 않다.

그림 2-60 패키지를 벗겨낸 실제 릴레이. 바탕의 사각형 크기는 2.54 × 2.54cm다.

그림 2-61 다양한 12볼트 릴레이. 자세한 내용은 본문 참조.

기초지식: 릴레이 관련 용어

'코일 전압(coil voltage)'은 릴레이에 전원을 연결했을 때 릴레이가 받는 전압이다. AC와 DC 모두 가능하다.

'세트 전압(set voltage)'은 릴레이의 스위치를 닫기 위해 필요한 최소 전압이다. 이상적인 코일 전압보다 약간 작다. 실제로 릴레이는 세트 전압보다 훨씬 작은 전압에서 움직이기도 하지만 세트 전압은 릴레이가 반드시 동작하는 최소 전압을 알려준다.

'동작 전류(operating current)'는 릴레이에 전원을 연결했을 때 코일에서 소비되는 전력으로 보통 밀리암페어 단위로 나타낸다. 전력은 밀리와트 단위로 나타내기도 한다.

'스위칭 용량(switching capacity)'은 릴레이 내부의 접점이 손상 없이 스위칭할 수 있는 최대 전류를 뜻한다. 보통 백열전구 같은 수동 장치[4]를 뜻하는 '저항성 부하(resistive load)'에 사용된다. 릴레이는 모터를 스위칭할 때 모터의 속도가 높아지기 전에 먼저 엄청난 전류를 끌어가는데 이를 '유도성 부하(inductive load)'를 가한다고 표현한다. 릴레이의 데이터시트에서 다룰 수 있는 유도성 부하 용량이 명시되어 있지 않다면 모터를 구동할 때 필요한 전류가 동작할 때 필요한 전류의 2배라고 생각하면 된다.

실험 8: 릴레이 오실레이터

이전 실험에서 악어 클립이 달린 테스트 리드를 사용했을 때 크게 2가지 장점이 있다고 했다. 바로 회로를 빨리 만들 수 있고, 연결 상태를 보기

---

[4] 수동 장치란 별다른 전력 소모가 요구되는 조작이 없더라도 해당 동작/상태가 유지되는 장치를 말한다.

가 쉽다는 것이다.

언제가 됐든 더 빠르고 편리하고 간단하며 여러 곳에 활용할 수 있는 회로 만드는 방법을 익혀야 하는데 지금이 바로 그때이다. 나는 가장 널리 사용되는 프로토타이핑 장치인 '무땜납 브레드보드'를 추천한다.

1940년대에 회로를 만들 때는 빵을 자르는 판과 비슷하게 생긴 플랫폼을 사용했다. 전선과 부품은 못이나 철심, 나사로 고정했는데, 금속판 위에 고정하는 것보다 훨씬 쉬운 방법이었다. 알겠지만 그즈음에 플라스틱이 처음 출현했다(플라스틱이 없는 세상이라니, 상상이 되는가?).

오늘날 '브레드보드'란 그림 2-10의 사진처럼 가로 약 5cm, 세로 약 18cm, 두께는 약 1.2cm 이하의 작은 판을 뜻한다. 브레드보드는 부품을 빠르고 쉽게 조립할 수 있는 굉장한 장치다. 문제가 있다면 부품 간의 연결이 내부에서 이루어져서 눈으로 보기 힘들다는 것뿐이다. 그러나 이 부분은 내가 도움을 줄 수 있다.

브레드보드에 대해 알아보는 가장 좋은 방법은 회로를 실제로 만들어보는 것이고, 이것이 바로 우리가 해야 할 일이다. 릴레이를 사용한 앞의 실험을 한 단계 발전시켜보자.

실험 준비물

- 9V 전지 1개
- 건전지 홀더 1개
- 브레드보드 1개
- DPDT 9VDC 릴레이 1개
- 일반 LED 2개
- 텍타일 스위치 1개
- 470Ω 저항 1개
- 1,000μF 커패시터 1개
- 펜치, 니퍼, 와이어 스트리퍼 각각 1개
- 30cm 이상, 최소 2가지 색상의 연결용 전선

초심자의 브레드보드

그림 2-62는 브레드보드를 위에서 본 모양으로 우리가 사용할 부품들이 장착되어 있다.

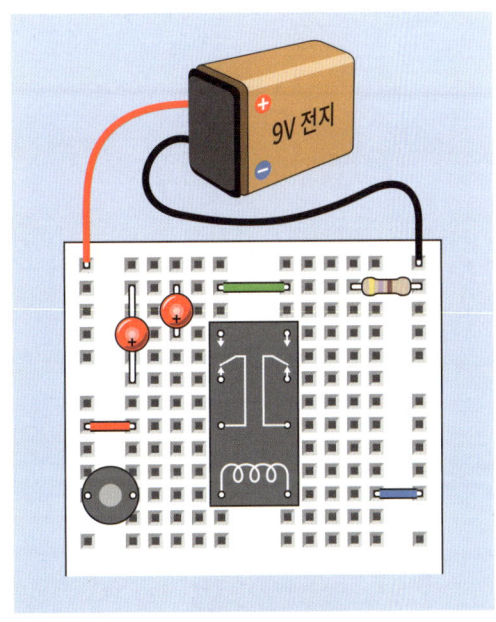

그림 2-62 브레드보드에 설치한 릴레이 점검 회로.

이들 부품이 정확히 무엇인지 알고 싶은 사람을 위해 그림 2-63에 이 책에서 사용되는 브레드보드의 모든 기호를 그림으로 나타냈다. 이들 중 대부분은 아직 등장하지 않았지만 그림은 나중에 참고할 수 있다.

그림 2-62에서 이전 실험에 사용된 릴레이는 중

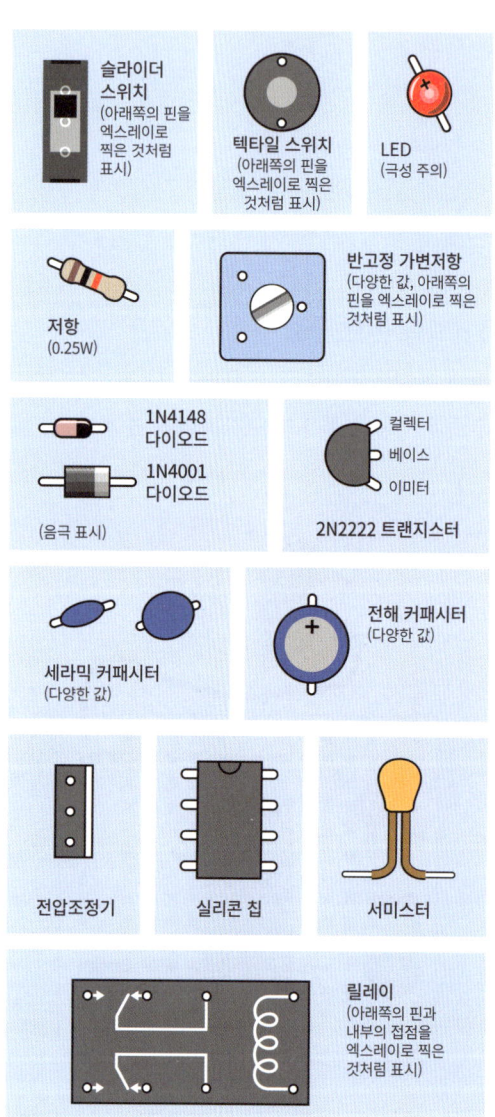

그림 2-63 브레드보드에 쓰이는 대표적인 부품.

할 수 있도록 내부의 연결도 표시했다. 스위치는 전원이 들어오지 않았을 때의 위치로 나타냈다. 이때의 위치를 '안정 상태(relaxed position)'라고 한다.

회색의 원 모양은 푸시버튼이다. 좀 더 정확히 말하면 텍타일 스위치라고 한다. 마찬가지로 핀의 위치를 엑스레이로 찍은 것처럼 표시해서 배치 방향을 알 수 있도록 했다.

빨간 원 모양 2개는 LED다. 긴 리드를 플러스 기호가 보이는 쪽에 끼워야 한다.

색 띠를 보고 이미 알고 있을지 모르겠지만 저항값은 470Ω이다.

브레드보드에 연결된 전선 조각으로 보이는 빨간색, 초록색, 파란색 선은 실제로 브레드보드에 연결된 전선 조각이다. 바로 이어서 이 전선 조각 만드는 방법을 설명하겠다.

점퍼선 만들기

기성품 연결용 전선, 즉 점퍼선을 세트로 구입했다면 여기를 그냥 넘기고 브레드보드의 해당 위치에 점퍼선을 끼우면 된다. 선의 색은 그림과 다를 수 있음에 유의한다.

앞에서 말했듯이 나는 점퍼선을 직접 만들기를 권한다. 그림 2-64는 내가 점퍼선 만드는 과정을 그대로 나타낸 것이다. 먼저 연결용 전선에서 피복을 몇 센티미터 벗겨낸다. 이 작업을 위해 왼손으로는(왼손잡이라면 오른손으로) 전선을 잡고 오른손으로(또는 왼손으로) 와이어 스트리퍼를 쥔다. 와이어 스트리퍼 날에 표시된 '22' 구멍에 전선을 맞추어서 와이어 스트리퍼의 손잡

앙에 있다. 위에서 보면 핀이 보이지 않는데 보드 아래쪽으로 삽입되기 때문이다. 여기에서는 어느 방향으로 릴레이를 배치해야 하는지 알 수 있도록 핀의 위치를 표시했다(다시 말해 코일 핀이 아래쪽이다). 또 릴레이 내부의 구성을 확인

이를 쥔다. 오른손(또는 왼손) 쪽으로 스트리퍼를 잡아당기면 피복이 함께 딸려온다('22'라고 쓰여진 구멍을 사용하는 것은 22게이지 전선을 사용하기 때문이다. 적어도 여러분이 그러기를 바란다).

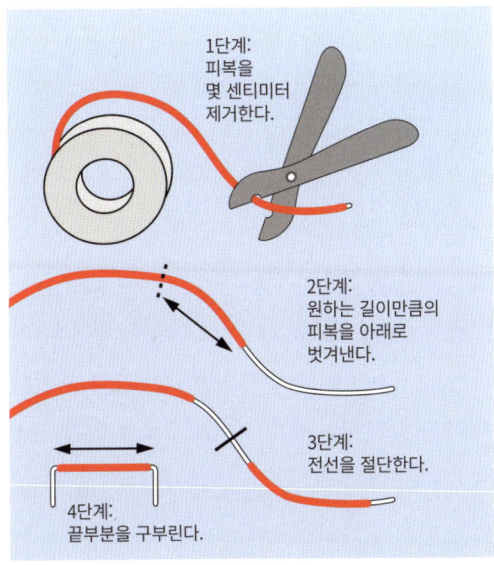

그림 2-64 점퍼선 만드는 과정. 자세한 내용은 본문 참조.

그런 다음 보드에 끼웠을 때 전선이 보이는 부분의 길이를 잰다. 이 길이를 나는 X 센티미터라 하겠다. 이제 남아 있는 연결용 전선에서 X 센티미터 길이를 잰다. X 센티미터 길이의 피복을 전선 끝에서 약 1cm 되는 곳까지 끌어내린다.

아래로 끌어내린 X 센티미터의 피복 뒤쪽으로부터 약 1cm 되는 곳을 니퍼나 와이어 스트리퍼에 있는 날을 이용해서 자른다.

마지막으로 펜치를 사용해서 양끝을 깔끔하게 직각이 되도록 구부려 보드에 끼운다. 잠깐! 크기가 잘 맞지 않는가? 조금만 연습하면 얼마 지나지 않아 눈대중만으로 꼭 맞는 길이의 점퍼선을 만들 수 있다.

전원 연결하기

마지막으로 9V 전지를 연결해야 한다. 건전지 홀더에 연결된 전선의 끝부분은 작게 피복이 벗겨져 납땜되어 있는데 이 부분을 브레드보드의 구멍에 끼운다. 이 과정이 잘 되지 않는다면 전선의 끝부분을 펜치의 주둥이로 잡아 넣어본다. 그래도 잘 안 된다면 와이어 스트리퍼를 사용해서 피복을 몇 밀리미터 더 벗겨야 할 수도 있다.

전선을 브레드보드에 끼우고 나면 그림 2-62처럼 전지를 홀더에 넣는다. 브레드보드에 전원을 연결하는 순간 왼쪽의 LED에 불이 들어와야 한다. 버튼을 누르면 릴레이 내부의 스위치가 닫혀서 오른쪽에 있는 LED에 불이 들어온다. 축하한다! 이것으로 브레드보드에 첫 번째 회로를 완성했다.

자, 브레드보드는 대체 어떻게 작동되는 걸까?

브레드보드의 내부

그림 2-65는 브레드보드 내부에 숨겨진 구리판을 보여준다. 작은 정사각형들에는 부품의 단자를 끼울 수 있으며, 단자는 내부의 구리 조각과 연결된다.

수직으로 긴 구리 조각 2개는 각각 '버스(bus)'라고 부른다. 여기에서 사용되는 버스는 사람이 아닌 전자를 실어 나른다. 전원의 양극과 음극이 보통 버스와 연결되어 있기 때문이다.

다른 전원을 여러 개 사용할 수 있다. 그런데 버스에 단절된 부분이 존재한다는 사실을 종종 잊는다. 실제로 그런 일이 자주 일어나지는 않는다고 해도 성가시기는 하다. 보드 아래쪽까지 회로를 확장했다가 중간 부분에 이상하게도 전력이 사라진다 싶으면 그제야 버스의 단절된 부분을 이어주는 점퍼선[5]을 깜빡하고 꽂지 않았다는 것을 깨닫게 되기 때문이다.

이처럼 주의해야 할 사소한 사항은 필요할 때마다 알려주겠다.

그림 2-66은 브레드보드 내부에 숨어 있는 구리 조각을 보여준다. 이 구리 조각을 통해 브레드보드에 끼운 부품들 사이에 연결이 생긴다. 전기는 지그재그로 움직이지만 구리 조각의 저항이 아주 낮기 때문에 움직이는 경로의 길이가 문제가 되지 않는다.

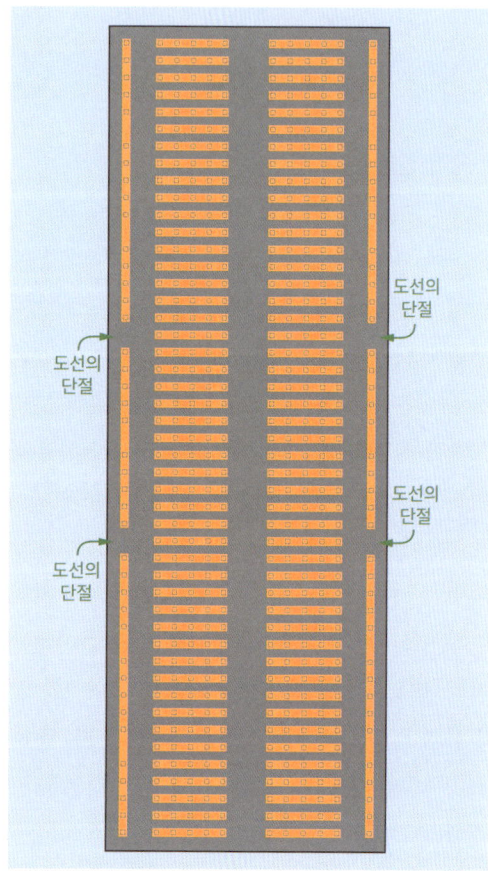

그림 2-65 동판을 사용하는 1열 버스 브레드보드

- 이 책에서는 언제나 왼쪽 버스에 전원의 양극, 오른쪽 버스에 음극 접지를 둔다.

여기서 중요한 점은 각 버스에 단절된 부분이 2군데씩 존재한다는 것이다. 많은 브레드보드가 이런 특성을 갖지만 모두 그렇지는 않다. 단절된 부분이 존재하면 보드의 다른 위치에서 전압이

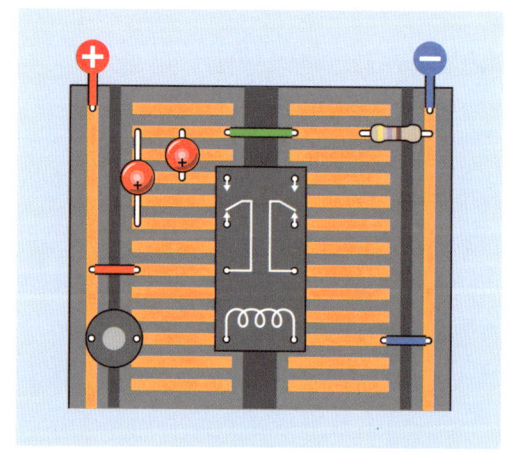

그림 2-66 브레드보드 위의 부품들은 내부의 구리 조각을 통해 연결된다.

---

5 이와 같이 분리된 부분을 연결하는 전선을 보통 점퍼선(jumper wire)이라고 한다.

그림 2-67처럼 관계가 없는 구리 조각을 숨기고 회로에 해당하는 부분만 표시하면 그림을 이해하기가 더 쉬울 수 있다.

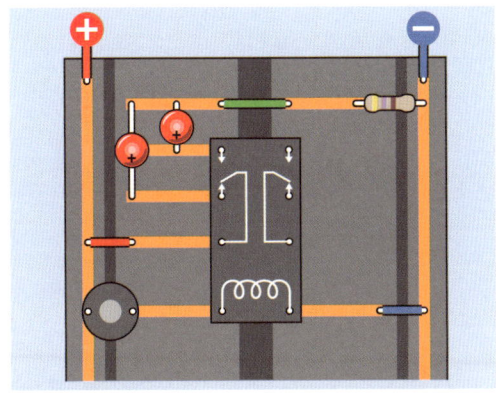

그림 2-67 실제로 쓰이지 않는 브레드보드의 구리 조각을 생략하고 다시 그린 그림 2-66의 회로.

이제 그림 2-68의 같은 회로를 그린 회로도를 보자. 브레드보드와 비슷하게 회로도를 그려서 비슷한 점을 강조했다. 이 책의 뒤로 가면서 설명할 때 회로도 쪽을 더 많이 사용할 텐데 여러분이 회로도를 보고 직접 브레드보드를 만들 수 있기를 바란다. 그렇지만 거기까지 가려면 아직 시간이 조금 더 필요하다.

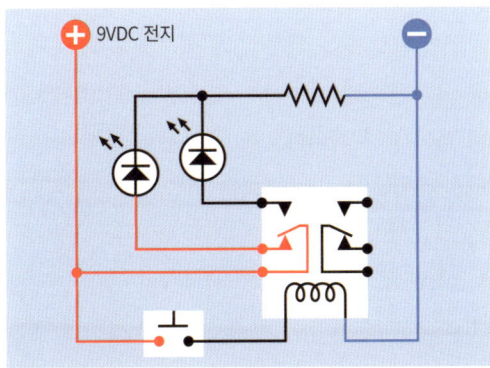

그림 2-68 앞의 브레드보드 연결과 일치하는 회로도.

LED 2개를 보호하는 데 왜 470Ω 저항이 하나뿐인지 궁금할 텐데 그것은 바로 LED가 한 번에 하나만 켜지기 때문이다.

벌레 소리 내기

다음 단계에서는 회로를 조금 더 재미있게 고쳐보자. 그림 2-69의 새로운 회로도를 보고 그림 2-68의 회로도와 비교해보자. 차이점을 발견할 수 있는가? 이전 회로도에서 푸시버튼은 9V 전원으로부터 직접 전기를 공급받아 코일에 전달했다. 새로운 회로도에서 푸시버튼은 릴레이의 아래쪽 접점을 통해 전기를 공급받는다. 이렇게 하면 어떤 일이 생길까?

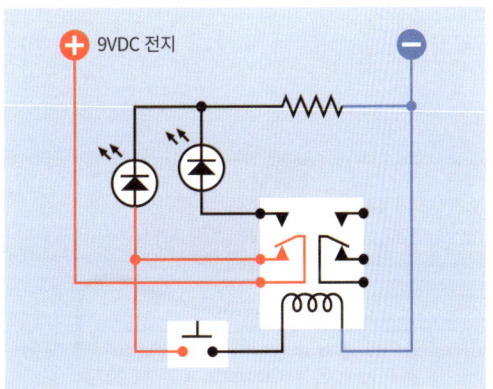

그림 2-69 그림 2-68을 수정한 회로도. 이제 푸시버튼은 릴레이의 아래쪽 접점을 통해 전기를 공급받는다.

그림 2-70은 앞에서 브레드보드로 구현한 회로를 새로운 회로도에 맞게 수정한 것이다. 이를 위해서는 푸시버튼을 직각으로 회전시키고 점퍼선(그림에서는 초록색)을 사용해서 푸시버튼과 왼쪽 LED에 전기를 공급하는 릴레이 핀을 연결해주기만 하면 된다.

그런 뒤에 푸시버튼을 '짧게' 누르면 어떤 일이 생길까? 버튼을 누르면 릴레이가 '즈' 하는 벌레 소리를 낸다(청력이 썩 좋지 않은 사람은 릴레이에 손을 대고 진동을 느껴보자).

여기에서 어떤 일이 일어났는지 알겠는가? 릴레이가 안정 상태이면 내부의 스위치가 아래쪽 접점에 놓인다. 이렇게 하면 양쪽 전압이 왼쪽 LED뿐 아니라 푸시버튼에도 걸린다. 그로 인해 푸시버튼이 눌리면 전원이 릴레이의 코일에 연결된다. 코일은 내부의 스위치를 위로 올리지만 올리는 순간 코일에 전압을 전달하는 연결이 끊어진다. 그 결과 스위치가 다시 안정 상태의 위치로 돌아간다. 그러나 이때 코일에 다시 전기가 공급되어서 이 모든 과정이 다시 반복된다.

릴레이는 이 두 가지 상태 사이를 '왕복한다(oscillating)'. 소형 릴레이를 사용하기 때문에 켜졌다 꺼졌다 하는 속도가 상당히 빠르다. 사실 초당 20회 정도의 속도로 왕복한다(LED에서 무슨 일인가 일어나고 있다는 사실을 알아채기에는 지나치게 빠른 속도다).

- 릴레이가 이렇게 동작하도록 하면 릴레이가 타버리거나 접점이 망가질 가능성이 높다. 또한 이때 제어하는 전류의 크기는 텍타일 스위치에 허용되도록 설계된 전류보다 조금 더 크다. 그러니 버튼을 너무 오래 누르고 있지 말자! 회로가 스스로 망가지는 일을 줄이려면 동작 속도를 줄여야 한다. 이를 위해서 커패시터를 사용하는 것이다.

정전용량 추가하기

그림 2-71에서 보는 것처럼 릴레이의 코일과 병렬로 1,000μF 전해 커패시터를 추가한다. 이때 커패시터의 '짧은' 단자를 회로의 '음극'에 연결해야 한다. 그렇게 하지 않으면 동작하지 않는다. 짧은 단자를 보고 음극과 연결할 수도 있지만 커패시터에 표시된 마이너스 기호를 확인해서 음극과 연결할 수도 있다. 그림에서는 플러스 기호를 사용했는데 마이너스 기호보다 분명하게 눈에 들어올 뿐 아니라 LED에 사용한 방식과 일관성을 유지하고 싶었기 때문이다.

- 전해 커패시터를 잘못 연결하면 아주 끔찍한 반응이 나타난다. 커패시터에 손상이 발생할 수도 있다. 극성을 다시 한 번 확인하자.

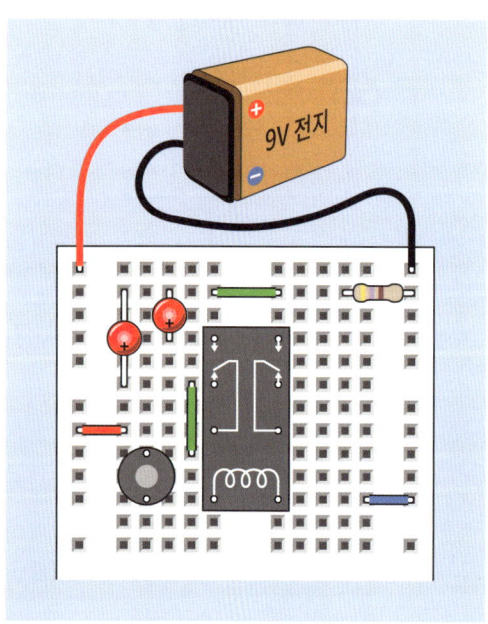

그림 2-70 앞에서 브레드보드에 만든 회로를 바뀐 회로도에 맞추어 수정했다.

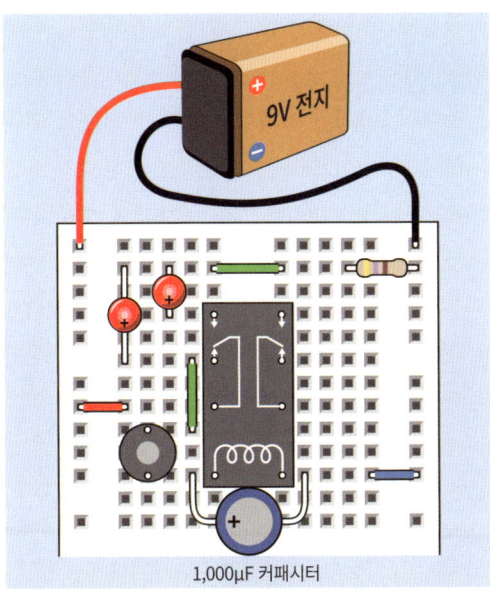

그림 2-71 대용량 커패시터를 추가하면 회로의 동작이 느려진다.

이제 푸시버튼을 누르면 릴레이에서 '즈' 소리 대신 간격을 두고 '딸깍' 소리가 날 것이다.

커패시터는 소형 충전지와 같다. 크기가 아주 작기 때문에 1초도 안 돼서 충전이 완료되며 그 뒤에 릴레이가 아래쪽 접점 한 쌍을 연다. 접점이 열리면 커패시터가 릴레이(와 왼쪽 LED)에 전기를 흘려보낸다. 이렇게 하면 릴레이의 코일에 잠시 전기를 공급할 수 있다. 커패시터가 가진 전기를 모두 소모하면 릴레이가 안정 상태가 되면서 전체 과정이 반복된다.

이 과정 동안 커패시터는 '충전과 방전'을 반복한다.

오른쪽 LED와의 연결을 끊으면 왼쪽 LED가 재미있는 방식으로 깜빡거리다가 커패시터의 전압이 줄어듦에 따라 점차 사라짐을 알 수 있다.

커패시터가 충전될 때 많은 양의 전류가 필요하기 때문에 이 실험을 진행하는 동안 스위치를 지나치게 오랫동안 내리고 있으면 텍타일 스위치가 가열될 수 있다.

기초지식: 패럿의 기초

커패시터의 용량은 '패럿(farads)' 단위로 측정되며 대문자 F로 나타낸다. 패럿이라는 단위는 또 다른 전기 분야의 선구자 중 한 사람인 마이클 패러데이(Michael Faraday)의 이름에서 유래했다.

패럿은 큰 용량의 단위이며 이보다 작은 단위로는 마이크로패럿(100만 분의 1패럿, 기호 μF), 나노패럿(1,000분의 1마이크로패럿, 기호 nF), 피코패럿(1,000분의 1나노패럿, 기호 pF)이 있다. 유럽에서는 나노패럿 단위를 주로 사용하고, 미국에서는 피코패럿과 마이크로패럿을 많이 사용한다.

그림 2-72는 피코패럿, 나노패럿, 마이크로패럿, 패럿의 변환 표다.

피코패럿	나노패럿	마이크로패럿	패럿
1pF	0.001nF	0.000001μF	
10pF	0.01nF	0.00001μF	
100pF	0.1nF	0.0001μF	
1,000pF	1nF	0.001μF	
10,000pF	10nF	0.01μF	
100,000pF	100nF	0.1μF	
1,000,000pF	1,000nF	1μF	0.000001F
		10μF	0.00001F
		100μF	0.0001F
		1,000μF	0.001F
		10,000μF	0.01F
		100,000μF	0.1F
		1,000,000μF	1F

그림 2-72 피코패럿, 나노패럿, 마이크로패럿, 패럿의 변환 표.

주의: 커패시터에 의한 감전

용량이 큰 커패시터에 충전된 전압이 높으면 그 전압이 몇 분 또는 몇 시간씩 지속될 수 있다. 이 책의 회로들은 저전압을 사용하기 때문에 여기서는 이 문제를 걱정할 필요는 없지만 조심성 없이 구형 TV를 열어서 살펴본다면(나는 권하지 않는다) 크게 놀랄 수 있다. 충전된 대용량 커패시터는 손가락을 콘센트에 집어넣을 때만큼이나 쉽게 사람의 목숨을 빼앗을 수 있다.

기초지식: 커패시터의 기초

커패시터 내부에는 전기 연결이 존재하지 않는다. 커패시터의 단자 2개는 내부적으로 금속판과 연결되어 있으며, 금속판은 '유전체(dielectric)'라고 불리는 절연체로 인해 살짝 떨어져 있다. 따라서 DC 전류는 커패시터를 통과해 흐를 수 없다. 그러나 커패시터를 전지로 연결하면 그림 2-73에서 보이는 것처럼 한쪽 금속판의 전하가 다른 쪽 금속판에 있는 반대 전하를 끌어당기기 때문에 자체 충전된다.

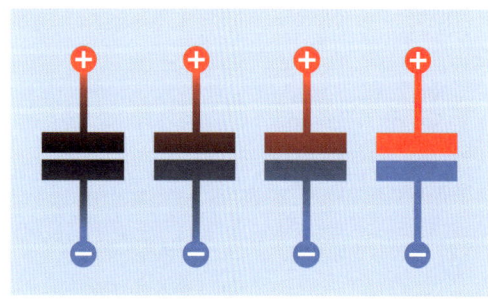

그림 2-73 전지로 연결된 커패시터는 여기에서 보이는 것처럼 같은 전하끼리 반대편에 축적된다.

최신 커패시터에서 금속판은 크기가 줄어들어 아주 얇고 유연성이 있는 금속 필름 형태를 띠는 경우가 많다.

가장 일반적인 커패시터 유형은 세라믹 커패시터(보통 크기가 작고 상대적으로 작은 전하를 저장)와 전해 커패시터(전하 저장량이 훨씬 더 클 수 있다)다. 전해 커패시터는 보통 작은 깡통처럼 생겼으며, 색깔은 여러 가지이지만 검은색이 가장 흔하다. 구형 세라믹 커패시터는 원판형인 경우가 많지만 최근의 제품은 작은 구형이 많다.

세라믹 커패시터에는 극성이 없어서 회로에 어느 방향으로 배치할지 걱정할 필요가 없다. 전해 커패시터에는 극성이 있어서 올바른 방향으로 연결되어 있지 않으면 동작하지 않는다.

커패시터의 회로 기호는 내부의 금속판 2개를 나타내는 선 2개로 구성된다. 선 2개가 모두 직선이면 커패시터에는 극성이 없어서 어느 방향으로든 사용할 수 있다. 선 2개 중 하나가 곡선이면 커패시터의 곡선이 있는 쪽이 음극이다. 플러스 기호(+)를 사용해서 극성을 표시할 수 있다. 그림 2-74는 커패시터 회로 기호의 유형을 나타낸 것이다.

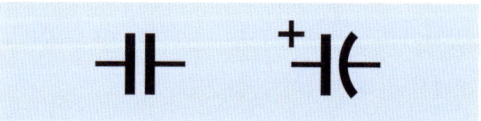

그림 2-74 커패시터를 나타내는 2가지 기호. 자세한 내용은 본문 참조.

곡선의 판이 그려진 기호는 그렇게 많이 사용되지 않는다. 전해 커패시터를 사용하는 사람이라면 제대로 된 방향으로 연결할 수 있을 정도로 똑똑하다고 가정한다. 높은 용량에는 다층 세라믹 커패시터를 사용하는 경우가 늘고 있는데, 곧 전해 커패시터를 대체하게 될지도 모른다.

- 이 책의 회로도에는 극성이 없는 커패시터 기호만 사용한다. 전해 커패시터를 사용할지 세라믹 커패시터를 사용할지는 본인의 선택에 달렸다.
- 이 책의 브레드보드 그림에서는 일반적으로 많이 쓰는 전해 커패시터를 사용한다. 그러나 원한다면 세라믹 커패시터로 대체할 수 있다.

주의: 커패시터의 극성을 관찰하자!

가장 일반적인 유형의 전해 커패시터에는 알루미늄 판이 사용된다. 그 외에 탄탈룸과 니오븀 판을 사용하는 유형이 있다. 이들 커패시터는 모두 극성에 까다롭다. 그림 2-75에서 브레드보드에 연결된 탄탈룸 커패시터가 큰 전류를 전달할 수 있는 전원에 잘못된 방향으로 연결되었다. 이런 상태로 1분 이상 두었더니 커패시터가 터지듯이 열리면서 작은 불꽃이 튀어 브레드보드까지 타버렸다. 그러니 여기서 이런 교훈을 얻을 수 있겠다. 극성을 잘 관찰하자!

기초지식: 오류 찾기

브레드보드에 회로를 만들면 만들수록 회로는 점점 복잡해지고 실수가 발생할 확률도 높아진다. 이런 불행으로부터 벗어날 수 있는 사람은 없다.

브레드보드를 만들 때 자주 발생하는 실수는 전선을 브레드보드의 잘못된 열에 끼우는 것이다. 이런 실수는 릴레이처럼 핀이 숨어 있는 부품을 끼울 때 특히 쉽게 발생한다. 나는 확실히 하기 위해서 종종 그런 부품을 빼서 확인한 뒤 다시 끼운다.

좀 더 발견하기 어려운 오류는 연결이 보드 내부에 숨겨진 금속 조각으로 인해 생긴다는 사실을 잊을 때 발생한다. 그림 2-76을 보자. 아주 간단해 보이지 않는가? 전원의 양극이 흘려보내는 전류가 LED를 지나고 점퍼선을 지나고 저항을 지나 음극 버스에 도착하는 경로가 아주 분명하다고 생각할 수 있다. 그러나 장담하지만, 이런 방식으로 부품을 연결하면 절대로 부품이 동작하지 않는다.

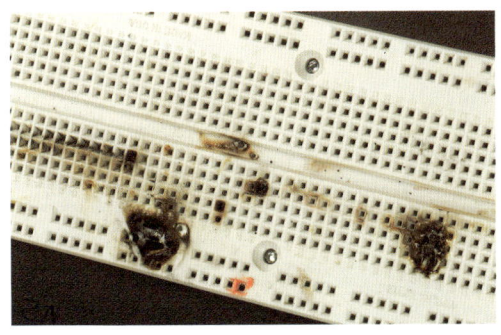

그림 2-75 극성이 있는 탄탈룸 커패시터가 상당한 전류를 공급하는 전원에 잘못된 방향으로 연결될 때 발생할 수 있는 사고.

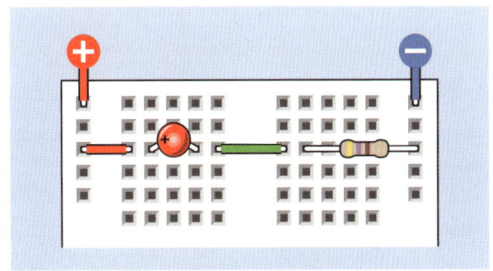

그림 2-76 브레드보드에 구현한 이 회로는 동작하지 않는다. 이유를 알겠는가?

저항과 LED의 위치를 바꾸면 상황은 더 악화된다. 얼마 지나지 않아 LED에 불이 붙을 것이다.

회로를 엑스레이로 찍은 것처럼 나타낸 그림 2-77을 보면 이유를 쉽게 알 수 있다. 문제는 LED의 두 단자가 모두 보드 내의 같은 구리 조각에 연결되었다는 것이다. 전기는 LED를 통과하거나 구리 조각을 통과할 수 있는데, 이때 구리 조각의 저항이 LED의 저항보다 아주 작기 때문에 대부분의 전자가 구리 조각을 더 선호하게 되어서 LED에는 불이 들어오지 않는다.

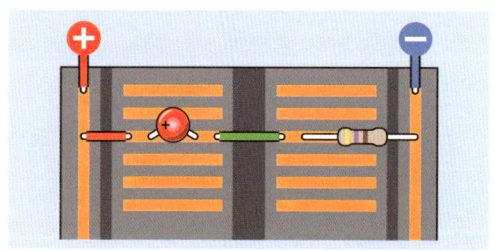

그림 2-77 이 회로가 작동하지 않는 이유를 설명하기 위해 회로를 엑스레이로 찍은 것처럼 나타냈다.

할 수 있는 실수에는 여러 가지가 있다. 이런 실수들을 가장 빠르고 효율적으로 찾아내려면 어떻게 해야 할까? 그냥 꼼꼼하게 하는 수밖에 없다. 다음 단계를 하나하나 따라가며 실수를 찾아보자.

1. 전압 확인 계측기의 빨간색 탐침을 브레드보드의 양극 버스 위쪽에 연결하고 계측기를 전압 측정 모드(별다른 언급이 없으면 DC 전압 사용)로 설정하자. 회로로 들어가는 전원이 켜져 있는지도 확인해야 한다. 이제 계측기의 검은색 탐침을 음극 버스의 위에서 아래로 이동시키면서 여러 곳에 갖다 대보자. 계측기의 측정치는 공급 전압의 크기와 비슷해야 한다. 측정치가 영(0)에 가깝다면 점퍼선으로 음극 버스의 단절된 부분을 연결해주는 것을 잊었을 수 있다. 전압이 몇 볼트로 측정되기는 하지만 공급 전압보다 상당히 낮다면 어딘가에서 쇼트 회로가 생겨서 전지의 전압을 끌어내리는 것일 수 있다(전지를 사용하는 경우).

계측기의 검은색 탐침을 음극 버스 위쪽에 연결하고 양극 버스를 위에서 아래 방향으로 확인한다.

마지막으로 검은색 탐침은 계속 음극 버스의 위쪽에 둔 채 빨간색 탐침을 이용해서 임의로 회로에서 선택한 몇 곳의 전압을 확인한다. 전압이 영에 가깝다면 어딘가에서 연결이 끊겼거나 부품이나 전선이 브레드보드에 제대로 연결되지 않았을 수 있다.

2. 배치 확인 점퍼선과 부품의 단자가 모두 브레드보드의 정확한 위치에 있는지 확인한다.

3. 부품 방향 확인 다이오드, 트랜지스터, 커패시터는 극성을 가지기 때문에 정확한 방향으로 배치해야 한다. 이 책의 뒷부분에서 집적회로(IC) 칩을 사용하기 시작하면 칩이 제대로 놓였는지 확인하고 칩의 핀이 구부러져서 칩 아래로 숨어들어가는 일이 없도록 해야 한다.

4. 연결 확인 가끔(거의 일어나지 않지만 일어난다) 부품이 브레드보드 내부에서 제대로 연결되

지 않은 경우가 있다. 어쩌다 설명할 수 없는 오류가 발생했거나 전압이 영(0)이라면 부품의 위치를 바꿔보자. 내 경험으로 이런 문제는 너무 저렴한 브레드보드를 구입했을 때 발생하기 쉽다. 전선 반지름이 22게이지보다 작아도 문제가 생길 수 있다(게이지 숫자가 높을수록 더 얇은 전선이다).

5. 부품값 확인 저항값과 커패시터 용량이 모두 정확한지 확인한다. 나는 보통 계측기로 저항을 하나하나 확인한 뒤 브레드보드에 끼운다. 이렇게 하면 시간이 많이 걸리기는 하지만 길게 봤을 때 오히려 시간을 아낄 수 있다.

6. 손상 확인 집적회로와 트랜지스터는 전압이나 극성이 맞지 않거나 정전기가 발생하면 손상될 수 있다. 여분의 부품을 보유하고 있으면 망가졌을 때 대체할 수 있다.

7. 자신의 상태 확인! 위의 모든 경우를 다 확인했는데도 실수를 못 찾았다면 잠깐 휴식을 취한다. 오랜 시간 과하게 작업에 몰두하면 시야가 좁아질 수 있어서 실수를 발견하기 어렵다. 잠시 관심을 다른 곳으로 돌렸다가 문제점으로 다시 돌아오면 어느 순간 해답이 명확해지기도 한다. 실수를 찾기 위한 이러한 절차 목록을 표시해뒀다가 나중에 뭔가에 문제가 생겼을 때 다시 참고할 수 있다.

배경지식: 마이클 패러데이와 커패시터

앞에서 언급한 것처럼 패럿은 영국의 화학자이자 물리학자인 마이클 패러데이(1791~1867)의 이름에서 따왔다(그림 2-78).

그림 2-78 마이클 패러데이. 패럿은 그의 이름에서 따왔다.

패러데이는 체계적인 교육을 받지 못했고 수학적 지식도 거의 없었지만 제본업자 밑에서 7년간 견습 생활을 하는 동안 다양한 책을 읽으면서 독학으로 공부할 수 있었다. 그가 살던 당시에는 상대적으로 간단한 실험으로 전기의 기본적인 성질을 밝혀낼 수 있었다. 그는 전자기 유도 같은 중요한 원리를 발견함으로써 전기 모터의 발전에 크게 기여했다. 그뿐 아니라 자기가 광선에 영향을 미칠 수 있다는 사실도 발견했다.

빛나는 과학적 발견으로 그는 수많은 영예를 얻었으며, 그의 초상화는 1991년부터 2001년까지 영국의 20파운드 지폐에 실리기도 했다.

실험 9: 시간과 커패시터

전자는 거의 빛의 속도로 이동하지만 시간을 초, 분, 심지어 시간 단위로 측정하는 데에도 활용할 수 있다. 이번 실험에서는 그 방법을 알려주겠다.

실험 준비물

- 브레드보드, 연결용 전선, 니퍼, 와이어 스트리퍼, 테스트 리드, 계측기
- 9V 전지와 건전지 홀더 각각 1개
- 텍타일 스위치 2개
- 일반 LED 1개
- 470Ω, 1K, 10K 저항 각각 1개
- 0.1µF, 1µF, 10µF, 100µF, 1,000µF 커패시터 각각 1개

커패시터 충전하기

먼저 계측기를 DC 전압 측정 모드로 설정하고 9볼트 전지의 전압을 측정한다. 전압이 9.2V보다 작으면 이 실험에서만큼은 새 전지를 사용해야 한다.

텍타일 스위치 2개, 1K 저항 1개, 1,000µF 커패시터 1개를 그림 2-79처럼 브레드보드에 설치한다. 테스트 리드를 2개 사용해서 계측기를 연결하면 커패시터의 단자에 흐르는 전압을 측정하면서도 양손을 자유롭게 사용할 수 있다.

전지를 끼운 건전지 홀더의 전선을 브레드보드에 꽂아 브레드보드의 버스 2개 중 왼쪽이 양극이 되도록 9VDC 전압을 공급한다.

계측기의 측정 전압이 0.1V 이상이면 커패시터의 양극을 함께 쇼트시키도록 푸시버튼 B를 눌러 커패시터를 방전시킨다.

같은 회로를 나타낸 그림 2-80의 회로도를 보면 어떤 일이 일어나는지 좀 더 쉽게 알 수 있다.

푸시버튼 A를 누른 상태로 시계나 스마트폰을 사용해서 커패시터가 9.0V까지 충전되는 데

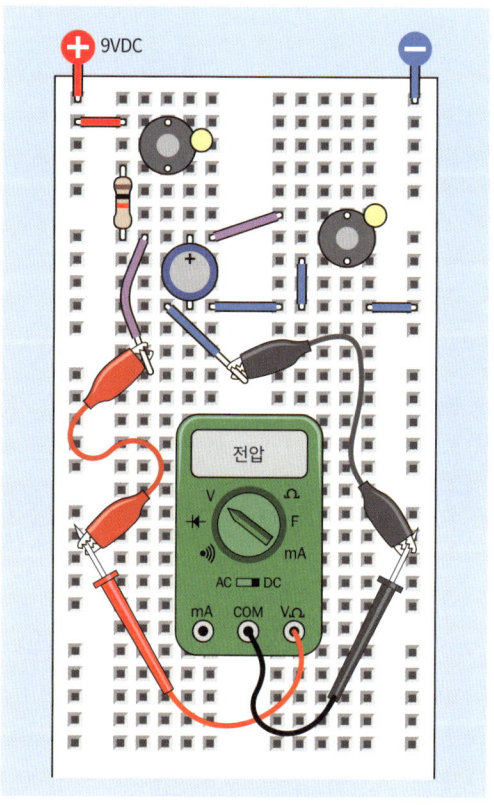

그림 2-79 커패시터의 충전 시간을 측정하기 위한 간단한 회로. 1,000µF 커패시터와 1K 저항을 사용한다.

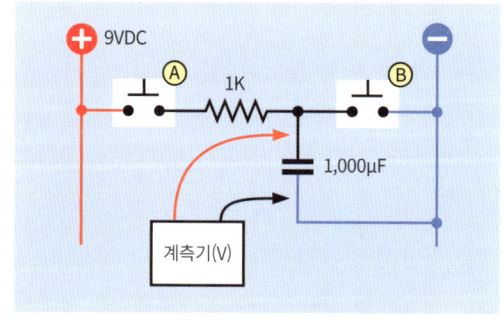

그림 2-80 이 회로도는 브레드보드로 구현한 그림 2-79와 동일한 회로를 나타낸 것이다.

걸리는 시간을 측정한다. 자동 범위 조정 계측기를 사용하면 처음에는 밀리볼트 단위로 측정을

시작했다가 전하가 증가하면서 자동으로 볼트 단위로 바뀐다. 내가 한 실험에서는 시간이 6초 넘게 걸렸다.

정공(electron-hole)과 전자가 금속판에서 서로 끌어당길수록 커패시터의 양극은 '점점 더 양'의 성질을 띠게 되고, 음극은 '점점 더 음'의 성질을 띠었다. 커패시터의 단자 간에 생기는 전위차가 증가하는 한편 전류는 그 사이를 통과하지 못했다. 다음은 전자기학 입문서를 읽을 때 처음 보게 되는 문장 중 하나이다.

- 커패시터는 DC(직류)를 차단한다.

커패시터는 지속적으로 전위가 가해지는 동안 DC를 차단한다.

RC 네트워크

1K 저항을 제거하고 대신 10K 저항을 연결하자. 계측기를 보고 커패시터에 아직 전압이 남아 있다면 푸시버튼 B를 눌러 방전시킨다.

이제 다시 측정해보자. 커패시터가 10K 저항을 통과한 전하로 9.0V까지 충전될 때까지 걸리는 시간은 얼마인가?

커패시터와 저항의 단순한 조합을 'RC 네트워크'라고 한다(R은 저항, C는 커패시터를 뜻한다). RC 네트워크는 전자기학에서 아주 중요한 개념이다. 이에 대해 설명하기 전에 생각해보아야 하는 질문들이 있다. 다음을 보자.

- 10K 저항을 사용해서 커패시터를 충전할 때 걸리는 시간은 1K 저항을 사용했을 때 시간의 10배가 걸렸는가?
- 커패시터의 전압이 일정한 속도로 증가했는가, 아니면 실험이 시작될 때, 또는 끝날 때 속도가 더 빨라졌는가?
- 충분히 오랜 시간 동안 기다리면 커패시터가 처음에 측정한 전지의 전압 크기까지 충전되는가?

전압, 저항, 정전용량

저항을 물의 흐름을 막고 있는 수도꼭지, 커패시터를 물을 채울 풍선이라고 생각해보자(그림 2-81 참조). 물이 한 방울씩만 지나갈 수 있도록 수도꼭지를 잠그면 풍선을 채우는 데 시간이 오래 걸린다. 그러나 물이 흘러 들어가는 속도가 느리다고 해도 오래 기다리기만 하면 풍선을 가득 채울 수 있다. 풍선이 터지지 않는다고 가정하면 풍선의 압력이 수도꼭지와 연결된 관의 수압과 같을 때 이 과정이 끝난다.

그러나 이러한 설명에서는 중요한 요인이 하

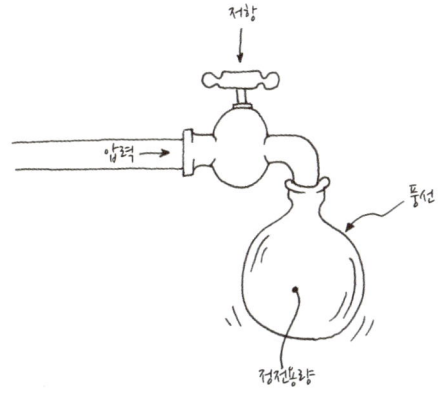

그림 2-81 풍선으로 흘러 들어가는 물은 커패시터로 흘러 들어가는 전자와 비교할 수 있다.

나 간과되었다. 풍선은 물이 차기 시작하면서 부풀어올라 내용물에 더 큰 압력을 행사한다. 풍선 내부의 압력이 증가함에 따라 풍선은 흘러 들어오는 물을 밀어낸다. 그 결과 시간이 지남에 따라 물의 유입은 점점 느려진다.

이를 커패시터로 흘러 들어가는 전자와 어떻게 비교할 수 있을까? 개념은 비슷하다. 처음에는 전자가 빠르게 흘러 들어가지만 전자가 점점 정공을 차지함에 따라 새로 들어오는 전자들이 들어설 자리를 찾는 데 시간이 더 걸린다. 충전 속도는 점차 조금씩 느려진다. 사실 이론적으로는 커패시터에 충전되는 전압은 가해지는 전압 값과 같아질 수 없다.

배경지식: 시상수(時常數)

커패시터의 충전 속도는 '시상수(time constant)'가 포함된 함수를 사용해 구할 수 있다. 정의는 아주 간단하다.

TC = R × C

여기서 TC는 시상수(초)이고, 이때 커패시터 용량 C(패럿)가 R옴의 저항을 통해 충전된다고 가정한다.

1K 저항을 사용해서 처음 전압을 측정한 회로로 돌아가 사용한 부품의 값들을 시상수 식에 대입할 수 있다. 그러나 값을 언제나 옴과 패럿 단위로 변환해주어야 한다. 알고 있겠지만 1K는 1,000Ω, 1,000μF은 0.001F이다. 따라서 계산은 아주 간단하다.

TC = 1,000 * 0.001

주어진 저항과 커패시터의 값을 곱한 결과는 다음과 같다.

TC = 1

그러나 이 수식이 의미하는 바가 정확히 무엇인가? 커패시터가 1초 만에 완전히 충전된다는 의미인가? 미안하지만 문제는 그렇게 간단하지 않다.

- 시상수인 T는 커패시터가 완전 방전 상태에서 시작해서 공급받은 전압의 63%까지 충전될 때까지 걸린 시간을 초로 나타낸 것이다.

커패시터가 완전히 방전되지 않았다면 어떻게 될까? 커패시터가 어느 정도 충전된 이후에 측정을 시작한다면 식이 좀 더 복잡해진다. V_{DIF}는 커패시터의 전압과 공급 전압 사이의 전위차를, T는 커패시터가 현재의 전하량에 V_{DIF}의 63%에 해당하는 전하를 더해주는 데 걸리는 시간을 초로 나타낸 것이다.

(어째서 63%냐고? 왜 62%나 64%나 50%는 안 되냐고? 그 질문에 대한 답은 이 책에서 다루기에는 너무 복잡하기 때문에 더 자세히 알고 싶다면 다른 곳에서 시상수에 관한 내용을 읽어야 한다. 미분 방정식을 풀 각오를 하는 편이 좋을 것이다.)

비교를 해보면 도움이 될 수 있다. 그림 2-82는 케이크를 먹으려는 욕심 많은 남자를 보여준다. 처음에 그는 너무 배가 고파서 케이크의 63%를 1초 만에 먹어치운다. 이를 케이크를 먹는 데 대한 시상수라고 하자. 그는 먹고 남은 케이크의 63%를 또 먹는다. 이번에는 이전만큼 배가 고프지 않기 때문에 케이크의 양이 줄었지만 걸리는 시간은 여전히 1초다(기억하자. 이게 이 남자의 시상수다). 세 번째도 마찬가지로 남아 있는 부분의 63%를 떼어내서 1초 만에 먹는다. 이런 식의 과정을 반복한다. 이렇게 하면 케이크로 인해 점점 배가 불러온다. 커패시터가 전자로 가득 차는 것과 비슷하다. 그러나 케이크를 전부 다 먹을 수는 없다. 어찌 됐든 간에 남은 케이크의 63%밖에 먹지 못하기 때문이다.

그림 2-83은 이 과정을 다른 방식으로 보여준다. 시상수(1,000μF 용량의 커패시터와 1K 저항을 사용할 때 1초)만큼의 시간이 지날 때마다 커패시터는 가지고 있는 전하와 공급 전압 사이의 전위차의 63%를 얻는다.

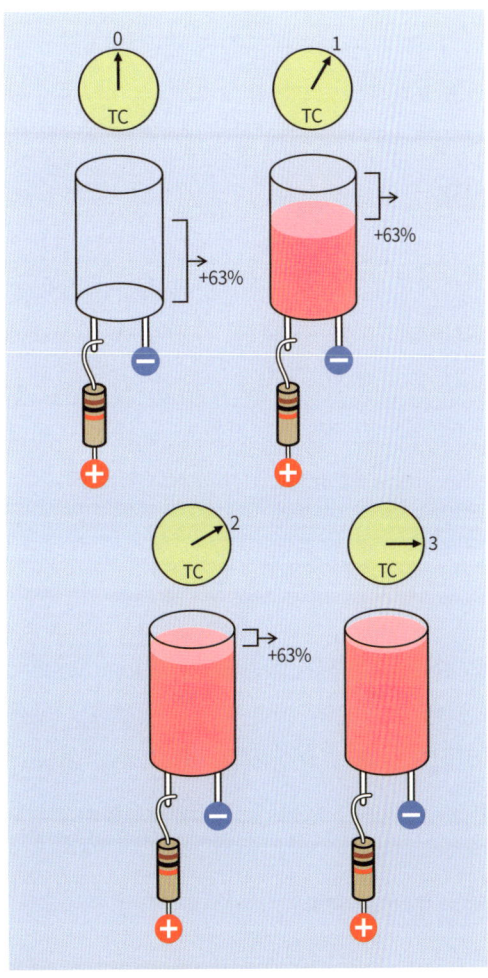

그림 2-82 우리의 미식가가 언제나 접시에 놓인 케이크의 63%만 먹는다면 커패시터와 같은 방식으로 위를 '충전'하는 것이다. 케이크를 먹는 데 얼마의 시간이 걸리든 간에 케이크는 절대 사라지지 않고 위가 완전히 차는 일도 결코 없다.

그림 2-83 커패시터 충전을 보여주는 다른 방법.

완벽한 부품으로 구성된 이상적인 세계라면 커패시터의 충전 과정은 무한히 계속될 것이다. 그러나 실제는 상당히 제멋대로라고 할 수 있다.

- 시상수의 5배의 시간이 지나면 커패시터의 전하 충전율이 100퍼센트에 가까워지며 충전 과정이 끝난 것으로 생각할 수 있다.

배경지식: 그래프로 그려보자

커패시터가 충전되는 동안 커패시터 내부의 전압을 보여주는 그래프를 그리려고 한다. 이를 위해 시상수 공식을 이용해서 데이터를 계산할 것이다.

V_{CAP}는 현재 커패시터의 전압, V_{DIF}는 전하와 가해진 전지 전압과의 차이라고 하자(이전과 동일). 아래의 식을 사용하면 시상수만큼의 시간이 흐른 후 커패시터의 새로운 전압 크기를 알 수 있다. 새로운 전압의 크기를 V_{NEW}라 하자. 이때 식은 다음과 같다.

$V_{NEW} = V_{CAP} + (0.63 \times V_{DIF})$

0.63이라는 값은 63퍼센트를 뜻한다.

전지가 정확히 9V의 전압을 전달하고 커패시터는 0V에서 시작한다고 가정하자. 따라서 $V_{CAP} = 0$, $V_{DIF} = 9$다. 이 값을 식에 대입하자.

$V_{NEW} = 0 + (0.63 \times 9)$

계산을 했더니 결과가 $0.63 \times 9 = 5.67$이 되었다.

따라서 시상수(1,000μF 용량의 커패시터와 1K 저항을 사용할 때 1초)만큼의 시간이 지나면 커패시터가 5.67V를 얻는다는 뜻이다.

1초가 더 지나면 어떻게 될까? 바뀐 값을 적용해 다시 계산해보자. 커패시터의 현재 전류값 V_{CAP}는 5.67V다. 전지는 여전히 9V의 전압을 걸어주기 때문에 V_{DIF}는 9 - 5.67 = 3.33V다. 이 값을 같은 식에 대입해보자.

$V_{NEW} = 5.67 + (0.63 \times 3.33)$

계산 과정을 살펴보면 0.63에 3.33을 곱해서 약 2.1이 되고 2.1에 5.67을 더하면 7.77이 된다. 따라서 2초가 지나면 커패시터에는 7.77V가 충전된다.

이렇게 몇 번 계산을 반복하면 공급 전압이 9V일 때 매초가 지난 뒤 커패시터에 충전된 전압은 다음과 같다(이때 결과값은 소수점 아래 둘째 자리까지 반올림).

1초 뒤: 5.67V
2초 뒤: 7.77V
3초 뒤: 8.54V
4초 뒤: 8.83V
5초 뒤: 8.94V
6초 뒤: 8.98V

그림 2-84는 이 값들을 매끄러운 곡선으로 연결해 그린 그래프다. 6초 이후는 굳이 그리지 않았는데 값이 이미 9V에 가깝기 때문이다.

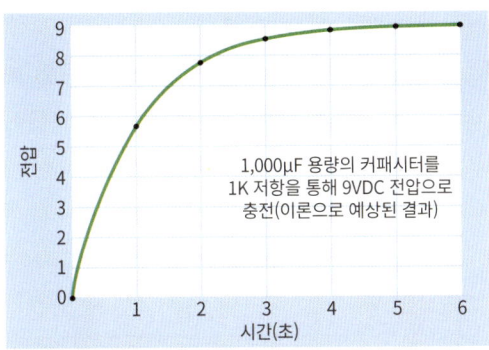

그림 2-84 그래프를 보면 시간이 지날수록 어떻게 커패시터에 전하가 축적되는지 알 수 있다.

실험 검증

앞에서 RC 네트워크의 커패시터에 축적된 전하를 계산하는 방법을 설명했다. 그러나 내 설명이 맞다는 것을 어떻게 알 수 있을까? 그냥 내 말이 맞다고 믿어야 할까?

어쩌면 직접 확인해볼 수도 있겠다. 다시 말해, 일종의 '실험 검증'을 해볼 수 있다는 뜻이다. 실험 검증은 발견을 통한 배움(Learning by Discover)에서 아주 중요한 부분이다.

앞에서 사용한 회로로 돌아가서 1K 저항이 아닌 10K 저항을 사용해보자. 친구에게 옆에서 시간을 재달라고 부탁하고 계측기의 전압값 변화를 지켜보자. 10초마다 친구가 "지금이야!"라고 말하면 그때 계측기에 표시된 전압을 기록하자. 이 과정을 1분간 진행한다.

1K가 아닌 10K 저항을 사용하기 때문에 시상수는 1초가 아닌 10초가 된다. 따라서 기록한 측정값은 내가 1초 간격으로 기록한 전압값과 비슷할 것이다. 차이가 있다면 여러분은 10초 간격으로 측정값을 기록했다는 것뿐이다.

측정한 전압이 내 값과 비슷해야 하지만 완전히 같지는 않을 것이다. 왜냐고? 이유는 많다.

- 여러분의 전지가 공급하는 전압이 내 것과 완전히 같지 않다.
- 저항값이 정확히 10,000Ω이 아니다.
- 커패시터 용량이 정확히 1,000μF가 아니다.
- 계측기가 아주 정확하게 값을 측정하지 못한다.
- 계측기의 측정값을 읽는 데 몇 마이크로초가 걸린다.
- 친구가 10초마다 정확히 알려주지 않았을 수도 있다.

그러나 생각도 하지 못한 요인이 이 외에도 2가지 더 있다. 첫째, 커패시터는 완벽하게 전기를 저장하지 않는다. 커패시터에는 전하가 점차 새어나가는 '누설(leakage)'이라는 문제가 있다. 이런 현상은 심지어 커패시터가 충전되는 동안에도 일어난다. 충전 과정이 끝나가면 전자가 아주 느리게 흘러 들어오기 때문에 처음과 비교했을 때 누설되는 전류의 양(전하가 새어나가는 속도)이 상당해진다.

이뿐 아니라 계측기의 내부 저항도 무시할 수 없다. 내부 저항값은 아주 크지만 여전히 아주 작은 크기의 전류를 흘려보낸다. 이는 전압을 측정하는 동안 계측기가 커패시터로부터 소량의 전하를 빼낸다는 뜻이다. 그렇다. 측정 과정 때문에 측정하려는 값에 변화가 생긴다! 사실 이는 물리학과 공학에서는 흔한 문제다.

이러한 모든 요인을 최소화할 방법을 생각해 볼 수는 있지만 그렇다고 해도 완전히 없앨 수 있는 방법은 모르겠다. 실험 과정에서 어느 정도의 오류는 생기기 마련이다. 이는 이론 검증을 위해 실험할 때 해결해야 할 과제다.

검증은 상당한 인내심이 필요한, 아주 지난한 과정이다. 그렇기 때문에 이론가는 실험주의자와 다른 성향을 보이는 경향이 있다.

용량 결합

커패시터의 충전과 방전 과정을 설명했으니 이제 앞에서 언급한 내용으로 다시 돌아가보자.

- 커패시터는 DC(직류)를 차단한다.

앞서 "커패시터는 전위가 가해지는 동안 지속적으로 DC를 차단한다"고 했던 걸 기억할 것이다.

그런데 전위가 지속적으로 가해지지 않는다면 어떻게 될까? 커패시터에 전하가 하나도 없다가 갑자기 전원이 연결되는 순간 어떤 일이 일어날까?

아아, 이것은 어려운 문제다. 그러한 상황에서 커패시터는 '신호를 통과시킨다'.

어떻게 이런 일이 일어날 수 있을까? 커패시터 내부의 금속판끼리는 접촉이 일어나지 않는데, 그렇다면 대체 어떻게 전기 펄스가 한쪽에서 다른 쪽으로 뛰어넘어갈 수 있을까?

여기에서는 '어째서'와 '왜'를 설명할 것이다. 먼저 내가 이야기하는 일이 실제로 일어난다는

것을 분명히 할 필요가 있다.

그림 2-85의 브레드보드에 설치한 부품을 보자. 배치는 그림 2-79와 비슷하지만 10K 저항이 왼쪽에서 오른쪽으로 옮겨졌고 LED와 470Ω 저항이 추가되었다.

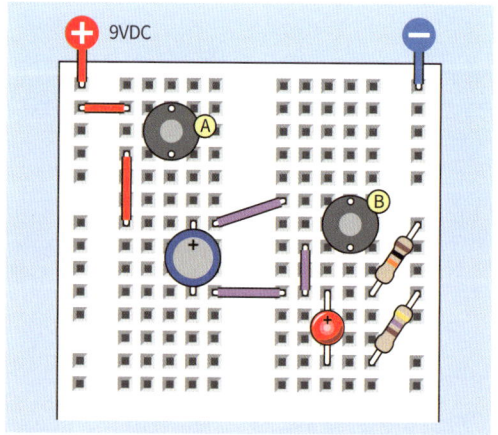

그림 2-85 전압이 잠깐 변할 때 커패시터의 동작이 어떻게 변하는지는 빨간색 LED의 불빛을 보고 알 수 있다.

그림 2-86의 회로도는 브레드보드에 설치한 회로를 다시 나타낸 것으로 이렇게 하면 모호함이 줄어든다.

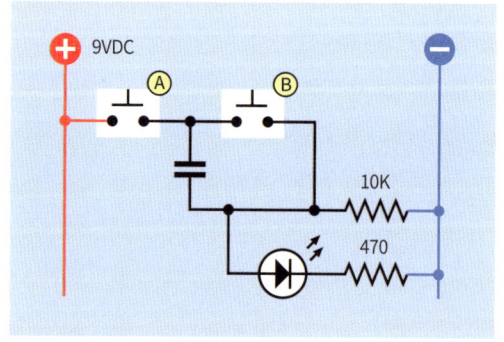

그림 2-86 이 회로도의 회로는 브레드보드에 나타낸 그림 2-85의 회로와 같다.

오해가 없도록 그림 2-87에 부품값을 표시했다.

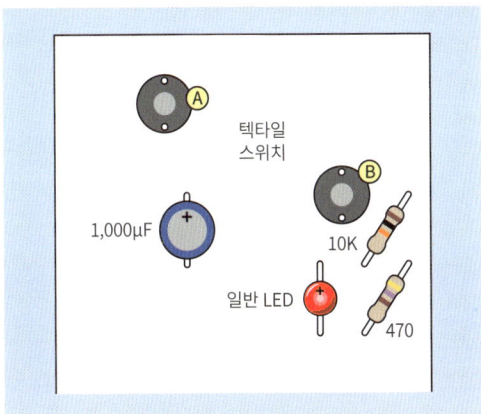

그림 2-87 브레드보드에 나타낸 회로의 부품값.

회로를 조립하고 나면 먼저 버튼 B를 눌러 커패시터를 방전시켜야 한다는 점을 기억하자. 이제 버튼 A를 누른다. LED의 불빛이 깜빡이다가 천천히 흐려졌던 이유를 알겠는가?

이제 다시 버튼 A를 누르자. 이번에는 거의 아무 일도 일어나지 않는다. 당연한 이야기지만 버튼 A를 눌러서 어떤 일이 일어나려면 커패시터가 방전 상태에 있어야 한다. 그러니 버튼 B를 눌러서 방전시키자. 이제 버튼 A를 다시 눌러보자. 그러면 LED에 다시 불빛이 들어온다.

우리는 처음에 커패시터의 아래쪽 핀에 걸린 양전압이 거의 영(0)에 가까운 상태였음을 알고 있다. 10K 저항을 통해 접지에 연결했기 때문이다. 또한 처음에 커패시터의 위쪽 핀에 걸린 양전압이 거의 영(0)에 가까운 상태였음도 알고 있다. 버튼 B가 커패시터의 양극과 음극을 함께 쇼트시켰기 때문이다(이런 이유 때문에 앞에서 커패시터를 방전시키라고 말했다).

그런 다음 버튼 A를 눌렀더니 양극 펄스가 전달되어 커패시터의 다른 쪽에 있던 LED가 켜졌다. LED를 통과한 전류는 어딘가에서 왔어야 하는데 커패시터를 통과해서 왔다는 것 외에 이 현상을 설명할 수 있는 방법이 없다.

변위전류

이번에는 LED와 직렬 저항 대신 계측기를 사용해서 다시 실험해보자. 그림 2-89는 브레드보드의 배치를, 그림 2-88은 그것의 회로도를 나타낸 것이다. 버튼 B를 눌러 커패시터를 방전시킨 뒤 계측기의 수치를 확인하자. 전압값이 0V에 가까워야 한다.

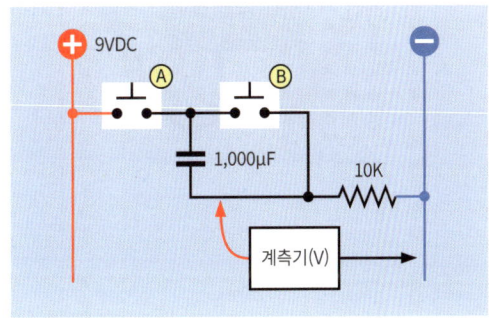

그림 2-88 브레드보드에 구현한 그림 2-89의 회로를 나타내는 회로도.

버튼 A를 누르는 동안 계측기를 아주 주의 깊게 살펴보자. 디지털 계측기라면 반응이 그렇게 빠르지 않겠지만 그렇다고 해도 전압이 갑자기 증가한 뒤에 점차 줄어드는 것을 알 수 있다.

아주 빠른 전압의 변화를 측정하고 그 값을 보여주는 오실로스코프를 이 회로에 연결하면 그 변화는 그림 2-89의 아래에 있는 그래프의 곡선과 같은 모양을 나타낸다. 이때 전압은 아주

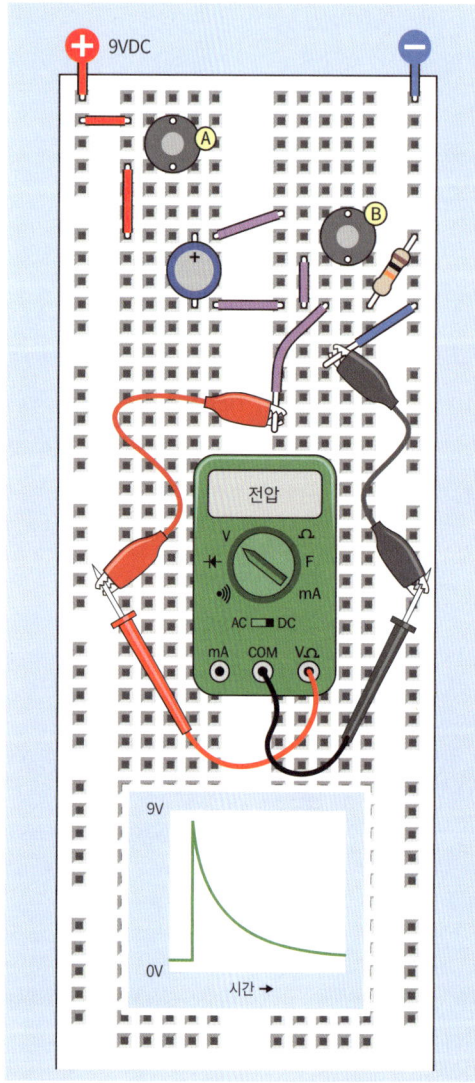

그림 2-89 계측기는 이보다 앞의 회로에서 사용된 LED와 470Ω 직렬 저항 대신 사용되었다.

빠르게 증가하기 때문에 한순간에 일어난 일인 것처럼 보인다.

커패시터에서 갑작스럽게 증가한 전압을 통과시키는 법은 잘 알려져 있으며 전자기학에서 자주 사용된다. 그런데 어떻게 이런 일이 일어나는 걸까?

이 질문에 관심을 보인 사람이 초기 연구자였던 제임스 맥스웰이었다. 그는 이런 현상이 발생해서는 안 된다고 생각해서 새로운 이론을 정립한 후 자신이 관찰한 내용을 설명하는 용어를 만들었다. 그 용어가 바로 '변위전류(displacement current)'다. 변위전류의 개념은 당시 그가 개발했던 몇 가지 이론에 부합했다.

오늘날의 이론은 그와 다르다. 지금은 전류의 유입이 커패시터 내부에 전계효과(field effect)를 일으키고 그로 인해 반대편 금속판에 전압이 유도될 수 있다는 점이 분명해졌다. 그러나 이러한 개념을 설명하기 시작하면 금세 복잡해지기 때문에 대부분의 책에서는 '커패시터는 DC를 차단하지만 전압의 변동은 통과시킨다'라는 식으로 간단히 표현한다.

용량이 더 작은 커패시터로 바꾼다면 통과시킬 수 있는 펄스가 더 짧아진다는 사실을 알 수 있다. 계측기를 제거하고 LED와 470Ω 저항을 다시 회로에 연결한 뒤 100μF, 10μF, 1μF, 0.1μF 용량의 커패시터로 실험해보자. 마지막에 가서는 LED에 불빛이 겨우 깜빡거리는 정도가 된다.

교류

회로는 양극과 음극을 바꾸더라도 작동하지만 전류가 반대 방향으로 흐르게 된다. 그림 2-91은 10K 저항이 왼쪽으로 이동하고 버튼 A가 오른쪽으로 이동한 회로를 보여준다. 계측기는 이전과 마찬가지로 저항과 커패시터 사이의 한 지점에서 전압을 측정한다. 그림 2-90의 회로도 역시 양극과 음극이 바뀐 상태를 보여준다.

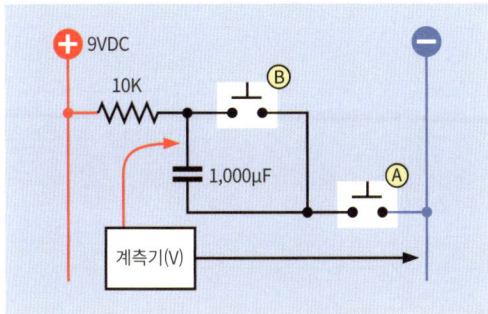

그림 2-90 브레드보드에 구현한 그림 2-91의 회로를 나타내는 회로도.

버튼 B를 눌렀다가 떼서 커패시터를 방전하면 계측기에 약 9VDC의 측정값이 나타나는데 커패시터의 위쪽 핀이 10K 저항을 지나 양극 버스와 연결되어 있기 때문이다. 커패시터가 DC를 차단하고 있기 때문에 커패시터에 걸리는 저항이 무한하고 양전하가 '갈 데가 없'는 것처럼 보인다. 이를 설명하는 것이 그림 2-92로 저항값이 두 저항 사이의 한 지점과 접지 사이에서 증가하면 그 사이의 전압도 증가한다는 것을 보여준다.

그러나 브레드보드로 구현한 회로에서 버튼 A를 누르면 음극 펄스가 생긴다. 펄스가 통과하는 즉시 커패시터의 유효 저항은 사라져서 계측기의 측정값이 떨어진다. 그러면 실험 9의 첫 번

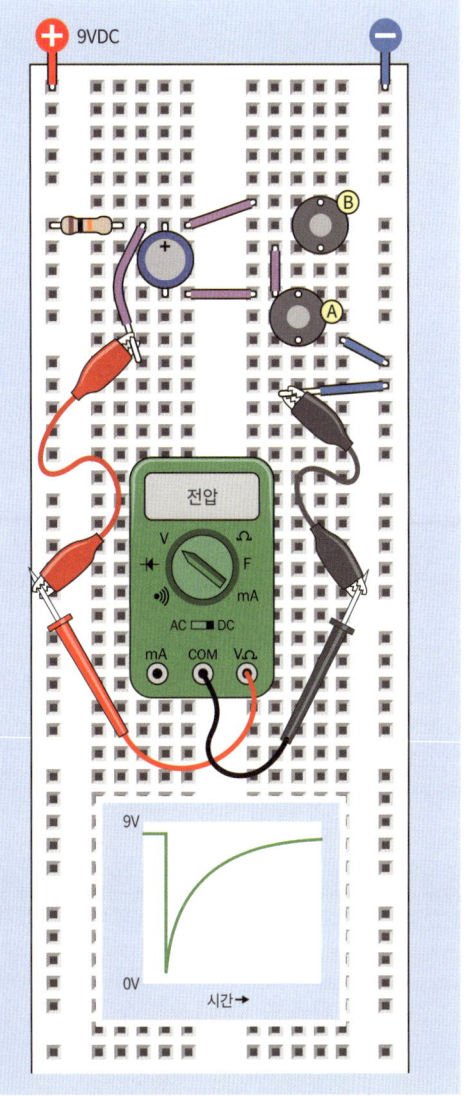

그림 2-91 앞의 회로를 전압이 반대가 되도록 연결한 모습.

째 테스트에서와 마찬가지로 커패시터가 천천히 재충전된다.

그림 2-91의 그래프를 보면 커패시터의 전하가 어떻게 변하는지 조금은 이해할 수 있다.

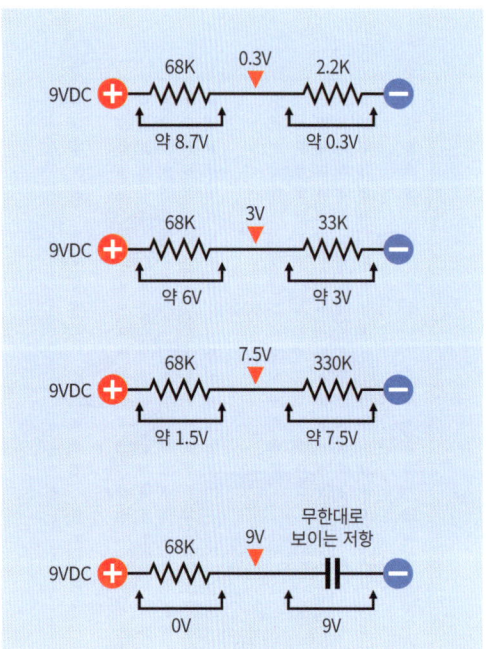

그림 2-92 한 쌍의 저항을 직렬로 연결하고 왼쪽의 저항은 전원과, 오른쪽의 저항은 접지와 연결하면 오른쪽 저항값이 증가함에 따라 저항 간의 전압도 증가한다. 커패시터가 DC 전류에 대해 가지는 유효 저항값이 거의 무한대에 가까워진다.

- 커패시터는 직류(DC)를 차단한다.
- 같은 커패시터는 전류가 조금씩 변하기만 한다면 흐르는 방향에 관계없이 통과시킨다.
- 이때 커패시터는 실험 9의 도입부에서 말한 것처럼 전하를 축적한다.

이를 바탕으로 아주 중요한 결론을 도출할 수 있다. 상대적인 양극 펄스와 상대적인 음극 펄스가 빠르게 이어지기 때문에 커패시터는 교류(AC)를 통과시킨다.

커패시터의 용량은 중요하다. 용량이 작은 커패시터로 바꾸었을 때 커패시터가 짧게만 반응했음을 알 수 있었다. 용량이 작으면 커패시터는 높은 주파수의 변동을 통과시키지만 낮은 주파수의 변동은 차단한다. 이런 성질이 음향 기기 등 여러 곳에 응용했을 때 유용하게 쓰인다. 실험 29에서는 이를 직접 확인할 수 있다. 음향 신호는 아주 빠르게 변동하기 때문에 교류의 형태를 띤다는 점을 기억해두자.

커패시터가 회로에서 AC는 통과시키고 DC는 차단하도록 위치하면 이를 '결합 커패시터(coupling capacitor)'라고 부른다. 결합 커패시터는 신호가 회로의 한 부분에서 다른 부분으로 이동하도록 해주는 동시에, 회로의 두 부분에서 완전히 다를 수 있는 DC 전압을 차단한다. 이 개념은 실험 11에서 활용해보자.

실험 10: 트랜지스터를 이용한 스위칭

커패시터의 성질을 확인했기 때문에 다른 기본 부품인 트랜지스터로 넘어가겠다. 트랜지스터의 작동 방식을 살펴본 뒤 커패시터와 트랜지스터를 함께 사용할 수 있는 방법을 알아보자.

실험 준비물

- 브레드보드, 연결용 전선, 니퍼, 와이어 스트리퍼, 계측기
- 2N2222 트랜지스터 1개
- 9V 전지와 건전지 홀더 각각 1개
- 470Ω 저항 2개, 1M 저항 1개
- 500K 반고정 가변저항 1개
- 일반 LED 1개

손가락 테스트

여기서는 2N2222 트랜지스터를 사용할 텐데, 이 제품은 지금까지 출시된 반도체 중 가장 폭넓게 사용된다(2N2222 트랜지스터는 1962년 모토로라가 출시했으며 그때부터 지금까지 이러저러한 형태로 계속 생산되고 있다).

2N2222에 대해 모토로라가 보유해온 특허가 오래전에 소멸되었기 때문에 다른 회사도 자체 모델을 생산할 수 있다. 패키지는 검은색의 소형 플라스틱이거나 소형 금속 '통'이다. 그림 2-23에서 이 두 유형을 보여준 바 있다. 이 책에서는 어느 쪽을 사용해도 괜찮다. 그러나 앞에서 언급했듯이 부품 번호는 주의하자(61페이지 '필수: 트랜지스터의 유형' 참조). 2N2222 트랜지스터라고 모두 다 같은 것은 아니라서 적절한 유형을 사용해야 한다.

그림 2-93처럼 트랜지스터를 LED와 470Ω 저항이 연결된 브레드보드에 끼운다. LED의 긴 단자가 플러스(+) 기호가 표시된 왼쪽에 위치하도록 한다. 트랜지스터의 평평한 쪽이 오른쪽을 향하는지도 확인한다. 흔치 않지만 금속 패키지의 트랜지스터를 사용한다면 패키지에서 튀어나온 조각이 왼쪽 아래를 향해야 한다.

초록색과 오렌지색으로 나타낸 전선의 피복이 다른 전선보다 많이 벗겨져 있다는 사실에 주목하자. 기성품 점퍼선을 사용한다면 각 전선에서 구부러진 한쪽 끝을 펴서 브레드보드에 평평하게 놓아야 한다.

이제 재미있는 부분이다. 그림 2-94처럼 손가락으로 초록색과 오렌지색 점퍼선의 노출된 전

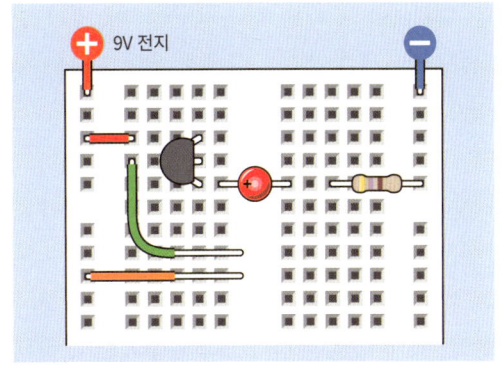

그림 2-93 첫 번째 트랜지스터 점검을 위한 브레드보드 설치.

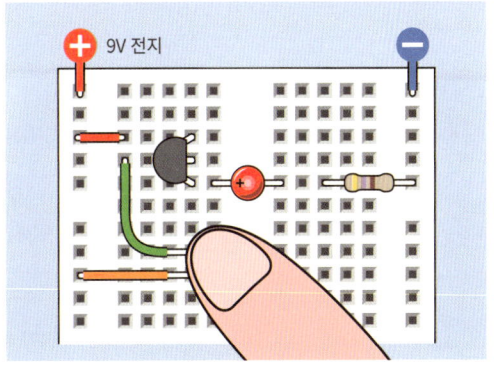

그림 2-94 손가락을 가져다 대면 실험이 제대로 작동한다.

선 부분을 누르면서 LED를 관찰해보자. 아무 일도 일어나지 않으면 손가락에 약간의 물기를 묻혀서 다시 해보자. 세게 누를수록 LED는 밝아진다. 트랜지스터는 손가락을 통과해 흐르는 소량의 전류를 증폭시킨다.

주의: 양손을 모두 사용하지 말 것

손끝을 이용한 스위칭 실험은 전기가 손가락만 통과하면 안전하다. 전기를 느끼지도 못한다. 고작 소형 전지에서 나오는 9VDC 전압일 뿐이기 때문이다. 그러나 전선 하나에 한쪽 손의 손가락

을, 다른 전선에 다른 쪽 손의 손가락을 갖다 대는 것은 썩 좋은 생각이 아니다. 이렇게 하면 전기가 몸 전체를 통과하게 된다. 전류가 너무 작기 때문에 이 회로로 인해 다칠 가능성은 없다고 해도 '절대로 전기가 한 손으로 들어와 온몸을 지나 다른 손으로 나가도록 해서는 안 된다'. 또한 전선을 누를 때 '전선에 찔리지 않도록 해야 한다'. 달리 말하면 이미 피부를 관통하고 있는 전압이 다른 장신구들을 지나게 해서는 안 된다는 이야기다.

손가락 테스트 들여다보기

그림 2-95를 보면 브레드보드의 커넥터가 드러나 있으며 이 실험에서 연결되어 있지 않은 커넥터는 생략되어 있다. 트랜지스터의 아래쪽 단자는 브레드보드를 통해 LED로, 또 470Ω 저항을 통해 음극 버스로 연결된다. 따라서 트랜지스터로부터 나온 충분한 전류로 인해 LED에 불이 들어왔다.

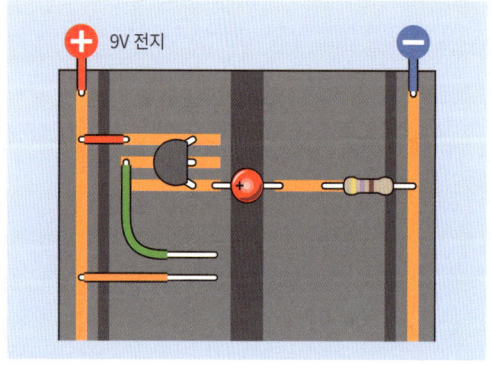

그림 2-95 그림 2-94의 브레드보드를 엑스레이로 찍은 것처럼 나타낸 모습.

이 전류는 어디에서 온 것일까? 약간의 전기가 손가락의 피부를 통해 흘러 들어와 트랜지스터의 가운데 단자로 들어갔다. 그러나 이 정도의 전기로 LED에 불이 들어오게 하기에는 충분하지 않았다.

그렇다면 다른 설명은 하나밖에 없다. 트랜지스터에는 제일 위에 양극 버스와 연결되어 있는 세 번째 단자가 있다. 전기는 이 단자를 통해 트랜지스터로 들어갔다. 그런 뒤 어떻게 하다 보니 이 전류가 손가락에서 트랜지스터의 가운데 단자로 흘러 들어온 더 소량의 전류에 의해 제어되었다. 그림 2-96은 이러한 원리를 설명한다.

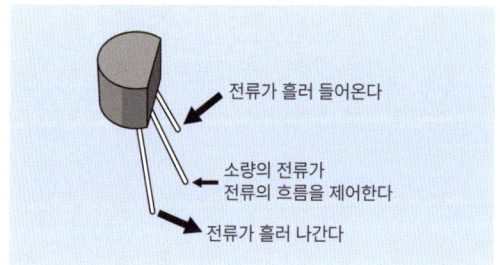

그림 2-96 NPN 트랜지스터의 기본적인 기능.

그런데 우연찮게도 이러한 현상이 앞의 실험에서 살펴본 커패시터의 동작과는 아주 다른 모습을 보인다. 커패시터는 빠른 전기 펄스를 그냥 통과시켰다. 반면에 트랜지스터는 일정한 전류의 흐름을 제어한다.

기초지식: 트랜지스터의 유형

이 실험에서 사용할 부품은 '바이폴라 접합형 트랜지스터(bipolar transistor)'[6]이며 'NPN'과 'PNP'

---

[6] 보통 줄여서 접합형 트랜지스터라고 부른다.

두 유형이 있다. 이번 실험에서 사용하는 NPN 유형은 3개 층으로 이루어졌으며, 이들 중 2개는 음극 전달체를 가지는 'N'층이다. 다른 두 층 사이에 낀 세 번째 층은 'P'층으로 양극 전달체를 가진다. 여기에서는 트랜지스터가 원자 수준에서 어떻게 동작하는지는 자세히 다루지 않는다. 이 책에서는 동작 원리를 설명하는 이론보다 트랜지스터가 하는 역할에 더 중점을 맞출 것이기 때문이다. 궁금하다면 전문 기술 도서나 인터넷의 여러 자료를 찾아보기 바란다.

그림 2-97에서 보는 것과 같은 NPN 접합형 트랜지스터의 단자 3개는 컬렉터, 베이스, 이미터라고 부른다.

PNP 트랜지스터는 NPN 트랜지스터와 정반대로 동작한다. PNP 트랜지스터는 베이스에 걸려 있는 전압이 이미터보다 낮으면 음전류를 컬렉터로 흘려보내고 이미터를 통해 내보낸다. PNP 트랜지스터는 회로에서 사용이 편리할 때도 있지만 흔히 사용되지는 않는다. 이 책에서는 PNP 트랜지스터를 사용하지 않는다.

그림 2-98은 NPN 트랜지스터의 4가지 유형에 사용되는 회로도 기호다. 의미는 모두 다 같다. 알파벳 C, B, E는 이들이 컬렉터(C), 베이스(B), 이미터(E)와 각각 연결된다는 뜻이다.

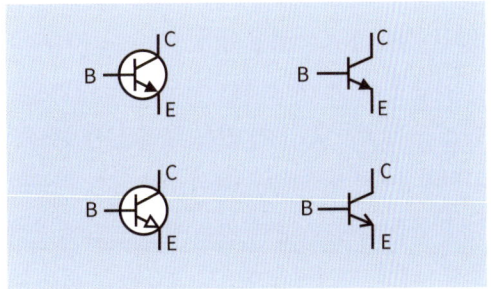

그림 2-98 이들 중 어떤 기호라도 NPN 트랜지스터를 나타낼 때 사용할 수 있다.

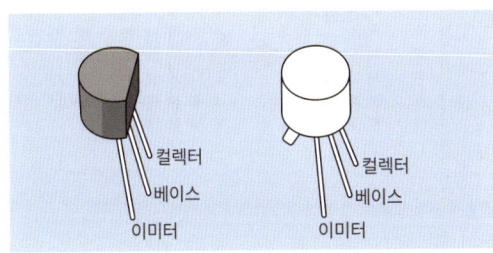

그림 2-97 NPN 접합형 트랜지스터의 세 단자 명칭. 왼쪽은 플라스틱 패키지, 오른쪽은 금속 패키지다.

- NPN 트랜지스터는 베이스에 걸려 있는 전압이 이미터보다 높으면 양전류를 컬렉터로 흘려보내고 이미터를 통해 내보낸다.
- 여기서 트랜지스터의 베이스를 통과하는 극소량의 전류가 컬렉터로 들어가는 더 큰 전류를 제어할 수 있다.

그림 2-99는 PNP 트랜지스터의 4가지 유형에 사용되는 회로도 기호다. 의미는 다 같다.

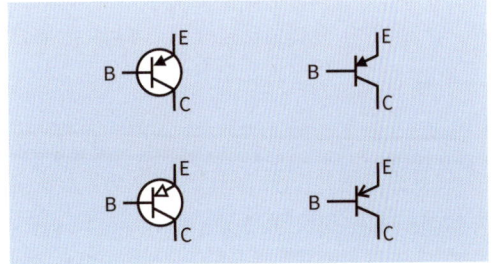

그림 2-99 이들 중 어떤 기호라도 PNP 트랜지스터를 나타낼 때 사용할 수 있다.

PNP와 NPN 트랜지스터의 회로도 기호를 혼동하기 쉽지만 둘을 구별하는 간단한 방법이 있다. NPN 기호의 화살표는 밖을 향하며 결코 안을 향하지 않는다. 그러니 'NPN'이 'never pointing in(절대 안을 향하지 않는다)'의 약자라는 것을 기억하자.

가변저항 추가하기

트랜지스터의 작동 방식을 자세히 알아보기 위해서는 손가락보다 조금 더 다루기 쉬운 부품이 필요하다. 가변저항이 좋긴 하지만 크기가 크지 않은 것이 좋겠다. 내가 생각하는 부품은 그림 2-22의 '반고정 가변저항'이다.

모양과 크기가 같지 않더라도 모든 가변저항에는 핀이 3개 있다. 이 핀은 앞에서 사용한 큰 가변저항에서 튀어나온 3개의 금속 조각과 동일한 역할을 한다. 가운데 핀은 항상 반고정 가변저항 내부의 와이퍼와 연결되고 다른 두 핀은 각각 가변저항 내부에 있는 저항체의 양끝과 연결된다. 가변저항을 추가할 때 반드시 따라야 하는 기본 규칙이 있다.

• 반고정 가변저항을 브레드보드에 연결할 때 각각의 핀은 브레드보드의 서로 다른 줄에 꽂아야 한다.

이 규칙을 설명한 것이 그림 2-100이다. 그림 윗부분에 나사를 여러 번 회전시킬 수 있는 가변저항을 포함한 3가지 반고정 가변저항의 평면도를 나타내었다. 비록 이 책에서 사용을 권하지는 않

지만 이들 중 하나를 언젠가는 직접 사용할 수도 있기 때문이다. 위에서 보면 핀이 보이지 않지만 부품을 투과해서 보았을 때처럼 핀의 위치를 표시했다. 위치는 다를 수 있지만 핀의 개수는 항상 3개, 각각의 높이는 0.1인치(2.5mm)여야 한다.

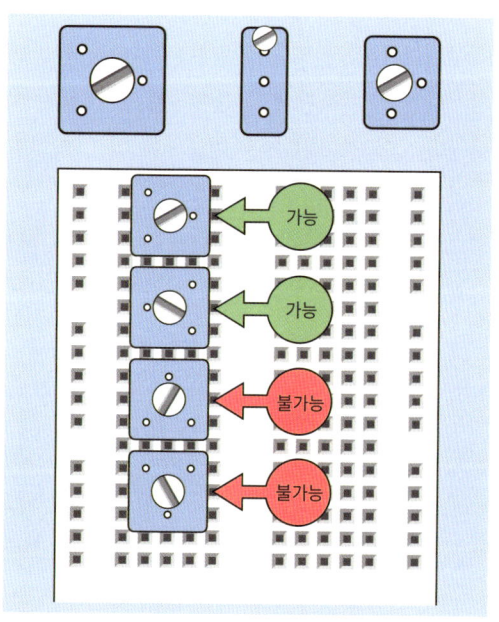

그림 2-100 세 가지 유형의 반고정 가변저항과 핀의 바른 방향

위 그림에서 '가능'이라고 쓰여진 두 가지 예는 각각의 핀이 브레드보드의 서로 다른 줄에 연결되어 있기 때문에 제대로 동작한다. '불가능'이라고 쓰여진 두 가지 예는 한 쌍의 핀이 브레드보드 내의 도선에 의해 함께 쇼트되기 때문에 제대로 동작하지 않는다.

지금까지 반고정 가변저항의 기본적인 내용을 살펴보았으니 트랜지스터 회로에 500K 반고정 가변저항을 추가해보자(그림 2-101 참조). 전원을 연결하고 작은 드라이버를 사용해서 반고

정 가변저항의 나사 단자를 시계 방향으로 끝까지 돌렸다가 반시계 방향으로 끝까지 돌리자. LED가 완전히 꺼진 상태에서 시작하면 LED가 켜지기 조금 전까지 나사 단자를 돌려야 한다는 점에 주의한다.

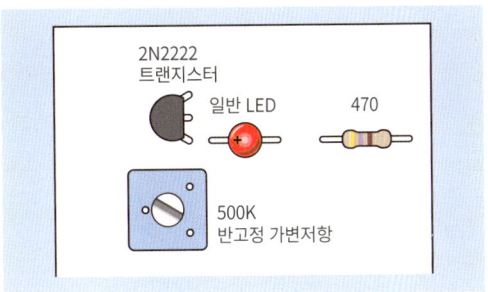

그림 2-103 브레드보드에 설치된 부품의 부품값.

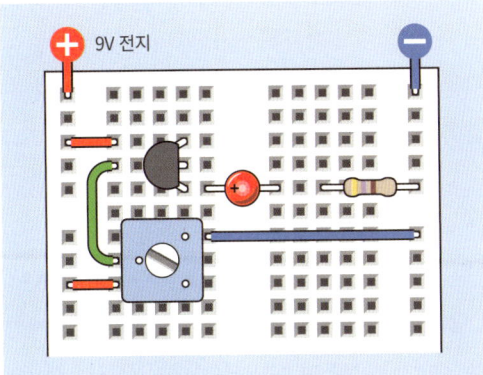

그림 2-101 이전의 회로에 반고정 가변저항을 추가하면 손가락보다 더 정밀하게 트랜지스터를 제어할 수 있다.

그림 2-102의 회로도를 보자. 브레드보드의 연결과 같지만 회로도 쪽이 이해하기가 더 쉽다.

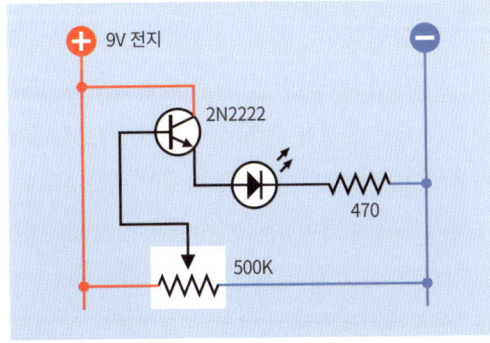

그림 2-102 회로도는 브레드보드에 반고정 가변저항을 추가한 것과 동일한 회로를 보여준다.

그림 2-103은 부품값도 보여준다.

가변저항은 양의 버스와 음의 버스 사이에 연결되어 있다. 이렇게 연결되어 있을 때의 가변저항을 '분압기(voltage divider)'라고 부른다. 와이퍼가 저항체의 한쪽 끝에 있을 때 와이퍼는 직접적으로 전원의 양극에 연결된다. 저항체의 반대쪽 끝에 있다면 와이퍼는 전원의 음극과 직접적으로 연결된다. 그 사이에 있다면 와이퍼는 전압을 나눈다. 가변저항은 보통 이런 방식으로 전 범위의 전압을 공급하는 데 쓰인다.

앞에서 처음 가변저항의 와이퍼를 음극에서 양극으로 이동시키기 시작하면 LED에 불이 들어오지 않는다고 말했다. 이는 단순히 LED에 가해지는 전기가 충분치 않아서일까? 절대 그렇지 않다. 접합형 트랜지스터는 서비스를 제공하는 대가로 전기를 소량 뺏어간다. 트랜지스터는 베이스에서의 전압이 이미터의 전압보다 높지 않으면 반응하지 않는다(보통 약 0.7V보다 더 커야 한다). 이런 상태일 때의 트랜지스터를 '양극 편향 상태(positively biased)'라고 한다. 그림 2-104는 기본적인 개념을 설명하는 그림이다.

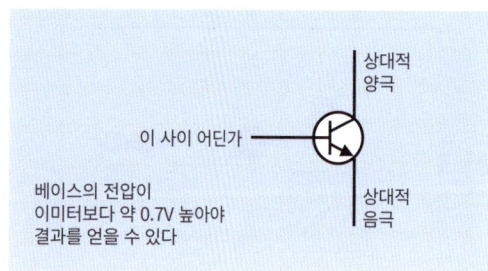

그림 2-104 경험에 기반한 NPN 트랜지스터 사용 규칙.

전압과 전류

접합형 트랜지스터의 베이스 전압이 트랜지스터의 출력을 제어한다는 사실을 알고 있다. 이 말은 트랜지스터가 전압을 증폭한다는 것을 뜻할까?

이를 직접 확인해볼 수 있다. 계측기를 전압 측정 모드에 두고 그림 2-105처럼 테스트 리드를

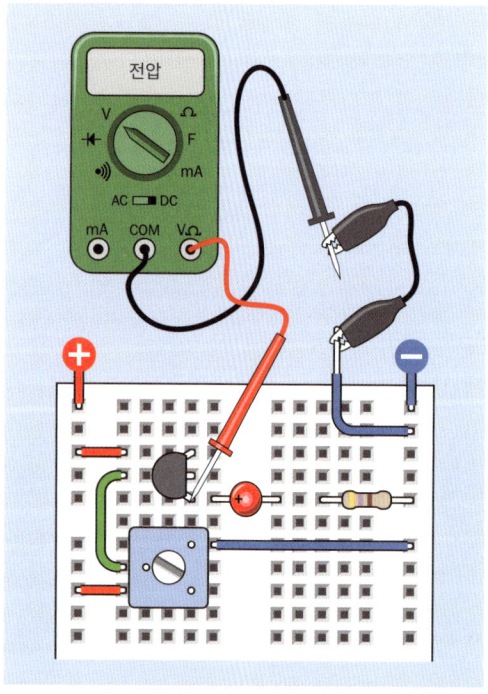

그림 2-105 트랜지스터가 전압을 증폭하는지 여부를 알아보기 위한 실험.

사용해서 음의 탐침을 브레드보드의 음극 버스에 연결한다. 빨간색 탐침을 트랜스미터의 이미터 핀에 두고 전압을 읽은 뒤 탐침을 베이스 핀으로 옮긴다. 이미터의 전압이 베이스의 전압보다 분명히 낮을 것이다.

반고정 가변저항을 다른 위치로 재조정한 뒤 이 과정을 다시 반복해보자. 베이스 핀의 전압을 어떻게 바꾸었는지에 관계없이 이미터 핀의 전압이 언제나 낮다.

이는 470Ω 저항이 트랜지스터의 이미터와 음극 버스 사이에서 충분한 저항값을 제공하지 못하기 때문일까? 전압을 끌어내릴 수는 있을까?

함께 확인해보자. LED와 470Ω 저항을 제거하고 트랜지스터의 이미터와 접지 사이에 1M 저항을 위치시키자. 그렇게 해도 큰 차이가 생기지 않을 것이다. 이미터의 전압은 여전히 베이스의 전압보다 낮다.

그러나 인내심을 가지고 베이스로 들어갔다가 이미터로 나오는 '전류'를 점검해보면 아주 큰 차이를 확인할 수 있다. 이 전류를 측정하려면 계측기를 밀리암페어 단위로 측정하도록 전류 측정 모드로 설정한 뒤 해당 위치의 회로에 계측기를 설치해야 한다. 전류를 측정할 때는 전류가 계측기를 '통과'해야 한다는 사실을 잊지 말자.

그러나 얻게 될 결과를 일단 알려주겠다. 바로 이 트랜지스터는 베이스에 들어가는 전류를 200:1 이상 증폭시킨다. 이를 트랜지스터의 '베타 값'이라고 부르며 이를 바탕으로 다음과 같은 기본적인 사실을 도출해낼 수 있다.

- 접합형 트랜지스터는 전압이 아닌 전류를 증폭시킨다.[7]

『짜릿짜릿 전자회로 DIY 플러스』에는 이 주제에 대해 많은 내용을 담고 있다. 이 책은 입문서이기 때문에 여기서는 간단하게만 다루고 넘어간다.

이제 나중에 참고할 수 있도록 접합형 트랜지스터에 대한 사실을 정리해보자.

기초지식: NPN과 PNP 트랜지스터의 모든 것

트랜지스터는 '반도체(semiconductor)'로 도체와 절연체 사이의 중간에 해당한다. 트랜지스터의 유효 내부 저항(effective internal resistance)은 베이스 단자에 가해지는 전류(혹은 전압)에 따라 달라진다.

모든 접합형 트랜지스터에는 컬렉터, 베이스, 이미터 3개의 단자가 있으며 제조사의 데이터시트에는 핀의 구별을 위해 C, B, E로 표시한다.

- NPN 트랜지스터는 이미터에 비해 베이스에 걸린 전압이 '양' 전압이면 활성화된다.
- PNP 트랜지스터는 이미터에 비해 베이스에 걸린 전압이 '음' 전압이면 활성화된다.

활성화되지 않은 상태에서 두 유형 모두 컬렉터와 이미터 사이에 전기가 흐르지 않는다. 이는 마치 접점이 평상시 열림 상태인 SPST 릴레이와 같다(사실 트랜지스터에는 극소량의 전류가 흐르며 이를 '누설 전류'라고 한다).

회로도에서 트랜지스터의 방향은 항상 같지 않을 수 있다. 이미터가 위에 오고 컬렉터가 아래에 오거나 이와 반대로 그리기도 한다. 베이스는 회로도를 그리는 사람의 편의에 따라 왼쪽에 올 수도, 오른쪽에 올 수도 있다. 어느 방향이 위인지, 유형이 NPN형인지 PNP형인지를 알려면 주의해서 트랜지스터의 화살표를 확인해야 한다. 연결 방향이 잘못되면 트랜지스터에 손상이 생길 수 있다.

트랜지스터의 실제 크기와 구성은 다양하다. 따라서 어느 전선을 이미터, 컬렉터, 베이스에 연결해야 하는지 모르는 경우가 많다. 확실히 하기 위해 제조사의 데이터시트를 확인해야 할 수도 있다.

어느 극이 어디와 연결되는지 잊어버린다면 이미터, 컬렉터, 베이스를 구별해주는 기능을 가진 계측기도 많이 있다. 보통 E, B, C, 그리고 E라고 표시된 구멍이 4개 있다. 트랜스미터의 이미터 단자를 E라고 표시된 구멍 중 하나에 넣고, 베이스 단자를 B, 컬렉터 단자를 C에 넣으면 계측기가 트랜지스터의 베타 값을 표시한다. 잘못 넣었으면 계측기 수치가 계속 변하거나 아무 수치도 안 나오거나 0이거나 베타 값보다 훨씬 낮은 값을 표시한다(거의 대부분 50 미만이며 5 미만인 경우도 많다).

---

[7] 뒤에 나올 CMOS 트랜지스터는 보통 전압을 증폭시킨다.

주의: 손상되기 쉬운 부품!

트랜지스터는 손상되기 쉬우며 한번 입은 손상은 영구적이다.

- 트랜지스터의 임의의 두 단자 사이에 전원을 직접 가해서는 안 된다. 전류가 지나치게 흘러서 트랜지스터를 태울 수 있다.
- LED를 사용했을 때처럼 보호를 위해 트랜지스터의 컬렉터와 이미터 사이에 흐르는 전류는 반드시 저항 같은 다른 부품을 사용해서 제한해주어야 한다.
- 전압을 역방향으로 가해서는 안 된다. NPN 트랜지스터의 컬렉터에는 항상 베이스보다 더 양의 전압을, 베이스에는 이미터보다 더 양의 전압을 걸어주어야 한다.

배경지식: 트랜지스터의 기원

일부 역사가들은 트랜지스터의 기원을 다이오드(diode: 전기가 한쪽 방향으로만 흐르고 반대 방향으로는 흐를 수 없는 특성을 가진 부품)의 발명으로 보기도 하지만 제대로 된 기능을 갖춘 트랜지스터는 사실 1948년 벨연구소에 근무하던 존 바딘(John Bardeen), 윌리엄 쇼클리(William Shockley), 월터 브래튼(Walter Brattain)이 처음 개발했다. 팀장이었던 쇼클리는 무접점 스위치(solid-state switch)의 잠재적 중요성을 내다본 통찰력이 뛰어난 인물이었다. 바딘은 이론가였고 실질적으로 트랜지스터를 만들어낸 사람은 브래튼이었다. 이 세 명은 협력하여 아주 많은 성과를 내었으며 마침내 트랜지스터 개발에 성공했다. 당시 쇼클리는 트랜지스터의 특허를 자신의 이름으로 받으려고 잔꾀를 부렸다. 쇼클리가 이 사실을 동료들에게 알렸을 때 그들이 불쾌감을 느낀 것은 당연했다.

홍보용으로 여기저기 공개된 사진도 그다지 도움이 되지 않았다. 사진에서는 쇼클리가 가운데에 앉아서 마치 실제로 작업한 것처럼 현미경을 들여다보고 있고 다른 두 명은 쇼클리의 뒤에 있어서 이 두 명의 기여가 더 작았던 것처럼 보인다. 이 사진은 잡지『일렉트로닉스(electronics)』의 표지로 처음 사용되었다(그림 2-106 참조). 그런데 관리자였던 쇼클리가 실제 연구가 이루어졌던 연구실에 오는 일은 거의 없었다.

그림 2-106 윌리엄 쇼클리(앞), 존 바딘(뒤), 월터 브래튼(오른쪽). 1948년 세계 최초로 작동하는 트랜지스터를 개발해낸 공로로 이들은 1956년 노벨상을 공동 수상했다.

큰 성과를 낸 팀은 순식간에 와해됐다. 브래튼은 AT&T의 다른 연구소로 전근을 신청했다. 바딘은 이론물리학 연구를 위해 일리노이대학으로 적을 옮겼다. 쇼클리는 결국 벨연구소를 떠나 나중에 실리콘 밸리라 불리게 되는 곳에 쇼클리 세미컨덕터(Shockley Semiconductor)를 설립했지만 당시의 기술력에 비해 그의 야망이 너무 거대했다. 그의 회사는 수익을 내는 상품을 하나도 만들어내지 못했다.

쇼클리의 회사 동료 여덟 명은 결국 그를 배신하고 회사를 떠나 페어차일드 세미컨덕터(Fairchild Semiconductor)라는 회사를 설립했다. 이 회사는 처음에는 트랜지스터 제조로, 그 뒤에는 집적회로 칩 제조로 큰 성공을 거두었다.

기초지식: 트랜지스터와 릴레이

NPN과 PNP 트랜지스터의 한계는 릴레이와 달리 기능을 수행하는 데 반드시 전원이 연결되어 있어야 한다는 것이다. 반면 릴레이는 전원이 전혀 없이 아무 동작도 하지 않는 상태에서 켜짐 또는 꺼짐 상태로 있을 수 있다.

또한 릴레이는 더 많은 스위칭 동작을 지원한다. 평상시 열림, 평상시 닫힘, 앞의 두 가지 중 어느 쪽으로 래칭[8] 등 여러 가지 스위칭 방식이 있다. 릴레이에는 또한 두 가지 켜짐 상태 중에서 하나를 선택할 수 있는 쌍투 스위치도 포함될 수 있으며 완전히 별개의 연결 2개를 만드는 (또는 끊는) 쌍극 스위치도 포함될 수 있다. 트랜지스터를 1개 사용하는 장치로는 쌍극이나 쌍투 스위치의 기능을 구현할 수 없다. 필요하다면 이러한 동작을 흉내 낼 수 있는 복잡한 회로를 설계할 수는 있다.

그림 2-107은 트랜지스터와 릴레이의 성질을 비교한 표이다.

	트랜지스터	릴레이
장기간 구동에 대한 신뢰성	뛰어남	제한적
DP/DT 모드 스위칭 가능성	불가능	가능
큰 전류 스위칭 가능성	제한적	가능
교류 스위칭 가능성	일반적으로 불가능	가능
교류에 의한 스위칭 가능성	일반적으로 불가능	선택적
소형화 적합성	뛰어남	매우 제한적
고속 스위칭 가능성	가능	불가능
고전압/고전류에서 가격 우위	불가능	가능
저전압/저전류에서 가격 우위	가능	불가능
부전도 상태에서 전류 누설	가능	불가능

그림 2-107 릴레이와 트랜지스터의 주요 성질 비교.

릴레이와 트랜지스터 중 어느 것을 사용할지 결정하는 것은 실제적인 응용에 따라 달라진다.

이론에 관한 설명이 너무 길었다. 이제 트랜지스터로 재미있거나 유용하거나, 아니면 재미있으면서 유용한 뭔가를 해볼 수 없을까? 물론 있다. 실험 11로 가자!

---

[8] 이전의 동작 회로가 상태를 바꾸기 전까지 지정된 상태를 유지하는 것.

실험 11: 빛과 소리

처음으로 기능과 목적이 공존하는 프로젝트를 해볼 시간이 왔다. 프로젝트가 끝나면 아주 간단한 사운드 합성 장치가 완성될 것이다.

실험 준비물

- 브레드보드, 연결용 전선, 니퍼, 와이어 스트리퍼, 계측기
- 9V 전지와 건전지 홀더 각각 1개
- 저항: 470Ω 2개, 1K 1개, 4.7K 4개, 100K 2개, 220K 2개, 470K 4개
- 커패시터: 0.01μF 2개, 0.1μF 2개, 0.33μF 2개, 1μF 1개, 3.3μF 2개, 33μF 1개, 100μF 1개, 220μF 1개
- 트랜지스터: 2N2222 6개
- 일반 LED 1개
- 반지름 2.5cm 또는 5cm(권장)의 8Ω 스피커

변동

그림 2-108은 우리가 브레드보드로 구현할 새로운 회로를 보여준다. 부품들 사이에 공간이 많지 않기 때문에 손가락 대신에 펜치를 사용해서 부품을 끼우는 쪽이 수월할 수 있다. 브레드보드의 구멍 위치를 신중하게 센 뒤 모든 부품을 제 위치에 정확히 끼웠는지 다시 확인한다.

그림 2-109는 부품값을 나타낸 것이다.

전원을 연결하면 약 1초 동안 LED에 불이 들어왔다가 약 1초 정도 불이 꺼진다. 이게 끝인가?

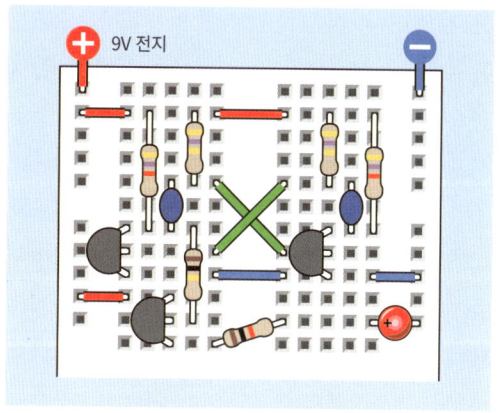

그림 2-108 오실레이터 회로의 브레드보드 배치.

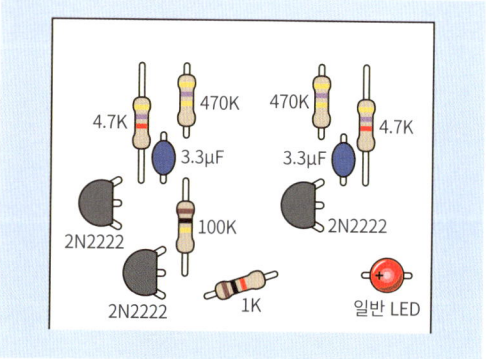

그림 2-109 브레드보드로 구현한 회로의 부품값.

당연히 아니다. 이건 시작일 뿐이다. 그러나 먼저 이 회로의 동작 원리를 이해해야 한다. 부품이 브레드보드 안에서 어떻게 연결되어 있을지 상상하기가 어려운 사람은 그림 2-110의 배열을 보자. 그런 뒤 그림 2-111의 회로도를 보면 부품 간의 연결이 서로 같다는 사실을 알 수 있다. 회로도를 보면서 어떤 일이 일어나는지 살펴보자.

첫 번째로 보아야 할 점은 회로도가 어느 정도 대칭성을 띠고 있다는 것이다. 대칭성을 띠고 있다고 해서 왼편과 오른편이 모두 같은 일을 한

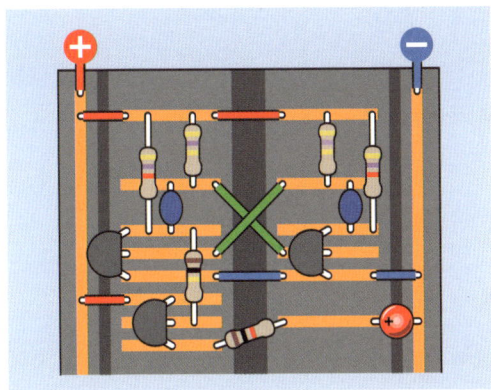

그림 2-110 회로를 엑스레이로 찍은 것처럼 나타내면 부품 간의 상호 연결을 설명하는 데 도움이 될 수 있다.

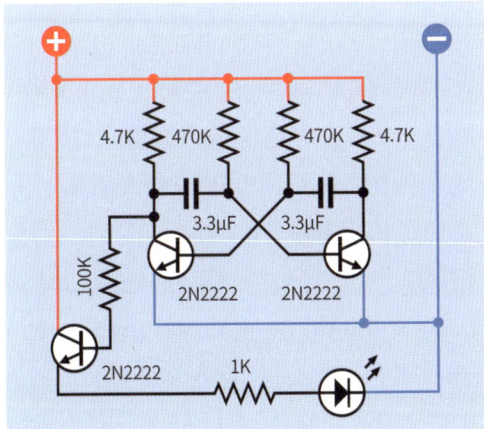

그림 2-111 이 회로도에서 부품은 브레드보드의 배열과 비슷하게 위치시켰다.

다고 말할 수 있을까? 여기서의 답은 그렇지만 항상 그런 것은 아니다. 실제로 한쪽은 LED를 켜고, 다른 한쪽은 LED를 끈다.

이 내용은 까다로워서 깊게 이해하기 쉽지 않다. 전압이 계속해서 변동하고 한 번에 한 가지 이상의 일이 발생하기 때문이다. 그러나 모든 것을 명확히 이해할 수 있도록 일정한 시간 간격으로 내부의 동작을 나타내주는 그림을 준비했다.

각각의 그림에서 트랜지스터와 LED는 생략했는데 이 회로의 진동을 만들어내는 데에는 아무런 역할도 하지 않기 때문이다.

첫 번째는 그림 2-112다. 다음과 같이 전선에 색깔 코드를 사용했다.

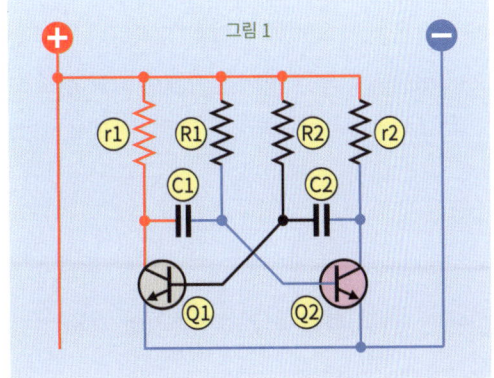

그림 2-112 LED 점멸 장치의 전압을 나타내는 4장의 그림 중 첫 번째. 자세한 내용은 본문 참조.

- 검은색으로 나타낸 도선과 부품은 전압값을 모르거나 정해지지 않은 것이다.
- 파란색 도선의 전압은 거의 영(0)이다.
- 빨간색 도선의 전압은 양의 공급 전압 쪽으로 증가한다.
- 흰색 도선의 전압은 금방 감소해서 음전압이 된다(음의 접지보다 낮음). 이유는 조금 후에 설명하겠다.

트랜지스터의 색깔 코드는 다음과 같다.

- 회색 트랜지스터에서는 컬렉터에서 이미터로 전기가 통하지 않는다. '스위치 꺼짐' 상태라고 생각할 수 있다.

- 분홍색 트랜지스터에서는 전기가 흐른다.

트랜지스터는 Q1, Q2로 표시했는데 이는 반도체를 구별하는 가장 일반적인 방법이다. 금속 통 모양의 구형 트랜지스터에서 튀어나온 작은 금속 조각 때문에 트랜지스터를 위에서 보면 대문자 Q처럼 보인 까닭에 이렇게 표시하기 시작했으며 이런 식의 구별 방법이 관행이 되었다.

회로의 오른쪽과 왼쪽을 구별하기 위해 왼쪽에는 r1과 R1을, 오른쪽에는 r2와 R2를 사용했다. 소문자 r는 저항값이 낮은 저항을 나타낸다.

설명을 시작하기 전에 마지막으로 주의사항 하나만 이야기하겠다. 트랜지스터의 기본 성질을 반드시 기억하자.

- 베이스로 들어가는 전류가 트랜지스터를 '켤 때' 트랜지스터의 유효 내부 저항은 아주 낮아진다. 따라서 이미터가 약 0V로 접지되면 컬렉터나 컬렉터에 직접적으로 연결된 모든 부품의 전압 역시 0V에 가까워진다. 베이스는 상대적으로 전압이 낮을 수 있으나 적어도 이미터만큼 낮아서는 안 된다. 첫 번째 그림의 Q2에서 이를 알 수 있다.
- 베이스로 들어가는 전류가 트랜지스터를 '끌 때' 트랜지스터의 유효 내부 저항은 최소한 5K까지 증가한다. 따라서 컬렉터에 연결된 부품은 더 이상 트랜지스터를 통해 접지되지 않으며 양전하를 축적할 수 있다.

단계별 과정

회로가 동작하고 있는 순간 중 아무 때나 정해서 시작해보자. 사건의 순서대로 따라가면 회로가 처음에 어떻게 진동하게 되었는지에 대한 문제에 도달하게 된다.

첫 번째 그림에서 Q1이 막 꺼지고 Q2가 막 켜졌다고 가정해보자. r1의 아래쪽 끝은 Q1을 통해 접지되어 있지만 Q1이 꺼졌으므로 컬렉터의 전압이 증가하고 이에 따라 C1의 왼쪽에 있는 전압이 증가한다 Q1 베이스의 전압 역시 증가하기 시작하지만 속도가 아주 빠르지는 않은데 R2의 저항값이 더 크기 때문이다. 한편 Q2가 켜져 있기 때문에 Q2는 r2에서 나오는 전류를 줄여서 전압을 떨어뜨린다. Q2의 베이스 역시 트랜지스터를 통해 전류를 음의 접지로 떨어뜨린다.

이것으로 구성은 완료되었다. 다음에는 뭘 해야 할까?

그림 2-113에서 Q1 베이스의 전압은 트랜지스터에 전기가 흐르도록 할 수 있을 정도로 커졌다. 이 전압은 이제 C1에서 나오는 전류와 베이스를 통과하는 전류 역시 감소시키는데 그런 까닭에 여기에 사용된 전선의 색깔이 파란색이다. C1 왼쪽의 전압이 갑작스럽게 변하면 일시적으로 오른쪽에도 같은 크기의 전압 강하가 유도된다. 이런 현상의 원인은 변위전류로도 설명될 수 있는 전계효과로, 이에 대해서는 실험 9에서 이미 다뤘다. 그 결과 실제로 C1의 오른쪽 전압이 영(0) 미만으로 떨어지며 이는 흰색 전선으로 나타냈다. 이러한 전압 강하는 발생된 순간 Q2의

베이스에 부 바이어스(negative bias)를 가해 Q2를 끈다.

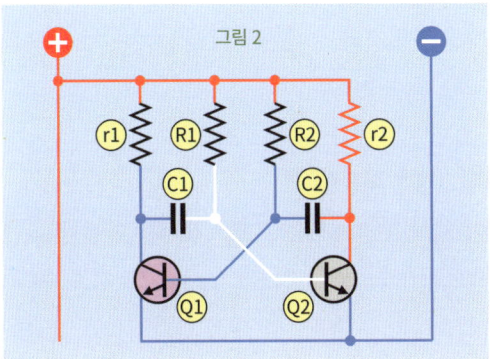

그림 2-113 두 번째 그림.

그림 2-114에서 Q1은 여전히 켜진 상태이고 Q2는 여전히 꺼진 상태이다. 세 번째 그림은 첫 번째 그림을 거울에 비춘 것처럼 좌우로 뒤집어놓은 듯한 모습을 보여준다. C1은 R1을 통해 반대 방향으로 충전을 시작했다. C1의 오른쪽 전압이 증가하면 Q2의 전압도 증가한다.

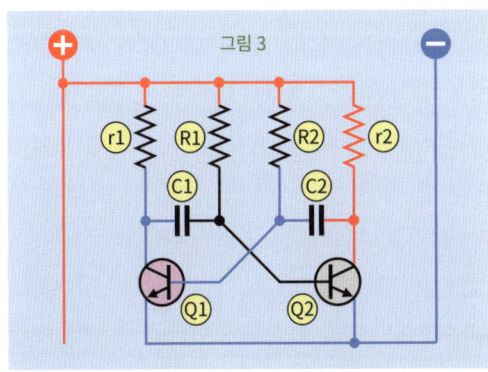

그림 2-114 세 번째 그림.

그림 2-115에서는 Q2에 전기가 흐르면서 C2의 오른쪽이 접지된다. 이러한 변화로 C2 왼쪽의 전압은 0 아래로 떨어지고 Q1의 베이스가 접지되면서 Q1이 꺼진다. 네 번째 그림은 두 번째 그림을 거울에 비춘 것처럼 좌우로 뒤집어놓은 듯한 모습을 보여준다.

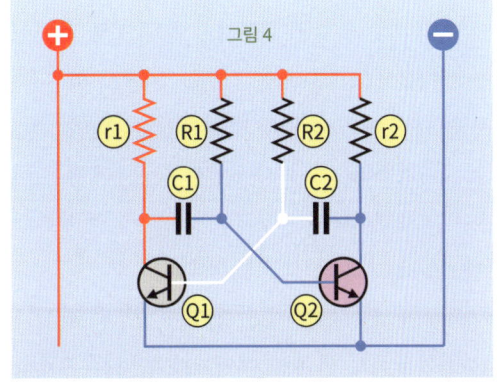

그림 2-115 네 번째 그림. 이 과정이 끝나면 첫 번째 그림부터 모든 과정을 다시 반복한다.

네 번째 그림(2-115)의 과정이 끝나면 첫 번째 그림부터 모든 과정을 다시 반복한다. 그림 2-111처럼 트랜지스터와 LED가 추가로 연결되어 있으면 첫 번째부터 네 번째 그림까지 LED에 불이 들어와 있어야 한다.

결합 커패시터

보다시피 오실레이터는 이해하기 어려울 수 있다. 사실 이 책에서는 아주 일반적인 회로를 사용했다. '오실레이터(oscillator)'로 구글 이미지를 검색해보면 아마 무슨 말인지 금방 알 수 있을 것이다. 그렇다고는 해도 많은 사람들이 어렵다고 느낄 수 있다.

두 번째와 네 번째 그림의 핵심은 커패시터의 한쪽에 발생하는 급작스러운 전압 강하로 인해 반대쪽에도 동일한 전압 강하가 발생한다는 것이다. 실험 9에서 직접 확인한 바로 그 결합 효과다.

그러나 어떻게 해서 시작되나?

기억해야 할 사실은 회로가 기본적으로 대칭성을 띤다는 것이다. 처음 전원을 연결할 때 어째서 둘 다 켜지거나 둘 다 꺼지지 않는 걸까?

트랜지스터 2개나 저항 2개가 완전히 같은 이상적인 세계에서라면 회로는 대칭으로 초기화될 수도 있다. 그러나 현실 세계에서는 저항과 커패시터에는 제조 과정에서 생기는 소소한 차이가 있기 마련이라 한쪽 트랜지스터가 다른 쪽보다 먼저 전기가 흐르기 시작한다. 그런 현상이 일어나는 순간 회로의 균형이 무너지면서 앞에서 설명했듯이 진동하기 시작한다.

설명해야 할 또 다른 문제점은 오실레이터 회로에서 출력을 얻는 곳을 어떻게 정하느냐이다. 원래의 회로도에서 r1과 r2는 R1과 R2에 비해 상당히 낮은 저항값을 가졌다는 점에 주목하자. 그렇기 때문에 C1의 왼쪽에서 공급 전압에 거의 가까워질 때까지 충전이 빠르게 이루어지며, C1의 오른쪽도 같은 방식으로 동작한다. 따라서 양쪽 어디에서든지 상당히 넓은 전압 범위를 얻을 수 있다. 나는 왼쪽을 택했는데 이유는 단순하다. 회로도의 왼쪽에 부품을 추가로 배치하기가 쉬웠기 때문이다.

만약 회로에 지나치게 높은 전류가 흐르면 이로 인해 커패시터의 충전이 느려지고 오실레이터의 동작 속도와 균형에 영향을 미친다. 따라서

여기에서는 100K 저항을 통해 다른 트랜지스터의 베이스로 신호를 보냈다. 이 트랜지스터는 베이스를 통해 극히 소량의 전류를 끌어가지만 신호를 증폭시키기 때문에 이를 통해 뭔가 유용한 일을 할 수 있다.

왜 그렇게 복잡한가?

이 책의 초판에서는 프로그래머블 단접합 트랜지스터(Programmable Unijunction Transistor: PUT)라는 부품을 사용해서 반짝거리는 LED를 만드는 프로젝트를 해보았다. 이러한 작동 방식은 이해하기 훨씬 쉬우며 PUT를 하나만 사용해도 결과를 얻을 수 있다. 그러나 일부 독자들이 PUT는 현재 그다지 널리 사용되지 않아서 쉽게 구입할 수 없다고 불만을 표시했으며, PUT를 사용하는 것은 너무 구식이라고 말하는 독자도 있었다.

지금도 PUT를 구매할 수는 있지만 거의 사용되지 않는 것 또한 사실이다. 그런 반면 접합형 트랜지스터는 지금도 널리 사용되기 때문에 독자들의 의견을 참고해서 PUT를 사용하지 않기로 결정했다. 대신 사용할 수 있는 여러 오실레이터 회로도를 두고 고민한 끝에 하나를 선택했다. 가장 큰 이유는 이 회로가 다른 회로보다 더 일반적이기 때문이다. 나 역시 모든 오실레이터 회로가 어느 정도 이해하기 어려울 수 있다고 생각한다.

처리된 펄스

앞에서 두 가지 트랜지스터로 켜지고 꺼지는 펄

스를 발생시키는 신호를 생성할 수 있으며 세 번째 트랜지스터는 이 신호를 증폭시켜서 LED에 전원을 공급할 수 있다는 사실을 배웠다. 잠시 앞의 실험들에 대해 다시 생각해보자. 이 실험들로부터 배운 내용 중에 여기에 적용할 수 있는 것이 무엇일까?

우리는 출력 속도를 상당히 늦출 수 있다. 따라서 RC 네트워크를 추가하면 좀 더 재미있는 것을 만들 수 있다(RC 네트워크 개념에 대한 기억을 떠올리려면 93페이지 'RC 네트워크'를 참조한다).

그림 2-116을 보자. 아래쪽에 새로운 RC 구역이 추가되었다.

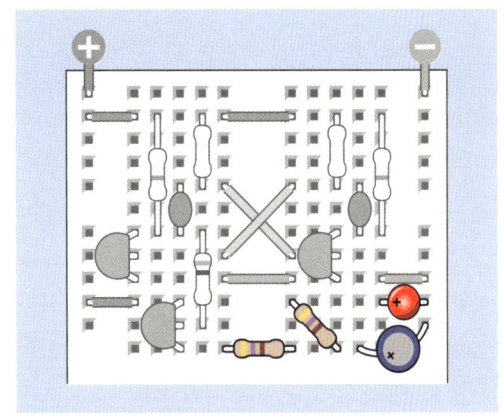

그림 2-117 추가되었거나 위치가 바뀐 부품은 컬러로 나타냈다. 새로 추가된 커패시터는 220µF 용량의 전해 커패시터다.

이제 회로를 구동하면 LED는 꺼졌다 켜졌다를 반복하는 대신 부드럽게 빛이 세졌다가 약해진다. 이유를 알겠는가? 커패시터는 처음의 470Ω 저항을 통해 충전된 뒤 다른 저항을 통해 방전된다. 이 사실이 왜 중요할까? 전자 보석을 만들 예정이라고 해보자. 보석이 빠르게 깜빡거리도록 할지 아니면 밝아졌다가 흐려지도록 할지 조정하는 것은 미학적으로 중요한 요소가 될 수 있다. 과거 애플의 노트북은 로고가 깜빡거리는 대신 밝아졌다 흐려졌다를 반복했다.

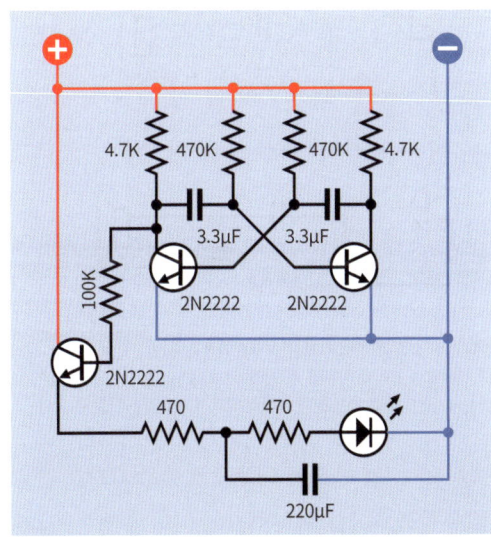

그림 2-116 저항 1개와 220µF 용량의 커패시터 1개로 아래쪽에 RC 네트워크를 추가해서 앞의 회로도를 수정했다.

그림 2-117에서 추가되거나 위치를 바꾼 부품은 오른쪽 아래에 컬러로 표시하고 변하지 않은 부품은 회색으로 나타냈다.

속도 높이기

이 회로로 할 수 있는 다른 건 없을까? 이 회로에서는 속도를 쉽게 조정할 수 있다. 3.3µF 커패시터 2개를 제거하고 대신에 0.33µF 커패시터 2개로 대체해보자. 이렇게 하면 충전 시간이 10배 빨라지기 때문에 LED도 10배 더 빨리 깜빡거린다. 무슨 일이 일어난 것일까?

커패시터 용량을 더 줄여서 0.01µF 정도의 커

패시티를 사용하면 어떻게 될까? 초당 깜빡이는 횟수가 50번을 넘어가면 주파수는 볼 수 있는 수준을 넘어서서 귀로 들을 수 있는 수준으로 가버린다.

이 회로의 출력을 눈으로 보는 대신 귀로 들을 수 있도록 바꾸려면 어떻게 해야 할까? 답은 무척 쉽다! LED와 470Ω 저항, 220μF 커패시터를 제거하고 여기에 그림 2-118에서 보는 것처럼 소형 스피커와 100μF 결합 커패시터, 1K 저항을 연결하면 된다. 저항은 트랜지스터의 이미터를 접지시키는데 트랜지스터는 이미터의 저항이 베이스의 전압보다 낮을 때만 동작하기 때문이다. 커패시터는 신호의 DC 성분을 차단하며 교류만 통과시킨다. 회로도에는 바뀐 부품만을 표시했다. 이 부품들을 브레드보드에 어떻게 연결해야 할까? 알아낼 수 있을 거라 생각한다.

할 수 있기 때문에 오실레이터가 더 빠르게 동작하도록 만들어서 그 한계를 시험해보고 싶은 생각은 없을 거라고 생각한다. 초당 10,000회 이상 진동하는 신호는 아주 높은 소리를 낸다. 이 횟수를 20,000번으로 높이면 거의 대부분의 인간이 귀로 들을 수 있는 소리의 범위를 벗어난다.

소리의 특징은 어떻게 바꿀 수 있을까?

그림 2-119의 위쪽 회로도에서는 앞에서 사용하던 100μF 커패시터 대신 1μF 용량의 결합 커패시터를 스피커와 직렬로 연결했다. 커패시터의 값이 낮으면 고주파수(짧은 펄스)만을 통과시키고 울림이 낮은 소리의 일부는 제거한다.

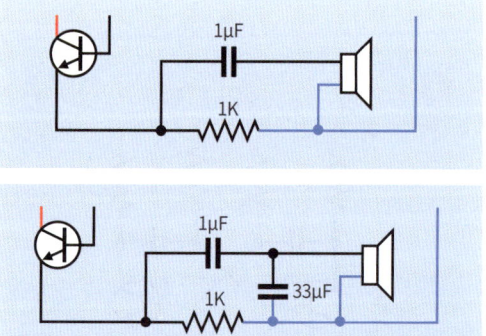

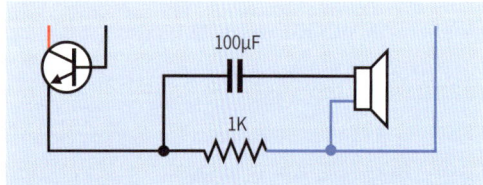

그림 2-118 음향 신호를 발생시키도록 회로 개조하기.

그림 2-119 용량이 낮은 결합 커패시터로 교체하면 낮은 음향 주파수를 차단해서 고주파만 들을 수 있다. 커패시터를 스피커를 우회하도록 위치시키면 고주파의 방향을 접지로 바꿔서 저주파만 들을 수 있다.

그래도 아직 개조 방법이 남았다

이제 소리가 들리게 되었으니 어떻게 하면 소리의 높낮이를 조절할 수 있을까? 그냥 오실레이터 회로에서 저항이나 커패시터를 더 작은 것으로 교체하면 된다. 470K 저항을 제거하고 220K(또는 그 사이의 값) 저항으로 교체할 수도 있다. 트랜지스터는 신호를 초당 100만 번 이상 스위칭

그림 2-119의 아래쪽 회로도처럼 스피커를 가로질러 커패시터를 위치시키면 어떻게 될까? 앞과는 완전히 다른 효과가 발생한다. 왜냐하면 커패시터가 여전히 고주파를 통과시키지만 고주파가 스피커를 지나쳐가기 때문이다. 이러한 성향을 가진 커패시터를 '바이패스' 커패시터라고 한다.

여기까지 회로를 수정하는 간단한 방법을 모

두 살펴보았다. 조금 더 목표를 높게 잡는다면 회로를 복제해서 한쪽이 다른 쪽을 제어하도록 만들어볼 수도 있다.

그림 2-109 회로에서 사용한 원래의 부품값으로 되돌려서 처음의 느린 속도로 회로를 동작시켜보자. 그런 다음 그 회로의 출력으로 0.01μF 커패시터를 사용해서 음향 주파수를 생성하도록 브레드보드 아래쪽에 복제한 회로를 구동시킬 수 있다. 이를 나타낸 것이 그림 2-120으로 이 프로젝트에서 원래 구현했던 부분은 회색으로 나타냈으며 음향 관련 회로는 아래쪽에 나타냈다.

A라고 표시된 빨간색 전선을 재배치해서 회로의 아랫부분이 위쪽 회로의 출력으로부터 전력을 얻을 수 있도록 했다. B라고 표시된 빨간색과 파란색 전선은 브레드보드의 버스에 존재할 수 있는 단절된 부분을 연결해주기 위해 추가했다.

이 회로의 아랫부분에 0.01μ 이하의 커패시터를 사용한다.

회로의 아랫부분이 더 빨리 스위칭하도록 윗부분에서 커패시터나 저항값을 바꾼다면 어떤 일이 일어날까?

회로의 여러 곳(회로 위쪽이나 아래쪽)을 선택해 각 지점과 접지 사이에 220μF 커패시터를 위치시키면 어떤 일이 일어날까? 어떻게 해도 부품을 손상시킬 위험이 없으니 마음 편히 실험해보자.

다른 선택지는 그림 2-116에서 만든 빛의 '처리된 펄스' 부분으로 돌아가서 부품이 물리적으

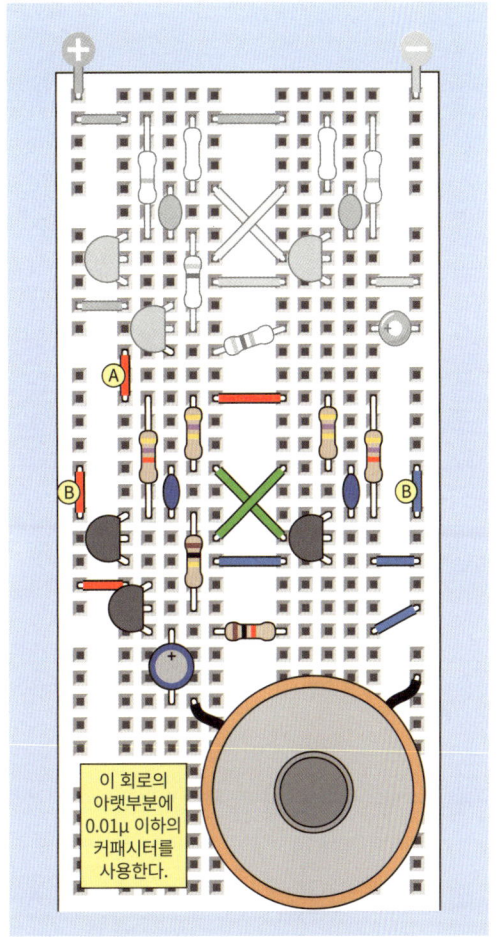

그림 2-120 회로의 음향 관련 구역을 구동시키기 위해 느리게 동작하는 복제 회로를 사용해서 변동하는 전력을 제공한다.

로 연결되는 방법을 바꾸는 것이다. 부품을 브레드보드에서 제거해서 몸에 착용할 수 있는 작은 물체에 다시 연결할 수도 있다.

이 방법은 실험 14에서 보여줄 것이다. 물론 이 과정에서 납땜이 필요하지만 부품을 납땜하는 법은 다음에 나올 실험 12에서 알려주겠다.

배경지식: 스피커 설치하기

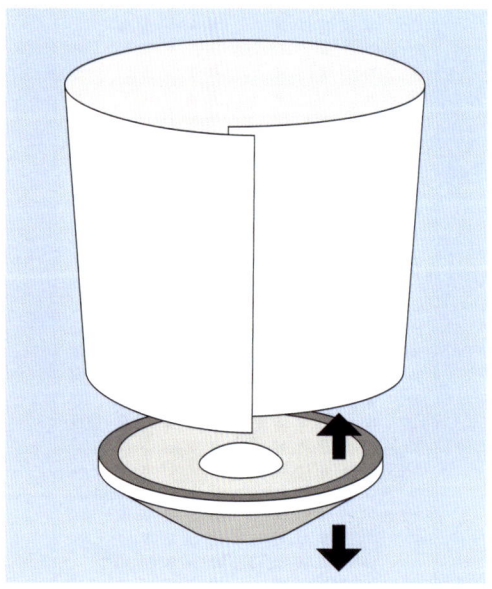

그림 2-121 종이나 판지를 말아서 사용하면 스피커에서 나오는 음량을 키울 수 있다.

'콘(cone)'이라고도 불리는 스피커의 '진동판(diaphragm)'은 소리를 퍼뜨리기 위해 고안되었다. 그러나 진동판은 위아래로 진동하면서 앞쪽뿐 아니라 뒤쪽에서도 소리를 낸다. 이렇게 앞뒤로 나가는 소리는 위상이 반대이기 때문에 서로 만나면 상쇄되는 경향이 있다.

인식할 수 있는 스피커의 출력을 아주 크게 키우려면 앞부분의 출력을 집중시킬 수 있는 뿔 모양의 튜브를 추가하면 된다. 2.5cm의 소형 스피커라면 그림 2-121처럼 커다란 메모지를 말아서 스피커 주변에 테이프로 붙일 수 있다.

그러나 더 좋은 방법은 구멍을 뚫은 상자 안에 스피커의 소리가 앞쪽으로 퍼져 나오도록 스피커를 설치하는 한편 상자 뒷면은 막아서 뒤쪽으로 나가는 소리는 흡수되도록 하는 것이다.

좀 더 진지한 작업을 해보자 03

3장에서는 지금까지 배운 내용을 앞에서 얘기한 프로젝트에 실제로 적용해보려고 한다. 이 장에서는 실험 11에서 언급한 '밝아졌다 흐려졌다 하는 빛' 프로젝트를 수정해서 몸에 착용할 수 있는 장치를 만드는 방법을 살펴보고 경보기의 초기 개발 과정을 배워본다. 이후의 내용을 좀 더 살펴보자면 4장에서는 집적회로 칩의 세계로 들어가볼 것이다.

아래에 설명한 공구, 장비, 부품, 물품은 앞에서 추천한 품목과 함께 실험 12~15에서 유용하게 쓰인다.

3장에 필요한 항목

앞에서 말했듯이 공구와 장비를 구매할 때 구매 목록은 409페이지의 '공구와 장비 구매하기'를 참조한다. 부품과 물품이 포함된 키트를 구매하려면 389페이지의 '키트'를 참조한다. 부품과 물품을 인터넷에서 직접 구매하고 싶다면 400페이지의 '부품'을 참조한다.

필수: 전원 공급 장치

이 책의 모든 프로젝트에는 9볼트 전지를 계속해서 사용할 수 있지만 'AC 어댑터'를 사용하는 것이 훨씬 편하기 때문에 여기서부터는 필수 장비로 분류한다. 더 많은 전력을 소모하는 회로를 만들기 시작하면 AC 어댑터를 사용하는 쪽이 전지를 구입하는 것보다 비용 면에서도 저렴하다.

가정용 콘센트로부터 AC 전류를 변환할 수 있는 방법은 3가지가 있다.

그림 3-1과 같은 '범용 어댑터(universal adapter)'는 가장 다양한 용도로 사용할 수 있으며 스위치 전환이 가능한 출력 범위를 제공한다. 보통 범용 어댑터에서 제공하는 전압에는 3V, 4.5V나 5V, 6V, 9V, 12V가 있다. 범용 어댑터는 보이스 레코더, 전화기, 미디어플레이어 같은 소형 장치에 전원을 공급할 때 사용하는 것이 일반적이다. 범용 어댑터를 사용하면 완벽하게 매끄럽거나 정확한 DC 출력을 전달할 수 없을 수 있지만, 커패시터 2개를 이용해 출력을 균등하게 만들 수 있다. 이에 대해서는 어댑터를 사용하는 프로젝트에서 설명할 것이다.

그림 3-1 이 AC 어댑터는 벽의 콘센트에 연결한 뒤 작은 스위치를 움직여 DC를 선택할 수 있다.

범용 어댑터 대신 그림 3-2처럼 9VDC '한 가지 전압'을 전달하는 AC 어댑터를 구입할 수도 있다. 5V를 필요로 하는 디지털 논리 칩을 사용하기 시작하면 '전압조정기(voltage regulator)'라는 작고 저렴한 부품을 사용해서 9V 전압을 변환할 수 있다(전압조정기는 9V 전지에서 나오는 전압으로 작동시킬 수도 있다).

그림 3-2 9V의 고정 DC 출력을 제공하는 AC 어댑터.

세 번째 선택지는 돈을 훨씬 많이 투자해서 0V~+15V, 0V~-15V의 가변 DC 출력에 5V의 고정 출력을 추가로 제공하는 제대로 된 '벤치탑 전원 공급 장치(benchtop power supply)'를 구입하는 것이다. 게다가 이런 장치에는 상자의 윗면에 편의를 위해 브레드보드가 몇 개 부착되어 있다. 전자부품의 세상에 계속 발을 담그고 살 생각이라면 당연히 구매했을 때 아주 유용하게 사용하겠지만 아직 그 정도까지 생각하지 않을 수도 있다.

범용 어댑터를 구매하려면 401페이지의 '기타 부품'에서 3장에 해당하는 부분을 찾아보면 부품 검색 방법을 확인할 수 있다.

어떤 유형의 어댑터를 구입하든 다음과 같은 특성을 갖추고 있다.

- 출력은 AC가 아닌 DC여야 한다. 거의 모든 AC 어댑터의 출력이 DC지만 그렇지 않은 제품도 있기는 하다.
- 출력은 최소 500mA여야 한다(0.5A로 쓸 수도 있다).
- DC 전력 출력선의 끝에 어떤 플러그가 달려 있는지는 중요하지 않다. 어차피 잘라내버릴 것이다.
- 같은 이유로 범용 어댑터에서 출력 플러그를 변환할 수 있더라도 어차피 사용하지 않을 것이기 때문에 어떤 유형인지 걱정하지 않아도 된다.
- 아주 저렴한 AC 어댑터는 한도까지 전류를 끌어다 쓰면 그 결과를 신뢰하기 어려울 수도 있다. 미국이라면 미국보험협회 안전시험소(Underwriters Laboratories)로부터 인증받았음을 나타내는 UL 마크를 확인하자.

필수: 저전력 납땜인두

브레드보드는 회로의 동작을 이해할 수 있도록 회로를 빨리 구현하는 데 꼭 필요하지만, 반면에 '납땜인두(soldering iron)'는 보관하고 싶은 회로에 영구적인 전기 연결을 만드는 데 필수다. 납땜인두는 '땜납(solder)'이라고 부르는 합금으로 만든 얇은 전선을 녹여서 연결하고 싶은 구리 전선이나 부품 주변에 금속 방울을 만든다. 땜납이 식으면 접합 부위가 지속된다.

반드시 납땜인두를 사야 할 필요는 없다. 이 책의 모든 프로젝트는 브레드보드를 활용해서 완성할 수 있다. 그러나 두고 사용할 무언가를 만드는 데에는 특별한 즐거움을 제공하는 납땜도 꽤 유용한 기술이다. 이러한 이유로 납땜인두를 '필수'로 분류했다.

개인적으로는 과열에 취약한 소형 부품을 연결할 때 사용하는 저전력 납땜인두와 무게가 있는 작업에 사용하는 일반 납땜인두(바로 아래에 설명하겠다)를 추가로 준비하는 쪽을 추천한다. 어떤 사람들은 자동 온도 제어 납땜인두 하나만 사용하는 쪽을 선호하지만 너무 작으면 가끔씩 필요한 열용량을 제공하지 못하고 중간 크기라면 섬세한 작업을 하기가 쉽지 않다. 게다가 자동 온도 제어 납땜인두는 가격이 비싸다.

저전력 납땜인두의 정격 전력은 15W여야 하며 크기가 작을수록 다루기 쉽다. 새로 깎은 연필처럼 끝부분으로 갈수록 점점 가늘어지되 끝은 둥글어야 한다. 끝부분이 도금된 쪽이 선호되지만 제조사가 도금 여부를 명시하지 않을 수 있다. 그림 3-3은 많이 사용되는 15W 납땜인두다. 열로 변색되기는 했지만 그로 인한 기능 저하는 없다.

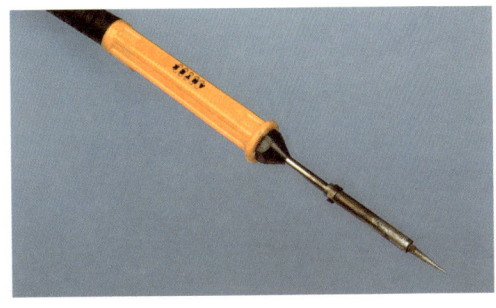

그림 3-3 정밀 전자부품을 사용하는 작업용으로 설계된 저전력 납땜인두.

필수: 일반 납땜인두

15W 납땜인두는 열용량이 제한되어 있기 때문에 단자 달린 커다란 스위치같이 상당한 전류를 처리하도록 설계된 부품을 두꺼운 전선에 연결하고 싶을 때는 15W의 열용량만으로 충분하지 않다. 단자는 열을 아주 빠르게 흡수해 저전력 납땜인두는 땜납을 녹일 수 있을 정도의 온도를 발생시키지 못한다. 실제 크기의 가변저항에 전선을 납땜하려 할 때도 비슷한 상황이 벌어질 수 있다.

이런 경우 30~40W의 납땜인두가 필요하다. 이 책에 나오는 대부분의 프로젝트에는 이 정도의 납땜인두가 필요하지 않지만 처음 납땜 연결을 만들 때 이 납땜인두를 사용할 것을 권한다. 열용량이 클수록 연결을 만들기가 쉽기 때문이다. 보통 30W 납땜인두는 15W 제품보다 저렴하며 상대적으로 추가 비용도 적게 든다. 끝부분이 끌 모양으로 된 제품은 열 전달력이 더 좋으며 용량이 큰 납땜인두는 섬세한 작업에 사용하지 않을 것이기 때문에 끝이 뾰족할 필요가 없다.

납땜인두 관련 용어

일부 납땜인두에는 '납 흡입기(desoldering pump)'가 내장되어 있어서 잘못된 납땜 연결을 제거하는 데 도움이 된다. 납 흡입기는 손가락으로 눌렀다 떼면 인두의 끝부분으로 공기를 조금 빨아들이는 장치이지만 그다지 잘 동작하는 것 같지는 않다. 이런 기능은 30W 인두에만 있고, 대부분의 전자부품 응용에서 사용하기에는 지나치게 강력하다.

납땜인두의 제품 설명서에는 '용접'이라는 용어가 등장하기도 하지만 정확한 의미를 설명한 것이 아니기 때문에 무시해도 괜찮다. 납땜인두는 일반적인 의미에서 봤을 때 용접용으로 사용하지 않는다.

어떤 납땜인두는 작은 부품을 고정할 수 있는 '보조 도구'가 함께 들어 있는 경우도 있다. 이러한 제품은 별도로 구매하는 것보다 저렴하기 때문에 구매를 고려해볼 만하다. 보조 도구는 아래에서 설명한다.

납땜인두가 납땜용 땜납이 포함된 상태로 판매되더라도 '수지 성분(rosin core)'[1]이 포함된 전기용 땜납이라고 표기되어 있지 않으면 사용하지 않는다.

납땜인두 중에는 '펜 타입'이 많다. 이 용어는 15W나 30W 납땜인두에 모두 사용할 수 있기 때문에 그 자체로는 대단한 정보를 얻을 수 없다.

그러나 펜 타입의 납땜인두는 외형부터 그림 3-4의 웰러(Weller) 서마-부스트(Therma-Boost) 같은 '권총형'과 다르다. 이런 손잡이가 달린 제품의 인체 공학적인 면을 좋아하는 사람도 있지만, 서마-부스트의 경우 빠른 시작(quick starter) 기능이 있어서 온도가 작동 온도까지 올라가는 데 1분도 안 걸리기 때문에 성격이 급한 사람이 사용하기에 적합하다. 그러나 권총형 인두는 모두 30W급 이상이고 보통 펜 타입보다 대체로 비싸다.

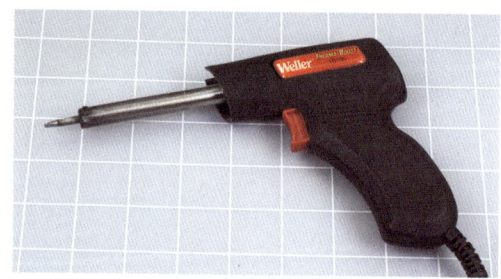

그림 3-4 웰러의 서마-부스트 30W 납땜인두는 두꺼운 전선과 큰 부품을 사용해서 작업할 때 유용하다.

필수: 보조 도구

'보조 도구'[2]에는 땜납을 연결할 때 부품이나 전선 조각을 정확히 제 위치에 고정할 수 있도록 악어 클립이 2개 있다. 보조 도구 중에는 확대경이나 납땜인두를 놓아둘 수 있도록 전선을 스프링 모양으로 꼬아둔 인두 스탠드, 인두의 끝부분이 더러워졌을 때 이를 닦을 수 있는 작은 스펀지 등도 있다. 이러한 추가 장치들은 반드시 필요하지는 않지만 있으면 좋다. 그림 3-5를 참조하자.

---

1 보통 플럭스(flux, 용제)라고 부른다.

2 국내에서는 흔히 'PCB 작업대'라고 한다.

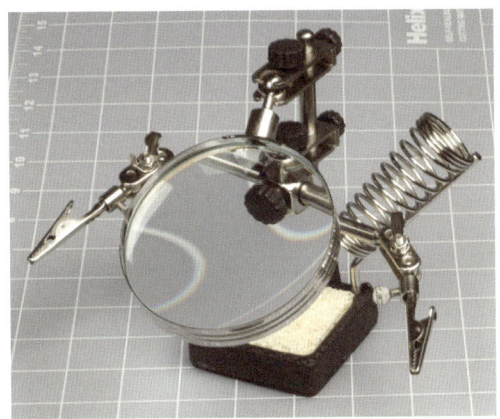

그림 3-5 추가 장치들이 부착된 보조 도구.

필수: 확대경

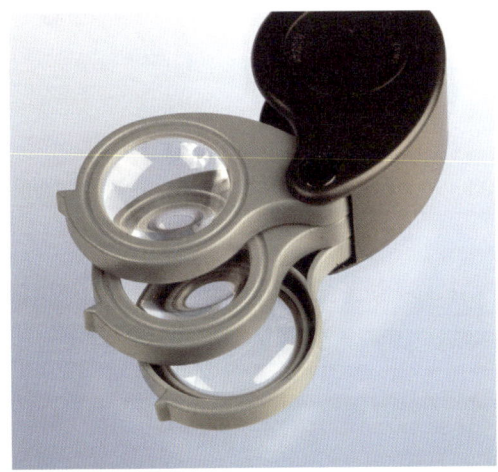

그림 3-6 소형 확대경은 납땜 연결을 확인하는 데 반드시 필요하다.

쓸모가 없다. 그림 3-7의 접이식 렌즈는 작업대 위에 세워둘 수 있어서 두 손을 모두 사용해야 할 때 편리하다. 두 제품 모두 취미용품 판매상, 또는 이베이나 아마존 같은 온라인 쇼핑몰에서 구입할 수 있다. 플라스틱 렌즈는 조심해서 다룬다면 사용할 만하다.

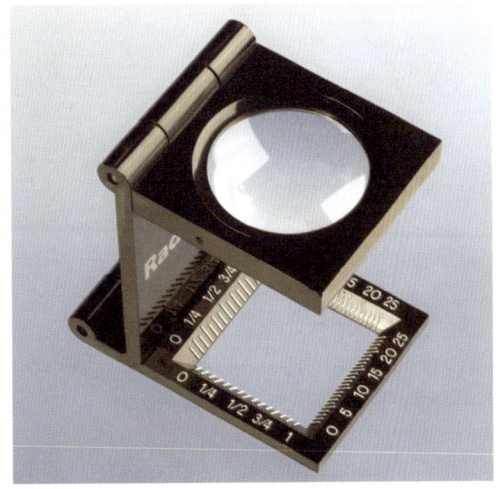

그림 3-7 이런 유형의 접이식 렌즈는 책상 위에 세워둘 수 있다.

선택: 클립이 달린 테스트 리드

앞의 실험에서 탐침 하나를 테스트 리드의 악어 클립으로 고정시켜두고 리드의 다른 쪽 끝의 악어 클립으로는 부품이나 전선을 고정할 수 있음을 알 수 있었다.

이보다 더 쉬운 방법은 물건을 집을 수 있도록 끝부분에 스프링이 들어간, '소형 갈고리'가 한 쌍 달린 탐침을 구입하는 것이다. 포모나(Pomona) 모델 6244-48-0(그림 3-8)이 바로 이런 유형이다. 그러나 이런 제품은 상대적으로 비싸다.

시력이 아무리 좋더라도 만능기판의 납땜 연결을 확인하려면 소형 확대경이 반드시 필요하다. 그림 3-6처럼 확대경이 3개인 제품은 눈에 가까이 갖다 대도록 만들어졌으며, 보조 도구에 부착된 큰 확대경보다 성능이 좋다. 후자는 그다지

그림 3-9처럼 끝부분에 소형 악어 클립이 달린 계측용 전선을 사용할 수도 있다. 보통은 이런 유형이 제일 저렴하다. 아니면 테스트 리드를 앞에서 말한 방식대로 계속 사용할 수도 있다.

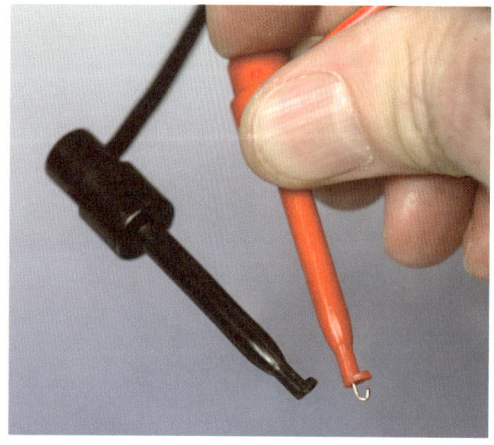

그림 3-8 계측용 전선에 달린 이러한 '소형 갈고리'는 전선이나 부품 단자를 고정한다.

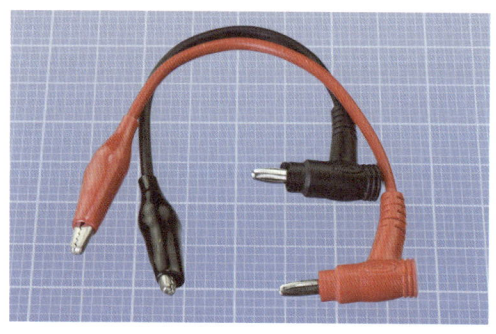

그림 3-9 양쪽 끝에 소형 악어 클립이 달린 계측용 전선.

선택: 히트건

두 전선을 땜납으로 연결할 때 전선을 절연해야 하는 경우가 종종 있다. 이때 전기 테이프(또는 절연 테이프)를 사용할 수 있지만 벗겨지기 쉽다. 더 나은 방법은 열 수축 튜브(heat-shrink tube)[3]를 사용하는 것이다. 열 수축 튜브는 드러난 금속 접합 부위에 안전하고 영구적인 덮개를 만들 수 있다. 튜브를 수축시키려면 아주 강력한 헤어드라이어처럼 생긴 히트건을 사용한다(그림 3-10). 히트건은 공구점에서 구매할 수 있으니, 가장 저렴한 제품으로 선택하자.

그림 3-10 히트건을 열 수축 튜브에 사용하면 드러난 전선에 꼭 맞는 크기의 절연 덮개를 만들 수 있다.

정밀한 작업을 할 때는 그림 3-11과 같은 소형 히트건이 더 나을 수 있다.

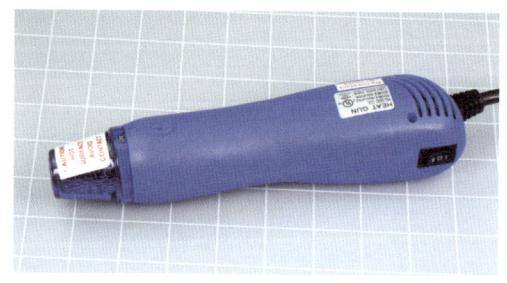

그림 3-11 소형 히트건은 큰 히트건보다 다루기가 조금 수월하다.

---

3   보통은 그냥 '수축 튜브'라고 한다.

선택: 땜납 제거 장치

'땜납 흡입기(desoldering pump)'는 뜨겁게 녹은 땜납을 흡입하는 장비로 잘못된 곳에 만든 땜납 연결을 제거하는 데 사용한다(그림 3-12). 일부 독자들은 땜납 흡입기가 선택이 아니라 필수라고 주장하지만 취향의 문제다. 나는 개인적으로 납땜 실수를 했을 때 잘라내고 다시 하는 쪽을 선호한다.

'솔더윅(desoldering wick)'은 '땜납 제거용 끈(desolodering braid)'이라고도 하며 땜납 흡입기와 같이 접합 부위의 땜납을 흡수시키는 데 사용된다. 그림 3-13을 참조한다.

선택: 인두 스탠드

사용하지 않는 뜨거운 인두는 부엌칼을 식기 선반에 놓아두는 것처럼 스탠드에 올려둔다. 그림 3-14를 참조하자. 스탠드에 돈을 들이고 싶지 않다면 강철 전기 도관이나 오래된 빈 깡통을 나무 조각에 고정시켜서 대신 사용할 수 있다. 인두를 작업대 모서리에 그냥 걸쳐둘 수 있을지도 모르지만 그때는 떨어뜨리지 않도록 아주, 아주 조심해야 한다(난 해봤으니 어떻게 될지도 잘 안다). 인두가 바닥으로 떨어질 때(그렇다, 떨어지면이 아니다. 100퍼센트 떨어진다.) 합성 카펫이나 플

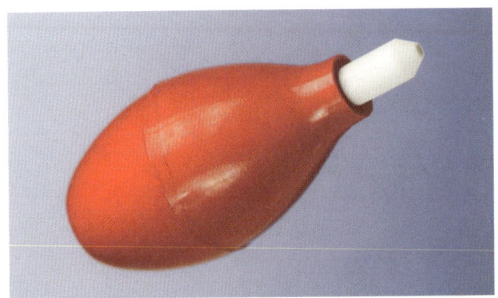

그림 3-12 꾹 누를 수 있도록 만들어진 둥근 고무 부분 안으로 녹은 땜납을 빨아들여 땜납 연결을 제거할 수 있다.[4]

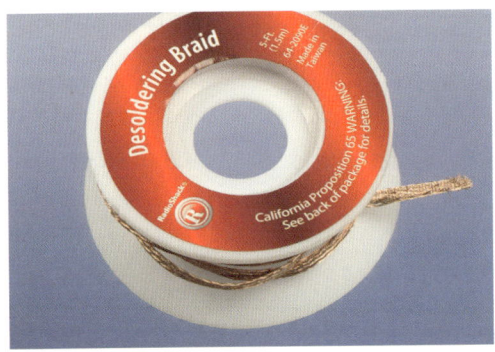

그림 3-13 녹인 땜납을 제거할 때는 이런 구리 끈으로 흡수시키는 방법도 있다.

그림 3-14 뜨겁게 달궈진 인두를 세워둘 수 있는 안전하고 단순한 스탠드. 노란 스펀지 부분을 물로 적셔두면 인두의 끝부분을 닦는 데 유용하다.

---

[4] 국내에서는 이런 형태보다는 펜 모양의 땜납 흡입기를 많이 사용한다.

라스틱 바닥 타일을 녹인다. 이런 사실을 알고 인두가 떨어지는 것을 보고 잡아보려 할 수도 있다. 그렇지만 뜨거운 쪽을 맨손으로 잡는다면 결국 인두를 놓칠 것이고 어차피 그럴 거면 손을 데는 중간 과정 없이 그냥 인두를 바닥에 떨어뜨리는 편이 낫다.

그렇게 생각하면 인두 스탠드는 필수로 준비해야 할지도 모르겠다.

선택: 소형 줄톱

곧 전자부품 프로젝트를 완성하게 될 텐데 완성된 프로젝트를 괜찮아 보이는 상자에 설치하고 싶을 것이다. 이를 위해서는 얇은 플라스틱을 자르고 모양을 내고 다듬는 도구가 필요할 수 있다. 예를 들어 정사각형 구멍을 뚫어서 그곳에 정사각형 모양의 전원 스위치를 설치하고 싶을 수 있다.

전동 공구들은 이러한 섬세한 작업에는 좀 지나친 면이 있다. 고정할 물건을 다듬기에는 소형 줄톱(다시 말해 '취미용 톱')만 한 게 없다. 엑스-액토(X-Acto)는 다양한 소형 줄톱 날을 생산한다. 그림 3-15를 참조하자.

선택: 디버링 도구

디버링 도구(deburring tool)를 사용하면 거칠게 톱질한 플라스틱이나 알루미늄 모서리를 즉시 매끈하게 다듬고 경사면을 만들 수 있으며 구멍을 조금 키울 수도 있다.

디버링 도구는 인치 단위로 제조된 부품이 미

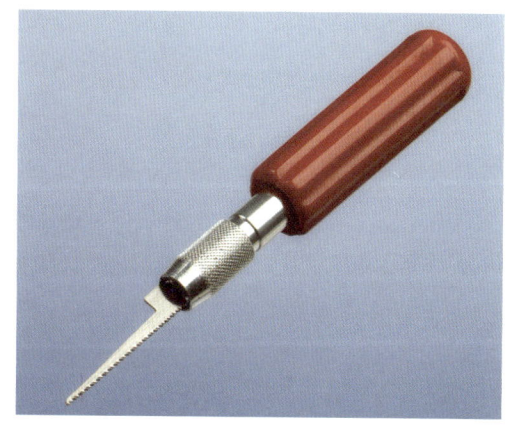

그림 3-15 플라스틱 상자에 부품을 설치할 작은 구멍을 뚫는 데 유용하게 사용할 수 있다.

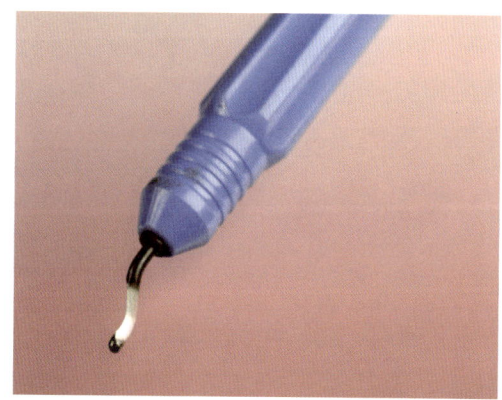

그림 3-16 디버링 도구.

터 단위에 맞춰 뚫어놓은 구멍과 맞지 않을 수 있기 때문에 필요할 수 있다. 그림 3-16을 참조하자.

선택: 캘리퍼스

캘리퍼스(calipers)는 비싸 보일 수도 있지만 (스위치나 가변저항의 나사산 같이) 둥근 물체의 외부 직경이나 (스위치나 가변저항을 넣을) 구멍의 내부 직경을 측정하는 데 아주 유용하다. 그림 3-17을 참조한다. 원형 건전지를 이용해서 디지털로 출력되는 캘리퍼스라면 미터와 인치 단위를 변환할 수도 있다.

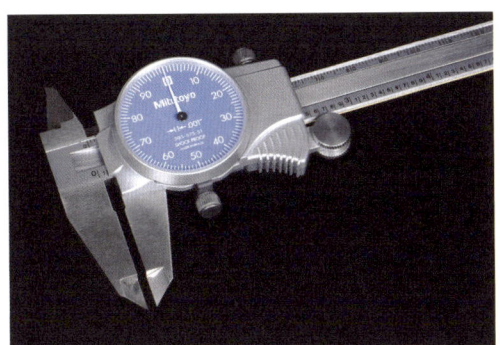

그림 3-17 내부와 외부 직경을 측정할 수 있는 캘리퍼스.

물품

앞에서 언급한 공구 중 다수는 선택할 수 있는 반면 물품은 필수인 때가 많다. 장치를 두고두고 사용할 수 있는 형태로 만들고 싶다는 생각이 절대 들지 않을 거라 확신한다면 구매하지 않아도 좋다. 오래 두고 사용할 수 있는 영구적인 장치를 만들기 위해 도구와 물품을 사려면 비용이 케이블 TV 한 달 시청료만큼은 들 것이다. 그렇지만 투자할 만한 가치가 있다고 생각한다.

필수: 땜납

땜납은 녹여서 영구적으로 부품들을 연결하는 데 사용한다(그러기를 바란다). 초소형 부품을 위해 직경 0.02~0.04인치(0.5~1mm)의 아주 얇은 땜납을 준비하는 편이 좋다. 그림 3-18은 땜납의 두께 범위를 나타낸 것이다. 이 책의 프로젝트에는 최소한의 양(약 30g, 또는 약 100cm)이면 충분하다.

배관용이나 보석 장식 등을 만드는 공예용 땜납을 사지 않도록 주의한다. 제조사의 땜납 권장 용도에 '전자부품용'이라고 적힌 제품을 구매한다.

그림 3-18 다양한 굵기의 땜납이 감긴 원통.

납이 포함된 땜납을 사용하는 데 약간의 논란이 있다. 숙련된 기계 기술자의 말에 따르면 이런 구형의 땜납을 사용하는 편이 낮은 온도에서 더 쉽게 더 나은 연결을 만들 수 있으며, 자주 사용하지 않으면 건강상의 위험을 최소화할 수 있다고 한다. 또 납이 없는 땜납도 마찬가지로 나름의 문제가 있다고 한다. 수지가 더 많이 포함되어 있어서 연기가 더 많이 난다는 것이다. 이 문제에 대해 인터넷상에서 격렬한 논쟁이 벌어졌다. 'lead tin solder safety(납 주석 땜납 안전)'로 검색하면 확인할 수 있다.

나로서는 이 문제에 대해 판단을 내릴 전문

지식이 부족하다. 유럽연합에 살고 있다면 환경 보호를 이유로 납이 포함된 땜납은 사용할 수 없다.

분명한 사실은 수지 성분이 든 전자제품용 땜납이 필요하다는 것이다. 납이 든 제품을 사용할지 여부는 본인의 선택에 달렸다.

선택: 열 수축 튜브

앞에서 설명한 대로 히트건과 함께 사용한다. 원하는 색상으로 사되 다양한 크기의 튜브를 사면 좋다. 그림 3-19를 참조하자. 열 수축 튜브를 납땜 접합 부위에 두고 히트건으로 열을 가한다. 접합 부위 주변의 튜브가 수축되면서 그 부분을 절연시킨다. 수축된 후의 직경은 보통 원래 직경의 절반쯤 되지만 그보다 수축률이 더 높은 튜브도 있다. 재료가 다르면 절연, 마찰 저항(abrasion resistance) 등의 요인과 관련된 특징도 다르다. 맥마스터-카(McMaster-Carr)는 놀라울 정도로 다양한 열 수축 튜브를 판매하며 여러 성질에 대한 자세한 정보도 함께 제공한다. 이 책에서는

그림 3-19 다양한 열 수축 튜브.

240V 이상의 전압용이기만 하면 가장 저렴한 제품으로도 충분하다. 대여섯 가지 직경의 다양한 튜브가 담긴 꾸러미나 상자 하나면 충분하다. 큰 것보다는 작은 것을 사용할 일이 더 많다.

필수: 구리 악어 클립

구리 악어 클립은 섬세한 부품을 납땜할 때 열을 흡수해준다. 구리 도금된 강철 클립에 속지 않도록 한다. 순동으로 만들어진 유형을 골라야 한다. 무한히 재사용할 수 있으니 수량이 가장 작은 걸로 구매하자. 두 개면 충분하다.

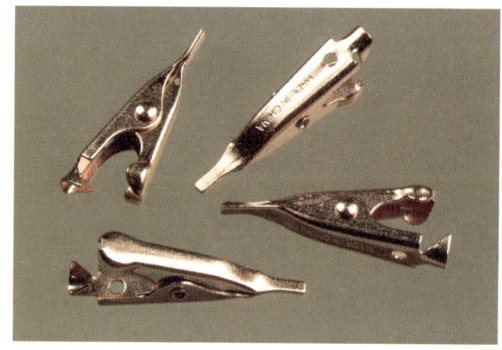

그림 3-20 이런 소형 구리 클립은 부품을 납땜할 때 열을 흡수해서 부품을 보호한다.

선택: 만능기판

회로를 브레드보드에서 좀 더 영구적인 곳으로 옮길 준비가 되었다면 만능기판(perforated board, perf board, prototyping board 모두 만능기판을 의미한다)에 부품을 납땜해보자.

만능기판의 뒷면에 도금된 구리 조각이 브레드보드 내부에 숨겨진 연결 형태와 똑같이 배치되어 있는 유형이 가장 사용하기 쉽다. 이런 유

형을 사용하면 만능기판에 부품을 옮길 때 배치를 똑같이 유지할 수 있어서 오류를 줄일 수 있다. 그림 3-21을 참조하자. 일단은 하나만 구매해본다.

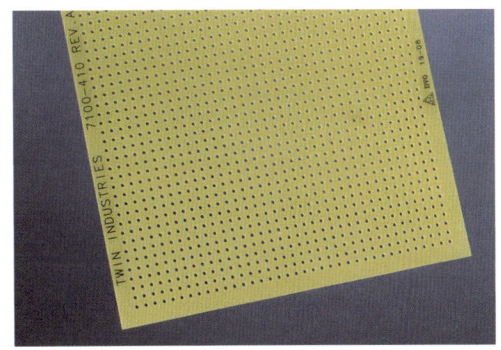

그림 3-22 점대점 배선에 사용하는 아무것도 없는 만능기판(구리 조각이 없다).

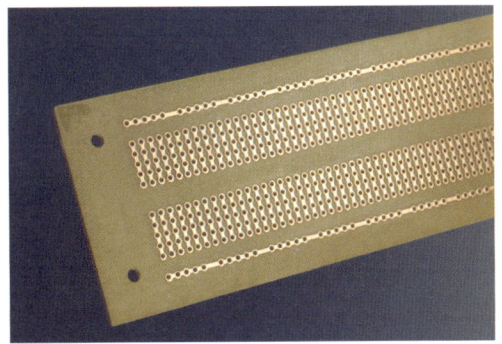

그림 3-21 만능기판에는 브레드보드 내부의 연결 형태와 똑같이 구리 조각이 배열되어 있다.

브레드보드의 부품 배열을 사용하면 공간 대비 효율이 그다지 좋지 않다는 단점이 있다. 회로를 최소 크기로 압축하기 위해서는 아무것도 없는 만능기판에 점대점(point-to-point) 배선 방식을 시도해볼 수 있다. 이 방법은 실험 14에서 설명하겠다. 작은 기판이면 충분하지만 큰 기판을 샀을 경우 원하는 만큼 잘라서 사용할 수 있다. 그림 3-22를 참조하자.

또는 구리 조각의 배치가 완전히 다른 만능기판을 사용할 수도 있다. 예를 들어 '컷보드(cut-board)'에는 금속 조각들이 평행으로 배열되어 있으며, 이 중에서 연결을 끊고 싶은 곳을 칼로 잘라낼 수 있는 것이 특징이다. 납땜을 많이 하는 사람이라면 선호하는 기판 구성 유형이 있겠지만 여러 선택지를 살펴보기에 앞서 납땜 과정에 먼저 익숙해지도록 하자.

선택: 합판

납땜인두를 사용할 때 탁자나 작업대 위로 뜨거운 땜납이 떨어질 수 있다. 땜납은 거의 즉시 굳고 제거하기가 어려울 수 있는 데다가 제거하더라도 자국이 남는다. 보호를 위해 두께 약 1cm, 가로세로가 각각 약 60cm인 정사각형 합판을 잘라서 일회용으로 사용할 수 있다. 대형 공구점에서 잘라둔 합판을 구매할 수도 있다.

선택: 나사

패널 뒷부분에 부품을 부착하려면 작은 '나사(machine screw)'가 필요하다('볼트'라고 부르는 일이 더 많다). 패널과의 접합 부위가 두드러지지 않을 정도로 나사가 구멍에 완전히 들어가는 쪽이 보기에 좋다. 스테인리스강으로 만들어진 1.2cm와 1cm 길이, 4번 크기 나사와 나일론 삽입제를 사용해서 헐거워지지 않는 4번 크기 잠김 너트(locknut)를 추천한다.

필수: 프로젝트용 상자

덮개를 열 수 있는 프로젝트용 상자는 보통 플라스틱으로 만들어진 조그만 상자를 말한다. 이름에서 알 수 있듯이 안에 전자부품 프로젝트를 보관하는 용도로 사용된다. 덮개에 구멍을 뚫은 뒤 스위치와 가변저항, LED를 설치하고 만능기판에 회로를 연결한 후 상자 안에 넣는다. 프로젝트용 상자는 소형 스피커를 넣어두는 용도로 사용할 수 있다. 실험 15의 경보기 프로젝트에서는 가로 약 15cm, 세로 약 8cm, 높이 약 5cm의 상자를 사용할 수 있다.

필수: 전원 커넥터

프로젝트를 완성해서 상자에 넣고 나면 쉽게 회로에 전원을 연결할 수 있는 방법이 필요하다. 그림 3-23의 사진과 같은 저전압 DC용 플러그와 소켓을 쌍으로 구매할 수 있다. 정확한 명칭은 '배럴 플러그(barrel plus)'와 '배럴 소켓(barrel socket)'이지만 '6VDC 플러그'나 '6VDC 소켓'이라고 해도 구할 수 있다. 플러그와 소켓은 다양한 크기로 판매되는데 커넥터와 같기만 하면 크기는 중요하지 않다.

그림 3-23 오른쪽의 소켓은 프로젝트용 상자에 설치해서 AC 어댑터와 전선으로 연결된 왼쪽의 플러그로부터 전기를 공급받는다.

선택: 헤더핀

만능기판에 회로를 납땜하고 나면 기판에 별도의 스위치나 푸시버튼을 연결해야 한다. 기판의 오류를 고쳐야 할 경우를 대비해서 플러그를 뽑을 수 있는 연결이 좋다. '일렬로 붙어 있는 헤더 소켓과 헤더핀(single inline socket and header)'이나 '기판에 부착하는 헤더소켓(boardmount socket)과 일렬로 된 헤더핀(pinstrip header)'이라고 불리기도 하는 작은 연결 부품은 헤더핀이 36개 이상이며 원하는 만큼 잘라서 사용할 수 있다.

그림 3-24는 작은 부분으로 잘라내기 전과 후의 헤더를 보여준다. 연결 부품 단자들의 간격이 0.1인치(0.25cm)만큼 떨어져 있어서 만능기판과 일치하는지 확인한다(일부 부품은 미터법으로 표시되어 있기도 하다).

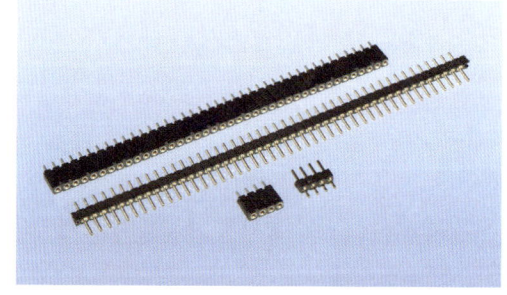

그림 3-24 소형 연결 부품을 흔히 '헤더'라고 부른다.

부품

다시 한 번 말하지만 부품 키트를 구매할 수도 있다. 389페이지의 '키트'를 참조한다. 부품을 인터넷에서 직접 구입하고 싶다면 400페이지의 '부품'을 참조한다. 2장 시작에서 언급한 부품(57

페이지의 '부품' 참조) 외에도 다음의 부품이 필요하다.

다이오드

다이오드는 전류를 한 방향으로는 통과시키고 다른 방향으로는 차단한다. 다이오드의 음극을 '캐소드(cathode)'라고 한다. 그림 3-25에서 캐소드는 선으로 표시된다. 이 사진의 오른쪽은 1N4001 다이오드로 왼쪽의 1N4148 다이오드보다 정격 전류가 조금 더 높다. 둘 다 값이 저렴하고 이후에 자주 사용되므로 각각 10개 구입하자. 제조사는 관계없다.

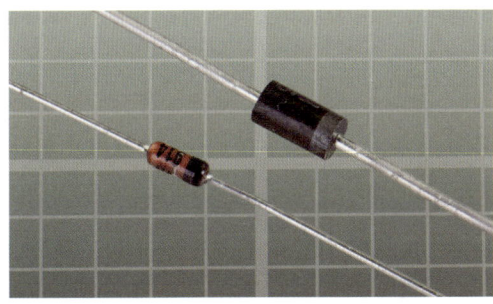

그림 3-25 다이오드 2개. 음극인 쪽에 표시가 되어 있다.

실험 12: 두 전선을 연결해보자

지금까지 설명한 모든 것들을 사용할 준비가 되었다. 처음 사용해볼 것은 납땜인두다.

납땜에 익숙해지기 위한 탐험은 한 전선을 다른 전선과 연결하는 따분한 일로부터 시작하지만 곧 만능기판에 완벽한 전자회로를 만들 수 있게 될 것이다. 그러면 시작해보자!

실험 준비물

- 연결용 전선, 니퍼, 와이어 스트리퍼
- 30W 또는 40W 납땜인두
- 15W 납땜인두
- 얇은 땜납
- 선택: 중간 땜납
- 작업을 고정시켜줄 보조 도구
- 선택: 다양한 수축 튜브
- 선택: 히트건
- 선택: 작업 공간에 땜납이 떨어지지 않도록 막아주는 무거운 판지나 합판 조각

주의: 땜납인두는 아주 뜨겁다!

다음과 같은 기본적인 주의사항을 명심한다.

납땜인두를 놓아둘 적절한 인두 스탠드를 사용한다(보조 도구에 포함된 스탠드 등). 인두를 작업대에 그냥 놓아두어서는 안 된다.

어린아이나 애완동물이 있는 집이라면 땜납인두의 전선을 가지고 놀거나 쥐거나 잡아챌 수도 있다는 점을 명심하자. 아이나 애완동물이 (아니면 여러분이) 상처를 입을 수 있다.

인두의 뜨거운 끝부분을 인두에 전기를 공급하는 전원 코드 쪽에 놓아두지 않도록 주의하자. 순식간에 피복이 녹아서 끔찍한 합선이 일어날 수 있다.

인두를 떨어뜨렸을 때 영웅 흉내를 내며 잡으려 드는 것은 금물이다.

대부분의 인두에는 전원이 들어와 있음을 알려주는 경고등이 달려 있지 않다. 전원이 들어와 있지 않더라도 언제나 인두가 뜨겁다고 생각하는 편이 낫다. 생각보다 오랫동안 열을 유지하기 때문에 여열로도 충분히 화상을 입을 수 있다.

처음으로 하는 납땜

30W 또는 40W의 일반 납땜인두로 시작해보자. 전원을 연결하고 인두를 스탠드에 안전하게 놓아둔 채 5분 정도 다른 일을 한다. 충분히 달궈지기 전에 인두를 사용하면 땜납이 완전히 녹지 않은 상태일 수 있어 납땜 연결의 품질이 떨어진다.

22게이지 단선 연결용 전선 2개의 끝부분 피복을 벗기고 그림 3-26처럼 벗겨진 부분이 서로 교차되어 만나도록 보조 도구로 고정하자.

다면 인두가 아직 충분히 달궈지지 않았다는 뜻이다. 납땜인두의 끝부분이 더럽다면 깨끗이 해야 한다. 인두 스탠드에 든 스펀지에 물을 붓고 스펀지에 인두의 끝부분을 문지르는 것이 일반적인 절차다. 나는 개인적으로 이 방법을 좋아하지 않는데 인두 끝이 젖으면 열팽창과 수축이 발생해서 끝부분의 도금에 자잘한 균열이 생길 수 있기 때문이다. 나는 종이를 뭉친 뒤 종이가 타지 않도록 인두의 뜨거운 끝부분을 재빨리 문지른다. 그런 다음 끝부분이 균일하게 윤이 날 때까지 땜납을 조금 묻혀서 끝을 다시 닦아내는 과정을 반복한다.

납땜인두의 끝이 깨끗해졌으면 그림 3-27부터 그림 3-31까지의 단계를 따라 해보자.

1단계 인두의 달궈진 끝부분을 전선이 교차하는 곳에 천천히 갖다 대고 3초간 가열한다.

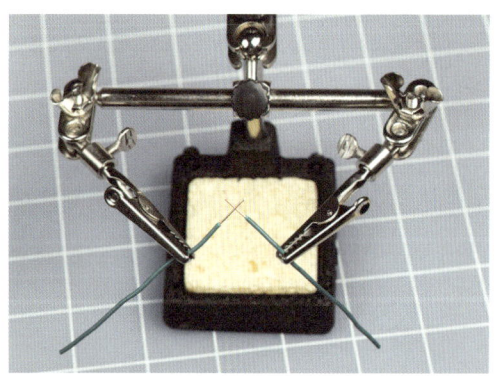

그림 3-26 첫 번째 납땜 탐험을 떠날 준비가 완료되었다.

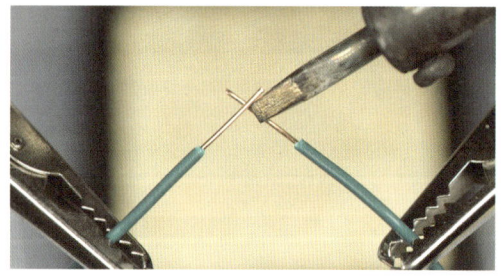

그림 3-27 1단계.

납땜인두가 준비되었는지 확인해보려면 얇은 땜납 조각을 인두의 끝부분에 갖다 대보자. 준비가 되었다면 땜납이 즉시 녹을 것이다. 천천히 녹는

2단계 인두는 같은 위치에 둔 채 전선이 교차하는 곳에 작은 땜납을 놓고 인두의 끝부분을 땜납에 갖다 댄다. 그러면 전선 2개, 땜납, 인두의 끝부분이 모두 한 점에서 만난다.

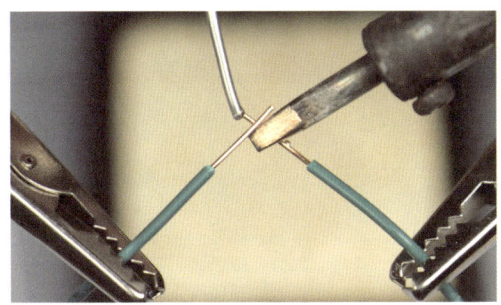

그림 3-28 2단계.

3단계 처음에는 땜납이 천천히 녹을 수 있다. 인내심을 가지자.

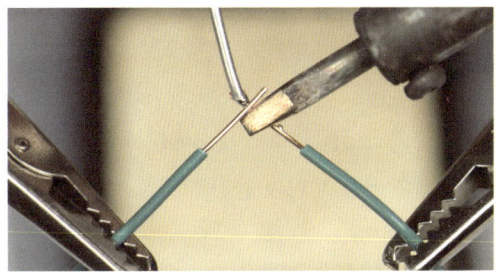

그림 3-29 3단계.

4단계 땜납이 둥글고 멋진 공 모양이 되는 것을 확인할 수 있다.

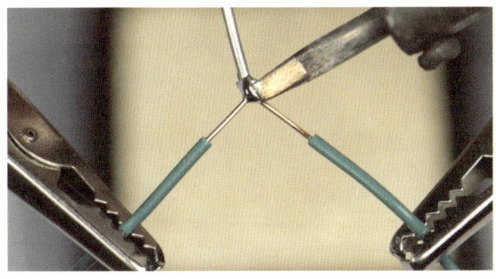

그림 3-30 4단계.

5단계 인두와 땜납을 치운다. 접합 부위가 식도록 입김을 분다. 10초 정도면 손으로 만질 수 있을 정도로 식는다. 완성된 접합 부위는 균일하고 반짝이는 둥근 모양이어야 한다.

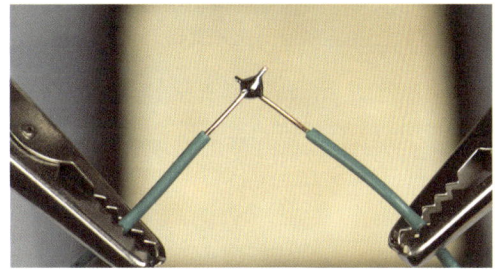

그림 3-31 5단계.

접합 부위가 식으면 전선을 빼내서 잡아당겨보자. 좀 세게 당겨봐라! 최선을 다했는데도 떨어지지 않는다면 두 전선은 전기적으로 연결되어 있으며 연결된 상태가 유지될 것이다. 제대로 연결하지 못했다면 상대적으로 쉽게 두 전선을 떼어낼 수 있다. 열이 충분하지 않았거나 땜납이 충분하지 않아서일 수 있다. 그림 3-32를 보면 어떤 느낌인지 대충 알 수 있다.

그림 3-32 제대로 되지 않은 납땜 연결(왼쪽)과 잘된 납땜 연결(오른쪽)을 구별하는 것은 실제로 그다지 어렵지 않다.

처음에 고출력 납땜인두를 사용하도록 권한 이유는 이쪽이 더 많은 열을 전달해서 사용이 쉽기 때문이다.

납땜 과정은 이렇게 요약할 수 있다. 전선에 열을 가하고, 열을 유지한 상태에서 땜납을 갖다 대고, 땜납이 녹기 시작할 때까지 기다렸다가, 땜납이 완전히 녹아서 구슬 모양이 될 때까지 조금 더 기다리고, 그런 다음 열을 제거한다. 전체 과정은 4~6초 정도 걸린다.

배경지식: 납땜에 대한 속설들

속설 1: 납땜은 아주 어렵다 수많은 사람들이 납땜하는 방법을 배웠지만 여러분보다 썩 잘하지는 않을 거다. 나는 평생을 손떨림으로 고생했고 그 탓에 조그만 것을 흔들림 없이 잡고 있기가 힘들다. 거기다 반복적이고 섬세한 작업은 못 견딘다. 그런 내가 부품을 납땜할 수 있다면 대부분의 사람도 가능할 거다.

속설 2: 납땜을 하면 독성이 있는 화학물질 때문에 건강을 해칠 수 있다 납땜 중에 나오는 가스를 흡입하는 건 피해야겠지만 이건 일상생활에서 사용하는 표백제와 페인트에도 마찬가지로 적용된다. 납땜을 사용하고 나서는 반드시 손을 씻어야 하며 그냥 씻는 것이 아니라 손톱 솔을 이용해서 철저하게 씻어야 한다. 그렇지만 납땜이 정말로 건강에 해롭다면 수십 년간 취미로 전자 장치를 만들어온 사람들의 사망률이 훨씬 높았을 것이다.

속설 3: 납땜인두는 위험하다 납땜인두는 셔츠를 다릴 때 사용하는 다리미보다 덜 위험하다. 납땜인두는 다리미만큼 가열되지 않는다. 솔직히 내 경험에 비추어보면 납땜은 일반 가정이나 지하 작업실에서 이루어지는 대부분의 활동보다 안전하다. 물론 그렇다고 해서 납땜할 때 조심하지 않아도 된다는 말은 아니다. 납땜인두가 뜨거울 때 닿으면 화상을 입을 수 있다.

배경지식: 납땜 시 저지를 수 있는 실수 8가지

충분히 가열되지 않은 경우 접합 부위가 눈으로 보기에는 괜찮아 보이지만 열이 충분히 가해지지 않았기 때문에 땜납이 제대로 녹지 않아서 내부 분자 구조가 재배열되지 않았다. 견고하고 균일한 방울 모양이 되지 못하고 입자 상태로 남아서 연결시킨 전선을 잡아당기면 분리되는 '접합 불량(dry joint)' 또는 '납땜 불량(cold)' 상태가 된다. 이런 경우 접합 부위에 완전히 열을 가해서 다시 납땜해야 한다.

땜납을 접합 부위로 가져가는 경우 땜납에 열이 충분히 가해지지 않은 주된 이유는 인두 위에서 땜납을 녹인 뒤 납땜하려는 곳으로 가져가기 때문이다. 이럴 경우 땜납을 전선에 가져다 댔을 때 전선은 차가운 상태 그대로다. 따라서 납땜인두로 먼저 전선을 가열한 뒤에 땜납을 가져다 대야 한다. 이렇게 하면 전선의 열도 땜납이 녹는 데 도움이 될 수 있다.

- 이것은 아주 보편적으로 일어나는 문제이기 때문에 다시 한 번 강조한다. 뜨거운 땜납을 차가운 전선에 가져다 대는 게 아니다. 차가운 땜납을 뜨거운 전선에 가져다 대도록 하자.

지나친 열을 가한 경우 열을 지나치게 가한다고 해서 접합 부위에 손상이 일어나지는 않겠지만 접합 주위 주변은 손상될 수 있다. 플라스틱 피복이 녹아서 전선이 너무 많이 드러나면 합선의 위험이 증가할 수 있다. 지나친 열로 반도체가 쉽게 손상될 수 있으며 스위치와 커넥터 내부의 플라스틱 부품이 녹을 수도 있다. 손상된 부품은 납땜을 제거하고 교체해야 하는데, 이는 시간이 걸릴 뿐 아니라 상당히 번거롭다. 원인이 무엇이든 납땜이 제대로 되지 않았다면 납땜을 제거하고 잠시 기다렸다가 온도가 조금 떨어지면 다시 시작하자.

땜납이 충분하지 않은 경우 두 도선 사이의 접합 부위가 얇으면 그다지 튼튼하지 않을 수 있다. 전선 2개를 연결할 때는 반드시 접합 부위의 아래를 확인해서 땜납이 완전히 스며들었는지 확인한다.

땜납이 굳기 전에 접합 부위를 움직이는 경우 이렇게 하면 균열이 생길 수 있는데, 이런 균열은 미처 눈에 띄지 않을 수 있다. 이 때문에 회로가 동작을 멈추지는 않겠지만 미래의 어느 시점에 진동이나 열응력(thermal stress)[5]으로 인해 균열이 완전히 갈라지면서 전기 접촉을 끊어버릴 수도 있다. 접촉이 끊어졌을 때 이 부위를 찾아내는 데는 품이 많이 든다. 납땜하기 전에 부품을 고정하거나 만능기판을 사용해서 부품을 고정해두면 이런 문제를 피할 수 있다.

먼지나 기름기가 있는 경우 전기 땜납에는 납땜에 사용하는 금속을 깨끗하게 해주는 로진이라는 수지가 포함되어 있는데 오염물질이 남아 있으면 땜납이 금속 표면에 달라붙지 못하도록 막을 수 있다. 부품이 더러워 보인다면 먼저 고운 사포로 깨끗하게 간 뒤 납땜한다.

납땜인두 끝부분에 카본이 붙어 있는 경우 납땜인두에는 사용하는 동안 차츰 검은 카본(탄소) 덩어리가 붙어서 열전달을 방해할 수 있다. 앞에서 설명한 것처럼 끝부분을 닦아준다.

부적절한 금속을 사용하는 경우 전기 땜납은 전자부품에 사용하도록 만들어졌다. 알루미늄이나 스테인리스 같은 금속으로는 납땜이 되지 않는다. 이런 금속을 크롬 도금된 물건에 붙일 수 있을지는 모르겠지만 그것도 만만치는 않을 것이다.

접합 부위를 확인하지 않은 경우 막연히 괜찮을 거라고 생각하지 마라. 반드시 손으로 잡아당겨서 확인해야 한다. 접합 부위를 손으로 잡을 수 없다면 드라이버 날을 접합 부위 아래에 끼워 넣고 약간 움직여보거나 작은 펜치로 접합 부위를 잡아당겨본다. 작업한 납땜을 망칠지도 모른다는 걱정은 하지 않아도 된다. 막 다룬다고 해서 접합 부위가 견뎌내지 못한다면 어차피 제대로 된 납땜이라고 보기 힘들다.

---

[5] 물체에 가해지는 온도 변화가 고르지 않을 때 그로 인해 물체 내부의 팽창과 수축에 차이가 생기면서 외부에서 물체에 힘이 가해지는 것 같은 상태가 되는데, 물체가 이에 저항해 원래의 상태를 지키려고 하는 힘을 말한다.

여덟 가지 실수 중에서도 접합/납땜 불량이 최악인데 실수하기 쉬울 뿐 아니라 겉으로는 괜찮아 보이기 때문이다.

배경지식: 납땜 대신 사용할 수 있는 것들

1950년대에는 라디오 같은 가전제품 내부의 연결은 작업자들이 생산 라인에 서서 손으로 직접 납땜했다. 그러나 전화 교환 사업이 성장하면서 많은 점대점 유선 연결을 빠르고 안정적으로 만들 수 있는 방법이 필요해졌는데, 그때 대안으로 등장한 방법이 바로 '와이어 래핑(wire wrap)'이라는 기술이다.

와이어 래핑을 사용하는 프로젝트에서 부품은 회로 기판에 장착되며 이 회로 기판 뒤로는 금도금된 가는 직사각 기둥 모양의 핀들이 튀어 나와 있다. 여기에는 은도금된 특수 전선이 사용되며 끝에서부터 약 2.5cm 피복을 벗겨서 사용한다. 손이나 전동 와이어 래핑 도구를 사용해서 전선의 끝을 핀 주변에 팽팽하게 감으면 은 도금된 부드러운 전선이 핀에 '냉간 용접(cold-weld)'된다. 전선을 감는 과정에서는 충분한 압력을 가해서 아주 단단히 접합되도록 해야 한다. 특히 전선은 7~9번 정도 감고 감을 때마다 전선이 핀의 모서리 네 군데에 모두 닿도록 한다.

1970년대와 1980년대에 와이어 래핑 시스템은 취미로 컴퓨터를 직접 만드는 사람들 사이에서 많이 사용되었다. 그림 3-33은 수작업 컴퓨터에서 가져온 와이어 래핑 회로 기판이다. 이 기법은 나사(NASA)가 달로 보낼 아폴로 우주선의 컴퓨터를 연결할 때도 사용되었지만 오늘날 상

그림 3-33 이 그림은 스티브 챔벌린(Steve Chamberlin)이 직접 만든 8비트 CPU와 컴퓨터에 사용된 와이어 래핑의 일부다. 그러한 전선망을 직접 납땜해서 만들었다면 시간이 지나치게 많이 걸릴 뿐 아니라 실수하기도 쉽다.(사진 제공: 스티브 챔벌린)

업적인 용도로는 거의 쓰이지 않는다.

초기 데스크톱 컴퓨터의 칩같이 '스루홀' 유형의 부품이 산업계에서 널리 사용됨에 따라, 녹은 땜납을 아래에서 뿜어 올리거나 위에서 흘러내리도록 해서 칩이 삽입된 상태로 미리 가열된 회로 기판의 뒷면에 기계적으로 접촉시키는 웨이브 솔더링(wave-soldering) 방식이 개발되었다. 이에 따라 원치 않는 곳에 땜납이 묻지 않도록 막아주는 마스킹 기법이 사용되었다.

오늘날, 표면에 장착하는 표면 부착형 부품(스루홀 부품보다 훨씬 작다)은 솔더 페이스트(solder paste)를 사용해서 회로 기판에 부착한 뒤 조립된 전체에 열을 가하면 솔더 페이스트가 녹아서 영구적 연결이 만들어진다.

두 번째 납땜

이제 15W 납땜인두를 사용해볼 차례다. 다시 한 번 말하지만 전원을 연결하고 최소 5분간은 충분히 가열되도록 두어야 한다. 그동안 잊지 말고 다른 납땜인두의 전원을 빼서 안전한 곳에 두고

식히자.

이번 연결에서는 얇은 땜납을 사용한다. 낮은 출력의 납땜인두는 나오는 열도 줄어든다.

이번에는 전선을 서로 평행하게 놓아보자. 전선을 평행하게 연결하면 교차시켜 연결할 때보다 작업하기가 조금 더 어렵지만 반드시 필요한 기술이다. 이 기술을 배워두지 않으면 완성된 접합 부위에 열 수축 튜브를 끼워서 절연시킬 수 없다.

그림 3-34부터 3-38까지는 이러한 연결을 만드는 다섯 단계를 보여준다. 처음부터 두 전선을 완벽하게 붙일 필요는 없다. 어차피 땜납이 그 사이의 작은 공간을 채워준다. 그러나 앞의 납땜에서처럼 전선은 땜납이 그 위를 흐를 수 있을 정도로 가열되어야 하며 출력이 낮은 납땜인두를 쓸 때는 가열에 시간이 더 걸릴 수 있다.

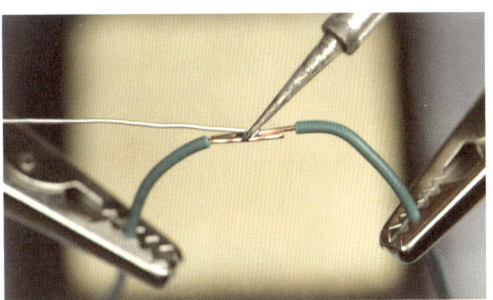

그림 3-36 3단계: 전선을 가열하면서 땜납을 갖다 댄다. 서두르지 말고 땜납이 녹을 때까지 기다리자.

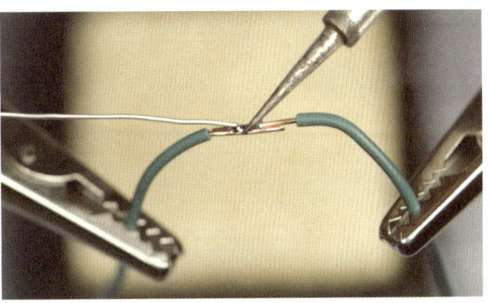

그림 3-37 4단계: 땜납이 전선의 접합 부위 사이로 녹아들어가고 있다.

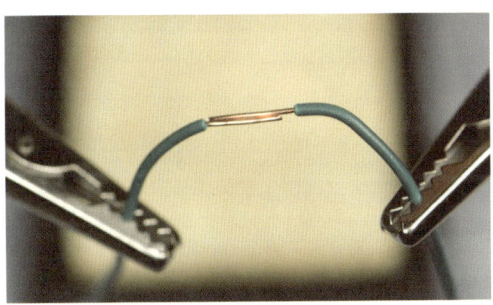

그림 3-34 1단계: 전선을 나란히 둔다.

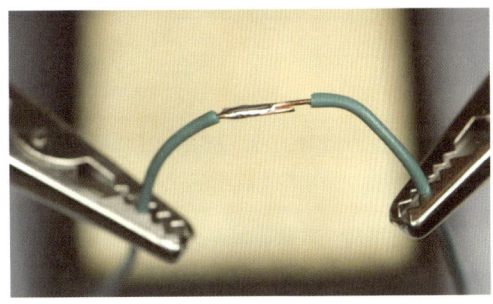

그림 3-38 완성된 접합 부위가 반짝인다. 땜납은 구리 전선 위로 퍼져 있다.

사진에서 보는 것처럼 땜납을 사용해야 한다. 잊지 말자. 땜납을 납땜인두 위에서 녹여서 접합 부위로 가져가서는 안 된다. 전선을 먼저 가열하고 그다음에 전선이 서로 접촉되어 있는 상태에

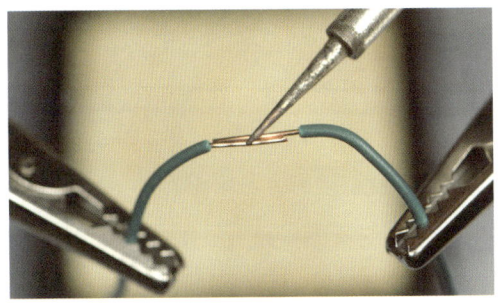

그림 3-35 2단계: 전선을 가열한다.

서 전선에 땜납과 납땜인두의 끝을 가져다 대어야 한다. 조금만 기다리면 땜납이 액체가 되어서 접합 부위 사이로 흘러 들어가는 모습이 보일 것이다. 그렇지 않다면 인내심을 가지고 조금 더 오래 열을 가한다.

완성된 접합 부위가 튼튼하려면 땜납을 충분히 사용해야 하지만 땜납이 지나치게 많아도 열 수축 튜브를 끼우는 데 방해가 된다. 이에 대해서는 곧 설명하겠다.

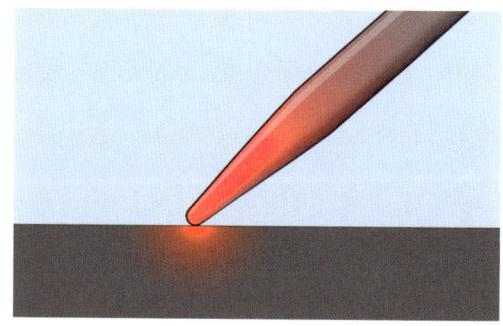

그림 3-39 인두와 작업 표면 사이의 접촉 공간이 작으면 충분한 열이 전달되지 않는다.

이론: 열전달

납땜 과정을 잘 이해하면 납땜 연결도 더 쉽게 잘 만들 수 있다. 납땜인두는 끝부분이 뜨겁고 여러분은 끝부분의 열을 연결하려는 접합 부위로 전달하고 싶다. 이를 위해서는 납땜인두의 각도를 잘 조정해서 접촉 면적이 최대가 되도록 해야 한다. 그림 3-39와 3-40을 참조한다.

땜납은 일단 녹기 시작하면 접촉 범위를 넓혀가며 그 과정에서 열전달을 돕기 때문에 자연적으로 과정이 가속화된다. 그러나 이런 과정이 시작되도록 하는 것이 까다로운 일이다.

고려해야 할 열 흐름의 다른 측면은 열 흐름이라는 녀석이 내가 원하는 곳으로부터 열을 흡수해서 원치 않는 곳으로 전달할 수 있다는 사실이다. 아주 두꺼운 구리 전선을 납땜하려고 할 때 두꺼운 전선이 접합 부위로부터 열을 빼앗아 가기 때문에 땜납을 녹일 수 있을 정도로 전선을 가열시키지 못할 수도 있다. 이런 문제를 해결하기에는 40W 납땜인두도 그다지 강력하지 않을 수 있다. 그와 동시에 구리에 가해진 열이 땜납

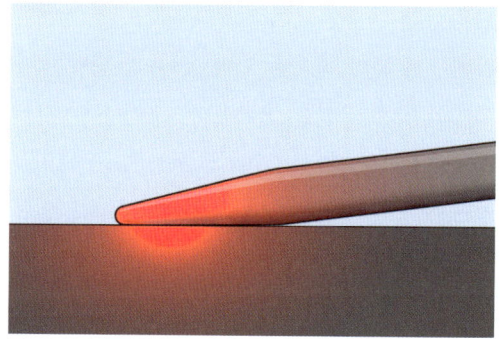

그림 3-40 접촉면이 넓으면 열전달이 증가한다.

을 녹이기에는 부족하지만 전선의 피복을 녹이기에는 충분할 수도 있다.

일반적으로 10초 내에 납땜 연결이 끝나지 않는다면 충분한 열을 가하지 못했다는 뜻이다.

납땜 연결 절연시키기

두 전선을 일렬로 잘 납땜 연결하는 데 성공했다면 이번에는 쉬운 작업을 할 차례다. 열 수축 튜브는 아주 조금 여유를 두고 접합 부위를 덮을 수 있을 정도의 크기를 선택한다.

물론 그 전에 계획을 세워야 한다. 보통 전선을 연결하기 '전'에 전선 한쪽에 튜브를 끼워두어

야 한다. 아래에서 단계별 과정 설명을 보면 어떻게 해야 할지 알 수 있을 것이다.

두 전선 중 한쪽에 열 수축 튜브를 이미 끼웠다고 가정하고 튜브를 잡아당겨 접합 부위가 튜브의 안쪽 중간에 오도록 한다. 튜브를 히트건 앞에 두고 히트건의 전원을 연결한다(손가락은 과열된 공기 바람에 닿지 않도록 한다). 전선을 돌려서 열이 양쪽에 다 가해지도록 한다. 30초 안에 튜브가 수축하면서 접합 부위를 감싼다. 튜브에 지나치게 열을 가하면 수축되다 못해 찢어질 수 있기 때문에 어떤 시점에서 가열을 중단했다가 다시 시작한다. 튜브가 단단히 수축되면 작업이 끝난 것이므로 더 이상 열을 가할 필요가 없다. 튜브에서 수축의 대부분은 길이에 수직 방향으로 일어나지만 길이 방향으로도 약간의 수축이 발생한다.

그림 3-41에서 3-43은 바람직한 결과를 보여준다. 여기에서는 흰색 튜브를 사용해서 사진을 봤을 때 눈에 잘 들어오도록 했다. 다른 색깔의 열 수축 튜브를 사용하더라도 모두 같은 결과를 낸다.

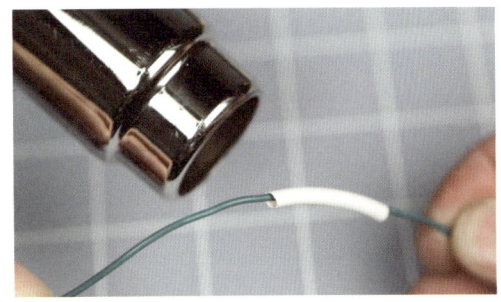

그림 3-42 튜브에 열을 가한다.

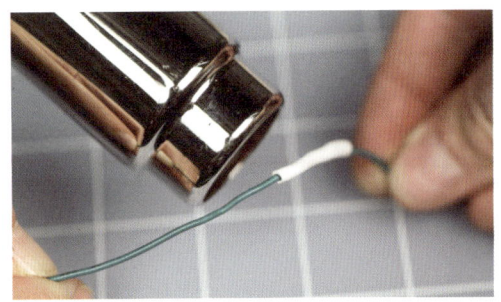

그림 3-43 튜브가 수축해서 접합 부위를 단단하게 감쌀 때까지 열을 가한다.

주의: 히트건은 진짜 뜨거워진다!

크기가 큰 히트건에서 주된 기능을 하는 끝부분의 튜브는 크롬강으로 만들어졌는데 이 부분을 조심해야 한다. 크롬강은 플라스틱보다 더 비싸고 제조사에서 그런 비싼 재료를 쓰는 데에는 다 이유가 있다. 바로 그곳을 통과해 나오는 공기가 너무 뜨거워서 플라스틱 튜브라면 녹아버릴 수 있기 때문이다.

금속 튜브는 사용하고 나면 화상을 입지 않을 정도로 식기까지 몇 분이 걸린다. 납땜인두와 마찬가지로 다른 사람(과 애완동물)은 히트건이 위험할 수 있다는 사실을 모를 수 있기 때문에 특히 더 위험하다. 무엇보다 가족이 히트건을 헤

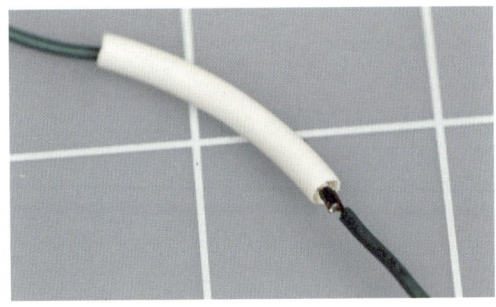

그림 3-41 튜브를 전선 접합 부위에 씌운다.

어드라이어라고 생각하고 사용하는 실수를 하지 않도록 주의하자(그림 3-44 참조).

그림 3-44 가족에게 히트건이 헤어드라이어와는 다르다는 점을 반드시 이해시켜야 한다.

크기가 큰 히트건은 생긴 것보다 아주 조금 더 위험하다. 작은 히트건을 사용하면 위험이 아주 조금 줄어들지만 그래도 주의해서 다루어야 한다.

전원 연결하기

이번에는 납땜 기술을 좀 더 실용적인 프로젝트에 적용해보자. 색깔 코드가 사용된 단선을 AC 어댑터에 연결해볼 생각이다. 어댑터가 없다면 9V 건전지 홀더의 얇은 전선을 확장해볼 수도 있다. 어느 쪽이나 확장하는 데 22게이지 전선을 사용할 테니 브레드보드에 편하게 연결할 수 있을 것이다.

이번 작업에서는 열에 민감한 부품은 사용하지 않으므로 큰 납땜인두를 사용해도 된다.

AC 어댑터를 구입했다면 아마도 벽의 콘센트에 바로 꽂을 수 있는 작은 플라스틱 모듈 유형일 것이다. 어댑터에는 우리에게 필요한 낮은 DC 전압을 전달하는 한 쌍의 전선이 나와 있고 끝에는 일종의 작은 플러그가 달려 있는 형태다. 이 플러그는 그에 맞는 소켓이 있는 미디어 재생기나 전화에 사용하면 적합하겠지만 이 책에서는 브레드보드에 전기를 공급할 때 사용할 것이기 때문에 그다지 쓸모가 없다. 그러면 이걸 어떻게 해야 할까? 이제 함께 살펴보자.

1단계: 자르고 측정하자

먼저 가지고 있는 AC 어댑터가 어떤 용도인지 분명히 해야 한다.

아직은 어댑터를 콘센트에 꽂지 않는다. 먼저 그림 3-45처럼 낮은 전압이 나가는 전선의 끝에 달린 플러그를 잘라내자. (이 사진의 어댑터가 라디오섁(RadioShack)의 제품이라는 것을 눈치 챘을 수도 있다. 기억력도 좋으시지.)

그림 3-45 AC 어댑터를 입맛에 맞도록 개조하기 위한 첫 단계.

니퍼나 다용도 칼을 사용해서 두 전선을 분리한 뒤 피복을 각각 0.6cm 정도씩 벗겨낸다(그림 3-46 참조). 전선은 길이를 서로 다르게 해서 접촉 위험을 줄이는 것이 좋다.

그림 3-46 피복을 벗긴 전선.

어댑터에 전원이 연결된 상태에서 전선의 벗겨진 끝부분이 서로 접촉하면 과부하를 일으켜서 어댑터 안의 퓨즈가 나갈 수 있다. 불꽃이 일어나면 당황할지도 모르지만 그것 때문에 다칠 것 같지는 않다. 대단한 일은 아니라는 얘기다. 그래도 귀찮기는 하다.

이제 계측기를 DC 전압 측정 모드로 설정하고 AC 어댑터에서 나온 두 전선에 연결한다. 모든 상황을 통제할 수 있도록 가급적 악어 클립이 달린 테스트 리드를 사용한다. 빨간 계측기의 리드선이 계측기의 전류(mA) 소켓이 아닌 전원(V) 소켓에 연결되었는지 다시 확인하고 AC 어댑터를 벽의 콘센트에 연결해서 소켓이 몇 볼트의 전압을 공급하는지 측정한다.

이상할 정도로 높은 수치가 나온다면 AC 어댑터가 아무 장치도 구동하지 않을 때의 공급 전압이 더 크기 때문일 수 있다. 계측기의 내부저항이 아주 크면 어댑터는 부하가 전혀 걸리지 않은 듯한 상태를 보인다.

더 의미 있는 실험을 위해 680Ω의 저항을 골라 어댑터의 출력 쪽에 계측기와 직렬을 이루도록 연결하자. 이렇게 하면 어댑터의 전압이 적절한 수준으로 떨어진다. 이제 납득이 되는 수준의 값을 얻었다.

680Ω 미만의 저항을 사용하겠다는 생각은 하지 않는 게 좋다. 우리가 구매한 저항들은 출력이 0.25W에 불과해서 이보다 높은 출력의 전기를 흘려보내면 과열되기 때문이다. 680Ω 저항을 9V 전원에 연결하면 옴의 법칙으로 계산했을 때 저항을 통과하는 전류의 크기는 약 13mA이다. 따라서 이때의 전력 소모는 120mW, 또는 0.12W가 되며 0.25W 저항의 최대 출력 범위 내에 해당한다.

저항값이 이보다 낮을 때 AC 어댑터의 전압 출력이 어떻게 변하는지 알고 싶다면 680Ω 저항 몇 개를 직렬로 연결해볼 수 있다. 이 실험도 재미있을 듯하다. 그렇지만 이제 그만 우리의 원래 목적으로 돌아가서 브레드보드에 전원을 연결해보자.

2단계: 납땜하기

계측기로 AC 어댑터의 전선에서 측정한 전압 앞에 마이너스(−) 기호가 없는지 다시 한 번 확인한다. 앞에 마이너스 기호가 있으면 계측기의 선을 반대로 연결한 것이다.

계측기의 수치가 음이 아닌 양의 값이면 계측

기의 빨간색 선을 AC 어댑터의 양극에 고정시킨다. 방향을 잘못 연결하면 어댑터 때문에 회로의 부품이 손상될 수 있기 때문에 극을 확인하는 과정은 중요하다.

다음 단계는 22게이지 단선을 AC 어댑터와 9V 건전지 홀더 어느 쪽에 연결하더라도 동일하다.

22게이지 단선을 2개 자르자. 하나는 빨간색, 다른 하나는 검은색이나 파란색으로 한다. 각각 5cm 정도의 길이로 자른 뒤 각각 양쪽 끝의 피복을 0.25cm 정도 벗겨낸다.

앞에서 연습한 기술을 활용해서 22게이지 전선을 AC 어댑터나 건전지 홀더에서 나온 전선과 납땜한다. 당연한 얘기지만 빨간색 전선은 전원의 양극에 연결한다.

열 수축 튜브와 히트건이 있다면 연습 때 했던 것처럼 사용해보자. 결과는 그림 3-47과 같다. 다시 한 번 말하지만 전선의 길이를 다르게 잘라서 서로 접촉하는 위험을 줄여야 한다. 작업이 끝났다면 22게이지 전선의 양쪽 끝을 브레드보드에 연결할 수 있다.

전원 코드 길이 줄이기

새로 배운 납땜 기술로 그 외에 뭘 할 수 있을까? 내가 제안 하나 해보겠다. 애플 제품을 사용하지 않는 사람들이라면 노트북 전원에 콘센트에 꽂았다 뺐다 할 수 있는 AC 전원 코드뿐 아니라 컴퓨터에 꽂는 저전압 DC 전선도 연결되어 있다는 걸 알고 있다. 보통의 전원 코드는 그림 3-48처럼 생겼다.

그림 3-48 애플사 제품이 아닌 노트북 컴퓨터에 사용되는 분리식 AC 전원 코드.

애플 제품 팬이라면 어떻게 해야 하나? 어쩌면 프린터나 스캐너 등의 장치에 사용되는 분리식 전원 코드가 있을 수도 있다. 이런 연습을 하는 목적은 전원 코드의 길이를 줄이는 것이다. 바로 그거다. 그래야 전원 코드가 둘둘 말려서 늘어져 있지 않을 것이다. 그리고 나처럼 노트북 컴퓨터의 전원 코드가 필요한 길이보다 길고, 여행할 때 짐 무게를 최대한 줄이고 싶다면, 이 연습은 유용할 수 있다.

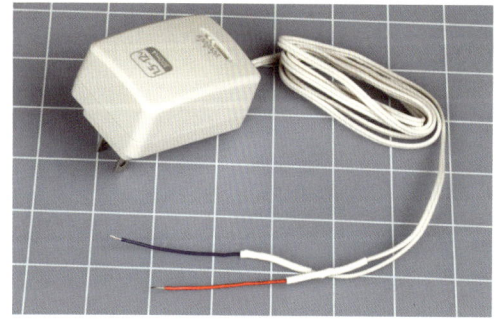

그림 3-47 22게이지 전선을 브레드보드에 연결해서 전기를 공급할 수 있다.

코드 길이를 줄이는 12단계

그림 3-49는 1단계다. 니퍼를 사용해서 과감하게 전원 코드를 자른다. 당연히 작업하는 동안 이 모든 단계에서 전원 코드는 '콘센트에 연결하지 않는다'.

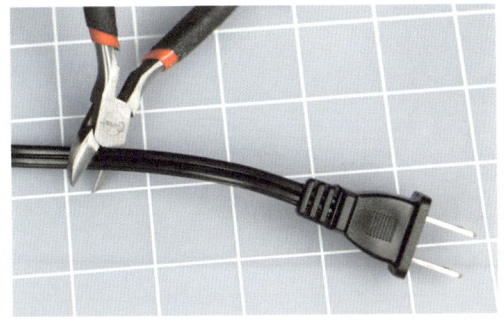

그림 3-49 12단계 중 1단계: 전원 코드의 길이 줄이기.

그림 3-50은 가지고 있어야 하는 부분을 보여준다. 전원 코드에서 잘라낸 중간 부분은 다음에 사용하도록 보관해둘 수 있다.

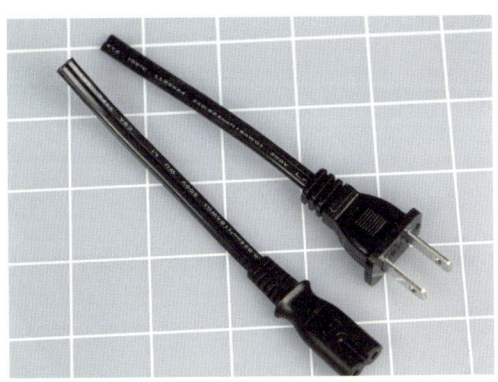

그림 3-50 12단계 중 2단계: 전원 코드의 길이 줄이기.

그림 3-51처럼 커팅 매트 위에서 다용도 칼을 사용하면 전원 코드의 두 전선을 분리하기가 수월하다.

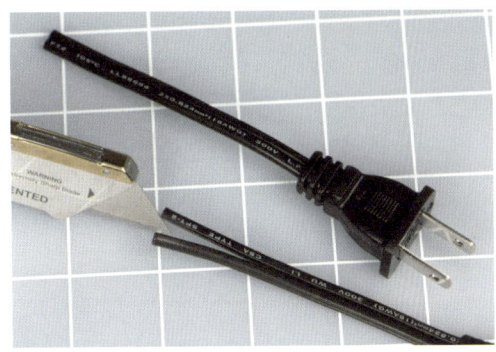

그림 3-51 12단계 중 3단계: 전원 코드의 길이 줄이기.

그림 3-52에서 전원 코드를 잘라내고 남은 부분을 각각 다듬어서 서로 길이가 다르도록 맞춘다. 이렇게 하면 연결했을 때 공간도 적게 차지하고 접합 부위 중 하나가 어떤 원인에서 문제가 생기더라도 합선이 될 위험이 줄어든다. 전선의 한쪽에는 언제나 구분을 위해 글씨가 인쇄되어 있거나 가운데가 파인 형태를 하고 있다는 것에 주의한다. 전선을 연결할 때는 각각 같은 쪽끼리 연결하도록 주의해야 한다.

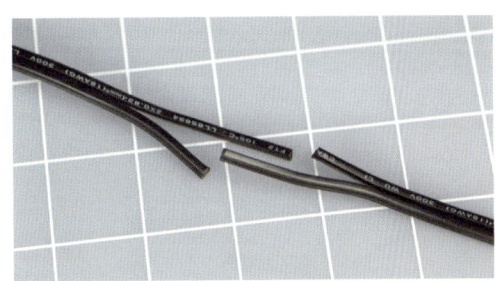

그림 3-52 12단계 중 4단계: 전원 코드의 길이 줄이기.

피복을 최소한만 벗기자. 3mm(1/8인치) 정도면 충분하다. 그런 다음 열 수축 코드를 자른다. 작은 튜브는 전원 코드 내의 개별 전선을 감쌀 정도면 충분하고 큰 쪽은 5cm 길이로 잘라서 전체 접합 부위를 모두 감쌀 수 있도록 한다(그림 3-53 참조).

낮은 전압에서만 사용할 수 있는 열 수축 튜브도 있으나 이 프로젝트에서는 사용하면 안 된다.

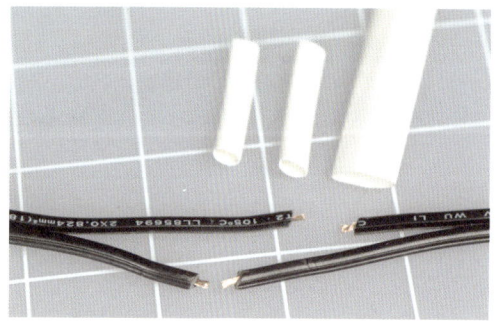

그림 3-53 12단계 중 5단계: 전원 코드의 길이 줄이기.

이제 가장 어려운 부분을 처리할 차례다. 기억을 최대한 떠올려보자. 그렇다. 열 수축 튜브는 반드시 납땜을 하기 '전'에 전선에 끼워야 한다. 납땜을 하고 나면 전선 반대쪽의 플러그 때문에 튜브를 끼울 수 없기 때문이다. 나같이 참을성이 없는 사람은 매번 이걸 기억하는 것이 정말 고역이다(그림 3-54 참조).

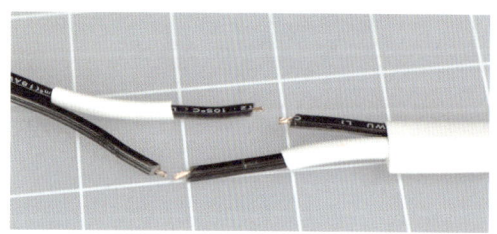

그림 3-54 12단계 중 6단계: 전원 코드의 길이 줄이기.

보조 도구를 사용해서 첫 번째 접합 부분을 일렬로 놓는다. 두 전선을 밀어서 전선들이 얽히게 한 후 엄지와 검지 손가락으로 꽉 눌러서 빠져나

온 부분이 없도록 한다. 전선이 빠져나와 있으면 열 수축 튜브가 가열되어 부드러워진 상태에서 접합 부위 주변으로 수축했을 때 튜브에 구멍이 날 수 있다(그림 3-55 참조).

그림 3-55 12단계 중 7단계: 전원 코드의 길이 줄이기.

지금 연결하는 전선은 이전에 작업한 22게이지 전선보다 훨씬 무겁기 때문에 열을 더 많이 흡수한다. 그러니 납땜인두를 더 오래 대고 있어야 한다. 땜납이 접합 부위 안쪽으로 완전히 흘러 들어가도록 하고 납땜한 접합 부위가 식으면 아랫부분도 확인한다. 아랫부분에 구리선이 그대로 노출되는 경우가 대부분이다. 접합 부위는 아주 잘 납땜되어서 단단하고 둥근 반짝이는 구슬 모양이어야 한다(그림 3-56 참조).

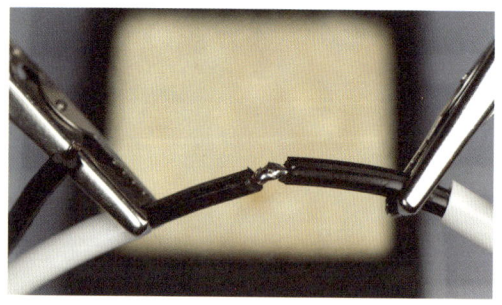

그림 3-56 12단계 중 8단계: 전원 코드의 길이 줄이기.

납땜인두를 사용하는 동안은 가급적 열 수축 튜브를 접합 부위로부터 멀리 떼어놓도록 주의해야 한다. 그러지 않으면 납땜인두의 열로 인해 튜브가 영구적으로 수축되어서 나중에 접합 부위 위로 끼우지 못하는 사태가 발생할 수 있다.

열 수축 튜브 조각을 납땜한 접합 부위 위로 끼우고 그림 3-57처럼 히트건으로 가열한다. 다른 열 수축 튜브가 옆으로 새어나온 열에 닿지 않도록 주의한다.

다른 쪽 전선도 납땜한다(그림 3-59).

그림 3-59 12단계 중 11단계: 전원 코드의 길이 줄이기.

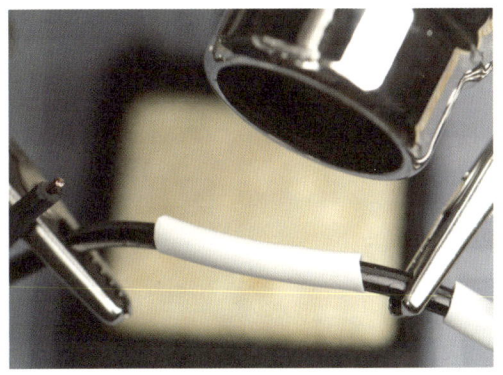

그림 3-57 12단계 중 9단계: 전원 코드의 길이 줄이기.

그림 3-58은 열 수축 튜브가 수축된 모습이다.

그림 3-60은 완성된 두 번째 접합 부위를 보여준다. 이 전선에 끼워둔 열 수축 튜브를 덮어 접합 부위를 씌우면 큰 튜브를 당겨 연결된 두 전선 모두를 감싼다. 큰 튜브, 시작할 때 잊지 않고 전선에 분명히 끼워 놨겠지?

그림 3-60 12단계 중 12단계: 전원 코드의 길이 줄이기.

그림 3-60은 길이를 줄인 전원 코드의 완성된 모습이다.

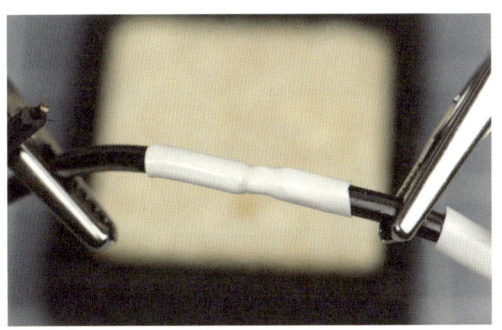

그림 3-58 12단계 중 10단계: 전원 코드의 길이 줄이기.

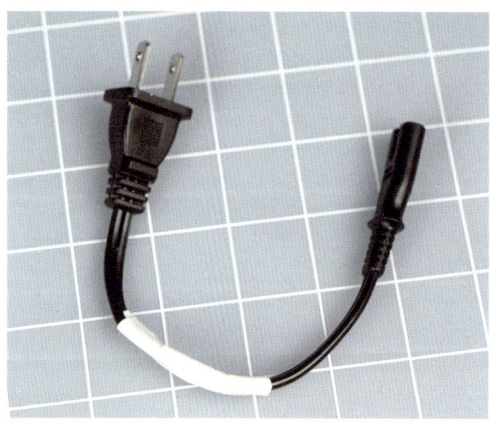

그림 3-61 길이를 줄인 전원 코드.

다음에는 뭘 할까?

지금까지 납땜 연습을 했으니 납땜으로 첫 전자 회로를 만드는 데 필요한 기본 기술은 충분히 갖췄다. 그렇지만 우선은 의도치 않은 과열로 인한 결과를 빨리 보고 가는 편이 좋겠다. 고작 트랜지스터 하나, LED 하나 녹여먹자고 여러분에게 힘들여 납땜을 시키는 건 좋아하지 않는다. 거기다 손상된 납땜을 제거하는 일은 납땜보다 훨씬 더 재미없다.

실험 13: LED를 구워보자

실험 4에서 LED를 태우기가 얼마나 쉬운지 배웠다. 그 작은 탐험에서 실제로 일어난 일은 지나친 전류가 LED를 통과해서 과열 현상을 일으켰고 그 열로 인해 부품이 수명을 다했다는 것이다. 전기로 인해 발생된 열이 LED를 손상시킬 수 있다면 납땜인두의 열로도 같은 일을 할 수 있을 것 같지 않은가? 될 것 같지만 확실히 알아볼 방법은 하나뿐이다.

실험 준비물

- 9V 전지와 건전지 홀더, 또는 9V AC-DC 어댑터
- 롱노즈 펜치 또는 주둥이가 뾰족한 롱노즈 펜치
- 30W 또는 40W 납땜인두
- 15W 납땜인두
- 일반 LED 2개
- 470Ω 저항 1개
- 작업을 고정시켜줄 보조 도구
- 작은 순동 악어 클립 1개 또는 2개

이 실험의 목적은 열이 전자부품에 미치는 영향을 알아보는 것이다. 이 말은 열이 어디로 향하는지 알아야 한다는 뜻이다.

그렇기 때문에 이번에는 브레드보드를 사용하지 않는다. 브레드보드 안쪽의 구리 조각들이 어느 정도 열을 흡수하기 때문이다. 테스트 리드도 마찬가지로 열을 흡수하기 때문에 이번 실험에는 사용하지 않는다.

대신 주둥이가 뾰족한 롱노즈 펜치를 사용해서 LED의 각 리드를 구부려 작은 고리를 만들고 470Ω 저항의 전선도 마찬가지로 고리 모양을 만든다. 그림 3-62를 보면 9V 전지에서 나온 전선이 같은 방식으로 연결되어 있다. 전선을 고리 모양으로 만들려면 추가로 피복을 벗겨내고 납땜해야 한다.

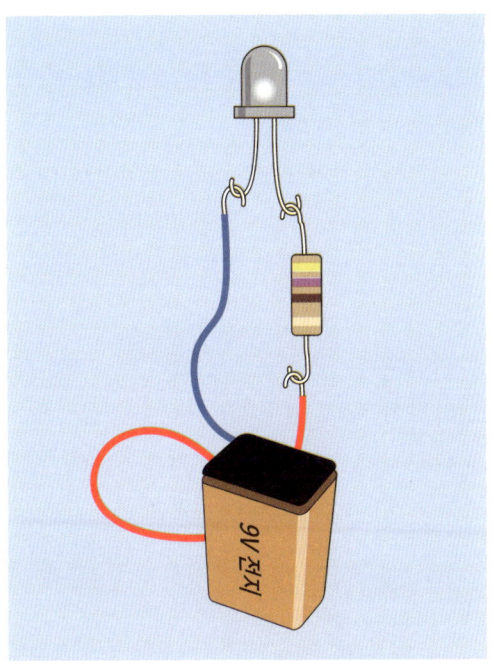

그림 3-62 LED의 내열성 측정. 9V 전지 대신 AC 어댑터를 사용할 수 있다.

도선을 통한 열손실을 최소화하기 위해서는 저항을 LED 리드 중 하나에 걸고 그보다 조금 아래쪽으로 전원의 전선을 저항에 걸어주면 된다. 이 작업이 이루어지려면 중력이 충분해야 한다.

보조 도구로 LED의 플라스틱 몸체를 고정하자. 플라스틱은 열전도가 그다지 좋지 않기 때문에 LED 렌즈로부터 보조 도구를 통해 전달되는 열은 크지 않다.

9V의 전압을 걸어주면 LED가 밝게 빛난다. 이 실험에서는 백색 LED를 사용했는데, 그래야 사진이 더 잘 나오기 때문이다.

저출력의 15W 납땜인두와 고출력 납땜인두를 함께 연결한 뒤 충분히 뜨거워지도록 최소 5분간 가열한다. 이제 15W 납땜인두의 끝을 반짝이는 LED의 리드 중 하나에 단단히 갖다 대면서 시계로 시간을 확인하자. 그림 3-63은 설치가 완료된 모습이다.

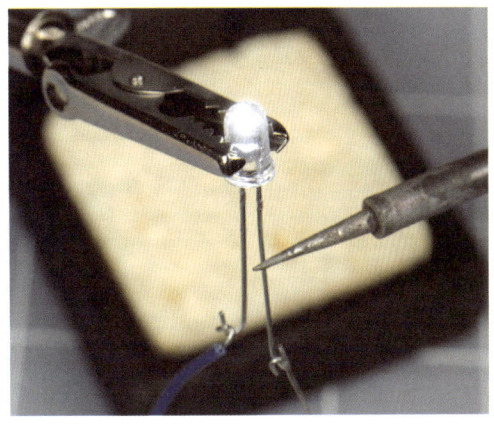

그림 3-63 15W 납땜인두로 가열한다.

LED가 타는 모습을 보려면 이 상태를 적어도 3분 동안 유지해야 한다. 어째서 내가 섬세한 작업에 15W 납땜인두를 사용할 것을 권했는지 그 이유를 알았을 것이다.

LED 리드가 식도록 두고 조금 더 출력이 센 납땜인두를 앞에서와 같은 위치에 대보자. 고작 10초 정도만 지나면 LED가 어두워지는 것을 관찰할 수 있다(어떤 LED는 더 높은 온도도 견딜 수 있다는 점에 주의하자). 이 때문에 섬세한 작업에는 30W 인두를 사용하지 '않는다'.

반드시 큰 납땜인두가 작은 인두보다 높은 온도까지 올라가는 것은 아니다. 크기가 크면 열용량이 더 클 뿐이다. 다시 말해서, 이는 더 많은 열을 더 빨리 낼 수 있다는 뜻이다.

여러분의 LED는 여러분의 지식 욕구를 만족시키기 위해 목숨을 바쳤다. 아주 숭고한 희생이었다. 편히 쉴 수 있도록 쓰레기통에 곱게 눕혀 두고 새 LED로 교체하자. 이번에는 좀 더 상냥하게 대해줄 생각이다. LED를 앞에서와 같은 방법으로 연결하되 이번에는 그림 3-64처럼 큰 크기의 순동 악어 클립 1개(또는 작은 클립 2개)를 LED의 몸체와 가까운 리드 하나에 연결한다. 30W나 40W의 납땜인두를 악어 클립 바로 '아래'에 갖다 댄다. 이번에는 출력이 높은 납땜인두를 꼬박 2분간 갖다 대고 있었는데도 LED가 타지 않았다.

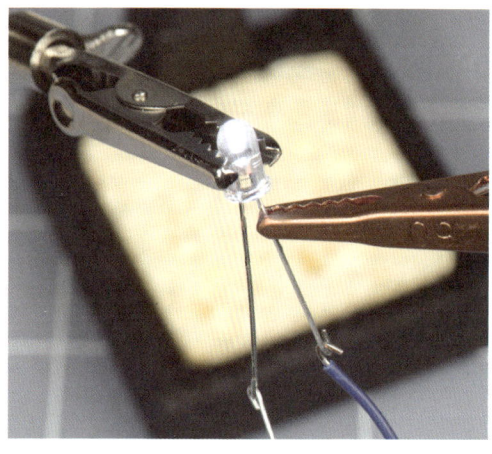

그림 3-64 순동 악어 클립을 히트 싱크로 사용해 LED를 보호한다.

열이 어디로 갔을까

실험이 끝날 무렵에 클립에 손을 가져다 대보면 클립은 상대적으로 뜨거운 반면 LED는 그렇게 뜨겁지 않음을 알 수 있다. 열이 납땜인두의 끝부분을 통과해서 리드를 따라 LED로 간다고 생각해보자. 그런데 그림 3-65에서 보는 것처럼 열이 가는 중간에 악어 클립을 만나면 LED로 가지 않는다. 클립은 채워지기를 기다리는 일종의 빈

용기 같다고 생각할 수 있다. 열은 순동 클립으로 흘러 들어가는 쪽을 더 좋아하기 때문에 LED에 손상이 생기지 않는다.

여기에서 악어 클립은 '히트 싱크(heat sink)'의 역할을 한다. 순동 클립은 열전도가 아주 좋기 때문에 니켈 도금된 철로 만든 일반 악어 클립보다 효과가 좋다.

이 실험의 첫 부분으로 다시 돌아가보자. 15W 납땜인두를 사용했을 때는 히트 싱크 없이도 LED가 손상되지 않았다. 이 말은 15W 납땜인두는 언제나 안전하다는 뜻일까?

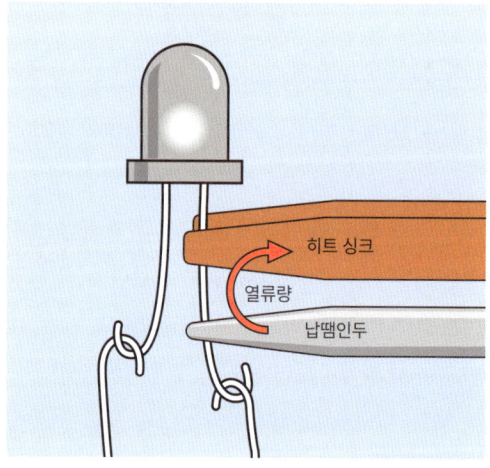

그림 3-65 순동 악어 클립이 LED에서 열을 뺏어간다.

그럴 수도 있다. 문제는 어떤 반도체가 LED보다 열에 민감한지 알 수 없다는 것이다.

부품이 타버렸을 때의 상황은 상당히 짜증날 수 있으니 다음과 같은 상황이라면 안전한 작업을 위해 히트 싱크를 사용할 것을 권한다.

• 15W 납땜인두를 반도체와 지나치게 가까운

곳에 20초 이상 대고 있는 경우.
- 30W 납땜인두를 저항이나 커패시터에서 1cm가 안 되는 곳에 10초 이상 대고 있는 경우(절대로 반도체 가까이에 갖다 대서는 안 된다).
- 30W 납땜인두를 녹을 수 있는 물질 주변에 20초 이상 대고 있는 경우. 녹는 물질에는 전선 피복, 플라스틱 커넥터, 스위치가 내장된 플라스틱 부품이 포함된다.

히트 싱크 사용 규칙
- 큰 순동 악어 클립이 효과가 제일 좋지만 좁은 구석에는 사용이 힘들 수 있다. 작은 클립을 여러 개 사용할 수도 있다.
- 악어 클립은 부품과 가급적 가깝게, 만들려는 접합 부위와는 가급적 멀리 떨어뜨려 고정한다. 접합 부위에 납땜을 하려면 열이 필요하다. 열이 부품으로 가지 못하게 막아야지, 접합 부위로 가지 못하게 막아서는 안 된다.
- 열전달을 촉진하기 위해서는 악어 클립과 전선 사이를 금속과 금속으로 연결시켜야 한다.

이런 점들을 기억한다면 점대점 연결이라는 아주 흥미로운 도전을 계속해나갈 수 있다.

실험 14: 주기적으로 반짝이는 웨어러블 장치

지금까지는 대단한 이론이나 계획 없이 일단 뭐든 모아서 만들어보도록 했다. 발견을 통한 배움은 원래 그런 것이기 때문이다. 그러나 가끔은 계획이 반드시 필요할 수 있으며, 이번이 바로 그런 경우다. 이 실험에 필요한 준비물을 정리하고 완성 과정을 하나하나 짚어보자.

실험 준비물
- 9V 전지와 건전지 홀더 또는 9V AC-DC 어댑터
- 연결용 전선, 니퍼, 와이어 스트리퍼, 계측기
- 15W 납땜인두
- 얇은 땜납(0.055cm)
- 아무것도 없는 만능기판(구리 도금 없음)
- 보조 도구
- 저항: 470Ω 2개, 100K 1개, 4.7K 2개, 470K 2개
- 커패시터: 3.3μF 2개, 220μF 1개
- 트랜지스터: 2N2222 3개
- 일반 LED 1개

여러 가지를 시도해볼 시간이 돌아왔다

그림 2-116으로 돌아가 회로를 떠올려보자. 이제 이 회로를 착용할 수 있도록 조금 더 작게 만들어볼 것이다.

부품의 리드 사이에 고무 띠가 끼워져 있어서 리드 간의 연결이 끊어지지 않으면서 작업대 위에서 서로 위치를 바꿀 수 있다고 상상해보자. 고무 띠가 가급적 늘어나지 않도록 하면 회로가 최소화되고 이 부품들을 드러난 전선과 연결해서 각각이 만능기판에 연결되도록 한다.

여기서 문제가 하나 있다면 기판 아래에 드러난 전선을 서로 교차시킬 수 없다는 점이다. 한

가지 해결책은 기판의 기능을 확인한 후 이 사양을 전문 회사에 의뢰해 회로 기판으로 새기는 것이다.

물론 현대의 인쇄 기판은 최소한 두 면이고 그 사이에 여러 층이 있어서 여러 부품이 전기적으로 접촉하지 않으면서 교차되도록 할 수 있다. 그러나 항상 간단하고 기본적인 방법부터 시작하는 것이 좋다. 가장 간단한 기판은 한 면에 부품, 다른 면에 연결을 두는 형태. 기판 위쪽의 부품 아래로는 기판의 절연 물질이 서로를 분리해주기 때문에 전선이 지나갈 수 있다. 그러나 전선끼리 서로 교차하면 안 된다.

이 회로를 최소화하기 위해 내가 고안한 가장 성공적인 방법이 구리 조각이 없는 0.9×1.3인치 크기의 기판에 구성한 그림 3-66이다. 여러분이 이보다 훨씬 더 작은 기판으로 만들 수 있다면 꼭 한 번 보고 싶으니 알려주기 바란다. 다음은 도움이 될 수 있는 방법이다.

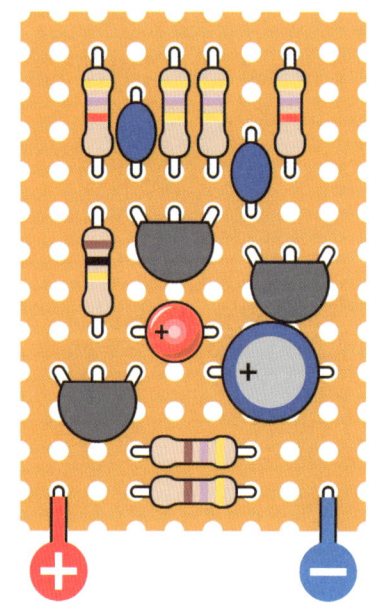

그림 3-66 오실레이터 회로. 만능기판에 공간을 최소화했다.

- 1/4W 대신 그보다 저항값이 작은 1/8W를 사용한다.
- 저항을 수직으로 설치한다.
- 기판의 구멍이 충분히 크다면 리드 2개를 하나의 구멍에 끼운다.

부품 간의 연결이 어디에 갔는지 궁금한가? 연결은 기판 아래에 있다. 그림 3-67에서 부품은 흐릿하게 처리했으며 보드를 치워서 배선을 볼 수 있도록 했다.

이 그림을 그림 2-116과 꼼꼼하게 비교해보면

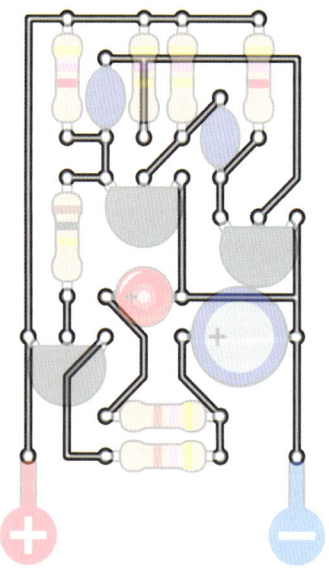

그림 3-67 검은색으로 표시한 회로 기판 아래의 전선. 여기서 기판은 투명하게 처리했다.

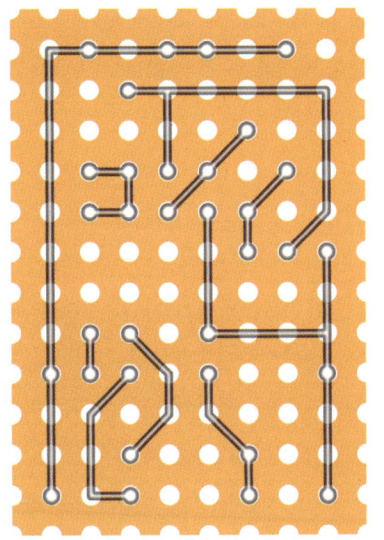

그림 3-68 여기에서는 기판과 연결만 표시했다. 원 모양의 점은 모두 기판의 구멍을 통과하는 연결을 뜻한다.

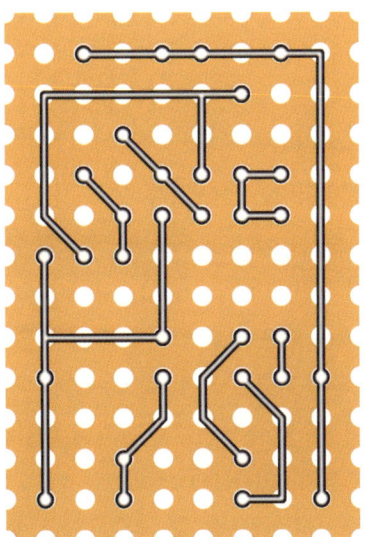

그림 3-69 연결을 보여주는 그림 3-68을 좌우로 뒤집어서 뒤에서 본 기판의 모습이다.

부품 간의 연결이 같다. 내가 실수하지 않았다면 분명히 그럴 거다(정말 그랬으면 좋겠다. 전부 다시 그려야 하는 건 피하고 싶다).

그림 3-68은 또 다른 방식으로 나타낸 것으로 이번에는 부품은 숨기되 기판은 표시해서 연결이 기판의 0.1×0.1인치 격자에 어떻게 나타나는지를 알 수 있다.

마지막으로 그림 3-69는 기판을 좌우로 뒤집어서 뒷면에서 본 모습이다. 이렇게 하면 부품을 끼울 때 연결을 만들기가 수월하다. 직접 해보자.

전선을 구부리고 땜납 추가하기

이제 이 프로젝트에 대한 계획을 확인했으니 이런 연결을 모두 어떻게 만들어야 할까?

만들기는 그다지 어렵지 않다. 저항, 커패시터, 트랜지스터에는 보통 1cm 이상의 리드가 있다. 따라서 만능기판에 리드를 꽂은 다음 서로 접촉하도록 구부려주면 된다. 접촉하고 있는 상태에서 서로 납땜하면 된다. 그런 다음 불필요한 부분을 잘라내고 전지를 연결하면 작업은 끝난다.

이 과정에서 조심해야 할 주요 사항이 세 가지 있다.

- 작업하는 동안 기판을 손으로 단단히 잡고 있으려면 조심성과 인내심이 필요하다. 보조 도구를 사용하자.
- 부품과 납땜하는 접합 부위가 아주 가까울 수 있다. 순동 악어 클립을 이용해서 부품을 열로부터 보호하자.
- 기판의 앞면과 뒷면을 뒤집어가며 작업하면 많이 헷갈린다. 전선을 잘못된 곳에 꽂기 쉽다. 개인적으로는 이 과정이 사실 제일 어려운 부분인 것 같다.

아마도 만능기판이라고 하면 각각의 구멍 주위에 작은 구리 원이 붙어 있는 유형을 보았을 것이다. 이런 기판이 이번 프로젝트에 적합할까? 구리 원이 붙어 있으면 부품을 단단히 고정시킬 수 있다는 장점이 있지만 너무 가까이 위치한 전선끼리 합선이 생길 수도 있다. 그래서 이처럼 작은 프로젝트에는 아무것도 없는 기판이 더 사용하기 쉽다고 생각한다. 그림 3-22가 그 예다. 만능기판 중에는 구멍이 더 큰 것도 있지만 대단한 차이는 나지 않는다.

한 단계씩 해보기

다음은 회로를 만드는 구체적인 과정을 정리한 것이다.

큰 크기의 만능기판에서 0.9×1.3인치 크기만큼 기판을 잘라낸다.(0.1인치 단위까지 표시된 자는 없어도 된다. 기판 구멍 사이 간격이 0.1인치이기 때문에 그냥 기판의 구멍 개수만 세면 된다.) 소형 줄톱을 사용하거나 조심만 한다면 구멍의 선을 따라 손으로 잘라낼 수도 있다.[6] 쇠톱을 써도 된다. 좋은 목재용 톱은 권장하지 않는데 만능기판 중에는 안에 유리섬유가 사용된 것이 있어서 톱날이 무뎌질 수 있기 때문이다.

부품을 모두 모은 뒤 조심스럽게 기판의 구멍 3~4개에 꽂아보자. 구멍 개수를 잘 세어서 모두 제 위치에 꽂을 수 있도록 하자. 기판을 뒤집어서 부품의 리드를 구부려 보드에 고정시키고 그림 3-69처럼 연결을 만들자. 리드가 짧다면 22게이지 전선 조각을 사용해서 길이를 늘려주어야 한다. 방해가 되는 피복은 제거하자.

니퍼로 전선을 대충 정리하고, 납땜인두를 사용해서 납땜한다.

이제 중요한 작업을 할 차례다. 확대경으로 접합 부위를 확인하고 주둥이가 뾰족한 펜치로 전선을 이리저리 움직여보자. 충분한 땜납을 사용하지 않아 접합 부위가 단단하지 않다면 다시 가열해서 납땜해준다. 잘못된 위치에 납땜이 됐다면 다용도 칼로 땜납에 평행이 되도록 줄을 2개 그은 뒤 가운데 조각을 떼낸다.

일반적으로 한 번에 3~4개의 부품을 꽂아서 작업한다. 그보다 많으면 헷갈릴 수 있다. 잘못된 위치에 부품을 납땜했을 때 실수를 되돌리기는 그다지 어렵지 않다. 실수한 곳에 부품을 더 연결한 뒤에 이 사실을 알아차리지만 않으면 괜찮다.

주의: 날아다니는 전선 조각

니퍼의 칼날은 전선을 자를 때 강한 힘을 받는데 이 힘이 전선이 잘리는 순간 최대가 되었다가 방출된다. 이 힘은 잘린 전선 조각에 작용해서 갑작스러운 움직임으로 변환될 수 있다. 어떤 전선은 상대적으로 부드러워서 그다지 위험하지 않지만 트랜지스터나 LED의 리드는 이보다 더 딱딱하다. 잘린 전선 조각은 예상치 않은 방향으로 아주 빠르게 튈 수 있어서 눈을 가까이 대고 작업하고 있을 때는 아주 위험하다. 따라서 평소에 안경을 쓴다면 전선을 다듬을 때 눈을 보호할 수 있다. 안경을 쓰지 않는 사람이라면 플라스틱 보호용 안경을 꼭 착용하는 것이 좋다.

---

[6] 그러나 가급적 손으로 자르지 않는 편이 좋다.

작업 마무리하기

나는 작업할 때마다 밝은 조명을 사용한다. 조명은 비싸지 않지만 꼭 필요하다. 조명이 없다면 책상용 스탠드를 구입하자. 비싼 제품일 필요는 없고 중고 할인 제품이면 충분하다.

나는 주광색 LED 스탠드를 사용하는데 저항의 색깔 띠를 분명히 구별하는 데 도움이 된다. 형광등 스탠드는 형광등 코딩에 조그만 흠집만 있어도 자외선이 새어 나온다는 사실을 알고 난 뒤부터 사용하지 않는다. 이런 스탠드는 불빛과 지나치게 가까운 곳에서 작업하는 경우 눈 건강에 해롭다.

시력이 아무리 좋아도 접합 부위를 하나하나 검사하려면 확대경이 필요하다. 접합 부위가 가끔은 얼마나 불완전할 수 있는지 알면 놀랄 것이다. 확대경을 가급적 눈에 가까이 대고 기판을 움직여서 점검하려는 접합 부위에 초점이 맞도록 위치를 조정한다.

드디어 작업하는 회로의 맥박이 심장박동처럼 뛰고 있을 것이다. 정말 뛰고 있나? 제대로 동작하지 않는다면 모든 연결을 따라가며 회로도와 비교해본다. 오류를 찾을 수 없다면 계측기의 검은색 리드를 음극에 대고 빨간색 리드를 회로에 갖다 대서 전압이 존재하는지 확인한다. 회로가 동작하려면 모든 부분에서 적어도 어느 정도의 전압이 감지되어야 한다. 연결이 되지 않은 곳을 발견했다면 납땜이 잘 안 되었거나 아예 연결을 안 한 것일 수 있다.

모든 작업이 끝났으니 다음은 무엇을 해야 할까? 이제 전자부품은 잠깐 내려놓고 공작 쪽으로 가보자. 이제 회로를 착용할 수 있는 방법을 알아볼 것이다.

먼저 전원을 고려해야 한다. 여기에서 사용하는 부품들을 작동시키려면 9V 전압이 꼭 필요하다. 이 9V 회로를 착용할 수 있도록 만들려면 어떻게 해야 할까? 또 커다란 9V 전지를 사용한다면?

해결책으로 다음의 세 가지를 생각해볼 수 있다.

- 전지를 주머니에 넣고 주머니 바깥에 불빛이 나오는 장치를 부착한 뒤 옷감을 통과시킨 얇은 전선으로 전지와 회로를 서로 연결한다.
- 전지를 야구모자 안쪽에, 불빛이 나오는 장치를 밖에 부착한다.
- 3V 원형 건전지를 쌓아서 플라스틱 집게 같은 것으로 고정할 수도 있다. 그렇지만 고정된 상태가 얼마나 갈지는 모르겠다.

2N2222 트랜지스터는 MOSFET이라고도 불리는 전계효과 트랜지스터보다 전력 소비가 큰 경향이 있어서 이 프로젝트에는 적합하지 않다는 점은 지적하고 넘어가야겠다. 그러나 지면의 제약으로 이 책에서 다룰 수 있는 트랜지스터 제품군이 하나밖에 없었고 접합형 NPN 트랜지스터가 가장 기본적인 유형이기 때문에 2N2222 트랜지스터를 택했다.

LED 선택에 있어서는 렌즈가 깨끗하면 한정된 범위에서 불빛을 내는데 이 책에서 사용하기에는 적합하지 않을 수 있다. 빛을 분산시키면 좀 더 보기 좋은 불빛이 된다. 빛을 분산시키기 위해 그림 3-70처럼 두께가 0.6mm 이상인 투명 아크릴 플라스틱에 LED를 삽입할 수 있다. 그런 다음 아크릴의 앞부분을 고운 사포로 간다. 회전형 연마기를 사용하면 특정한 패턴이 생기지 않아서 좋다. 사포로 갈면 아크릴이 반투명 상태가 된다.

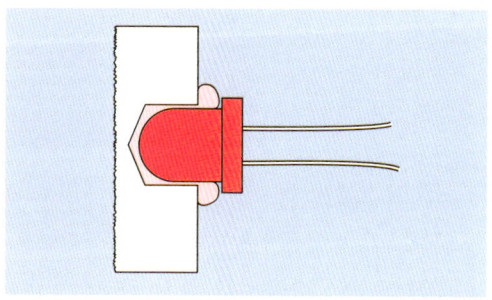

그림 3-70 이 단면도는 투명 아크릴판의 뒤쪽에서 앞쪽을 향해 드릴로 구멍을 낸 모습을 보여준다. 드릴의 날이 뒤쪽으로 원뿔 모양의 구멍을 만드는 반면 LED의 앞부분은 둥근 모양이기 때문에 LED를 삽입하기 전에 구멍에 투명한 순간접착제나 실리콘 코킹을 넣어줄 수 있다.

드릴을 사용해서 아크릴의 뒤쪽으로 LED보다 조금 더 크게 구멍을 뚫는다. 아크릴을 완전히 뚫어버리면 안 된다. 컴프레서(air compressor)를 사용해서 구멍에 압축 공기를 불어넣거나 컴프레서가 없다면 물로 씻어서 조각과 먼지를 모두 제거한다. 구멍 안이 완전히 건조되면 투명한 실리콘 코킹이나 순간접착제를 조금 섞어서 구멍의 안쪽에 넣는다. 그런 뒤 LED를 접착제가 밀려 나올 때까지 끼워 넣어 단단히 고정시킨다.

LED에 불을 켜보고 필요하다면 사포질을 조금 더 해준다. 마지막으로 아크릴 뒤쪽에 회로를 부착할지, 아니면 다른 곳에다 두고 전선으로 연결할지 결정한다.

오실레이터 회로에 레지스터를 사용하면 LED가 사람이 휴식할 때의 심장박동 속도로 깜빡거리도록 할 수 있다. 이렇게 하면 LED를 가슴 한가운데나 손목 주위에 감았을 때 마치 심장 박동을 측정하는 것처럼 보일 수도 있다. 남들에게 장난치는 것을 좋아하는 사람이라면 체력이 놀라울 정도로 좋기 때문에 격렬한 운동을 할 때도 맥박이 일정하다고 속일 수 있다.

회로의 외장(enclosure)을 보기 좋게 만들기 위해 전체를 투명 에폭시에 넣는 방법부터 빅토리안 스타일의 펜던트를 사용하는 방법까지 여러 가지를 생각해보았다. 이 책은 전자회로에 대한 책이지 수공예 책이 아니기 때문에 다른 방법을 생각해보는 일은 여러분에게 맡기겠다. 그러나 공예와 관련해서 하고 싶은 이야기가 하나 있는데, 그 이야기를 하기에 지금이 적당할 듯하다.

배경지식: 혼란스러운 단위

이 책에서는 대부분 미터 단위를 사용하지만 0.9×1.3인치 만능기판처럼 가끔 인치 단위도 사용한다.[7] 내 입장에서는 단위를 섞어서 사용하는 것이 전혀 모순되지 않는다. 일반적으로 인치와 미터 단위를 모두 사용하는 전자부품 업계의 혼란스러운 상황을 반영하고 싶기 때문이다. 심지어 하나의 데이터시트에서조차 두 단위를 모두

---

[7] 이 책에서는 국내 상황에 맞게 대부분 미터 단위로 변경했다. 다만, 인치 단위가 더 폭넓게 사용되는 것들이나 인치로 표현할 때 더 이해하기 쉬운 경우에는 인치 단위를 사용했다.

사용하는 경우도 흔하다. 예를 들어 표면 부착형 칩의 핀 간격은 밀리미터로 나타내는 일이 많지만 스루홀 유형의 칩은 핀 간격이 0.1인치이며 아마도 이런 표기 방식은 바뀌지 않을 듯하다.

문제를 더 복잡하게 만드는 것은 인치를 사용하더라도 1인치 이하를 표시하는 방식이 두 가지라는 점이다. 예를 들어 드릴 날의 경우 1/64인치로 나타내는 반면 금속 끼움쇠의 두께는 1/1,000인치(즉 0.001인치, 0.002인치 등)로 표시한다. 거기다 금속판은 16게이지(약 1/16인치)처럼 게이지 단위를 사용하는 경우가 많아서 혼란을 더욱 가중시킨다.

미터 시스템이 훨씬 더 합리적인데도 미국은 어째서 미터법으로 전환하지 않는 걸까?

미터 체계가 합리적인지에 대해서는 논의가 필요할 수도 있다. 미터법이 공식적으로 도입된 때는 1875년으로 당시 1미터는 북극에서 파리를 통과해 적도까지 이어지는 거리의 1/10,000,000로 정의했다. 어째서 파리였을까? 왜냐면 프랑스인들이 그 아이디어를 고안해냈기 때문이다. 그 이후로 과학 분야의 응용에서 정확성을 높이기 위해 세 차례 개선이 이루어졌다.

십진법의 경우 소수점을 이동시키는 것이 1/64인치 단위를 계산하는 것보다는 분명 간단하겠지만 십진법으로 수를 세는 이유라고 해봐야 인간의 손이 우연히도 10까지 셀 수 있도록 진화했다는 것뿐이다. 사실은 12진법이 2로도, 3으로도 나누어 떨어지기 때문에 훨씬 더 편리하다.

그러나 이 모든 것은 가정일 뿐이다. 사실 이미 길이 단위로 혼란스러운 상황이기 때문에 단위를 변환하는 데 도움이 되는 도표 4개를 만들었다. 이 도표를 보면 5mm LED를 끼울 구멍을 뚫을 때 3/16인치 드릴 날을 사용하면 된다는 것을 알 수 있다(사실 정확하게 5mm 구멍을 뚫으면 LED를 끼우기에는 너무 빡빡하다).

그림 3-71은 1/64인치 단위와 1/100인치 단위 간의 변환을 도와준다. 회색 열은 1/64인치, 파란색 열은 1/32인치, 초록색 열은 1/16인치, 주황색 열은 1/8인치씩 나누어져 있다. 관례상 값이 더 큰 단위에서 정확하게 표현될 수 있다면 그쪽을 사용한다. 따라서, 8/64인치보다는 1/8인치라고 표현한다. 그런데 이렇게 하면 측정값을 서로 비교할 때 조금 복잡할 수 있다. 예를 들어 11/32인치는 5/8인치보다 클까? 확인을 위해 도표를 살펴보자.

데이터시트에는 소수점을 사용하는 인치 단위로 수치를 나타내는 일이 많기 때문에 그림 3-72의 두 번째 도표는 인치를 소수와 1/64 단위의 분수로 나타낸 값의 변환을 도와준다. 0.375인치 같은 단위를 보았을 것이라 생각하는데 이 값이 3/8인치와 같다는 것을 알고 있으면 유용할 수 있다.

데이터시트 중에는 수치를 밀리미터와 인치 두 가지 방법으로 모두 나타내는 경우도 많지만 밀리미터만 사용하는 것도 있다. 인치 단위에 익숙하고 부품이 브레드보드나 만능기판의 1/10인치 구멍 간격에 맞을지 알고 싶다면 1/10인치가 2.54mm와 같다는 사실을 기억하면 도움이 된다. 부품이 작다면 핀 간격이 2.5mm여도 괜찮다. 그러나 핀 간격이 25mm를 넘으면

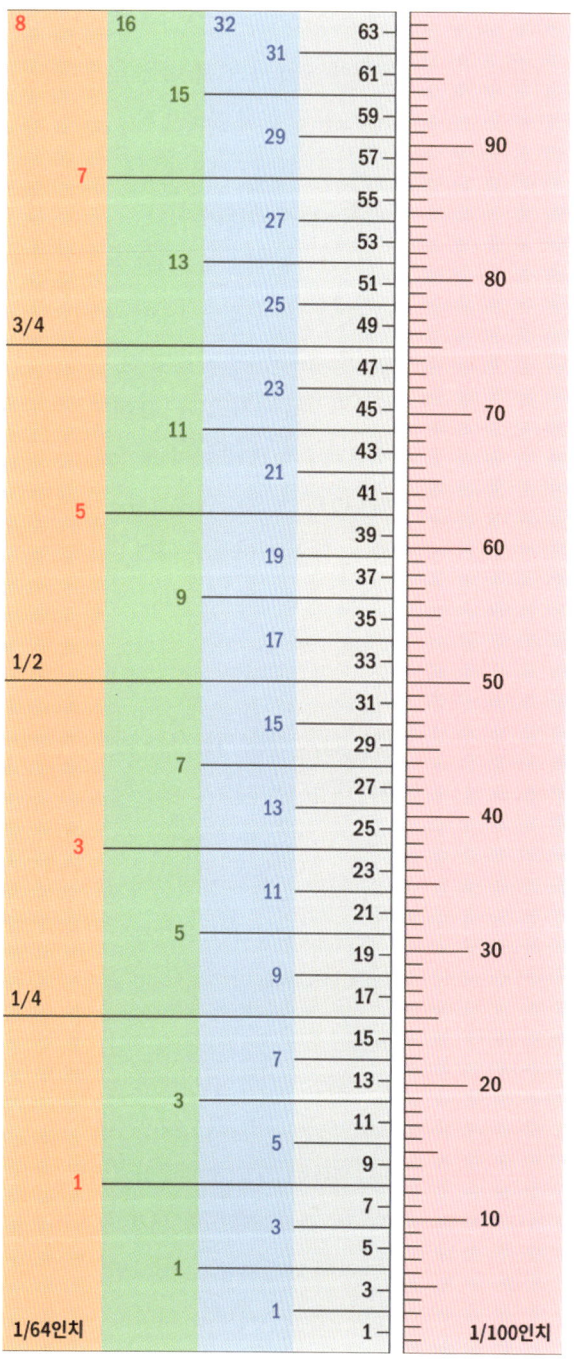

그림 3-71 1/64인치와 1/100인치 간의 변환

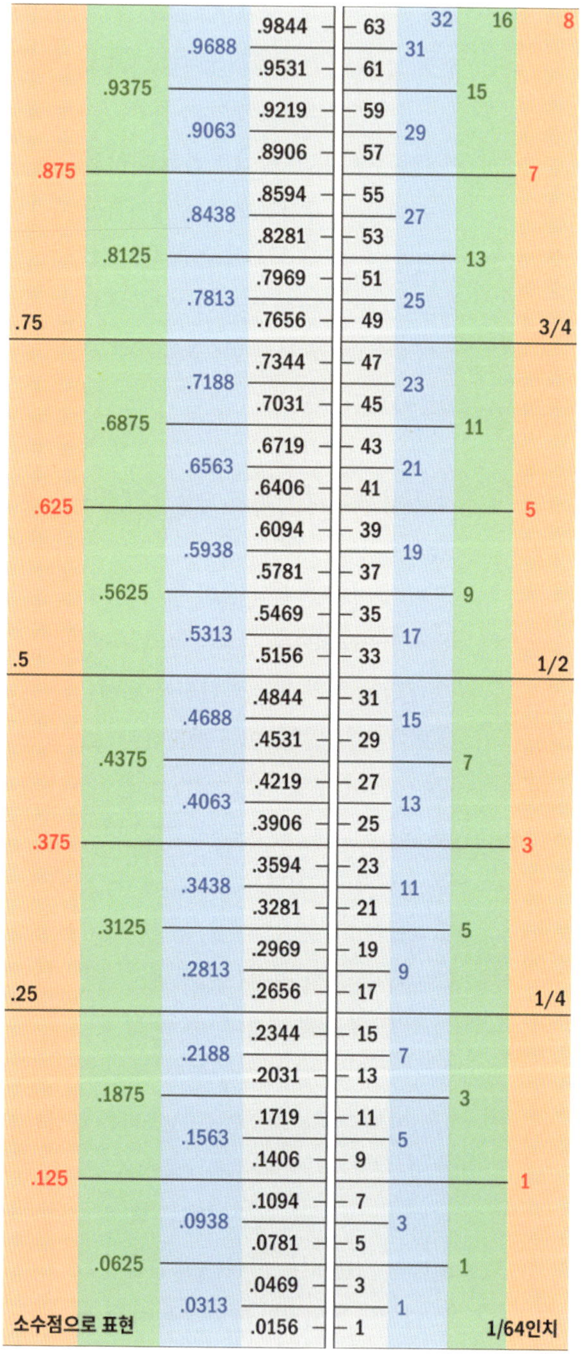

그림 3-72 인치를 소수점과 분수로 나타낸 값들 간의 변환.

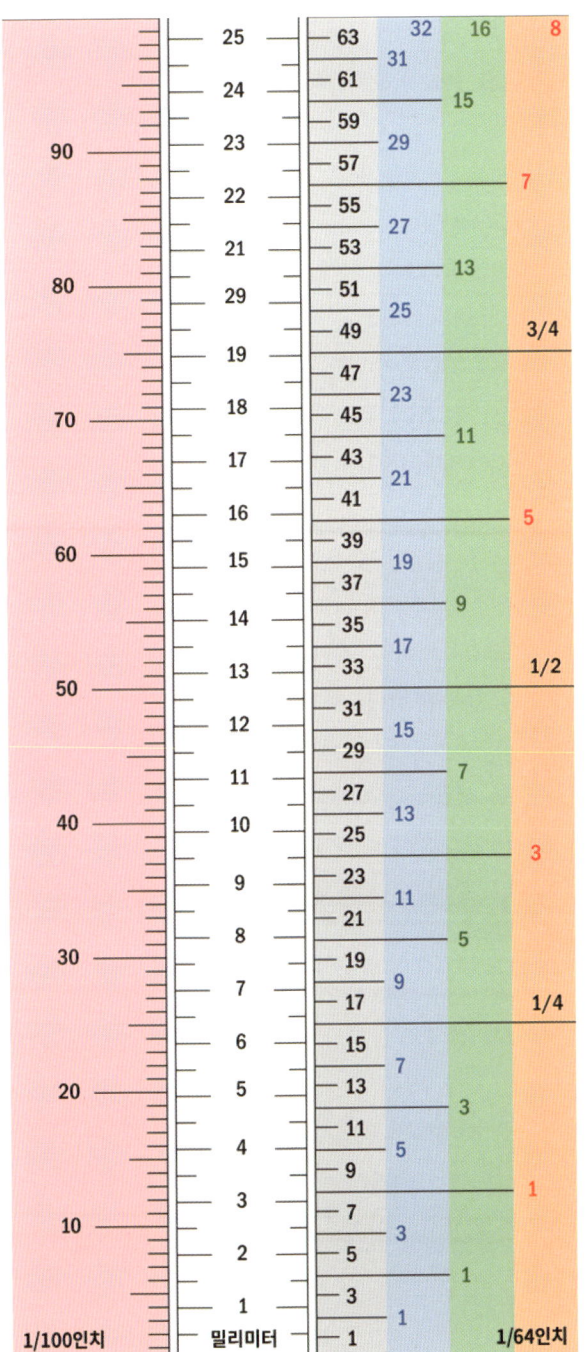

그림 3-73 미국 측정 단위와 미터법(밀리미터) 간의 변환.

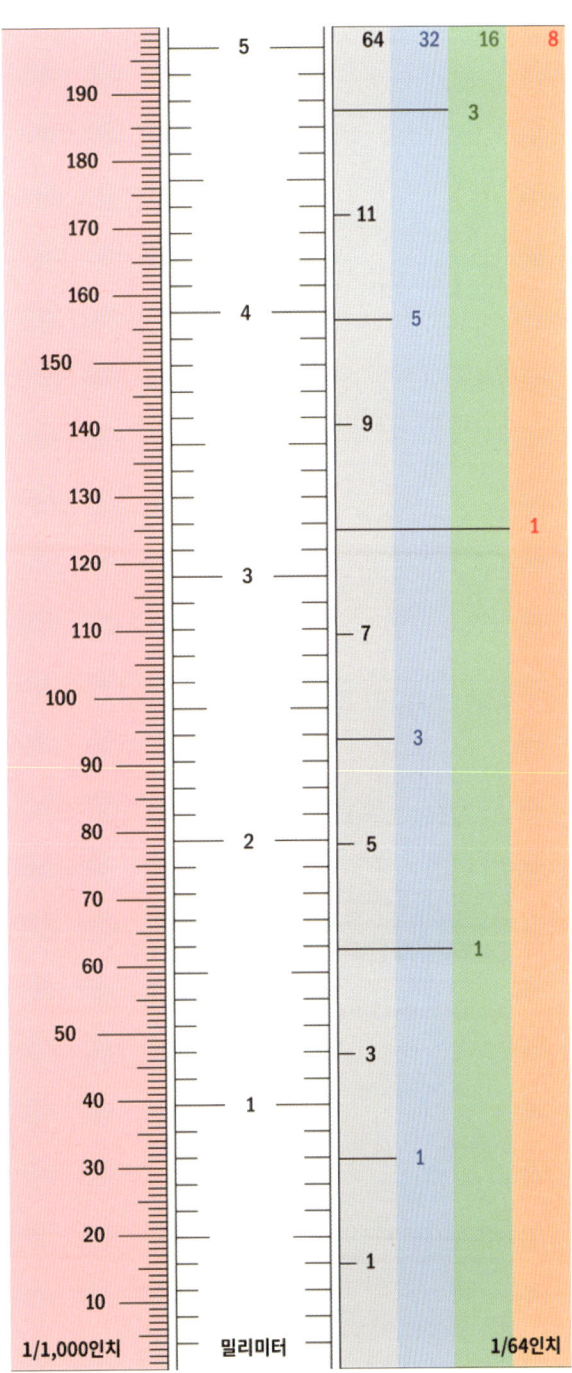

그림 3-74 더 작은 미국 측정 단위와 미터법(0.1밀리미터) 간의 변환.

25.4mm(1인치)가 넘는 구멍에는 맞지 않을 수도 있다.

그림 3-73은 밀리미터와 1/100인치, 1/64인치 간의 변환을 도와준다.

그림 3-74는 앞의 십진법으로 나타낸 밀리미터와 1/1,000인치를 표시한 도표를 확대한 것이다. 지난 40년간 미국에서 미터법을 도입하기 위한 진전이 어느 정도 이루어졌지만 이 전환이 마무리되려면 수십 년이 더 지나야 한다. 그 전에는 미국에서 제조되거나 판매되는 부품을 사용하는 사람이라면 양쪽 단위에 모두 익숙해져야 한다. 다른 방법은 없다.

실험 15: 침입 경보기 1부

이제 배운 사실을 활용해서 간단하지만 실제로 동작하는 제품을 만들어 볼 시간이다. 침입 경보기가 필요하지 않다고 생각하는 사람도 있겠지만 만드는 법을 파악하면 실제 세계에서 작동하는 회로를 만드는 과정을 이해하기 위한 훌륭한 첫걸음이 된다.

미리 말하지만 아무것도 없는 상태에서 회로를 설계하면 보통 생각지도 않은 문제와 오류에 부딪치기 마련이다. 따라서 다음에 설명하는 단계별 순서를 따라가면서 적어도 한 번쯤은 좌절을 겪고 이전 과정을 되짚어보는 과정을 거친 뒤에야 마침내 튼튼하고 제대로 작동하는 장치를 완성할 수 있을 것이다.

실험 준비물
- 9V 전지와 건전지 홀더, 또는 9V AC-DC 어댑터(선택)
- 브레드보드, 연결용 전선, 니퍼, 와이퍼 스트리퍼, 계측기
- 일반 LED 1개
- 2N2222 트랜지스터 1개
- DPDT 9VDC 릴레이 1개
- 1N4001 다이오드 1개
- 저항: 470옴 1개, 1K 1개, 10K 1개

희망 목록

이번 실험은 아주 복잡하다. 따라서 계획을 세워야 한다. 그러나 계획을 세우기 전에 무엇을 원하는지부터 알아야 한다. 다음은 내가 '희망 목록'이라고 부르는 것들을 써놓은 것이다. 그와 함께 이전의 실험에서 사용한 부품들로 각각의 요건들을 어떻게 만족시킬 수 있을지 보여주고자 한다. 자, 그렇다면 침입 경보기에 필요한 것은 무엇일까?

1. 활성화 장치 집에 누군가가 들어왔을 때 이를 감지하는 장치다. 레이저빔이나 초음파를 사용하는 정교한 장치라면 멋있겠지만 만들기는 어렵다. 첫 시도이니 여기서는 문과 창문에 많이 사용되는 자기 센서 스위치를 사용하자.

2. 소리 경보기는 사람들의 주의를 끌 수 있도록 높낮이가 변하는 고유의 소리를 발생시켜야 한다.

3. 부정 변경 방지 전선을 끊는 것만으로 쉽게 경보음이 꺼져서는 안 된다. 사실 부정 변경이 시도되면 오히려 경보음이 울리도록 만들어야 한다.

4. 센서는 직렬로 연결 장치에서 부정 변경을 방지하기 위해 평상시 닫힘 상태인 센서 스위치 여러 개를 직렬로 연결한 뒤, 여기에 아주 작지만 지속적으로 전류를 흘려줄 수 있다. 만약 하나의 스위치가 열리거나 전선이 끊어지면 전류가 끊기면서 경보음이 울리기 시작한다. 대부분의 유선 경보기는 이런 방식으로 설계된다.

5. 꺼짐에서 켜짐 상태로 전환 센서는 직렬로 연결하면 스위치가 열리거나 회로가 끊겼을 때 경보음이 울리도록 '꺼짐' 상태에서 켜짐 상태로 전환한다. 이렇게 하려면 쌍투 릴레이를 사용할 수 있다. 릴레이의 코일을 통과하는 전류가 한 쌍의 접점을 열린 상태로 유지하다가 전류가 끊기는 순간 자동으로 접점이 닫히도록 하는 것이다. 그러나 릴레이는 접점을 열린 상태로 유지하는 데 전기를 너무 많이 소모한다. 나는 경보기가 '준비' 모드에 있을 때 소비되는 전류가 아주 작아서 전지로 구동할 수 있도록 만들고 싶다. 경보기는 절대로 가정용 AC 전류로만 전기를 공급해서는 안 된다.

6. 트랜지스터를 사용할 수 있을까? 릴레이를 사용하지 않는다면 트랜지스터를 사용해서 회로가 끊겼을 때 경보기가 켜지도록 할 수 있다. 트랜지스터의 베이스는 회로가 끊기지 않으면 상대적으로 낮은 전압에서 상태가 유지될 수 있다. 회로가 끊어지면 전압이 상승해서 트랜지스터가 경보기 스위치를 켠다.

7. 경보기 경계 상태로 전환 모든 문과 창문이 닫힌 상태일 때 작은 불빛이 켜지도록 만들어서 경보기 사용 여부를 알 수 있도록 하고 싶다. 그 외에도 버튼을 누르면 1분간 기다렸다가 내가 집을 나가고 나서 경보기가 작동되었으면 좋겠다. 다시 말해 1분이 지나서 경보기 시스템이 활성화되도록 하는 것이다.

8. 경보음 자체 유지 일단 경보가 울리기 시작하면 쉽게 꺼지지 않았으면 좋겠다. 누군가 창문을 열었다면 창을 다시 닫더라도 경보음이 계속해서 울려야 한다. 트랜지스터를 사용해서 릴레이를 작동시키고 릴레이가 켜졌을 때 전원이 유지되도록 하면 어떨까? 아니면 트랜지스터로 이런 동작을 구현할 수 있을까?

9. 초기 지연 내가 경보기로 보호되는 구역으로 들어갈 때마다 그 즉시 경보음이 큰 소리로 울리지는 않았으면 좋겠다. 내가 들어가서 스위치를 끌 수 있도록 1분간 기다리도록 만들고 싶다. 1분 동안 경보기를 끄지 못하면 그때부터 경보음을 냈으면 좋겠다.

10. 암호로 경보기 끄기 경보기를 켜고 끄는 데 비밀번호를 입력할 수 있는 키패드 같은 것을 사용하면 좋겠다.

희망 목록 구현하기

지금까지 만든 것이라고 해봐야 트랜지스터 3개를 사용한 작은 오실레이터 1개밖에 없다는 것을 떠올리니 희망 목록의 내용은 조금 지나친 것처럼 보인다. 그렇지만 대부분의 기능은 꽤 쉽게 구현할 수 있다. 어려운 부분은 이 책의 뒷부분에서 좀 더 폭넓은 지식을 쌓은 후에 다룰 예정이다. 그래도 마지막에는 희망 목록에 있는 모든 사항을 해결하고 모든 부품들을 하나의 브레드보드에 끼울 것이다(경보음을 내는 회로는 예외로, 선택할 수 있다).

자기 센서 스위치

경보음을 울리는 부품부터 시작해보자. 일반적인 센서 스위치는 자기 모듈과 스위치 모듈 2개로 이루어져 있다. 그림 3-75에서 모듈이 나란히 붙어 있는 것을 알 수 있다.

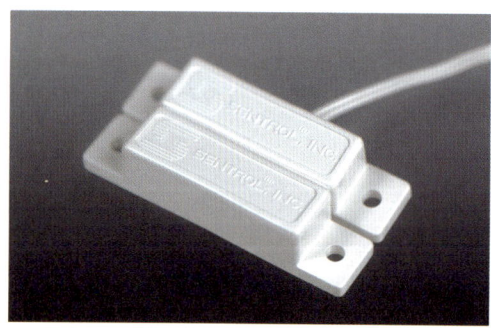

그림 3-75 일반적인 경보 센서는 플라스틱 포장 안에 든 자석(아래쪽)과 비슷한 포장 안에 든 자기적으로 활성화되는 리드 스위치(위쪽)로 구성된다.

자기 모듈은 영구 자석만으로 구성된다. 스위치 모듈에는 '리드 스위치(reed switch)'가 들어 있으며 리드 스위치는 자석의 영향으로 인해 (릴레이 내부의 접점처럼) 연결이 만들어지거나 끊긴다.

자기 모듈은 문이나 창문의 움직이는 곳에 붙이고 스위치 모듈은 창틀이나 문틀에 붙이면 된다. 문이나 창문이 닫혀 있을 때 자기 모듈은 스위치 모듈과 거의 닿아 있다. 자석으로 인해 스위치는 닫힌 상태를 유지하다가 문이나 창문이 열리면 따라 열린다. 그림 3-76은 자석과 스위치의 조합을 내부가 보이도록 나타낸 모습이다.

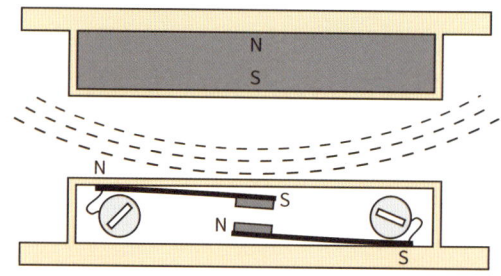

그림 3-76 내부를 보면 경보 시스템에 사용되는 일반적인 센서는 리드 스위치(아래)와 리드 스위치를 활성화시키는 자석(위) 2개의 부품으로 구성됨을 알 수 있다.

스위치는 자성을 띤 유연한 금속 띠 2개로 이루어져 있으며 금속 조각의 끝에는 전기적인 접점이 붙어 있다. 자석이 스위치에 접근하면 금속 띠에 자성이 생기면서 서로 끌어당기기 때문에 접점이 닫힌다.

설명을 듣고 알았겠지만 리드 스위치는 평상시 열림 상태(약어로 NO)이지만 자기장이 있으면 닫힌 상태로 유지된다. 경보 센서를 구매한다면 센서 중에는 반대로 동작하는 리드 스위치가 포함되어 있을 수 있다는 사실을 알아야 한다. 이런 센서는 평상시 닫힘 상태(약어로 NC)이지만 자기장이 있으면 열린 상태를 유지한다. NC 센서는 이 프로젝트에서 사용하지 않는다.

끊길 때 동작하는 트랜지스터 회로

어떻게 하면 경보기의 시끄러운 소리를 내는 부품을 켤 수 있을까?

우리가 사용하는 스위치는 모두 직렬로 연결되어 평상시 닫힘 상태로 유지되다가 이들 중 하나가 열리면 경보음이 울려야 한다.

NPN 트랜지스터의 동작 원리를 떠올려보자. 베이스가 양극이 아니면 트랜지스터는 컬렉터와 이미터 사이의 전류를 차단한다. 베이스가 양극이면 트랜지스터가 전류를 통과시킨다.

우리의 오랜 친구 2N2222 NPN 트랜지스터를 가운데 두고 구성한 그림 3-77의 회로도를 보자. 점검을 위해 경보 센서 대신 평상시 닫힘 푸시버튼을 사용했다. 이 회로를 만드는 데 필요한 부품 목록에 평상시 닫힘 푸시버튼이 없다는 사실은 나도 알고 있지만 실제로 브레드보드에 만들어보기 전까지 그냥 머릿속으로 생각만 해보자.

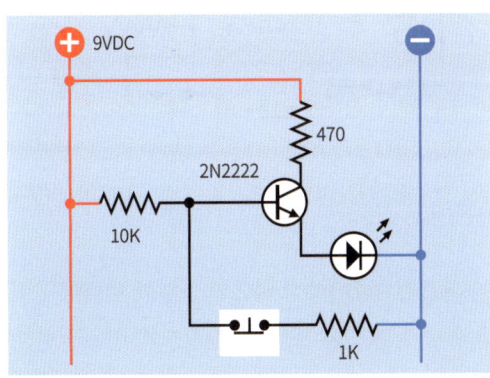

그림 3-77 평상시 닫힘 푸시버튼이 열렸을 때 LED가 켜지는 기본 회로.

푸시버튼이 닫힘 상태를 유지하는 동안 트랜지스터의 베이스 단자는 1K 저항을 통해 전원의 음극과 연결된다. 그와 동시에 베이스 단자는 10K 저항을 통해 전원의 양극과도 연결된다. 저항값의 차이 때문에 베이스 단자에 걸리는 전압은 9V보다 0V에 가까워서 트랜지스터에는 트랜지스터를 구동시킬 수 있는 문턱 전압(threshold voltage)보다 낮은 전압이 걸린다. 그 결과 트랜지스터는 그다지 많은 전류를 흘려보내지 못하고 LED에는 불빛을 밝힐 수 있을 정도의 전압이 인가되지 않는다.

자, 푸시버튼이 열렸을 때 무슨 일이 일어날까? 트랜지스터의 베이스 단자는 전원의 음극과 연결이 끊어지고 전원의 양극과만 연결된다. 베이스 단자에 걸리는 양전압의 크기가 훨씬 크기 때문에 트랜지스터는 저항값을 낮추고 더 많은 전류를 흘려보낸다. LED는 이제 밝게 빛난다. 따라서 푸시버튼이 연결을 끊으면 LED에 불빛이 들어온다.

이 정도면 잘 동작하는 시스템 같아 보인다. 문과 창문에 사용할 센서가 여러 개 있어야겠지만 그건 괜찮다. 그림 3-78에서 보는 것처럼 푸시버튼 대신 경보 센서를 설치하고 개수도 원하는 만큼 연결할 수 있다. 집 전체에 전선을 연결하되 전체 저항은 10K 저항보다 낮아야 한다.

모든 센서가 닫힌 상태일 때 트랜지스터는 약 1mA의 아주 작은 전류만을 소비한다. 개발과 실험을 위해서라면 9V 전지로 구동시킬 수 있지만 실제로 사용하기 위해서는 자동 충전 시스템으로 유지되는 12V 경보기용 전지를 사용하는 편이 낫다. 이 부분은 책의 범위를 벗어나지만 원한다면 경보기용 전지와 충전기는 쉽게 구입할 수 있다는 점을 기억해두자.

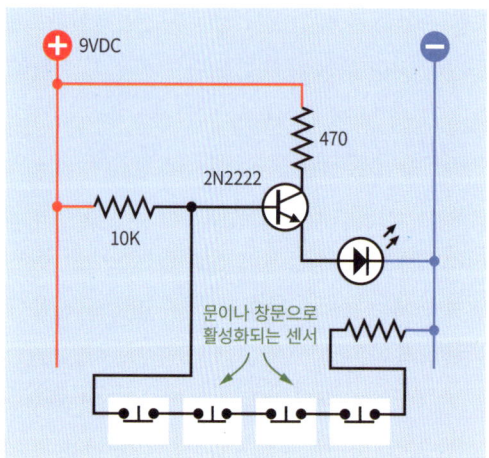

그림 3-78 직렬로 연결된 센서망에서 센서 중 하나라도 연결이 끊어지면 트랜지스터가 활성화된다.

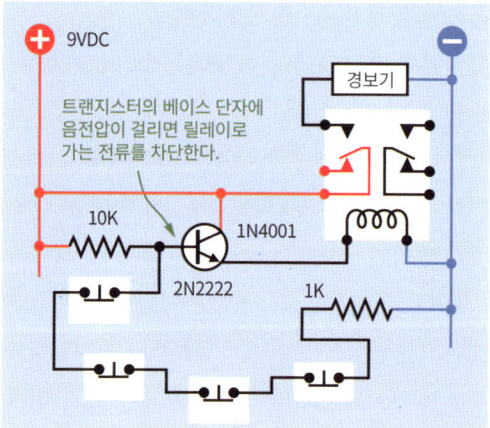

그림 3-79 이 회로에서 릴레이는 센서망의 스위치가 하나라도 열리면 활성화된다.

이제 LED를 제거하고 그림 3-79처럼 그 자리에 릴레이를 대신 설치하자(여기에서는 쌍극 릴레이를 사용했지만 지금 당장은 쌍극일 필요가 없다). 모든 푸시버튼이 닫힌 상태이면 트랜지스터의 베이스 단자에 걸리는 전압이 상대적으로 낮기 때문에 트랜지스터는 릴레이 코일에 전력을 공급하지 않으며 접점은 그림에 나타난 상태로 유지된다.

센서가 하나라도 열리면 그림 3-80처럼 트랜지스터의 베이스 단자에 양전압이 걸리면서 전류를 릴레이 코일로 흘려보내서 경보음이 울리기 시작한다(릴레이가 '항상 켜진 상태'가 아니기 때문에 이런 식으로 사용하는 것은 괜찮다. 평상시에는 꺼져 있고 경보기가 작동할 때만 전력을 소모한다). 여기에서 릴레이는 전원으로부터 보호할 필요가 없기 때문에 470Ω 저항이 제거되었다는 점에 유의하자.

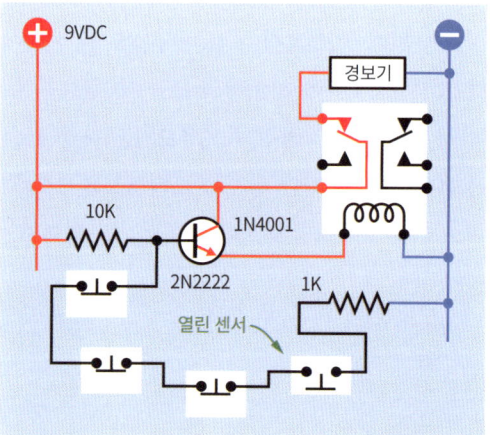

그림 3-80 회로의 센서가 열렸기 때문에 릴레이는 트랜지스터에 의해 활성화된다.

이 회로는 실험 7에서 사용한 동일한 릴레이를 이용해서 직접 만들어볼 수 있다(74페이지 '실험 7: 릴레이 조사하기' 참조). 그러나 이 회로를 조금 더 발전시킨 뒤에 시도해보는 편이 좋겠다.

다음의 사항을 고려해야 할 수도 있다.

- 릴레이가 트랜지스터에 과부하를 일으키는가? 해답은 두 부품의 데이터시트를 확인하면 알 수 있다.
- 트랜지스터는 '켜짐' 상태에 있더라도 약간의 전압강하를 일으킨다는 점을 기억하자. 전압강하가 일어나도 전압이 9V 릴레이를 활성화시키기에 충분한가? 릴레이의 데이터시트를 보면 코일의 최소 동작 전압을 알 수 있다. 수치는 실제 실험을 통해 검증해볼 수 있다.

자동 잠김 릴레이

지금까지 만든 회로는 센서가 하나라도 열리면 경보기가 활성화된다. 그건 좋지만 센서가 다시 닫힘 상태로 돌아가면 무슨 일이 생길까? 음의 전압이 다시 트랜지스터의 베이스 단자에 걸려서 경보음을 꺼버린다. 이건 좋지 않다.

희망 목록 8번을 보면 경보음이 자체적으로 유지되어야 한다. 누군가가 열린 문이나 창문을 재빨리 다시 닫더라도 경보음이 계속해서 울려야 한다. 따라서 릴레이는 어떤 식으로든 자동으로 잠겨야 한다.

이렇게 만드는 방법 중 하나는 '래칭 릴레이(latching relay)'를 사용하는 것이다. 래칭 릴레이는 두 가지 상태 중 한 상태를 유지하며 전원이 연결될 때만 다른 상태로 바뀐다. 그러나 래칭 릴레이에는 코일이 2개 있어서 경보음을 끄고 싶으면 래칭 상태를 해제하기 위해 추가 회로가 필요하다.[8] 실제로 사용하기는 일반 릴레이쪽이 더 쉬우며 여기에서는 한 차례 전압이 가해진 후에 릴레이가 계속 켜진 상태를 유지하도록 내가 생각해낸 방법을 보여주겠다.

비밀은 그림 3-81에 나타나 있다. 이 그림에서 가장 오른쪽에 있는 푸시버튼은 열렸다가 다시 닫힌 상태라서 트랜지스터가 꺼져 있다. 그렇지만 릴레이는 여전히 켜져 있는데 전선이 릴레이의 접점과 코일을 연결하고 있기 때문이다. 릴레이가 경보기를 활성화시키는 순간 릴레이 자신도 활성화된다.

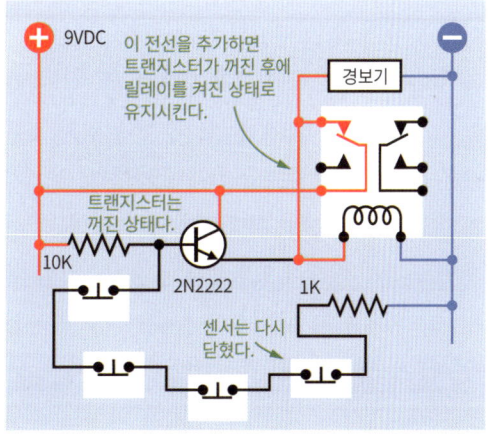

그림 3-81 센서는 다시 닫혔다. 트랜지스터는 더 이상 활성화되지 않지만 경보음은 고정된다.

그림 3-82는 이 개념을 분명히 보여주기 위해 전류가 지나가는 경로를 표시했다. 릴레이의 접점이 닫혀 있는 동안 릴레이의 코일은 접점을 통해 전기를 공급받는다. 이런 방식으로 스위치를 켜진 상태로 유지할 수 있다.

---

8 게다가 래칭 릴레이는 상대적으로 비싸다.

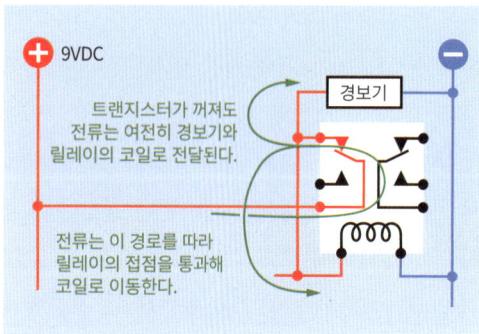

그림 3-82 앞의 회로도를 확대해서 릴레이를 통해 스위치가 켜진 상태로 유지되는 방법을 보여준다.

잘못된 전압 막기

이 정도면 잘될 것 같지만 문제가 하나 있다. 그림 3-81의 회로도가 완전히 정확한 것은 아니라는 사실이다. 그림 3-83을 보자. 이 그림의 윗부분은 회로의 관련 부분을 확대한 것이다. 경보기가 울리는 채로 잠긴 상태에서 트랜지스터가 꺼지면 전류가 릴레이 코일에서 트랜지스터의 이미터로 역류한다. 이 부분은 상대적으로 양극성을 띠므로 빨간색으로 표시했다.

트랜지스터에 역방향의 전류를 가하면 손상이 발생할 수 있기 때문에 좋지 않다. 이를 해결하려면 어떻게 해야 할까? 역방향 전류를 차단하기 위해서 정류 다이오드(rectifier diode) 같은 부품을 사용할 수도 있다. 그림 3-83의 아랫부분은 정류 다이오드를 사용한 모습을 나타낸 것이다.

그림 3-84는 다이오드를 추가해 새롭게 만든 전체 회로의 모습이다.

그러나 정확히 다이오드가 무엇인가? 발광 다이오드(LED)와 같은 것인가? 글쎄, 그렇기도 하고 아니기도 하다.

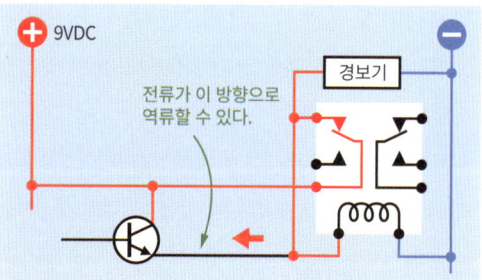

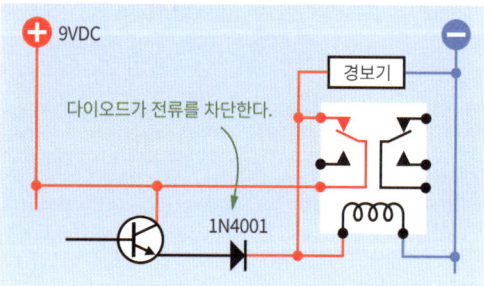

그림 3-83 다이오드를 추가하면 경보기가 울리는 상태로 잠겨 있고 트랜지스터가 꺼졌을 때 트랜지스터로 전류가 역류하는 것을 막을 수 있다.

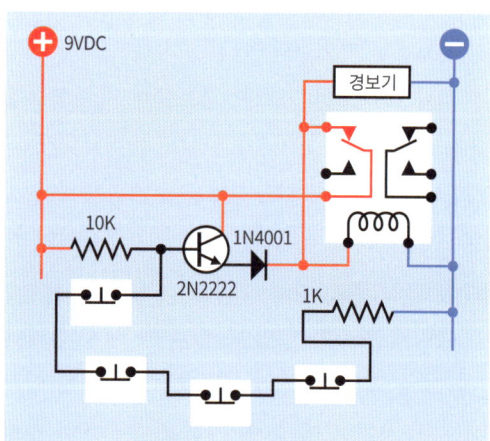

그림 3-84 다이오드를 포함하는 전체 회로.

필수지식: 다이오드의 모든 것

다이오드는 아주 초기 형태의 반도체다. 다이오드는 전기를 한 방향으로만 흘려보내고 반대 방향으로는 차단한다. 가장 최근에 만들어진 다이오드인 LED는 역전압이 걸린 상태에서 과도한 전력이 공급되면 손상을 입을 수 있지만 대부분의 다이오드는 이런 경우 LED보다 훨씬 더 잘 견딘다. 사실 다이오드는 역전압을 차단하기 위한 목적으로 고안되었으며 제조사에서 명시한 한도까지 역전압을 차단할 수 있다.

다이오드에서 양극 전압을 차단하는 쪽에는 항상 표시가 되어 있으며 보통은 그림 3-25처럼 둥근 띠로 표시된다. 표시된 쪽은 '캐소드(cathode)'라고 부른다. 반대쪽은 '아노드(anode)'라고 부르며 아무런 표시를 하지 않는다. 다이오드는 논리회로에서 유용하게 사용되기도 하고 교류(AC)를 직류(DC)로 변환[9]하는 데도 쓰인다. 다이오드가 차단하려는 전류를 견딜 수 있을 정도로 튼튼하지 않다면 그냥 더 큰 다이오드를 사용하면 된다. 다양한 크기의 다이오드가 판매된다.

다이오드를 사용할 때는 정격 용량보다 작은 용량에서 사용하는 것이 바람직하다. 여느 반도체와 마찬가지로 다이오드도 잘못 다루면 과열되어서 타버릴 수 있다.

다이오드의 기호는 LED 기호에서 원과 화살표를 제거한 가운데 부분과 닮았다. 그림 3-85는 다이오드 기호의 세 유형을 나타낸 것이다.

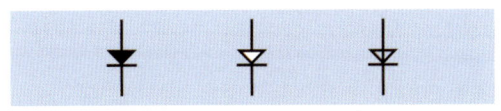

그림 3-85 다이오드를 나타내는 데 사용되는 3가지 회로 기호. 기능 면에서는 모두 동일하다.

9 보통 정류라고 이야기한다.

문제 하나를 해결하면 다른 하나가 생긴다

앞에서 릴레이를 켜진 상태로 유지시키는 문제를 해결했다. 이 문제는 전선을 하나 추가해 해결했지만 이 전선이 새로운 문제를 유발했다. 즉, 추가된 전선 때문에 전류가 트랜지스터로 역류한 것이다. 전류의 역류 문제는 다이오드를 추가해 해결했지만 이 또한 다른 문제를 야기한다.

다이오드로부터 서비스를 제공받으려면 그에 대한 비용을 지불해야 한다. 트랜지스터로부터 서비스를 제공받으려면 그에 대한 비용을 지불해야 하는 것과 마찬가지다. 사실 두 부품 모두 반도체이기 때문에 지불해야 하는 비용은 비슷하다. 그 비용은 바로 전압이 줄어드는 것이다.

릴레이가 꺼지면 전류가 트랜지스터를 지나 다이오드를 통과함으로써 릴레이를 켜야 한다. 릴레이가 켜지면 자체적으로 켜짐 상태를 유지하며 이것은 큰 문제가 아니다. 그러나 트랜지스터로 인해 0.7V 정도의 전압을 손해보고 다이오드로 인해 0.7V 정도를 추가로 손해보면 총 1.4V가 줄어든다. 공급 전압에 관계없이 이 정도의 전압 손실이 고정적으로 발생한다.

내 생각에 9V 릴레이라면 7.6V의 전압에서 안정적으로 동작한다. 오므론의 데이터시트를 보면 내가 추천하는 G5V-2 제품군은 제대로 동작하기 위해서 공급 전압의 75%가 필요하며 이 경우 6.75V면 충분하다. 이 정도면 타당한 오차 범위인 듯하다.

그러나 누군가가 다른 릴레이로 대체하면 어

떻게 될까? 어떤 릴레이는 다른 릴레이보다 사양이 제한되어 있을 수 있다. 아니면 누군가가 전지를 이용해서 회로에 전원을 연결하는데 그 전압이 9V 아래로 떨어진다면 어떻게 될까? 회로를 설계하는 사람은 언제나 예상하지 못한 상황에 대비해야 하며, 원칙은 부품을 가급적 사양에 명시된 대로 사용하는 것이다.

이 회로를 이 책의 초판에 실었을 때 일부 독자들이 전압강하 문제에 관해 의견을 주었다(그렇다. 나는 독자의 의견에 정말로 귀를 기울인다). 당시 나는 12VDC 전원을 사용하라고 명시했고 트랜지스터와 다이오드로 인해 생기는 1.4V의 손실은 허용할 수 있다고 생각했다. 그러나 개정판에서는 모든 실험에서 9VDC 전원을 사용해서 원한다면 AC 어댑터를 사지 않고 9V 전지만 사용해도 되도록 하려고 했다. 그러나 안타깝게도 9V에서 1.4V를 제외한 전압은 안전하게 허용할 수 있는 수준이 아니다.

한 가지 결정을 내리면 그 결정에 대한 어떤 대가가 따르는지 안다. 9VDC 전원을 사용하기로 했기 때문에 릴레이가 자체적으로 상태를 유지할 수 있도록 더 나은 방법을 찾아야 한다.

문제 해결하기

문제를 해결하는 첫 번째 단계는 어떤 일이 일어났는지 아주 명확하게 파악하는 것이다.

경보기는 트랜지스터와 릴레이 두 부품이 함께 제어한다. 트랜지스터는 경보음을 울린다. 그 후에 트랜지스터가 하는 일은 없다. 트랜지스터가 꺼지면 릴레이가 자체적으로 켜진 상태를 유지한다. 두 부품이 작업을 함께 나누어서 처리하는 이러한 시스템의 단점은 서로가 간섭을 일으킬 수 있다는 것이다. 이 문제를 해결하려면 한 부품이 모든 것을 제어하도록 하는 편이 더 낫다. 나는 트랜지스터가 제어 역할을 계속하도록 두려고 한다. 그러기 위해서 트랜지스터는 계속 켜져 있어야 하고, 트랜지스터가 켜져 있는 동안에는 릴레이가 켜져 있도록 해야 한다.

아, 이제 어떻게 해결해야 할지 알았다. 내가 해야 할 일은 릴레이의 두 번째 극을 사용하는 것이 전부다(실험 7에서 이미 사용한 바로 그 릴레이다). 평상시 닫힘 상태인 두 번째 극의 접점을 사용해서 그림 3-86처럼 일렬로 연결된 센서들을 접지시키면 된다.

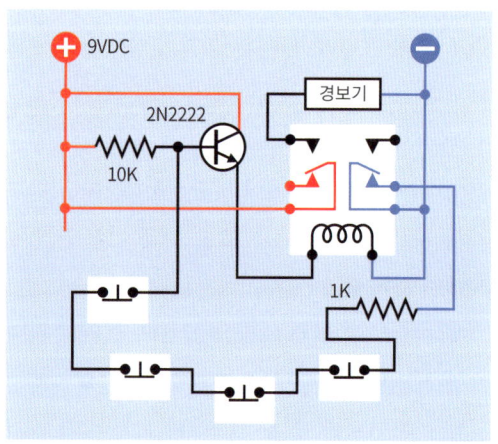

그림 3-86 일렬로 연결된 센서들은 이제 평상시 닫힘 상태인 릴레이의 오른쪽 접점을 통해 접지된다.

작동은 다음과 같은 방식으로 이루어진다.

트랜지스터의 베이스 단자는 이제 모든 센서, 1K 저항 및 오른쪽의 릴레이 접점(평상시 닫힘)을 통해 전압의 음극과 연결된다. 이 일련의 연결이 이어져 있는 한 트랜지스터의 베이스 단자에는 충분히 낮은 전압이 흘러서 전류의 흐름을 차단한다.

이제 누군가 센서를 하나 연다고 해보자. 그러면 트랜지스터의 베이스 단자가 더 이상 접지되어 있지 않기 때문에 트랜지스터가 릴레이를 활성화시킨다. 릴레이는 왼쪽의 접점을 닫아서 경보음을 울린다. 그러나 릴레이는 그와 동시에 오른쪽의 접점을 연다.

이제 누군가가 센서를 다시 닫는다고 해도 더 이상 달라지는 것은 없다. 릴레이의 오른쪽 접점이 열려 있어서 전원의 음극 쪽 연결을 끊어버렸기 때문이다. 트랜지스터는 계속 전류를 흘려보내고 릴레이도 활성화된 상태를 유지한다. 이를 나타낸 것이 그림 3-87이다.

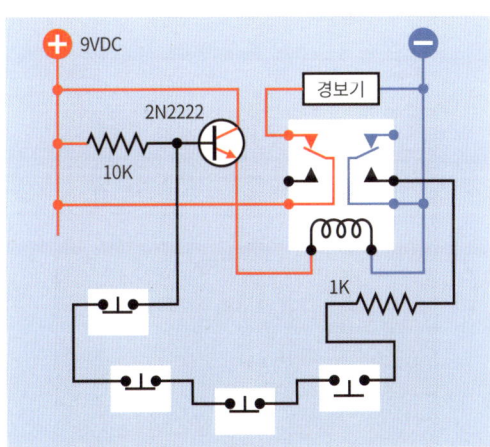

그림 3-87 센서가 열렸기 때문에 센서가 다시 닫히더라도 트랜지스터에 계속 전원이 공급된다.

이로써 문제가 해결됐다.

보호 다이오드

앞에서 본 것처럼 회로에서 다이오드를 제거했다. 그러나 그림 3-88(최종 버전이라고 약속한다. 적어도 지금으로서는 그렇다)을 보면 다이오드가 비록 완전히 다른 역할을 하기는 하지만 다시 돌아왔음을 알 수 있다. 다이오드는 이제 릴레이의 코일과 병렬로 연결되어 있다. 많고 많은 곳 중에 하필 거기에서 무엇을 하고 있는 걸까?

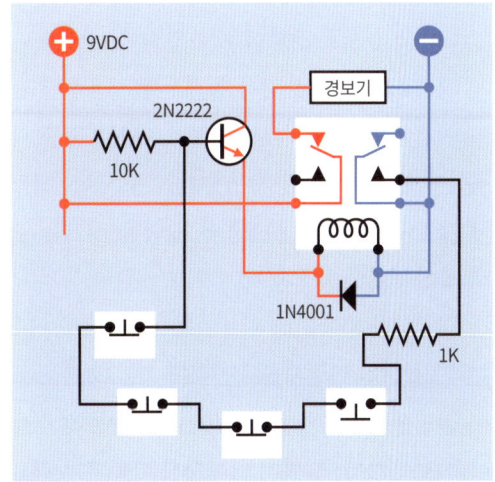

그림 3-88 다이오드가 돌아왔다. 여기에서는 보호 다이오드의 기능을 한다.

이 책의 훨씬 뒷부분에서 코일에 대해 설명할 것이다. 그렇지만 한 가지만 지금 언급하자면, 전선의 코일은 전원이 연결되면 에너지를 저장하며 전원과 연결이 끊기면 에너지를 방출한다. 에너지가 방출되면 전류가 급격히 증가하는데, 이로 인해 일부 부품 유형, 그중에서도 특히 반도체는 손상을 입을 수 있다.

따라서, 릴레이 코일에 '보호 다이오드(protection diode)'를 추가하는 것이 표준 절차다. 다이오드는 정상적인 전류 흐름을 차단해서 전류가 코일을 통해 흘러가도록 위치시켜야 하며, 우리가 원하는 바도 바로 이것이다. 그러나 전류가 멈추고 코일이 에너지를 방출하려고 하면 다이오드가 여기에서 릴레이에게 "전류로 다른 부품들 괴롭히지 말고 그걸 내 쪽으로 통과시키는 게 어때?"라고 말하는 것이다.

그리고 실제로 정확히 이런 일이 일어난다.

작은 코일을 가진 작은 릴레이를 사용하면 필요한 전류량이 적기 때문에 보호 다이오드를 사용하지 않더라도 어떻게든 넘어갈 수 있다. 그러나 보호 다이오드를 사용하는 습관을 기르는 편이 훨씬 낫다.

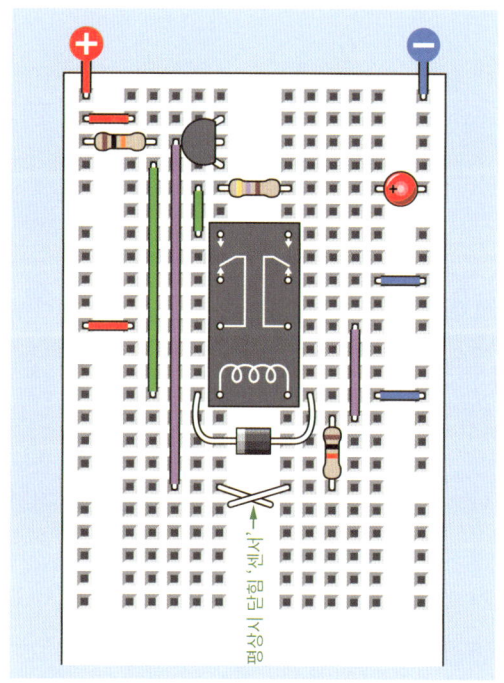

그림 3-89 브레드보드에 설치한 경보기 회로. 최종 버전.

브레드보드에 연결해볼 시간이다

이 실험에서는 내가 하고 싶어 하지 않는 설명을 아주 많이 했다. 그렇지만 어떻게 처음부터 회로를 개발해가는지를 보여주어야 했다. 이제 마지막으로 실제로 만들어보자. 그러지 않으면 정말로 동작하는지 누가 알겠는가?

그림 3-89는 브레드보드의 배열을 보여준다. 경보 발생기 대신 여기서는 회로가 잘 작동하는지 알아보기 위해 LED를 사용했다. 경보 발생 기능에 대해서는 조금 뒤에 설명한다.

그림 3-90은 브레드보드 회로를 엑스레이로 찍은 것처럼 나타낸 모양이다. 브레드보드에서 경보 센서를 흉내 내도록 여기서는 평상시 닫힘 푸시버튼을 사용했다. 그러나 부품 비용을 최소

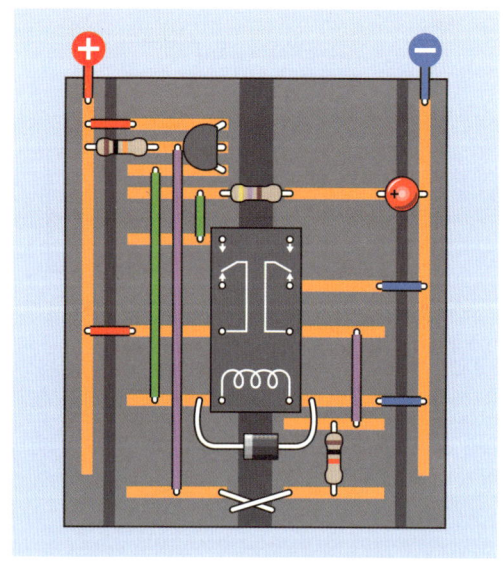

그림 3-90 브레드보드에 연결한 경보기 회로를 엑스레이로 찍은 것처럼 나타낸 모양.

화하고 싶었던 것뿐으로 실제로 이 경보기 회로를 사용할 생각이라면 푸시버튼 대신 자기 센서를 사용하고 싶을 수도 있다. 따라서 대신 전선 2개를 사용해서 평상시 닫힘 상태가 되도록 만들었다. 실험하는 데는 이것으로 충분하다. 이 전선을 '센서 전선'이라고 부르자. 릴레이 아래쪽에 서로 교차된 센서 전선이 보일 것이다.

회로에 전원을 연결했을 때 전선이 서로 접촉되도록 하자. 처음에는 아무 일도 일어나지 않는다.

이제 센서 전선의 연결을 끊자. 그러면 LED가 켜지고 만약 이 회로의 뒷부분도 만든다면 경보 발생기가 경보음을 울려서 경보기의 작동이 활성화되었음을 알려줄 것이다.

이제 센서 전선을 다시 연결하고 침입자가 창문을 열었다가 경보음 소리를 듣고 재빨리 창문을 다시 닫았다고 가정해보자. 회로를 제대로 연결했다면 LED는 켜진 상태를 유지할 것이다.

지금까지는 아주 좋았다. 제대로 기능하는 회로를 만들었다. 경보음은 계속 울리는 상태로 유지된다.

그런데 이 경우에 경보음을 어떻게 멈출 수 있을까?

아무 문제 없다. 그냥 전원을 끊으면 된다. 릴레이는 처음의 위치로 다시 돌아가서 다음 번에 다시 전원을 연결하면 대기 상태를 유지한다. 이 프로젝트가 마무리되면 경보음을 끄기 위해 키패드에 비밀번호 같은 것을 입력하게 될 것이다. 실험 21에서 비밀번호로 보호되는 시스템을 만드는 방법을 설명하겠다. 이런 시스템을 만들려면 논리 칩이 필요한데 아직은 거기까지 다루지 않았다.

소리 추가하기

경보기 소리를 위해서 실험 11의 오실레이터 회로와 스피커를 사용할 수 있다. 그러나 사실, 더 좋은 방법이 있다. 이런 작업에는 555 타이머라고 부르는 조그만 집적회로 칩을 사용하는 편이 낫다. 그리고 마침 다음의 실험 16에서 다룰 부품이 바로 555 타이머다.

555 타이머는 경보가 울리는 시간을 지연시켜야 하는 희망 목록의 7번과 9번 항목도 만족시킬 수 있다. 따라서 잠시 경보기 프로젝트를 중단했다가 실험 18에서 완전히 마무리짓도록 하겠다.

참고사항: 주요 요점

아직 경보기 프로젝트가 완전히 끝나지는 않았지만 여기에서 알게 된 몇 가지 중요한 섬들을 이후에 참고하기 위해 다음과 같이 요약해두었다.

- 트랜지스터를 사용하면 입력이 낮을 때 높은 출력을 내보낼 수 있으며, 이와 반대도 가능하다.
- 전류를 릴레이의 코일로 되돌려보내면 '켜짐' 상태를 유지시킬 수 있다.
- 다이오드는 원치 않는 곳으로 흘러가는 전류를 차단할 수 있다.
- 순방향 전류(forward current)가 다이오드를 통과해 지나갈 때 전압을 약 0.7V 감소시킨다.
- 트랜지스터 역시 전압을 약 0.7V 감소시킨다.

- 반도체로 인한 전압강하는 공급 전압의 크기와 관계없이 같다. 따라서 공급 전압이 낮을 때 전압강하가 더 심각한 문제가 될 수 있다.
- 릴레이 코일은 꺼질 때 역기전력(back-EMF, 역방향 전류의 펄스)을 발생시킬 수 있다.
- 릴레이 코일과 병렬로 연결된 보호 다이오드는 역기전력을 억제할 수 있다. 다이오드는 전류의 정상 흐름을 차단하고 코일에 의해 생성된 역방향 전류를 통과시킬 수 있는 곳에 위치해야 한다.

칩스, 아호이![1] 04

아주 매혹적인 주제인 집적회로(흔히 'IC' 또는 '칩'이라고 한다)로 들어가기 전에 고백해야 할 것이 하나 있다. 앞의 실험에서 여러분이 한 작업들 중에는 칩을 사용하면 좀 더 간단하게 할 수 있는 것들이 몇 개 있었다.

이 말은 여러분이 시간 낭비를 했다는 뜻일까? 절대 아니다! 나는 트랜지스터나 다이오드 같은 개별 부품을 사용해서 회로를 만들어봐야 전자회로의 기본 원리를 가장 잘 이해할 수 있다고 확신한다. 그렇지만 이제부터 수십, 수백, 수천 개의 트랜지스터가 내장된 집적회로를 사용하면 어떤 작업들을 아주 쉽게 할 수 있다.

또, 집적회로가 중독이 될 정도로 호기심을 자극해서 가지고 놀기에 재미있다고 생각하게 될지도 모른다. 그렇다고 해도 그림 4-1의 로봇만큼 신나지는 않을 것이다.

이어서 설명하는 공구와 장비, 부품, 물품은 앞에서 추천했던 품목과 함께 실험 16~24에 유용하게 사용된다.

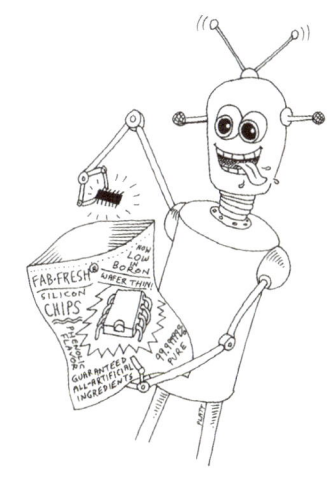

그림 4-1 내 역할 모델.

4장에 필요한 항목

칩과 함께 사용할 새로운 공구는 로직 프로브(logic probe)뿐이다. 이 도구는 칩의 핀이 높은(high)/낮은(low) 전압 상태인지를 알려줌으로써 회로가 동작하는지 여부를 확인하는 데 도움

---

1 미국 제과 회사인 나비스코에서 판매하는 초코칩 이름. 칩스 아호이라는 이름은 뱃사람들이 멀리서 배가 보일 때 외치던 'Ships Ahoy(배가 보인다)'에서 따왔다.

을 준다. 로직 프로브는 전압을 기억해서 LED를 켜고 눈으로 확인하기 어려울 정도로 빠른 펄스에 반응해서 불이 켜진 상태를 유지시키는 기능이 있다.[2]

독자들 중에는 나와 의견이 다른 이들도 있지만 나는 로직 프로브가 선택 품목이지 필수 품목은 아니라고 생각한다. 그러니 인터넷을 검색해서 가장 저렴한 것으로 구매하자. 특정 제품을 추천하지는 않겠다.

부품

앞에서 말한 것처럼 부품이 포함된 키트를 구매하려면 389페이지의 '키트'를 참조한다. 부품을 인터넷에서 직접 구매하고 싶다면 400페이지의 '부품'을 참조한다. 물품은 397페이지의 '물품'을 참조한다.

기초지식: 칩 선택하기

그림 4-2는 집적회로(integrated circuit: IC) 칩 2개를 보여준다. 위의 것은 구형 '스루홀(through-hole)' 유형으로 핀 간격이 0.1인치여서 브레드보드나 만능기판의 구멍에 끼울 수 있다. 이 유형은 다루기 쉽기 때문에 이 책에서는 이 유형만 사용한다. 작은 칩은 '표면 부착형(surface-mount)'[3] 유형으로 브레드보드나 만능기판에 맞지 않으며 다루기가 어렵기 때문에 이 책에서는 사용하지 않는다.

그림 4-2 스루홀 칩(위)과 표면 부착형 칩(아래).

스루홀과 표면 부착형 칩은 대부분 기능적으로 동일하다. 차이가 있다면 크기뿐이다(표면 부착형 집적회로 중에는 낮은 전압 상태를 사용하는 것도 있다).

칩의 몸체는 보통 플라스틱이나 수지로 이루어져 있으며 흔히 '패키지(package)'라고 부른다. 기존의 칩은 보통 '2열 패키지(dual-inline package)'로 판매된다. 2열 패키지라는 말은 패키지에 두 줄(즉, 듀얼)의 핀이 있다는 뜻이다.

---

2   높은 전압 상태(high)와 낮은 전압 상태(low): 보통 논리 회로는 high/low 상태, 켜짐/꺼짐, 참/거짓 혹은 1/0 값으로 그 입력과 출력을 표현하는데, 이 high/low 상태를 나타내는 실제적인 전압은 사용되는 논리 칩 패밀리에 따라 달라진다. 이 책에서는 이런 내용이 간접적으로 다루어지다가 실험 20 '논리 배우기' 부분에서 실질적인 내용이 자세히 나오는데, 실험 20 이전까지는 높은 전압 상태/낮은 전압 상태라는 용어를, 그 이후에는 켜짐/꺼짐, 참/거짓, 정전압/부전압 같은 용어를 사용한다.

3   표면 장착 또는 표면 실장형, 기판 장착형이라고도 한다. 기판의 표면에 납땜을 해서 붙이는 형태의 패키지를 의미한다. DIP의 경우 이와 반대로 기판의 구멍을 뚫고 지나가는 형태라서 스루홀 패키지라고 한다.

'DIP(dual-inline package)'나 (플라스틱으로 만들어진 경우) 'PDIP(plastic dual-inline package)'라고도 한다.

표면 부착형 패키지는 보통 소형(small)을 뜻하는 S로 시작하고 소형 집적회로를 뜻하는 약어 SOIC(small-outline integrated circuit)로 구분한다. 표면 부착형에는 핀 간격과 기타 사양에 따라 여러 종류가 있다. 이 책에서는 표면 부착형 집적회로는 다루지 않으므로 직접 부품을 구매하는 경우 실수로 표면 부착형을 선택하는 일이 없도록 주의한다.

패키지 안쪽에는 회로가 작은 실리콘 웨이퍼 위에 에칭되어 있다. '칩'이라는 용어는 이 실리콘 조각에서 온 것이지만 현재는 부품 전체를 보통 칩이라고 부르며 여기서도 그 관행을 따른다. 패키지 내부의 작은 전선은 회로와 패키지 양쪽으로 뻗어 나온 핀을 연결한다.

그림 4-2의 PDIP 칩은 양쪽에 핀이 각각 7개씩, 14개 있다. 핀 개수가 4, 6, 8, 16, 또는 그 이상인 칩도 있다.

대부분의 칩은 표면에 부품 번호(part number)가 인쇄되어 있다. 그림 4-2를 보면 서로 상당히 다르게 생긴 칩인데 부품 번호에 모두 '74'가 포함되어 있는 것을 알 수 있다. 이는 두 번호 모두 수십 년 전 처음 출시되었을 때 7400 이상의 부품 번호를 할당받은 논리 칩 패밀리의 번호이기 때문이다. 이를 74xx 패밀리라고 하며 내가 아주 많이 사용하는 유형이다.

그림 4-3을 보자. 처음의 문자는 제조사를 나타내므로 무시해도 된다. 무슨 문자든 우리가 사용하기에는 별 차이 없다. ('SN'이 텍사스 인스트루먼트(Texas Instrument)를 지칭하게 된 까닭은 그 회사가 초기에 칩을 '반도체 네트워크(semiconductor network)'라고 불렀기 때문이다.)

'74'라는 숫자가 나올 때까지 넘어가자. 74 다음의 두 문자가 중요하다. 7400 패밀리는 여러 세대로 진화했으며 '74' 뒤의 글자는 사용하는 부품이 몇 세대 제품인지 알려준다. 세대를 나타내는 문자에는 74L, 74LS, 74C, 74HC, 74AHC 등이 있으며 이 외에도 많다.

그림 4-3 74xx 패밀리의 부품 번호 해석하는 방법.

일반적으로 뒤 세대일수록 이전 세대보다 빠르고 더 다양한 용도로 사용할 수 있다. 이 책에서는 7400 패밀리의 HC 세대만 사용할 텐데 7400 칩의 거의 모든 유형이 포함되며 가격도 적당하고 전력 소비도 크지 않기 때문이다. 이 책에서는 세대에 따른 제품의 속도 차이는 상관없다. 그래도 원한다면 HCT 세대 제품을 사용해도 된다.

세대를 구분하는 문자 다음에는 두 자리, 세 자리, 네 자리, 또는 (가끔) 다섯 자리의 숫자가 붙는다. 이 숫자들은 칩의 특정한 기능을 나타낸다. 이 숫자 다음에는 글자가 하나 이상 붙어 있다. 어떤 문자로 끝나더라도 상관없다.

그림 4-2로 돌아가서 DIP 칩의 부품 번호 M74HC00B1을 보면 이 칩이 ST 마이크로일렉트로닉스(ST Microelectronics)에서 제조한 74xx 패밀리의 HC 세대 제품이며 숫자 00은 그 기능을 나타낸다는 것을 알 수 있다.

이렇게 길게 설명한 이유는 칩을 구매할 때 카탈로그 목록을 이해할 수 있도록 하기 위해서다. '74HC00'을 구입하려고 할 때 인터넷 판매업자의 검색 엔진은 보통 똑똑해서 여러 제조사 제품 중 적절한 칩을 찾아주지만 원하는 부품 외에 부품 번호 앞뒤에 문자들이 더 붙은 제품들도 보여준다.

구매할 때는 브레드보드에 끼울 수 있는지 확인한다. 검색 결과를 DIP나 PDIP, 스루홀 패키지로 한정하면 도움이 된다. 부품 번호가 SS, SO, TSS로 시작한다면 분명히 표면 부착형이므로 구매해서는 안 된다. 검색과 구매에 관한 여러 정보는 389페이지 '검색과 인터넷 구매'를 참고하자.

이 장의 실험에 필요한 모든 칩은 그림 6-7에 명시되어 있다. 그 외에 다른 부품도 조금 필요한데 그에 대해서는 다음에 소개하겠다.

선택: IC 소켓

회로를 납땜해서 영구적으로 남기려고 한다면 칩을 직접 납땜하는 일은 피하자. 배선 오류가 생기거나 칩이 손상되면 이를 제거하기 위해 핀 여러 개의 납땜을 제거해야 하는데 이 과정이 만만찮다. 이런 문제를 피하기 위해서 DIP 소켓을 구입해 소켓을 기판에 납땜한 뒤 칩을 소켓에 끼운다. 소켓은 가장 저렴한 것으로 구입하면 된다 (이 책의 실험에는 금도금된 단자가 필요하지 않다). 8핀, 14핀, 16핀 소켓을 각각 최소 5개씩 구입하자. 그림 4-4는 두 가지 소켓의 모양이다.

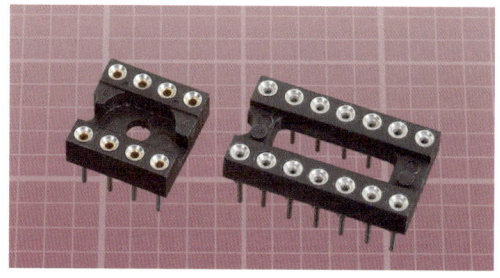

그림 4-4 칩에 직접 납땜하면 손상이 발생할 위험이 있으며 이를 피하기 위해서는 IC 소켓을 회로 기판에 먼저 납땜한 뒤 소켓에 칩을 끼운다.

필수: 초소형 슬라이드 스위치

'슬라이드 스위치(slide switch)'는 그림 4-5처럼 손끝으로 건드려 앞뒤로 움직일 수 있는 작은 레버가 있어서 스위치 내부의 전기 접촉을 연결하거나 끊을 수 있다. 핀은 3개이며 핀 간격은 0.1인치이다. 직접 부품을 구매한다면 401페이지 '기타 부품'의 '4장에 필요한 부품'을 참고하면 스위치에 대한 더 많은 정보를 얻을 수 있다.

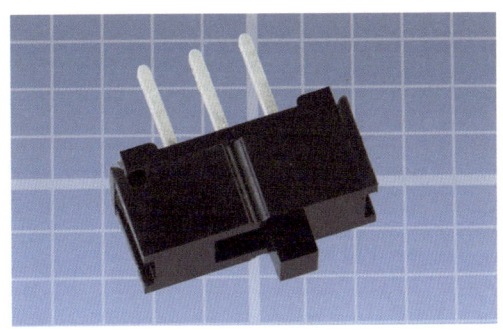

그림 4-5 이 책의 프로젝트에 권장하는 초소형 슬라이드 스위치.

주의: 스위칭 과부하

초소형 슬라이드 스위치는 많은 양의 전류나 전압을 스위칭하도록 고안된 것이 아니며 저전력 회로용으로 고안되었다. 한도는 12VDC에서 100mA 정도로 낮다. 이 정도면 이 책의 실험에 사용하기에 충분하다. 실험 이외에도 사용할 생각이라면 제조사의 데이터시트를 확인하자.

필수: 저전류 LED

HC 시리즈 논리 칩은 5mA가 넘는 전류를 전달하도록 고안되지 않았다. LED를 구동하기 위해 논리 칩으로부터 최대 20mA의 전류를 끌어올 수 있지만 이 경우 출력 전압이 낮아 다른 논리 칩의 입력으로 사용하기에는 적절하지 않다. 논리 칩을 사용하는 모든 실험에서는 저전류 LED를 사용할 것을 권장한다.

저전류 LED는 일반 LED만큼 높은 전류를 감당하지 못하기 때문에 높은 값의 직렬 저항을 사용해야 한다는 사실을 반드시 기억하자.

필수: 숫자 표시 장치

칩을 사용한 프로젝트 중에는 디지털 시계나 전자레인지의 단순한 숫자를 표시하는 세븐 세그먼트 LED를 사용해서 출력을 나타내는 것도 있다(그림 4-6 참조). 구매 정보는 401페이지 '기타 부품'의 '4장에 필요한 부품'을 참고하자.

그림 4-6 세븐 세그먼트 LED는 숫자 출력을 나타내는 가장 저렴한 방법이며 CMOS 칩으로 직접 구동할 수 있다.

필수: 전압조정기[4]

많은 논리 칩이 정확한 5V 직류 전압을 요구하기 때문에 전압을 맞추기 위한 전압조정기가 필요하다. 이러한 작업에 LM7805가 사용된다. 칩 번호는 제조사와 패키지 유형을 표시하는 약어가 앞뒤로 붙는다. 예를 들어 페어차일드에서 제조한 칩은 LM7805CT가 되는 식이다. 제조사는 중요하지 않지만 그림 4-7처럼 생긴 전압조정기여야 한다(그림과 같은 제품을 TO220 패키지 유형이라고 한다). 모든 논리회로에서 사용할 수 있으므로 5개쯤 사두면 유용하다.

---

4 전압 안정화기라는 용어도 사용한다.

기타 선택 부품

실험 18에서 경보기 시스템을 완성하려면 문과 창문에 부착할 수 있는 자기 센서가 필요하다. 디렉티드(Directed) 모델 8601 등을 인터넷에서 다양한 경로로 구입할 수 있다.

프로젝트를 브레드보드에서 영구 외장으로 옮기고 싶다면 사용하던 텍타일 스위치는 내구성이나 편리성이 부족할 수 있다. 실험 18에는 납땜용 단자가 붙은 (ON)-(ON) 유형의 대형 DPDT 푸시버튼 스위치가 필요하다. 이베이에서 'DPDT 푸시버튼'을 검색하면 다양한 제품을 확인할 수 있다.

그림 4-7 많은 집적회로 칩은 7V~12V의 전압이 가해지더라도 전압조정기를 통해 5V로 제어된 전압을 공급받아야 한다.

배경지식: 칩은 어떻게 만들어졌을까

고체 상태의 부품을 하나의 작은 패키지에 통합하는 개념은 영국의 레이더 연구자 제프리 W. A. 더머(Geoffrey W. A. Dummer)가 처음 생각해냈다. 이 개념에 대해 몇 년간 이야기했던 그는 비록 실패하기는 했지만 1956년 실제로 제작을 시도했다. 진정한 의미에서 최초의 집적회로는 1958년 텍사스 인스트루먼트에서 근무하던 잭 킬비(Jack Kilby)가 만들었다. 킬비는 집적회

그림 4-8 로버트 노이스. 집적회로로 특허를 취득하고 인텔을 설립했다.

로에 당시 반도체의 재료로 사용되던 게르마늄을 사용했다.(실험 31에서 수정 라디오(crystal radio)를 만들 때 게르마늄 다이오드를 사용할 것이다.) 그러나 로버트 노이스(Robert Noyce, 그림 4-8)의 생각이 더 뛰어났다.

1927년 미국 아이오와 주에서 태어난 노이스는 1950년대 윌리엄 쇼클리(William Shockley)의 회사에 입사해 회사가 있던 캘리포니아 주로 옮겨 갔다. 당시는 쇼클리가 벨 연구소에서 공동개발한 트랜지스터를 기반으로 회사를 설립한 직후였다.

쇼클리의 경영에 실망한 노이스는 다른 7명의 직원과 함께 쇼클리를 떠나 페어차일드 세미컨덕터를 설립했다. 노이스는 페어차일드의 사장으로 재직하는 동안 실리콘 기반의 집적회로를 개발해서 게르마늄과 관련해 발생하는 제조상의 문제들을 피할 수 있었다. 이로써 그는 집적회로를 탄생시킨 인물이라는 영예를 얻었다.

초기의 직접회로는 작고 가벼운 부품이 필요했던 미닛맨 미사일의 유도 시스템 등 군수 분

야에 사용되었다. 1960년부터 1963년까지는 생산되는 대부분의 칩이 군수 분야에서 소비되면서 이 기간 동안 칩의 가격이 약 1,000달러에서 1963년 25달러까지 떨어졌다.

1960년대 말, 칩당 수백 개의 트랜지스터를 사용하는 중집적도(medium-scale integration: MSI) 칩이 등장했다. 1970년대 중반 고집적도(large-scale integration: LSI) 칩에는 수만 개의 트랜지스터가 사용되었으나 오늘날의 컴퓨터 칩에는 수십만 개의 트랜지스터가 사용된다.

이후 로버트 노이스는 고든 무어(Gordon Moore)와 함께 인텔(Intel)을 설립하지만 1990년 심장마비로 예기치 않게 사망했다. 칩 설계와 제조에 대한 매력적인 초기 역사가 궁금하다면 실리콘밸리역사협회(Silicon Valley Historical Association)의 웹사이트(www.siliconvalleyhistorical.org)를 방문해보아도 좋겠다.

에도 하나 이상의 555 타이머가 사용된다.

쓸모가 많다 555 타이머는 아마도 시중에 나와 있는 칩 중 무한히 응용할 수 있는 가장 쓸모가 많은 제품일 것이다. 상대적으로 강력한 출력(최대 200mA)은 특히 유용하며 칩 자체도 쉽게 손상되지 않는다.

제대로 이해되지 못하고 있다 초기 시그네틱스(Signetics)의 데이터시트에서부터 취미로 올려놓은 다양한 자료까지 아주 많은 자료를 읽은 뒤 내가 내린 결론은 555 타이머의 내부 동작에 대한 설명이 소개 수준을 벗어나지 못한다는 것이다. 나는 555 타이머 내부에서 일어나는 일들을 여러분이 눈으로 보듯이 이해할 수 있도록 노력할 것이다. 이 정도도 이해하지 못하면 555 타이머를 창의적으로 사용하기 힘들다.

실험 16: 펄스 만들기

칩을 사용한 실험을 시작하면서 그동안 만들어진 칩 중에 가장 성공한 칩을 소개하려 한다. 바로 555 타이머다. 이 칩에 대한 정보는 인터넷에서 아주 많이 찾을 수 있을 텐데 어째서 굳이 여기에서 소개해야 할까? 이유는 3가지다.

피할 수 없다 그냥 이 칩을 알아야 한다. 일부 자료에 따르면 연간 생산 개수가 지금도 10억 개를 넘는다고 한다. 이 책에 등장하는 대부분의 회로

실험 준비물

- 브레드보드, 연결용 전선, 니퍼, 와이어 스트리퍼, 계측기
- 9VDC 전원(전지 또는 AC 어댑터)
- 저항: 470Ω 1개, 10K 3개
- 커패시터: 0.01μF 1개, 15μF 1개
- 반고정 가변저항: 20K 또는 25K 1개, 500K 1개
- 555 타이머 칩 1개
- 텍타일 스위치 2개
- 일반 LED 1개

칩에 대해 알아보기

555 타이머의 핀은 그림 4-9에서 보는 것처럼 위에서부터 시계 반대 방향으로 숫자가 붙는다. 패키지에는 위라고 생각되는 부분에 노치(notch)나 딤플(dimple)이 있으며 둘 다 있는 경우도 있다. 핀 간격은 0.1인치다.

다른 모든 스루홀 유형의 칩은 사양이 동일하지만 핀의 개수가 더 많을 수 있다. 보통(항상은 아니지만) 핀이 2열로 나열되어 있을 때 열 사이 수평 간격이 0.3인치라서 브레드보드의 가운데에 세로로 놓으면 깔끔하게 왼쪽과 오른쪽 부분을 연결할 수 있으며 브레드보드 내부의 구리 조각을 통해 칩의 각 핀에 접근할 수 있다. 그렇다. '그렇기 때문에' 브레드보드가 그런 식으로 고안됐다.

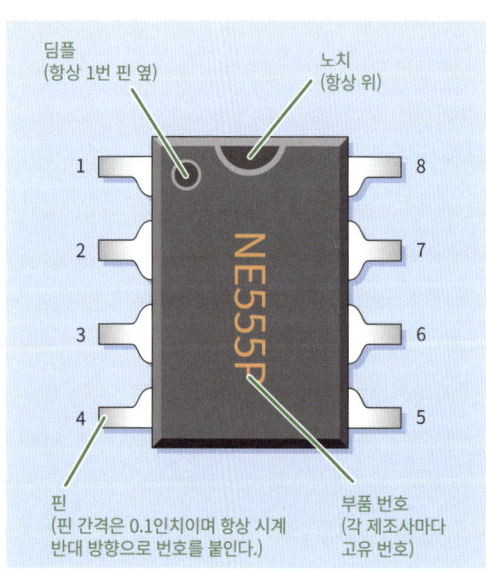

그림 4-9 8핀 칩의 패키지 디자인. 사실상 모든 칩의 위쪽에 반원의 노치가 있는 반면 1번 핀 옆의 딤플이 없는 칩도 있다.

단안정 점검

555 타이머의 핀에는 그림 4-10에서 보는 것처럼 각각 이름이 있다. 이런 그림을 보면 칩의 핀 배열을 알 수 있다. 각각의 기능을 설명하겠지만 언제나처럼 먼저 스스로 살펴보기를 권한다.

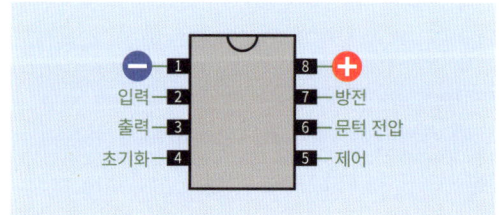

그림 4-10 555 타이머 칩의 핀 배열.

그림 4-11은 555 타이머의 점검 회로를 회로도로 나타낸 것이다.

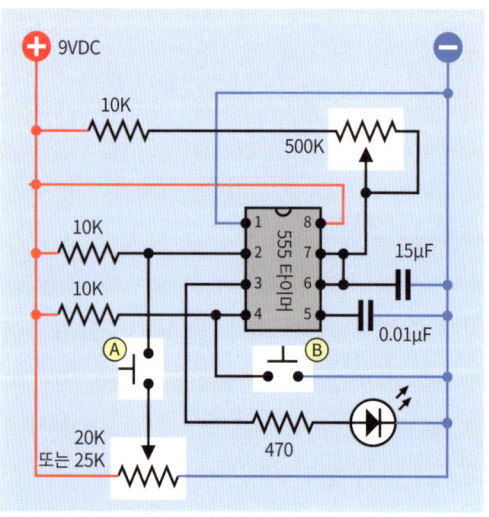

그림 4-11 555 타이머 칩의 기능 확인을 돕기 위한 회로.

이 회로를 그림 4-12처럼 브레드보드에 설치해 볼 수 있다. 왼쪽 아래 구석에 있는 빨간색의 짧은 점퍼선은 양극 버스의 위쪽 부분과 바로 아래

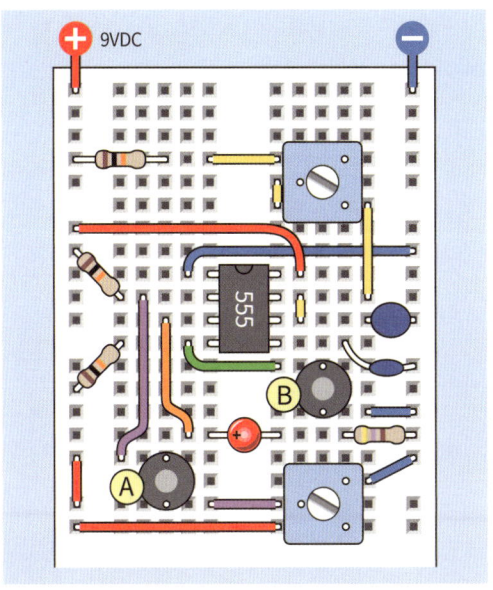

그림 4-12 타이머 점검 회로를 브레드보드에 배치한 모습.

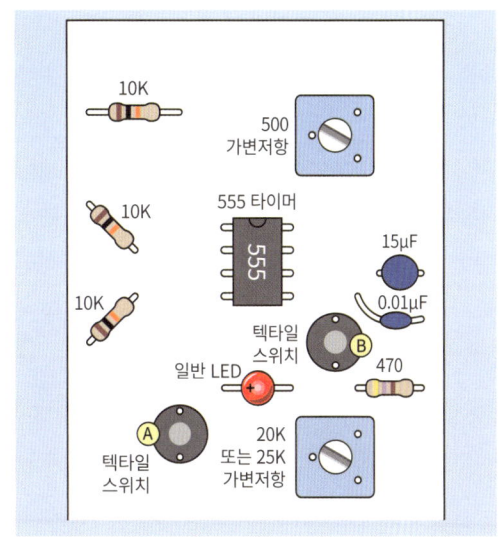

그림 4-13 타이머 점검 회로의 부품값.

쪽 부분을 연결해준다. 이 점퍼선은 브레드보드의 버스 사이에 단절된 부분이 있을 경우를 대비해서 이곳에 연결했다.

그림 4-13은 부품값을 표시한 것이다. 그림 4-14는 연결을 보기 쉽도록 엑스레이로 찍은 것처럼 나타낸 모습이다.

브레드보드에 전원을 연결하면 아무 일도 일어나지 않는다. 타이머는 활성화되기 전까지 아무 일도 하지 않고 기다린다. 500K 반고정 가변저항을 범위의 가운데에 맞추어서 타이머를 설정한다.

이제 20K 반고정 가변저항을 시계 반대 방향으로 끝까지 돌린 뒤 버튼 A를 누른다. 여전히 아무 일도 일어나지 않는다면 이번에는 20K 반고정 가변저항을 시계 방향으로 끝까지 돌려서 다시 시도해본다. 가변저항을 어느 방향으로 꽂

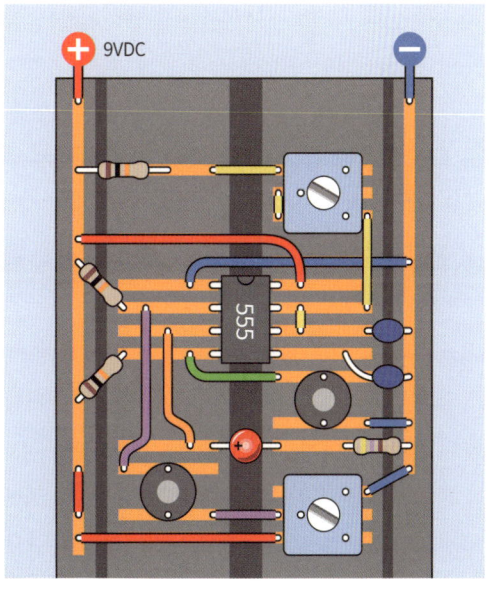

그림 4-14 타이머 점검을 위해 만든 브레드보드 내부의 연결.

았는지에 따라 이 둘 중 한 경우에 LED에서 펄스가 발생된다. 만약 아무 일도 일어나지 않는다면 회로에 오류가 있다.

회로도를 보면 타이머의 2번 핀(활성화 핀)이 10K 저항을 통해 전원의 양극과 연결되어 있는 것을 알 수 있다. 그러나 보라색 전선 역시 활성화 핀과 연결되어 있으면서 따라 내려가면 텍타일 스위치를 지나 가변저항에 연결된다. 가변저항을 와이퍼가 음극 접지에 직접 닿도록 돌리면 텍타일 스위치에 걸리는 음전압이 10K 저항에 걸리는 양전압을 압도하기 때문에 2번 핀은 낮은 전압 상태가 되어서 타이머를 활성화시킨다.[5]

20K 가변저항을 완전히 다른 방향으로 돌리면 버튼 A를 눌렀을 때 양의 전압이 직접적으로 2번 핀에 걸리는데 2번 핀에는 이미 10K 저항을 통해 양의 전압이 걸려 있는 상태이기 때문에 버튼 A를 통해 추가로 양의 전압이 걸리더라도 아무런 변화가 일어나지 않는다.

- 활성화 핀에 걸리는 양의 전압은 타이머가 무시한다.
- 활성화 핀에서 전압이 줄어들면 타이머를 활성화시킨다.

그러나 얼마나 양이어야 양이고 얼마나 떨어져야 타이머를 활성화시킬 수 있을까? 한번 알아보자.

계측기를 꺼내 DC 전압 모드로 설정하고 20K 가변저항 값을 다양하게 변화시켜가며 버튼 A를 눌러 2번 핀과 접지 사이의 전압을 측정해보자. 버튼을 눌러 3V 미만의 전압을 2번 핀에 걸면 분명 타이머가 LED를 켤 것이다. 3V가 넘으면 아마 아무 일도 일어나지 않을 것이다.

- 타이머는 활성화 핀에 걸린 전압이 전원의 1/3 이하면 활성화된다.
- LED는 버튼에서 손을 떼고 나서도 계속 빛을 낸다.
- 버튼을 타이머의 사이클보다 짧은 시간 동안 누르고 있더라도 LED는 항상 같은 폭의 펄스를 발생시킨다.

그림 4-15는 타이머의 동작 원리를 그래프로 설명한 것이다. 555 타이머는 주변의 불완전한 세상으로부터 받은 입력을 정확하고 신뢰할 수 있는 출력으로 변환한다. 절대적인 기준에서 즉각적으로 켜졌다 꺼지는 것은 아니지만 즉각적인 것처럼 '보일' 만큼 빠르다.

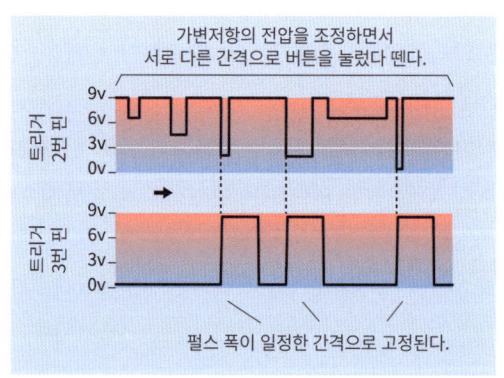

그림 4-15 555 타이머가 활성화 핀에 걸리는 서로 다른 전압과 펄스의 지속 시간에 대한 반응.

---

[5] 양전압(positive voltage)과 음전압(negative voltage)은 전원에서 나오는 양전위를 가진 전압과 상대적으로 낮은 전위를 가진 전압 상태(보통 접지 상태)를 나타낸다. 이때 양극과 음극이라는 것이 상대적인 개념이라는 데 주의해야 한다. 논리회로의 경우 이를 정전압과 부전압, 또는 정논리(positive logic)와 부논리(negative logic)라 표현하기도 하는데, 이는 전압에 논리값을 대입하여 나오는 것이다. 아직 논리에 대해 구체적으로 다루지 않았으므로 우선은 양전압과 음전압으로 표현하고, 뒤에서 논리가 나온 이후에 정전압과 부전압이라는 용어를 섞어 사용하겠다.

이제 500K 가변저항을 다른 위치로 설정하고 타이머를 다시 활성화시켜보자. 이를 통해 펄스 폭을 조정할 수 있다는 것을 알 수 있다.

- 7번 핀과 전원 양극 사이의 저항값은 (6번 핀의 커패시터와 함께) 타이머로부터 발생되는 펄스 폭이 얼마나 지속되는지를 결정한다.

다른 실험을 하나 더 해보자. 폭이 긴 펄스를 생성하도록 500K 가변저항을 설정하자. 버튼 A를 누른 뒤 곧바로 버튼 B를 눌러서 펄스가 끝나기 전에 중단한다. 이제 버튼 B를 계속 누른 상태에서 타이머를 활성화시키기 위해 다시 버튼 A를 누르면 아무 일도 생기지 않는다.

- 4번 핀은 초기화 핀이다. 초기화 핀은 접지시키면 타이머의 동작을 중단하고, 접지와 연결이 끊어질 때까지 정지 상태가 유지된다.

마지막으로 버튼 B에서 손을 떼고 버튼 A를 눌러서 누른 상태를 유지한다. 이렇게 하면 타이머에서 나오는 펄스가 버튼 A에서 손을 뗄 때까지 연장된다.

- 타이머의 활성화 핀에 낮은 전압 상태를 유지키시면 타이머를 무한히 '다시 활성화(retrigger)'할 수 있다.

2번 핀과 4번 핀에 연결된 10K 저항은 '풀업(pull-up)' 저항이라고 부르는데 핀을 양의 전압 상태로 유지해주기 때문이다. 접지에 더욱 직접적으로 연결하면 풀업 저항을 압도할 수 있다.

풀업 저항은 칩을 다룰 때 중요한 개념이다. 입력 핀은 연결되지 않은 상태로 있어서는 안 되기 때문이다. 연결되지 않은 핀을 '부동(floating)' 핀이라고 하며 부동 핀은 제 위치를 벗어난 전자기장을 감지할 수도 있고 어떤 시점에 핀에 걸린 전압이 얼마인지 알 수 없기 때문에 문제를 발생시킬 수 있다.

그러면 '풀다운(pulldown)' 저항도 있을까? 물론이다. 그러나 555 타이머에는 풀업 저항이 필요하다. 2번 핀이나 4번 핀이 양전압에 의해 정상 상태로 유지되고 음전압 상태가 되면 활성화되기 때문이다.[6]

- 555 타이머는 2번 핀에 음전압이 걸리면 활성화되고 4번 핀에 음전압이 걸리면 초기화된다.

펄스의 시간을 재자

그림 4-11의 회로도를 잘 보면 양극 전류가 10K 저항과 500K 가변저항을 통과해서 7번 핀(방전핀)으로 들어가는 것을 알 수 있다. (10K 저항은 7번 핀이 전원의 양극과 직접적으로 연결되지 않도록 위에서 설명한 위치에 설치한다.)

또한 해당 전류가 500K 가변저항을 통과한

---

[6] 풀업(pullup) 저항과 풀다운(pulldown) 저항은 명확한 입력이 없는 경우 핀의 입력 값을 높은 전압 상태로 만들어주거나(풀업) 낮은 전압 상태로 만들어주는(풀다운) 저항이다.

뒤 15µF 커패시터로도 갈 수 있다는 사실도 알 수 있다. 흠, 저항 다음에 커패시터라니, 뭔가 RC 네트워크 같지 않은가? 저항과 15µF 커패시터를 조합해서 사용하는 타이머로 출력 펄스의 폭을 구할 수 있을까?

그렇다. 지금 바로 그 얘기를 하고 있는 것이다. 타이머 칩 안에 똑똑한 부품 몇 개가 15µF 커패시터에 걸리는 전압을 감지하고 타이머는 감지된 전압을 사용해서 출력 펄스를 종료시킨다.

이를 직접 측정해볼 수 있다. 500K 가변저항이 긴 펄스를 생성하도록 설정하고 계측기를 사용해서 15µF 커패시터의 왼쪽에 걸리는 전압을 측정하자. 그렇게 하면 전압이 6V까지 증가하는 것을 알 수 있다. 타이머는 이 값을 신호로 사용해서 출력 펄스를 종료하고 내부적으로 접지시키기 때문에 전압이 재빨리 감소한다. 이런 식으로 타이머가 7번 핀을 통해 커패시터를 방전시키기 때문에 7번 칩을 방전 칩이라고 부른다.

- 타이밍 커패시터에 가해진 전압이 공급 전압의 2/3에 다다르면 타이머는 펄스 출력을 중단한다.

그러나 어째서 방전 핀과 문턱 전압 핀이 함께 연결되어 있을까? 그 이유는 다음 실험에서 하나가 아닌 일련의 펄스를 전달하도록 타이머를 연결하는 법을 배우면서 함께 알아볼 것이다. 그때는 타이머가 '비안정(astable)' 방식으로 동작한다. 지금은 '단안정(monostable)' 방식으로 사용하고 있다.

- 단안정 방식에서 타이머는 활성화됐을 때 하나의 펄스만 전달한다.
- 비안정 방식에서 타이머는 일련의 펄스를 연속으로 전달한다.

마지막으로 5번 핀에 연결된 0.01µF 커패시터의 목적이 궁금할 수 있다. 이 핀은 '제어(control)' 핀으로 핀에 전압이 걸렸을 때 타이머의 민감성을 제어할 수 있다. 이 기능은 아직 사용되지 않기 때문에 전압 변동으로부터 핀을 보호하고 일반 기능이 방해받지 않도록 핀을 커패시터와 연결해서 사용하는 습관을 들이는 것이 좋다.

주의: 핀의 위치에 주의하라!

이 책의 모든 회로도에서 칩은 브레드보드에 놓인 모습 그대로 핀의 번호를 매겨서 나타낸다.

인터넷이나 다른 책에 나와 있는 회로도는 다를 수 있다. 회로를 그리기 편하도록 핀의 위치를 바꾸는 경우도 흔하다. 또한 양쪽에 양극 버스와 음극 버스가 있는 브레드보드의 배치를 그대로 그리지 않기도 한다. 그림 4-16이 그 예로, 그림 4-11의 회로와 같지만 연결을 단순화하고 전선의 교차를 최소화하기 위해 핀 번호가 뒤죽박죽 섞여 있다.

핀의 위치를 바꾸면 어떤 면에서는 회로를 이해하기가 더 쉬울 수 있지만(위에 전원의 양극이, 아래에 접지가 오도록 그리는 경우 특히 그렇다.) 브레드보드에 구현하기 전에 배치를 바꾸어야 하며 이를 위해 펜과 종이를 사용해야 하는 경우도 많다.

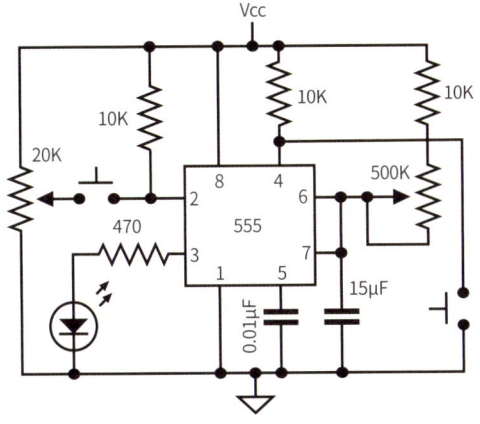

그림 4-16 이 회로는 앞의 타이머 점검 회로와 기능 면에서 동일하지만 회로도를 단순화하기 위해 칩의 핀 위치를 바꾸었다.

기초지식: 타이머의 펄스 지속 시간

실험 9에서 직접 RC 네트워크를 만들었을 때 커패시터가 특정한 전압에 다다르기까지 걸리는 시간을 구하기 위해 거추장스러운 계산이 필요했다. 그러나 555 타이머를 사용하면 모든 것이 쉬워진다. 그림 4-17의 표에서 출력 펄스의 지속 시간만 확인하면 된다. 위쪽에 7번 핀과 전원 양극 사이의 저항값을, 왼쪽에 타이밍 커패시터의 값을 표시했고, 표 안의 숫자는 펄스의 대략적인 지속 시간을 초로 나타냈다.

- 1K 미만의 저항은 사용하면 안 된다.
- 10K 미만의 저항은 전력 소비를 높이기 때문에 바람직하지 않다.
- 100μF를 초과하는 커패시터 용량은 커패시터에서 누설되는 속도가 충전 속도와 비슷하기 때문에 부정확한 결과가 발생할 수 있다.

시간을 1,100초보다 늘리거나 0.01초보다 줄이려면 어떻게 해야 할까? 또는 펄스의 지속 시간이 표에 나온 값 사이에 있으려면 어떻게 해야 할까?

그럴 때는 다음의 간단한 공식을 이용하면 된다. 여기서 T는 펄스의 지속 시간(초), R은 저항(킬로옴), C는 정전용량(마이크로패럿)이다.

$T = R \times C \times 0.0011$

저항과 커패시터 값이 정확하지 않을 수 있고 주위 온도 등 다른 요인이 작용할 수 있기 때문에 결과값이 정확하지 않을 수 있다는 점을 염두에 두자.

	10K	22K	47K	100K	220K	470K	1M
1000μF	11	24	52	110	240	520	1100
470μF	5.2	11	24	52	110	240	520
220μF	2.4	5.2	11	24	52	110	240
100μF	1.1	2.4	5.2	11	24	52	110
47μF	0.52	1.1	2.4	5.2	11	24	52
22μF	0.24	0.52	1.1	2.4	5.2	11	24
10μF	0.11	0.24	0.52	1.1	2.4	5.2	11
4.7μF	0.052	0.11	0.24	0.52	1.1	2.4	5.2
2.2μF	0.024	0.052	0.11	0.24	0.52	1.1	2.4
1.0μF	0.011	0.024	0.052	0.11	0.24	0.52	1.1
0.47μF		0.011	0.024	0.052	0.11	0.24	0.52
0.22μF			0.011	0.024	0.052	0.11	0.24
0.1μF				0.011	0.024	0.052	0.11
0.047μF					0.011	0.024	0.052
0.022μF						0.011	0.024
0.01μF							0.011

그림 4-17 타이밍 레지스터와 타이밍 커패시터의 값이 주어졌을 때 단안정 방식에서 동작하는 555 타이머의 펄스 지속 시간(초). 시간은 반올림해 소수 셋째 자리까지 나타냈다.

이론: 단안정 방식에서 555 타이머의 내부

555 타이머의 플라스틱 몸체 안은 수많은 트랜지스터 접합이 에칭되어 있는 실리콘 웨이퍼로 이루어져 있으며 트랜지스터 접합의 패턴은 워낙 복잡해서 여기서 설명하지 않는다. 그러나 타이머의 기능은 그림 4-18과 같이 몇 가지씩 묶어서 정리할 수 있다.

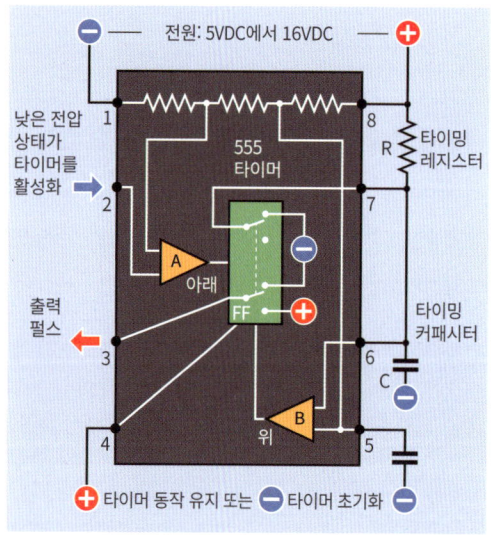

그림 4-18 555 타이머가 단안정 방식으로 연결되어 있을 때의 내부 기능을 단순화해 나타낸 모습.

칩 내부의 플러스 기호(+)와 마이너스 기호(-)는 1~8번 핀 각각에서 실제로 들어오는 전원을 나타낸 것이다. 핀과의 내부 연결은 간결성을 위해 생략했다.

2개의 노란색 삼각형은 '비교기(comparator)'를 나타낸다. 각 비교기는 2개의 입력이 (삼각형의 아랫변에서) 같은지 다른지 비교해서 출력을 (삼각형의 꼭짓점으로부터) 전달한다. FF는 '플립플롭(flip-flop)'을 나타낸다. 플립플롭은 둘 중 한 상태로 존재하는 논리 부품이다. 실제로는 반도체 소자이지만 동작이 쌍투 스위치와 비슷해서 그림에서도 쌍투 스위치로 그렸다.

처음 칩에 전원을 연결하면 플립플롭은 '위로 연결' 상태가 되어서 3번 핀으로 낮은 전압 상태를 출력한다. 플립플롭이 비교기 A로부터 신호를 받으면 '아래로 연결' 상태로 전환되어서 그 상태로 유지된다. 비교기 B로부터 신호를 받으면 다시 '위로 연결' 상태로 전환되어 그 상태로 유지된다. 비교기 옆의 '위'와 '아래' 표시는 각각의 비교기가 활성화될 때 스위치를 어떻게 변화시키는지 알려준다. 어떤 사람들은 '플립플롭'이라는 용어가 두 가지 상태를 나타내는 '플립(뒤집히다)'과 '플롭(유지되다)'에서 따온 것이라고 생각하는데 나는 획 뒤집었다가 털썩 떨어지는 트램펄린(영어로 flipping and flopping이라고도 한다)을 떠올리는 쪽이 더 좋다.

7번 핀과 커패시터 C를 연결한 외부의 전선에 주목하자. 플립플롭이 '위로 연결' 상태이면 저항 R를 통과한 양극 전압이 7번 핀을 통해 플립플롭으로 들어오며 커패시터에 양극 전압이 충전되는 것을 막는다.

2번 핀의 전압이 공급 전압의 1/3로 떨어지면 비교기 A가 이를 감지해서 플립플롭을 '아래로 연결' 상태로 뒤집는다. 이는 3번 핀(출력 핀)으로 양극 펄스를 출력하고 그와 동시에 7번 핀에서 들어오는 음극 전원과의 연결을 끊는다. 이제 커패시터는 저항을 통해 충전을 시작할 수 있다. 이 동안에도 타이머에서는 양극 출력이 계속된다.

커패시터의 전압이 증가하면 비교기 B가 6번 핀을 통해 이를 감지한다. 커패시터에 공급 전압의 2/3에 해당하는 전압이 충전되면 비교기 B가 플립플롭으로 펄스를 보내서 다시 원래의 '위로 연결' 상태로 뒤집는다. 그 결과 7번 핀을 통해 커패시터가 방전된다. 그와 동시에 플립플롭에서 3번 핀으로 나오던 양극 출력이 음전압으로 바뀐다. 이런 방식으로 555 타이머는 원래 상태로 돌아간다.

이 과정을 요약하면 다음과 같다.

- 처음에 플립플롭이 커패시터와 출력(3번 핀)을 접지시킨다.
- 2번 핀에 걸리는 전압이 공급 전압의 1/3 이하로 떨어지면 출력(3번 핀)이 양극으로 바뀌고 커패시터 C가 저항 R을 통해 충전을 시작한다.
- 커패시터에 걸리는 전압이 공급 전압의 2/3만큼 증가하면 칩이 커패시터를 방전시키고 3번 핀의 출력은 다시 낮은 전압 상태가 된다.

기초지식: 펄스 억제

단안정 방식으로 배치된 타이머에 전원을 처음 연결하면 타이머는 연결과 동시에 펄스를 하나 내보내고 휴지 상태에 들어가 다음번 활성화될 때까지 기다린다. 많은 회로에서 이렇게 신경에 거슬리는 현상이 일어날 수 있다. 이를 막기 위한 한 가지 방법은 1μF 용량의 커패시터를 초기화 핀과 접지 사이에 위치시키는 것이다. 커패시터는 전원이 처음 연결됐을 때 초기화 핀에서 전류를 끌어와 잠시 동안 핀을 낮은 전압 상태로 유지시킨다. 이때 잠시라는 시간은 타이머가 전원이 들어오자마자 내보내는 펄스를 못 내보내도록 막을 수 있을 정도면 충분하다. 커패시터가 충전되고 나면 더 이상 하는 일이 없으며 그 뒤부터는 10K 저항이 초기화 핀을 양극 상태로 유지하기 때문에 타이머의 실행에 간섭하지 않는다.

펄스 억제의 개념은 이후의 실험들에서 사용할 예정이다.

기초지식: 왜 555 타이머가 유용한가

단안정 방식에서 작동하는 555 타이머는 고정된 (그러나 조정할 수 있는) 길이의 펄스를 발생시킨다. 어떻게 응용될 수 있을까? 555 타이머에서 나온 펄스가 다른 부품을 제어할 수 있다는 점을 생각해보자. 옥외 조명의 동작 감지 센서가 한 가지 예가 될 수 있다. 적외선 감지기가 뭔가가 움직이는 것을 '보면' 조명이 켜졌다가 정해진 시간이 지나면 꺼지도록 하는 것이다. 바로 이런 작동을 555 타이머로 제어할 수 있다.

토스터도 한 가지 예가 될 수 있다. 토스터에 식빵 한 조각을 넣고 손잡이를 아래로 누르면 스위치가 닫히면서 빵 굽는 과정이 시작된다. 이 과정의 길이를 바꾸려면 가변저항을 외부의 조절 장치에 연결해서 빵을 어느 정도로 구울지 결정할 수 있다. 빵 굽는 과정이 끝날 때는 555 타이머가 전원을 공급하는 트랜지스터를 통해 펄스를 출력해 토스터를 꺼주는 솔레노이드(릴레이와 비슷하지만 스위치 접점이 없다)[7]를 활성화시켜서 토스터에서 빵이 튀어나온다.

간헐적으로 움직이는 자동차의 와이퍼도 555 타이머로 제어할 수 있으며 실제로 초기 자동차 모델에서는 555 타이머를 사용했다. 기본적인 컴퓨터 키보드를 계속 누르고 있을 때 글자가 반복해서 찍히는 속도 역시 555 타이머로 제어할 수 있으며 실제로 애플 II 컴퓨터의 경우 이 기능에 555 타이머가 사용되었다.

실험 15의 침입 경보기는 어떨까? 내 희망 목록에 있던 특징 중 하나가 내가 경보기로 보호되는 구역에 들어가면 스위치를 끌 수 있도록 기다렸다가 경보음을 내도록 하는 것이었다. 555 타이머의 출력으로 이런 기능을 구현할 수 있다.

앞에서 한 실험이 별것 아닌 것처럼 보일 수 있지만 그 안에는 무궁무진한 가능성이 숨겨져 있다.

기초지식: 쌍안정 방식

타이머를 사용하는 또 다른 방법으로 쌍안정 방식(bistable mode)이 있다. 쌍안정 방식을 사용하면 기본적인 기능을 제한할 수 있다. 그렇다면 왜 이 방식을 사용하고자 할까? 그 이유를 설명하겠다.

그림 4-19의 회로라면 몇 분이면 만들 수 있을 것이다. 실제로 만들어보자. 왼쪽의 저항 2개는 풀업 저항이며 크기는 각각 10K다. 타이머 아래쪽에 있는 저항은 470Ω으로 LED를 보호한다. 거기에 텍타일 스위치 2개와 타이머 칩을 추가하면 회로가 완성된다.

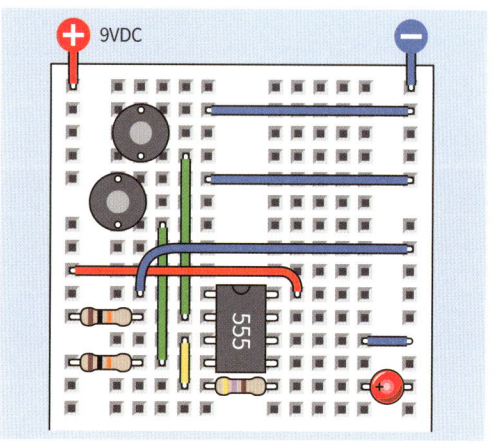

그림 4-19 555 타이머가 플립플롭처럼 기능하도록 브레드보드에 배치한 회로.

일단 회로를 브레드보드에 구현했다면 제일 위에 있는 버튼을 눌렀다 뗐을 때 LED가 켜지는 것을 알 수 있다. 그렇지만 얼마나 오랫동안 켜져 있을까? 정답은 전원이 공급되는 동안이다. 타이머는 무한히 출력을 내보낸다.

이제 아래쪽 버튼을 눌렀다 떼면 LED가 꺼진다. 얼마나 오랫동안 꺼져 있을까? 정답은 원하는 만큼이다. 위의 버튼을 다시 누르기 전까지 LED는 켜지지 않는다.

앞에서 타이머 안에는 플립플롭이 있다고 이야기했다. 이 회로는 타이머를 하나의 거대한 플립플롭으로 바꾸어놓았다. 2번 핀을 접지하면

---

[7] 솔레노이드는 원래 원통형으로 촘촘하게 코일을 감은 것을 의미하는데(보통 전자석이라 이야기하는 것과 같다), 요즘은 코일의 자기력을 이용해서 막대를 수직으로 끌어내리거나 올리는 동작을 만드는 장치를 의미하는 경우가 많다. 여기서는 후자를 의미하며, 보통 이런 장치는 문을 열거나 닫을 때나 그 외에 막대의 수직 운동이 필요한 곳에 다양하게 사용된다.

타이머가 '켜짐' 상태로 뒤집혀서 그 상태로 유지된다. 이번에는 4번 핀을 접지시키면 타이머가 '꺼짐' 상태로 뒤집혀서 그 상태로 유지된다. 플립플롭은 디지털 회로에서 매우 중요하며 그에 대해서는 뒤에서 조금 더 설명하겠지만 지금은 몇 가지 질문에 집중해보자. 이런 기능은 어떻게 작동하며 왜 필요한가?

그림 4-20의 회로도를 보자. 오른쪽에 저항이나 커패시터가 하나도 없다는 사실을 눈치챘을지도 모르겠다. 이 회로에는 RC 네트워크가 빠져 있다. 따라서 이 타이머 회로에는 시간을 재는 데 필요한 타이밍 부품이 하나도 없다! 보통은 한 번 타이머를 활성화시켰다가 출력 펄스가 중단되려면 6번 핀에 연결된 타이밍 커패시터에 전원의 2/3에 해당하는 전원이 충전되어야 한다. 그러나 6번 핀이 접지되면 커패시터에 전원의 2/3만큼 충전될 수 없다. 따라서 타이머를 일단 활성화시키면 펄스가 끊임없이 출력된다.

물론 초기화 핀에 저전압을 가하면 출력을 멈출 수 있다. 그러나 출력이 일단 멈추면 멈춘 상태로 계속 유지되며 출력을 다시 생성하려면 타이머를 활성화시켜야 한다.

이를 쌍안정 방식이라고 부른다. 출력이 높은 전압 상태와 낮은 전압 상태 두 경우에 타이머가 안정되기 때문이다. 이 같은 단순한 플립플롭은 '래치(latch)'라고도 부른다.

- 음극 펄스가 2번 핀에 입력되면 양전압이 출력되며 그 상태가 유지된다.
- 음극 펄스가 4번 핀에 입력되면 음전압이 출력되며 그 상태가 유지된다.

2번 핀과 4번 핀은 활성화시키지 않은 상태에서 항상 양전압 상태를 유지해야 한다. 이 회로도에서 풀업 저항을 사용한 것은 이 때문이다.

타이머의 5번 핀은 연결이 되지 않은 상태로 두어도 괜찮은데 이 핀은 어떤 신호가 들어가더라도 무시되는 극단적인 상태로 만들었기 때문이다.

이러한 방식으로 타이머를 사용하는 이유는 유용하기 때문이다. 이 방식이 얼마나 유용한지 알면 아마 깜짝 놀랄 것이다. 뒷부분에서 이 방식을 사용한 실험 3가지를 해볼 것이다. 555 타이머가 처음부터 쌍안정 방식으로 사용되도록 설계된 칩은 아니지만 편리하게 사용할 수 있다.

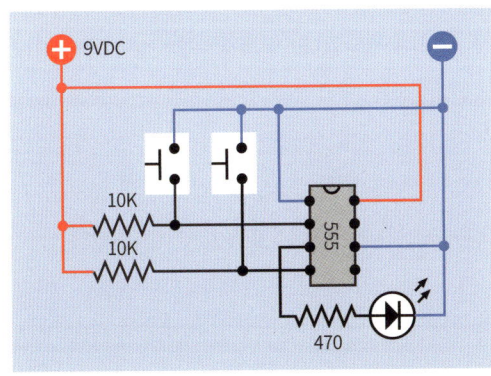

그림 4-20 쌍안정 방식으로 작동하는 555 타이머의 점검 회로.

배경지식: 타이머는 어떻게 탄생했는가

1970년, 실리콘 밸리라는 비옥한 땅에 뿌리를 내리고 있던 신생 기업은 고작 대여섯 개에 불과했다. 당시 시그네틱스[8]가 한스 카멘진트(Hans Camenzind, 그림 4-21의 사진)라는 엔지니어에게서 아이디어를 하나 샀다. 그 아이디어는 트랜지스터 23개와 몇 개의 저항을 사용해서 프로그래밍 가능한 타이머의 기능을 구현한다는 혁신적인 개념이었다. 이 개념을 기반으로 만든 회로는 여러 가지 목적으로 사용될 수 있고, 안정적이고 단순한 데다 이러한 장점들이 무색할 정도의 커다란 장점이 있었다. 그것은 바로 시그네틱스가 당시 부상하던 집적회로 기술을 사용해서 이 모든 기능들을 실리콘 칩 하나에 구현할 수 있을 것이라는 점이었다.

그림 4-21 한스 카멘진트. 시그네틱스에서 555 타이머 칩을 개발하고 설계했다.

이 아이디어를 현실화하는 과정에서 수차례 시행착오가 있었다. 단독으로 일했던 카멘진트는 처음에는 시판되는 트랜지스터와 저항과 다이오드를 사용해서 모든 것을 브레드보드에 설치하는 식으로 회로를 커다랗게 만들었다. 회로가 무리 없이 작동하자 카멘진트는 다양한 부품의 값을 조금씩 변경해가며 회로가 제작 과정의 여러 가지 변화나 칩을 사용할 때의 온도 변화 같은 다양한 요인을 견뎌낼 수 있는지 확인했다. 이 과정에서 그는 10개 이상의 회로를 만들었다. 수개월이 지나갔다. 그다음은 공예 작업이 남아 있었다. 카멘진트는 제도용 책상에 앉아서 공작용 칼로 플라스틱 위에 회로를 새겼다. 시그네틱스는 그 뒤 이 도면 사진을 약 300:1의 비율로 축소했다. 그런 뒤 축소된 도면을 작은 와이퍼 위에 에칭하고 각각의 웨이퍼를 가로, 세로 각각 1.2인치(약 3cm)인 정사각형 모양의 검은색 플라스틱 케이스에 넣고 제일 위에 부품 번호를 인쇄했다. 이렇게 555 타이머가 탄생했다.

555 타이머는 결과로 봤을 때 판매 수량으로 보나(이미 수백만 개를 팔았으며 현재도 판매 중이다) 설계의 수명으로 보나(거의 40년간 큰 변화 없이 유지되었다) 역사상 가장 성공적인 칩이 되었다. 555 타이머는 장난감에서 우주선에 이르기까지 사용되지 않는 곳이 없다. 전구를 켜고 경보 시스템을 활성화하고 경보음이 울리는 간격을 조정하고 직접 경보음을 낼 수도 있다.

오늘날 컴퓨터 소프트웨어를 이용해서 여러 곳에서 칩을 설계하고 그 동작을 시뮬레이션[9]한다. 따라서 컴퓨터 안의 칩들을 통해 새로운 칩

---

[8] 시그네틱스는 초기 반도체 제조 분야를 주도했으나 후에 필립스 반도체에 인수되었으며, 칩 패키징(packaging and assembly) 부문은 시그네틱스라는 사명을 유지한 채 다시 분사되어 국내에서 현재까지 관련 사업을 운영하고 있다.

[9] 어떻게 작동하는지 컴퓨터로 예측해보는 과정. 보통 모의실험이라고 한다.

의 설계가 가능해진다고 볼 수 있다. 한스 카멘진트같이 설계자가 혼자서 일하던 시대는 오래 전에 지나갔지만 그의 천재성은 지금도 조립 설비에서 생산되는 555 타이머 하나하나의 내부에 살아 숨 쉬고 있다. 칩의 역사에 대해 더 알아보고 싶다면 트랜지스터 박물관(Transistor Museum) 웹사이트(http://semiconductormuseum.com)를 방문해보자.

개인적인 이야기를 조금 하자면 『짜릿짜릿 전자회로 DIY』를 집필하는 동안 인터넷에서 한스 카멘진트를 검색하다가 그가 개인 홈페이지를 운영하고 있다는 사실을 발견했다. 홈페이지에는 그의 전화번호가 나와 있었다. 나는 충동적으로 그에게 전화를 걸었다. 정말 신기한 순간이었다. 나는 내가 30년 넘게 사용하던 칩을 설계한 사람과 이야기를 하고 있었다. 카멘진트는 아주 친절했고(그렇다고 그가 쓸데없는 말을 하지는 않았다) 흔쾌히 내 책을 읽고 리뷰를 해주겠다고 약속했다. 그뿐 아니라 책을 읽고 나서는 내 책에 엄청난 응원을 해주었다.

그 뒤에 나도 그가 쓴 짧은 전자기학 역사서인 『Much Ado About Almost Nothing(별것 아닌 일로 엄청난 대소동, 국내 미출간)』을 구입했는데 이 책은 지금도 인터넷에서 구입할 수 있으니 꼭 한번 읽어보기를 권한다. 집적회로 설계의 선구자 중 한 명과 직접 이야기를 나눌 수 있었던 것을 영광으로 생각한다. 2012년 그의 부고를 접하고 가슴이 많이 아팠다.

기초지식: 555 타이머의 사양

- 555 타이머는 5VDC에서 16VDC까지의 상당히 안정적인 전압을 공급해주는 전원 장치에서 작동한다. 절대 최대 전압의 크기는 18VDC다. 15VDC로 명시해둔 데이터시트도 많다. 전압은 반드시 전압조정기로 제어해야 하는 것은 아니다.
- 대부분의 제조사는 1K에서 1M까지의 저항을 7번 핀에 연결할 것을 권장하지만 10K 미만의 저항은 전류를 지나치게 소모한다. 저항값을 줄이는 것보다 커패시터의 용량을 줄이는 편이 더 낫다.
- 커패시터 용량은 시간 간격이 아주 길어도 된다면 원하는 만큼 키울 수 있지만 그 경우 커패시터의 누설 속도가 충전 속도와 비슷해지기 때문에 시간 측정의 정확성은 떨어진다.
- 타이머에서는 트랜지스터나 다이오드에 비해 더 큰 전압강하가 발생한다. 공급 전압과 출력 전압이 1V 이상 차이 날 수 있다.
- 출력은 200mA까지 제공할 수 있지만 100mA가 넘는 출력 전류는 전압을 낮추어서 시간 측정의 정확성에 영향을 미칠 수 있다.

주의: 모든 타이머가 같지는 않다

지금까지 이야기한 타이머의 특성은 모두 555 타이머 중에서도 초기에 나온 구식 'TTL'에 적용된다. TTL은 '트랜지스터-트랜지스터 논리(transistor-transistor logic)'의 약어로 전력 소모가 훨씬 줄어든 현대의 CMOS 칩 이전에 나온 유형이다. 555 타이머의 TTL은 내부에 바이폴라 트랜지스터(bipolar transistor)가 포함되어 있어서 '바이폴라 유형'으로도 불린다.

초기 555 타이머의 장점은 값이 저렴하고 튼튼하다는 것이다. 쉽게 손상되지 않으며 출력은 릴레이 코일이나 소형 스피커와 직접 연결해도 될 정도로 강력하다. 그러나 555 타이머는 효율이 좋지 않으며 다른 칩의 동작을 방해할 수도 있는 순간적인 전압 변화를 일으키기도 한다.

이러한 단점을 해결하기 위해 CMOS 트랜지스터를 사용해서 전력 소모가 적은 새로운 유형이 개발되었다. 이 칩을 사용하면 순간적인 전압 변화가 발생하지 않지만 출력 범위가 제한된다. 제한되는 정도는 제조사마다 다르다.

안타깝지만 555 타이머의 CMOS 유형은 표준화가 제대로 이루어지지 않았다. 어떤 제품은 출력이 100mA인 반면 어떤 제품은 10mA에 불과하다.

혼란을 가중시키는 것은 CMOS 유형의 부품 번호가 제각각이라는 점이다. 7555는 대표적인 CMOS 칩의 부품 번호지만 555 뒤에 다른 문자들이 오기도 한다. 이를 확인하고 문자가 의미하는 바를 파악하는 일은 사용자가 해야 한다.

이 책에서는 복잡함과 혼란을 피하기 위해 555 타이머의 바이폴라 유형인 TTL만 사용한다. 직접 구매할 경우 401페이지 '기타 부품' 중 '4장에 필요한 부품'에서 타이머 구매 정보를 확인한다.

실험 17: 음조 조정하기

단안정 방식과 쌍안정 방식으로 동작하는 555 타이머에 익숙해졌으니 이번에는 '비안정(astable)' 방식을 배워보자. 비안정 방식이라고 부르는 이유는 출력이 높은 전압 상태와 낮은 전압 상태로 계속해서 변하면서 둘 중 한 상태로 안정되지 않기 때문이다.

이는 실험 11에서 만들어본 트랜지스터 오실레이터의 출력과 비슷하지만 오실레이터보다는 쓰임새가 훨씬 다양하고 제어가 쉬우며 진동을 생성하는 데 트랜지스터 2개, 저항 4개, 커패시터 2개를 사용하는 대신 칩 1개, 저항 2개, 커패시터 1개를 사용한다는 점이 다르다.

실험 준비물

- 브레드보드, 연결용 전선, 니퍼, 와이어 스트리퍼, 계측기
- 9VDC 전원(전지 또는 AC 어댑터)
- 555 타이머 칩 4개
- 소형 스피커 1개
- 저항: 47Ω 1개, 470Ω 4개, 1K 2개, 10K 12개, 100K 1개
- 커패시터: 0.01μF 8개, 0.022μF 1개, 0.1μF 1개, 1μF 3개, 3.3μF 1개, 10μF 4개, 100μF 2개
- 1N4148 다이오드 1개
- 반고정 가변저항: 100K 1개
- 텍타일 스위치 1개
- 일반 LED 4개

비안정 방식 점검하기

그림 4-22는 일반적인 비안정 방식의 회로를 나타낸 것이다. 타이머가 가청 주파수에서 동작하기 때문에 출력에는 스피커를 추가했다. 스피커는 저항(전류 제어용)과 결합 커패시터(가청 주파수는 통과시키고 DC는 차단)를 통해 구동된다. 다음의 회로도에서 이 부품들의 부품값을 확인할 수 있다. 먼저 일반적인 배열부터 살펴보자.

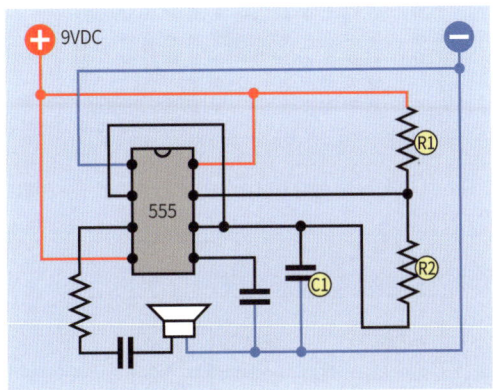

그림 4-22 비안정 방식으로 동작하는 555 타이머를 실행시키는 기본적이고 일반적인 회로.

R1, R2, C1이라고 쓰여진 부품은 타이머의 속도를 조절한다. 이런 표기 방법은 제조사의 데이터 시트나 다른 자료에서도 항상 사용되기 때문에 같은 표기 방법을 따른다.

C1은 단안정 방식을 나타낸 그림 4-11의 타이밍 커패시터와 같은 역할을 한다. 저항은 1개가 아닌 2개를 사용했으며 그 이유는 아래에서 설명한다.

실험 16에서 알게 된 내용을 바탕으로 이 회로의 작동 원리를 얼마나 이해했는지 확인해보자. 첫 번째로 회로에 입력이 없다. 2번 핀(활성화 핀)은 6번 핀(문턱전압 핀)에 다시 연결된다. 이 연결이 어떤 식으로 동작하는지 설명할 수 있는가? C1은 타이머가 단안정 모드에서 동작할 때처럼 전하를 축적하며 축적된 전압이 전원의 2/3가 되면 R2를 통해 7번 핀으로 전하를 방출하면서 전압이 떨어진다. 이 커패시터가 다시 2번 핀으로 연결된다는 것은 활성화 핀이 C1의 전압 강하를 감지한다는 뜻이다. 그렇다면 C1에 걸리는 전압이 갑자기 떨어지면 활성화 핀은 어떻게 반응할까? 당연하겠지만 타이머를 활성화시킨다. 그러니 이렇게 배치하면 타이머가 자신을 다시 활성화시키게 된다.

이런 일은 얼마나 빠르게 일어날까? 이를 알아보려면 확인할 수 있는 회로를 만들어야 한다. 그림 4-23은 부품값을 표시하고 반고정 가변저항을 추가해서 저항값이 다양하게 변할 때 그 효과를 알 수 있도록(정확히 이야기하면 들을 수 있도록) 회로도를 다시 그렸다. 가변저항과 가변저항 앞에 연결된 10K 저항은 R2와 연결된다. 타이머 커패시터 C1의 용량은 0.022μF, R1의 크

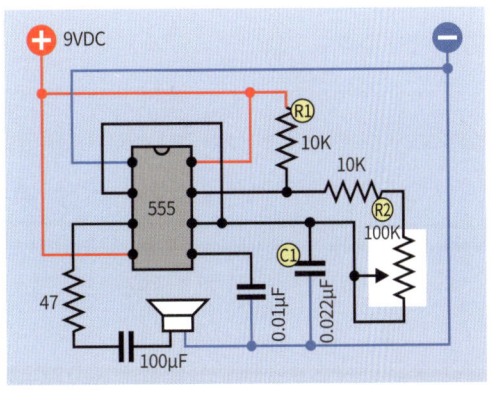

그림 4-23 회로를 이렇게 배치하면 비안정 방식으로 작동하는 타이머의 성능을 조정할 수 있다.

기는 10K다.

그림 4-24는 브레드보드의 배열을, 그림 4-25는 부품값을 나타낸 것이다.

이제 전원을 연결하면 어떤 일이 일어날까? 전원을 연결하자마자 스피커에서 잡음이 들릴 것이다. 아무 소리도 들리지 않는다면 배선에 오류가 있을 가능성이 높다.

더 이상 푸시버튼으로 칩을 활성화시킬 필요가 없다는 데 주의하자. 555 타이머는 예상한 대로 자체적으로 활성화된다.

반고정 가변저항에 있는 나사를 돌리면 소리의 높낮이가 달라진다. 가변저항은 C1의 충전과 방전 속도를 조정하며 이를 통해 음향 신호에서 '켜짐' 주기의 길이가 다음의 '꺼짐' 주기와 비례해 결정된다. 부품값의 변화에 따라 초당 약 300개에서 2,200개 사이의 펄스가 발생하며 타이머에서 발생된 이러한 펄스는 스피커로 보내진다. 펄스는 스피커의 진동판을 위아래로 움직여서 공기 중에 압력파를 생성시키고 귀가 이에 반응해 파동을 소리로 인식한다.

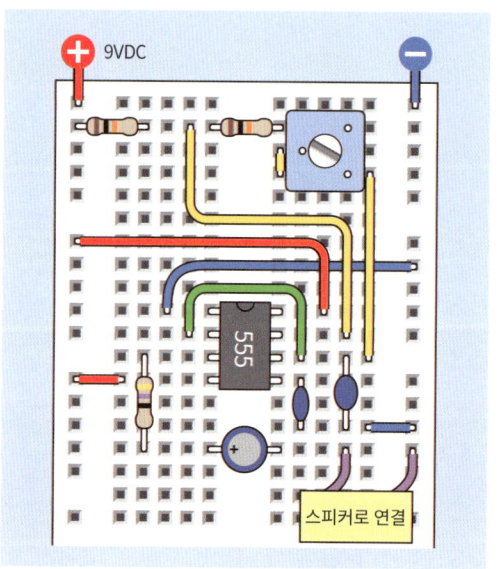

그림 4-24 비안정 방식으로 동작하는 타이머를 점검하기 위한 브레드보드의 배열.

이론: 출력 주파수

소리의 '주파수(frequency)'는 초당 발생하는 펄스의 개수를 나타내며 고압 펄스(high-pressure pulse)와 그에 따라 오는 저압 펄스(low-pressure pulse)로 구성된다.

'헤르츠(hertz)'는 주파수의 단위로 '초당 펄스의 수'와 같은 의미다. 헤르츠 단위는 유럽에서 제일 먼저 도입했으며, 또 다른 전기 부문 선구자 하인리히 헤르츠(Heinrich Hertz)의 이름에서

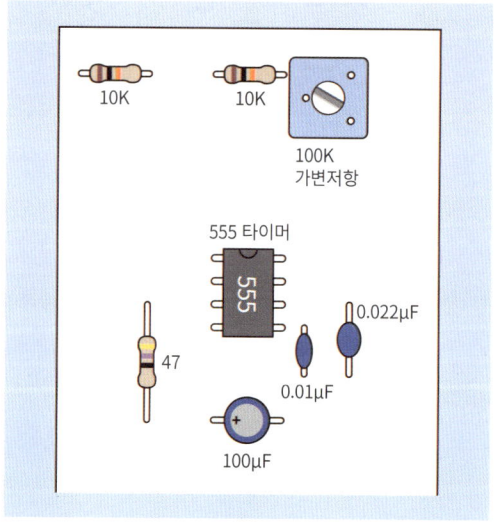

그림 4-25 비안정 방식으로 동작하는 타이머의 점검을 위한 부품값.

따왔다. 헤르츠는 간단히 Hz라고도 쓰며 따라서 점검 회로의 555 타이머 출력은 약 300Hz와 2,200Hz 사이다.

대부분의 표준 단위에서처럼 k는 '킬로'의 뜻으로 사용할 수 있기 때문에 2,200Hz는 보통 2.2kHz로 나타낸다.

타이밍 커패시터의 용량과 저항값에 따라 타이머의 주파수는 어떻게 달라질까? R1과 R2의 단위가 '킬로옴'이고 C1의 단위가 마이크로패럿이라고 하면 주파수 f(헤르츠)는 다음과 같이 구할 수 있다.

$$f = 1{,}440 / (((2 \times R2) + R1) \times C1)$$

이 계산 과정이 상당히 번거롭기 때문에 참고를 위한 표를 그림 4-26에 나타냈다. 이 표에서 '회로도의 R1 저항값은 10K라고 가정한다.' 제일 윗줄 가로는 R2 값을, 왼쪽 세로줄은 타이밍 커패시터 C1의 용량을 나타낸 것이다.

pF는 백만 분의 1패럿인 '피코패럿'을 뜻한다. 나노패럿은 마이크로패럿과 피코패럿의 중간에 해당하는 값을 나타낼 때 사용하는 단위이지만 미국에서는 많이 쓰지 않기 때문에 이 표에서 사용하지 않았다.

이론: 비안정 방식에서 555 타이머의 내부

타이머가 비안정 방식으로 동작할 때 어떤 일이 일어나는지 좀 더 잘 이해할 수 있도록 그림 4-27을 보자. 내부 배치는 단안정 방식일 때와 동일하지만 외부 연결 방식이 다르다.

처음에는 플립플롭이 앞에서처럼 타이밍 커패시터 C1을 접지한다. 그러나 이번에는 커패시

	10K	22K	47K	100K	220K	470K	1M
47µF	1	0.57	0.3	0.15	0.068	0.032	0.015
22µF	2.2	1.2	0.63	0.31	0.15	0.069	0.033
10µF	4.8	2.7	1.4	0.69	0.32	0.15	0.072
4.7µF	10	5.7	3.0	1.5	0.68	0.32	0.15
2.2µF	22	12	6.3	3.1	1.5	0.69	0.33
1.0µF	48	27	14	6.9	3.2	1.5	0.72
0.47µF	100	57	30	15	6.8	3.2	1.5
0.22µF	220	120	63	31	15	6.9	3.3
0.1µF	480	270	140	69	32	15	7.2
0.047µF	1K	570	300	150	68	32	15
0.022µF	2.2K	1.2K	630	310	150	69	33
0.01µF	4.8K	2.7K	1.4K	690	320	150	72
4,700pF	10K	5.7K	3K	1.5K	680	320	150
2,200pF	22K	12K	6.3K	3.1K	1.5K	690	330
1,000pF	48K	27K	14K	6.9K	3.2K	1.5K	720
470pF	100K	57K	30K	15K	6.8K	3.2K	1.5K
220pF	220K	120K	63K	31K	15K	6.9K	3.3K
100pF	480K	270K	140K	69K	32K	15K	7.2K

그림 4-26 비안정 방식으로 동작하는 555 타이머에서 위쪽 가로는 R1 값을 10K로 고정했을 때 표준 회로의 R2 값을 나타낸다. 표의 수치는 타이머의 주파수를 Hz(초당 펄스 수)로 나타낸 값이다.

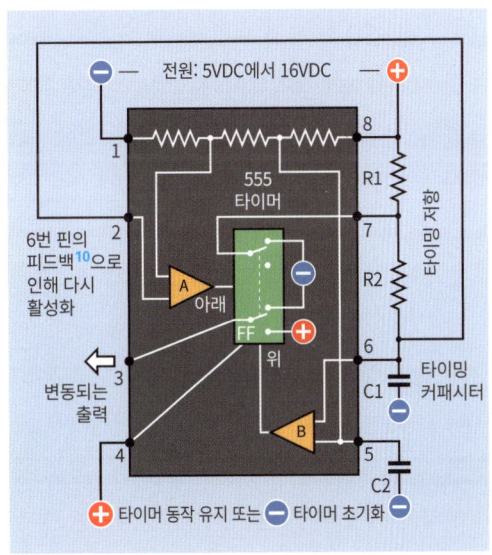

그림 4-27 555 타이머를 비안정 방식으로 동작시키기 위해 외부에 연결을 추가한 타이머의 내부.

10 '되먹임'이라는 용어도 사용된다.

터의 낮은 전압 상태가 외부의 전선을 통해 6번 핀과 2번 핀에 연결되어 있다. 낮은 전압 상태는 칩을 자체 활성화시킨다. 플립플롭은 그에 따라 '위로 연결' 상태로 뒤집히고 양극 펄스를 스피커로 보내면서 6번 핀의 음전압을 제거한다.

이제 C1이 충전되기 시작하는 것은 타이머가 단안정 방식으로 동작하던 때와 마찬가지지만 충전이 직렬로 연결된 R1+R2 저항을 통해 이루어지는 것은 다르다. 충전 시간은 C1의 용량이 크지 않기 때문에 짧다. C1에 충전된 전압이 전체 전압의 2/3가 되면 이전과 마찬가지로 비교기 B가 동작해서 커패시터를 방전시키고 3번 핀에서 발생되던 펄스 출력을 종료시킨다. 커패시터는 R2를 통해 방전 핀인 7번 핀으로 전하를 방전시킨다. 커패시터가 방전되는 동안 전압이 줄어들며 전압은 여전히 2번 핀에 연결되어 있다. 커패시터의 전압이 전체 전압의 1/3 이하로 떨어지면 비교기 A가 동작해서 또 다른 신호를 플립플롭에 보내고 이를 통해 전체 과정이 처음부터 다시 시작된다.

기초지식: 켜짐과 꺼짐 주기의 불균형

타이머가 단안정 방식으로 동작하고 있을 때 C1은 직렬로 연결된 R1과 R2를 통해 충전된다. 그러나 C1이 방전될 때는 R2를 통해서만 칩으로 전압을 보낸다. 커패시터는 저항 2개를 통해 충전하지만 저항 1개로만 방전하기 때문에 방전 속도보다 충전 속도가 더 느리다. 커패시터가 충전되는 동안 3번 핀에 걸리는 출력은 높은 전압 상태가 되고, 방전되는 동안 3번 핀에 걸리는 출

력은 낮은 전압 상태가 된다. 따라서 '켜짐' 주기는 항상 '꺼짐' 주기보다 길다. 그림 4-28은 이를 간단한 그래프로 나타낸 것이다.

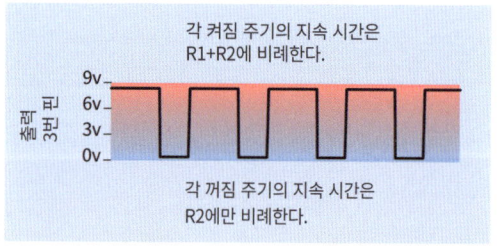

그림 4-28 555 타이머 칩이 비안정 방식으로 동작하도록 표준 방식으로 연결했을 때 출력에서 높은 전압 상태의 펄스는 항상 공백보다 길다.

켜짐과 꺼짐 주기를 같게 만들고 싶거나 켜짐과 꺼짐 주기를 독립적으로 조정되도록 하고 싶다면(예를 들어 다른 칩에 신호를 보낼 때 아주 짧은 펄스를 보내고 오래 있다가 다음 펄스를 보내고 싶은 경우) 그림 4-29처럼 다이오드만 하나 추가하면 된다.(이 경우 다이오드 때문에 전압이 어느 정도 줄어들게 되므로 회로는 공급 전압이 5VDC보다 커야 잘 동작한다.)

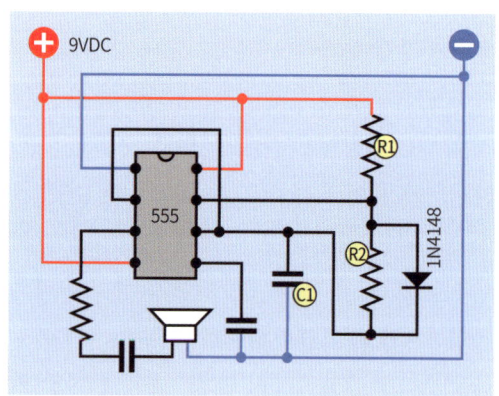

그림 4-29 R2를 우회하도록 다이오드를 추가하면 타이머의 높은 전압 상태와 낮은 전압 상태의 출력 주기를 각각 따로 조정할 수 있다.

이제 C1을 충전하면 이전과 마찬가지로 전류가 R1은 통과하지만 R2 대신 다이오드를 지나 커패시터로 간다. C1이 방전될 때는 다이오드가 역방향 전류를 허용하지 않기 때문에 R2를 통해서만 방전된다.

이제 R1은 충전 시간을, R2는 방전 시간을 제어하게 된다. 이때 주파수를 구하는 식은 대략 다음과 같다.

주파수 = 1,440 / ((R1 + R2) × C1)

이때 R1과 R2는 '킬로옴' 단위로, C1은 '마이크로패럿' 단위로 나타낸 값이다.(위에서 '대략'이라는 표현을 사용한 것은 다이오드가 회로에 작지만 유효한 저항값을 추가하는데 이 저항값이 식에 반영되지 않았기 때문이다.)

R1=R2로 설정하면 켜짐 주기와 꺼짐 주기가 거의 같아진다.

비안정 방식의 변경

R2 값을 변경하는 대신, 타이머의 5번 핀(제어핀)을 사용해서 주파수를 한정된 범위 내로 변경시킬 수 있다. 이런 방식으로 동작하는 회로를 나타낸 것이 그림 4-30이다.

5번 핀에 연결되어 있던 커패시터를 제거하고 그림에서처럼 가변저항을 직렬로 연결한다. 이때 5번 핀과 전원의 양극, 또는 음극 사이에 최소한 1K 저항을 항상 연결해야 한다. 전압과 직접 연결한다고 해서 타이머에 손상이 가지는 않지만 들을 수 있는 소리를 만들어내지 못한다.

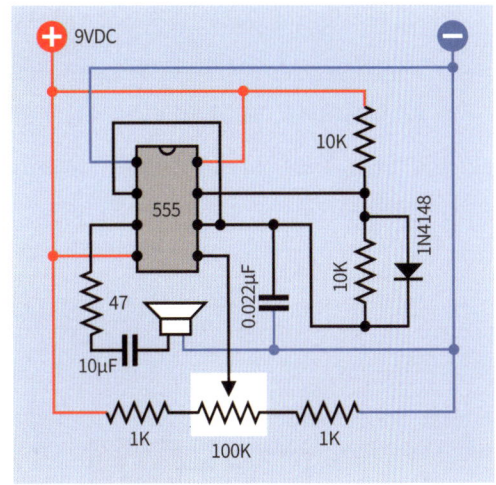

그림 4-30 555 타이머에서 제어 핀인 5번 핀의 기능을 보여주는 회로.

가변저항을 조정하면 주파수가 변하는 것을 확인할 수 있다. 주파수가 변하는 것은 가변저항을 조정했을 때 칩 안의 비교기 B에 걸리는 기준 전압이 바뀌기 때문이다.

칩을 연속해서 연결하기

타이머 칩을 연속으로 연결하는 방법에는 4가지가 있을 수 있다. 이러한 배치에서는 별도의 언급이 없는 한 각 타이머의 동작 방식이 단안정인지 비안정인지에 관계없이 작동한다.

- 9V 전압을 555 타이머에 걸면 타이머의 출력으로 다른 555 타이머를 구동할 수 있다.
- 타이머 1개의 출력으로 다른 타이머의 입력을 활성화시킬 수 있다. 이는 두 번째 타이머가 단안정 방식으로 동작할 때만 가능하다. 비안정 방식일 때 타이머는 자체적으로 활성화된다.

- 하나의 타이머에서 나오는 출력으로 다른 타이머의 초기화 핀을 제어할 수 있다.
- 하나의 타이머에서 나오는 출력은 적절한 크기의 저항을 통과해 다른 타이머의 컨트롤 핀과 연결할 수 있다.

그림 4-31부터 그림 4-34까지는 이러한 방식을 보여준다.

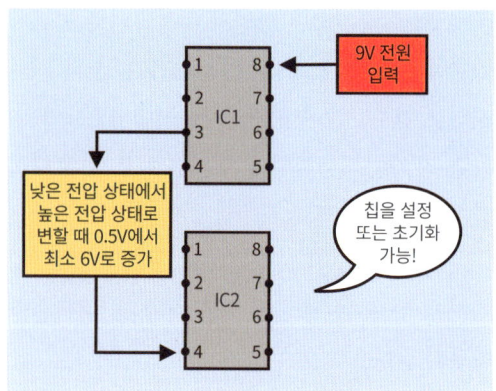

그림 4-33 타이머로 다른 타이머를 설정, 또는 초기화.

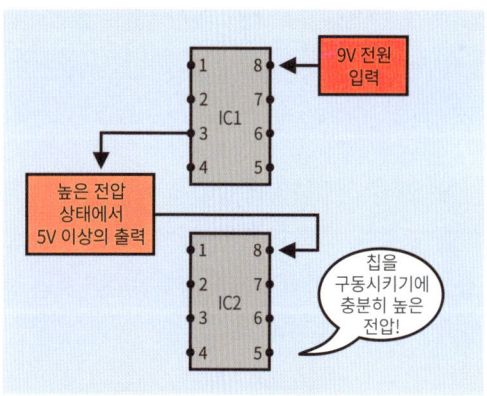

그림 4-31 한 타이머에서 다른 타이머로 전원 공급.

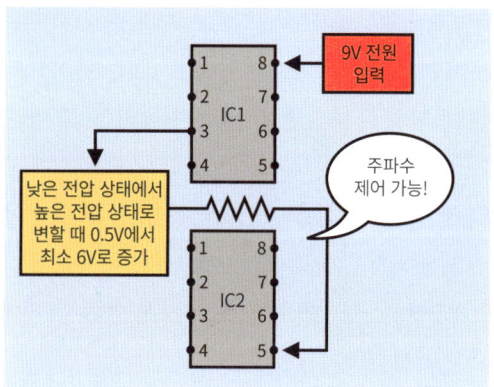

그림 4-34 한 타이머로 다른 타이머의 주파수 조정.

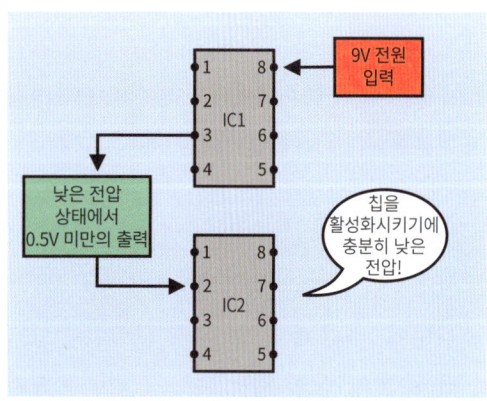

그림 4-32 한 타이머로 다른 타이머 활성화.

언제 타이머를 연속해서 연결하면 좋을까? 타이머 2개를 단안정 방식으로 연결하면 첫 번째 타이머에서 나온 높은 전압 상태의 펄스가 끝날 때 두 번째 타이머의 높은 전압 상태 펄스가 시작되도록 할 수 있으며 이 반대로도 가능하다. 사실 타이머는 원하는 만큼 연속해서 연결하고 이때 마지막 타이머가 처음의 타이머를 활성화시키도록 하면 직렬로 연결한 LED가 크리스마스 전구처럼 순서대로 빛나도록 만들 수 있다.

그림 4-35는 이런 식으로 연결된 타이머 4개를 보여준다. 이들 타이머는 하나의 타이머가 다음 타이머를 활성화시키는 아주 짧은 펄스 하나만을 내보낼 수 있도록 결합 커패시터를 통해 연결했다. 커패시터가 없으면 연결된 첫 번째 타이머에서 나온 펄스가 끝날 때 두 번째 타이머를 활성화시키지만 첫 번째 타이머의 출력이 계속 낮은 전압 상태로 남아 있기 때문에 두 번째 타이머를 끊임없이 활성화시킨다.

이 외에도 각 타이머의 활성화 핀에는 10K 풀업 저항을 연결해서 평상시 높은 전압 상태를 유지하도록 해야 한다.

단안정 방식의 타이머를 연속해서 연결한다고 할 때 재미있는 질문이 하나 떠올랐다. 이 타이머들을 처음 구동할 때는 어떻게 해야 할까? 실험 16에서 단안정 방식의 555 타이머에 처음 전원을 연결했을 때 보통 짧은 펄스 하나만 출력한다고 말했다. 여러 개의 타이머가 연속으로 연결되어 있으면 거의 동시에 짧은 펄스를 하나 출력할 텐데 타이머마다 제조 과정에서 생기는 미세한 차이가 있기 때문에 결과가 어떻게 될지 예측하기 힘들다. 제 순서대로 안정될 수도 있지만 두 타이머가 동시에 신호를 보낼 수도 있다.

이런 문제를 해결하려면 실험 16에서 다루었던 펄스 억제의 개념을 사용할 수 있다(187페이지 '기초지식: 펄스 억제' 참조).

초기화 핀과 접지 사이에 1μF 커패시터를 두면 잠시 초기화 핀을 낮은 전압 상태로 유지할 수 있어서 타이머에서 출력되는 첫 펄스를 억제한다. 초기화 핀에 10K 풀업 저항을 함께 연결하면 타이머가 동작하는 동안에도 초기화 핀을 안정적으로 유지할 수 있다.

내 경험으로는 이렇게 연결하면 잘 동작하지

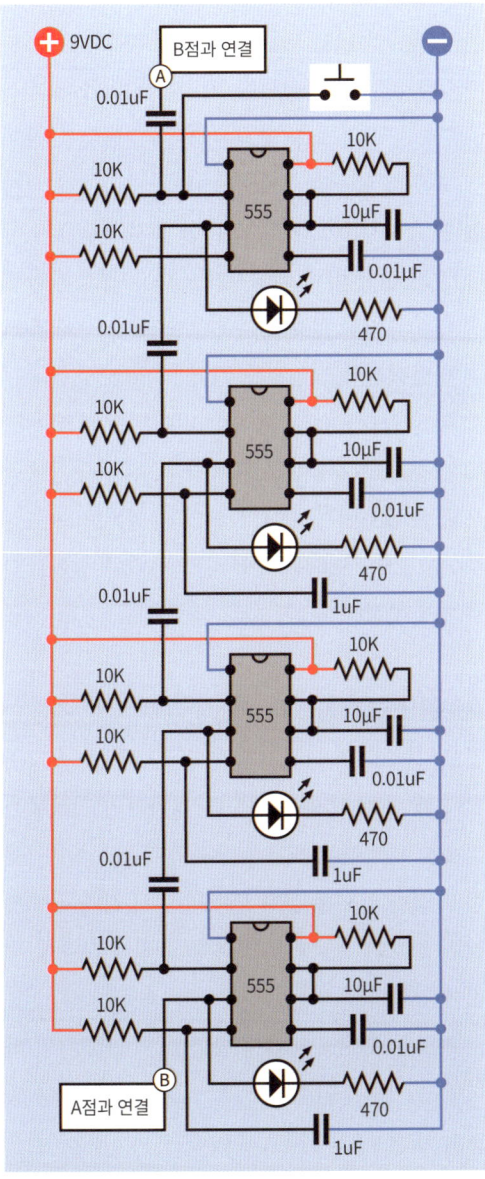

그림 4-35 타이머 4개가 순서대로 서로를 활성화시키도록 배치한 회로.

만 초기화 핀의 동작에 대해 제대로 문서화되어 있지 않기 때문에 서로 다른 제조사의 타이머를 사용하면 다르게 동작할 수도 있다. 펄스 억제와 관련해서 문제가 생긴다면 용량이 더 크거나 작은 커패시터로 교체해볼 수 있다.

이 외에 타이머를 연속으로 연결했을 때의 문제점이라고는 펄스 억제가 지나치게 잘되는 것 정도다. 이 경우 전원을 연결해도 모든 타이머의 출력이 억제되어서 아무 일도 일어나지 않는다.

이를 해결하려면 타이머 하나만 펄스 억제를 하지 않아야 한다. 펄스를 억제하지 않은 타이머는 전원이 연결됐을 때 거의 확실히 첫 번째 펄스를 내보내서 순서대로 다른 타이머를 활성화시킨다. 이러한 설정을 나타낸 것이 그림 4-35다.

그런데 잠깐. 여기서 말하는 '거의 확실히'는 대체 무슨 말일까? 전자회로는 항상 동작해야 한다. 언제나 동작해야지 '거의 대부분' 동작해서는 안 된다.

그 말이 맞다. 그러나 555 타이머에 전원이 연결될 때 예상치 못한 동작을 보이는 경향을 완전히 제어할 수는 없다. 그러니 회로의 제일 위쪽에 버튼을 추가해서 만약 자동으로 시작되지 않으면 버튼을 눌러 순서대로 동작시킬 수 있도록 만들 수 있다.

그렇지 않으면 다른 방법도 있다. 이 경우 연결되어 있는 첫 번째 타이머를 비안정 방식으로 동작시키면 된다. 그러면 비안정 모드의 타이머가 일련의 펄스를 보내서 단안정 방식으로 배치된 다른 타이머로 순차적으로 펄스가 전달되며 마지막의 타이머는 첫 번째 타이머로 피드백을 보내지 않는다. 전자회로에서는 이 경우 첫 번째 타이머를 마스터(master), 나머지 타이머를 슬레이브(slave)라고 부른다.

이렇게 설정하면 타이머가 예측한 대로 작동하기 때문에 나는 이런 배치를 선호한다. 문제는 마스터 타이머의 속도를 조절해서 다음 펄스를 출력하는 순간을 연결된 마지막 슬레이브 타이머가 펄스 출력을 중단하는 순간과 일치시켜야 한다는 것이다. 그러지 않으면 마지막 펄스가 끝나기 전에 첫 번째 타이머가 또다시 펄스를 출력하거나 마지막 펄스와 다음번 첫 펄스 사이에 간격이 벌어진다.

이런 식의 동작이 중요한지 여부는 어떤 식으로 응용하느냐에 따라 달라진다. 전구에 신호를 보내는 경우에는 문제가 되지 않겠지만 속도를 높여서 스텝 모터를 구동시키려면 타이밍을 맞추기가 어렵다.

사이렌 소리 내기

칩을 연속으로 연결하는 방법 중 네 번째(그림 4-34)에 특히 관심이 가는데 일반적인 경보음과 비슷한 사이렌 소리를 낼 수 있기 때문이다. 사실 이러한 방식은 실험 15에서 미처 끝마치지 못했던 경보기 프로젝트의 음향 출력에 사용할 수 있을 것이다.

회로는 그림 4-36에서 확인할 수 있다. 1번 타이머는 기본적인 비안정 방식으로 연결되어 있으며 그림 4-22의 회로와 비슷하다는 것을 알 수 있다. 그러나 부품값이 더 커서 타이머는 약 1Hz로 더 느리게 진동한다. 이 회로는 앞에서 제시

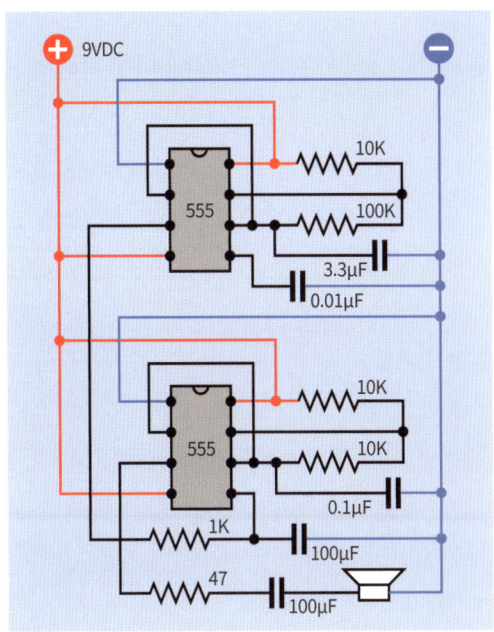

그림 4-36 하나의 타이머가 상대적으로 느리게 동작하면서 제어 핀(5번 핀)을 통해 다른 타이머를 조정하면 경보기 사이렌같이 음조가 올라갔다 내려갔다를 반복한다.

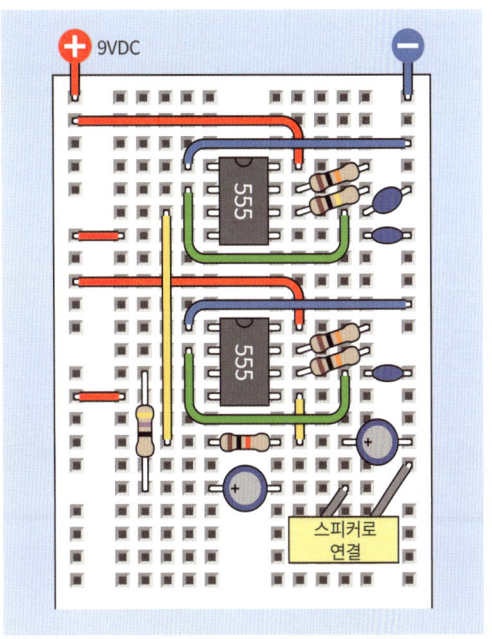

그림 4-37 브레드보드에 배치한 사이렌 회로.

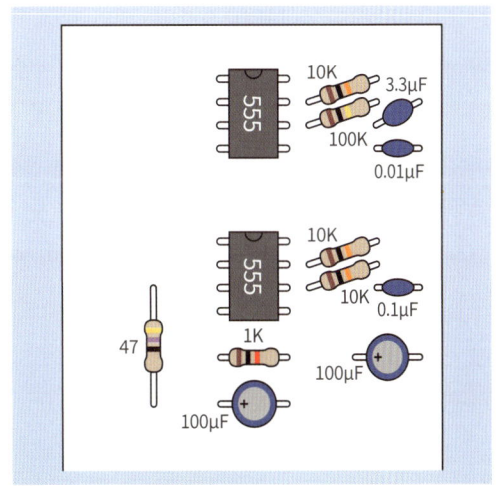

그림 4-38 사이렌 회로의 부품값.

한 그림 2-120의 회로와 비교해볼 수 있다. 원리는 비슷하다.

2번 타이머 역시 기본적인 비안정 방식으로 연결되어 있으며 약 1kHz에서 동작한다. 이때 타이머 1에서 출력된 전압이 천천히 변화하는데 이 전압이 2번 타이머의 제어 핀에 가해지면 2번 타이머에서 커졌다 작아졌다 하는 거슬리는 경보음 비슷한 소리가 출력된다.

침입 경보기를 완성하는 데 이 회로를 사용하고 싶다면 직접 만들어보는 편이 좋다. 침입 경보기에 대해서는 바로 다음의 실험 18에서 다룰 예정이다. 사이렌 회로의 브레드보드 배치는 그림 4-37에서, 배치된 부품의 부품값은 그림 4-38에서 확인할 수 있다.

일단 회로가 동작하는 것을 확인한 뒤 5번 핀과 접지 사이에 연결된 커패시터를 100μF 커패시터로 교체해보면 재미있는 일이 일어난다. 교체된 커패시터는 주파수를 급격하게 증가시키거나 낮추지 않고 천천히 높이거나 낮춘다. 실험 11에서 LED가 부드럽게 켜졌다 꺼졌다를 반복하도록 만들 때 커패시터를 이 같은 방식으로 사용했다.

다른 방식으로도 음조를 바꿀 수 있다. 다음과 같은 방식을 시도해볼 수 있다.

- 0.1μF 타이밍 커패시터에 변화를 주어서 기본적인 음조를 높이거나 낮춘다.
- 5번 핀에 연결된 100μF 커패시터의 용량을 2배로 증가시키거나 반으로 줄인다.
- 1K 저항 대신 10K 가변저항으로 교체한다.
- 3.3μF 커패시터의 용량을 변경한다.

무언가를 만들면서 얻을 수 있는 즐거움 중 하나는 내 마음대로 설정을 변경할 수 있다는 점이다. 만족스러운 사이렌 소리가 만들어지면 이후에 참고할 수 있도록 부품값을 기록해둔다.

그 외에 555 타이머 2개 대신 556 타이머 1개를 사용해서 칩의 개수를 줄일 수도 있다. 556 타이머에는 패키지 하나에 555 타이머가 한 쌍 포함되어 있다. (전원을 제외한) 외부 연결의 수는 동일하게 유지해야 하기 때문에 여기서 굳이 사용하지는 않았다.

실험 18: 침입 경보기 (거의) 마무리하기

555 타이머로 무엇을 할 수 있을지 살펴보았으니 침입 경보기의 희망 목록에 남은 요건들을 만족시킬 수 있다.

실험 준비물

- 브레드보드, 연결용 전선, 니퍼, 와이어 스트리퍼, 계측기
- 9VDC 전원(전지 또는 AC 어댑터)
- 555 타이머 2개
- DPDT 9VDC 릴레이 1개
- 2N2222 트랜지스터 2개
- LED: 빨간색, 초록색, 노란색 각각 1개
- 브레드보드용 SPDT 슬라이드 스위치 2개
- 텍타일 스위치 1개
- 커패시터: 0.01μF 1개, 10μF 2개, 68μF 2개
- 저항: 470Ω 4개, 10K 4개, 100K 1개, 1M 2개
- 1N4001 다이오드 1개

선택(음향 출력용)

- 그림 4-36의 부품

선택(이 프로젝트를 영구적인 형태로 제작하기 위한 용도)

- 15W 납땜인두
- 얇은 땜납
- 브레드보드 배열 방식으로 구리 도금된 만능기판
- SPDT 또는 DPDT 토글스위치 1개

- SPST 푸시버튼 1개
- 15×8×5cm 정도 크기의 프로젝트용 상자 1개
- 어댑터용 전원 잭과 어댑터용 전원 소켓 각각 1개
- 집의 창과 문에 필요한 만큼의 자기 센서 스위치 쌍
- 필요한 만큼의 경보기 연결용 전선

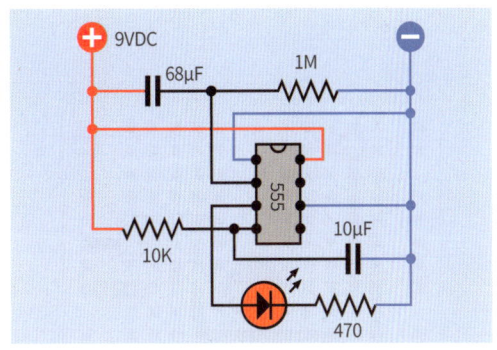

그림 4-39 브레드보드에 배치한 회로의 아랫부분을 나타낸 회로도.

제대로 기능하는 장치를 만들기 위한 3가지 단계

이번에 만들 회로는 지금까지 만들었던 것보다 더 크고 복잡하지만 상대적으로 배치하기는 쉽다. 개별적으로 점검할 수 있도록 세 부분으로 나누어 만들 수 있기 때문이다. 마지막에는 그림 4-45와 같이 브레드보드에 구성하며 그때의 부품값은 그림 4-46에 나타내었다. 그림 4-47은 같은 회로를 회로도로 나타낸 모습이다. 그러나 일단 작은 타이머 회로부터 시작해보자.

1단계

그림 4-39를 주의 깊게 보자. 555 타이머의 오른쪽에는 타이밍 부품이 전혀 없다. 이를 보면 실험 16에서 설명했던 쌍안정 방식이라고 결론내릴 수 있다(그림 4-20 참조). 타이머가 활성화되면 출력이 끊임없이 계속되며 이 때문에 경보기 시스템에 사용하기에 적절해 보인다.

그러나 그 외의 다른 기능도 있다. 이 회로에는 경보 설정 장소로 들어갔을 때 1분간 유예 시간을 두어서 경보기를 울리기 전에 끌 수 있는 기능도 포함된다.(이 기능이 내가 실험 15에서 정리했던 희망 목록의 9번에 있었던 것을 기억할지도 모르겠다.)

작동 방식을 알아보기 위해 그림 4-40처럼 부품을 배치할 수 있다. 부품값은 그림 4-46에 나타내었으며 그림 4-45의 브레드보드 아래쪽에서 이 회로의 위치를 확인할 수 있다.

위치를 확인하는 것은 중요하다. 회로를 추가하기 위해 여분의 공간을 남겨두어야 하기 때문이다. 이 공간 중 한 곳에 위치할 회로는 위의 회로에 전원을 공급하도록 스위치를 켜는 기능을 한다.

모든 부품을 제 위치에 설치했는지 알아보려면 오른쪽의 1M 저항이 브레드보드 위에서부터 29번째 줄에 위치했는지 확인하면 된다. 또한 전원이 브레드보드의 위가 아니라 부품 근처에 있는지 확인하자. 아직까지는 양극 버스를 사용하지 않는다.

아직 회로에 전원을 연결하지는 않도록 한다. 계측기가 최소 10VDC를 측정할 수 있도록 설정한 뒤 그림 4-40에서와 같이 계측기의 음극 탐침(검은색)은 브레드보드의 음극 버스에, 양극 탐

침(빨간색)은 1M 저항의 왼쪽 끝에 연결하자.

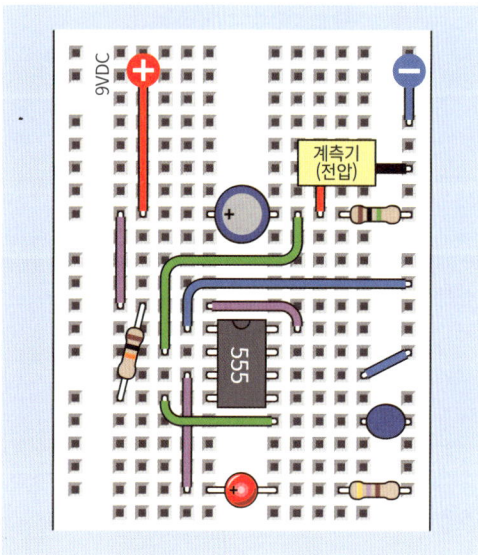

그림 4-40 점검을 위해 브레드보드의 아래쪽에 위치시킨 부품.

이제 회로에 전원을 연결하면 계측기에 나타난 수치가 9V에서부터 천천히 내려가는 것을 알 수 있다. 전압이 공급 전압의 1/3이 되면 555 타이머를 활성화시켜서 빨간색 LED가 켜진다. LED는 회로가 제대로 동작하는지 확인할 목적으로 추가했다. 최종 회로에서는 이 자리에 소리를 내는 회로가 위치한다.

용량이 큰 68μF 커패시터는 타이머의 반응 속도를 늦춘다. 처음 전압을 회로에 가하면 커패시터가 커패시터와 1M 저항 사이의 지점에 첫 펄스를 통과시킨다. 녹색 전선은 이 지점과 타이머의 활성화 핀을 연결한다. 따라서 핀에는 처음에 높은 전압 상태가 걸리면서 시작하며 기억하겠지만(그러기를 바란다) 활성화 핀이 낮은 전압 상태로 바뀌기 전까지는 타이머에서 아무 일도 일어나지 않는다.

커패시터의 오른쪽에서 전압은 1M 저항 쪽으로 천천히 새어나간다. 결국 어느 시점이 되면 전압이 타이머를 활성화시킬 정도로 낮아진다.

회로의 나머지 부분에 대해서는 실험 16과 17에서 회로에 처음 전원을 연결할 때 타이머가 펄스를 내보내지 않도록 '펄스를 억제'하는 방법을 설명했다. 이를 위해 4번 핀(초기화 핀)에 10μF 커패시터 1개와 10K 저항 1개를 연결했다. 이번에는 1μF 대신 10μF 커패시터를 사용해서 회로가 실험 17에서보다 조금 더 느리게 반응하도록 만들었다.

- 555 타이머를 이 부품들과 함께 사용하면 언제라도 타이머를 활성화시키는 펄스에 대한 트리거의 출력을 늦출 수 있다.
- 68μF보다 용량이 더 크거나 적은 커패시터를 사용하면 지연 시간을 늘리거나 줄일 수 있다.

지금까지는 문제없다. 회로의 이 부분은 전원을 연결했을 때 반응을 지연시키고 그 후에 계속해서 끊김 없이 경보기를 작동시킨다.

2단계

그림 4-41과 그림 4-42는 회로를 배치하는 다음 단계를 보여준다. 앞에서 설치했던 부품은 그대로 두되 회색으로 표시해서 새로 추가한 부분에 집중할 수 있도록 했다.

잊지 말고 아래쪽에 슬라이드 스위치 S2와 그 옆에 470Ω 저항을 위치시키고 긴 노란색 선 2개로 연결하자. 슬라이드 스위치는 회로가 제대로 동작하는지 확인하기 위해 사용했다. 실제 응용에서는 스위치 대신 경보기 센서가 사용된다.

릴레이는 실험 15와 같은 기능을 한다. 사실 회로의 연결을 따라가보면 약간의 차이는 있지만 그림 3-88과 동작 방식이 같다는 것을 알 수 있다. 차이점이라고는 1K 저항 대신 470Ω 저항이 사용되었고 위쪽에 초록색 LED와 함께 스위치 S1을 추가한 것뿐이다.

신경 써서 부품을 모두 제 위치에 연결하자. 왼쪽의 빨간색 전선 3개와 오른쪽의 파란색 전선 3개도 주의해서 보자. 릴레이 핀이 전선과 연결되도록 배치해야 한다.

S1이 아래로, S2가 위로 가 있는지 다시 한 번 확인한다. 점검을 위해 68μF 커패시터를 제거해서 빨간색 LED가 1분간 기다리지 않고 바로 켜지도록 하자.

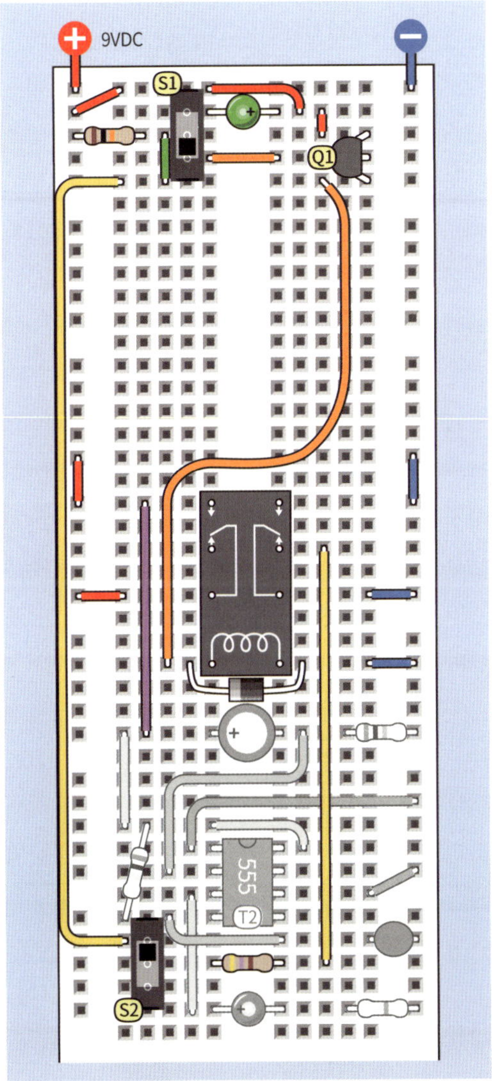

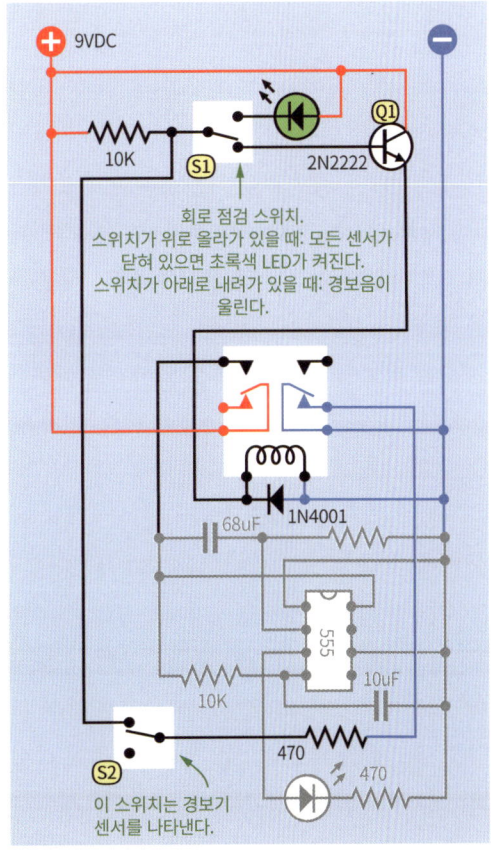

그림 4-41 회로 구현의 두 번째 단계에서는 실험 15에서 사용했던 릴레이 회로를 추가한다.

그림 4-42 회로 구현의 두 번째 단계까지 끝난 상태의 브레드보드를 나타낸 회로도.

이제 전원을 연결해보자. 모든 부분이 정확하게 연결되었다면 아무 일도 일어나지 않는다. 스위치 S2는 경보기 센서를 나타내며 위로 가 있기 때문에 이는 센서가 닫혀 있는 상황을 시뮬레이션한 것이다. 센서가 열렸을 때를 시뮬레이션하도록 스위치를 아래로 내리면 회로 아래쪽의 점검용 LED가 즉시 켜진다. 스위치를 위로 올리더라도 LED는 계속 켜진 상태를 유지한다. 즉, 이는 센서가 초기화되더라도 회로에서 경보가 울리는 상태가 고정됨을 보여준다.

전원 연결을 끊고 S2를 위로 올린 뒤(센서가 닫혀 있는 상태를 시뮬레이션) 다시 전원을 연결해보자. 이제 위쪽에 있는 S1을 위로 올리면 초록색 LED가 켜진다. 이는 회로를 점검하기 위한 기능이다. LED가 켜지면 모든 센서가 다 닫혀 있다는 뜻이다. 경보기를 사용할 때는 경보기가 작동되는 장소를 벗어나기 전에 회로를 점검해보고 싶을 것이다. 이 부분은 실험 15의 희망 목록 7번의 앞부분에 해당된다.

S1을 위로 올린 상태에서 S2를 아래로 내려서 센서가 열렸을 때를 시뮬레이션해보자. 이제 S2를 위로 올리면 초록색 LED가 다시 켜진다. 따라서 점검 절차가 제대로 이루어진다는 것을 알 수 있다.

이제 이 회로를 실제로 사용하는 법을 알아보자. 먼저 S1을 위(점검 상태)로 올려둔다. 경보기를 켜고 그 장소를 떠날 준비가 되면 회로에 전원을 넣는다. 초록색 LED가 켜지지 않으면 어딘가의 문이나 창문이 열려 있다는 뜻이다. 문제의 원인을 찾은 뒤 해결하자. 초록색 LED가 켜지면 모든 센서가 닫혀 있다는 뜻이다. 이제 경보 시스템을 활성화시켜도 된다. S1을 아래로 내리자. 그러면 초록색 LED가 꺼지고 경보 시스템이 활성화된다. 집으로 돌아왔을 때는 (잊지 않고 회로에 68μF 커패시터를 다시 연결했다면) 555 타이머가 경보음이 울리기 전에 경보 시스템을 끌 수 있도록 1분간의 시간을 준다. S1을 위(점검 상태)로 올리면 경보 시스템을 해제할 수 있다.

자, 회로가 성공적으로 동작하는 원리와 이유는 무엇일까?

왼쪽 위에 위치한 10K 저항은 스위치 S1이 아래로 내려가 있을 때 S1을 통해 트랜지스터 Q1의 베이스 단자와 연결된다. 한편 오른쪽에 위치한 릴레이 내부의 극점은 접지와 연결되어 있다. 이러한 연결은 오른쪽의 노란 선을 지나, 470Ω 저항과 스위치 S2(센서를 흉내냄)를 지나 다른 긴 노란색 선을 따라 다시 돌아온다. 이를 통해 트랜지스터의 베이스 단자는 (오렌지색 선을 통해) 낮은 전압 상태가 유지된다. 베이스 단자가 낮은 전압 상태면 트랜지스터에는 전류가 흐르지 않는다.

센서가 열리면 트랜지스터의 베이스 단자가 더 이상 낮은 전압 상태로 유지되지 않으며 10K 저항이 베이스 단자에 걸리는 전압을 끌어올려서 트랜지스터에 전류가 흐른다. 그 결과 긴 오렌지색 선을 통해 릴레이가 활성화된다. 릴레이는 쌍안정 타이머에 전원을 제공해서 그 결과 경보음을 울린다. 그와 동시에 릴레이는 오른쪽 접지의 연결을 끊어서 이제 센서가 다시 닫히더라도 트랜지스터에는 계속해서 전류가 흐른다.

이는 그림 3-88에서 정리한 회로의 개념과 완전히 동일하다. 중요한 차이는 바로 초록색 LED다. S1을 '점검 상태'로 두면 트랜지스터로 가는 양극 전압이 끊어진다(그 결과 트랜지스터는 경보음을 울릴 수 없다). 모든 센서가 닫혀 있다면 LED가 모든 센서와 470Ω 저항을 통해 접지와 연결되면서 LED가 켜져서 경보 시스템이 준비되었음을 알려준다.

3단계

이 프로젝트에서 더 필요한 것이 무엇일까? 경보 시스템을 사용한다고 상상해보자. 경보 설정 지역에서 나가기 전에 경보 시스템을 켜고 싶다. 이 시점에서 문득 깨달았을 것이다. 경보 시스템을 켜고 난 뒤 나가려고 문을 열면 경보기가 활성화된다.

68μF 커패시터를 쌍안정 타이머와 함께 사용하면 집에 돌아왔을 때 경보기가 1분간 활성화되지 않도록 억제해서 경보 시스템을 끌 수 있는 시간을 벌어주는 기능을 추가했다. 이제 타이머를 하나 더 사용해서 집을 나설 때 1분간 경보 시스템이 억제되도록 만들어보자.

이 회로는 배치하기가 조금 더 까다롭다. 이를 해결하는 핵심은 새로운 타이머로 트랜지스터 Q1에 걸리는 전압을 끌어내려서 트랜지스터가 릴레이를 활성화시키지 못하도록 하는 것이다.

문제는 타이머의 출력이 '켜짐' 주기일 때 낮은 전압 상태가 아닌 높은 전압 상태라는 것이다. 높은 전압 상태의 출력을 변환하려면 트랜지스터를 하나 추가해서 트랜지스터 Q1에 걸리는 전압을 끌어내려야 한다.

그림 4-43과 그림 4-44는 이렇게 동작하도록 배치된 부품을 보여준다. 이번에도 마찬가지로 앞

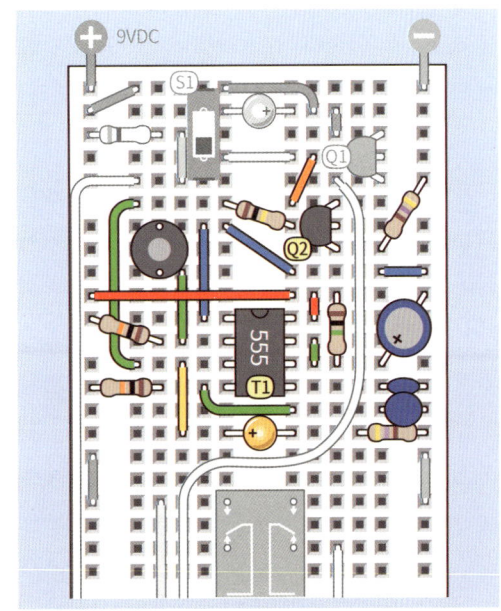

그림 4-43 경보기 회로를 만드는 세 번째이자 마지막 단계.

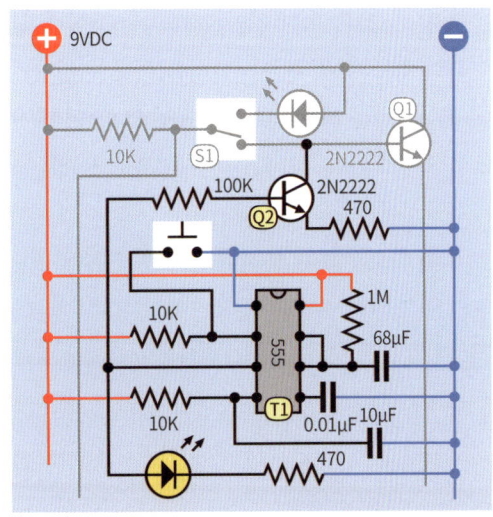

그림 4-44 경보기 회로를 만드는 세 번째 단계의 회로도.

에서 이미 설치한 부품들은 회색으로 나타냈다. 새로 추가된 555 타이머 T1은 다른 타이머와 마찬가지로 4번 핀(초기화 핀)에 펄스 억제 회로가 연결되어 있어서 회로에 전원이 연결될 때 펄스를 출력하지 않는다. 이제 버튼을 눌러 T1을 활성화시키자. 버튼을 누르면 타이머의 활성화 핀이 접지된다.

타이머의 출력이 높은 전압 상태일 때 전류는 3번 핀(출력 핀)에서 나와 노란색 LED를 켠다. 이를 보면 경보 시스템이 켜질 때까지 1분의 시간이 카운트다운되고 있음을 알 수 있다. LED가 켜져 있는 동안에는 경보 시스템이 센서 스위치가 열리는 등의 동작을 무시한다.

3번 핀 역시 왼쪽의 알파벳 C처럼 생긴 초록색 전선과 연결된다. 이 전선은 100K 저항을 감싸고 있으며 100K 저항은 두 번째 트랜지스터인 Q2의 베이스 단자와 연결되어 있다. 100K 저항을 통과한 타이머의 출력은 Q2를 구동시키기에 충분하다. Q2의 이미터는 470Ω 저항을 통해 접지되어 있으며 컬렉터는 Q1의 베이스와 연결되어 있다. Q2는 전류가 흐르는 동안에 Q1의 베이스를 접지시켜서 Q1이 릴레이나 경보 시스템을 활성화시키지 못하도록 막는다.

이런 식으로 하면 타이머 T1로 인해 경보음이 울리는 것을 방지할 수 있다. 1분의 유예 기간이 끝나면 T1에 전류가 차단되면서 더 이상 첫 번째 트랜지스터의 전압을 끌어내리지 않기 때문에 경보음이 울린다. 단, 당연한 이야기겠지만 잊지 말고 위쪽의 스위치를 '점검 상태'에서 해제해야 한다.

이제 회로는 다음과 같이 사용할 수 있다.

1. 먼저 스위치 S1을 '점검 상태' 위치에 두고 모든 문과 창문을 닫아 초록색 LED가 켜지도록 한다.
2. S1을 아래로 내려서 경보 시스템을 작동시킨다.
3. 버튼을 누르고 노란색 LED가 켜져 있는 동안 문을 닫고 나간다.

여러분이 만든 회로는 생각했던 대로 동작하는가? 부품을 신중하게 제대로 연결했다면 그럴 것이다. 어떤 환경에서도 타이머 T1이 노란색 LED를 켜기 때문에 점검하기 쉽다. 또한 Q1의 베이스에 계측기 탐침을 갖다 대어보면 높은 전압 상태인지 낮은 전압 상태인지를 확인할 수 있다. 낮은 전압 상태인 동안에는 경보 시스템이 작동되지 않는다. 전압이 높아지면 경보기가 활성화된다.

잊지 말고 회로의 릴레이 바로 아래에 68μF 커패시터를 연결해서 경보기를 작동시킬 준비가 완료되었을 때 지연용으로 설치한 타이머를 다시 활성화시켜야 한다.

그림 4-45는 완성된 회로를 브레드보드에 나타낸 모습이며 그림 4-46은 부품값, 그림 4-47은 회로도를 각각 나타낸 것이다.

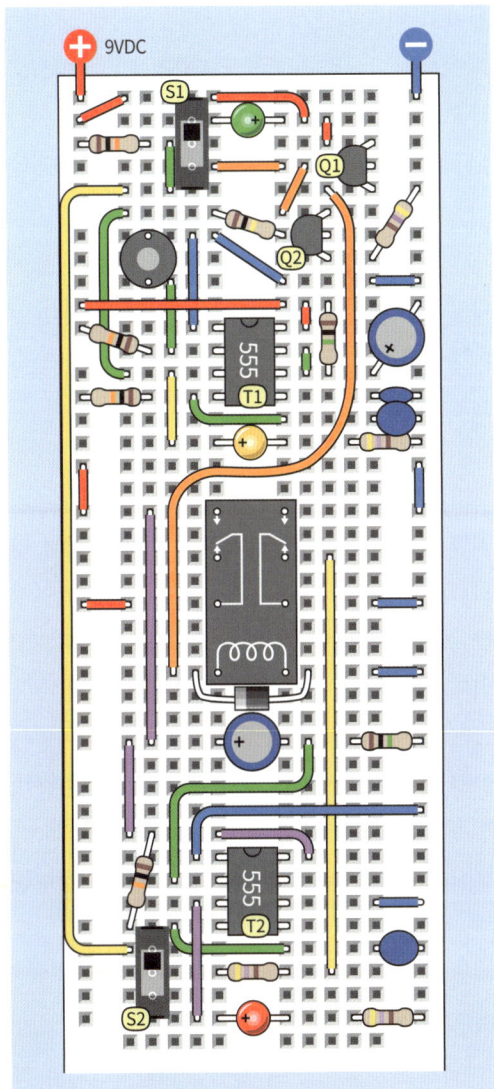
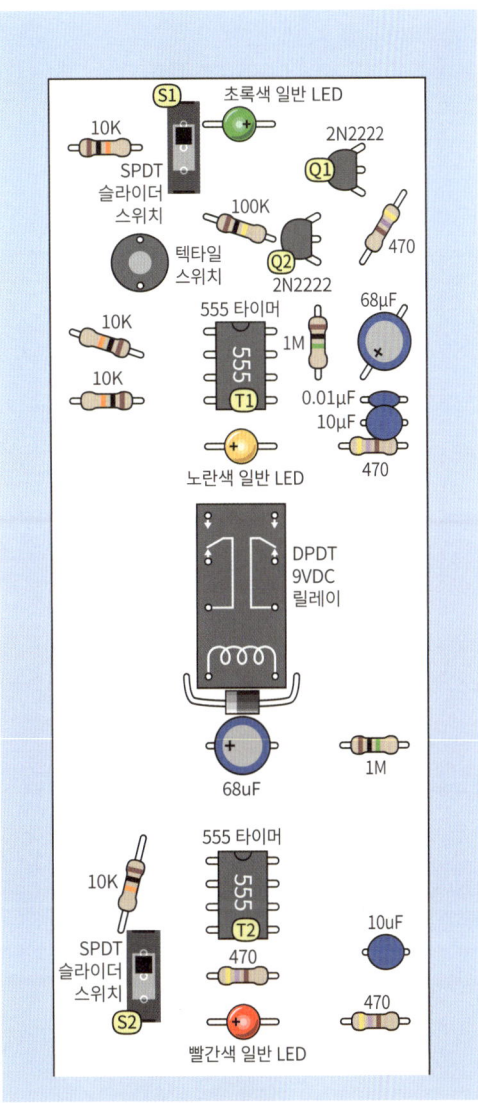

그림 4-45 완성된 경보기 회로의 브레드보드 배열.

그림 4-46 브레드보드 배열에서의 부품값.

실험 18: 침입 경보기 (거의) 마무리하기   209

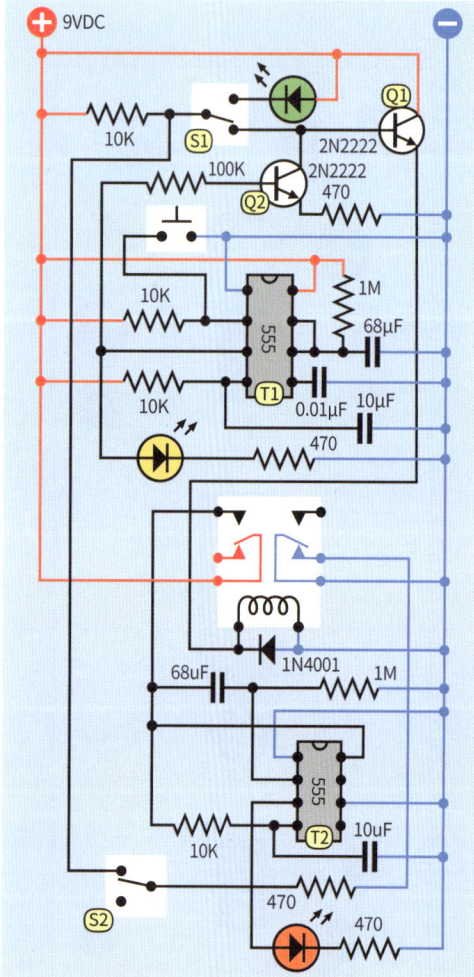

그림 4-47 브레드보드에 배치한 경보기 회로의 회로도.

소리는 어떻게 할까?

경보기에서 경보음이 울리도록 하려면 점검 목적으로 사용했던 빨간색 LED를 음향 회로나 장치로 대체해야 한다.

가장 쉬운 방법은 시중에 판매되는 제품을 사용하는 것이다. 수백 가지 종류의 사이렌을 저렴하게 구입할 수 있으며 전원에 연결만 하면 곧바로 거슬리는 소리를 낸다. 사이렌 중에는 12VDC를 요구하는 제품도 많지만 9VDC에서도 상당한 크기의 경보음을 낸다. 단, 타이머 T2가 150mA 이상의 전류를 전달하지 못한다는 점을 기억하자.

자신만의 경보음을 만들고 싶다면 그림 4-36의 회로를 사용할 수 있다. 릴레이의 출력을 사용해서 이 회로를 구동하기만 하면 자신만의 소리를 만들 수 있다.

켜짐과 꺼짐은 어떻게 할까?

지금까지 회로는 전원을 연결하거나 끊어서 점검했다. 전원을 켜거나 끄기 위해 스위치를 연결할 수도 있지만 단순한 스위치보다는 숫자를 입력해서 경보기를 끄는 쪽이 더 바람직할 것이다. 그러나 지금 당장은 그런 기능을 구현하는 법을 알려줄 수 없다. 그러려면 논리 칩이 필요한데 우리가 아직 거기까지 진도를 나가지 않았기 때문이다. 그렇지만 실험 21에서 그 방법을 설명할 수 있을 것이다.

마무리하기

한편 경보기 회로가 현재의 형태에서 실제로 작동하기 때문에 이를 마무리하는 법에 대해 이야기하려고 한다. 다시 말해 회로를 기판에 납땜하고 기판을 프로젝트용 상자에 넣어서 겉으로 보기에 멋지도록 만드는 법 말이다. 이 책에서 내 주요 관심사는 전자회로이지만 그렇다 해도 프로젝트를 마무리하는 것은 경험을 쌓는다는 측면에서 중요한 부분을 차지하기 때문에 몇 가지 제안을 하려 한다.

회로를 납땜하는 것은 점대점 연결을 설명한 실험 14의 과정보다 쉬울 수 있다. 부품은 뒷면에 구리 조각이 있는 유형의 만능기판에 부착할 수 있으며 배치는 브레드보드 내부의 금속 조각에 연결된 것과 동일하게 구성한다. 각각의 부품을 같은 위치에 옮긴 뒤 그 뒷면의 구리 조각과 납땜하기만 하면 된다. 전선 간 납땜은 필요 없다.

이러한 유형의 기판을 찾아 구매하려면 이 책 397페이지에 수록된 '물품' 구매 안내를 참고하자.

이제 기판에 옮기는 과정을 살펴보자.

브레드보드에 설치된 부품의 위치를 주의 깊게 확인한 후 만능기판의 동일한 위치로 옮기고 작은 구멍에 전선을 끼운다.

만능기판을 뒤집어서 부품이 확실히 끼워졌는지 확인하고, 기판의 '뒷면'(부품은 이 반대쪽에 위치)을 나타낸 그림 4-48처럼 전선이 튀어나와 있는 구멍을 점검한다. 구멍을 둘러싸고 있는 구리 조각은 구멍과 다른 것들을 연결한다. 해야 할 일은 녹인 땜납을 구리 조각과 전선에 붙여서 그 둘을 단단하고 튼튼하게 연결하는 것이다.

만능기판은 고정시키거나 쉽게 미끄러지지 않는 바닥에 내려놓는다. 한 손에는 저출력 납땜인두를, 다른 손에는 땜납을 들자. 납땜인두의 끝을 전선과 구리 모두에 갖다 대고 둘이 만나는 위치에 땜납을 갖다 댄다. 2~4초가 지나면 땜납이 녹아 흐르기 시작한다.

땜납을 충분히 흘려 그림 4-49처럼 전선과 구리를 감싸는 둥근 물방울 모양이 되도록 한다.

땜납이 완전히 굳을 때까지 기다린 다음 롱노즈 펜치로 전선을 잡아서 튼튼하게 연결되었는지 흔들어서 확인해본다. 모든 과정이 잘 마무리되었으면 튀어나와 있는 전선을 니퍼로 잘라낸다

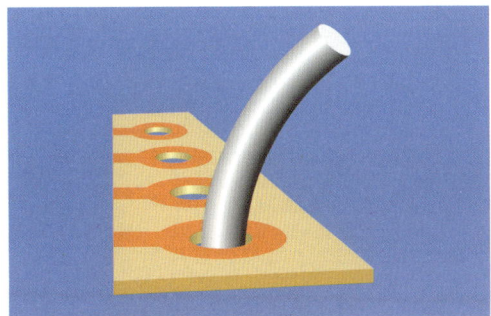

그림 4-48 전선을 끼운 만능기판의 뒷면.

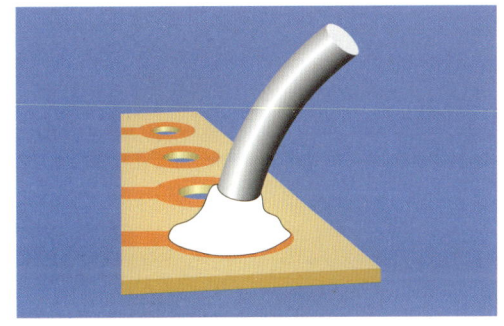

그림 4-49 이런 모양의 납땜 연결이 이상적이다.

그림 4-50 땜납이 식어서 굳으면 튀어나온 전선을 잘라낸다.

(그림 4-50 참조).

납땜 부분은 사진을 찍기가 쉽지 않기 때문에 좋은 접점을 만들기 전과 후의 전선의 모습을 그림으로 그렸다. 땜납은 흰색으로 표시하고 검은색으로 테두리를 그렸다.

그림 4-51과 그림 4-52는 실제로 부품을 만능기판에 납땜하는 과정을 나타낸 것이다.

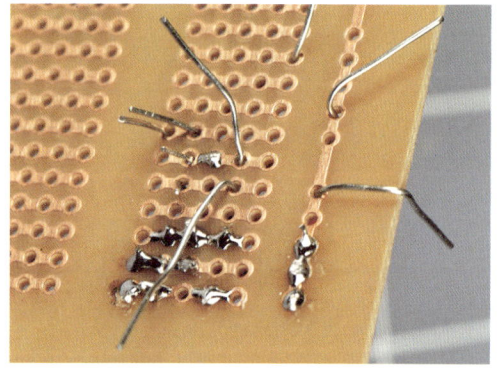

그림 4-51 이 사진은 브레드보드에서 만능기판으로 부품을 옮기는 과정에 찍은 것이다. 한 번에 2~3개의 부품을 보드의 반대 방향으로 끼운 뒤 리드를 구부려서 기판에서 분리되지 않도록 한다.

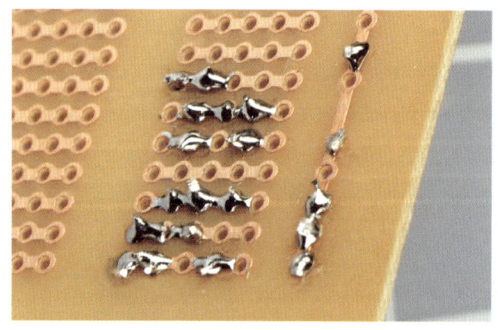

그림 4-52 납땜이 끝나면 리드를 짧게 잘라내고 확대경으로 접합 부위를 주의해서 살펴본다. 그런 다음 다시 부품을 2개나 3개 끼우고 앞의 과정을 반복한다.

만능기판을 사용할 때 발생하는 가장 일반적인 오류

1. 납땜을 너무 과도하게 하는 경우 알아채기도 전에 땜납이 기판을 따라 흘러내리면서 그림 4-53처럼 주변의 구리 조각에 붙어버린다. 이런 일이 발생하면 땜납 제거용 도구로 빨아들이거나 칼로 잘라낼 수 있다. 나는 칼로 잘라내는 쪽을 선호하는데 고무로 된 둥근 펌프나 솔더윅으로 땜납을 흡입하면 땜납이 완전히 제거되지 않을 수 있기 때문이다.

그림 4-53 납땜을 과도하게 하면 원치 않은 곳에 땜납이 묻을 수 있다.

땜납이 조금만 남아 있어도 합선이 일어날 수 있다. 기판을 움직여서 여러 각도에서 빛을 비춰가며 확대경으로 배선을 확인한다.

2. 땜납이 부족한 경우 땜납이 얇게 붙으면 땜납이 식었을 때 전선이 땜납에서 떨어질 수 있다. 아주 미세한 금이라도 회로의 작동을 멈출 수 있다. 극단적인 예로 땜납이 전선에도 붙고, 전선 주위의 구리 조각에도 붙었는데도, 둘을 연결하는 튼튼한 접점이 생기지 않아서 그림 4-52처럼 전선이 땜납에 둘러싸여 있지만 기판에 연결되

지 않은 경우도 생길 수 있다. 이런 부분은 확대경으로 보지 않으면 놓치고 지나갈 수 있다.

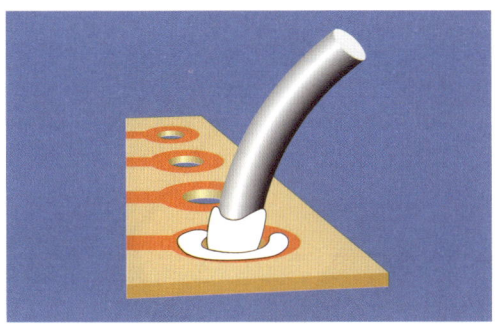

그림 4-54 땜납이 지나치게 부족하면(또는 열이 충분하지 않으면) 납땜한 전선이 만능기판의 땜납이 붙은 구리 조각과 연결되지 않을 수 있다. 머리카락만큼의 틈만 있어도 전기 연결을 방해할 수 있다.

땜납이 충분치 않으면 접점 부분에 땜납을 추가할 수 있지만 접점을 다시 충분히 가열해주어야 한다.

3. 부품을 잘못된 위치에 놓는 경우 부품을 원래 끼워야 하는 구멍이 아닌 한 칸 옆에 끼우는 실수는 아주 흔히 일어난다. 깜빡 잊고 전선을 연결하지 않는 일도 흔하다.

회로도를 복사해두고 만능기판에 전선을 연결할 때마다 인쇄된 부분의 전선을 형광펜으로 지워나가는 방법도 있다.

4. 전선 조각 전선을 정리할 때 잘라낸 전선 조각들이 저절로 사라지지는 않는다. 작업 공간에 어수선하게 흩어져 있다가 만능기판 아래에 붙어서 원치 않는 전기적 접점을 만드는 일이 쉽게 일어난다.

못 쓰는 칫솔로 기판의 윗부분을 깨끗이 닦고 나서 전원을 연결하자. 칫솔에 소독용 알코올을 묻혀서 남아 있는 플럭스(flux)[11]를 제거한다. 작업 공간은 가급적 깨끗하게 유지해야 한다. 꼼꼼하게 신경 쓰면 이후에 문제가 생길 확률이 줄어든다.

다시 한 번 말하지만 반드시 확대경으로 모든 접점을 주의 깊게 확인하자.

기초지식: 만능기판에서 오류 찾기

브레드보드에서 잘 작동하던 회로가 만능기판에 납땜한 후에 제대로 작동하지 않는다면 오류를 찾는 과정은 앞에서 설명했던 것과 조금 다르다.

먼저 가장 확인하기 쉬운 부품의 위치부터 점검하자.

모든 부품이 제 위치에 있다면 전원을 공급한 상태에서 기판을 살짝 구부려보자. 회로에서 간헐적으로 반응이 나타나면 땜납이 붙어야 할 곳에 제대로 붙지 않았거나 접합 부위에 작은 틈이 생겼다고 볼 수 있다.

계측기의 검은색 탐침을 전원의 음극에 대고 전원을 켠 뒤 기판을 구부려가며 빨간색 탐침으로 회로의 위에서부터 아래로 내려가면서 각 지점의 전압을 확인해본다. 대부분의 회로에서 거의 모든 부분에 적어도 어느 정도의 전압이 걸리기 마련이다. 전압이 없는 곳이 있거나 계측기가 간헐적으로 반응한다면 그 접합 지점은 겉으로 보기에 괜찮아 보여도 뭔가 문제가 있으니 주의

---

[11] 납땜할 때 금속 접합 부위의 산화를 방지하고 접합 부위를 튼튼하게 만들기 위해 사용하는 물질이다.

해서 살펴봐야 한다.

이 작업에는 밝은 책상용 스탠드와 확대경이 반드시 필요하다. 0.025mm 이하의 틈만 있어도 회로가 작동하지 않을 수 있다. 그러나 확대경이 없다면 이런 틈을 발견하기 힘들고 확대경이 있더라도 조명이 반드시 필요할 수 있다.

먼지나 물, 기름기 같은 것도 땜납이 전선이나 구리 조각에 제대로 붙지 못하도록 방해할 수 있다. 이런 이유 때문에라도 가급적 신중한 작업 습관을 들이는 것이 좋다.

프로젝트용 상자

만능기판을 보관할 수 있는 가장 쉬운 방법은 프로젝트용 상자에 넣는 것이다(3장 도입부 물품 목록에서 이미 언급한 바 있다). 종류는 수백 가지가 있다. 알루미늄 상자는 멋지고 전문가의 느낌이 나지만 회로기판이 상자 안에서 혼자 쇼트 회로가 되지 않도록 주의해야 한다. 반면 플라스틱 박스는 사용하기 쉽고 가격도 저렴하다.

전문가의 느낌을 내고 싶다면 드릴로 프로젝트용 상자에 스위치와 LED용으로 구멍을 뚫을 때 아무렇게나 뚫어서는 안 된다. 먼저 종이에 배치를 그려야 한다(아니면 그림 그리는 프로그램을 사용해 배치를 그린 뒤 종이에 프린트한다). 모든 부품들이 들어갈 공간이 있어야 하며 헷갈릴 위험을 최소화하기 위해 회로도와 비슷하게 위치시킨다.

그림 4-55처럼 그려둔 배치를 테이프로 위쪽 판 안에 붙이고 날카롭고 뾰족한 도구(송곳이나 바늘)를 사용해서 각 구멍의 한가운데에 자국을 남긴다. 이렇게 자국을 남겨두면 나중에 드릴로 구멍을 뚫을 때 날을 중심에 맞추는 데 도움이 된다.

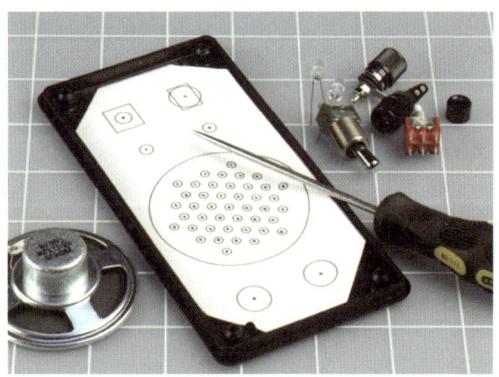

그림 4-55 스위치, LED 및 기타 부품의 배치를 인쇄해서 프로젝트 박스의 덮개 안쪽에 테이프로 붙였다. 드릴로 구멍을 뚫을 자리의 가운데에 송곳으로 종이를 뚫어 표시해둔다.

(시중에 판매하는 사이렌 대신) 스피커를 구동하는 음향 회로를 사용한다면 스피커를 프로젝트 덮개 아래쪽에 둘 테니 스피커에서 소리가 새어나올 수 있도록 구멍을 여러 개 뚫어준다. 내가 만든 덮개는 그림 4-56과 같다.

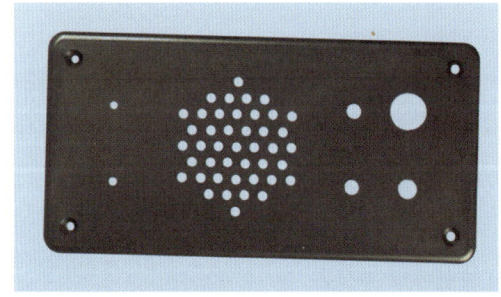

그림 4-56 구멍을 뚫은 덮개의 겉면. 구멍 위치를 신중히 표시해두면 휴대용 소형 무선 드릴을 사용해서 깔끔하게 완성할 수 있다.

나는 모든 스위치와 LED를 덮개 부분에 위치시켰다. 전원 입력 잭은 박스의 한쪽 끝에 두었다. 당연하지만 각각의 구멍은 해당 부품의 크기에 맞추었으며 캘리퍼스가 있으면 부품 크기를 측정해서 적절한 드릴 날을 선택할 수 있다. 캘리퍼스가 없으면 잘 가늠해서 구멍을 뚫는다. 너무 크게 뚫는 것보다는 조금 작게 뚫는 편이 낫다는 것을 명심하자. '디버링 도구'는 부품이 구멍에 딱 맞도록 구멍을 아주 조금 키울 때 사용하기 적합하다. 5mm 크기의 LED를 끼울 구멍을 뚫을 때 4.8mm 드릴 날을 사용하면 디버링 도구가 필요할 수 있다. 각 구멍을 조금 늘리면 LED를 아주 매끈하게 끼워 넣을 수 있다.

스피커를 설치할 구멍이 없으면 접착제로 고정시켜야 한다. 나는 5분이면 굳는 에폭시 접착제를 사용했다. 접착제를 너무 많이 사용하지 않도록 주의하자. 잘못하면 접착제가 스피커의 진동판에 묻을 수 있다.

프로젝트용 상자의 얇고 부드러운 플라스틱에 큰 구멍을 내면 문제가 될 수 있다. 드릴의 칼날이 파고들어서 엉망진창이 되기 쉽다. 다음과 같은 3가지 방법을 사용해서 이 문제를 해결할 수 있다.

- 가능하면 포스너(forstner)드릴 날[12]을 사용한다. 이 날을 사용하면 아주 깨끗하게 구멍을 뚫을 수 있다. 원통형 톱(hole saw)을 사용할 수도 있다.
- 구멍을 여러 개 뚫어서 구멍 크기를 키워나갈 수 있다.
- 원하는 것보다 작은 구멍을 뚫은 뒤 디버링 도구로 넓혀나갈 수 있다.

어떤 방법을 사용하든 프로젝트용 상자 덮개의 바깥쪽 표면이 아래로 가도록 뒤집어서 나무 조각 위에 고정시켜야 한다. 그런 다음 안쪽에서부터 드릴 날이 플라스틱을 통과해 나무까지 도달하도록 구멍을 뚫는다.

마지막으로 그림 4-57처럼 덮개 안쪽에 부품을 위치시키면 이제 상자의 안쪽에 신경을 쓸 차례다.

그림 4-57 프로젝트용 상자의 제어판에 부품을 부착했다(안에서 본 모습). 스피커는 접착제를 사용해서 고정시켰다. 여분의 접착제는 만약의 경우를 대비해 LED에도 사용했다.

---

[12] 포스너 드릴 날은 가구에 많이 사용되는 형태로, 일반적인 드릴 날과 다르게 막대 앞부분에 드릴 날이 달려 있어서 깔끔하게 구멍을 낼 수 있다.

스위치 납땜하기

처음 할 일은 스위치가 위를 향해 있을 때 어떤 상태일지 결정하는 것이다. 계측기를 사용해서 어떤 단자가 연결되면 스위치의 상태가 바뀌는지를 알 수 있다. 토글스위치가 위를 향할 때 스위치가 켜져 있도록 하고 싶을 수도 있다. 내가 만든 제어판의 안쪽은 그림 4-57과 같은 모습이다. DPDT 스위치는 어쩌다 보니 집에 있어서 사용한 것뿐이다. 프로젝트에는 SPST 스위치만 있으면 된다.

기억해야 할 점은 쌍투 스위치의 가운데 단자는 거의 대부분 스위치의 극에 연결되어 있다는 것이다.

연선은 쉽게 구부러지고 납땜 부분에 힘을 적게 가하기 때문에 회로와 덮개의 부품을 연결하는 데 적합하다. 한 쌍의 전선을 꼬아서 사용하면 전선을 깔끔하게 정리할 수 있다.

전선이나 부품을 스위치의 돌출 부분에 연결할 때 펜형 납땜인두를 사용하면 접합 부위를 튼튼하게 만드는 데 필요한 충분한 열을 공급하지 못할 수 있다. 여기에는 고출력 인두를 사용하는 편이 좋지만 LED를 보호하기 위해 반드시 적절한 크기의 히트 싱크(구리 악어 클립)를 사용해야 하며 인두를 어디에도 10초 이상 대고 있지 않도록 주의해야 한다. 고출력 인두는 금세 전선 피복을 녹이고 스위치 내부 부품을 손상시킬 수 있다.

이보다 더 복잡한 프로젝트에서라면 덮개를 회로기판과 좀 더 깔끔하게 연결하는 것이 좋다. 이 경우 보드에 연결할 수 있는 플러그-소켓 커넥터가 달린 여러 색깔의 리본 케이블이 사용하기 적당하다. 그러나 지금은 연습용 프로젝트이기 때문에 배선에 크게 신경 쓰지 않았다. 전선은 그림 4-58처럼 정신없는 상태로 그냥 두었다.

그림 4-58 전선을 쌍으로 꼬아서 점대점 기반으로 연결했으며 이번 프로젝트는 상대적으로 규모가 작아서 전선 정리는 크게 신경 쓰지 않았다.

기판 고정하기

회로기판을 프로젝트용 상자의 바닥에 놓고 4번 크기의 작은 나사(볼트)와 워셔, 나일론이 주입된 잠금 너트를 사용해서 제 위치에 고정시킨다. 고장이 발생하면 수리를 위해 회로를 꺼내야 할 수 있기 때문에 나는 접착제보다는 나사를 사용하는 편이다. 잠금 너트를 사용하면 사용 중에 헐거워지고 부품이 분리되어서 쇼트 회로를 일으킬 위험을 피할 수 있다.

기판을 고정시키려면 크기에 맞게 기판을 잘

라야 하는데 이때 기판에 설치된 부품이 손상되지 않도록 주의한다. 나는 띠톱을 사용해서 기판을 잘랐지만 쇠톱을 써도 괜찮다. 단, 만능기판에는 유리섬유가 포함되어 있기 때문에 목재용 톱을 사용하면 날이 무뎌질 수 있다는 점을 기억하자.

기판을 잘라내고 나면 뒷면의 구리 조각이 떨어지지 않았는지 확인한다.

드릴로 기판에 볼트를 끼울 구멍을 뚫는다. 이때에도 부품을 손상시키지 않도록 조심한다. 그런 다음 기판을 프로젝트용 상자의 플라스틱 바닥에 놓고 구멍 부분을 표시한 뒤 드릴로 상자에 구멍을 뚫는다. 구멍은 원뿔 모양으로(즉, 납작한 나사 머리가 주위 표면으로 튀어나오지 않도록 구멍의 가장자리를 비스듬하게) 만들어서 작은 볼트를 아래에서부터 위로 끼우고 그 위에 회로기판을 설치한다. 헐거워지지 않도록 잠금너트를 사용할 것이기 때문에 특별히 나사를 꽉 조일 필요는 없다. 오히려 지나치게 나사를 죄지 않도록 해야 한다.

기판을 설치하고 나면 만약을 위해 다시 회로를 점검한다.

주의: 기판에 압력을 가하지 않도록 한다
회로기판을 프로젝트용 상자에 지나치게 단단히 고정시키지 않도록 주의하자. 너무 단단히 고정시키면 기판이 휘면서 힘이 가해질 수 있어서 기판의 구리 조각이나 접점 부분이 망가질 수 있다.

최종 점검
회로는 마무리했는데 자기 센서 스위치 회로망을 아직 설치하지 않았다면 회로망 대신 전선을 연결해서 사용할 수도 있다. 나는 편의를 위해 프로젝트용 상자에 나사형 연결 소켓(binding post) 한 쌍을 사용했다. 상자의 덮개에 뚫어놓은 작은 구멍을 통해 회로기판에서 전선 한 쌍을 끌어올 수도 있다.

모든 것이 생각한 대로 동작하면 전선을 안으로 넣은 뒤 상자의 덮개를 제 위치에 놓고 나사로 고정시킨다. 상자가 크기 때문에 우연히 금속 부품들이 서로 닿을 위험은 없지만 그래도 조심해서 작업한다. 완성된 모습은 그림 4-59와 같다.

그림 4-59 완성된 경보기 상자.

경보기 설치하기
자기 센서 스위치를 사용해서 이번 프로젝트를 마무리한다면 자기 센서의 자기 모듈과 스위치 모듈을 가까이 가져갔다가 다시 떼는 방식으로 하나하나 점검하면서 계측기로는 스위치 단자들 사이의 연결성을 확인해야 한다. 스위치는 자기 모듈이 가까이 있으면 닫히고 자기 모듈이 사라지면 열린다.

이제 스위치를 어떻게 연결할지 그림을 그려 나타내보자. 항상 기억할 것은 스위치는 모두 병렬이 아닌 직렬로 연결해야 한다는 점이다. 그림 4-60은 이론적으로 이런 개념을 보여준다. 두 단자는 제어 상자(초록색으로 표시)의 위쪽에 있는 나사형 연결 소켓을, 짙은 빨간색 사각형은 문과 창문에 설치한 자기 센서 스위치를 나타낸다. 이런 식으로 설치할 때 전선은 보통 이중으로 된 도선을 사용하기 때문에 내가 표시한 대로 전선을 배열하되 전선이 나뉘어야 되는 곳에서는 전선을 자르고 납땜해서 사용할 수도 있다. 납땜 접합 부위는 오렌지색 점으로 표시했다. 전류가 제어 상자로 돌아오기 전에 어떻게 직렬로 연결된 스위치를 모두 지나는지 살펴보자.

그림 4-61은 창 2개와 문 1개가 있는 곳에 경보 장치를 실제로 설치한 것과 같은 회로망을 보여준다. 파란색 사각형은 스위치 모듈을 활성화시키는 자기 모듈을 나타낸다.

보다시피 상당한 길이의 전선이 필요하다. 초인종이나 보일러 온도 조절 장치용으로 판매되는 흰색의 연선 정도면 적절하다. 보통 두께는 20게이지 이상이다.

모든 스위치를 설치하고 나면 계측기 탐침을 경보기 상자에 연결된 전선에 연결한다. 계측기를 연결 점검 모드로 설정하고 창과 문을 한 번에 하나씩 열어서 연결이 끊어지는지 여부를 확인한다. 아무 문제가 없다면 경보기 전선을 프로젝트용 상자의 나사형 연결 소켓과 연결한다.

이제 전원 문제를 해결해보자. 출력이 9V인

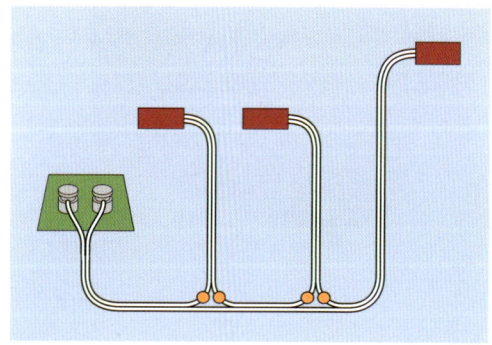

그림 4-60 흰색의 절연된 이중 도선을 사용해서 경보기 제어 상자의 단자와 자기 센서(짙은 빨간색으로 표시)를 연결할 수 있다. 센서가 직렬로 연결되어야 하기 때문에 오렌지색 점으로 표시된 부분에서는 전선을 잘라 연결한다.

그림 4-61 문 1개, 창문 2개에 설치하는 경우 센서의 자기 모듈(파란색 사각형)을 그림과 같이 위치시키고 스위치 모듈(짙은 빨간색)을 그 옆에 둔다.

AC 어댑터를 DC 전원 플러그에 꽂거나 9V 전지 전원 플러그에 연결한다. 회로는 12V 경보기용 건전지를 사용할 수도 있지만 그 경우 내가 사용했던 릴레이 대신 12V 릴레이로 교체해야 한다.

이제 남은 작업은 경보기 상자에 있는 스위치와 버튼, 전원 소켓, 나사형 연결 소켓에 이름표를 붙이는 것뿐이다. 물론 여러분은 스위치가 연결성 점검 모드를 켜거나 끄고, 버튼은 경보음을 울리지 않고 집 밖으로 나갈 수 있도록 1분간의 여유를 준다는 것을 이미 알고 있다. 그러나 다른 사람들은 이 사실을 알 수 없으며 여러분이 집에 없는 동안 손님에게 경보기를 사용하도록 하고 싶을 수도 있다. 또 몇 달, 또는 몇 년이 지났을 때 세세한 작동 방법을 잊어버릴 수도 있다.

결론

경보기 프로젝트를 만들 때 거친 과정은 무언가를 만들 때면 언제라도 따라야 하는 기본 단계다.

- 희망 목록을 작성한다.
- 적절한 부품 유형을 선택한다.
- 회로도를 그리고 확실히 이해한다.
- 회로도를 브레드보드의 배선에 맞추어 수정한다.
- 브레드보드에 부품을 설치하고 기본 기능을 점검한다.
- 회로를 수정하거나 개선하고 다시 점검한다.
- 회로를 만능기판으로 옮겨서 점검하고 필요하다면 오류를 찾는다.
- 스위치, 버튼, 전원 잭, 플러그, 소켓 등을 추가해서 회로를 바깥세상과 연결한다.
- 모든 것을 상자에 설치한다(그리고 이름표를 붙인다).

실험 19: 반응시간 측정기

555 타이머는 초당 수천 번의 주기를 반복하기 때문에 인간의 반사신경을 측정하는 데 사용할 수 있다. 친구와 누구의 반응속도가 더 빠른지 경쟁하거나, 기분이나 하루의 때, 또는 지난밤 수면 시간에 따른 반응속도를 기록해볼 수도 있다.

이 회로는 개념 면에서는 까다롭지 않지만 전선 연결이 많으며 구멍이 60줄 이상인 브레드보드를 사용해야 한다. 그러나 이 회로 역시 실험 18의 회로에서처럼 부분별로 점검할 수 있다. 실수를 하지 않는다면 전체 프로젝트를 완성하는 데 두어 시간이면 충분하다.

실험 준비물

- 브레드보드, 연결용 전선, 니퍼, 와이어 스트리퍼, 계측기
- 9VDC 전원(전지 또는 AC 어댑터)
- 4026B 칩 3개
- 555 타이머 3개
- 저항: 470Ω 2개, 680Ω 3개, 10K 6개, 47K 1개, 100K 1개, 330K 1개
- 커패시터: 0.01μF 2개, 0.047μF 1개, 0.1μF 1개, 3.3μF 1개, 22μF 1개, 100μF 1개
- 텍타일 스위치 3개

- 일반 LED: 빨간색 1개, 노란색 1개
- 반고정 가변저항: 20K나 25K 1개
- 한 자리 숫자를 표시할 수 있는 높이 0.56인치 (약 1.5cm) LED 3개. 가급적 2V 순방향 전압, 5mA 순방향 전류에서 작동하는 빨간색 저전류 LED 선택(아바고(Avago)의 HDSP-513A, 라이트온(Lite-On)의 LTS-5003AWC, 킹브라이트의 SC56-11EWA, 또는 이와 비슷한 제품)

주의: 정전기로부터 칩 보호하기

555 타이머는 쉽게 손상되지 않지만 이 실험에서는 정전기에 훨씬 취약한 CMOS 칩(4026B 카운터)도 사용한다.

정전기로 칩이 손상될지 여부는 여러분이 있는 곳의 습도나 신고 있는 신발 유형, 작업장 바닥 등의 요인에 따라 달라진다. 어떤 사람들에게는 다른 사람들에 비해 정전기가 더 잘 생기는데, 그 이유는 나도 잘 모르겠다. 개인적으로는 정전기 때문에 칩이 손상된 적이 없지만 그런 경험을 한 사람을 본 적이 있다.

정전기가 문제가 되는 경우 금속 문 손잡이나 강철 수도꼭지에 손을 갖다 댈 때 순간 찌릿한 느낌을 받기 때문에 본인이 이미 알고 있을 가능성이 높다. 칩을 정전기로부터 보호하고 싶다면 가장 확실한 예방법은 본인을 접지시키는 것이다. 접지시키는 가장 좋은 방법은 정전기 방지용 띠를 팔목에 차는 것이다. 전도성의 띠를 벨크로 테이프로 팔목에 단단히 고정시키고 높은 값의 저항(보통 1M)을 통해 커다란 금속 물체에 붙은 악어 클립에 연결하면 된다.

칩은 우편을 통해 배송받는다면 전도성 플라스틱 통 안에 넣거나 핀을 검은색 스펀지에 끼운 상태로 배송된다. 플라스틱이나 스펀지는 모든 핀이 거의 동일한 전위를 가지도록 해서 칩을 보호한다. 칩을 다시 포장하고 싶은데 전도성 스펀지가 없다면 핀을 알루미늄 포일에 꽂아둘 수도 있다.

주의: 접지할 때는 조심하자

정전기 방지용 팔찌에 내장된 저항은 팔찌를 찬 사람이 다른 손으로 상당히 높은 전압이 걸려 있는 물건을 건드렸을 때 감전되지 않도록 보호해 준다. 이는 중요한 사실이다. 전기 충격이 한 손으로부터 다른 손으로 지나가는 경우 심장을 통과해 심장마비를 일으킬 수 있기 때문이다.

그냥 전선 조각으로 신체를 접지하면 이러한 보호 효과가 없다. 비용을 조금 투자해서 제대로 된 팔찌를 사는 편이 합리적이다.

이제 실험으로 돌아가보자.

간단한 설명

이 책의 초판에서는 이 프로젝트에 세 자리 숫자를 나타내는 표시장치를 사용했다. 이번에는 한 자리 숫자를 나타내는 표시장치를 3개 사용하기로 마음을 바꿨다. 비용이 조금 더 늘어나지만 전선 연결이 훨씬 간단하고 프로젝트도 훨씬 쉽게 완성할 수 있다. 또한 한 자리 숫자용 LED가 이후 다른 곳에 사용될 가능성이 더 높을 것이라고 생각한다.

나는 숫자 표시장치의 높이를 1.5cm로 명시했

는데 이 크기가 업계 표준이며 이 장치의 핀 배열도 표준화되어 있다. 이보다 더 낮으면 핀 배열이 다를 수 있고 더 높으면 브레드보드의 다른 부품과 크기가 맞지 않는다.

우선 숫자 표시장치와 이를 구동하는 4026B 칩을 살펴보자.

그림 4-62는 이 회로의 첫 번째 모듈을 나타낸 것이다(회로도 쪽이 이해하기 쉽다면 같은 부품을 나타낸 그림 4-63을 참조한다).

부품값은 그림 4-64에 나타냈다.

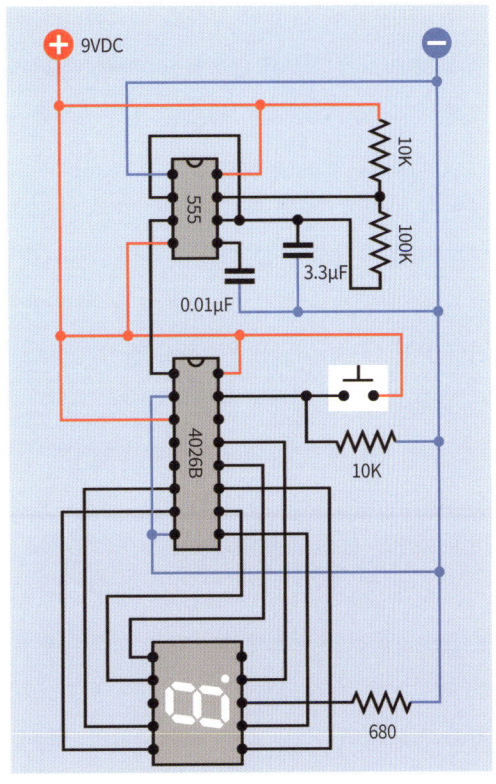

그림 4-63 첫 번째 모듈을 회로도 형식으로 나타낸 모습.

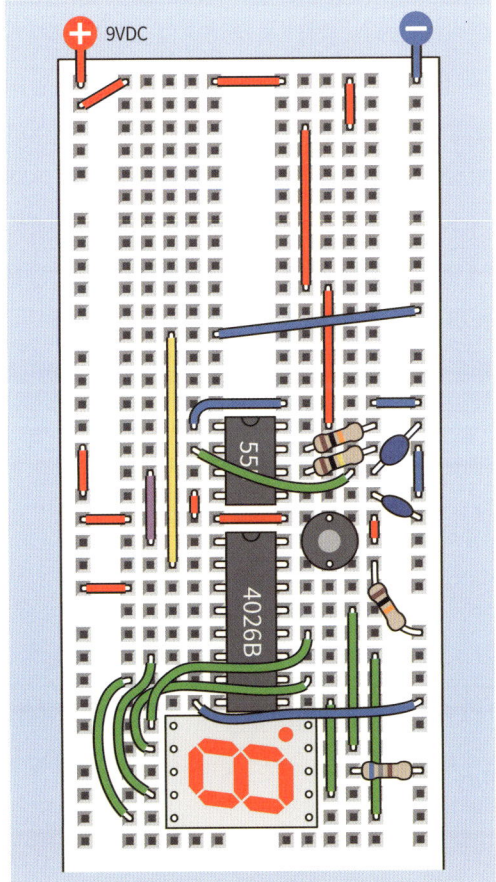

그림 4-62 반응시간 측정기의 첫 번째 모듈은 타이머가 한 자리 숫자용 LED 표시장치를 구동하는 카운터를 실행시키는 방법을 보여준다.

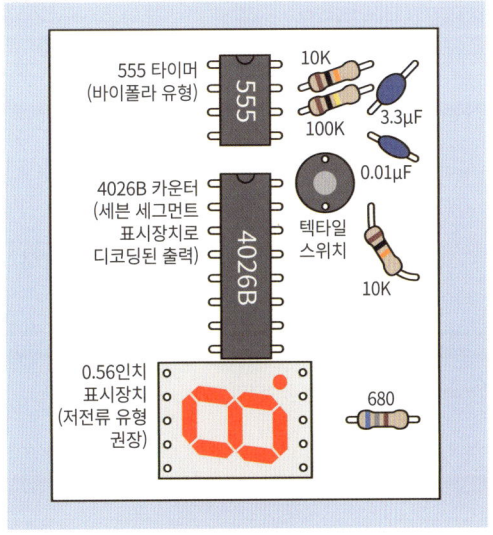

그림 4-64 회로 첫 번째 모듈의 부품값.

실험 19: 반응시간 측정기   221

브레드보드에 더 많은 부품을 추가할 생각이기 때문에(사실 회로를 완성하면 부품이 상당히 빽빽히 자리하게 된다) 그림대로 정확히 부품을 위치시켜야 한다. 그러니 구멍이 있는 열의 개수를 신중히 세자! 지금은 이해가 안 되는 전선 배열도 있겠지만(저 빨간 전선 조각들. 저것들은 대체 어디에 쓰는 걸까?) 프로젝트를 진행해나가다 보면 555 타이머를 2개 추가해서 활성화하는 데 필요하다는 사실을 깨닫게 될 것이다.

9V 전지나 AC 어댑터로 전원을 공급하면 숫자 표시장치가 0에서부터 9까지 숫자를 반복해서 나타내는 것을 알 수 있다.

숫자가 아무것도 나타나지 않는다면 계측기를 DC 전압 측정 모드로 설정하고 검은색 탐침을 전원의 음극에 고정한 뒤, 빨간색 탐침으로 칩의 전원 입력 핀 등 회로 주요 위치의 전압을 확인한다. 전압에 아무런 이상이 없으면 아래쪽의 저항이 680Ω(색깔이 비슷하지만 68K나 680K는 안 된다)인지 확인하자.

표시장치가 숫자의 일부만 보여주거나 숫자가 순서대로 표시되지 않으면 4026B 칩과 연결된 초록색 선에서 오류가 생겼음을 뜻한다.

표시장치에 0만 계속 표시된다면 555 타이머를 잘못 연결했거나 타이머와 4026B 칩이 제대로 연결되지 않았다는 뜻이다.

일단 숫자가 하나씩 증가하도록 만들었다면 텍타일 스위치를 눌러보자. 증가하던 숫자가 다시 0으로 돌아가는 것을 알 수 있다. 스위치에서 손을 떼면 숫자는 다시 증가하기 시작한다.

바로 이것이 반응시간 측정기의 기본이다. 여기에 자릿수를 2개 더 더하고 숫자가 증가하는 속도를 높이는 식으로 장치를 고쳐나갈 것이다. 그러나 먼저 무슨 일이 일어나는지부터 설명해보자.

기초지식: LED 표시장치

'LED'라는 용어는 조금 혼란스러울 수 있다. 이전의 실험에서 사용했던 부품 유형은 엄밀히 말하면 '표준 LED', '스루홀 LED', 또는 'LED 인디케이터'에 해당된다. 생김새는 작고 둥근 전구에 베이스 아래로 2개의 긴 단자가 튀어나와 있는 모양이다. 이러한 LED가 일반적으로 사용되면서 사람들이 이런 유형을 단순히 'LED'라고 부르기 시작했다. 그러나 LED는 이 외에도 이 실험에서처럼 브레드보드에 연결해서 빛이 나는 숫자를 나타내는 등 다른 부품에도 사용된다. 이러한 유형을 'LED 표시장치', 조금 더 정확히 말하면 '세븐 세그먼트 한 자리 수 LED 표시장치(seven-segment single-digit LED display)'라고 부른다.

그림 4-65는 표시장치의 아래에 숨어 있는 핀의 위치와 수치를 나타낸 것이다. 신경 써야 하는 중요한 사실은 숫자가 7개의 세그먼트(조각)와 소수점으로 이루어져 있으며 핀 간격이 모두 0.1인치 배수여서 브레드보드에 끼우기 편하다는 점이다.

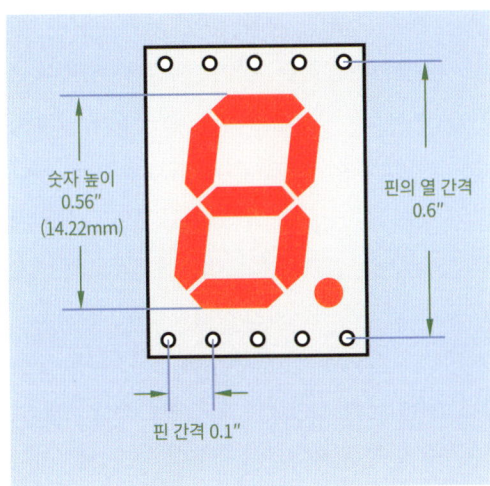

그림 4-65 0.56인치 세븐 세그먼트 LED 표시장치의 치수와 핀 위치.

이제 그림 4-66을 보자. 이 그림은 핀과 숫자의 세그먼트 사이의 내부 연결을 보여준다. 가운데에 있는 3번 핀과 8번 핀을 파란색으로 칠해서 음극과 접지되어 있음을 나타내는 데 주목하자. 다른 핀은 모두 양극 전압을 받아서 LED 세그먼트를 활성화시키도록 고안되었다. 이를 '공통 캐소드(common cathode)' 유형의 LED라고 하는

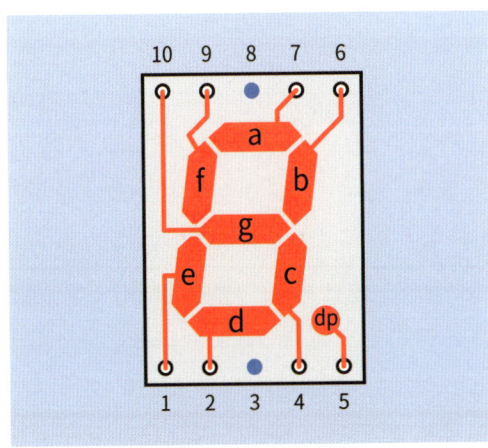

그림 4-66 핀 번호 붙이는 방식과 부품 안쪽에 숨어 있는 내부 연결.

데 내부 다이오드의 음극(캐소드)이 모두 함께 연결되어 있기 때문이다.

'공통 아노드(common anode)' 표시장치는 아노드의 위치가 캐소드의 반대에 있으며 모든 핀이 내부의 양극 연결을 공유하는 상태에서 각각의 핀에 음극 전원을 가할 때 세그먼트가 활성화된다. 회로에서 편하게 사용할 수 있는 표시장치를 선택할 수 있지만 공통 캐소드 표시장치가 더 폭넓게 사용된다.

잘 보면 세그먼트에 a부터 g까지 소문자, 소수점에 dp로 구분해놓은 것을 알 수 있다. 이런 표시 체계는 거의 모든 데이터시트에서 공통적으로 사용된다(일부에서는 소수점에 dp 대신 h를 쓰기도 한다).

지금까지는 별 문제가 없었지만 아직 알려주지 않은 아주 중요한 정보가 하나 있다. 바로 모든 LED처럼 숫자의 세그먼트는 직렬 저항으로 보호해야 한다는 것이다. 이는 매우 번거로운 일이며 제조사들이 어째서 저항을 내장하지 않았는지 궁금할 것이다. 그 이유는 표시장치에 공급되는 전압의 크기가 매우 다양하며, 전압의 크기에 따라 저항값이 달라지기 때문이다.

그렇다면 하나의 저항만 사용하고 모든 세그먼트가 이 저항을 공유하도록 하면 어떨까? 예를 들어 저항을 3번 핀과 접지 사이에 위치시킨다면? 사실 그렇게 할 수도 있다. 그렇지만 하나의 저항을 사용하면 전압이 떨어지고 세그먼트에 걸리는 전류가 제한된다. 불이 들어오는 세그먼트의 개수는 표시되는 숫자에 따라 달라진다. 예를 들어 숫자 1은 세그먼트 2개에만 불이 들어오지만 숫

자 8의 경우 세그먼트 7개를 모두 사용한다. 따라서 어떤 숫자는 다른 숫자보다 더 밝게 빛난다.

이것이 문제가 될까? 이 실험의 경우 간결함이 완벽함보다 더 중요할 수 있다. 그림 4-62를 보면 사실 내가 680Ω 저항 하나만을 오른쪽 아래, LED 표시장치와 음극 버스 사이에 연결한 것을 알 수 있다. 이는 올바른 방식이 아니지만 이 프로젝트에서 세븐 세그먼트 표시장치를 3개나 설치해야 하기 때문에 나는 21개의 저항 대신에 3개의 직렬 저항을 사용하는 편이 훨씬 더 낫다고 생각했다.

기초지식: 카운터

4026B 칩은 '십진 카운터(decade counter)'라고 불리는데 10 단위로 수를 세기 때문이다. 대부분의 카운터는 이진 코드 형식의 숫자를 출력하는 '코드화된 출력' 방식을 사용한다(여기에 대해서는 이후의 프로젝트에서 설명하겠다). 그러나 4026B는 이런 방식으로 동작하지 않는다. 4026B에는 출력 핀이 7개 있으며 우연히도 세븐 세그먼트 표시장치에 꼭 맞는 패턴으로 핀에 전원을 공급한다. 다른 카운터는 이진 출력을 세븐 세그먼트 패턴으로 변환하기 위해 드라이버(driver)가 필요한 반면 4026B는 이 모든 것을 하나의 패키지로 제공한다.

따라서 4026B는 아주 편리하게 사용할 수 있다. 단, 구형 CMOS 칩이기 때문에 전원이 제한된다. 데이터시트에 따르면 9V 칩에 전원을 인가했을 때 각각의 핀은 5mA 미만의 전류를 끌어간다.

이상적인 상황이라면 카운터의 출력을 여러 개의 트랜지스터를 통과시켜서 증폭시킬 수 있을 것이다. 바로 이런 목적을 위해 사용할 수 있는 트랜지스터 7쌍으로 구성된 칩을 구매해도 된다. 이런 칩을 '달링턴 어레이(Darlinton array)'라고 한다.(소수점을 표시하고 싶으면 어떻게 하느냐고? 문제없다. 트랜지스터 8쌍으로 구성된 다른 달링턴 어레이를 구입하면 된다.)

이 프로젝트에서 3개의 LED 표시장치를 구동하기 위해 달링턴 어레이 칩을 3개 쓸 수도 있었지만 그럴 경우 복잡하고 비용이 증가하는 데다가 브레드보드도 2개가 필요하다. 그래서 카운터로 직접 구동되는 저전류 LED 표시장치를 사용하는 편이 더 낫다고 결론 내렸다. 표시장치는 아주 밝지는 않지만 제 몫을 해낸다. 저항은 680Ω을 사용했는데 카운터 칩의 모든 핀에서 나오는 전류를 5mA 미만으로 제한해야 하기 때문이다. 이때 LED에 걸리는 전압은 약 2V로 떨어진다(이 값은 불이 들어오는 세그먼트 개수에 따라 달라진다).

이제 4026B의 내부 작동에 대해 조금 더 자세히 알아보자. 카운터 칩에는 언제나 유용한 기능이 내장되어 있다. 그림 4-67을 보면 칩의 핀 배열을 알 수 있다. 핀에는 '세그먼트 a로 연결' 같은 표식을 붙여서 이해를 도왔다. 각각의 핀에서부터 LED 표시장치의 해당되는 핀으로 전선을 연결하기만 하면 된다. 그림 4-62를 보면 카운터의 출력 핀을 숫자 세그먼트의 입력 핀과 초록색 전선으로 각각 연결한 것을 알 수 있다.

칩의 8번 핀과 16번 핀은 각각 음의 접지와 양의 접지다. 거의 모든 디지털 칩은 이런 식으로

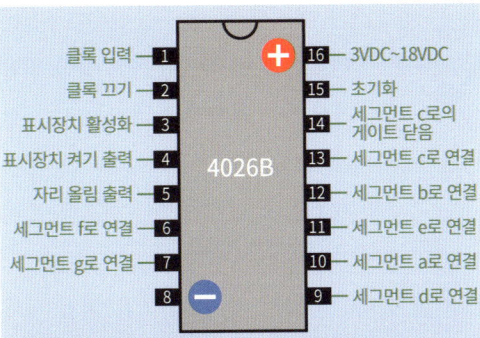

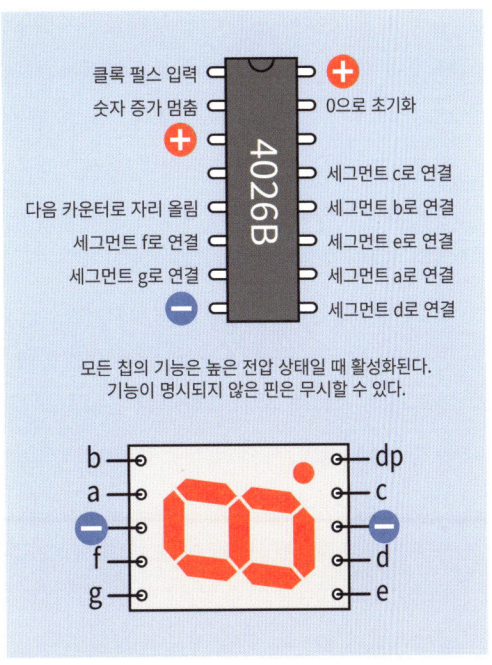

- 높은 전압 상태일 때 활성화되는 출력이 세븐 세그먼트 표시장치에서 숫자를 나타낸다.
- 각 출력은 최대 9V 전원에서 5mA의 전류를 끌어오거나 내보낸다.
- 출력은 표시장치 활성화가 높은 전압 상태일 때만 활성화된다.
- 카운터의 숫자는 클록 입력 핀이 낮은 전압 상태에서 높은 전압 상태로 변할 때 커진다.
- 클록 끄기 핀(2번 핀)과 초기화 핀(15번 핀)은 높은 전압 상태에서 활성화된다.
- 자리올림 출력 핀(5번 핀)은 카운터 출력이 9에서 0으로 바뀔 때 낮은 전압 상태에서 높은 전압 상태로 변한다.
- 자리올림 출력 핀과 세그먼트 c로의 게이트 닫음 출력은 표시장치 활성화 핀의 입력 상태와 관계가 없다.

그림 4-67 4026B 카운터 칩의 핀 배열. 디코딩된 출력으로 세븐 세그먼트 한 자릿수 LED 표시장치를 구동한다.

그림 4-68 칩과 표시장치를 브레드보드에서 보이는대로 간단히 나타낸 모습.

대각선 꼭짓점 위치에 전원을 인가해준다(555 타이머는 예외지만 사실 555 타이머는 아날로그 칩으로 분류된다).

그림 4-67은 필요하지 않은 정보도 나중에 참고할 목적으로 포함시켰기 때문에 그림 4-68에서는 카운터와 표시장치를 좀 더 간단히 볼 수 있도록 사용하지 않는 핀을 생략하고 출력 핀과 표시장치의 핀의 관계를 나타냈다.

15번 핀(초기화 핀)을 보자. 그런 다음 이제 그림 4-62를 보자. 푸시버튼, 좀 더 정확히 말하면 텍타일 스위치를 사용해서 버튼을 누르면 15번 핀에 양극 전압을 가해준다(전압은 브레드보드를 통과해서 아까 내가 언급했던 빨간색 전선을 지나 푸시버튼으로 간다).

버튼을 누르지 않으면 양극 전압이 카운터의 초기화 핀에 걸리지 않는다. 그러나 10K 저항을 통해 15번 핀은 브레드보드의 음극 버스와 영구적으로 연결된다. 이를 '풀다운 저항(pulldown resistor)'이라고 한다. 풀다운 저항은 핀에 걸리는 전압을 0에 가깝게 떨어뜨리고 있다가 버튼을 누르는 순간 양극 입력이 저항을 통해 공급되던 음극 전압을 압도한다. 기억할 것은 디지털 칩의 각 입력 핀에 정해진 크기의 전압을 가해주지 않으면 얻게 되는 결과값은 설명할 수 없고 혼란스럽고 제멋대로가 된다는 것이다. 이 문제에 대해서는 앞에서도 다루었지만 워낙 흔하게 할 수 있는 실수이니 한 번 더 강조하고 넘어가는 게 좋겠다.

- 입력 핀을 평상시 높은 전압 상태로 유지하려면 10K 저항을 통해 양극 버스와 연결한다(적어도 이 책의 회로에서는 그렇다). 낮은 전압 상태로 내려야 한다면 스위치나 다른 장치를 사용해서 음극 버스로 더 직접적인 연결을 만들어 저항이 무시되도록 해야 한다.
- 입력 핀을 평상시 낮은 전압 상태로 유지하려면 10K 저항을 통해 음극 버스와 연결한다. 높은 전압 상태로 올려야 한다면 스위치나 다른 장치를 사용해서 양극 버스로 더 직접적인 연결을 만들어 저항이 무시되도록 해야 한다.
- 카운터 칩의 모든 입력은 어떤 식으로든 연결되어 있어야 한다. 부동 입력 핀이 되어서는 절대로 안 된다!
- 사용하지 않는 출력 핀은 연결하지 않고 두어야 한다.

한 가지 더 있다. 가끔은 칩에 전혀 불필요한 기능을 가진 입력 핀이 있다. 예를 들어 4026B에서 3번 핀은 표시장치를 활성화시키는 기능을 갖고 있는데, 표시장치를 항상 켜두고 싶기 때문에 3번 핀은 양극에 직접 연결하고 완전히 잊어버리기로 하자.

- 각 입력 핀은 사용하지 않을 때라도 정의된 상태에 있어야 한다. 이를 위해 입력 핀을 전원의 양극이나 음극과 직접 연결한다.

이제 4026B의 나머지 기능을 알아보자.

'클록 입력(clock input)'(1번 핀)으로는 양극과 음극 펄스가 계속해서 이어 들어온다. 칩은 펄스 폭을 신경 쓰지 않는다. 단순히 입력 전압이 낮은 상태에서 높은 상태로 올라가는 것을 감지해서 숫자를 1씩 증가시킨다.

'클록 끄기(clock disable)'(2번 핀)는 카운터가 클록 입력을 차단하도록 한다. 칩의 다른 모든 핀들과 마찬가지로 이 핀도 '높은 전압 상태일 때 활성화'된다. 즉, 높은 전압 상태일 때 기능을 수행한다는 뜻이다. 브레드보드에서 임시로 파란색과 노란색 전선을 사용해서 2번 핀을 낮은 전압 상태로 유지한다. 다시 말해, 클록 끄기 핀을 껐다는 말이다. 이 상황이 조금 헷갈릴 수 있으니 정리해보겠다.

- 클록 끄기 핀이 높은 전압 상태에 있으면 카운터가 숫자를 증가시키지 못하도록 막는다.
- 클록 끄기 핀의 전압을 접지 상태로 내리면 카운터가 숫자를 증가시킨다.

'표시장치 켜기(display enable)'(3번 핀)에 대해서는 이미 설명했다.

'표시장치 켠 상태 내보내기(display enable out)'(4번 핀)는 여기서 사용하지 않는다. 칩이 3번 핀의 상태를 받아서 4번 핀과 연결하면 이를 다른 4026B 타이머로 전달할 수 있다.

'자리 올림(carry out)'(5번 핀)은 9보다 큰 수를 세고 싶을 때 반드시 필요하다. 핀은 카운터의 수가 9에서 0으로 돌아갈 때 낮은 전압 상태에서 높은 전압 상태로 바뀐다. 이 핀의 출력을 받아서 두 번째 4026B 타이머의 클록 입력 핀과 연결하면 두 번째 타이머가 10씩 숫자를 세기 시작한다. 자리 올림 핀을 백의 자리를 세는 세 번째 타이머에 신호를 보내기 위해 사용할 수도 있다. 이 기능은 이 프로젝트의 끄트머리에서 다시 설명하겠다.

마지막으로 14번 핀은 카운터가 0, 1, 2까지 세었을 때 카운터를 다시 시작하도록 할 때 사용된다. 이 핀은 12시간까지만 세는 전자시계에서 유용한 기능이지만 우리 회로와는 관계가 없다. 14번 핀은 사용하지 않는 출력 핀이므로 연결하지 않은 채로 둔다.

모든 기능들이 혼란스러울 수 있지만 한 번도 본 적 없는 카운터 칩과 씨름하고 있다면 제조사의 데이터시트를 살펴보면서 파악해나갈 수 있다(인내심과 꼼꼼함이 필요하다). 그런 다음 LED와 텍타일 스위치를 사용해서 잘못 이해한 부분이 없는지 점검하면 된다. 사실 나도 이 방법을 사용해서 4026B 칩의 기능을 파악했다.

펄스 생성

555 타이머가 4026B처럼 5~15V의 정격전압을 허용하기 때문에 타이머의 3번 핀에서의 출력은 4026B의 입력으로 직접 연결할 수 있다. 이 역할은 브레드보드 배치에서 분홍색 전선이 맡았다. 결국 555 타이머가 펄스를 공급하면 4026B가 이 수를 세어나간다.

555 타이머 주변의 나머지 전선 배치가 이제 익숙해졌을 것이다. 회로를 보면 555 타이머가 비안정 방식으로 동작하는 것을 알 수 있다. 유일하게 남은 궁금증은 왜 이렇게 느리게 움직이느냐 하는 것이다. 이 속도로는 인체의 반사신경을 측정할 수 없다.

그 말이 맞다. 그러나 나는 이 실험에서 숫자의 형태가 사라져 흐릿하게 보이는 것은 원치 않았다. 뒤쪽에서는 속도를 조금 올려볼 것이다.

계획을 짤 시간

반응시간 측정기는 어떻게 동작해야 할까? 다음은 나의 희망 목록이다.

1. 시작 버튼이 필요하다.
2. 시작 버튼을 누르면 지연이 생겨서 아무 일도 일어나지 않는다. 그리고는 반응속도를 테스트하려는 사람이 알아볼 수 있도록 시작 신호를 표시장치에 표시한다.
3. 그와 동시에 000부터 1/1,000초(1밀리초)당 하나씩 숫자를 증가시킨다.
4. 사용자가 버튼을 누르면 숫자 증가가 멈춘다.
5. 증가하던 숫자가 멈추면 시작부터 멈춘 시간까지 얼마나 지났는지 알 수 있다.
6. 초기화 버튼을 누르면 숫자를 000으로 돌린다.

이미 초기화 버튼을 브레드보드에 설치했는데 이 기능은 물론 필요하다. 그러나 그 전에 수의 증가를 정지시키는 버튼이 필요하다.

카운터의 클록 꺼짐 핀은 표시장치를 멈추지만 멈춤 상태를 유지하려면 핀이 높은 전압 상태를 유지해야 한다. 즉, 다른 말로 래칭된 상태가 되어야 한다.

흠, 그 얘기는 쌍안정 방식의 555 타이머가 하

나 더 필요하다는 이야기처럼 들린다.

제어 시스템

그림 4-69에서 쌍안정 방식의 타이머와 새로운 버튼 2개가 추가되었다. 그림 4-62에서 대각선으로 연결했던 파란색 전선은 (새로운 타이머를 둘 공간을 마련하기 위해) 제거했다. 이전에 설치했던 다른 부품들은 그대로 두고 회색으로 나타내었다.

그림 4-70은 회로의 새로 추가된 부분을 회로도로 나타낸 것이고 그림 4-71은 추가된 부품의 부품값을 나타낸 것이다.

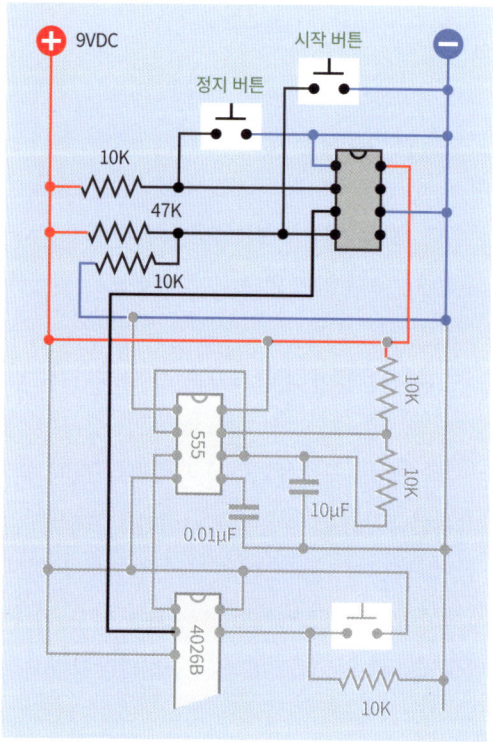

그림 4-70 두 번째 타이머와 관련 부품을 추가한 회로도. 이전 부품은 회색으로 처리했다.

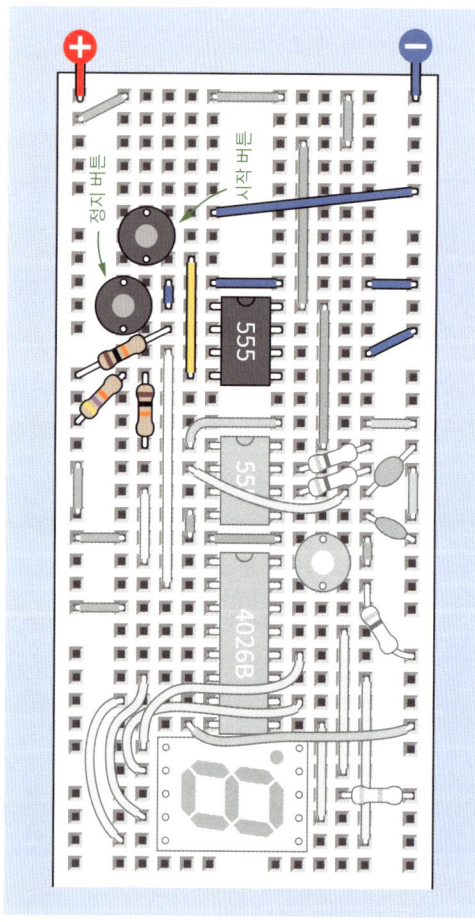

그림 4-69 쌍안정 방식의 555 타이머를 추가했다. 이전에 설치한 부품은 회색으로 나타냈다.

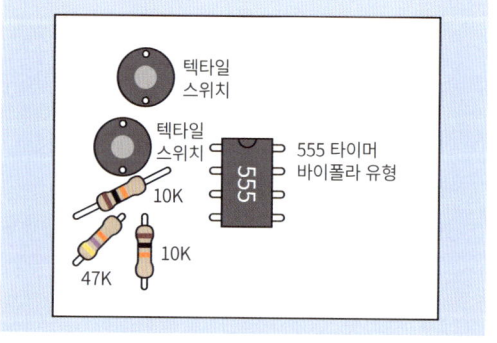

그림 4-71 프로젝트의 이번 모듈에 추가된 부품의 부품값.

회로의 새로운 부분을 완성했으면 동작시켜볼 수 있다. 새로 추가한 버튼 2개는 숫자를 세는 과정을 시작하고 멈춘다는 것을 알 수 있다. 원리를 이해하겠는가?

시작 버튼을 누르면 쌍안정 타이머의 초기화 핀이 접지된다. 타이머의 3번 핀 출력이 낮은 전압 상태가 되며 카운터의 클록 꺼짐 핀으로 연결된다. 꺼짐 핀이 '낮은' 전압 상태가 되었다고 해서 카운터가 꺼지지 '않는다'는 점을 기억하자. 따라서 카운터는 숫자를 세기 시작한다. 숫자는 계속 올라가는데 쌍안정 타이머는 일단 한번 활성화되면 출력이 래칭되어서 무한히 계속되기 때문이다.

그러나 멈출 수 있는 방법은 있다. 그냥 정지 버튼을 누르기만 하면 된다. 정지 버튼을 누르면 쌍안정 타이머의 입력 핀을 접지시켜서 활성화한다. 그렇게 하면 타이머의 출력이 높은 전압 상태가 되고 타이머는 쌍안정 모드로 동작하고 있기 때문에 출력이 래칭되면서 높은 전압 상태로 계속 유지된다. 높은 전압 상태의 출력은 클록 꺼짐 핀으로 가서 카운터를 정지시킨다.

처음에 설치했던 오른쪽 아래의 버튼을 누르면 타이머가 000으로 초기화된다. 그러나 타이머는 시작 버튼을 눌러서 다시 활성화시키기 전까지는 꺼진 상태를 유지한다.

쌍안정 555 타이머는 이 회로를 동작시키는 데 안성맞춤이다.

경과 보고서

지금까지 희망 목록을 얼마나 만족시켰는지 살펴보자. 거의 완성 단계에 다다른 것처럼 보인다. 버튼을 눌러서 카운터를 시동시키고 두 번 누르면 정지한다. 일단 정지하면 버튼을 다시 누르기 전까지는 영(0)의 상태가 유지된다.

아직 구현하지 못한 것이 의외성 부분이다. 이 장치를 사용하는 사람은 언제 숫자가 증가하기 시작하는지 절대로 알아서는 안 된다. 핵심은 반응을 보였을 때의 반응속도를 측정해야 하기 때문이다.

그렇다면 단안정 타이머를 하나 더 추가해서 카운터가 작동하기 전에 지연을 일으키도록 입력을 추가하면 어떨까? 이렇게 하면 시작을 예측할 수 없도록 만들 수 있다.

지연

먼저 시작 버튼과 시작 버튼을 음극 버스와 대각선 방향으로 연결하던 파란색 전선을 제거한다. 수직 방향의 노란 전선은 그대로 둔다.

이제 그림 4-72처럼 몇 가지 부품을 추가해 보자. 시작 버튼은 처음에 지연을 일으킬 세 번째 타이머의 입력을 활성화하기 위해 위치를 옮겨서 설치했다. 세 번째 타이머의 출력은 5~10초 동안 높은 전압 상태를 유지하다가 낮은 전압 상태로 떨어져서 쌍안정 타이머를 활성화시키고 타이머의 출력을 낮은 전압 상태로 바꾸어서 4026B의 클록 꺼짐 기능을 억제하면 숫자가 증가하기 시작한다.

빨간색과 노란색 LED를 설치할 때는 주의하자. 빨간색 LED는 양극 전원과 연결되어 있기 때문에 생각했던 방향과 정반대로 설치해야 한다.

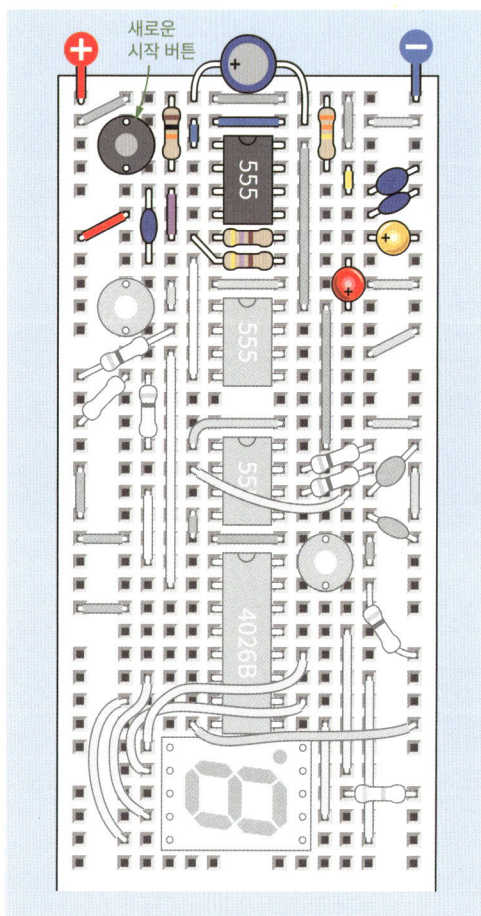

그림 4-72 반응시간 측정기 회로의 윗부분이 완성되었다.

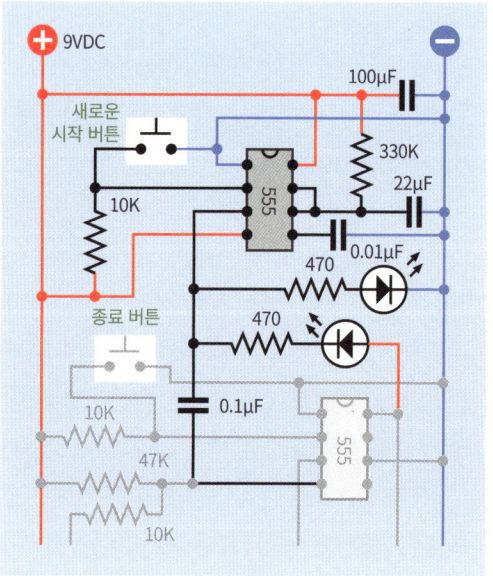

그림 4-73 제어 회로에 마지막이자 새로 추가된 부품을 포함시킨 회로도.

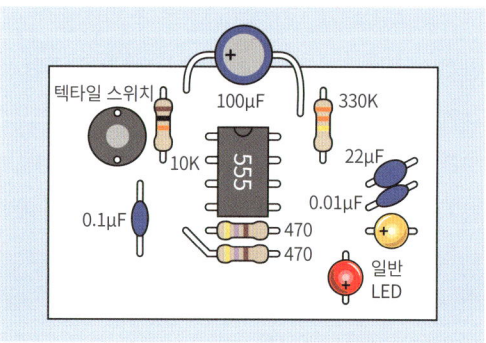

그림 4-74 브레드보드에 추가한 부품의 부품값.

따라서 긴 양극 리드는 위쪽이 아닌 아래쪽을 향하도록 끼워야 한다.

그림 4-73은 회로의 새로운 부분을 나타낸 회로도다.

브레드보드에 추가한 부품의 부품값은 그림 4-74에 나타냈다.

점검

회로에 전원을 연결하면 카운터가 시키지 않았는데도 즉시 숫자가 증가한다. 이는 거슬리기는 하지만 쉽게 해결할 수 있다. 정지 버튼을 눌러서 숫자 증가를 멈추자. 오른쪽 아래의 푸시 버튼을 눌러서 타이머를 영(0)으로 다시 설정한다. 이제 모든 준비가 끝났다. 초기 지연을 위해 새로 추가한 시작 버튼을 누르자. 지연되는 시간 동안 노란색 LED가 켜진다. 약 7초간의 지연

이 끝남과 동시에 노란색 LED가 꺼지고 빨간색 LED가 켜진다. 그와 동시에 카운터가 숫자를 증가시키다가 정지 버튼을 누르면 멈춘다.

브레드보드 위쪽의 100μF 커패시터는 그냥 갖다놓은 것 같지만 사실은 상당히 중요하다. 555 타이머는 출력의 상태를 바꿀 때 전압을 살짝 변동시키는 나쁜 습관이 있는데 회로에서 이러한 전압 변동으로 인해 두 번째 타이머가 지연 없이 활성화될 수 있다. 100μF 커패시터를 사용하면 이러한 불행한 사태를 막을 수 있다.

이제 카운터의 속도를 증가시키는 것과 초를 세분화시켜 나타내기 위해 카운터와 표시장치를 추가하는 것 외의 모든 기능을 완성했다.

어떻게 동작하나?

그림 4-75는 부품들이 어떻게 서로 의사소통하는지 보여준다.

이 그림을 위에서부터 아래로 살펴보자. 시작 버튼(윗부분에 위치. 타이머 3과 연결)이 타이머의 입력을 낮은 전압 상태로 끌어내려 타이머를 활성화시킨다.

3번 타이머의 출력은 약 7초간 높은 전압 상태를 유지한다. 이 출력이 초기 지연을 생성한다.

지연이 끝날 때 타이머 3의 출력이 다시 낮은 전압 상태로 떨어진다. 전압 상태의 이러한 전환이 0.1μF 결합 커패시터를 통해 쌍안정 타이머 2로 전달된다. 커패시터는 아주 짧은 펄스만 타이머 2의 초기화 핀으로 보낸다. 이 펄스로 타이머 2는 낮은 전압 상태를 출력한다. 낮은 전압 상태의 이 출력은 4026B 카운터의 클록 끄기 핀으로

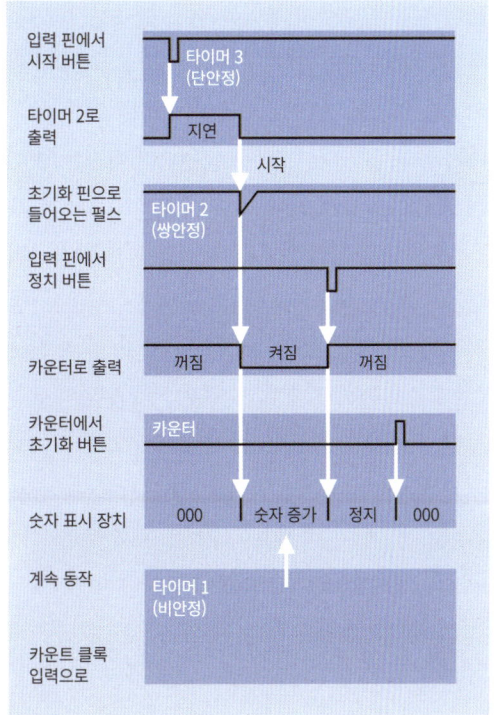

그림 4-75 타이머 제어 회로에서 부품 간의 의사소통.

간다. 낮은 전압 상태는 카운터를 활성화시켜서 숫자가 증가하기 시작한다.

이제 사용자가 반응할 때까지 기다린다. 사용자가 정지 버튼을 누르면 2번 핀의 입력을 통해 타이머 2로 연결된다. 타이머 2로 낮은 전압 상태의 짧은 펄스가 입력되면 높은 전압 상태의 펄스가 출력되어서 카운터의 클록 끄기 핀을 활성화시키고 그러면 숫자 증가가 멈춘다.

배경지식: 개발 문제

이 프로젝트에는 문제가 있다. 내가 몇 년 전 처음으로 회로를 만들었을 때만 해도 회로가 문제 없이 동작했다. 메이크(Make:) 잡지의 인턴 몇

명이 같은 회로를 만들었을 때도 문제가 없었다. 우리는 555 타이머의 모델이 다르면 초기화 핀의 행동이 조금 달라진다는 것에 대해서는 아는 바가 거의 없었다. 이런 사실은 데이터시트에 거의 기록되어 있지 않다.

내 책이 몇 년간 인쇄된 후에 한 독자가 자신이 만든 이 회로가 이상하게 작동하며 가끔은 전혀 작동하지 않는다고 알려왔다. 그래서 나는 회로를 다시 만들어서 오실로스코프[13]에 연결해보고 결합 커패시터가 타이머 3으로부터 타이머 2의 초기화 핀으로 펄스를 충실히 전달한다는 사실을 확인했다. 그러나 아니나 다를까, 타이머 2가 가끔 이 펄스를 인식하지 못하는 것을 발견했다.

무엇이 문제였을까? 펄스 입력이 너무 짧았거나 충분히 낮은 전압 상태가 아니었을 수 있다. 어느 쪽이든 해결책은 타이머 2의 4번 핀에 더 낮은 풀업 전압을 걸어주는 것이다. 이 때문에 4번 핀에 저항을 2개 연결했다. 이들 저항은 분압기(voltage divider)의 역할을 해서 2V가 조금 못 미치는 전압을 4번 핀에 걸어준다. 이렇게 하면 기능은 변함없이 유지되면서도 초기화 핀으로 들어가는 전압을 더 낮춰서 초기화 핀을 문제없이 활성화시킬 수 있다.

이제 회로는 문제없이 동작한다. 적어도 내 회로는 그렇다. 이 책의 2판을 인쇄하기 전에 회로를 한 번 더 점검해볼 생각이다. 만약 자신의 회로가 제대로 동작하지 않는다면 47K 저항 대신 그보다 더 높거나 낮은 저항을 사용해서 타이머 2의 4번 핀에 걸리는 전압을 달리해보자. 아니면 용량이 더 큰 결합 커패시터를 사용할 수도 있다. 그리고 반드시 내게 알려주기 바란다. 나는 이 책의 모든 회로가 언제나 제대로 동작하기를 바란다. 그러나 제조되는 부품 모델에 따라 결과가 달라질 수도 있는데 내가 모든 제품에 대해 결과를 예측하기란 어렵다.

추가 자릿수

자릿수 2개를 추가하는 것은 꽤 쉽다. 각각이 별도의 4026B 카운터로 제어되며 모든 카운터와 자릿수가 기본적으로 동일한 방식으로 연결되기 때문이다. 이를 나타낸 것이 그림 4-76이다.

왼쪽의 분홍색 전선을 보자. 분홍색 전선은 각각 한 카운터의 자리 올림 출력을 다음 카운터의 클록 입력과 연결한다.

오른쪽 아래의 노란색 전선은 카운터의 초기화 입력 모두를 함께 연결해서 하나만 초기화시켜도 모두가 초기화되도록 해준다.

두 번째와 세 번째 카운터에서 파란색 전선은 각각의 2번 핀을 접지시킨다. 2번 핀은 클록 꺼짐 핀이라는 사실을 기억하자. 두 번째와 세 번째 카운터는 첫 번째 카운터로 완벽히 제어할 수 있기 때문에 별도로 정지시킬 필요가 없다. 첫 번째 카운터가 정지하면 나머지도 정지한다.

두 번째 카운터와 세 번째 카운터의 16번 핀(전원 입력 핀)에 양극 전압을 걸어주는 것을 잊지 말자. 그림에서 이 연결을 표시한 것이 각 칩을 가로지르는 빨간색 전선이다.

---

[13] 전압의 시간적인 변화를 화면에 나타내는 장치.

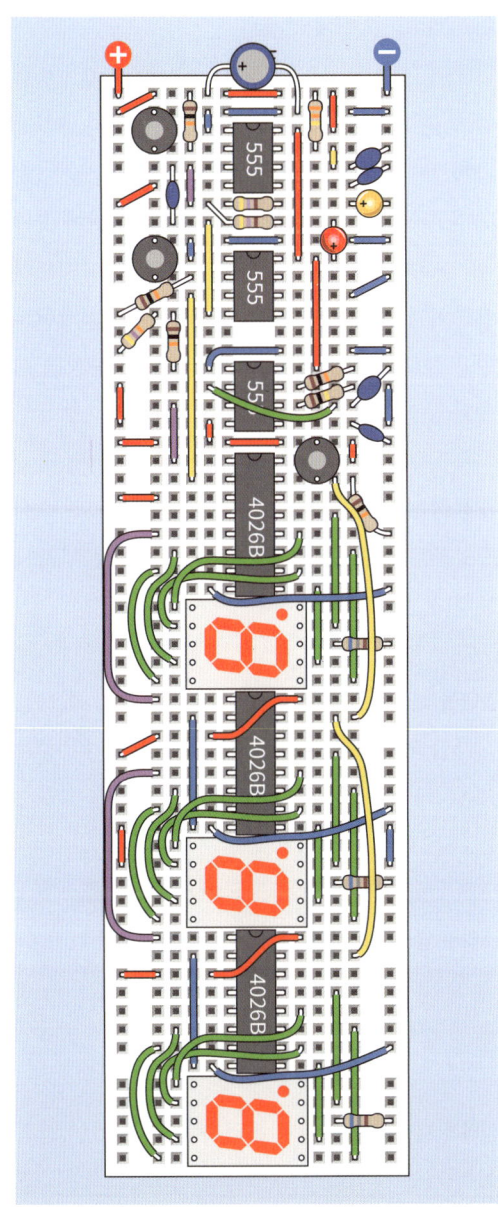

그림 4-76 60줄 브레드보드에 가까스로 맞추어서 완성한 반응시간 측정기.

보정

어떻게 하면 회로가 정확한 속도로 동작할 수 있을까? 처음 설치했던 타이머에 100K 저항 대신 10K 저항으로, 3.3μF 커패시터 대신 47nF(0.047μF) 커패시터로 각각 교체해보자. 이론적으로는 이렇게 교체하면 타이머의 주파수가 우리가 원하는 1,000Hz에 아주 가까운 1,023Hz가 된다.

이를 미세 조정하려면 처음 설치했던 타이머에 연결된 10K 저항 중 하나를 반고정 가변저항으로 교체해야 한다. 회로가 이미 지나치게 빽빽하게 구성되어 있어서 공간이 거의 없지만 가변저항을 끼워 넣을 방법을 찾아냈다. 그림 4-77과 같이 세 타이머 중 가장 아래쪽 타이머 바로 옆의 공간에 가변저항을 연결한 모습을 확대한 것이다.

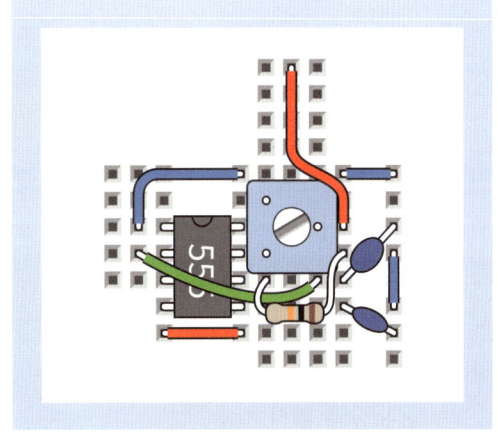

그림 4-77 반응시간 측정기를 미세 조정하기 위해 가변저항을 끼워 넣는 방법.

먼저 파란색 전선을 한 줄 위로 올린 다음 수직 방향으로 뻗은 빨간색 전선을 오른쪽으로 약간 옮긴다. 제거하지 않은 10K 저항의 리드를 연장하는데, 이때 노출된 다른 전선에 닿지 않도록 주의한다. 이제 가변저항을 위치시킬 수 있다. 와이퍼 핀이 양극 전압과 접촉하고 다른 핀은 타이머의 7번 핀과 연결되도록 하자. 가변저항의 세 번째 핀은 브레드보드의 빈 구멍에 적당히 끼우고 무시해도 된다.

가변저항의 저항값은 20K나 25K에서 시작해서 이 범위 사이에서 저항값을 조정하면 된다. 이제 회로가 1kHz에서 동작하도록 미세 조정할 수 있는 방법이 3가지 생겼다.

kHz를 측정할 수 있는 계측기라면 kHz를 측정하도록 설정하고 검은색 탐침을 접지시킨 뒤 빨간색 탐침을 처음 설치한 타이머의 3번 핀에 갖다 대서 계측기에 1kHz가 표시될 때까지 가변저항을 돌린다. 이제 모두 끝났다!

계측기에 주파수 측정 기능이 없다면 디지털 기타 조율기를 사용할 수도 있다. 이베이에서 몇 달러만 주면 살 수 있다. 555 타이머의 출력에 스피커를 연결하고(10µF 결합 커패시터와 47Ω 직렬 저항 포함) 조율기로 타이머가 생성하는 음의 주파수를 확인한다. 적당한 계측기나 기타 조율기가 없다면 초가 표시되는 시계나 휴대전화를 이용할 수도 있다. 타이머가 1kHz에서 작동하면 두 번째 카운터의 숫자는 1/100초(1센티초)에 하나씩, 세 번째 카운터의 숫자는 1/10초에 하나씩 증가한다. 세 번째 카운터는 0부터 9까지 10개의 숫자가 증가한 뒤 다시 처음부터 반복되는데 다르게 말하면 매 초당 0이 한 번 표시된다는 뜻이다.

문제는 각 자리가 너무 빨리 지나가기 때문에 0이 나타날 때를 정확히 알기가 어렵다는 것이다. 그러니 이렇게 해보자.

가장 느린 표시장치의 오른쪽 아래 세그먼트만 남기고 다른 세그먼트를 모두 가린다. 이 세그먼트는 2가 표시될 때를 제외하면 항상 켜져 있기 때문에 2가 표시될 때 깜빡인다. 전체 숫자를 인식하는 것보다 이처럼 하나의 세그먼트가 깜빡이는 것을 세기가 훨씬 쉽다. 추가한 가변저항을 조정해가며 점차 가장 느린 표시장치를 시계와 동기화할 수 있다.

개선점

프로젝트를 끝낼 때마다 몇 가지 개선할 부분이 보인다. 개선점은 다음과 같다.

전원을 켰을 때 숫자가 증가하지 않도록 하기 회로를 시작할 때 숫자가 이미 증가하기보다 '준비' 상태에 있으면 좋을 것이다. 어떻게 개선할지 고민하는 것은 여러분의 몫으로 남겨두겠다.

소리로 알려주기 빨간색 LED가 켜질 때 소리가 나면 좋겠다. 필수적인 기능은 아니지만 있으면 멋질 것 같다.

임의의 지연 간격 숫자가 올라가기 전의 지연 간격이 변하면 좋겠다. 전자부품이 임의로 작동하도록 만들기는 아주 어렵지만 한 가지 방법은 사용자가 두 금속 접점에 손가락을 올려두는 것이다. 손가락의 피부 저항으로 인해 지연 간격이 달라질 수 있다. 손가락의 압력이 매번 같지 않기 때문에 지연 간격도 달라진다.

다음에는 무엇을 할까?

4026B 같은 카운터는 엄밀히 따지면 논리 칩이다. 카운터 안에는 숫자를 셀 수 있는 '논리 게이트(logic gate)'가 포함되어 있다. 디지털 컴퓨터는 모두 비슷한 원리로 동작한다.

논리는 전자회로에서 아주 기본적인 개념이기 때문에 다음 실험부터 시작해서 아주 깊이 다룰 예정이다. AND, OR, NAND, NOR, XOR, XNOR라는 마법의 단어들이 완전히 새로우면서도 흥미진진한 디지털 세계로 향하는 문을 열어줄 것이다.

실험 20: 논리 배우기

논리 게이트는 하나하나 살펴보면 이해하기가 무척 쉽다. 그러나 이들을 연결해놓으면 아주 어려워진다. 한 번에 하나씩 살펴보자.

이번 실험에서는 설명해야 할 내용이 상당히 많다. 설명한 내용을 모두 기억할 거라고는 생각하지 않는다. 단지 이렇게 설명하는 이유는 나중에 다시 돌아와서 참고할 수 있도록 정보를 정리하기 위해서다.

실험 준비물

- 브레드보드, 연결용 전선, 니퍼, 와이어 스트리퍼, 계측기
- 9VDC 전원(전지 또는 AC 어댑터)
- SPDT 슬라이드 스위치 1개
- 74HC00 4개의 2입력 NAND 칩 1개
- 74HC08 4개의 2입력 AND 칩 1개
- 저전류 LED 2개
- 택타일 스위치 2개
- LM7805 전압 조정기 1개
- 저항: 680Ω 1개, 2.2K 1개, 10K 2개
- 커패시터: 0.1μF 1개, 0.33μF 1개

전압조정기

논리 게이트는 앞에서 사용했던 555 타이머나 4026B 카운터보다 훨씬 까다롭다. 우리가 사용할 논리 게이트는 정확히 5VDC의 전압이 필요하며 전류에 미세한 변화나 순간적인 변화(스파이크(spike))가 없어야 한다.

다행히 이 문제는 큰 비용을 들이지 않고 쉽게 해결할 수 있다. 브레드보드에 LM7805 전압조정기를 설치하면 된다. 전압조정기를 사용하면 7V 이상의 DC 전압을 공급하더라도 정류된 5V의 전압[14]으로 변환해준다.

그림 4-78은 전압조정기의 핀 3개가 가진 기능을 보여준다. 전압조정기를 사용하는 방법을 보여주는 회로도는 그림 4-79에 나타냈다. 브레드보드의 위쪽에 전압조정기와 커패시터 2개를 최소의 공간에 위치시키는 방법은 그림 4-80에서 확인할 수 있다. 왼쪽 위에 전원이 연결되었음을 알려줄 수 있도록 켜고 끌 수 있는 소형 슬라이드 스위치와 저전류 LED를 추가했다. 전원

---

[14] 전압조정기를 통과해서 안정적인 전압을 정류된 전압이라 부른다.

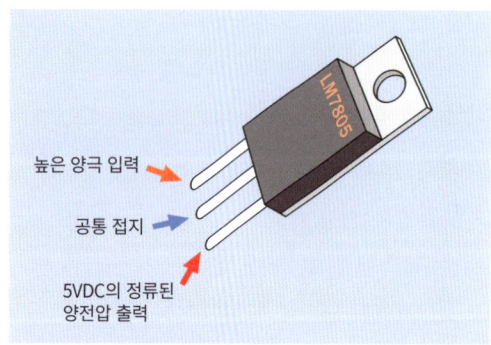

그림 4-78 LM7805 전압조정기의 핀 기능. 금속의 뒷면 부분이 아래로 가도록 나타낸 모습이다.

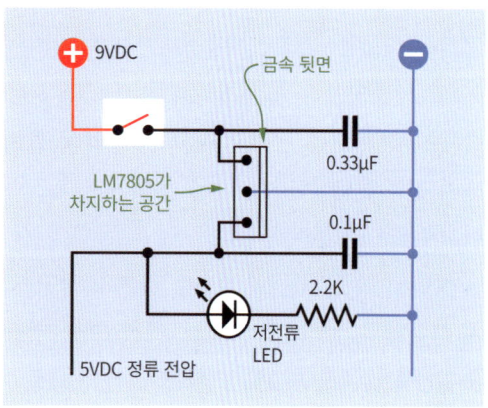

그림 4-79 LM7805 전압조정기를 사용하는 방법. 커패시터가 반드시 필요하다.

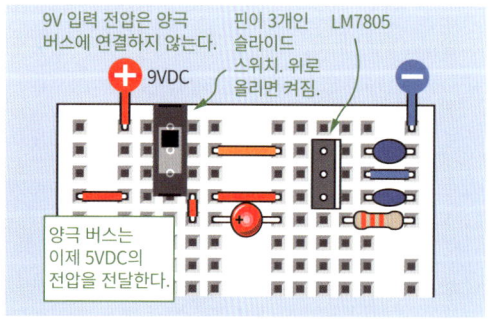

그림 4-80 전압조정기를 브레드보드의 위에 놓아서 차지하는 공간을 최소화하는 동시에 전원이 들어왔는지 확인하기 위해 켜고 끌 수 있는 스위치와 저전류 LED를 위치시켰다.

이 들어왔는지를 확인할 수 있는 시각적 장치를 사용하는 것은 특히 회로의 오류를 찾을 때 유용하다. LED에 2.2K의 높은 값을 가진 저항을 선택하면 전원으로 9V 전지를 사용하는 경우 소모되는 전류의 양을 최소화할 수 있다.

주의: 부적절한 입력

AC가 아닌 DC LM7805는 DC를 DC로 변환한다는 점을 잊지 말자. AC 어댑터와 혼동하지 않도록 하자. AC 어댑터는 가정의 콘센트에서 나오는 교류를 DC로 변환해준다. AC를 전압조정기에 직접 입력하지 않아야 한다.

최대 전류 LM7805는 전류를 얼마나 끌어 쓰는지에 관계없이 거의 일정한 전압의 출력을 유지하는 굉장한 장치다. 단, 끌어 쓰는 전류가 정해진 범위 내여야 한다. 전압조정기를 통해 1A 이상을 끌어 쓰지 않도록 한다.

최대 전압 전압조정기가 반도체 부품이기는 하지만 전압을 낮추는 과정에서 열을 발생시킨다는 면에서는 저항과 조금 비슷한 면이 있다. 전압조정기에 공급하는 전압이 크고, 전압조정기를 통과하는 전류가 클수록 열을 더 많이 제거해야 한다. 이론적으로 24VDC의 전압을 공급해서 5VDC의 정류된 출력을 얻을 수 있지만 썩 좋은 생각은 아니다. 적절한 입력 전압의 범위는 7VDC에서 12VDC다.

최소 전압 모든 반도체 장치가 그렇듯 전압조정기도 입력 전압보다 낮은 전압을 공급한다. 그렇기 때문에 최소 7VDC의 전압을 입력해주어야 한다.

열 제거 뒷면이 위쪽에 구멍이 뚫린 금속으로 되어 있는 것은 열을 발산하기 위해서다. 더 효과적으로 열을 발산시키려면 구멍에 나사로 알루미늄 조각을 붙여두면 된다. 알루미늄이 열을 아주 효과적으로 가져간다. 이때 알루미늄은 히트 싱크의 역할을 하며 얇은 냉각 조각이 여러 개 부착된 복잡한 모양의 제품을 구입할 수 있다. 그러나 전압조정기에서 200mA 이상의 전류를 끌어 쓸 계획이 아니라면 히트 싱크는 필요없다. 이 책의 회로에서는 그보다 작은 전류를 사용한다.

사용법

5V 논리 칩을 사용하는 회로를 만들 때 브레드보드의 양극 버스에서 바로 5VDC를 사용하고 싶을 것이다. 그림 4-80의 회로를 잘 보면 9V 전압 입력이 양극 버스에 '연결되지 않고' 전압조정기의 위쪽 핀에만 걸려 있는 것을 알 수 있다. 그리고 전압조정기의 아래쪽 핀으로부터 나오는 5VDC 출력을 양극 버스와 연결했다.

　브레드보드의 음극은 전압조정기와 외부의 공급 전압이 공유한다. 이를 '공통 접지(common ground)'라 한다.

　전압조정기를 설치했다면 계측기를 DC 전압 모드로 설정하고 확인을 위해 브레드보드의 두 버스 사이 전압을 측정해보자. 논리 칩은 정확하지 않거나 반대 방향의 전압이 가해지면 쉽게 손상된다.

첫 번째 논리 게이트

5VDC 브레드보드가 준비되었으니 그림 4-81처럼 74HC00 논리 칩 주변에 텍타일 스위치 1쌍, 10K 저항 2개, 저전류 LED 1개, 680Ω 저항 1개를 설치하자(저전류 LED를 사용하기 때문에 680Ω 저항이 적합하다).

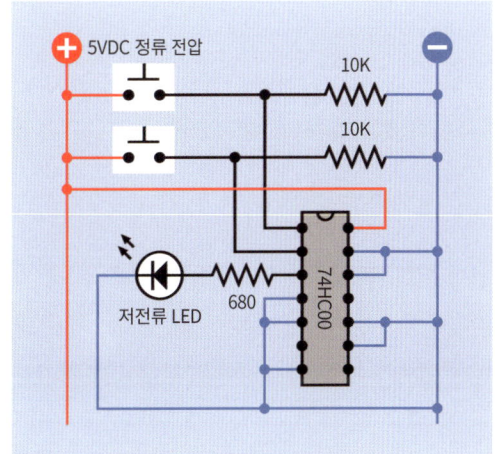

그림 4-81 NAND 게이트의 논리 기능[15] 이해하기.

칩의 핀 여러 개가 한꺼번에 묶여서 전원의 음극에 함께 연결되어 있는 것을 알 수 있을 것이다. 이는 조금 뒤에 설명하기로 하자.

　전원을 연결하면 LED가 켜진다. 텍타일 스위치 중 하나를 누르면 LED는 켜진 상태를 유지한다. 다른 텍타일 스위치를 눌러도 마찬가지로

---

[15] (옮긴이) 논리 함수라고도 한다.

LED는 켜진 상태다. 그러나 스위치 2개를 동시에 누르면 LED가 꺼진다.

1번 핀과 2번 핀은 74HC00 칩으로 들어가는 논리 입력이다. 회로에서 이 핀은 10K 풀다운 저항을 통해 음극 전압에 연결되어 있기 때문에 처음에는 낮은 전압 상태로 유지된다. 그러나 각각의 푸시버튼을 누르면 저항을 통해 제공되는 음전압 대신 5V 양극 버스의 양전압이 인가된다.

- 5V 논리 칩과 관련된 입력이나 출력이 0VDC에 가까울 때 이를 가리켜 '부논리(logic-low)'라고 한다.
- 5V 논리 칩과 관련된 입력이나 출력이 5VDC에 가까울 때 이를 '정논리(logic-high)'라고 한다.[16]

칩의 논리 출력은 앞에서 보았듯이 평상시에 정전압이지만 정전압이 '아니게 되는(Not)' 때는 첫 번째 입력과 두 번째 입력이 '모두(AND)' 정전압이 될 때다. 칩이 'Not AND' 방식으로 동작하기 때문에 회로에 'NAND 논리 게이트'가 포함되었다고 표현한다.

논리 게이트는 '논리도(logic diagram)'라고 부르는 일종의 회로도에서 사용되는 특별한 기호로 나타낼 수 있다. 그림 4-81의 회로에 해당하는 논리도를 나타낸 것이 그림 4-82다. 여기에서 아래쪽에 동그라미가 붙은 U자 모양의 기호가 NAND 게이트의 논리 기호(logic symbol)다. 논

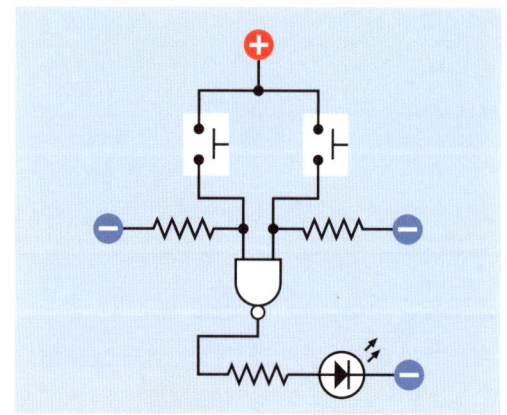

그림 4-82 논리 칩을 보여주기에는 회로도보다 논리도가 이해하기 쉽다.

리도에는 NAND 게이트의 전압이 표시되지 않지만 그림 4-81의 회로도로 돌아가서 확인해보면 사실 칩의 7번 핀(접지)과 14번 핀(양극)에 전원을 연결해야 한다. 전원이 연결되면 논리 칩은 입력 단자에서 받는 것보다 더 큰 출력을 내보낸다.

- 논리 칩의 기호를 보면 칩이 제 기능을 하기 위해서는 전원이 필요하다는 사실을 반드시 기억하자.

74HC00 칩은 사실 NAND 게이트를 4개 포함하고 있으며 각각의 게이트가 논리 입력 2개, 출력 1개를 가진다. 게이트는 논리도의 오른쪽에 그림 4-83과 같이 배열되어 있다. 간단한 점검에는 논리 게이트가 하나만 필요하기 때문에 사용하지 않는 게이트의 입력 핀은 전원의 음극에 접지시켜서 부유 핀이 되지 않도록 했다.

---

16 정논리/부논리는 양논리/음논리라고도 한다.

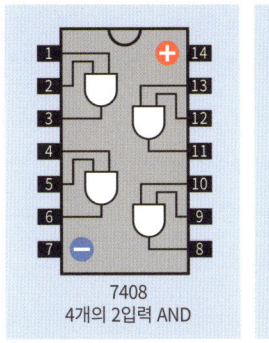 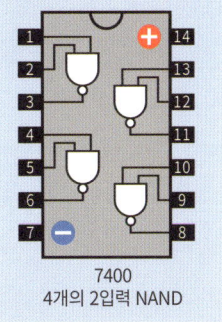

그림 4-83 2가지 논리 칩 내부의 게이트 배열.

논리 칩은 많은 경우 서로 바꾸어서 사용할 수 있다. 사실 지금 당장이라도 시험해볼 수 있다. 먼저 전원 연결을 끊자. 조심해서 74HC00을 뺀 뒤 핀을 전도성 스펀지(없다면 알루미늄 포일)에 꽂아 옆으로 치워둔다. 그 자리에 AND 칩인 74HC08 칩을 끼운다. 노치가 있는 부분이 위로 오도록 제대로 끼웠는지 확인하자. 이제 다시 전원을 연결하고 앞에서 했던 대로 푸시버튼을 눌러보자. 이번에는 첫 번째 입력과 두 번째 입력에 모두(AND) 정전압이 걸릴 때 LED가 켜지지만 다른 경우에는 꺼진 상태라는 것을 알 수 있다. 따라서 AND 칩은 NAND 칩과 정확히 반대로 동작한다. AND 칩의 핀 배열은 그림 4-83의 왼쪽과 같다.

이런 기능들이 왜 유용한지 궁금할 수 있다. 조금 뒤에서 논리 게이트를 묶어서 전자 자물쇠나 전자 주사위, 또는 답을 맞히기 위해 경쟁하는 TV 퀴즈쇼의 컴퓨터 버전 같은 다양한 것들을 만들어볼 것이다. 원대한 야망을 가진 사람이라면 논리 게이트로 완전한 컴퓨터를 만들 수도 있다. 실제로 빌 버즈비(Bill Buzbee)라는 사람은 취미 삼아 구형 논리 칩으로 인터넷 서버를 만들기도 했다(그림 4-84 참조).

그림 4-84 빌 버즈비가 손으로 만든 이 컴퓨터 마더보드는 74xx 시리즈 논리 칩으로 만들었으며 인터넷 서버에서 핵심적인 역할을 한다.

배경 지식: 논리의 기원

1815년에 태어난 영국의 수학자 조지 불(George Boole)은 아주 운이 좋거나 똑똑한 극소수의 사람만이 할 수 있는 업적을 이루었다. 바로 완전히 새로운 수학 분야를 개척한 것이다.

재미있는 점은 이 수학이 숫자를 바탕으로 하지 않았다는 것이다. 불은 철저하게 논리적인 생각을 가진 사람이었기 때문에 재미있는 방식으로 교집합을 이루는 참 또는 거짓으로 세상을 단순화하고 싶었다.

존 벤(John Venn)이 1880년경에 고안해낸 벤 다이어그램은 이러한 유형의 논리 관계를 나타내는 데 사용될 수 있다. 그림 4-85는 가장 간단한 벤다이어그램을 나타낸 것이다. 여기서 나는 아주 큰 집합(지구에 사는 생물)을 설정하고 그 부분집합을 정의했다(물에 사는 생물만으로 구성). 벤다이어그램을 그려보면 물속에 사는 모든 생물은 동시에 지구에서 사는 생물이지만 지구의 생물 중 일부만이 물에서 산다는 것을 보여준다.

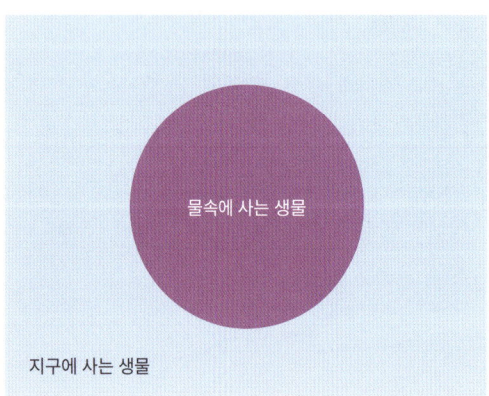

그림 4-85 하나의 집합과 그 집합을 포함하는 더 큰 세상 간의 가장 간단한 관계.

이제 다른 집합을 추가해보자. 바로 땅 위에 사는 생물이다. 그러나 잠깐. 어떤 생물은 땅 위에서도 물속에서도 살 수 있다. 예를 들면 개구리가 그렇다. 이런 양서류들은 두 집합에 모두 해당되기 때문에 이를 나타내기 위해 그림 4-86에서와 같이 집합이 겹쳐지도록 또 다른 벤다이어그램을 그렸다.

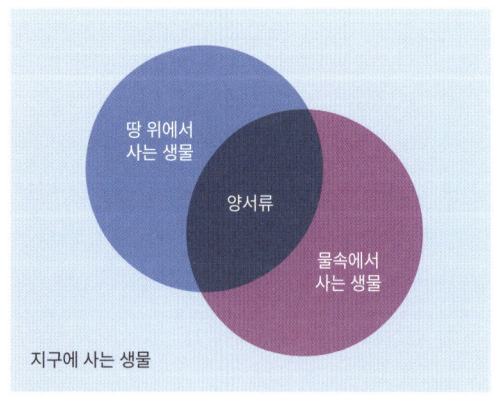

그림 4-86 이 벤다이어그램은 지구에 사는 생물 중에는 물속에서, 땅 위에서, 또 물속과 땅 위 양쪽에서 사는 생물이 있다는 것을 보여준다.

그러나 모든 집합이 겹쳐지는 것은 아니다. 그림 4-87에서는 발굽이 있는 생물의 집합과 발톱이 있는 생물의 집합을 만들었다. 발굽과 발톱을 '모두' 가진 생물이 있는가? 내 생각에는 없는 것 같다. 이를 그림 4-88과 같이 '진리표(truth table)'로도 나타낼 수 있다.

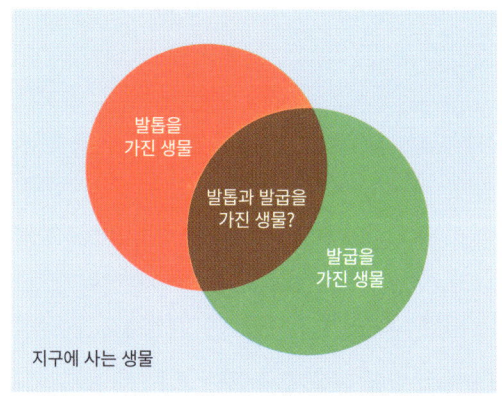

그림 4-87 어떤 교집합은 겹쳐지지 않는다. 발톱과 발굽을 모두 가진 생물은 없는 것 같다.

발톱을 가진 생물	발굽을 가진 생물	이 조합이 가능한가
아니요	아니요	참
아니요	예	참
예	아니요	참
예	예	거짓

그림 4-88 단순한 형태의 진리표는 입력 쌍의 타당성을 표로 나타낸 것이다. 각각의 입력 쌍은 두 상태 중 한 가지 상태를 띤다.

이 표를 나타내는 데 NAND 게이트를 사용할 수도 있다. 그림 4-89에서 보는 것처럼 입력과 출력의 패턴이 완전히 같기 때문이다.

NAND의 입력 A	NAND의 입력 B	NAND의 출력
부논리	부논리	정논리
부논리	정논리	정논리
정논리	부논리	정논리
정논리	정논리	부논리

그림 4-89 NAND 게이트의 진리표는 그림 4-89의 표와 완전히 같은 패턴을 보인다.

불은 아주 간단한 개념에서 시작해서 아주 높은 수준까지 논리 언어를 개발해나갔다. 그는 이에 대한 논문을 1854년에 발표했지만 그 뒤로 아주 오랜 시간이 지나서야 이 개념이 전기·전자 장치에 적용될 수 있었다. 사실 그의 생전에 그의 연구가 실질적으로 응용되지는 않았던 듯하다. 그러나 1930년대 MIT에서 공부하던 클로드 섀넌(Claude Shannon)은 불의 논리를 접한 뒤 불의 분석 방법(Boolean analysis: 불리언 분석)을 릴레이를 사용하는 회로에 어떻게 적용할 수 있는지를 연구한 논문을 발표했다. 이 논문은 당시 전화망이 빠르게 성장하면서 발생하던 복잡한 스위칭 문제를 해결하는 데 즉각 응용되었다.

아주 간단한 전화 문제는 이렇게 표현할 수 있다. 오래전 시골 지역에서 따로 떨어져 사는 두 고객이 하나의 전화선을 나누어 사용하는 것은 흔한 일이었다. 둘 중 한 명이 전화를 사용하고 싶거나 둘 다 사용하고 싶지 않다면 아무런 문제가 되지 않는다. 그러나 두 명이 동시에 전화를 사용할 수는 없었다. 다시 한 번 말하지만 이는 '정논리'를 한 사람이 전화선을 사용하고 싶다로, '부논리'를 전화선을 사용하고 싶지 않다로 해석한다면 그림 4-89에서 설명한 논리 패턴과 일치한다.

그러나 여기에는 아주 중요한 차이가 있다. NAND 게이트로 전화망을 만들기는 쉽지 않다. 그렇지만 전화망이 전기 상태를 이용하기 때문에 NAND 게이트가 네트워크를 '제어'할 수는 있다. (사실 초기 전화망에서는 모든 것이 릴레이로 제어되었다. 그러나 릴레이를 조립하면 논리 게이트로 기능하도록 할 수 있다.)

섀넌이 불의 논리를 전화 시스템에 적용하고 나서 그다음 단계는 '켜짐(on)' 상태에 숫자 1을 사용하고 '꺼짐(off)' 상태에 숫자 0을 사용했을 때 숫자를 셀 수 있는 논리 게이트 시스템을 만들 수 있느냐를 고민하는 것이었다. 숫자를 셀 수 있다면 연산 처리도 할 수 있기 때문이다.

진공관이 릴레이를 대체했을 때쯤 실질적으로 첫 번째 디지털 컴퓨터가 완성되었다. 당시 트랜지스터가 진공관을 대체하고 다시 집적회로가 트랜지스터를 대체하면서 우리가 현재 당연하게 사용하고 있는 데스크톱 컴퓨터가 탄생할 수 있었다. 그러나 놀라울 정도로 복잡한 이 장치들도 그 속을 깊이 들여다보면 조지 불이 발견한 논리 법칙을 여전히 사용하고 있다는 것을 알 수 있다.

인터넷 검색 엔진을 사용할 때 AND와 OR 같은 조건을 추가해서 상세 검색을 한다면 실제로 '논리 연산자(Boolean operator)'를 사용하는 것이다.

기초지식: 논리 게이트의 기초

NAND 게이트는 디지털 컴퓨터를 구성하는 가

장 기본적인 요소다.[17] NAND 게이트 몇 개만 있으면 덧셈을 할 수 있기 때문이다. 이에 대해 더 자세히 알고 싶다면 인터넷에서 '이진 계산(binary arithmetic)'이나 '반가산기(half-adder)'를 검색해보자. 내 책 『짜릿짜릿 전자회로 DIY 플러스』에서 논리 연산자를 사용해 덧셈을 하는 회로를 찾아볼 수도 있다.

일반적으로 논리 게이트에는 다음의 7가지 유형이 있다.

AND, NAND, OR, NOR, XOR, XNOR, NOT

이들 이름은 모두 대문자로 나타내는 것이 보통이다. 이 중에서 XNOR은 거의 사용하지 않는다.

NOT 게이트를 제외한 모든 논리 게이트는 2개의 입력과 1개의 출력을 가진다. NOT 게이트는 1개의 입력과 1개의 출력을 가지며 '인버터(inverter)'라는 이름으로 더 많이 사용된다. 인버터에 정전압(high)이 입력되면 부전압(low)이 출력되고 부전압이 입력되면 정전압이 출력된다.

그림 4-90은 7가지 게이트의 기호[18]를 나타낸 것이다. 일부 게이트의 아래쪽에 붙은 작은 동그라미는 출력을 역전시킨다(이러한 동그라미를 '버블(bubble)'이라고 한다). 따라서 NAND 게이트의 출력은 AND 게이트의 출력을 역전시킨 것이다.

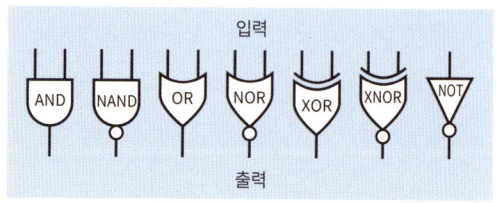

그림 4-90 입력이 2개인 논리 게이트 6개와 NOT 게이트의 기호.

'역전'이라는 말은 무슨 뜻일까? 그림 4-91부터 그림 4-93까지 내가 그린 논리 게이트의 진리표를 보면 이 말을 분명히 이해할 수 있을 것이다. 각각의 진리표에서 2개의 입력은 왼쪽에, 출력은 오른쪽에 나타내었으며 빨간색은 정전압 상태를, 파란색은 부전압 상태를 의미한다.[19] 각 게이트에서의 출력을 비교해보면 패턴이 어떻게 역전되는지 알 수 있다.

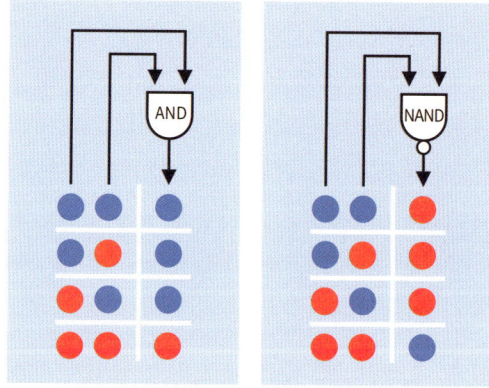

그림 4-91 왼쪽의 입력으로 오른쪽의 출력이 생성된다.

[17] 사실 입력이 2개인 논리회로 중에서 가장 만들기 쉬운 회로가 NAND다. 전체 게이트 중에서는 역시 입력이 하나인 NOT(인버터)이 가장 만들기 쉽다.
[18] 여기에서 사용한 기호는 미국식 기호다. IEC라는 네모난 기호를 사용하는 유럽 표준도 있기는 하지만 미국식 기호가 훨씬 더 널리 사용된다.

[19] 보통 정전압은 켜짐 상태, 전압이 높은 상태, 참의 상태를 의미하며, 부전압은 그 반대의 경우를 의미한다. 하지만 이는 켜짐을 정전압으로 보는 상황(asserted high)에서 성립한다. 이 책에서는 특별한 언급이 없다면 켜짐을 정전압으로 본다.

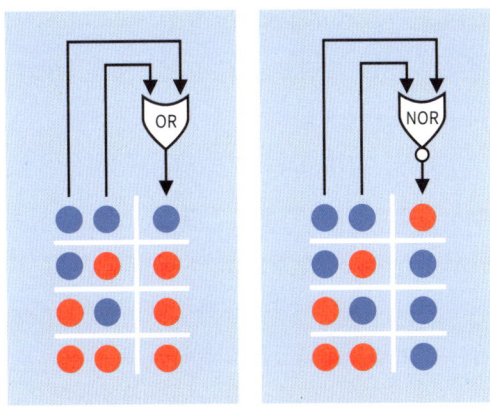

그림 4-92 왼쪽의 입력으로 오른쪽의 출력이 생성된다.

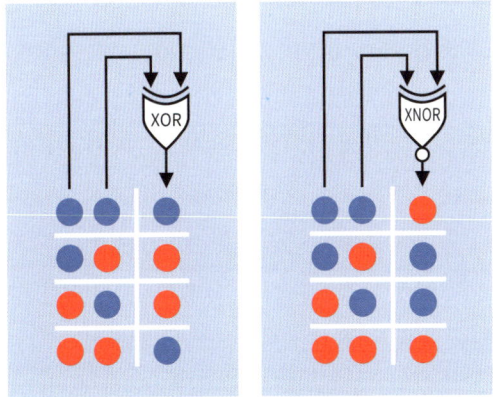

그림 4-93 왼쪽의 입력으로 오른쪽의 출력이 생성된다.

배경지식: TTL과 CMOS가 혼재하는 세상

1960년대로 돌아가보면 최초의 논리 게이트는 여러 개의 소형 바이폴라 트랜지스터를 한 장의 실리콘 와이퍼에 에칭해 넣었음을 뜻하는 트랜지스터-트랜지스터 논리회로, 즉 TTL로 만들었다. 오래 지나지 않아 상보성 금속 산화막 반도체(complementary metal oxide semiconductor), 즉 CMOS가 등장했다. 실험 19에서 사용했던 4026B 칩은 구형 CMOS 칩이다.

아마도 바이폴라 트랜지스터가 전류를 증폭시킨다는 사실을 기억하고 있을 것이다. 따라서 TTL 회로가 기능하려면 상당한 전류가 필요하다. 그러나 CMOS 칩은 전압에 민감하기 때문에 신호를 기다리고 있거나 신호를 발생시키고 쉬는 동안 전류를 거의 소모하지 않을 수 있다.

그림 4-94는 초기 TTL과 CMOS 칩의 장점과 단점을 정리한 표다. 부품 번호가 4000부터 증가하는 CMOS 시리즈는 상대적으로 느리고 정전기에 쉽게 손상되지만 전력 소모가 아주 적기 때문에 가치가 있다. 부품 번호가 7400에서 시작해 증가하는 TTL 시리즈는 전력 소모가 훨씬 크지만 덜 민감하며 매우 빠르다. 따라서 컴퓨터를 만들고 싶다면 TTL 패밀리를 사용해야 하지만 소형 건전지로 몇 주간 버틸 수 있는 작은 장치를 만든다면 CMOS 패밀리를 사용해야 한다.

	TTL 7400 시리즈 (이후 CMOS 사용)	CMOS 4000 시리즈 (이후 7400 번호 사용)
정전기에 취약	덜함	심함?
속도	빠름	느림?
전력 소모	높음	아주 낮음
전력 공급 범위	좁음 5V	넓음 5~15V?
입력 저항	낮음	아주 높음

그림 4-94 초기 CMOS와 TTL 칩을 비교한 표에서 CMOS의 특성에 물음표가 붙은 이유는 TTL의 특성과 비교했을 때 결과적으로 차이가 크게 줄어들었기 때문이다.

CMOS 제조사들이 TTL 칩의 장점을 모방해서 시장점유율을 높이고 싶어 했기 때문에 여기서부터 혼란이 시작되었다. 새로운 CMOS 칩이 나오면서 호환성을 강조하기 위해 부품 번호마저 '74'를 사용하기 시작했고 CMOS 칩의 핀 기능은 TTL 칩의 핀 기능에 맞춰 바뀌었다. CMOS 칩의 전압 요건 역시 TTL에 맞춰서 변했다.

오늘날 여전히 LS 시리즈(부품 번호 74LS00과 74LS08) 같은 구식 TTL 칩을 찾아볼 수 있다. 그러나 이전만큼 흔하게 사용되지는 않는다.

그보다는 지난 실험에서 사용했던 4026B 같은 4000 시리즈 CMOS 칩을 찾아보기가 더 쉽다. 이들 칩은 현재에도 제조되고 있는데 허용되는 공급 전압 범위가 넓어서 유용하게 사용할 수 있기 때문이다.

수년간 CMOS 칩은 점점 더 빨라지고 정전기에 취약한 단점도 상당히 극복했다. 그림 4-94에서 속도와 정전기에 대한 취약성에 물음표를 추가한 것도 이러한 이유 때문이다. 최근의 CMOS 칩은 최대 공급 전압의 크기도 5VDC까지 상당히 줄였다. 그래서 마찬가지로 여기에도 물음표를 붙였다.

상황은 다음과 같이 요약할 수 있다.

- 지금도 판매되는 구형 4000 시리즈 논리 칩은 그림 4-94에서 열거한 특징을 지닌다. 4000 시리즈 칩은 꽤 다양한 곳에 사용할 수 있다.
- 7400 시리즈의 구형 TTL 칩을 사용할 가능성은 높지 않다. 큰 장점이 없기 때문이다.

74LSxx 칩을 명시한 회로도를 볼 수는 있다. 이 경우 74LSxx 대신 기능이 동일하도록 설계된 74HCTxx를 사용할 수 있다.

74HCxx 세대 칩은 지금까지 출시되었던 스루홀 유형 중에서 가장 인기가 있다. 이들 제품은 CMOS의 입력 저항이 커서 유용하며 일부 최신 제품보다 저렴하기까지 하다. 이 책에서 사용하는 논리 칩은 모두 HC 유형이다.

이제 부품 번호에 대해 이야기해보자. 부품 번호에 'x'가 따라오면 이 자리에 다양한 문자와 숫자가 올 수 있다는 뜻이다. 따라서 '74xx'라고 하면 7400 NAND 게이트, 7402 NOR 게이트, 74150 16비트 데이터 선택기 등을 포함한다. '74' 앞에 붙는 문자들의 조합은 칩 제조사를 나타내고 부품 번호 뒤에 오는 문자들은 패키지 유형이나 환경에 유해한 중금속을 포함하는지 여부 등 여러 세부 사항을 나타낼 수 있다. 이에 대한 설명은 그림 4-3에서 시각적으로 나타냈다.

다음은 TTL 패밀리의 역사를 정리한 것이다.

- 74xx: 구형 원조 세대. 지금은 더 이상 사용되지 않는다.
- 74Sxx: 고속 쇼트키(Schottky) 시리즈. 지금은 더 이상 사용되지 않는다.
- 74LSxx: 저전력 쇼트키 시리즈. 현재도 가끔씩 사용된다.

다음은 CMOS 패밀리의 역사를 정리한 것이다.

- 40xx: 구형 원조 세대. 지금은 더 이상 사용되

지 않는다.
- **40xxB**: 4000B 시리즈는 개선되었지만 여전히 정전기로 인한 손상에 취약하다. 지금도 흔하게 사용되며, 특히 취미용 전자회로 응용에 널리 사용된다.
- **74HCxx**: 고속 CMOS. 부품 번호와 핀 배열이 TTL 패밀리와 동일하다. 이 책에서는 이 세대 제품만을 사용했는데 이들 제품이 널리 사용될 뿐 아니라 이 책의 회로에는 빠른 속도나 높은 전력이 필요하지 않기 때문이다.
- **74HCTxx**: HC 시리즈와 비슷하지만 정전압/부전압의 최댓값과 최솟값이 각각 구형 TTL 표준과 동일하다는 점이 다르다.
- **부품 번호 가운데에 다른 문자가 포함된 74xx 시리즈**: 최신 제품으로 속도가 더 빨라졌으며 보통 표면 부착형이다. 더 낮은 작동 전압에서 사용하도록 고안된 것이 많다.

필요 없는 것

속도 차이는 우리의 관점에서는 중요하지 않다. 우리가 만들려는 회로가 초당 수백만 사이클로 작동할 필요는 없다.

소량을 구매하면 보통 패밀리 간의 가격 차이도 크지 않다.

저전압 칩은 우리 실험에 사용하기에 적절하지 않다. 저전압 칩은 거의 표면 부착형이며 별도의 저전압 전원 공급 장치가 있어야 하기 때문이다. 표면 부착형 칩은 다루기가 훨씬 어렵고 주된 장점이라고는 소형이라는 것밖에 없어서 이 책에서는 사용하지 않는다. 저전압 칩 중 스루홀 유형도 논리 기능은 동일하다.

기초지식: 부품 번호와 기능

그림 4-83과 그림 4-95부터 그림 4-101까지는 현재 판매되는 HC 시리즈 중 스루홀 14핀 논리 칩의 내부 연결을 나타낸 모습이다.

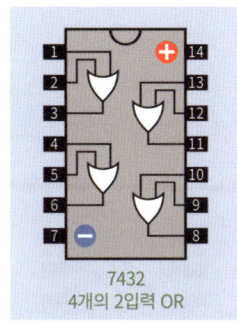
7432
4개의 2입력 OR

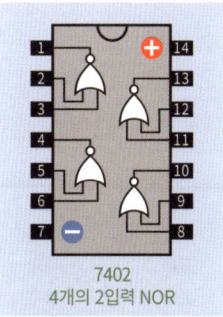
7402
4개의 2입력 NOR

그림 4-95 74xx 패밀리 논리 칩의 표준 게이트 구성.

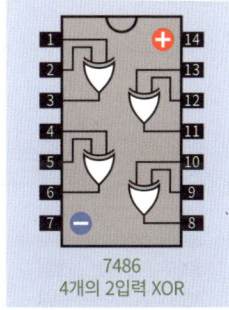
7486
4개의 2입력 XOR

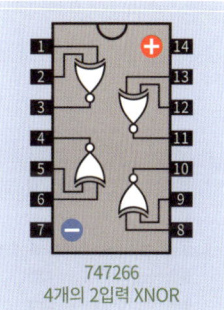
747266
4개의 2입력 XNOR

그림 4-96 74xx 패밀리 논리 칩의 표준 게이트 구성.

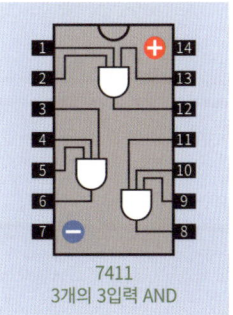
7411
3개의 3입력 AND

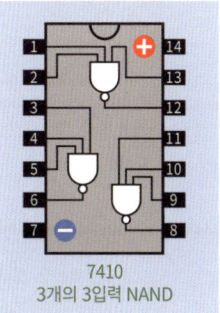
7410
3개의 3입력 NAND

그림 4-97 74xx 패밀리 논리 칩의 표준 게이트 구성.

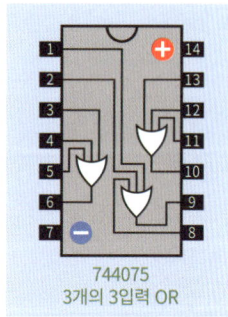 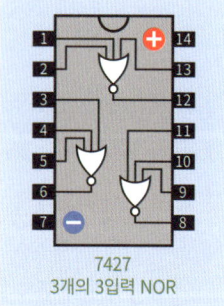

그림 4-98 74xx 패밀리 논리 칩의 표준 게이트 구성.

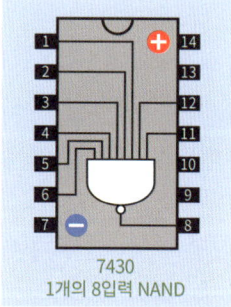 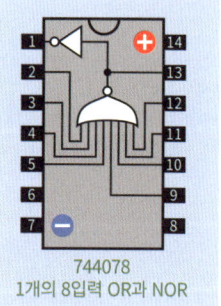

그림 4-101 74xx 패밀리 논리 칩의 표준 게이트 구성.

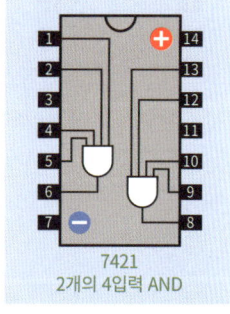 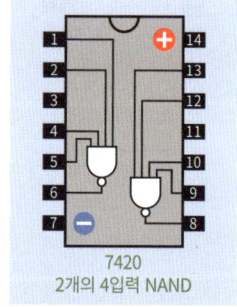

그림 4-99 74xx 패밀리 논리 칩의 표준 게이트 구성.

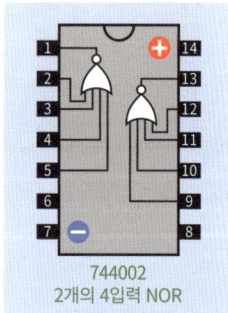 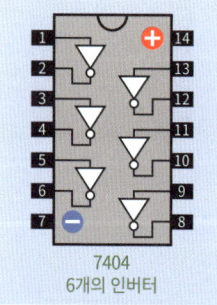

그림 4-100 74xx 패밀리 논리 칩의 표준 게이트 구성.

이들 칩에서 모든 부품 번호는 최소화한 형태로 나타냈다. 따라서 7400 칩의 실제 부품 번호는 74HC00, 74HCT00 등이 될 수 있으며 앞과 뒤에 다른 문자 코드가 붙을 수 있다. 그러나 이들을 대체로 7400 칩이라고 부르기 때문에 여기서도 그렇게 표시한다.

사용하기 전에 여기 나온 논리도나 제조사의 데이터시트를 보고 논리 칩의 핀 기능을 확인하는 일은 매우 중요하다. 내부 연결은 비슷한 패턴을 따르는 듯 보이지만 예외가 있다.

기초지식: 논리 게이트를 연결하는 법칙

다음과 같은 연결은 가능하다.

- 양극과 음극 관계없이 정류된 전원이라면 게이트 입력으로 직접 연결할 수 있다.
- 하나의 게이트에서 나오는 출력으로 다른 게이트의 입력으로 직접 연결할 수 있다.
- 하나의 게이트에서 나오는 출력으로 여러 게이트의 입력핀을 구동시킬 수 있다(이를 '팬 아웃(fanout)'이라 한다). 정확한 비율은 칩에 따라 다르지만 74HCxx 시리즈에서는 하나의 논리 출력으로 최소 10개 게이트의 입력핀을 구동시킬 수 있다.
- 하나의 게이트에서 나오는 출력은 555 타이머가 같은 5VDC 전원을 사용한다면 타이머의 활성화 핀(2번 핀)을 구동시킬 수 있다.

- 부전압 입력이 꼭 0일 필요는 없다. 74HCxx 논리 게이트는 최대 1V 전압까지 '부전압'으로 인식한다.
- 정전압 입력이 반드시 5V일 필요는 없다. 74HCxx 논리 게이트는 최소 3.5V 전압부터 '정전압'으로 인식한다.

허용 가능한 입력 범위와 확실한 최소 출력 범위는 그림 4-102에 나타냈다.

그림 4-102 오류를 피하기 위해 논리 칩의 권장 입력 범위를 지켜야 한다.

다음 사항은 반드시 지켜야 한다.

- 입력은 반드시 연결해야 한다! HC 패밀리 같은 CMOS 칩에서 모든 입력 핀은 항상 정해진 값의 전압에 연결해야 한다. 이는 칩에서 사용되지 않는 핀에도 모두 적용된다.
- 단투 스위치나 푸시버튼은 풀업 저항이나 풀다운 저항과 함께 사용해야 한다. 그래야 접점이 열려 있을 때 칩에 입력이 연결되지 않는 일을 막을 수 있다.
- 정류되지 않은 전원이나 5V가 아닌 전압으로 74HCxx 논리 게이트를 구동해서는 안 된다.
- 74HCxx 논리 칩에서 나오는 출력으로 LED를 구동할 때는 주의해야 한다. 칩에서 최대 20mA의 전원을 끌어올 수 있지만 출력 전압을 끌어내릴 수 있다. 또한 강하된 전압을 두 번째 칩의 입력으로 연결하면 LED로 인해 지나치게 낮아진 전압을 두 번째 칩이 더 이상 '정전압'으로 인식하지 못한다. 일반적으로 논리 칩의 출력으로 LED를 구동하면서 '그와 동시에' 다른 논리 칩을 구동하는 식으로는 사용하지 않도록 한다. 회로를 수정하거나 새로운 회로를 설계할 때는 항상 전압과 전류를 확인한다.
- 이 책 전체에서 논리 칩 출력과 연결되는 LED는 모두 저전력 유형을 사용했다. 이런 습관을 들이는 것이 바람직한데 LED를 구동하는 출력이 이후의 어느 시점에서 다른 칩의 논리 입력으로 사용될 수 있기 때문이다.
- 상당한 크기의 전압이나 전류를 논리 게이트의 출력 핀에 가해서는 안 된다. 다시 말해 '논리 게이트의 출력을 다른 출력으로 보내지 말아야 한다.'

20 4mA 소스 전류는 출력이 접지 측과 연결되어 있을 때 최대 4mA까지 전류를 내보낼 수 있다는 뜻이고, 4mA 싱크 전류는 출력이 전원 측과 연결되어 있으며 전류가 4mA 이하일 때 이를 끌어올 수 있다는 뜻이다.

- 이러한 이유로 2개 이상의 논리 게이트에서 나온 출력을 한데 연결하지 않는다.

해도 되는 일과 하지 말아야 할 일이 아주 많다. 이제 첫 번째 진짜 논리 칩 프로젝트를 시작해보자.

실험 21: 강력한 자물쇠

다른 사람이 여러분의 컴퓨터를 사용하지 못하게 하고 싶다고 가정해보자. 이를 위해서 소프트웨어를 사용하거나 하드웨어를 사용하는 2가지 방법을 생각해볼 수 있다. 소프트웨어를 사용한다면 일반적인 부팅 과정을 중간에 멈추고 비밀번호를 입력하도록 하는 시작 프로그램을 추가할 수 있다. 이 방법이 윈도우나 맥 운영체제에서 표준 기능으로 제공하는 비밀번호 입력보다 조금 더 안전하다.

 물론 이 방식을 사용할 수도 있겠지만 하드웨어를 사용하는 편이 훨씬 더 재미있을 거라고 생각한다(그리고 이 책과도 관련성이 더 높을 것이다). 내가 구상하는 것은 사용자가 숫자 키패드에 비밀번호를 입력하면 컴퓨터가 켜지도록 하는 것이다. 나는 이 장치가 실제로 무언가를 잠가두는 것은 아니지만 '자물쇠'라고 부를 생각이다. 이 장치는 일반적으로 컴퓨터를 켜는 전원 버튼이 켜지지 못하도록 막는 기능을 한다.

주의: 보증 관련 문제

이 프로젝트를 완성하는 과정에서 데스크톱 컴퓨터를 열고 전선을 자르고 작은 회로를 삽입하게 된다. 컴퓨터 내부의 보드는 건드리지도 않을 것이고 '전원 연결' 버튼의 전선만 사용하겠지만 그래도 컴퓨터를 구입한 지 얼마 되지 않았다면 보증을 받을 수 없게 된다. 나는 이를 심각하게 생각하지 않지만 이 사실이 신경 쓰인다면 3가지 방법이 있다.

- 재미 삼아 브레드보드에 회로를 만들고 그대로 그대로 둔다.
- 다른 장치에 회로를 사용해본다.
- 오래된 컴퓨터에 사용해본다.

실험 준비물

- 브레드보드, 연결용 전선, 니퍼, 와이어 스트리퍼, 계측기
- 9VDC 전원(전지 또는 AC 어댑터)
- 저전류 LED 1개
- 일반 LED 1개
- LM7805 전압조정기 1개
- 74HC08 논리 칩 1개
- 555 타이머 칩 1개
- 2N2222 트랜지스터 1개
- DPDT 9VDC 릴레이 1개
- 다이오드: 1N4001 1개, 1N4148 3개
- 저항: 330Ω 1개, 470Ω 1개, 1K 1개, 2.2K 1개, 10K 6개, 1M 1개
- 커패시터: 0.01μF 1개, 0.1μF 1개, 0.33μF 1개, 10μF 2개
- 텍타일 스위치 8개

- 선택: 컴퓨터를 열어 구멍을 4개 내고 구멍 사이를 잘라서 키패드를 넣을 직사각형 공간을 만들 수 있는 도구(이 프로젝트를 끝까지 완성하려는 경우), 키패드를 넣을 공간을 만든 후 키패드를 컴퓨터 케이스에 고정할 작은 나사 4개

세 부분으로 구성되는 회로

전체 회로를 브레드보드에 나타낸 모습은 그림 4-107과 같지만 브레드보드를 만들기 전에 먼저 회로도부터 보자.

회로는 세 부분으로 나뉜다.

1. 전원과 아무 동작도 하지 않는 푸시버튼 3개.
2. 동작하는 푸시버튼과 논리.
3. 출력.

그림 4-103의 회로도는 1번 부분을 보여준다. 간단하기 그지없다. 버튼 A를 누르면 9VDC의 전압이 전압조정기로 공급되고 전압조정기는 5VDC를 왼쪽의 버스로 보낸다. 그와 동시에 9VDC의 전압이 오른쪽에 있는 분홍색 전선을 타고 내려가는데 이에 대해서는 조금 있다가 설명하자.

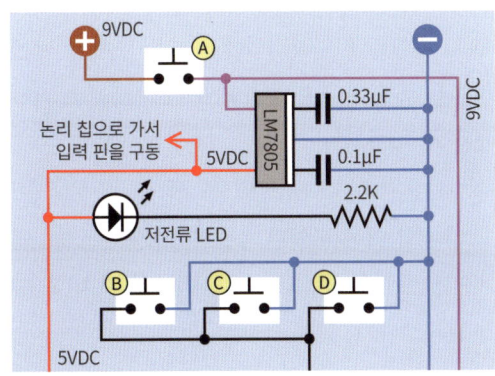

그림 4-103 회로의 윗부분.

이 외에도 버튼 B, C, D가 있으나 이들은 모두 접지되어 있다.

이제 그림 4-104를 보자. 논리 기호를 사용한 회로의 중앙을 볼 수 있다. 이 부분은 그림 4-103의 회로 위쪽에 위치하게 된다. 버튼 E와 H는 AND 게이트에 정전압을 공급한다. AND 게이트의 왼쪽 입력은 보통 10K 풀다운 저항으로 낮은 전압 상태를 유지한다. 각 게이트의 출력은 다음 게이트의 입력이 된다.

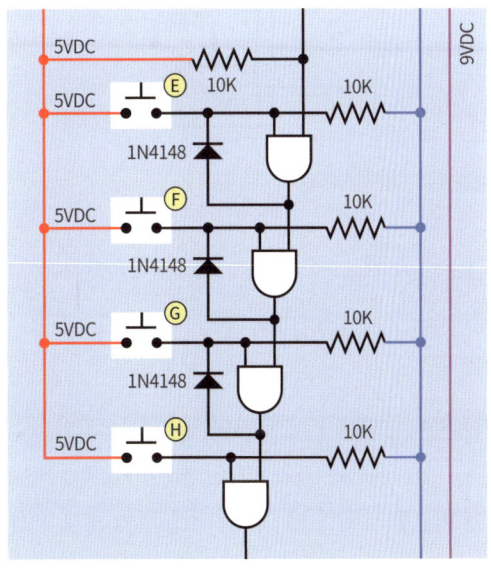

그림 4-104 논리 기호를 사용해서 나타낸 회로의 중간 부분.

마지막으로 그림 4-105는 회로의 아랫부분을 보여준다. 여기에서 마지막 AND 게이트에서 나온 출력이 트랜지스터를 활성화해서 555 타이머를 작동시킨다. 타이머는 릴레이를 제어하며 릴레이는 컴퓨터(또는 단순한 켜짐-꺼짐 버튼을 사용하는 다른 장치)를 잠그고 여는 데 사용된다.

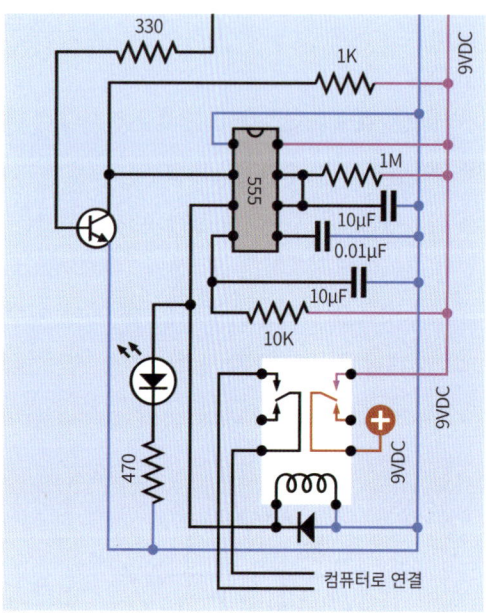

그림 4-105 회로의 아랫부분.

어떻게 동작하나

이 회로는 버튼 A를 누르고 있어야 회로가 활성화되며 버튼 A를 누른 상태에서 푸시버튼을 비밀 코드 순서대로 눌러야 작동하도록 고안되었다. 이렇게 만든 데는 2가지 목적이 있다. 하나는 회로를 사용할 때 전력이 소모되지 않도록 하기 위해서이고 다른 하나는 실수로 켜진 상태로 두지 않도록 하기 위해서다.

비밀 번호 순서는 버튼 A를 누른 상태에서 버튼 E, F, G, H를 순서대로 누르도록 되어 있다. 물론 실제로 회로를 설치한다면 버튼의 위치를 뒤바꿔놓을 수 있다. 나는 브레드보드에 간단히 나타낼 목적으로 이렇게 배치했다.

버튼 A를 누른 상태에서 회로를 열기 위한 비밀 코드 순서의 첫 번째로 버튼 E를 눌렀다고 생각해보자. 그림 4-104에서 버튼 E가 첫 번째 AND 게이트의 왼쪽 입력에 5V를 직접 전달하는 것을 알 수 있다. 이렇게 하면 풀다운 저항을 무시할 수 있게 되기 때문에 왼쪽 입력이 정전압이 된다.

AND 게이트의 오른쪽 입력은 10K 저항을 통해 정전압으로 유지된다. 그러므로 지금 AND 게이트의 두 입력이 모두 정전압 상태이며 따라서 출력이 부전압에서 정전압으로 바뀐다.

출력으로 나온 전류는 다이오드를 통과해서 왼쪽의 입력으로 다시 들어온다. 따라서 버튼 E에서 손을 떼도 AND 게이트의 출력은 왼쪽의 입력을 정전압 상태로 유지시킨다. 게이트는 실험 15에서의 릴레이처럼 그 상태가 자체적으로 잠겨서 유지된다. 이것이 가능한 이유는 입력 전압이 다소 줄어드는 것과 관계없이 출력 전압을 유지시켜주는 자체 전원(이 회로에는 나타나 있지 않다)이 있기 때문이다.

첫 번째 AND 게이트에서 나온 정전압 출력은 두 번째 AND 게이트의 오른쪽 입력과도 연결된다. 두 번째 AND 게이트의 오른쪽 입력이 정전압이기 때문에 버튼을 눌러서 왼쪽 입력을 끌어올리면 두 번째 AND 게이트의 출력은 정전압이 된다. 첫 번째 AND 게이트의 정전압이 두 번째 AND 게이트에 입력되어야 하기 때문에 두 번째 버튼을 처음에 눌렀다면 작동하지 않았을 거라는 점에 주의하자.

- 각각의 버튼은 일단 누르면 그 옆의 AND 게이트가 그 상태로 잠기기 때문에 더 이상 버튼을 누르고 있지 않아도 된다.

- 버튼은 순서대로 눌러야 한다. 4개의 버튼을 순서대로 누르지 않으면 아무 일도 일어나지 않는다.
- 버튼 A는 전체 과정 동안 계속 누르고 있어야 한다.

이제 버튼 B, C, D를 보자. 회로를 열기 위해 코드를 입력하는 도중에 이 버튼을 누르면 어떤 일이 생길까? 이 버튼은 어느 것을 누르더라도 첫 번째 AND 게이트의 오른쪽으로 입력되는 전압을 떨어뜨린다. 게이트가 코드를 눌러서 잠긴 상태라면 잠긴 상태가 풀린다. 이뿐 아니라 첫 번째 AND 게이트에서 부전압이 출력되어서 두 번째 AND 게이트도 잠긴 상태가 풀리고, 두 번째 AND 게이트에서도 부전압이 출력되어 세 번째 AND 게이트도 잠긴 상태가 풀린다.

즉, B, C, D 버튼을 누르면 회로 전체가 초기화된다. 나는 이 버튼을 추가해서 비밀 번호를 맞추기 어렵도록 만들고 싶었다. 그러니 당연하겠지만 이 시스템을 설치했을 때 버튼은 모두 같아 보여야 한다.

2개 이상의 버튼?

누군가가 계속 누르고 있는 버튼 A 외에 2개 이상의 버튼을 동시에 누른다면 어떤 일이 생길까? 결과는 예측하기 힘들다. 버튼 E, F, G, H를 모두 함께 누르면 릴레이가 활성화된다. 단, 버튼 B, C, D 중 하나도 함께 눌렀다면 아무 일도 일어나지 않는다. 동시에 버튼을 누르는 경우를 이 회로에서는 오류로 간주할 수 있지만 누군가 버튼 A, E, F, G, H를 모두 누르면서 그와 동시에 버튼 B, C, D를 누르지 않을 확률은 낮다. 이러한 위험을 더 낮추려면 버튼 B, C, D와 직렬로 '초기화' 버튼을 더 많이 만들어주면 된다.

릴레이 활성화시키기

정확한 순서로 버튼을 눌렀다고 가정해보자. 마지막 AND 게이트가 약 5V의 전압을 트랜지스터의 베이스에 걸면(그림 4-105) 트랜지스터가 켜지면서 전류가 흐르기 시작한다. 전류가 흐르면 555 타이머의 2번 핀과 접지 사이의 저항값이 줄어들어서 2번 핀에 걸리는 전압이 줄어들고 타이머가 활성화된다.

타이머는 오른쪽의 분홍색 전선을 타고 내려온 9V의 전압으로 구동된다. 타이머의 출력은 릴레이를 활성화시키기에 충분하다. 이제 릴레이가 어떤 일을 하는지 살펴보자. 릴레이의 오른쪽 접점은 9V 버스에 대신 전원을 공급한다. 555 타이머에서 계속해서 펄스가 출력되면 릴레이의 접점이 닫힌 상태로 유지된다. 릴레이가 닫혀 있으면 릴레이는 회로에 전원을 공급한다. 당연히 타이머도 포함된다. 그렇다. 타이머는 릴레이에 전원을 공급하고 릴레이는 타이머에 전원을 공급하게 되는 것이다.

이제 버튼 A에서 손을 떼더라도 타이머로부터 펄스가 출력되는 동안에는 릴레이가 잠긴 상태로 유지된다. 펄스는 약 30초 후에 종료되면서 릴레이로 가는 전원을 차단하고 그로 인해 릴레이의 접점이 열린다. 그 결과 타이머가 꺼지고 나머지 회로 역시 꺼진다. 회로는 이제 전력을 전혀 소모하지 않는다.

릴레이의 왼쪽 접점들은 컴퓨터의 '켜짐' 버튼에 전원을 공급하도록 되어 있다. 그러니 타이머가 릴레이에 전원을 공급하는 짧은 시간 동안 컴퓨터를 켤 수 있다. 그 외의 시간에는 '켜짐' 버튼이 작동하지 않는다.

논리 칩

이제 그림 4-106을 보자. 이 부분은 회로의 중앙에 자리하게 되며 2입력 AND 게이트를 4개 포함하는 74HC08 논리 칩을 사용해 다시 그린 것이다. 그림 4-106의 회로도는 그림 4-104의 논리도와 기능이 완전히 같다. 둘을 비교해서 기능이 얼마나 같은지 확인해볼 수 있다. 큰 차이가 있다면 회로도를 보면 부품을 실제로 설치하는 방법을 알 수 있다는 것이다. 그러나 회로도가 이해하기는 훨씬 더 어려울 수 있다. 논리도 역시 나름의 쓰임새가 있다.

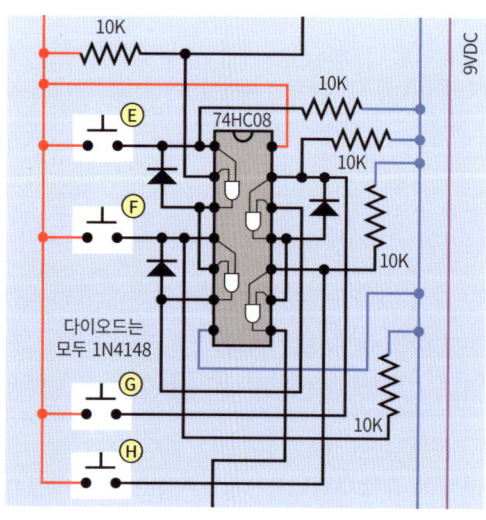

그림 4-106 실제 부품을 보여주는 회로의 중간 부분.

직접 만들어볼 시간이다!

그림 4-107은 모든 부품을 브레드보드에 설치한 모습을 보여준다. 이 프로젝트에서는 단계별로 회로를 점검할 수 없다. 전체를 모두 만들어야 한다. 부품값은 그림 4-108에 나타냈다.

설치하기

주의해서 이 회로의 두 전압을 서로 분리해둔다. 5VDC 전압은 릴레이를 구동하기에 모자라지만 9VDC 전압은 논리 칩을 태워버린다. 브레드보드의 왼쪽 버스는 5VDC 전원용이다. 전환되지 않은 9VDC 전압은 그림 4-107의 왼쪽에 있는 갈색 전선을 통해 릴레이에 공급된다. 오른쪽의 분홍색 전선들은 버튼 A나 릴레이의 오른쪽 접점에 의해 전환된 9VDC 전압을 전달한다.

- 갈색 전선은 전지나 AC 어댑터에서 나오는 전환되지 않은 9VDC 공급 전압이다.
- 분홍색 전선은 릴레이나 버튼 A에 의해 전환된 9VDC 공급 전압이다.
- 빨간색은 전압조정기에서 전달되는 5VDC다.

회로를 완성하고 9VDC 전원을 인가한 뒤 버튼 A를 누르면 빨간색 LED에 불이 들어오지만 그 외에는 아무 일도 일어나지 않는다.

버튼 A를 계속 누른 상태에서 버튼 E, F, G, H를 위에서부터 순서대로 눌렀다 떼자. 순서대로 모두 누르면 초록색 LED가 켜져서 릴레이가 닫혔으며 성공적으로 회로의 잠김이 풀렸음을 알려준다.

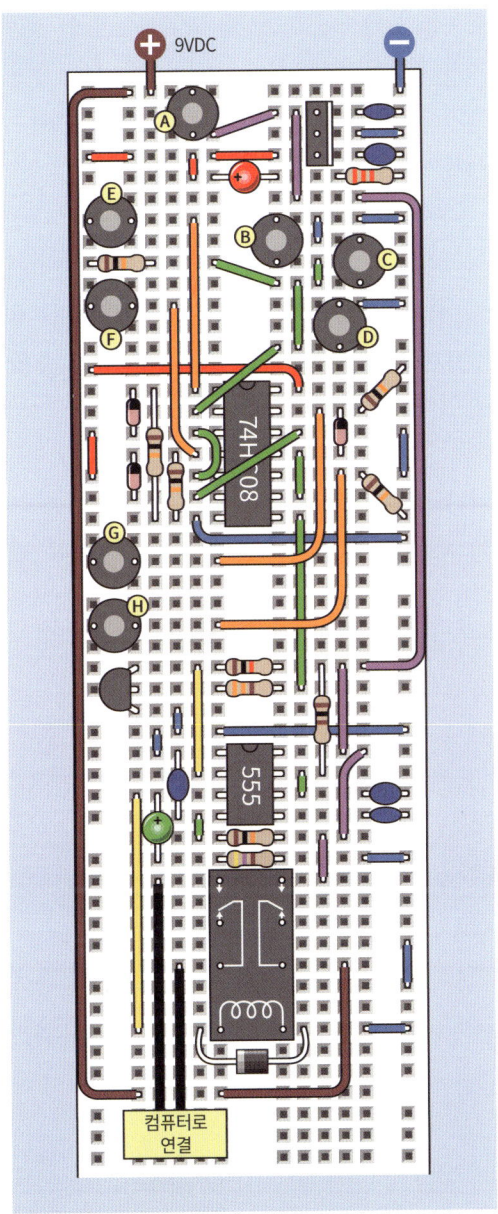

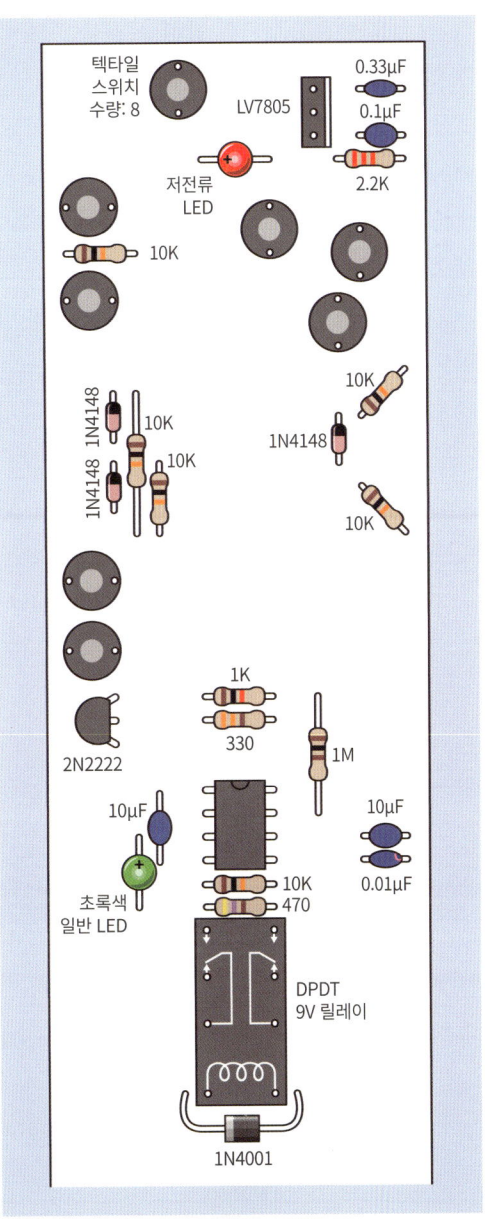

그림 4-107 전자 자물쇠의 회로를 브레드보드에 완성한 모습.

그림 4-108 브레드보드 배열의 부품값.

이제 A 버튼에서 손을 떼도 LED는 약 30초간 유지되다가 자동적으로 꺼질 것이다. 이 회로를 컴퓨터에 설치했다면 이 30초의 시간 동안 컴퓨터를 켤 수 있다.

회로가 자동적으로 꺼진 후에는 전력을 전혀 소모하지 않는다. 이 회로는 9V 전지로 구동시

실험 21: 강력한 자물쇠   253

킬 수 있으며 전지는 거의 반영구적으로 사용할 수 있다.

전원 버튼을 다시 누르고 이번에는 다른 순서대로 버튼을 눌러보자. 또한 버튼 B, C, D 중 몇 개를 포함시켜서 누르면 초록색 LED가 켜지지 않으며 릴레이가 활성화되지 않는다.

완성된 회로를 설치한다고 생각해보자. 비밀번호를 파악하기 위해서는 다음과 같은 사실을 알아야 한다.

- 올바른 순서대로 입력하는 동안 버튼 A를 계속 누르고 있어야 한다.
- 잘못된 번호를 누르면 처음부터 다시 시작한다.
- 버튼 E, F, G, H를 순서대로 눌러야만 활성화된다.

이 정도면 아주 안전해 보인다. 적어도 내 눈에는 그렇다. 그렇지만 보안을 강화하고 싶다면 버튼을 더 추가하기만 하면 된다!

점검

계측기를 연결 점검 모드로 설정하고 그림 4-105에서 릴레이의 왼쪽 출력인 '컴퓨터로 연결'이라고 표시된 곳에 탐침을 갖다 대보자(악어 클립이 연결된 테스트 리드 사용). 이 두 전선은 아무 전압도 전달하지 않기 때문에 릴레이의 접점이 닫혀 있는지를 검증하려면 계측기를 연결 점검 모드로 설정해야 한다.

버튼을 올바른 순서대로 누르면 계측기가 삑 하는 소리를 낸다. 이제 버튼 A를 열더라도 555 타이머가 릴레이에 전원을 공급하는 동안 계측기가 계속해서 삑 하는 소리를 낸다. 타이머 주기가 끝나는 시점에서 릴레이가 열리면 계측기에서 나는 소리도 멈춘다.

계측기를 전류 측정 모드로 다시 설정하고 전지의 양극과 브레드보드의 9VDC 전원 입력 지점 사이에 위치시키자. 계측기를 보면 A 버튼을 누르기 전에는 전력 소모가 전혀 없다는 것을 알 수 있다.

다이오드 처리하기

이 회로에는 2가지 유형의 잠금 기능이 있다. 릴레이를 잠그는 시스템은 일반적이지는 않지만 회로를 사용하지 않을 때 전류가 소모되지 않도록 하는 요건을 만족시킬 수 있다. AND 게이트가 자체적으로 잠기는 시스템은 또 다른 문제다.

네 번째 AND 게이트는 잠글 필요가 없다. 타이머를 동작시키는 데 짧은 펄스(버튼 H로부터 받음) 하나면 충분하기 때문이다. 그러나 첫 번째 AND 게이트 3개는 반드시 잠가서 버튼 E와 F, G가 열린 후에도 출력을 정전압으로 유지해야 한다. 다이오드를 사용하면 게이트에서 출력된 전류를 다시 입력으로 돌려보내는 식으로 이 문제를 해결할 수 있다.

그런데 여기에 다른 문제는 없을까? 다이오드가 0.7V의 전압을 가져간다는 사실을 잊어서는 안 된다. 그와 동시에 논리 게이트에서는 정전압 상태와 부전압 상태가 분명히 구분되어야 한다는 사실도 기억하자. 전압을 주의 깊게 확인하지 않고 다이오드를 논리회로 여기저기에 마구잡이로 사용하면 정전압 상태여야 하는 입력을 인식하지 못하는 논리 게이트가 생길 수 있다. 이는 실험 15에서도 똑같이 고민했던 문제다. 실험 15에서는 다이오드 뒤에 위치한 트랜지스터로 인해 전압이 낮아지면 릴레이를 활성화하지 못하는 경우가 생길 수 있었다.

의심스러울 때는 계측기로 전압을 점검하고 그림 4-102에 표시한 입력 사양을 다시 확인하자.

이번 실험의 자물쇠 회로에서 처음의 AND 게이트 3개가 각각 내보내는 출력은 하나의 다이오드를 통과해서 해당 게이트의 입력으로 다시 돌아오기 때문에 안정적으로 작동하지 않을 이유가 없다. 그래도 다이오드와 논리 칩을 섞어서 사용할 때 신중하게 주의를 기울여야 한다는 점만은 기억하자.

혹시 이런 의문이 들 수도 있다. 다이오드가 논리 게이트를 자체적으로 잠그는 데 사용하기에 올바른 방법이 아니라고 한다면 이상적인 방법은 '무엇'일까?

한 가지 방법은 각각의 다이오드를 전선으로 교체해서 신호를 게이트의 입력으로 돌려보내는 것일 수 있다. 그렇다면 대체 다이오드는 무슨 용도로 사용되는 것인가?

사실 다이오드에는 중요한 용도가 있다. 다이오드를 전선으로 대체하면 푸시버튼을 통해 가해지는 정전압이 전선을 지나 논리 게이트의 출력으로 갈 수도 있다.

- 전압을 게이트의 출력으로 보내는 것은 절대로 좋은 생각이 아니다.

사실 회로에서 논리 게이트를 잠그는 올바른 방법은 플립플롭을 사용하는 것이다. 앞에서 쌍안정 방식으로 연결된 555 타이머를 플립플롭으로 쓴 것은 당시에 이미 타이머 여러 개로 작업을 하고 있었고 이렇게 응용하는 방식을 보여주고 싶었기 때문이다. 그러나 이 회로에서 논리 게이트를 잠그는 기능만을 위해 555 타이머 4개를 추가하는 것은 타당하지 않을 것이다. 물론 원한다면 플립플롭이 몇 개 포함된 칩을 구매하거나 곧이어 살펴볼 실험 22에서처럼 NAND 게이트 2개 또는 NOR 게이트 2개를 조합해서 플립플롭을 만들 수도 있다.

그러나 이처럼 자물쇠 기능의 조그만 회로에는 칩 개수와 복잡함을 최소화하고 싶었다. 그런 면에서 다이오드는 이를 해결하는 가장 간단하고 쉬운 방법이었다.

질문

네 번째 AND 게이트에서 나오는 출력은 정전압 펄스 하나다. 그런데 왜 이 출력으로 릴레이를 직접 활성화하지 않고 타이머를 사용했을까?

한 가지 이유는 릴레이가 처음에 잠깐 최대 20mA를 넘는 전류를 끌어가는데 AND 게이트로는 이 전류를 공급할 수 없기 때문이다. 물론 타이머를 사용해서 펄스 폭을 고정하고 싶다는 생각도 있었다.

그건 그렇다고 하자. 그렇지만 회로에 트랜지스터는 왜 추가했을까? AND 게이트는 양전압을 출력하고 타이머는 활성화 핀에 음극 상태로 전환해주어야 하기 때문이다. 트랜지스터는 양극 전압 상태를 음극 전압 상태로 전환하는 방법을 제공한다. NOT 게이트(인버터)를 추가해도 동일한 결과를 얻을 수 있지만 그럴 경우 칩 개수가 늘어난다.

그렇다면 이 경우 AND 게이트 대신 NAND 게이트를 쓰는 게 낫지 않았을까? NAND 게이트는 평상시 정전압을 출력하며 입력이 모두 정전압으로 들어올 때 부전압을 출력한다. 이는 555 타이머에서 원하는 것과 정확히 일치하는 것처럼 보인다. 따라서 NAND 게이트를 쓰면 트랜지스터를 생략할 수도 있었을 것이다.

이것은 사실이다. 그렇지만 그 경우 그 앞에 위치한 AND 게이트의 양전압 출력이 다시 입력으로 돌아가 그 상태를 유지해야 한다. 따라서 결국 처음의 푸시버튼 3개에는 반드시 AND 게이트를 유지해야 한다는 결론에 다다른다. 마지막 AND 게이트 하나만 NAND 게이트로 대체해서 타이머에 적합한 출력을 내보낼 수 있다. 이를 위해서는 74HC08 칩을 사용하는 동시에 NAND 게이트 하나를 사용하기 위해 74HC00 칩을 추가해야 한다. 그러나 그보다는 트랜지스터를 사용하는 편이 더 쉽고 공간도 적게 차지한다.

이번에는 다른 질문을 해보자. 어째서 회로에 LED 2개를 포함시켰을까? 그 이유는 컴퓨터의 잠금을 풀기 위해 버튼을 눌렀을 때 어떤 일이 일어나는지 알아야 하기 때문이다. 전원 LED는 전지가 다 닳지 않았음을 확인시켜준다. 릴레이 활성화 LED는 릴레이에서 나는 딸깍하는 소리를 들을 수 없는 경우에도 시스템의 잠김이 풀려 있음을 알려준다.

마지막으로 중요한 질문이 남았다. 시도해보기로 결정했다면 이 회로를 실제로 어떻게 컴퓨터에 설치할 수 있을까? 설명을 들으면 생각보다 훨씬 쉬울 것이다.

컴퓨터 인터페이스

먼저 자물쇠 회로를 제대로 연결했는지 확인하자. 하나의 배선 오류만으로도 회로가 단순히 스위치를 닫는 대신 왼쪽의 릴레이 접점을 통해 9VDC의 전압을 흘려보낼 수도 있다. 이것은 상당히 심각한 문제다!

확실히 하기 위해서 계측기를 DC 전압 측정 모드로 설정하고 텍타일 스위치를 올바른 순서대로 입력한다. 초록색 LED가 켜졌는데도 계측기에 전압이 측정되지 않는다면 이것은 좋은 징조다. 그 외의 경우는 어딘가에 배선 오류가 있다는 뜻이다.

자, 이제 평상시 컴퓨터의 스위치를 켤 때 컴퓨터가 어떻게 동작하는지 생각해보자.

구형 컴퓨터는 뒷면에 커다란 스위치가 있고 스위치는 컴퓨터 내부에서 가정용 교류를 컴퓨터에 필요한 정류 DC 전압으로 변환해주는 무거운 금속 상자에 연결되어 있었다. 대부분의 최신 컴퓨터는 이런 식으로 설계되어 있지 않다. 컴퓨터를 콘센트에 꽂고 정면의 작은 버튼을 누르거나(맥이 아닌 경우) 키보드를 누르면 된다(맥인 경우). 버튼은 내부 전선을 통해 마더보드에 연결되어 있다.

이런 방식은 고전압을 신경 쓰지 않아도 되기 때문에 우리의 관점에서는 이상적이다. 컴퓨터 내부의 환풍기가 부착된 금속 박스는 열 생각조차 하지 않는 게 좋다. 그 안에는 컴퓨터 전원 공급 장치가 들어 있다. 그냥 '전원 연결' 버튼을 마더보드와 연결하는 전선만 찾자. 대부분은 이 전선에 도선이 2개 들어 있지만 리본 케이블을 사용하는 컴퓨터도 있다. 중요한 것은 푸시버튼의 접점을 찾는 것이다. 여기에 우리가 원하는 도선이 붙어 있다.

먼저 '컴퓨터의 전원 코드가 콘센트에서 빠져 있는지 확인하고' 자신을 접지시킨 후에(컴퓨터에는 정전기에 민감한 CMOS 칩이 들어 있다) 아주 조심해서 푸시버튼에 연결된 도선 2개 중에서 하나를 잘라낸다. 이제 컴퓨터의 전원 코드를 콘센트에 꽂고 '전원 연결' 버튼을 눌러보자. 아무 일도 일어나지 않는다면 아마도 전선을 제대로 자른 것이다. 사실 전선을 제대로 자른 게 아니라고 해도 어차피 컴퓨터가 부팅되지 않았고, 원하는 바를 이룬 것이니 이 전선을 사용하면 된다.

우리가 전선에 전압을 걸지 않을 것이라는 점을 기억하자. 우리는 그냥 릴레이를 스위치처럼 사용해서 잘라낸 도선을 다시 연결할 뿐이다. 냉정하고 침착한 태도를 유지하면서 모든 것을 시작하는 전선 하나만 찾는다면 아무런 문제도 없을 것이다. 문제가 발생할까 심히 걱정된다면 인터넷에서 컴퓨터 관리 매뉴얼을 검색해보자.

원하던 전선을 찾아서 둘 중 하나의 도선을 잘라냈다면 다음 단계를 위해 다시 컴퓨터의 전원 코드를 뽑아둔다.

이제 전선이 마더보드에 연결된 부분을 찾는다. 여기에는 보통 플러그를 꽂았다 뺐다 할 수 있는 작은 커넥터가 있다. 먼저 나중에 다시 제대로 꽂을 수 있도록 플러그가 꽂혀 있는 모양을 확인하자. 가급적이면 사진을 찍어두는 편이 좋다. 그런 뒤 다음의 몇 단계 동안 플러그를 빼둔다.

잘라낸 전선의 끝에서 피복을 벗겨내고 그림 4-109처럼 도선이 2개인 전선을 추가로 연결한다. 이때 납땜 부위를 보호하기 위해 열 수축 튜브를 사용한다(열 수축 튜브는 매우 중요하다!).

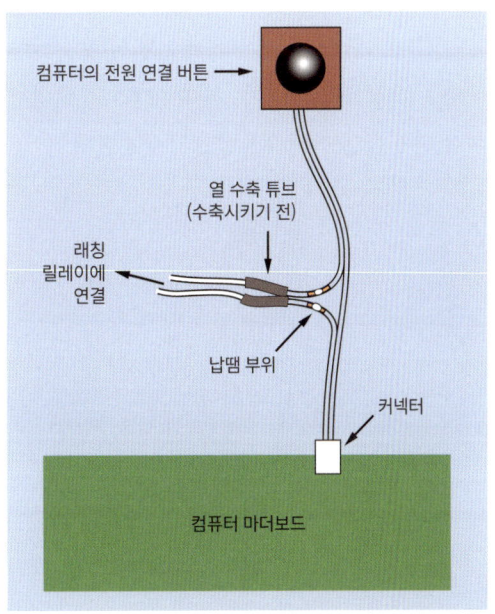

그림 4-109 자물쇠 프로젝트에서 만든 회로는 일반 컴퓨터의 '전원 연결' 버튼에서 나온 도선 하나를 잘라서 연장선과 납땜하고 열 수축 튜브로 접합 부위를 감싸는 방식으로 컴퓨터와 연결할 수 있다.

잠금을 풀고 릴레이에 전원을 인가했을 때 릴레이 내부에서 닫히는 한 쌍의 접점과 새로 연결한 전선이 연결되는지 확인한다. 잠갔다고 생각했을 때 컴퓨터의 잠금을 풀거나 풀었다고 생각했을 때 잠그는 실수는 하고 싶지 않을 것이다.

이제 마더보드에서 연결을 끊어두었던 커넥터를 다시 연결하고 컴퓨터의 '시작' 버튼을 누르자. 아무 일도 일어나지 않는다면 좋은 징조다! 키패드에 비밀번호를 입력하고(이때 건전지 전원을 공급하기 위해 회로의 전원 버튼을 계속 누르고 있어야 한다) 초록색 LED에 불이 들어오는지 확인하자. 그다음 다시 '시작' 버튼을 누르면 모든 것이 제대로 작동할 것이다. 단, 시작 버튼은 회로에서 허락한 30초 안에 눌러야 한다.

회로를 테스트했다면 남은 작업은 설치뿐이다. 컴퓨터 케이스를 본체에서 완전히 분리해야 한다는 사실을 기억하자. 특히 그림 4-110에서처럼 뭔가 할 생각이라면 반드시 분리한다.

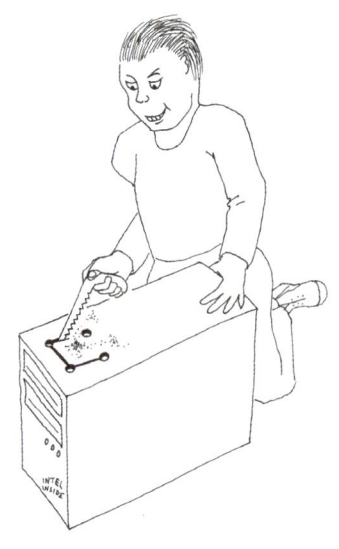

그림 4-110 키패드를 설치하는 방법(반드시 권장하지는 않는다).

개선점

프로젝트를 마무리할 때는 언제나 아쉬운 점들이 생긴다.

키패드 사용하기 이 책의 이전 판에서는 자물쇠 실험에 숫자 키패드를 사용했다. 어떤 독자들은 키패드가 너무 비싸다고 생각했고, 또 어떤 독자들은 적당한 키패드를 찾기가 너무 어렵다고 했다. 그래서 이번에는 그냥 텍타일 스위치를 사용하기로 했다. 브레드보드에 설치하기도 쉽고 회로를 이후에 계속 사용할 수 있는 형태로 만들고 싶다면 금속이나 플라스틱 사각형 위에 푸시버튼 8개를 올리기만 하면 된다. 그러나 키패드는 '매트릭스 코드화(matrix encoded) 방식의 키패드만 아니라면' 사용을 고려할 필요가 있다. 매트릭스 코드화 방식의 키패드는 사실 마이크로컨트롤러와 사용하도록 고안되었다. 우리가 원하는 유형은 핀이 버튼 개수보다 하나만 더 있는 형태다.

릴레이에 전원 인가하기 555 타이머의 출력 전압이 릴레이를 안정적으로 작동시키기에 충분한지 궁금할 수 있다. 이는 실험 15에서도 언급했던 문제로 당시에는 트랜지스터와 다이오드를 조합하는 방식으로는 릴레이에 전원을 인가하지 않기로 결정했다. 문제는 555 타이머에서 출력되는 전압이 출력에 걸린 부하의 크기에 따라 달라진다는 점이다. 이 때문에 이번 실험에서는 아주 민감한 릴레이를 사용할 것을 권장했다. 이런 유형의 릴레이는 보통 표준 유형이 필요로 하는 전류의 1/3만 소모하기 때문에 이번 실험에 사용하기에 충분하다고 생각했다. 이 책의 모든 실험에서 한 유형의 릴레이만 사용하고 싶었다는 점은 알아주었으면 한다. 그러나 회로를 실제로 설치할 계획이고 9V 전지가 상당히 닳은 상태에서도 언제나 확실하게 동작하도록 만들고 싶다면 6VDC 릴레이로 교체할 수도 있다. 정말 그래도 될까? 타이머의 출력으로 인해 릴레이에 과부하가 걸리지는 않을까? 반드시 그렇지는 않다. 일부 릴레이는 과전압을 견디도록 설계되었다. 예를 들어 오므론의 G5V-2-H1-DC6 6V 릴레이의 경우 데이터시트를 보면 최대 허용 전압이 정격 전압의 180%다. 언제나 그렇듯이 회로를 완전히 테스트해 선택 사항을 고민해보고 데이터시트를 읽어보기를 추천한다.

컴퓨터 보호하기 이번 프로젝트의 보안성을 한층 강화하기 위해서는 컴퓨터 케이스를 고정하는 일반 나사를 모두 제거하고 쉽게 제거할 수 없는 나사로 교체할 수 있다. 그러려면 당연하겠지만 그런 나사에 맞는 특수 도구가 있어야 설치(또는 어떤 이유로든 보안 시스템에 문제가 발생하는 경우 제거)할 수 있다.

코드 업데이트 보안성을 강화하는 또 다른 방법으로 필요한 경우 비밀번호를 변경할 수 있다. 회로를 납땜했다면 변경이 어려울 수 있지만 '헤더 핀(header)'이라는 소형 플러그와 소켓을 사용하면 전선을 바꿔 끼울 수 있다.

파괴적인 보안 편집증 증상이 있는 사람이라면 비밀번호를 잘못 입력했을 때 두 번째 고전류 릴레이에서 엄청난 과부하를 출력시키도록 해서 CPU를 녹이고 하드디스크로 많은 펄스를 보낼 수도 있다. 반도체 드라이브라면 5VDC 입력보다 높은 전압을 가하는 '자살 릴레이' 설치를 고려해볼 수도 있다. 물론 나라면 이렇게 하지 않을 것이다. 그건 믿어도 된다. 그러나 하드웨어를 엉망으로 만드는 것은 소프트웨어를 이용해서 데이터를 지우는 것에 비하면 엄청난 장점이 있다. 빠르고 정지시키기 어렵고 영구적인 손상을 가하기 쉽다. 그러니 레코드 협회 조사관이 집으로 찾아와 불법 파일 공유를 조사하도록 컴퓨터를 켜보라고 요청하면 틀린 비밀번호를 알려주고 앉아서 전선 피복이 타는 매캐한 냄새가 나기를 기다리자. 그러지 않고 핵을 사용하는 쪽을 택한다면 감마선이 터져 나올 때를 기다리면 된다(그림 4-111 참조).

그림 4-111 편집증 증상이 있는 사람이라면 비밀번호의 조합으로 시스템이 녹아버리거나 자동 폭파되도록 만들어서 데이터 탈취나 파일 공유를 조사하는 레코드 협회 조사관의 거슬리는 질문으로부터 컴퓨터를 보호하는 강력한 보안 기능을 갖출 수 있다.

좀 더 현실적인 차원에서 본다면 보안이 완벽한 시스템은 없다. 하드웨어 잠금장치의 가치라는 것은 누군가가 그 장치를 무효화시켰을 때(예를 들어 쉽게 제거할 수 없는 나사를 푸는 방법을 알아내거나, 아니면 단순히 금속 절단기로 컴퓨터 케이스의 키패드를 잘라낼 때) 적어도 어떤 일이 일어났다는 사실은 알 수 있다는 것이다. 거기다 나사에 페인트를 약간 발라두면 누군가 나사를 건드렸는지 여부도 알 수 있다. 그에 반해, 패스워드로 보호되는 소프트웨어를 사용할 경우 누군가 보안망을 뚫어도 시스템이 위험에 처했다는 사실을 모를 수 있다.

실험 22: 자리 경쟁

다음 프로젝트에서는 디지털 논리를 사용해서 출력이 다시 입력으로 돌아가 영향을 미치는 피드백이라는 개념을 살펴볼 것이다. 이번에는 피드백 차단하기다. 프로젝트 자체는 작지만 조금 까다로우며, 개념은 익혀두면 나중에 아주 유용하게 활용할 수 있다.

실험 준비물

- 브레드보드, 연결용 전선, 니퍼, 와이어 스트리퍼, 계측기
- 9VDC 전원(전지 또는 AC 어댑터)
- 74HC32 논리 칩 1개
- 555 타이머 2개
- SPDT 슬라이드 스위치 2개
- 텍타일 스위치 2개
- 저항: 220Ω 1개, 2.2K 1개, 10K 3개
- 커패시터: 0.01µF 2개, 0.1µF 1개, 0.33µF 1개
- LM7805 전압조정기 1개
- 일반 LED 2개
- 저전류 LED 1개

목표

〈제퍼디!〉[21] 같은 퀴즈쇼에서 참가자는 각각의 문제에 답을 맞히기 위해 경쟁한다. 정답 버튼을 먼저 누른 사람이 자동적으로 다른 참가자들의 버튼을 잠가서 꺼짐 상태로 만든다. 회로가 이 같은 일을 하도록 만들려면 어떻게 해야 할까?

인터넷에서 검색해보면 전자 분야의 취미를 가진 사람들이 비슷한 회로를 사이트에 올려놓았지만 이들 회로에는 내가 원하는 기능이 빠져 있다. 여기에서는 그보다 더 간단하면서도 정교한 방법을 사용하려고 한다. 칩을 적게 쓰기 때문에 더 간단하지만 좀 더 현실적으로 만들기 위해 퀴즈 진행자가 퀴즈쇼를 통제하는 기능을 포함하고 있어서 조금 더 정교하다. 먼저 참가자가 2명일 때를 가정한 초기 버전부터 살펴보자. 그 뒤에 이 아이디어를 발전시켜서 참가자 수를 4명 이상으로 확장하는 법을 보여줄 것이다.

---

[21] 〈Jeopardy!〉 미국의 유명한 텔레비전 퀴즈쇼.

사고 실험

이런 종류의 프로젝트에서 최초의 아이디어를 어떻게 발전시켜 나가는지 알려주겠다. 회로 구성 단계를 하나하나 따라가면서 이를 바탕으로 여러분이 나중에 자신만의 생각을 발전시켜 나갈 수 있기를 바란다. 이런 과정이 다른 사람의 작업을 단순히 모방하는 것보다 훨씬 더 가치 있는 일일 것이다.

우선 기본적인 개념부터 생각해보자. 2명의 참가자가 각각 버튼을 하나씩 가지고 있으며 한 사람이 버튼을 먼저 누르면 다른 참가자의 버튼이 잠긴다.

때때로 이런 종류의 문제는 그림을 그려보면 생각을 구체화하는 데 도움이 된다. 그러니 우선 그림을 그려보자. 그림 4-112에서 각 버튼에서 나오는 신호는 한 참가자가 버튼을 누르면 활성화되는 가상의 부품을 통과한다. 이 부품을 '버튼 차단기'라고 하자. 버튼 차단기가 어떤 일을 할지, 또 어떻게 작동할지는 정확히 모르지만 한 참가자가 먼저 버튼을 누르면 활성화되어서 다른 참가자의 버튼에서 나오는 신호를 차단한다.

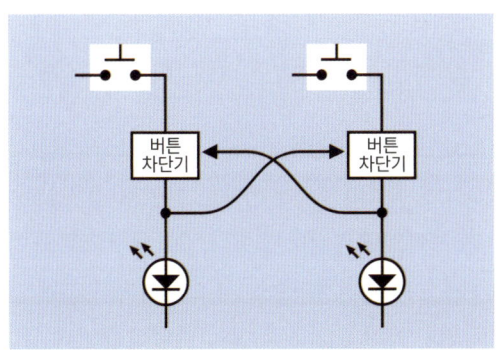

그림 4-112 기본 개념. 한 참가자가 먼저 버튼을 누르면 다른 참가자의 버튼이 차단된다.

그림을 살펴보니 문제가 무엇인지 알 것 같다. 참가자를 3명으로 확대하면 문제가 복잡해진다. 참가자가 3명일 때는 상대방 2명의 '버튼 차단기'를, 참가자가 4명이 되면 상대방 3명의 '버튼 차단기'를 활성화해야 하기 때문이다. 연결이 늘어날수록 통제하기가 점점 어려워진다. 그림 4-113은 이런 문제를 나타낸 것이다.

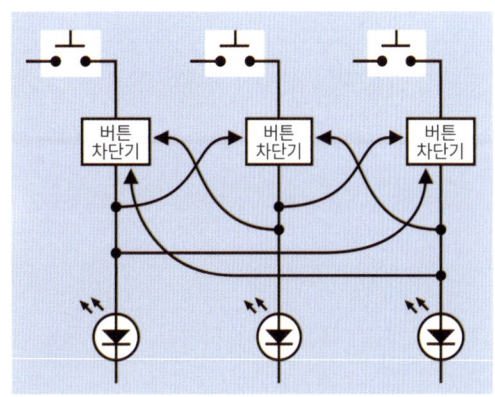

그림 4-113 참가자 수가 2명에서 3명으로 늘어나면 연결은 2배 이상 늘어난다.

이런 식으로 복잡한 문제를 마주하면 언제나 더 나은 방법이 있을 거라고 생각한다.

이 외에 다른 문제도 있다. 참가자가 버튼에서 손을 떼면 잠겨 있던 다른 참가자의 버튼이 풀리게 된다. 이걸 보고 떠오르는 생각은 실험 15, 19, 21에서처럼 플립플롭을 사용해야 한다는 것이다. 플립플롭은 래치라고도 한다. 플립플롭은 첫 번째 참가자의 버튼에서 나온 신호를 유지하면서 첫 번째 참가자가 버튼에서 손을 떼더라도 다른 참가자의 버튼을 계속해서 차단시켜야 한다.

이는 훨씬 더 복잡한 것처럼 들릴 수 있다. 그

렇지만 잠깐만 생각해보자. 가장 먼저 버튼을 누른 참가자의 버튼이 래치를 활성화시키면 래치가 그 참가자의 회로에 계속 전원을 공급하면서 그 참가자의 버튼이 눌리는지 여부는 상관하지 않는다. 다시 말해 래치가 '모든' 버튼을 차단하면 된다는 뜻이다. 이렇게 하면 모든 것이 훨씬 간단해진다. 이를 다음과 같이 단계별로 정리해 볼 수 있다.

- 한 참가자가 제일 먼저 버튼을 누른다.
- 버튼을 누른 참가자의 신호가 래칭된다.
- 래칭된 신호가 피드백되어서 모든 버튼의 입력을 차단한다.

그림 4-114는 이를 나타낸 것이다. 이제 모듈 단위로 구성했기 때문에 그냥 모듈만 새로 추가하면 더 복잡하지 않으면서도 참가자를 몇 명이고 늘릴 수 있다.

그런데 뭔가 중요한 게 빠졌다. 바로 초기화 버튼이다. 초기화 버튼은 참가자들이 버튼을 누르고 정답을 맞히고 나면 시스템을 처음의 모드로 다시 돌아가도록 해준다. 또한 퀴즈쇼 사회자가 문제를 다 읽기도 전에 참가자들이 성급하게 버튼을 누르지 못하도록 해야 한다. 이 기능은 퀴즈쇼 사회자가 제어할 수 있는 스위치 하나만 있으면 구현할 수 있을 듯하다.

그림 4-115를 보자. 퀴즈쇼 사회자의 스위치가 초기화 상태에 있으면 시스템을 초기화하고 모든 버튼의 전원을 차단할 수 있다. 동작 상태에 있다면 스위치는 초기화 상태가 중단되면서 버튼에 전원을 공급한다. 모든 것을 가급적 단순하게 나타내기 위해 다시 참가자가 2명인 상태일 때를 그렸지만, 이 개념은 쉽게 확장할 수 있다.

이제 논리도에서 논리 문제를 살펴봐야 한다. 내가 그린 그림에서는 모든 것이 하나로 합쳐져 있다. 신호의 방향을 나타내기 위해 화살표를 사용하기는 했지만 실제로 어떻게 신호가 잘못된 방향으로 가지 못하도록 막을 수 있을지는 모른다. 이 문제를 해결하지 않는다면 어느 참가자로부터 신호가 오더라도 양쪽 LED가 모두 켜질 것이다. 이런 일이 일어나지 않으려면 어떻게 해야 할까?

다이오드를 '위'로 향하는 전선에 연결해서 아래로 내려가는 전류를 차단할 수 있을 것이다. 그러나 이보다 좀 더 우아한 아이디어가 있다. OR 게이트를 추가하면 된다. OR 게이트로 들어가는 입력은 전기적으로 서로 분리되어 있기 때문이다. 그림 4-116은 이를 나타낸 모습이다.

기본 OR 게이트는 논리 입력을 2개만 가진

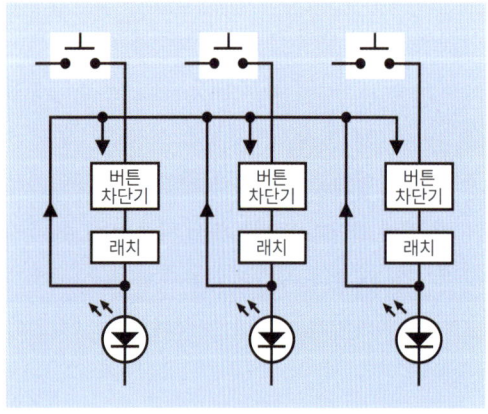

그림 4-114 어떤 래치가 활성화되더라도 모든 버튼의 신호를 차단한다.

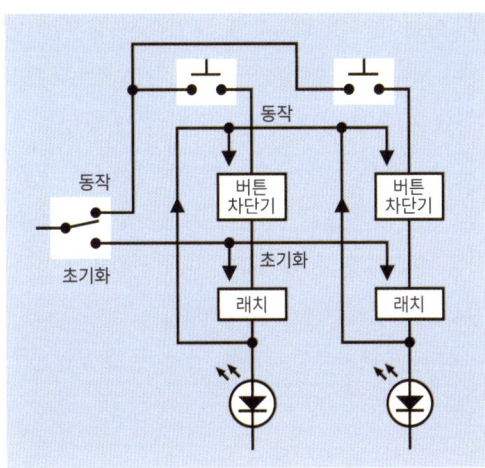

그림 4-115 퀴즈쇼 사회자의 제어 스위치가 추가되었다.

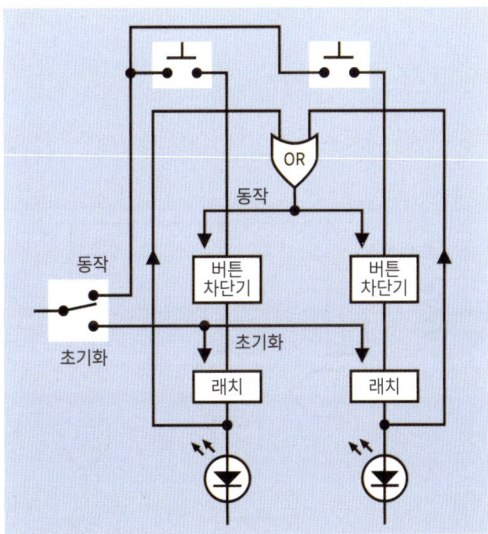

그림 4-116 OR 게이트를 추가해서 한 참가자의 회로를 다른 참가자의 회로와 절연시켰다.

다. 이것이 참가자를 추가하는 데 문제가 될까? 그렇지 않다. 입력이 3개, 4개, 심지어 8개인 OR 게이트를 살 수 있기 때문이다. 입력 중 하나라도 높은 전압 상태이면 출력도 높은 전압 상태가 된다. 게이트가 다룰 수 있는 입력의 수보다 참가자 수가 적으면 사용하지 않는 입력은 묶어서 접지시킨 후 무시한다.

이제 '버튼 차단기'라고 이름 붙인 장치가 실제로 어때야 하는지 아이디어를 조금 더 구체화해보자. 내 생각에 버튼 차단기는 논리 게이트여야 할 것 같다. 장치는 "버튼에서 들어오는 입력이 하나뿐이라면 그걸 내보낼게. 그렇지만 다른 입력이 추가로 들어오면 그건 내보내지 않을 거야." 하는 식으로 동작해야 한다.

그러나 게이트를 선택하기 전에 래치가 어때야 하는지부터 정해야 한다. 신호가 처음 들어오면 '켜지고', 그 뒤에 추가로 신호가 들어오면 '꺼지는' 유형의 플립플롭을 살 수도 있지만 플립플롭이 내장된 칩은 이러한 단순한 회로에 보통 필요한 것보다 많은 기능을 가지고 있다. 따라서 여기서는 다시 한 번 쌍안정 방식의 555 타이머를 사용할 생각이다. 쌍안정 555 타이머는 연결이 거의 필요하지 않고 아주 간단히 동작하며 LED를 밝히는 데 충분한 전류를 공급할 수 있다. 문제가 하나 있다면 쌍안정 555 타이머는 다음이 필요하다는 것이다.

- 정전압을 출력하기 위해 활성화 핀에 입력되는 부전압.
- 부전압을 출력하기 위해 초기화 핀에 입력되는 부전압.

좋다. 그렇다면 각 참가자의 버튼이 양극 펄스 대신 음극 펄스를 생성하도록 해야 한다. 이는 타이머의 요건에 들어맞는다.

마지막으로 그림 4-117은 단순화한 회로도의 모습이다. 555 타이머 핀의 정확한 위치를 보여주고 싶어서 전선의 교차를 최소화하도록 타이머 주변의 부품을 옮겨 나타냈지만 논리적인 면에서 기본 아이디어는 동일하다는 것을 알 수 있다.

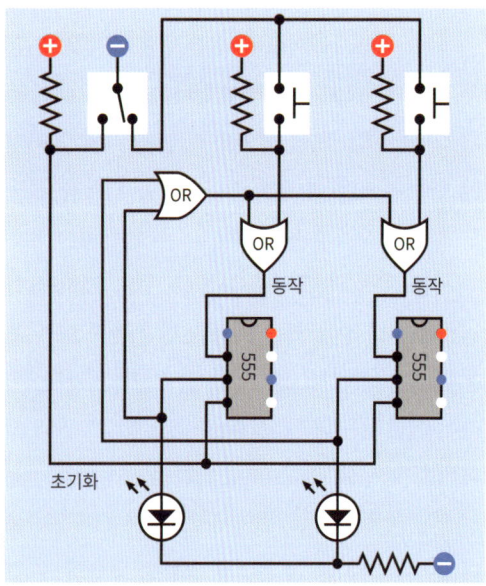

그림 4-117 초기 논리도. 타이머에서 파란색 핀은 낮은 전압 상태, 빨간색 핀은 높은 전압 상태를 나타내며 흰색 핀의 상태는 무시할 수 있다.

각 타이머 핀의 상태를 나타내줄 플러스 기호와 마이너스 기호를 추가할 공간이 충분치 않았기 때문에 높은 전압 상태의 핀은 빨간색 동그라미로, 낮은 전압 상태의 핀은 파란색 동그라미로 표시했다. 검은색 동그라미는 상태가 변화할 수 있는 핀을 나타낸 것이다. 흰색 동그라미는 상태가 중요하지 않은 핀을 나타내며 연결하지 않고 둘 수 있다.

실제로 회로를 만들기 전에 이론을 점검해보자. 이는 실수가 없었는지 확인하는 첫 번째 단계이다. 염두에 두어야 할 중요한 점은 555 타이머가 '높은 전압 상태'를 출력하기 위해 활성화 핀에 '낮은 출력 상태'를 입력해주어야 한다는 점이다. 이는 참가자 중 누군가가 버튼을 눌렀을 때 버튼이 회로를 통해 낮은 전압 상태의 '흐름'이 지속되도록 해야 한다는 뜻이다.

이는 직관적으로 이해하기가 조금 까다롭기 때문에 그림 4-118에서 4-121까지 동작 방식을 4단계로 나누어 설명했다.

1단계에서 퀴즈쇼 사회자의 스위치는 초기화 모드에 있다. 타이머의 초기화 핀에 걸리는 부전압으로 인해 양쪽 타이머에서 모두 부전압이 출력된다. 이들 출력은 LED를 꺼진 상태로 유지시키며 OR1 게이트로도 간다. OR1 게이트에는 부전

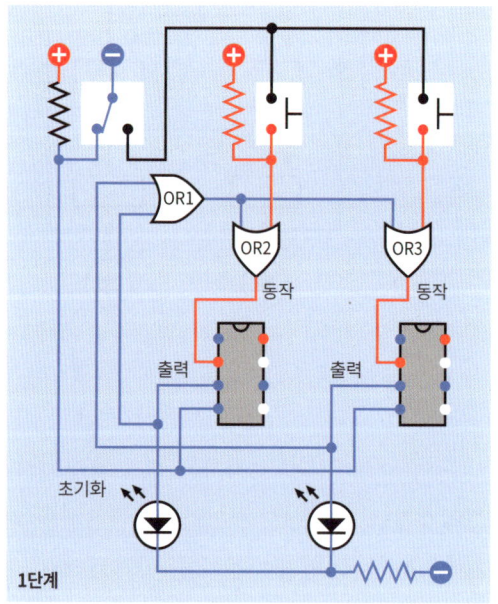

그림 4-118 구체화한 회로의 1단계. 초기화 모드.

압이 입력되기 때문에 OR1 게이트는 부전압을 출력하지만 OR2와 OR3 게이트는 이들 게이트 중 하나에 들어오는 입력이 버튼 옆에 위치한 풀업 저항으로 인해 정전압이 되기 때문에 OR1에서 입력되는 부전압을 무시한다. 기억할 것은 OR 게이트로 정전압이 하나라도 입력되면 정전압이 출력된다는 점이다. 쌍안정 방식 타이머의 활성화 핀에 정전압이 걸려 있으면 타이머는 활성화되지 않는다. 따라서 회로에는 아무 일도 벌어지지 않는다.

2단계에서 퀴즈쇼 진행자는 질문을 하고 스위치를 오른쪽으로 움직여서 (음극) 전원을 참가자의 버튼에 공급한다. 그러나 참가자 중 아무도 아직 반응하지 않았고 풀업 저항과 타이머에서 부전압 출력이 나오기 때문에 회로에서는 아무 일도 일어나지 않는다.

3단계에서 참가자 1이 왼쪽 버튼을 누른다. 이 경우 부전압이 OR2에 입력된다. 이제 OR2는 두 입력에 모두 부전압이 들어오기 때문에 출력은 부전압이 인가된다. 부전압은 왼쪽 타이머의 활성화 핀으로 간다. 그러나 부품은 즉각적으로 반영하지 않으며 타이머는 신호를 아직 처리하지 않았다.

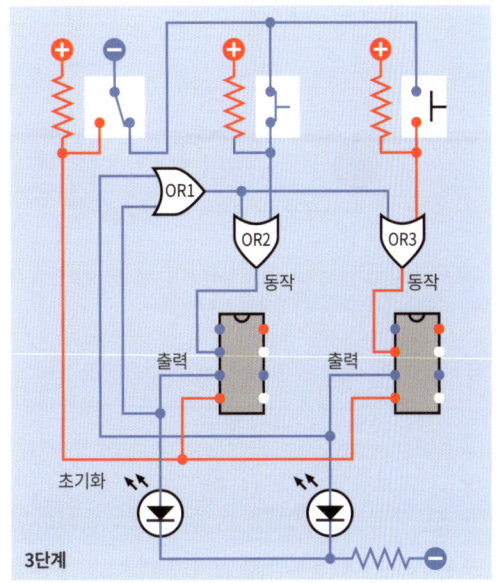

그림 4-120 구체화한 회로의 3단계. 왼쪽의 참가자가 버튼을 눌렀지만 555 타이머는 아직 반응하지 않았다.

4단계에서 몇 마이크로초 후에 타이머는 부전압 입력 신호를 처리하고 타이머에서 출력된 정전압 펄스는 LED를 켜고 다시 돌아 OR1으로 간다. 이제는 OR1에 정전압이 입력되기 때문에 출력도 정전압으로 나온다. 이 출력은 OR2와 OR3의 입력으로 가므로 이들 게이트 역시 정전압을 출력한다. 그 결과 2개의 타이머 모두 활성화 핀에 정전압이 입력된다. 따라서 OR이 계속해서 회로

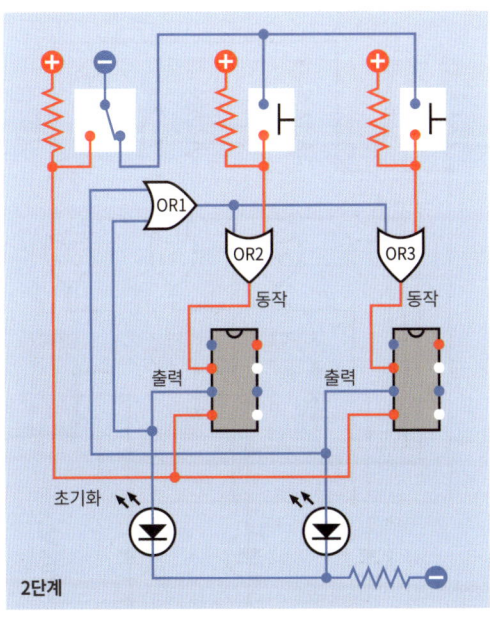

그림 4-119 구체화한 회로의 2단계. 참가자의 버튼이 활성화되어 있지만 아무도 아직 버튼을 누르지 않았다.

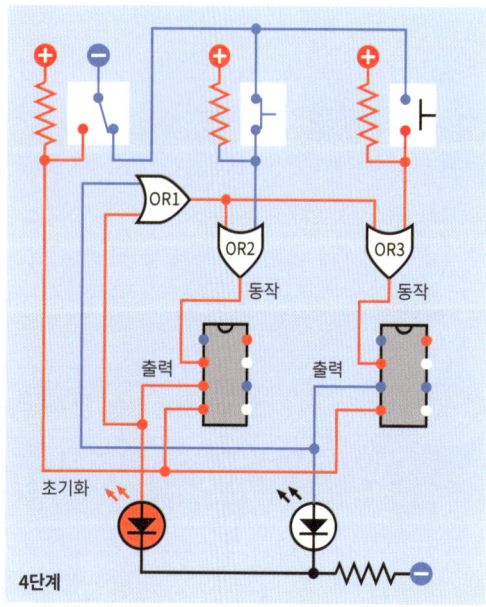

그림 4-121 구체화한 회로의 4단계. 왼쪽 참가자의 행동으로 인해 회로가 연결되면서 오른쪽 참가자의 버튼을 차단한다.

에 정전압을 공급하기 때문에 각 참가자가 버튼을 누르더라도 이는 무시된다.

- 555 타이머가 플립플롭 방식으로 동작하면 활성화 핀에 부전압이 입력될 때 이를 정전압으로 바꾸어 출력하고 이때의 출력은 활성화 핀이 다시 높은 전압 상태로 돌아가더라도 유지된다는 것을 기억하자.
- 555 타이머에서 정전압이 출력되는 것을 중단시키는 유일한 방법은 초기화 핀에 부전압을 입력하는 것이다. 이는 퀴즈쇼 사회자가 스위치를 초기화 모드로 다시 전환할 때만 일어난다.

이러한 행복한 시나리오를 뒤집을 수 있는 상황

이 딱 한 가지 있다. 두 참가자가 버튼을 동시에 누른다면 과연 어떤 일이 벌어질까? 디지털 전자 회로의 세상에서 이런 일이 벌어질 가능성은 극히 낮다. 그러나 어찌 됐거나 일어난다면 타이머가 둘 다 반응하며 LED도 모두 켜져서 비겼음을 표시한다.

〈제퍼디!〉 쇼에서는 비기는 경우가 없다. 절대로 없다. 나는 〈제퍼디!〉 쇼의 전자 시스템이 두 참가자의 동시 반응을 기록하고 임의로 두 참가자 중 한 명을 고르도록 하는 기능을 사용하는 게 아닐까 하고 생각한다. 물론 이것은 어디까지나 추측일 뿐이다.

참가자가 2명인 회로를 업그레이드해서 참가자를 추가하는 방법을 보이기 위해 그림 4-122에 참가자가 3명일 때의 회로도를 단순화시켜 나타

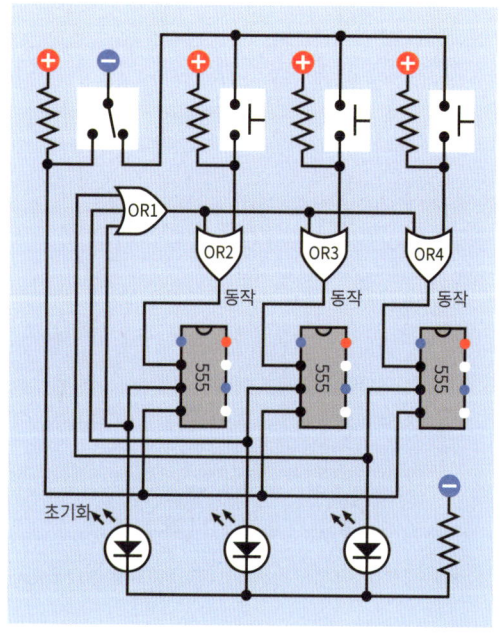

그림 4-122 회로도는 더 많은 참가자를 추가하도록 쉽게 확장될 수 있다.

냈다. 회로는 OR1의 입력 개수가 허락하는 한 회로도 밖으로 무한정 확장될 수 있다.

브레드보드에 회로 꾸미기

그림 4-123에서는 실제 OR 칩을 사용해서 브레드보드에 구성하는 것과 가급적 비슷한 배치가 되도록 회로도를 수정했다. 이를 참고하면 브레드보드에 설치하기가 쉬울 것이다.

그림 4-124는 브레드보드를, 그림 4-125는 부품의 부품값을 각각 나타낸 것이다.

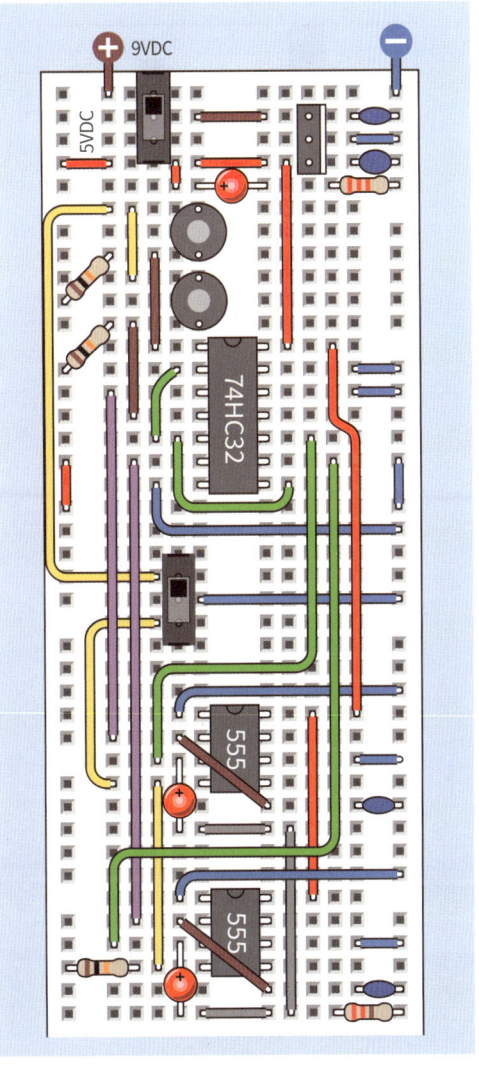

그림 4-124 회로도와 동일한 회로를 브레드보드로 나타낸 모습.

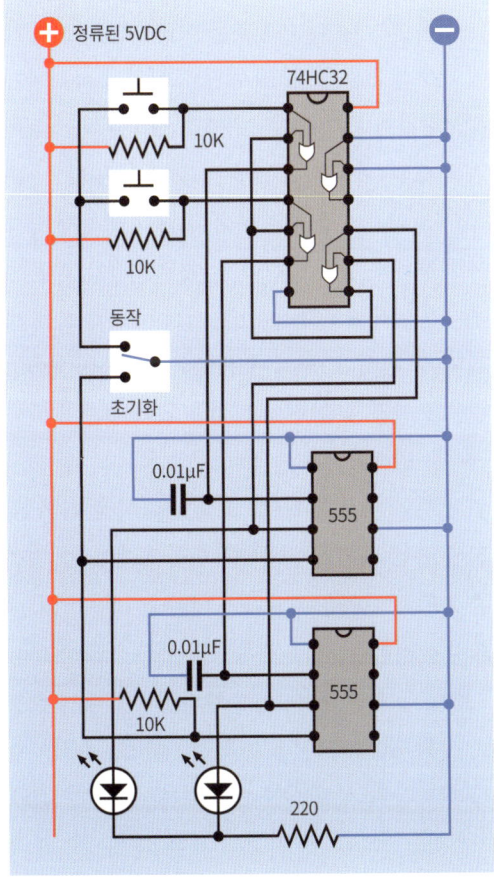

그림 4-123 참가자가 2명일 때의 회로도를 4개의 2입력 OR 칩을 사용해서 다시 그렸다.

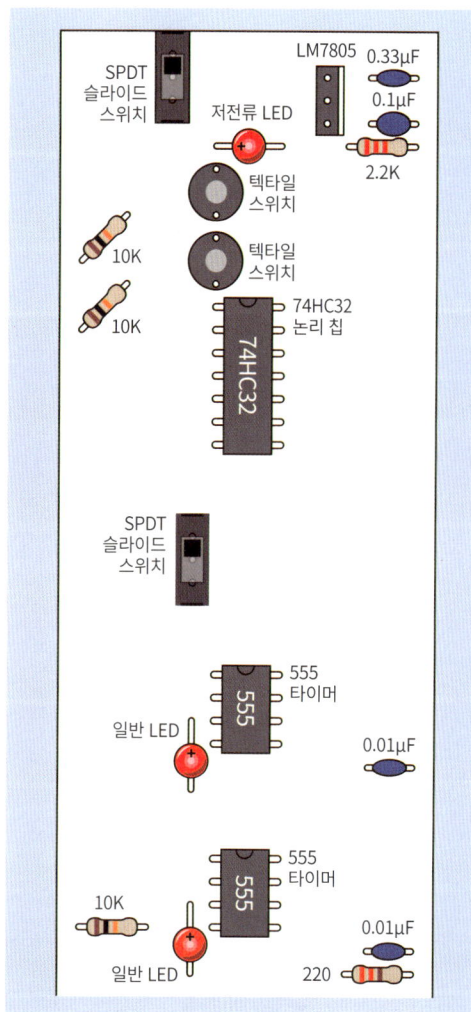

그림 4-125 브레드보드 배열에서의 부품값.

내가 사용한 논리 게이트가 OR 게이트뿐이고 그 개수도 3개뿐이기 때문에 4개의 2입력 OR 게이트가 포함된 74HC32 논리 칩 하나면 충분했다(네 번째 입력까지는 접지시켰다). 왼쪽의 OR 게이트 2개는 간단히 나타낸 회로도의 OR2 및 OR3와 동일한 기능을 하며 칩의 오른쪽 아래에 위치한 OR 게이트는 OR1과 같은 역할을 해서 각 555 타이머의 3번 핀으로부터 입력을 받는다. 부품이 모두 준비되었으면 조립해서 꽤 빨리 점검해 볼 수 있다.

내가 각 555 타이머의 2번 핀(입력)과 접지 사이에 0.01μF 커패시터를 추가한 사실을 눈치챈 사람이 있을지 모르겠다. 왜 추가했을까? 그 이유는 커패시터 없이 회로를 점검했다가 아무도 버튼을 누르지 않았는데 퀴즈쇼 사회자의 스위치를 전환하는 것만으로 간단히 555 타이머 중 하나 또는 둘 모두를 활성화시킨 적이 가끔 있었기 때문이다.

처음에는 이 때문에 조금 어리둥절했다. 누가 어떠한 행동을 한 것도 아닌데 어째서 타이머가 활성화됐던 걸까? 이는 퀴즈쇼 사회자의 스위치가 일으킨 '바운스'에 반응한 것일 수 있다. 바운스란 스위치가 움직일 때 접점에서 생기는 작고 아주 빠른 진동을 말한다. 실제로 바운스 때문에 문제가 발생했고 이를 소형 커패시터 몇 개로 해결할 수 있었다. 커패시터는 또한 555 타이머의 반응을 약간 늦출 수도 있지만 느린 인간의 반사 반응을 방해할 정도는 아니다.

버튼의 경우 가장 첫 번째 자극이 들어온 시점에서 각 타이머가 자체적으로 잠기고 그 뒤로는 모든 망설임은 무시하기 때문에 '바운스'가 중요하지 않다.

회로를 만들 때 0.01μF 커패시터를 빼고 퀴즈쇼 사회자의 스위치를 여러 번 앞뒤로 움직이도록 회로를 구성해 이를 실험해볼 수 있다. 내가 추천하는 스위치는 작고 저렴한 슬라이드 스위치이기 때문에 '거짓된 정전압'을 몇 차례 확인할 수 있을 것이다. 스위치 바운스와 이를 제거하는 방법은 다음 실험에서 더 자세히 설명하겠다.

개선점

회로를 브레드보드에 구성하고 난 뒤 계속 사용할 수 있는 형태로 바꾸려면 적어도 4명이 참가할 수 있도록 확장할 것을 권한다. 이렇게 하려면 입력을 4개 받을 수 있는 OR 게이트가 필요하다. 최대 8개의 입력을 받을 수 있는 74HC4078을 선택하면 된다. 사용하지 않는 입력은 그냥 접지한다.

만일 74HC32 칩이 이미 몇 개 있어서 굳이 74HC4078을 구입하고 싶지 않다면 하나의 74HC32 칩 내부의 게이트 중 3개를 모아서 4개 입력 OR 게이트처럼 기능하도록 만들 수도 있다. 그림 4-126의 OR 게이트 3개를 나타낸 단순한 논리도를 보자. 각 OR은 적어도 하나의 전압이 정전압이어야 정전압을 출력한다는 것을 기억하자.

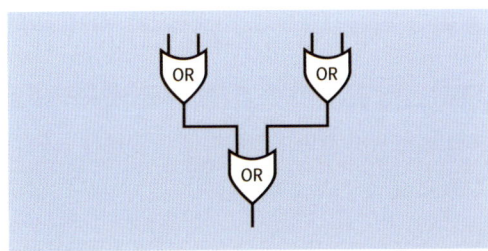

그림 4-126 2입력 OR 게이트 3개로 4입력 OR 게이트 하나를 흉내 낼 수 있다.

이런 구성을 생각할 때 2입력 AND 게이트 3개를 조합해서 4입력 AND 게이트를 대체할 방법이 있을까?

게임 참가자가 4명인 경우라면 555 타이머와 LED, 푸시버튼을 각각 2개씩 추가해야 한다.

4명이 참가하는 게임의 회로도를 그리는 것은 여러분의 숙제로 남기겠다. 논리 기호만 사용해서 단순화한 회로도를 먼저 그린다. 그런 다음 이 회로도를 브레드보드 배열 방식으로 전환한다(여기가 어려운 대목이다). 내 생각에 처음에는 연필, 종이, 지우개를 사용하는 쪽이 회로 설계 소프트웨어나 그래픽 디자인 소프트웨어를 사용하는 것보다 더 빠르다. 적어도 내 생각은 그렇다.

실험 23: 플리핑과 바운싱

세 실험에서 쌍안정 방식의 555 타이머를 사용했다. 이제 '진짜' 플립플롭과 플립플롭의 동작 방식을 알아볼 시간이 왔다. 또한 앞의 실험에서 잠깐 언급했던 '스위치 바운스(switch bounce)'라는 현상을 어떻게 처리할 수 있는지도 알아보자.

스위치가 한 위치에서 다른 위치로 바뀌면 접점이 아주 짧게 떨린다. 이것이 바로 내가 말한 '바운스'이며 부품이 아주 빠르게 반응하는 회로에서는 작은 진동도 별개의 입력으로 해석할 수 있어서 바운스가 문제될 수 있다. 예를 들어 카운터 칩의 입력으로 푸시버튼을 연결했다고 하면 버튼을 한 번 눌렀는데도 카운터에 입력되는 펄스가 10개 이상이 될 수도 있다. 그림 4-127은 실제 스위치의 표본을 나타낸 것이다.

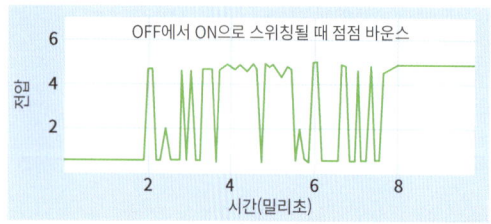

그림 4-127 스위치가 닫혔을 때 접점이 진동해서 생기는 전압 변동.(출처: 맥심 인터그레이티드의 데이터베이스)

스위치의 바운스를 제거하는 디바운싱 기법은 많지만 플립플롭을 사용하는 방법이 아마 가장 기본적일 것이다.

실험 준비물

- 브레드보드, 연결용 전선, 니퍼, 와이어 스트리퍼, 계측기
- 9VDC 전원(전지 또는 AC 어댑터)
- 74HC02 논리 칩 1개, 74HC00 논리 칩 1개
- SPDT 슬라이드 스위치 2개
- 저전류 LED 3개
- 저항: 680Ω 2개, 10K 2개, 2.2K 1개
- 커패시터: 0.1μF 1개, 0.33μF 1개
- LM7805 전압조정기 1개

그림 4-128에서 보는 것처럼 브레드보드에 부품을 조립한다. 동일한 회로의 회로도는 그림 4-129, 부품의 부품값은 그림 4-130과 같다. 전원을 입력하면 LED 중 하나가 켜진다.

이제 조금 이상한 시도를 해보자. 그림 4-128의 전선 A를 끊어서 브레드보드에서 빼낸다. 그림 4-129를 보면 스위치의 극으로 가는 전원을

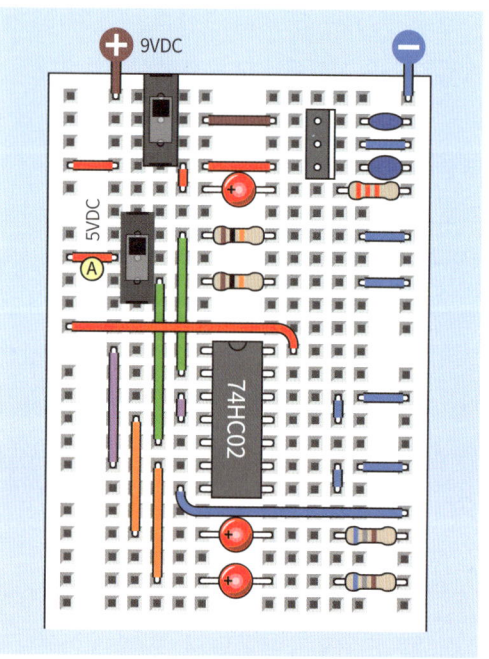

그림 4-128 NOR 게이트를 사용한 플립플롭 회로를 브레드보드에 구성한 모습.

끊어서 2개의 NOR 게이트에는 풀다운 저항만이 연결되어 있는 것을 알 수 있다.

LED가 꺼지지 않아서 놀랄 수도 있겠다.

전선을 다시 브레드보드에 끼우고 스위치를 반대 방향으로 밀면 첫 번째 LED가 꺼지고 다른 LED가 켜진다. 다시 한 번 전선 A를 빼내도 여전히 LED가 켜져 있다.

주요 요점은 다음과 같다.

- 플립플롭은 처음의 입력 펄스 하나만 필요하다(예: 스위치로부터 받은 입력).
- 그 뒤의 입력은 무시한다.

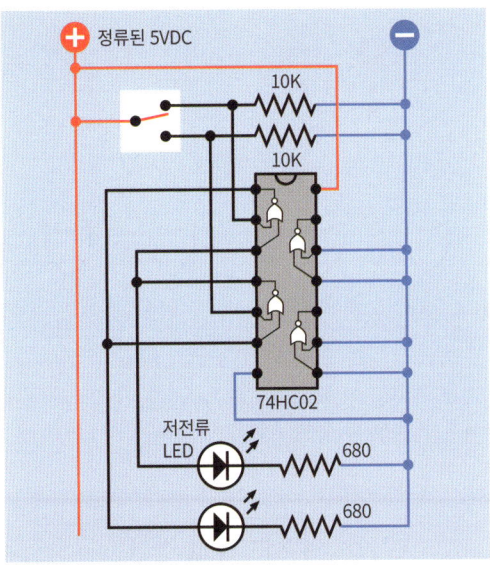

그림 4-129 NOR 게이트를 사용한 플립플롭 회로도.

어떻게 동작하나

NOR 게이트 2개나 NAND 게이트 2개는 플립플롭의 기능을 할 수 있다.

- 쌍투 스위치로부터 정전압 입력을 받는다면 NOR 게이트를 사용한다.
- 쌍투 스위치로부터 부전압 입력을 받는다면 NAND 게이트를 사용한다.

어느 쪽이든 쌍투 스위치를 사용해야 한다.

지금 '쌍투 스위치'라는 용어를 3번이나 사용했는데(사실 이 문장까지 포함하면 4번이다) 이렇게 하는 이유는, 나로서는 이해할 수 없지만 대부분의 개론서들이 이 점을 강조하지 않기 때문이다. 내가 처음 전자회로를 공부할 때 NOR 게이트 2개나 NAND 게이트 2개로 간단한 SPST 푸시버튼의 바운스를 어떻게 제거하는지 이해하느라 미치는 줄 알았다. 왜냐하면 회로에 전원을 연결했을 때 NOR 게이트(또는 NAND 게이트)는 어떤 상태에서 시작하는지 알려줘야 하기 때문이다. 그리고 그 처음의 상태는 스위치가 어떤 상태에 있는지에 따라 달라진다. SPST 푸시버튼이 눌려져 있는 상태가 아니라면 이런 일은 가능하지 않다. 그렇기 때문에 쌍투 스위치를 사용해야 한다[22](이제 5번 사용했다).

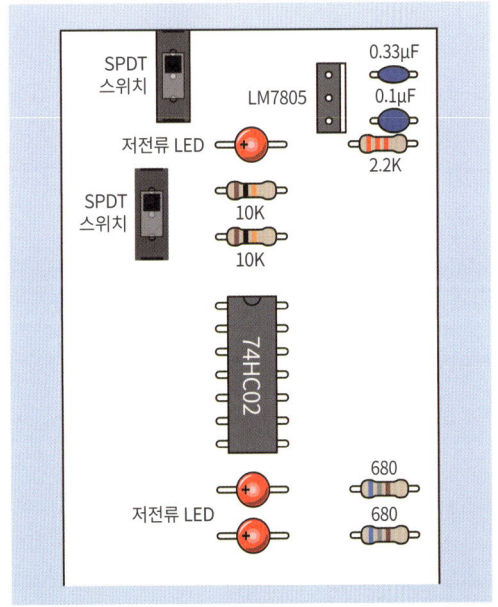

그림 4-130 브레드보드에 나타낸 NOR 기반 플립플롭에 사용된 부품의 부품값.

[22] 디지털 논리회로 책에서는 많은 경우 피드백 형태를 표현할 때 한쪽에는 입력이 직접 연결되고, 다른 쪽에는 인버터를 통과한 입력이 들어가는 형태로 표현된다. 이렇게 표현된 경우 피드백을 통한 래치의 구성을 좀 더 직관적으로 이해할 수 있다.

NOR 게이트로 디바운싱하기

나는 NOR 게이트에 연결된 스위치를 앞뒤로 움직였을 때 일어나는 변화를 보여주기 위해 그림 4-131과 그림 4-132에서 여러 단계의 회로를 그렸다. 기억을 떠올릴 수 있도록 그림 4-133에 진리표를 포함시켜서 각 입력 조합에 따른 NOR 게이트의 논리 출력도 함께 나타냈다.

먼저 그림 4-131의 1단계에서 스위치가 회로 왼쪽의 풀다운 저항으로부터 공급되는 부전압 대신 정전압을 공급하면 왼쪽의 NOR 게이트에는 정논리가 하나 입력된다. NOR 게이트의 경우 정논리가 하나만 입력되어도 부논리가 출력되며(그림 4-133의 논리표 참조) 출력된 부논리는 오른쪽의 NOR 게이트까지 도달하기 때문에 오른쪽의 NOR 게이트에는 부논리 입력이 2개가 되어 정논리가 출력된다. 이렇게 출력된 정논리는 다시 왼쪽의 NOR로 건너간다. 따라서 이런 구성에서는 언제나 안정된 상태가 된다.

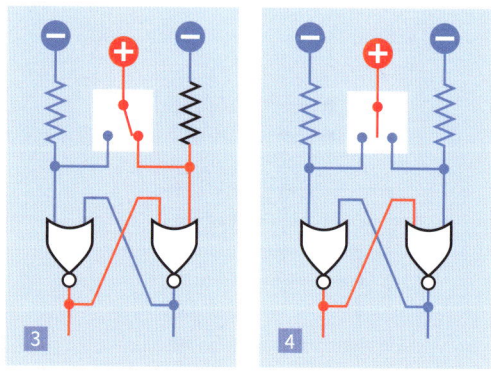

그림 4-132 NOR 게이트의 상태가 역전된 후에 스위치가 중앙의 중립 위치로 다시 돌아가도 게이트의 상태는 유지된다.

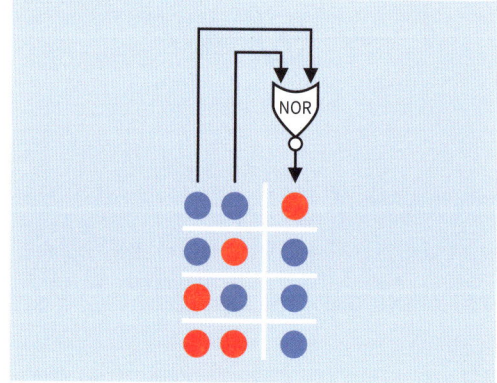

그림 4-133 NOR 게이트의 진리표.

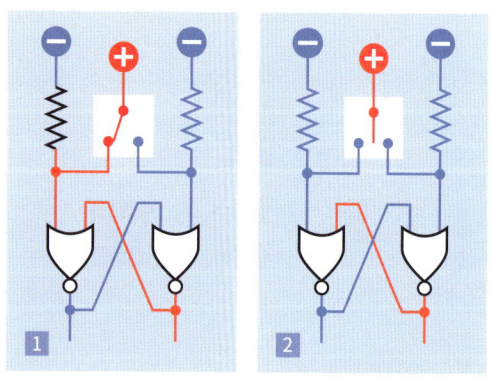

그림 4-131 스위치가 중앙의 중립 위치로 이동하면 NOR 게이트의 상태가 변하지 않고 유지된다.

이제 멋진 부분으로 가보자. 2단계에서 스위치를 움직여 어느 쪽 접점에도 닿지 않는다고 가정해보자(또는 스위치 접점이 바운싱해서 제대로 된 접점을 만들지 못하거나 스위치를 완전히 제거했다고 가정해도 된다). 양극 전원이 스위치로부터 공급되지 않으면 왼쪽 NOR 게이트의 왼쪽 입력이 풀다운 저항으로 인해 정논리에서 부논리로 바뀐다. 그러나 왼쪽 NOR 게이트의 오른쪽 입력은 여전히 정논리이며 두 입력 중 하나만 정논리여도 NOR 게이트의 출력을 정논리로 유지시킬 수 있기 때문에 아무 일도 일어나지 않는다. 다시 말해, 스위치의 연결 상태에 관계없이 회로가 이 상태로 '유지(flop)'된다.

그림 4-132를 보면 스위치를 완전히 오른쪽으로 이동시켜서 오른쪽 NOR 게이트의 오른쪽 핀에 양극 전원을 공급하면 NOR 게이트가 정논리 입력을 가진다고 인식하기 때문에 출력이 부논리로 바뀐다. 바뀐 부논리 출력은 현재 2개의 부논리 입력을 가진 왼쪽의 다른 NOR 게이트로 가서 이 출력을 정논리로 바꾸고 이렇게 바뀐 정논리는 다시 오른쪽의 NOR 게이트로 돌아온다.

이런 식으로 두 NOR 게이트의 출력 상태가 서로 뒤바뀐다. (한번 뒤바뀐(flip) 뒤에는 게이트의 출력 상태가 그대로 유지(flop)된다. 4단계에서와 마찬가지로 스위치의 접점이 떨어지거나 연결을 끊더라도 출력 상태는 변하지 않는다.)

스위치가 너무 심하게 바운스되어서 접점 간의 극 연결이 계속 변하면 회로는 작동하지 않는다. 회로가 작동하려면 출력이 연결 상태와 연결이 되지 않은 상태 사이가 번갈아 나타나야만 한다. 그러나 이는 일반적으로 SPDT 스위치에 해당되는 이야기다.

NAND 게이트로 디바운싱하기

그림 4-134와 그림 4-135는 NAND 게이트 2개와 연결된 스위치에 음극 전압을 걸었을 때 일어나는 일을 순서대로 나타낸 것이다. NAND의 특성을 떠올릴 수 있도록 그림 4-136에 진리표를 포함시켰다.

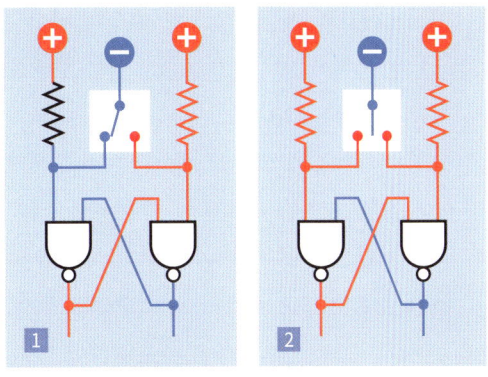

그림 4-134 풀업 저항과 음의 전원을 제공하는 스위치를 연결하면 NAND 게이트 2개를 플립플롭으로 사용할 수 있다.

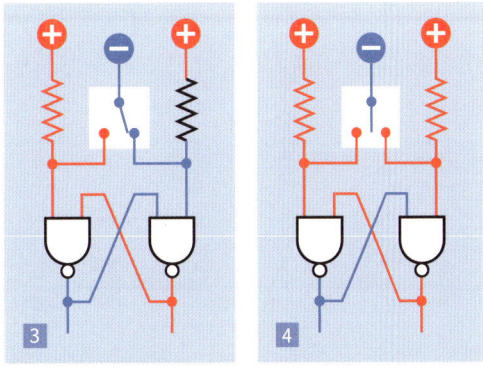

그림 4-135 스위치가 어느 쪽에도 연결되지 않아도 다시 한 번 게이트의 상태는 유지된다.

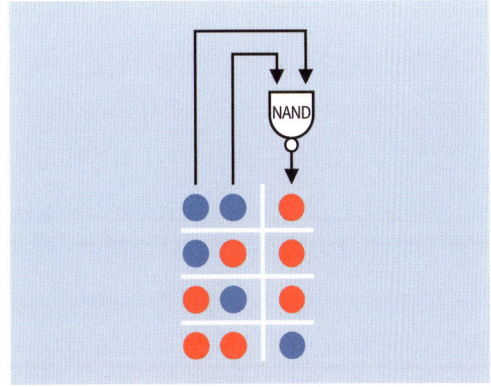

그림 4-136 NAND 게이트의 진리표.

NAND 회로의 기능을 점검하려면 이 실험을 위한 부품 목록에 명시한 74HC00 칩을 사용해서 직접 점검할 수 있다. 그러나 NOR 칩 내부의 게이트는 NAND 칩 내부의 게이트와 비교했을 때 위아래가 뒤바뀌어 있으므로 주의해야 한다. 두 칩을 서로 교환해서 사용할 수 없기 때문에 브레드보드의 전선을 조금 바꿔주어야 한다. 사양은 그림 4-83과 그림 4-95로 돌아가 확인하자.

잼 형식 vs. 클록 사용

NOR와 NAND 회로는 스위치의 변경에 즉각적으로 반응해서 상태가 변하기 때문에 '잼 형식 플립플롭(jam-type flip-flop)'이라고 부른다. 스위치의 바운스를 제거하고 싶을 때(스위치가 쌍투 유형이기만 하다면) 언제라도 사용할 수 있다.

조금 더 정교한 유형이 '클록이 사용되는 플립플롭(clocked flip-flop)'으로 각 입력 상태를 먼저 설정한 후 클록 펄스를 공급해서 플립플롭의 반응을 만들어낸다. 펄스는 깨끗하고 정확해야 하며 그 말은 스위치로 이러한 펄스를 공급하려면 스위치를 디바운싱시켜야 하고, 그렇다는 건 또 다른 잼 형식의 플립플롭을 써야 할 수도 있다는 말이다! 이러한 점을 고려하니 이 책에서 클록형 플립플롭을 사용할 마음이 생기지 않았다. 이런 유형을 사용하면 한층 복잡해지는데 그 야말로 이런 개론서에서 반드시 피하고 싶은 일이다. 플립플롭을 더 알고 싶다면 『짜릿짜릿 전자회로 DIY 플러스』에서 더 자세히 다루고 있으니 참고하자. 쉬운 주제는 아니다.

단투 버튼이나 스위치를 디바운싱하고 싶다면 어떻게 해야 할까? 그건 정말로 어려운 문제다! 한 가지 해결책은 디지털 지연 회로가 내장된 4490 '바운스 제거기(bounce eliminator)' 등의 특수 칩을 구매하는 것이다. 온 세미컨덕터(On Semiconductor)에서는 MC14490이라는 부품 번호를 사용한다. 이 칩에는 6개의 개별 입력을 받기 위한 회로가 6개 들어 있으며 각각의 회로에는 내부 풀업 저항이 연결되어 있다. 그러나 가격이 NOR 게이트가 포함된 74HC02보다 10배 이상으로 상대적으로 비싸다. 그러니 단투 스위치 대신 디바운싱하기 훨씬 쉬운 쌍투 스위치(또는 푸시버튼)를 사용하는 편이 더 간단하다. 아니면 555 타이머를 플립플롭 방식으로 연결해 사용할 수도 있다. 이제 여러분은 내가 왜 그런 선택을 했는지 훨씬 잘 납득할 것이다.

실험 24: 좋은 주사위

1개나 2개의 주사위를 던지는 흉내를 내는 전자 회로는 아주 오래전부터 만들어졌다. 그러나 여전히 새로운 구성 방식이 존재하며 이 프로젝트를 통해 뭔가 유용한 것을 만드는 동시에 논리도 더 배울 수 있다. 여기에서는 특히 디지털 칩의 공용 언어인 이진 코드를 소개하려 한다.

실험 준비물

- 브레드보드, 연결용 전선, 니퍼, 와이어 스트리퍼, 계측기
- 9VDC 전원(전지 또는 AC 어댑터)

- 555 타이머 1개
- 74HC08 논리 칩 1개, 74HC27 논리 칩 1개, 74HC32 논리 칩 1개
- 74HC393 이진 카운터 1개
- 텍타일 스위치 1개
- SPDT 슬라이드 스위치 2개
- 저항: 100Ω 6개, 150Ω 6개, 220Ω 7개, 330Ω 2개, 680Ω 4개, 2.2K 1개, 10K 2개, 1M 1개
- 커패시터: 0.01µF 2개, 0.1µF 2개, 0.33µF 1개, 1µF 1개, 22µF 1개
- LM7805 전압 조정기 1개
- 저전류 LED 15개
- 일반 LED 1개

이진 카운터

내가 보았던 모든 전자 주사위 회로에서 핵심은 종류에 상관없이 카운터 칩이다. 흔히 '십진 카운터(decade counter)'라고 불리는 이 카운터 칩은 한 번에 하나씩 순서대로 전원이 공급되는 10개의 '코드화된(decoded)' 출력 핀을 가진다. 주사위는 면이 6개밖에 없지만 카운터의 7번째 핀을 초기화 핀과 연결하면 카운터는 6까지 증가한 뒤 다시 처음부터 시작한다.

나는 무엇을 하든 다른 방식으로 하는 것을 좋아하기 때문에 십진 카운터를 사용하지 않기로 했다. 이진 카운터를 사용해서 이진 코드를 보여주고 싶다는 욕구를 만족시키고 싶은 마음도 조금은 있었다. 이진 카운터를 사용하면 회로가 조금 복잡해지지만 배움의 과정이 더 풍요로워진다. 거기다 모든 게 끝나고 나면 사용하는

칩 개수도 적당하고 브레드보드에도 딱 맞으면서 주사위를 2개(1개가 아니다) 던질 수 있는 회로를 가질 수 있다.

내가 선택한 카운터 칩은 널리 사용되는 74HC393이다. 이 안에는 실제로 카운터가 2개 들어 있지만 두 번째 카운터는 당분간 무시해도 된다. 핀 배열은 그림 4-137에 나타냈다.

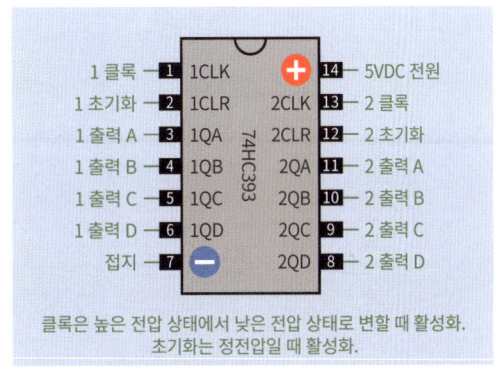

그림 4-137 74HC393 이진 카운터의 핀 기능.

제조사들은 디지털 칩의 핀 기능을 문자를 최소한으로 사용해서 표시하는 이상한 습관이 있다. 이러한 모호한 약어들은 이해하기 힘들다. 예를 들면 그림 4-137에서 칩 안쪽의 핀 이름은 텍사스 인스트루먼트의 데이터시트에서 찾은 것이다(더 혼란스러운 것은 제조사마다 자신만의 약어를 다르게 사용한다는 것이다. 표준은 없다).

카운터 바깥쪽에는 초록색 글씨로 내가 상대적으로 평범한 말로 바꾼 핀 기능을 표시했다. 각 핀의 앞에 붙은 숫자는 1번 카운터 또는 2번 카운터를 뜻하며 각 카운터는 칩 내부에 별도의 패키지로 들어 있다.

카운터 점검

카운터 칩을 이해하는 가장 좋은 방법은 실제로 점검해보는 것이다. 그림 4-138은 회로도, 그림 4-139는 회로도를 브레드보드에 나타낸 모습이다. 그림 4-140은 브레드보드에 설치한 부품의 부품값을 나타냈다.

기억해야 할 사항은 다음과 같다.

- 카운터 칩은 5V 논리 칩이다. 전압조정기를 잊지 말자.
- 타이머의 전원 핀과 접지 사이에 0.1µF 커패시터가 있다는 점에 주의하자. 커패시터는 타이

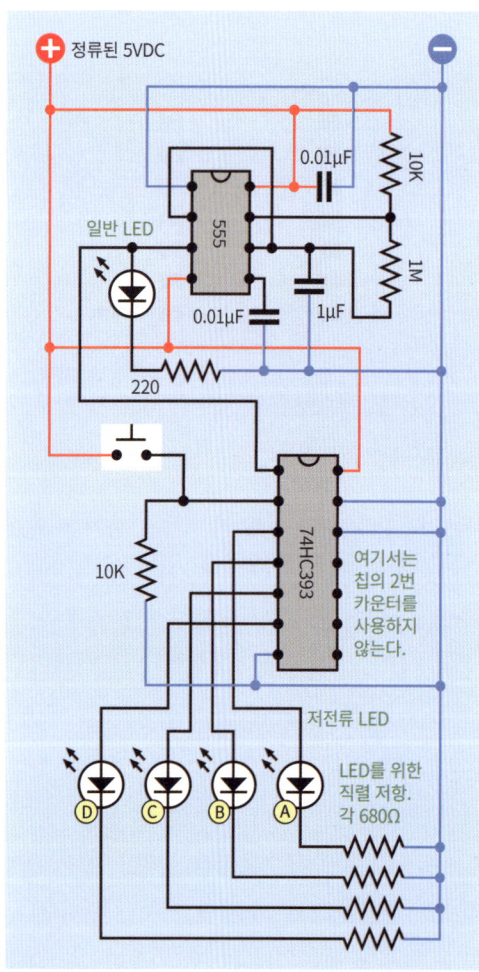

그림 4-138 74HC393 십진 카운터의 출력과 초기화 기능을 관찰할 수 있는 회로도.

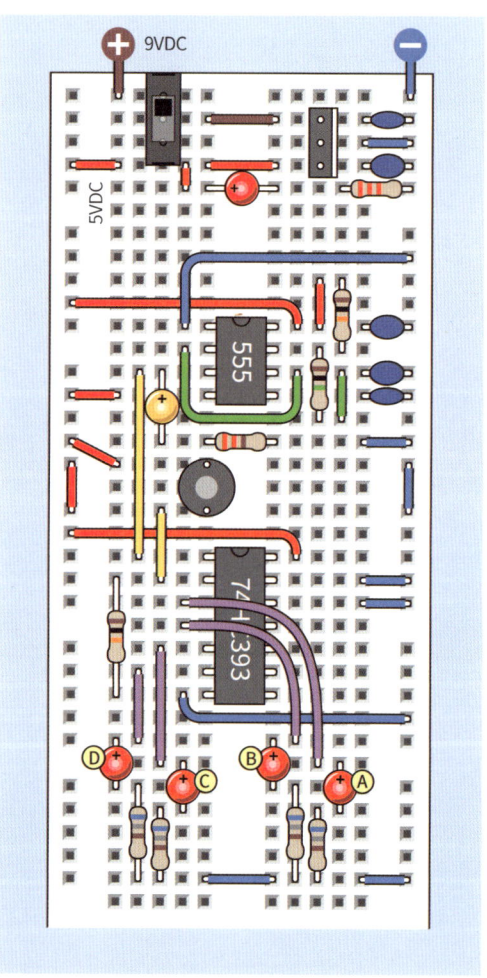

그림 4-139 브레드보드에 나타낸 점검 회로.

머에서 발생할 수 있는 작은 전압 변동(스파이크)을 제어할 수 있다. 제어되지 않은 전압 스파이크는 카운터가 잘못 인식할 수 있다.

타이머와 함께 명시해둔 커패시터와 저항은 약 0.75Hz에서 동작한다. 다시 말해 펄스 하나의 시작과 다음 펄스의 시작은 약 1초 이상 떨어져 있다는 뜻이다. 이는 타이머의 출력과 연결된 노란색 LED를 보면 알 수 있다(노란색 LED가 이렇게 동작하지 않으면 어딘가에 배선 오류가 있다고 생각하면 된다).

여기서는 칩의 2번 카운터를 사용하지 않는다.

A, B, C, D라고 표시된 4개의 빨간색 LED는 카운터의 출력 상태를 나타낸다. 연결이 올바르다면 그림 4-141과 같은 순서로 동작한다. 이때 검은색 원은 LED가 꺼진 상태를, 빨간색 원은 LED가 켜진 상태를 나타낸다.

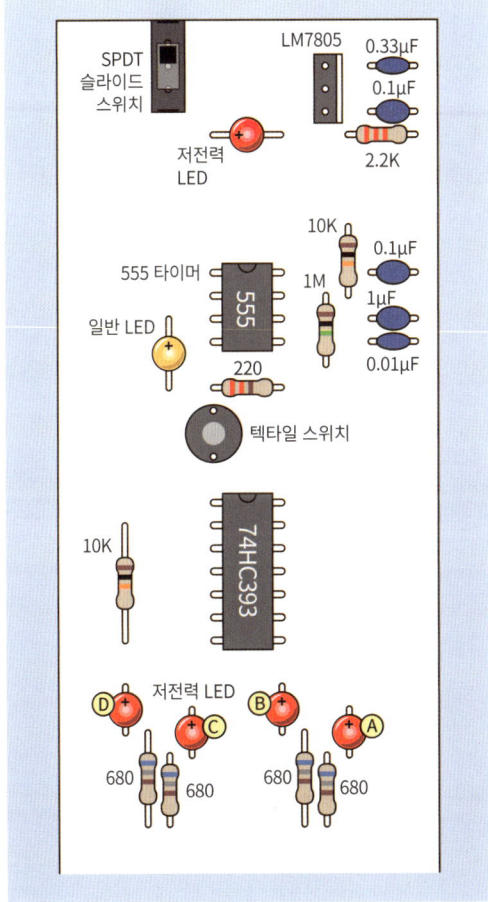

그림 4-140 브레드보드에 나타낸 회로의 부품값.

	D	C	B	A
0	0	0	0	0
1	0	0	0	1
2	0	0	1	0
3	0	0	1	1
4	0	1	0	0
5	0	1	0	1
6	0	1	1	0
7	0	1	1	1
8	1	0	0	0
9	1	0	0	1
10	1	0	1	0
11	1	0	1	1
12	1	1	0	0
13	1	1	0	1
14	1	1	1	0
15	1	1	1	1

그림 4-141 이진 카운터 출력의 전체 순서.

이제 이진 연산과 십진 연산에 대해 좀 더 자세히 설명하겠다. 꼭 알아야 하나 싶은가? 그렇다. 이진 연산은 알아두면 매우 유용하다. 디코더(decoder), 인코더(encoder), 멀티플렉서(multiplexer), 시프트 레지스터(shift register) 같은 다양한 칩들이 이진 연산을 사용하며 당연하겠지만 이진 연산은 지금까지 만들어진 거의 모든 디지털 컴퓨터의 핵심 중 핵심이다.

기초지식: 이진 코드

그림 4-141에서 알 수 있는 것처럼 A열의 LED가 꺼질 때마다 B열의 LED가 상태를 켜짐에서 꺼짐, 또는 꺼짐에서 켜짐으로 바꾼다. B열의 LED가 꺼질 때마다 C열의 LED가 상태를 바꾼다. 그 뒤도 마찬가지다.

이 규칙에 따르면 각 LED는 왼쪽의 LED보다 두 배 빠르게 깜빡인다.

LED의 열은 '이진수(binary number)'를 나타낸다. 이 말은 그림 4-141의 흰색 글씨에서 보듯이 오로지 숫자 0과 1, 2개로만 수를 표시한다는 뜻이다. 이에 해당하는 십진수는 왼쪽에 검은색 글씨로 나타냈다.

LED는 흔히 '비트(bit)'라 부르는 '이진 숫자(binary digit)'라고 생각할 수 있다.

이진수로 숫자를 세는 규칙은 아주 간단하다. 맨 오른쪽 줄에서 0으로 시작해서 그다음은 1을 더하고, 그러면 0과 1로밖에 수를 셀 수 없기 때문에 그다음에 1을 더하고 싶을 때는 그 자리 숫자를 0으로 바꿔주고 왼쪽 줄의 다음 자리에 1을 올려준다.

왼쪽 줄의 숫자가 이미 1이라면 어떻게 해야 할까? 왼쪽 줄의 1을 0으로 바꾸고 그다음 왼쪽 줄로 1을 올려주면 된다. 이를 반복한다.

맨 오른쪽에 있는 LED는 네 자리 이진수의 '최하위 비트(least significant bit)'를, 맨 왼쪽의 LED는 '최상위 비트(most significant bit)'를 나타낸다.

상승 에지, 하강 에지

점검을 시행하면서 가장 오른쪽의 빨간색 LED의 전환(켜짐에서 꺼짐, 또는 꺼짐에서 켜짐)은 언제나 노란색 LED가 꺼질 때 일어난다. 왜 이런 일이 일어날까?

대부분의 카운터는 펄스가 클록 입력 핀에 걸릴 때 펄스가 연속적으로 이어지면서 높은 전압 상태의 펄스로 상승하거나(상승 에지) 높은 전압 상태의 펄스에서 하강할 때(하강 에지) 활성화되며 이를 '에지에서 활성화된다(edge triggered)'고 말한다. LED의 동작을 보면 74HC393 칩이 하강 에지에서 활성화됨을 알 수 있다. 실험 19에서 사용했던 카운터는 상승 에지에서 활성화되었다. 사용하는 유형은 어디에 응용하느냐에 따라 달라진다.

74HC393 카운터에는 또한 실험 19에서 사용했던 4026B 칩처럼 초기화 핀이 있다.

- 일부 데이터시트에서는 초기화 핀을 '마스터 초기화(master reset)' 핀이라고 하며 약어로 MR이라고 표시한다.
- 일부 제조사들은 '초기화' 핀을 '클리어' 핀이

라고 부르며 데이터시트에 약어로 CLR이라고 표시한다.

뭐라고 불리든 초기화 핀이 활성화되면 언제나 같은 결과가 발생한다. 초기화 핀은 카운터의 모든 출력을 낮은 전압 상태로 바꾼다. 이 경우 이진수 0000에 해당한다.

초기화 핀은 별도의 펄스가 필요하다. 그러나 초기화는 펄스가 시작할 때 일어날까, 아니면 끝날 때 일어날까?

알아보자. 신중하게 회로를 구성하면 초기화 핀이 10K 저항을 통해 낮은 전압 상태를 유지하도록 할 수 있다. 그러나 초기화 핀을 양극 버스와 직접적으로 연결할 수 있는 텍타일 스위치도 있다. 텍타일 스위치는 10K 저항을 압도해 초기화 핀의 부전압 상태를 정전압 상태로 전환한다.

텍타일 스위치를 누르자마자 모든 출력이 꺼지면서 텍타일 스위치가 열릴 때까지 꺼진 상태가 유지된다. 이를 통해 74HC393의 초기화 기능은 정전압 상태에 의해 활성화[23]되고 유지된다.

모듈러스

전원을 끄고 그림 4-142에서처럼 풀다운 저항과 텍타일 스위치 대신 전선을 초기화 핀(2번 핀)에 연결하자. 이전의 모든 연결은 회색으로 처리했다. 검은색으로 나타낸 새로운 전선은 네 번째 자릿수 핀인 출력 D 핀과 초기화 핀을 연결한다. 그림 4-143은 수정한 회로를 브레드보드에 구성

한 모습이다. 새롭게 연결된 전선은 녹색으로 표시했다.

어떤 일이 생길 것 같은가?

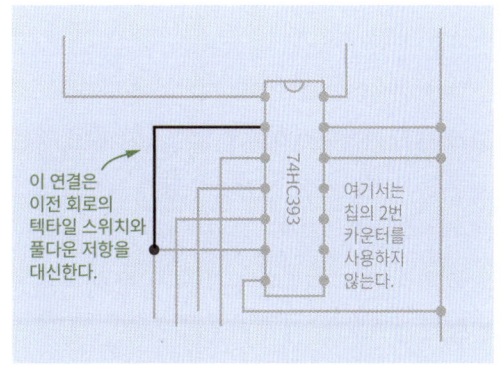

그림 4-142 타이머에 자동 초기화 기능을 추가했다.

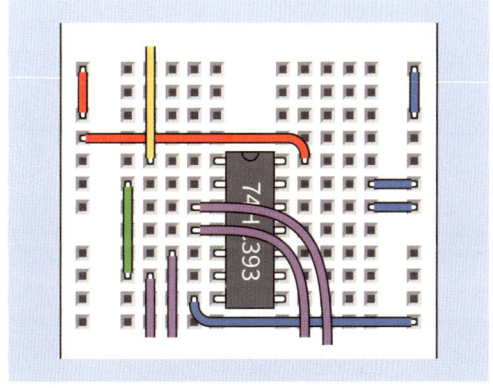

그림 4-143 수정된 브레드보드를 확대한 모습. 풀다운 저항, 텍타일 스위치, 그와 관련된 연결이 모두 제거되었다. 초록색 전선이 새로 삽입한 전선이다.

카운터를 다시 실행시켜보자. 숫자는 0000에서부터 0111까지 증가한다. 바로 다음 이진 출력이 1000이 되어야 하지만 네 번째 자리가 0에서 1로 바뀌자마자 초기화 핀이 높은 전압 상태를 감지

---

[23] 상승 에지에서 활성화된다고도 말한다.

해서 카운터를 0000으로 되돌린다.

카운터가 초기화되기 전에 가장 왼쪽의 LED가 반짝인 것을 알아챘는가? 아마 그러지 못했을 듯하다. 카운터의 반응 시간이 백만 분의 1초도 안 되기 때문이다.

이제 카운터는 0000부터 0111까지를 자동으로 반복한다. 이진수 0000에서 0111까지 세는 것은 십진수 0부터 7까지 세는 것과 같기 때문에 '8진' 카운터가 된다(이전의 카운터는 16진 카운터다).

초기화 핀과 연결된 전선을 세 번째 자릿수 핀으로 옮겨보자. 이제 카운터는 4진 카운터가 된다.

- 4비트 이진 카운터가 2, 4, 또는 8개 펄스가 입력된 뒤에 회로가 쉽게 초기화되도록 만들 수 있다.
- 반복하기 전까지의 카운터 출력 상태의 개수를 '모듈러스(modulus)'라고 하며 줄여서 흔히 '모드(mod)'라고 한다. 모드 8(mod-8) 카운터는 8개 펄스 후에 다시 처음부터 반복된다(숫자로 0에서 7까지).

모듈러스 6으로 변환

우리가 전자 주사위의 패턴을 생성하기 위해 만들어야 하는 프로젝트는 어때야 할까? 이제부터 알아보자. 주사위에는 여섯 면이 있기 때문에 카운터를 다시 연결해서 6개의 상태가 지나면 다시 처음부터 반복되도록 만들어야 한다.

이진 코드에서 출력 순서는 000, 001, 010, 011, 100, 101과 같다(6가지 상태를 나타내는 데 D열의 최상위 비트는 필요 없으니 무시해도 된다). 카운터는 출력이 십진수 5(이진수 101)가 된 다음에 초기화시켜야 한다.

(어째서 십진수 6이 아니라 십진수 5여야 할까? 왜냐하면 0에서부터 숫자를 세어 올라가기 때문이다. 카운터가 1부터 수를 세기 시작한다면 이 프로젝트가 훨씬 간단해지겠지만 그런 일은 없다.)

이진수 101 다음 출력은 뭘까? 답은 이진수 110이다.

110을 특징지을 수 있는 무언가가 있을까? 순서를 잘 보면 110은 정논리 비트 2개로 시작하는 수 가운데 첫 번째 수라는 것을 알 수 있다.

이를 카운터에 어떻게 알려줄 수 있을까? "B열에 1, 그리고 C열에 1이 오면 0000으로 초기화해줄래?"라고 이야기하면 될까? 앞의 문장에서 '그리고'라는 단어가 힌트가 될 수 있다. AND 게이트에서는 두 입력에 모두 정전압이 입력될 때, 그때만 정전압이 출력된다. 바로 우리가 원하는 상황이다.

AND 게이트를 바로 회로에 연결할 수 있을까? 물론이다. 74HCxx 칩 패밀리 제품은 모두 서로 의사소통할 수 있도록 설계되었다. 그림 4-144에서 AND 게이트를 추가한 것을 확인할 수 있다. 물론 브레드보드에서 사용할 때는 적절한 칩을 추가해야 한다. 이 경우에는 74HC08 칩을 사용할 것이다. 74HC08 칩에는 AND 게이트가 4개 들어 있는데 우리는 이 중에서 하나만 사용한다. 따라서 전원 연결뿐 아니라 사용되지 않는 입력은 반드시 접지해야 한다. 이 작업은 조금 번거롭지만 부품을 약간 추가하고 회로를 수정한 뒤에 이를 설명하겠다(사용되지 않는 출력은 연결하지 않고 그대로 두어야 한다).

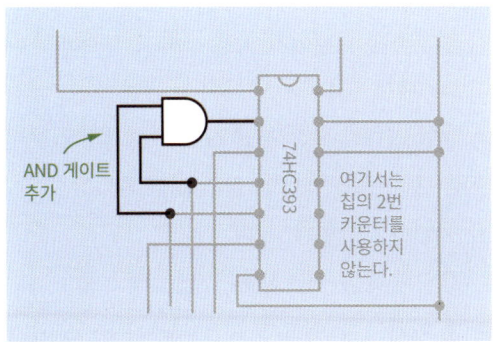

그림 4-144 AND 게이트를 추가해서 카운터가 16개가 아닌 6개 출력 상태를 반복하도록 수정했다.

다음의 주요 요점을 반드시 기억하자.

- 논리 칩을 카운터와 함께 사용해 카운터의 모듈러스를 바꿀 수 있으며 이를 위해 출력 상태의 특징적인 패턴을 찾고 신호를 다시 초기화 핀으로 돌려보내면 된다.

세븐 세그먼트 표시장치는 사용하지 않는다

주사위를 표시하기 위해 1부터 6까지 숫자를 세는 세븐 세그먼트 숫자 표시장치를 사용할 수도 있었다. 그러나 여기에는 문제가 있다. 카운터는 0에서부터 5까지 증가한다. 이진수 000을 세븐 세그먼트에서의 1로, 이진수 001을 세븐 세그먼트에서의 2 등으로 쉽게 변환시키는 방법을 찾지 못했다.

카운터가 이진수 000을 어떻게든 그냥 지나치도록 만들 수는 없을까? 가능할 수도 있지만

어떻게 해야 할지 잘 모르겠다. 어쩌면 입력이 3개인 OR 게이트의 출력을 클록의 입력으로 다시 보내서 카운터의 출력 상태를 다음으로 보낼 수도 있겠지만 그러면 이 출력이 보통의 클록 신호와 충돌할 테니 내가 보기에는 엉망진창이 될 것 같다.

어찌 되었건 이 프로젝트에 세븐 세그먼트 숫자 표시장치를 쓴다고 해서 대단히 흥미로울 것 같지도 않다. 그 장치가 시각적으로 매력적이지도 않다. 그냥 LED로 실제 주사위의 점 패턴을 흉내 내는 건 어떨까? 순서는 그림 4-145와 같다.

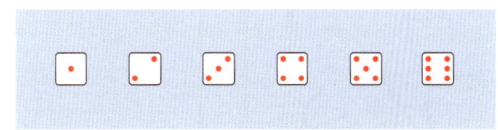

그림 4-145 LED로 다시 흉내 낸 주사위의 점 패턴.

카운터에서 나온 이진 출력을 변환해서 이러한 패턴대로 LED를 켜는 방법을 찾아낼 수 있겠는가?

게이트 선택하기

가장 쉬운 방법부터 이야기해보자. 카운터에서 나오는 출력 A(그림 4-138 참조)를 주사위의 가운데 점을 나타내는 LED에 연결하면 잘 동작한다. 가운데의 점은 1, 3, 5에서 켜지고 2, 4, 6에서 꺼지기 때문이다. 출력 A의 동작과 정확히 일치한다.

그다음은 조금 까다롭다. 대각선에 위치한 두 쌍의 점 중 4, 5, 6에 사용되는 한 쌍과 2, 3, 4, 5, 6에 사용되는 한 쌍의 패턴을 나타내도록 LED를 켜야 한다. 그러나 어떻게 해야 할까?

그림 4-146은 이 문제에 대한 나의 해답을 보여준다. 내가 3입력 NOR와 2입력 OR 논리 게이트 2개를 추가한 것을 알 수 있을 것이다. 옆에는 이진수의 순서와 각각의 수가 주사위에 만들어내는 패턴을 나타냈다.

크게 중요하지 않다. 어쨌거나 패턴은 무작위로 선택된다.

그림 4-147은 카운터의 출력이 어떤 식으로 여러 패턴에 불을 밝히는지 보여준다. 그래도 아직 명확하게 이해되지 않은 사람을 위해 카운터가 000에서 101까지 증가하는 동안 회로의 높은 전압 상태와 낮은 전압 상태를 순서대로 그림으로 나타냈다. 해당 그림은 그림 4-148, 4-149, 4-150에서 확인할 수 있다.

그림의 폭을 최소화해서 한 줄에 2개의 그림이 들어가도록 했으며 AND 게이트는 숫자가 000에서 101까지 증가할 동안 하는 일이 없기 때문에 생략했다. AND 게이트는 카운터가 110이 될 때만 동작하며 이때 카운터를 000으로 다시 설정한다.

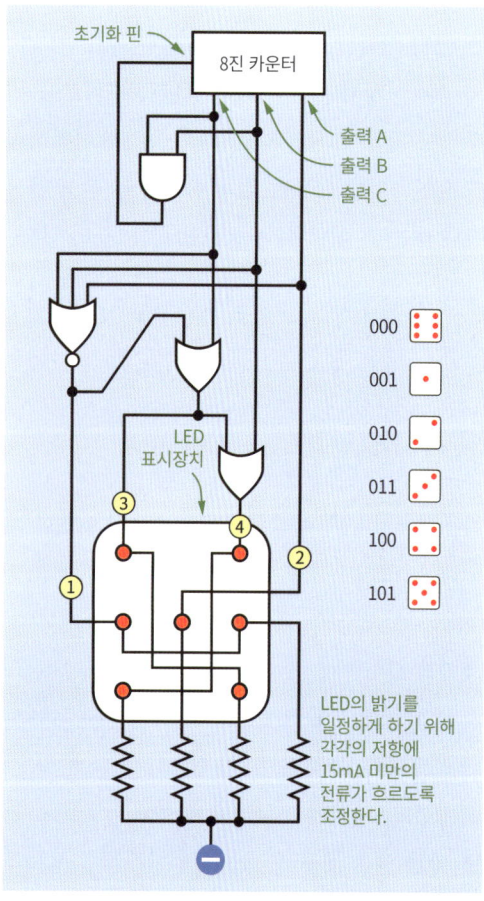

그림 4-146 주사위 점 패턴을 연속해서 만들어내는 논리 네트워크.

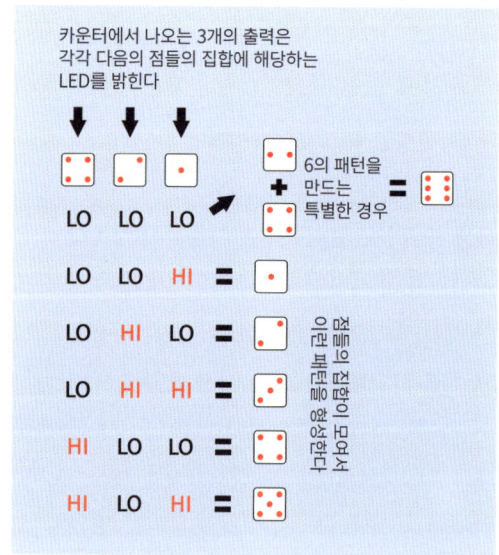

그림 4-147 점 패턴을 밝히기 위한 이진 카운터의 출력 사용법.

문제를 해결하려면 카운터가 이진수 000에서 시작할 때 주사위가 6을 나타내도록 해야 한다. 패턴의 순서는 모든 패턴이 나타나기만 하면 사실

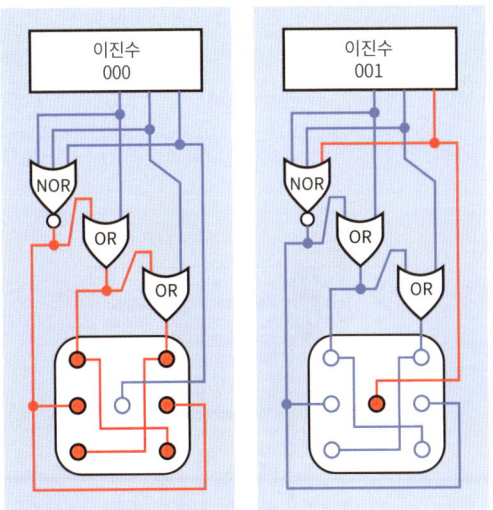

그림 4-148 패턴 6과 1을 생성하는 논리.

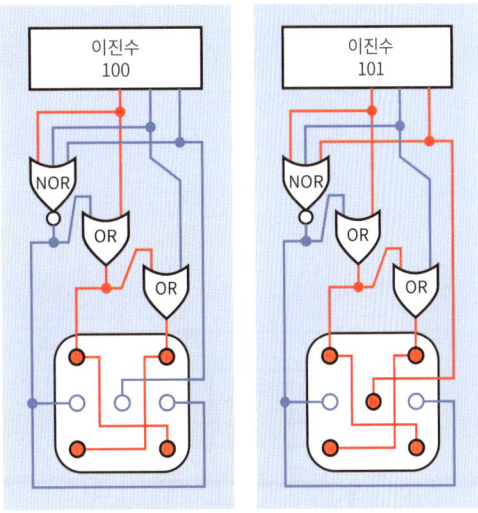

그림 4-150 패턴 4와 5를 생성하는 논리.

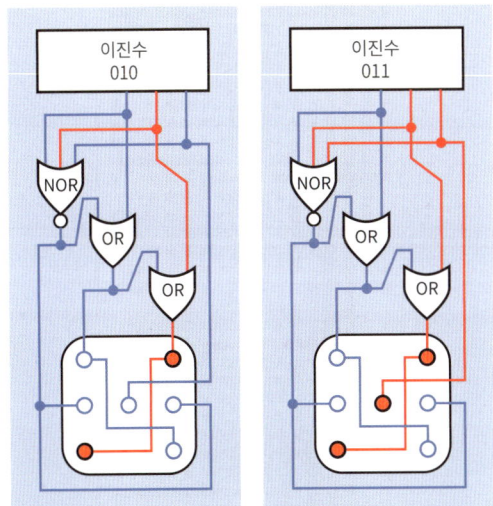

그림 4-149 패턴 2와 3을 생성하는 논리.

카운터 출력을 주사위 패턴으로 변환해주는 논리 게이트 선택 방식을 어떻게 생각해냈는지 궁금해할지 모르겠지만 나도 잘 설명할 수 없다. 수차례의 시행착오와 약간의 직관적인 사고가 더해져서 이런 논리도가 탄생했다. 적어도 내 경우는 그렇다. 조금 더 엄격하고 형식을 갖춘 방법이 있지만 나에게는 그런 방법들이 그다지 쉽게 느껴지지 않는다.

완성된 회로

그림 4-151의 회로도는 그림 4-146의 논리도를 바탕으로 한 것이다. 이를 브레드보드에 나타낸 것이 그림 4-152다.

그림 4-153은 부품값을 나타낸 것이다. 555 타이머의 타이밍 저항과 타이밍 커패시터를 바꾸었기 때문에 회로가 약 5kHz에서 동작한다는 점에 주의하자. 이는 이 회로에서 누군가가 임의

의 순간에 타이머를 누르기 전에 수백 번의 주기를 거치도록 하기 위한 장치다. 이렇게 하면 임의의 숫자를 얻을 수 있다.

의심 많은 사람들에게 숫자가 늘어나면서 어떤 식의 결과가 나오는지 보여주고 싶어질지도 모르기 때문에 스위치로 제어할 수 있는 22μF 커패시터를 추가해서 타이머가 천천히 동작하도록 했다(약 2Hz). 브레드보드의 중간 아랫부분은 칩 외에는 없기 때문에 부품값을 굳이 나타내지

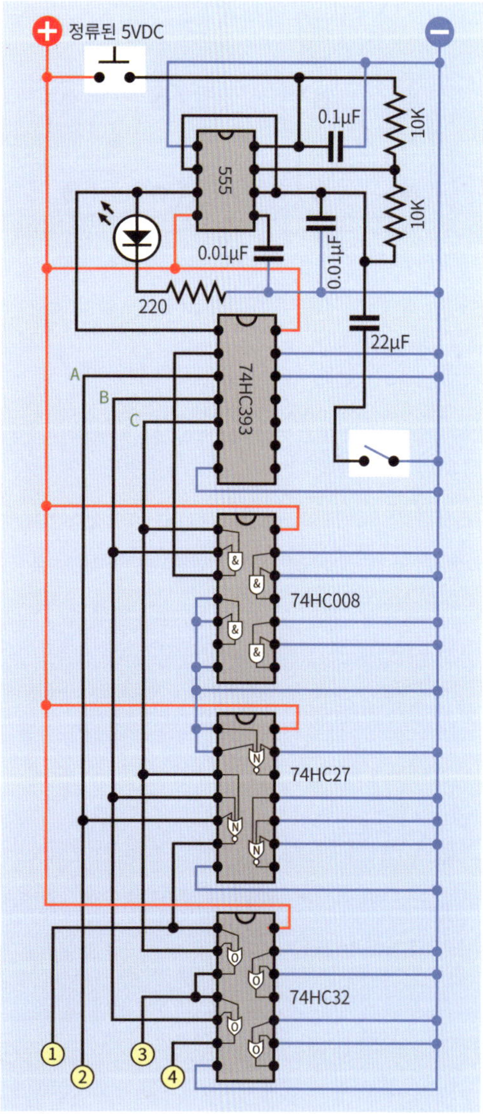

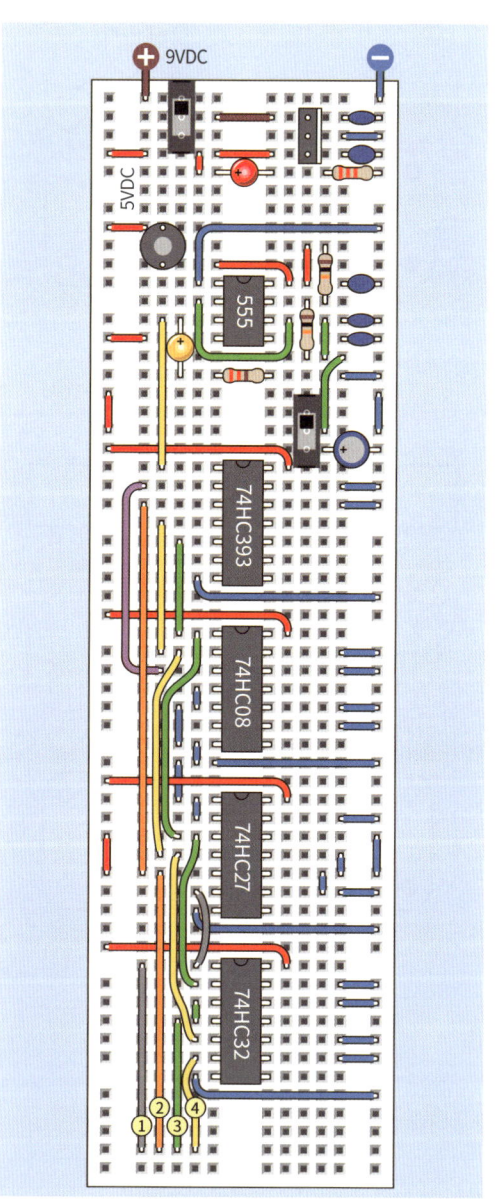

그림 4-151 주사위 1개 굴리기를 흉내 내도록 완성한 최종 회로.

그림 4-152 주사위 1개짜리 회로를 브레드보드에 나타낸 모습.

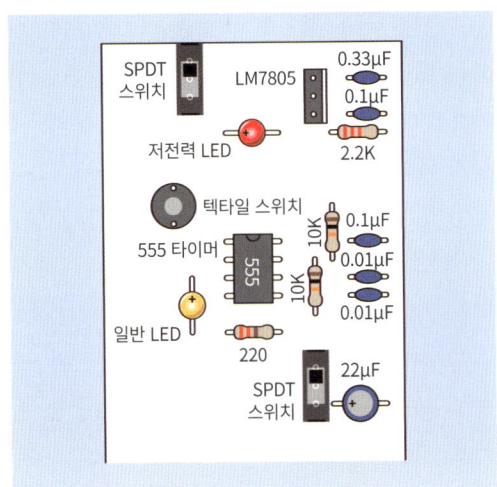

그림 4-153 주사위를 흉내 내는 제어 부분 부품의 부품값.

않았다. 논리에 기반해서 회로를 구성하면 좋은 점이 바로 이것이다. 저항과 커패시터를 끼워 넣을 자리를 굳이 고민하지 않아도 된다. 칩과 전선이면 대부분이 해결된다.

그림 4-151과 그림 4-152에서 회로 아래의 출력에 붙은 숫자는 그림 4-154의 LED 패턴으로 들어가는 입력과 일치한다. 보드에 LED를 추가할 공간이 없기 때문에 브레드보드를 하나 더 사용하거나 합판이나 플라스틱에 구멍을 뚫어 LED를 부착할 수 있다.

LED 세 쌍은 직렬로 연결해야 하는데 논리 칩의 출력이 병렬로 연결된 LED 한 쌍을 구동시키기에는 약하기 때문이다. LED를 직렬로 연결하려면 보통 때보다 낮은 값의 저항을 사용해야 한다. 이를 위해서는 우선 밀리암페어(mA)를 측정하도록 설정된 계측기를 통해 세 쌍의 LED 중 한 쌍에 5VDC를 걸어준다. 220Ω의 저항을 직렬로 연결하고 전류값을 측정해본다. 전류의 최댓값을 15mA로 설정한다고 하면 이는 HC 칩 출력의 사양 범위 내에서 해결할 수 있다. 사용하는 LED의 특성에 따라 150Ω이나 100Ω 저항이 필요할 수도 있다.

마지막으로 330Ω의 저항을 통해 가운데 LED에 4VDC를 걸어준 뒤 쌍으로 연결된 LED들의 밝기와 비교해본다. 가운데 LED가 다른 LED와 비슷한 밝기가 되도록 하려면 저항값을 늘려야 할 수도 있다.

LED를 논리 회로에 연결하고 버튼을 눌렀다 떼면 주사위 숫자를 알 수 있다.

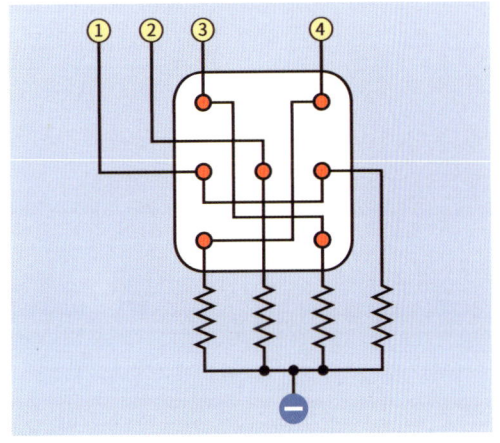

그림 4-154 7개의 LED를 연결해서(6개는 쌍으로, 직렬로 연결) 주사위 하나의 점 패턴을 나타낸다.

이렇게 해서 임의의 결과가 나온다는 것을 어떻게 알 수 있을까? 실제로 확인할 수 있는 유일한 방법은 반복해서 눌러본 뒤 각 숫자가 나오는 횟수를 표시하는 것이다. 적절한 검증 결과를 얻으려면 1,000번쯤 반복해야 할 수도 있다. 회로가 버튼을 누르는 인간의 행동에 좌우되기 때문에 점검 과정을 자동화할 수 있는 방법은 없다. 내가 할 수 있는 말은, '반드시' 임의의 결과가 나와야 한다는 것이다.

좋은 소식

이 회로에는 이전의 모든 회로에서 사용한 것보다 많은 칩이 사용되기는 했지만, 그래도 좋은 소식이 있다.

좋은 소식이란 이 회로에 전선 몇 개와 LED 몇 개만 추가하면 주사위 1개가 아닌 2개를 시뮬레이션해볼 수 있다는 것이다. 칩을 추가로 사용할 필요도 없다.

우리에게는 AND, NOR, OR 칩에 사용하지 않은 논리 게이트가 아주 많다. AND 게이트 3개, NOR 게이트 2개, OR 게이트가 2개 남아 있다. 또한 74HC393 칩에는 완전히 분리된 카운터도 하나 남아 있다. 이것만 있으면 충분하다.

문제는 첫 번째와 다르면서 임의의 숫자를 만드는 방법이다. 555 타이머를 하나 더 추가해서 다른 속도로 구동시켜야 할까?

나는 이 생각이 썩 마음에 들지 않는다. 타이머가 2개가 되면 서로 높은 전압 상태의 펄스가 되거나 낮은 전압 상태의 펄스가 되거나 할 텐데 이렇게 되면 어떤 값의 쌍이 다른 것보다 더 많이 나올 수도 있기 때문이다. 첫 번째 카운터 이진수 000에서 이진수 101로 증가하면 두 번째 카운터가 000에서 001로 바꾸도록 활성화시키는 쪽이 더 나을 듯하다. 첫 번째 카운터가 000에서 101까지 다시 한 번 증가하면 두 번째 카운터가 001에서 010으로 바꾸도록 다시 활성화시키는 식으로 계속할 수 있다.

두 번째 카운터는 첫 번째 카운터 속도의 1/6의 속도로 움직이지만 어느 정도만 빠르면 그것만으로 패턴을 구분하기 어려운 속도가 된다. 이렇게 하면 가장 좋은 점이 모든 가능한 값의 조합이 같은 횟수로 표시되기 때문에 숫자가 나타날 확률이 거의 같아진다. 실제로 주사위 2개를 던지는 것 같다.

그런데 내가 왜 '거의 같다'고 했을까? 왜냐하면 카운터가 이진수 101에서 이진수 000으로 초기화될 때 아주 짧게 지연이 일어나기 때문이다. 그러나 왼쪽 카운터가 약 5kHz에서 움직이면 지연 시간은 백만 분의 1초이기 때문에 거의 차이를 느낄 수 없다.

연결된 카운터

마지막 남은 질문은 첫 번째 카운터가 101에서 000으로 돌아갈 때 두 번째 카운터를 어떻게 활성화할 것인가이다.

이는 쉽다. 첫 번째 카운터의 출력이 101에서 110으로 변할 때, 즉 마지막 값이 000으로 초기화되기 직전 아주 잠시 유지될 때 어떤 일이 일어나는지 생각해보자. 출력 C가 높은 전압 상태에 도달하면 마지막 값은 낮은 전압 상태로 떨어진다.

두 번째 카운터 값이 1 증가하려면 클록 입력에 무엇이 필요할까? 여러분은 이미 답을 알고 있다. 높은 전압 상태가 낮은 전압 상태로 떨어져야 한다. 이를 위해서는 첫 번째 타이머로부터 나오는 출력 C를 두 번째 타이머의 클록 입력으로 연결해주기만 하면 된다. 정말로 이 칩은 이런 식으로 동작하도록 설계되었기 때문에 한 타이머의 높은 전압 상태가 낮은 전압 상태로 떨어지는 하강 상태가 '자리 올림' 신호와 같은 역할을 해서 타이머를 증가시킨다.

그림 4-155의 회로도는 주사위 2개용 회로를 보여준다. 혼자서 새로운 배선을 브레드보드에 추가할 수 있을 것이기 때문에 따로 브레드보드로 나타낸 모습을 넣지는 않았다. 이미 설치한 배선을 정확히 좌우로 뒤집은 모습이 되지만 각각의 칩에 양극 전원을 연결하기 위해 잇지 말고 브레드보드의 구멍을 한 줄 내려서 설치한다.

한 걸음 더 나아가기

회로를 더 간단히 만들 수 있을까? 처음에 말했던 것처럼 십진 카운터는 이진 카운터보다 더 논리가 간단하다. 모듈러스 6으로 숫자를 셀 때도 AND 게이트가 필요 없다. 십진 카운터의 7번째 출력 핀을 그냥 초기화 핀과 연결하기만 하면 된다.

그러나 주사위 2개를 던지려면 십진 카운터가 2개 있어야 하며, 이는 별도의 칩이 2개 있어야 한다는 뜻이다. 또한 표시장치 2개를 나타내는 논리를 처리하기 위한 칩도 여전히 2개 필요하다. 이 시점에서 구글 이미지에서 나타나는 회로도를 이해할 수 있을 것이다.

내가 설명한 회로에서 간단히 할 수 있는 거라고는 내가 보기에 각 OR 게이트를 다이오드 2개로 교체하는 것 정도다. 인터넷에서 찾은 회로는 보통 이렇게 하지만 이 경우 하나의 신호가

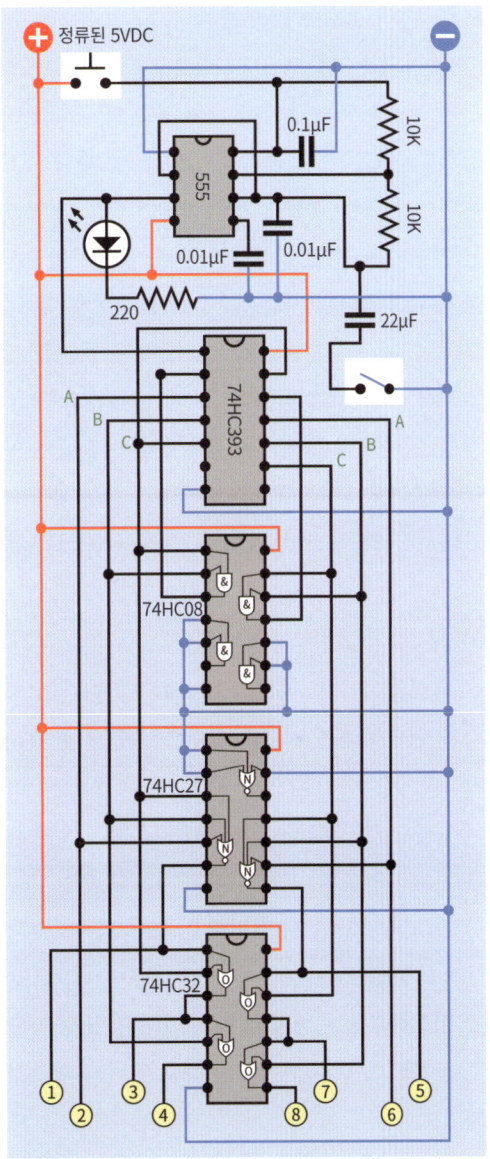

그림 4-155 LED 주사위를 실행시키는 완성된 회로.

다이오드 2개를 순서대로 통과하게 되어서 전압을 허용 가능한 수준보다 낮게 떨어뜨린다.

느려지는 기능으로 인한 문제

『짜릿짜릿 전자회로 DIY』의 초판에 수록했던 주사위 프로젝트는 훌륭한 추가 기능이 포함되어 있었다. 바로 '실행' 버튼에서 손을 뗄 때 주사위 패턴이 바뀌는 속도가 점점 느려지다가 정지하는 것이었다. 이렇게 하면 최종 숫자가 무엇인지 보기 위해 기다리는 긴장감을 고조시킬 수 있다.

이 기능은 555 타이머로 들어가는 전원을 나누어서 구현할 수 있었다. 타이머는 '항상 켜짐' 상태지만 타이머의 RC 네트워크로 연결되는 전압은 참가자가 '실행' 버튼에서 손을 떼면 차단되었다. 그 시점에서 큰 커패시터에 충전되어 있던 전하가 천천히 네트워크로 방전되고 타이머는 전압이 줄어듦에 따라 느려졌다.

그런데 재스민 패트리(Jasmin Patry)라는 독자가 이메일을 보내서 자신이 회로를 사용했을 때 1의 값이 유난히 자주 나왔으며 이런 현상이 느려지는 기능 때문이 아닌가 의심하고 있다고 했다.

재스민은 알고 보니 비디오 게임 기획자였고 무작위성(randomicity)에 대해 나보다 더 잘 알고 있었다. 그는 예의 바르고 인내심 있는 사람으로 자신이 무슨 이야기를 하고 있는지 정확히 알았으며 자신이 발견한 문제를 해결하도록 도움을 주고 싶은 듯했다.

재스민이 시뮬레이션에서 나온 숫자의 상대도수 그래프를 보여주었을 때 나는 문제가 있다는 데 동의할 수밖에 없었다. 나는 여러 가지 가능성에 대해 생각해보았지만 모두 잘못된 것으로 드러났다. 결국 재스민은 LED의 6개 전력 소비가 높은 데 비해 한 개짜리 LED의 전력 소비가 낮아서 전압이 상당히 줄어들었을 때 타이머가 조금 더 오랫동안 동작할 수 있다는 사실을 성공적으로 증명해 보였다. 이 탓에 조금 더 동작하는 시간 동안 타이머가 멈출 확률이 증가했다.

결국 재스민은 회로를 교체할 것을 제안했다. 그의 제안에 따라 두 번째 555 타이머가 추가되었고 2개의 타이머에서 나온 출력을 XOR 게이트를 통해 합쳤다. 그는 이렇게 하면 숫자 하나에 대한 편향을 제거할 수 있음을 성공적으로 증명했다. 나는 독자들이 내 책을 읽고 그렇게 많이 배우고 그 안에서 실수를 찾아내고 또 고칠 수 있다는 것을 실제로 확인하게 되어 아주 기뻤다.

제2판에서 나는 초판에서 문제를 일으킨 속도 저하 커패시터를 생략했다. 재스민의 회로는 조금 복잡하기 때문에 채택하지 않았다. 재스민이 만든 하나의 주사위용 회로에는 555 타이머 한 쌍에다 재스민이 필요하다고 한 XOR 게이트를 추가해야 했다. 재스민은 내가 OR 게이트로 대체했던 곳에 다이오드를 사용했으며 그러다 보니 브레드보드에 공간이 거의 남지 않았다.

재스민의 허락을 받아 나는 메일링 리스트에 등록해주는 사람들에게 이 회로를 무료로 보내줄 생각이다(절차는 들어가는 글에서 설명했다. xiv페이지 '내가 여러분에게 공지하는 경우' 참조). 회로를 두 줄짜리 형식에 맞도록 완벽하게 다시 그릴 수 없었기 때문에 책에는 싣지 못했다.

느려지는 기능으로 인한 문제의 대안

무작위성에 영향을 주지 않으면서 패턴이 느려

지도록 만드는 더 간단한 방법이 있을 거라는 생각이 들 것이다.

나는 인터넷을 검색하다가 누군가 NPN 트랜지스터의 이미터를 타이머의 7번 핀과 연결하고 베이스와 컬렉터 사이에 커패시터를 연결해서 전원이 끊어졌을 때 트랜지스터의 출력이 서서히 사라지도록 한 것을 보았다. 주사위 회로에 같은 방법을 쓴 사람들이 몇 명 더 있었다. 그러나 나는 이러한 구성이 재스민이 지적했던 것과 비슷한 문제를 일으킬 거라는 의심이 들었다.

그 외에도 이전에 내가 사용했던 것과 동일한 커패시터 구성으로 느려지는 기능을 구현한 회로도 보았다(예를 들어 독트로닉스(Doctronics) 홈페이지의 회로). 이런 회로들은 분명 내가 설명했던 문제에 마찬가지로 취약할 것 같다.

이 문제에 대한 나의 최종 답변은 이렇다. 회로가 아주 복잡해지지 않을 정도로만 부품을 추가해서 느려지는 기능을 구현할 수 있는 방법은 모르겠다. 이런 내 답변이 실망스러울 수 있다. 그러나 이 책을 완성하기 직전에 내 친구이자 오류 점검 담당인 프레드릭 잰슨(Fredrik Jansson)으로부터 555 타이머를 별도의 전압조정기로 전압을 인가해 회로의 다른 부분에서 발생하는 전압 변동으로부터 절연시키면 어떻겠냐는 제안을 받았다. 나는 그의 생각이 마음에 들었지만 이 책이 제작되기 전에 회로를 만들어볼 시간이 없었다.

나는 피캑스(PICAXE) 마이크로컨트롤러를 사용해서 완전히 다른 주사위 회로도 만들었지만 이것 역시 칩에 내장된 불완전한 난수 발생기(random-number generator) 때문에 또 다른 무작위성 문제가 발생한다는 사실을 깨달았다.

실험 34(이 책의 마지막 실험)에서 아두이노(Arduino)를 사용한 또 다른 주사위 시뮬레이션을 만든다. 그러나 여기서도 마찬가지로, 내장된 난수 발생기를 사용해야 했기 때문에 균등하게 숫자가 나타나는지는 상당히 의심스럽다.

그림 4-156 전자 주사위 표시장치에는 사포질한 폴리카본 상자에 내장된 10mm LED가 사용된다.

무작위성 문제는 간단하지 않다. 재스민 패트리에게 이메일을 받은 후 이 문제에 상당한 관심을 갖게 되어서 『짜릿짜릿 전자회로 DIY 플러스』에 이 문제에 대해 길게 설명했고 아론 로그(Aaron Logue, 자신의 프로젝트를 소개하는 아주 작은 사이트를 운영한다)와 함께 『메이크: 매거진(45권)』에 글도 기고했다. 아론은 내게 불규칙 잡음을 생성하는 역바이어스 트랜지스터(reverse-biased transistor)의 개념을 알려주었다. 생성된 불규칙 잡음은 위대한 컴퓨터 과학자 존 폰 노이만(John von Neumann)의 똑똑한 알고리즘을 통해 처리된다. 내 생각에 이 방식이 만들 수 있는 가장 완벽한 난수 발생기에 가장 가까운 형태인 듯하지만 칩 개수가 상당히 많다.

이 모든 개선점들은 입문서의 범위를 벗어난다. 여기에서 사용한 주사위 회로를 '아주' 간단히 수정해서 느려지는 기능을 추가하는 방법을 찾은 독자들의 연락을 나는 이메일을 활짝 열어 놓고 기다리고 있다. 진심이다. 나는 모든 메일을 정말로 읽는다.

한편 완성된 전자 주사위 프로젝트를 찍은 사진 두 장도 포함시켰다. 그림 4-156의 사진은 2009년에 출간된 이 책의 초판에도 사용했다. 그림 4-157은 내가 1975년에 돈 랭카스터(Don Lancaster)의 『TTL Cookbook』(TTL 요리책, 국내 미출간)을 읽고 74xx 논리 칩을 사용한 방법을 배워서 만든 것이다. 40년이 지났지만 LED는 여전히 임의로 반짝인다(적어도 내 생각에는 그런 것 같다).

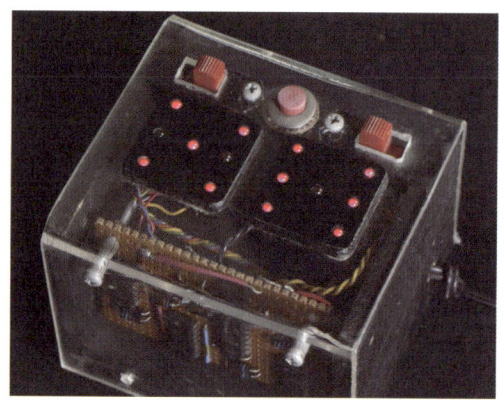

그림 4-157 1975년경에 설계해 만든 전자 주사위. 상자는 투명 합성수지와 검은색으로 칠한 합판을 사용했다.

이제 뭘 할까? 05

이제 여러 가지 분야로 관심을 넓혀볼 수 있다. 몇 가지 가능성을 생각해볼 수 있다.

소리: 기타의 소리를 바꿀 수 있는 앰프나 이펙터 등을 취미 삼아 만드는 프로젝트가 포함되는 아주 큰 분야다.

전자기: 아직까지 다룬 적이 없는 주제이긴 하지만 몇 가지 대단히 흥미로운 응용 방식이 있다.

라디오파 장치(radio-frequency devices): 아주 간단한 AM 라디오파를 시작으로 라디오파를 수신하거나 송신하는 장치를 만들어볼 수 있다.

프로그래밍 가능한 마이크로컨트롤러: 마이크로컨트롤러는 1개의 칩으로 구성된 작은 컴퓨터다. 데스크톱 컴퓨터에서 작은 프로그램을 하나 작성하고 이를 칩에 로딩시킨다. 그러면 칩은 프로그램이 시키는 대로 센서에서 입력을 받아 정해진 시간 동안 기다렸다가 모터로 출력을 보내는 등의 절차를 따른다. 널리 사용되는 마이크로컨트롤러에는 아두이노(Arduino), 피캑스(PICAXE), 베이직 스탬프(BASIC Stamp) 등 여러 가지가 있다.

이 모든 주제를 충실히 다루기에는 지면이 충분하지 않기 때문에 각 분야마다 몇 개의 프로젝트만 설명하는 식으로 소개하려 한다. 가장 흥미 있는 분야를 정하고 이 책에서 다루는 내용을 벗어나는 부분은 다른 참고 서적을 통해 배움으로써 그 분야를 더욱 깊게 알아나갈 수 있다. 또한 생산성 높은 작업 공간을 만드는 방법, 관련 서적과 카탈로그, 기타 인쇄물 등을 읽는 방법, 그 외에 취미로서의 전자회로 세계로 한 발 더 나아가는 방법도 알아보겠다.

공구, 장비, 부품, 물품

이 책의 마지막 장에 추가되는 공구나 장비는 없다. 모든 부품의 정리는 그림 6-8을 참조한다. 추가 물품 목록은 397페이지 '물품'을 참조한다(실험 25, 26, 28, 29, 31에 사용되는 코일용 전선이 대부분이다).

작업 공간 바꾸기

이 시점에서 하드웨어를 만드는 데는 재미를 붙였지만 새로운 취미를 위한 전용 공간을 마련하지 못한 이들을 위해 몇 가지 방법을 제안하겠다. 몇 년간 여러 가지 것들을 시도해본 결과, 내가 꼭 해주고 싶은 말은 이것이다. 작업대를 만들지 말아라!

전자 쪽 취미 관련 서적에서는 합판 같은 것들을 구매하라고 이야기하는 경우가 많다. 마치 크기와 형태에 대한 엄격한 조건이 있어서 이를 만족시킬 수 있는 작업대를 맞춤 제작해야 하는 것처럼 이야기하는 것이다. 이해가 잘 안 되는 이야기다. 나로서는 크기와 모양이 그다지 중요하지 않다. 수납공간이 가장 중요하다.

무엇보다 공구와 부품을 쉽게 꺼낼 수 있어야 한다. 작은 트랜지스터든 전선이 감긴 커다란 원통이든 상관없다. 일어나서 이리저리 돌아다니며 선반을 뒤적거려야 하는 일은 사절이다.

따라서 다음과 같은 두 가지 결론을 내릴 수 있다.

- 작업대 주변에 수납공간이 있어야 한다.
- 작업대 아래에 수납공간이 있어야 한다.

DIY로 작업대를 만드는 프로젝트 중에는 아래에 저장 공간을 거의 두지 않거나 심지어 전혀 두지 않는 경우도 많다. 아니면 뚫려 있는 선반을 추천하기도 한다. 그렇지만 이런 형태의 선반에는 먼지가 많이 쌓인다. 나라면 작업대를 최소한으로 구성한다고 할 때, 서랍 2개짜리 파일 캐비닛 한 쌍을 두고 그 위에 약 2cm 두께의 합판이나 포마이카를 입힌 상판을 깔겠다. 파일 캐비닛은 파일이나 다른 물건을 보관하기에 좋으며, 중고 상점에서 저렴한 물건을 쉽게 구할 수 있다.

내가 사용해본 작업대 중에서 가장 마음에 들었던 것은 골동품 같은 1950년대식 구식 철제 사무용 책상이었다. 이런 책상은 옮기기 힘들고 (무겁다) 아름답지도 않지만, 중고 사무 가구 판매점에서 저렴하게 구입할 수 있으며 크기가 크고 막 사용해도 괜찮고 오래 쓸 수도 있다. 서랍은 깊고 좋은 파일 캐비닛 서랍처럼 부드럽게 넣었다 뺄 수 있는 것이 보통이다. 무엇보다 책상에 철제 부분이 많아서 정전기에 민감한 제품을 만지기 전에 몸을 접지하기에 좋다. 정전기 방지 밴드가 있다면 책상 한구석의 금속판 나사에 꽂아두기만 해도 된다.

책상이나 파일 캐비닛 안쪽 구석에는 무엇을 넣어두면 될까? 다음과 같은 서류를 넣어두면 유용하다.

- 제품의 데이터시트
- 부품 카탈로그
- 직접 그린 스케치와 설계도

서랍의 남은 공간은 플라스틱 수납 상자로 채울 수 있다. 상자에는 자주 사용하지 않는 공구(히트건이나 고출력 납땜인두)와 대형 부품(스피커, AC 어댑터, 프로젝트용 상자, 회로 기판)을 보관할 수 있다. 수납 상자는 약 30×20×13cm의 크기에 옆면이 밑면과 직각인 것을 고른다. 월마트에서 구입할 수 있는 상자는 저렴하기는 하지만 여기에서 판매하는 제품 중에는 아래로 좁아져서 공간 효율이 떨어지는 상자도 있는데 이런 제품은 피하도록 한다.

내가 좋아하는 상자는 아크로밀즈(Akro-Mils)의 아크로그리드(Akro-Grids)다(그림 5-1과 그림 5-2 참조). 이 상자는 요철이 심하고 눌러 닫으면 고정되는 투명한 뚜껑을 별도로 구매할 수 있다. 사진에서는 상자가 아래로 좁아지는 모양인 것처럼 보이지만 그렇지 않다. 인터넷에서 아크로밀즈의 전체 카탈로그를 다운로드받아서 구매처를 검색할 수도 있다. 아크로밀즈에서는 놀랄 만큼 다양한 부품 보관함을 판매하지만, 나는 뚜껑이 없는 보관함은 부품에 먼지가 쌓이기 쉬워서 좋아하지 않는다.

가변저항, 전원 커넥터, 제어 손잡이, 토글스위치 같은 중간 크기의 부품을 보관할 때는 4칸에서 6칸으로 분리된 약 30×20×5cm 크기의 상자를 사용한다. 이러한 상자는 마이클즈(Michaels, 공예품점)에서도 구입할 수 있지만 나는 인터넷에서 내구성이 뛰어난 플래노(Plano) 제품을 구매하는 쪽을 선호한다.

칸이 나누어지지 않은 납작한 모양의 수납 상자라면 프로래치(Prolatch)의 23600-00이 좋다. 파일 캐비닛에 딱 맞는 크기이며 잠금장치가 튼튼해서 가로로 세우면 서랍 안에 몇 개는 넣을 수 있다(그림 5-3 참조).

플래노는 책상 위에 둘 수 있고 디자인이 뛰

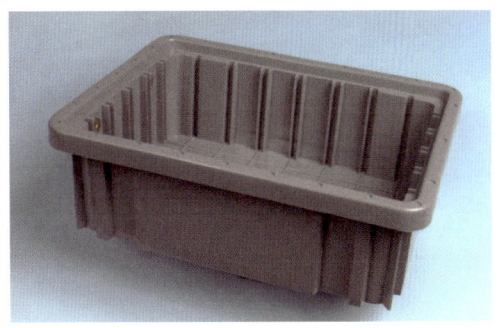

그림 5-1 아크로그리드 상자에는 홈이 있어서 여러 칸으로 나눌 수 있기 때문에 편리하게 부품을 보관할 수 있다. 이 사진에 나온 상자의 높이라면 일반 파일 캐비닛의 서랍 안에 3개를 쌓을 수 있다.

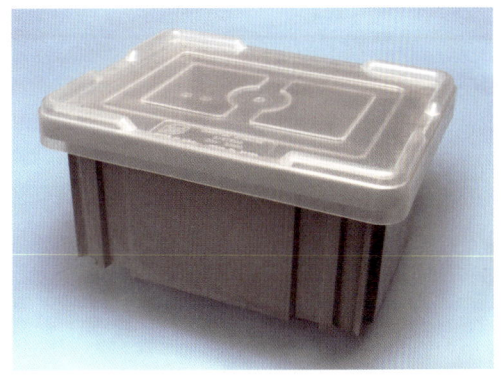

그림 5-2 아크로그리드 상자의 뚜껑은 별도로 판매하며 내용물을 먼지 없이 보관할 수 있다. 이 그림의 상자는 높이가 더 높은 제품으로 파일 캐비닛 서랍 안에 쌓으면 2개까지 들어간다.

그림 5-3 플래노의 상자는 칸이 나누어져 있지 않아서 전선이 감긴 원통이나 중간 크기의 공구를 보관하기에 좋다. 긴쪽을 바닥으로 세워서 파일 캐비닛 서랍에 넣으면 정확히 3개가 들어간다.

어난 공구 상자도 판매한다. 여기에는 드라이버나 펜치 같은 기본적인 공구를 쉽게 꺼낼 수 있도록 작은 서랍들이 달려 있다. 대부분의 전자회로 프로젝트에 필요한 작업 공간이 가로, 세로 1m 정도이기 때문에 공구 상자가 책상 공간을 조금 차지하겠지만 그렇게 공간이 부족하지는 않을 것이다.

상대적으로 서랍 공간이 협소한 철제 책상이라면 서랍 한 칸에 카탈로그를 보관할 수 있다. 모든 것을 인터넷으로 살 수 있다고 해서 인쇄물의 유용함을 과소평가하지 않도록 하자. 예를 들어 마우저(Mouser) 카탈로그에는 어떤 면에서 인터넷 검색보다 훨씬 유용한 색인이 있고 카테고리도 도움이 되도록 나누어져 있다. 카탈로그를 보면서 존재조차 몰랐던 유용한 부품을 찾은 적도 여러 번이다. 광대역 인터넷을 사용하더라도 인터넷에서 PDF 파일을 보는 것보다 인쇄된 카탈로그를 보는 쪽이 훨씬 빠르다. 마우저는 2,000페이지가 넘는 카탈로그를 잘 보내주는 편이다. 맥마스터 카 역시 카탈로그를 보내주지만 주문한 고객에 한해 1년에 한 번만 보내준다. 전 세계에서 가장 많은 공구와 하드웨어를 소개하는 가장 멋진 카탈로그일 듯하다.[1]

이제 중요한 문제가 남았다. 저항, 커패시터, 칩 같은 조그만 부품들은 모두 어떻게 보관할까? 이 문제의 해결책으로 여러 가지 방법을 시도해 본 결과 가장 확실한 방법은 작은 서랍이 달린 상자를 사는 것이었다. 각각의 서랍은 완전히 빼낼 수 있어서 내용물을 사용할 때 서랍을 책상에 올려놓을 수 있는 것이 좋다. 그러나 나는 두 가지 이유로 이런 상자가 싫다. 첫째, 아주 작은 부품을 보관하려면 서랍을 다시 칸으로 나누어야 하는데 칸막이가 고정되어 있지 않다. 둘째, 서랍을 빼내다가 부품을 바닥에 쏟을 수 있다. 여러분은 조심스러운 성격이어서 이런 일이 생기지 않을지도 모르지만 나는 그렇지 않다. 사실, 한번은 상자 전부를 바닥에 엎은 일도 있다.

개인적으로 선호하는 것은 다리스(Darice)의 소형 수납 상자다(그림 5-4 참조). 마이클스에서 소량으로 구매할 수 있으며 온라인에서 대량으로 구매하면 조금 더 싸다. 인터넷으로 다음과 같이 검색하면 된다.[2]

darice mini storage box (다리스 소형 수납 상자)

파란색 상자는 저항을 보관하기에 알맞은 크기와 모양의 칸 5개로 나뉘어 있다. 노란 상자는 10칸으로 나뉘어 있어서 반도체를 보관하기 좋다. 보라색 상자는 칸막이가 아예 없고, 빨간색 상자는 칸 모양이 섞여 있다. 모든 상자의 재고 번호는 2505-12로 동일하다.

상자에 처음부터 공간이 나뉘어 있기 때문에 칸막이를 조정할 수 있는 상자에서처럼 칸막이 위치가 틀어져서 부품이 섞인다든가 하는 번거

[1] 국내에서는 샘플 구매 시 요청하면 카탈로그를 받을 수 있다.

[2] 문구점이나 균일가 생활용품점, 소품점 등에서 매우 저렴한 가격에 적당한 상자를 판매하기 때문에 이런 곳을 찾아보는 것도 좋다.

로움을 피할 수 있다. 상자 뚜껑은 홈으로 고정되기 때문에 상자를 떨어뜨려도 쉽게 열리지 않는다. 뚜껑에는 금속 걸쇠가 달려 있고 모서리 주변으로 홈이 나 있어서 상자를 안정적으로 쌓아둘 수 있다.

그림 5-4 다리스의 소형 보관 상자는 저항, 커패시터, 반도체 칩을 보관하기에 적당하다. 이 상자들은 선반 위에 안정적으로 쌓아두거나 더 큰 상자에 모아서 보관할 수 있다. 제품 스티커는 히트건으로 따뜻하게 데우면 쉽게 제거할 수 있다.

나는 상당히 오래 검색한 후에 약 20×30×13cm 크기의 뚜껑이 달린 저렴한 플라스틱 상자를 찾을 수 있었다. 각 상자에는 다리스 부품 상자를 9개 수납할 수 있다. 상자는 카테고리별로 분류해서 선반에 쌓아두면 된다.

이름표 붙이기

부품을 어떻게 보관하든 이름표 붙이기는 중요하다. 잉크젯 프린터로 깨끗하게 이름표를 출력하고 제거 가능한(영구적이 아닌) 이름표를 사용한다면, 필요할 때 언제라도 부품을 다시 정리

할 수 있다. 나는 저항을 보관할 때 색깔이 들어간 이름표를 사용해서 이름표의 색과 저항의 띠를 비교해 저항이 제 위치가 아닌 곳에 들어가 있을 때 금방 알 수 있도록 했다(그림 5-5 참조).

그러나 그보다는 (접착력이 없는) 제품 상표를 부품과 함께 넣어두는 것이 더 중요하다. 이 이름표를 보면 제조사의 부품 번호와 판매처를 알 수 있어서 다시 주문할 때 편리하다. 나는 마우저에서 용품을 많이 구매하며 그곳에서 판매하는 부품 꾸러미를 살 때마다 각 꾸러미의 제품 상표를 잘라내서 부품 상자의 칸에 넣고 그 위에 부품을 보관한다. 이렇게 하면 나중에 다시 주문할 때 불필요한 괴로움을 겪지 않아도 된다.

그림 5-5 저항이 잘못된 위치에 들어가지 않도록 각 저항의 이름표에 색깔 코드를 인쇄해 둔다.

내가 '정말' 정리를 잘하는 사람이었다면 구매한 모든 부품의 목록을 날짜, 구매처, 부품 유형, 수량까지 컴퓨터에 데이터베이스화해서 보관했을 것이다. 그러나 나는 그렇게까지 정리를 잘하는 사람은 아니다.

작업대 위

일부 용품은 아주 중요하기 때문에 작업대나 책상에 항상 올려두어야 한다. 이런 용품에는 납땜인두, 확대경이 달린 보조 도구, 책상용 스탠드, 브레드보드, 멀티탭, 전원 공급 장치가 있다. 책상용 스탠드의 경우 실험 14에서 설명한 이유 때문에 나는 LED 전구를 선호한다.

프로젝트에 사용하는 전원 공급 장치는 개인의 취향에 따라 선택한다. 전자 쪽 분야를 깊게 다루어볼 생각이라면 잘 정류되고 보정된 다양한 전압값에서 정확하게 정류된 전류를 공급할 수 있는 장치를 구입할 수 있다. 이는 콘센트에 꽂아서 사용하는 AC 어댑터로는 가능하지 않으며 부하를 얼마나 걸어주느냐에 따라 출력이 달라질 수 있다. 그러나 앞에서 본 것처럼 AC 어댑터도 기본적인 실험을 하기에는 충분하며, 논리 칩을 사용한다면 어차피 브레드보드에 5V 전압조정기를 사용해주어야 한다. 종합적으로 보았을 때 전원 공급 장치는 선택 사항이라고 생각한다.

선택 가능한 또 다른 장치는 오실로스코프다. 이 장치는 전선과 부품 내부의 전기적 변동을 눈으로 확인할 수 있도록 그래프로 나타내주며, 여러 위치에 탐침을 갖다 대면 회로의 오류를 추적할 수 있다. 보관하기 깔끔한 외형이지만 가격이 수백 달러나 하는 데다가 지금까지 우리가 한 프로젝트에는 필요가 없었다. 오디오 회로를 심도 있게 공부해볼 생각이라면 만들어낸 파형의 모양을 보고 싶을 것이기 때문에 오실로스코프가 훨씬 더 중요할 수 있다.

오실로스코프는 컴퓨터 USB 포트에 꽂아서 컴퓨터 모니터에 신호를 나타내는 제품을 선택하면 조금 저렴하게 구입할 수 있다. 그러나 내가 구입해서 사용했던 이런 유형의 제품은 그 결과물이 썩 만족스럽지는 않았다. 작동은 하지만 낮은 주파수 신호에서의 결과가 정확하지 않거나 믿을 만하지 않은 것 같다. 내가 운이 나빴을 수도 있지만 다른 제품을 또 사볼 생각은 없다.

책상이나 작업대 표면은 예상치 못한 홈집이나 칼자국, 녹아서 떨어진 땜납 등으로 상처가 날 수밖에 없다. 나는 가로, 세로 약 65cm, 두께 약 1cm의 합판을 사용해서 주요 작업 공간을 보호하며 합판의 모서리에는 소형 바이스를 고정시켜둔다. 예전에는 합판 위에 정사각형 모양으로 전도용 스펀지를 깔아서 내게서 나오는 정전기로 인해 민감한 부품이 손상될 위험을 줄이려고 했다. 그러나 시간이 지남에 따라 우리 집의 카펫과 의자와 신발의 조합이 정전기를 일으키지 않는다는 것을 알게 되었다. 이는 경험을 통해 알 수 있는 문제다. 금속 물체를 만질 때 작은 불꽃이 튀거나 정전기의 따끔함이 느껴진다면 몸을 접지시키기 위해 작업대 표면에 정전기 방지 스펀지(또는 금속 조각)를 사용할 수도 있겠다.

작업하는 동안에는 어쩔 수 없이 주변이 엉망이 된다. 구부러진 조그만 전선 조각, 빠져나와 돌아다니는 나사, 잠금장치, 벗겨낸 피복 조각 등이 쌓여서 골칫거리가 된다. 만들고 있는 프로젝트에 금속 부품이나 조각이 섞이면 회로를 쇼트시킬 수도 있다. 따라서 쓰레기통이 필요하다.

그러나 편리한 쓰레기통이어야 한다. 나는 커다란 쓰레기통을 사용하는데 아주 커서 뭔가를 던져 넣더라도 밖으로 떨어지는 일이 없고 쓰레기통이 어디 있는지 절대 잊어버릴 수 없다.

마지막으로 가장 중요한 컴퓨터가 남았다. 모든 데이터시트를 인터넷에서 구할 수 있으며 모든 부품을 인터넷에서 주문할 수 있고 취미로 즐기는 사람들이나 교육자들이 인터넷에 여러 샘플 회로를 올려놓기 때문에 인터넷 연결이 빠르지 않으면 효율적인 작업이 불가능할 것 같다. 공간을 낭비하지 않도록 바닥에 컴퓨터 본체를 놓고 모니터를 벽에 달거나, 또는 태블릿 PC나 작고 저렴하며 최소한의 공간을 차지하는 노트북 컴퓨터를 사용할 수 있다.

철제 책상을 사용한 작업대 구성은 그림 5-6과 같을 수 있다. 그림 5-7은 공간을 더욱 효율적으로 사용할 수 있는 구성을 나타낸 것이다.

그림 5-7 사용할 수 있는 공간을 최대한 활용하려면 주변을 서랍장으로 둘러싸는 것을 고려해보자.

인터넷에서 참고 자료를 찾을 수 있는 곳

초급 수준의 기본적인 정보를 제공하는 웹사이트를 추천해달라는 부탁을 받으면 Doctronics(http://www.doctronics.co.uk/)를 추천한다.

이 사이트에서 회로도를 그리는 방식도 좋고 내가 하는 것처럼 브레드보드에 연결한 회로도의 그림이 많다는 점도 마음에 든다. 이 사이트에서는 키트도 판매하고 있으니 영국에서 물건이 배송되기를 기다릴 마음만 있다면 주문할 수 있다.

다음으로 좋아하는 취미 사이트 역시 영국 사이트인 Electronics Club(http://electronicsclub.info/)이다. Doctronics만큼 다양한 내용을 담고 있지는 않지만 아주 친절하고 이해하기 쉽게 설명해준다.

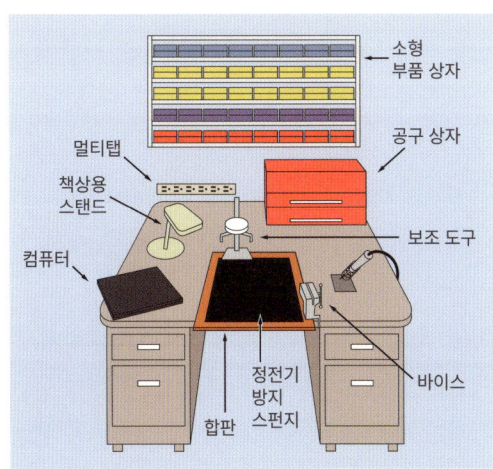

그림 5-6 구식 철제 사무용 책상은 조그만 전자회로 프로젝트를 만들 때 사용하기에는 전용 작업대만큼 좋지 않더라도 충분히 훌륭하다. 작업 공간이 넓고 충분한 수납공간이 있으며 정전기에 예민한 부품을 다룰 때 몸을 접지시킬 수 있을 정도로 중량도 충분하다.

좀 더 이론적인 접근법이 필요하다면 ElectronicsTutorials(http://www.electronics-tutorials.ws/)로 가보자.

이 사이트는 내가 이 책의 '이론'에서 다루는 것보다 조금 더 깊은 내용을 다룬다.

색다른 전자기학 주제를 모아놓은 사이트를 원한다면 돈 랭카스터의 Guru's Lair(http://www.tinaja.com/)를 방문해보자.

랭카스터가 40년도 전에 쓴 『TTL 요리책』은 최소한 두 세대에 걸쳐 취미로 뭔가 만들거나 실험해보려는 사람들에게 전자회로라는 새로운 세상을 열어주었다. 랭카스터는 자신이 무슨 이야기를 하는지 알고 있었고 상당히 도전적인 분야에 뛰어드는 데도 두려움이 없어서 자기만의 포스트스크립트(postscript) 프린터 드라이버를 프로그래밍하거나 스스로 직렬 포트 연결을 만들기도 했다. 이 사이트에서 여러 아이디어를 찾아볼 수 있을 것이다.

책

그렇다. 정말로 책이 필요하다. 그림 5-8은 내가 사용하는 책 몇 권을 쌓아놓고 찍은 사진이다.

여러분이 이미 이 책을 읽고 있기 때문에 다른 입문서는 추천하지 않는다. 대신 다양한 분야로 지식을 넓혀나갈 수 있고 참고 도서로 사용할 수 있는 책을 골랐다.

그림 5-8 참고 도서 중 가장 위에 있는 것이 빛바랜 돈 랭카스터의 고전 TTL 칩 안내서다. 이 책은 40년도 훨씬 전에 취미로 전자부품을 즐기는 이들에게 새로운 시대를 열어주었다. 대부분의 정보는 아직 유용하며 중고 도서는 지금도 아마존 등에서 구할 수 있다.

Make: More Electronics

『짜릿짜릿 전자회로 DIY 플러스』(찰스 플랫 지음, 김현규 옮김, 인사이트, 2016)

이 책의 후속편에 해당하는 책으로 여기에서 지면의 제약으로 다루지 못한 주제(연산 증폭기(op-amp) 등)를 모두 다룬다. 일부 회로는 더욱 어려워진다. 이 두 권을 모두 읽으면 개인이 적당한 예산으로 배울 수 있는 전자회로 관련 주제는 대부분 다루게 된다.

The Encyclopedia of Electronic Components

『전자부품 백과사전』(찰스 플랫 지음, 배지은·이하영 옮김, 한빛미디어, 2015)

이런 책을 쓰기가 얼마나 힘든지 미처 깨닫기 전에 시작한 프로젝트다. 따라서 총 세 권의 출간 일정이 계속해서 늦춰졌다. 1권과 2권은 이 책을 쓰는 지금 출간된 상태다. 여러분이 이 책을 읽을 때쯤이면 3권도 인쇄에 들어가 있을 거라고 생각한다. 이런 책들은 잠깐 참고하기에 알맞다.

잊어버린 사실을 떠올릴 수 있도록 도와주고 내용을 훨씬 더 자세하게 설명해준다. 비교해보자면 『짜릿짜릿 전자회로 DIY』에서는 직접 해볼 수 있는 내용들을 주로 다루며 이 책을 읽는 독자들이 지나치게 자세한 설명에 막혀 포기하지 않도록 주의를 기울였다.

이제 다른 사람들이 쓴 책 중에 가장 중요하다고 생각하는 책들을 정리해보자.

Practical Electronics for Inventors(Paul Scherz, Simon Monk 공저, McGraw-Hill, Second Edition, 2013)
이 책은 포괄적인 내용을 다루는 두꺼운 책으로 정가가 40달러가 넘는다. 제목에 발명가가 들어가기는 하지만 뭔가를 발명하려는 사람이 아니더라도 이 책이 유용할 수 있다. 내가 주로 참고하는 이 책에서는 저항과 커패시터의 기본 성질에서부터 상당히 고차원적인 수학 계산까지 다양한 범위의 개념을 다룬다.

Getting Started with Arduino
『손에 잡히는 아두이노』(마시모 밴지 지음, 황주선 옮김, 인사이트, 2016)
이 책은 가장 단순한 입문서로 아두이노에서 사용되는 처리 언어(C언어를 안다면 비슷하다고 느낄 수 있다)를 익히도록 도와준다.

Making Things Talk(Tom Igoe 저, Make: Books, 2011)
『재잘재잘 피지컬 컴퓨팅 DIY』(톰 아이고 지음, 황주선·김현규 옮김, 인사이트, 2014)

이 책은 어마어마하고 방대한 내용을 다루며, 아두이노의 성능을 최대한 활용해서 주변 환경과 통신하는 방법과 인터넷에 접속하는 방법을 보여준다.

TTL Cookbook(Don Lancaster 저, Howard W. Sams & Co, 1974)
1974년이라는 출간 날짜는 잘못 인쇄된 것이 아니다! 더 이후에 출간된 개정판이 있다 하더라도 모두 헌책일 것이다. 저자는 74HCxx 시리즈 같은 CMOS 칩이 74xx 칩 시리즈를 핀 수준에서 모방하기도 전에 이 책을 썼지만 그래도 여전히 참고 도서로 유용하다. 개념과 부품 번호가 바뀐 부분도 없고 글도 정확하고 간결하게 쓰여졌기 때문이다. 정논리와 부논리 전압에 대한 내용이 유일하게 지금 더 이상 적용되지 않음에 주의한다.

CMOS Sourcebook(Newton C. Braga 저, Sams Technical Publishing, 2001)
이 책은 CMOS 칩 중에서 4000 시리즈만 다루며 앞에서 주로 사용했던 74HCxx는 다루지 않는다. 4000 시리즈는 더 구형인 데다 이후 세대보다 정전기에 더 취약하기 때문에 조금 더 세심하게 다루어야 한다. 그러나 4000 시리즈 칩은 여전히 폭넓게 사용되며 가장 큰 장점은 5V~15V의 넓은 전압 범위를 견딜 수 있다는 것이다. 이는 예를 들어 555 타이머를 구동하는 12V 회로를 설치하고 그 타이머의 출력을 바로 CMOS 칩의 입력으로 보낼 수 있음을 뜻한다. 이 책의 구성은 1) CMOS 칩의 기본 개념 2) 모든 주요 칩의 핀 배치를 보여주는 기능 다이어그램 3) 칩이 기본적인 기능을 수행하도록 하는 방법을 보여주는 간단한 회로, 이렇게 세 부분으로 이루어져 있다.

The Encyclopedia of Electronic Circuits(Rudolf F. Graf 저, Tab Books, 1985)
아주 다양한 회로들을 최소한의 설명만 곁들여 수록한 책이다. 이 책을 갖고 있으면 어떤 생각이 떠올랐을 때 다른 사람들이 그 문제에 어떻게 접근했는지 알고 싶을 경우 유용하게 사용할 수 있다. 일반적인 설명보다 예제가 아쉬울 때가 많기 마련인데, 이 책에는 예제가 아주 많이 수록되어 있다. 이 시리즈의 후속 도서도 여러 권 출간되었지만 이 책을 펼쳐보면 필요한 웬만한 회로는 다 있을 것이다.

The Circuit Designer's Companion(Tim Williams 저, Newnes, 2판, 2005)
실용적인 응용에 대한 유용한 정보를 많이 담고 있지만 건조하고 꽤 전문적으로 쓰여진 글이다. 전자회로 프로젝트를 현실 세계에서 실제로 사용하는 데 관심이 있다면 유용할 수 있다.

The Art of Electronics(Paul Horowitz, Winfield Hill 공저, Cambridge University Press, 2판, 1989)
이 책이 20쇄 이상 인쇄됐다는 점에서 두 가지 사실을 알 수 있다. 첫째는 많은 사람들이 이 책을 기본 참고 도서라고 생각한다는 것이고, 둘째는 이 책의 중고 책을 구하기 쉽다는 것이다. 두 번째 사실은 이 책의 정가가 100달러가 넘기 때문에 중요한 고려 사항이 된다. 저자 두 명이 학자이기 때문에 『Practical Electronics for Inventors』보다는 좀 더 기술적인 접근법을 사용하지만 추가 정보를 찾을 때 아주 유용하다.

Getting Started in Electronics(Forrest M. Mims III 저, Master Publishing, 4판, 2007)
초판이 1983년에 출간됐지만 여전히 재미있게 볼 수 있는 책이다. 이 책에서 다루는 주제를 나도 여러 개 다루었지만 다른 책에서 완전히 다른 설명과 조언을 읽는 것도 도움이 될 수 있으며, 일부 전기 이론에 대해서는 나보다 내용을 더 깊이 있게 다루면서도 귀여운 그림을 실어서 이해하기가 더 쉽다. 단, 이 책이 일부분의 주제만 다루는 얇은 책이라는 점에 주의한다. 이 책에서 모든 해답을 찾을 것이라 기대해서는 안 된다.

실험 25: 자기학

이후의 선택지를 살펴보았으니 이제 우리를 기다리고 있는 아주 중요한 주제인 전기와 자기의 관계에 대해 이야기해보자. 이번 실험에서는 오디오 장비와 무선 신호에 대해 속성으로 다루며 수동 소자(passive component)의 세 번째이자 마지막 기본 속성인 자체유도(self-inductance)의 개념을 설명할 것이다(다른 두 개는 저항값과 정전용량). 자체유도를 마지막에 와서 설명하는 이유는 자체유도가 DC 회로에의 응용이 제한되어 있기 때문이다. 그러나 변동하는 아날로그 신호를 일단 다루기 시작하면 금세 익숙해질 것이다.

기초지식: 양방향 관계
전기는 자력을 발생시킬 수 있다.

- 전기가 전선을 통과해 흐를 때 전선 주변에 자력을 발생시킨다.

이러한 원리는 거의 모든 전기모터에 사용된다. 자력은 전기를 발생시킬 수 있다.

- 전선이 자기장을 통과할 때 자기장은 전선에 전류를 발생시킨다.

이러한 원리는 전기 발전에 사용된다. 디젤엔진, 수력 터빈, 풍차 등의 에너지원은 코일 형태의 전선을 강력한 자기장 속으로 통과시킬 수 있으며 이때 전기가 코일 내에서 유도된다. 태양전지판을 제외하면 실제적으로 모든 전기에너지원은 자석과 코일 형태의 전선을 사용한다.

다음 실험은 이러한 효과를 작지만 인상적으로 보여준다. 학교 과학 수업에서 반드시 다루는 내용이지만 이미 해봤던 실험이라도 잠깐이면 설치할 수 있으니 다시 해보기를 권한다.

실험 준비물
- 큰 드라이버 1개
- 22게이지나 그보다 얇은 전선(최대 1.8m)
- 9V 전지 1개
- 종이 클립 1개

실험 절차
이 실험은 더 이상 간단할 수 없을 정도로 간단하다. 전선을 드라이브 날의 거의 끝부분까지 감는다. 전선은 촘촘하고 단단하고 깔끔하게 감아야 한다. 5cm 범위 내에 100번 감자. 이 길이에 맞게 감으려면 이미 감은 부분에 겹쳐서도 감아야 한다. 마지막으로 감은 후에는 전선이 풀리지 않도록 테이프로 고정한다.

이제 9V 전지를 연결하자. 보기만 해도 썩 좋은 생각 같지 않다. 이렇게 하면 실험 2에서처럼 건전지가 쇼트될 것이기 때문이다. 그러나 전류를 직선이 아닌 감아놓은 전선에 통과시키면 전류의 흐름이 억제되면서(이에 대해서는 조금 후에 설명한다) 전류가 어떤 작용을 한다(예를 들면 종이 클립을 움직일 수 있다).

그림 5-9처럼 드라이버 끝부분 근처에 종이 클립을 놓아보자.

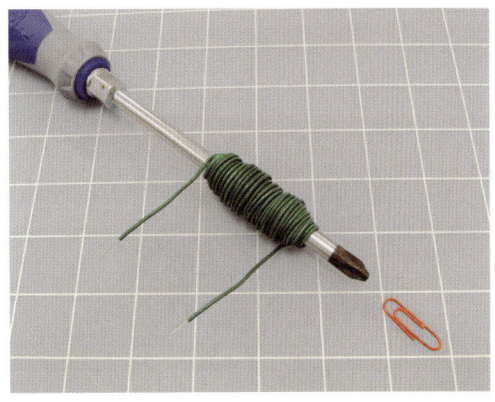

그림 5-9 가장 기본적인 전자석의 형태. 종이 클립을 끌어당길 수 있을 정도로 강력하다.

표면이 매끄러워야 종이 클립이 쉽게 끌려온다. 드라이버 중에는 이미 자력을 띠는 것도 많기 때문에 아무것도 하지 않은 상태에서 종이 클립이 드라이버 날의 앞부분에 끌려올 수도 있다. 이럴 때는 클립을 드라이버 날의 자력 범위 밖으로 이동시켜준다. 이제 회로에 9V의 전압을 걸면 클립이 드라이버의 끝부분으로 끌려온다.

축하한다. 전자석을 만드는 데 성공했다. 전자석의 회로도는 그림 5-10과 같다.

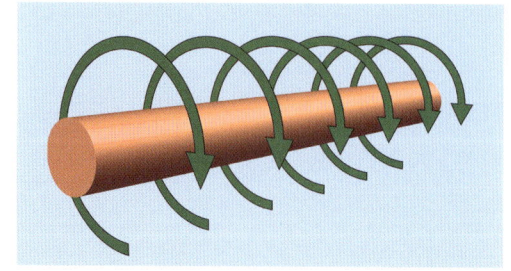

그림 5-11 전류가 도선을 따라 왼쪽에서 오른쪽으로 흐를 때 초록색 화살표처럼 자력이 유도된다.

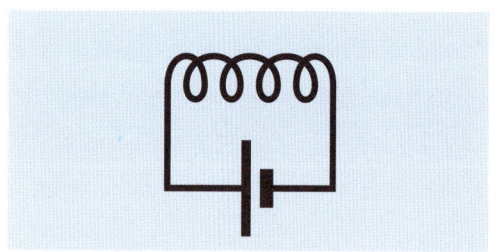

그림 5-10 회로도가 이보다 간단할 수 없다.

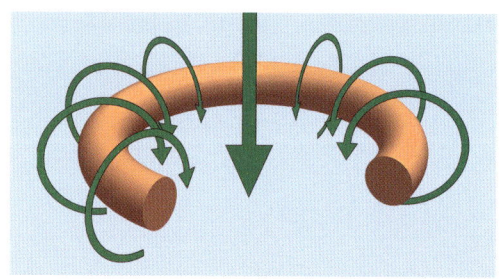

그림 5-12 도선이 원 모양으로 구부러져 있으면 축적된 자력이 큰 화살표로 표시된 것처럼 원 중심으로 통과한다.

이론: 인덕턴스

전기가 전선을 통과해 흐를 때 전선 주변에 자기장이 발생한다. 전기가 이런 효과를 유도(induce)하기 때문에 이런 현상을 '유도'라는 뜻의 '인덕턴스(inductance)'[3]라고 부른다. 그림 5-11은 이를 설명한 것이다.

직선 전선 주변의 자기장은 아주 약하지만 전선을 구부려서 원으로 만들면 그림 5-12처럼 자기장이 축적되어서 원 가운데를 뚫고 들어간다. 코일을 더 감아 원을 추가해주면 자력은 더욱 축적된다. 코일의 가운데에 철이나 강철로 된 물체(드라이버 등)를 놓아두면 그 효과가 한층 커진다.

그림 5-13은 '바퀴의 근삿값(Wheeler's approximation)'이라고 알려진 공식을 그래프로 나타낸 것이다. 이 식을 사용하면 코일의 내부 반지름, 외부 반지름, 감은 폭, 감은 횟수를 알 때 코일 인덕턴스의 근삿값을 계산할 수 있다(수치는 미터가 아닌 인치로 나타내야 한다). 인덕턴스의 기본 단위는 헨리로, 미국의 전기 분야 선구자인 조셉 헨리(Joseph Henry)의 이름에서 따왔다. 헨리는 패럿처럼 단위가 크기 때문에 공식에서는 인덕턴스를 마이크로헨리 단위로 나타낸다. 그래

---

[3] 인덕턴스는 본문에 나온 전자기 유도 현상에 의해 발생하는 역기전력(counter electromotive force)의 비율을 의미하며, 유도 비율이라고도 한다. 여기서는 전자기 유도 현상(electromagnetic induction)과 인덕턴스를 모두 인덕턴스라고 표현하고 있다. 번역에서는 문맥에 따라 위의 용어를 변경해 사용한다.

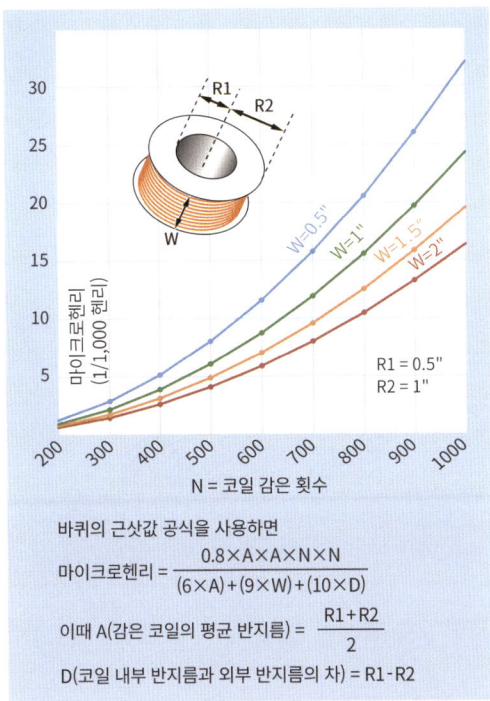

그림 5-13 코일의 치수와 코일을 감은 횟수가 인덕턴스에 미치는 영향을 보여주는 그래프. 간단한 식으로 인덕턴스의 근삿값을 계산했다.

프를 보면 코일의 폭은 그대로 두고 전선 감은 횟수를 2배 증가시키면(더 얇은 전선을 감거나 피복이 더 얇은 전선을 사용) 코일의 리액턴스(reactance)가 4배 증가한다. 이는 공식의 분자에 N×N이 포함되어 있기 때문이다. 다음은 주요 요점을 정리한 것이다.

- 인덕턴스는 코일의 반지름이 증가함에 따라 함께 증가한다.
- 인덕턴스는 코일을 감은 횟수의 제곱에 거의 비례한다(다시 말해, 코일 감은 횟수가 3배 늘어나면 인덕턴스는 9배 늘어난다).
- 코일을 감은 횟수가 일정할 때 코일을 얇고 길게 감으면 인덕턴스는 줄어들고, 두껍고 짧게 감으면 인덕턴스는 늘어난다.

기초지식: 코일의 회로도 기호와 기초

그림 5-14에서 코일의 회로도 기호를 보자. 왼쪽에서 오른쪽 순서로 처음의 기호 2개는 심이 없는 코일을 나타낸다(첫 번째 기호가 두 번째 기호보다 더 오래된 형식이다. 세 번째와 네 번째 기호는 각각 가운데 단단한 철심이나 철 입자 또는 페라이트로 구성된 심을 두고 코일을 감은 것이다).

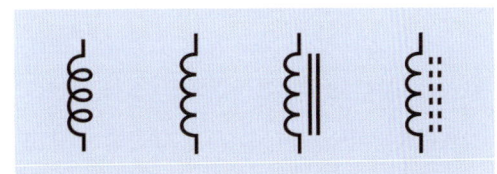

그림 5-14 코일을 나타내는 회로도 기호. 자세한 내용은 본문 참조.

철심은 자기 효과를 증가시켜서 코일의 인덕턴스를 높여준다.

한쪽에 양극 전원을 연결하고 반대쪽은 접지시킨 코일 주변에 생성된 자기장을 측정했을 때 전원의 극성을 바꾸면 자기장도 뒤바뀐다.

아마도 코일이 가장 널리 응용되는 분야는 변압기일 것이다. 변압기는 한 코일의 교류 전류가 다른 코일의 교류 전류를 유도하며 둘이 같은 철심을 공유하는 경우도 많다. 변압기의 효율이 100%라고 가정하면 1차(입력) 코일의 감긴 횟수가 2차(출력) 코일의 절반이면 전압이 2배, 전류는 절반이 된다.

배경지식: 조셉 헨리

1971년 태어난 조셉 헨리는 강력한 전자석을 처음으로 개발해서 그 존재를 입증해 보였다. 그는 또한 코일 형태의 전선이 가지는 특성인 '자체유도(self-inductance)'라는 개념을 처음 발견했다. 자체유도는 '전기적 관성(electrical inertia)'을 뜻한다.

헨리는 뉴욕 주 올버니에서 일용직 노동자의 아들로 태어났다. 그는 잡화점에 이어 시계공의 견습생으로 일했으며 배우의 꿈도 품고 있었다. 학교에 입학하라며 설득했던 친구들 때문에 올버니 아카데미에 입학했던 그는 이곳에서 과학에 소질이 있다는 사실을 알게 되었다. 대학도 졸업하지 못했고 자신을 "원칙적으로 독학했다"고 표현했는데도, 그는 1826년 그곳의 수학 및 자연철학(현재의 물리학) 교수로 임명되었다. 당시 영국에서는 마이클 패러데이가 그와 비슷한 연구를 하고 있었지만 헨리는 그 사실을 알지 못했다.

헨리는 1832년 프린스턴 대학의 교수로 임명되었으며 그곳에서 연봉 약 1,000달러와 사택을 제공받았다. 새뮤얼 모스(Samuel Morse)가 전신의 특허를 취득하려고 애쓸 당시, 헨리의 증언에 따르면 그는 이미 전신의 개념을 알고 있었으며, 비슷한 원리를 기반으로 하는 시스템을 만들어서 연구실에서 작업하는 동안 집에 있는 부인에게 신호를 보냈다고 한다.

헨리는 물리학 외에도 화학, 천문학, 건축학을 가르쳤으며, 당시에는 과학이 지금만큼 엄격히 세분화되어 있지 않았기 때문에 인광(phosphorescence), 소리, 모세관 작용(capillary action), 탄도학과 관련된 현상을 연구했다. 1846년 그는 새로 설립된 스미소니언 협회의 초대 회장이 되었다. 그림 5-15는 그의 사진이다.

그림 5-15 조셉 헨리는 전자기학 연구를 선도한 미국의 연구자였다.(사진 출처: 위키미디어 공용)

실험 26: 탁상용 발전기

실험 5에서 화학반응으로 전기를 발생시킬 수 있다는 사실을 알았다. 이제 자석으로 전기를 만들 수 있다는 사실을 알게 될 차례다.

실험 준비물

- 니퍼, 와이어 스트리퍼, 테스트 리드, 계측기
- 축 방향으로 자기장이 형성되는 반지름 약 0.5cm, 길이 약 4cm의 원통형 네오디뮴 자석 1개
- 26게이지, 24게이지, 22게이지 연결용 전선 총 60m 정도
- 저전류 LED 1개
- 1,000μF 커패시터 1개
- 1N4001이나 그와 유사한 신호용 다이오드 1개

추가 선택

- 축 방향으로 자기장이 형성되는 반지름 약 0.5cm, 길이 약 2.5cm의 원통형 네오디뮴 자석 1개
- 반지름 약 1.2cm, 길이 약 15cm(최소)의 원통형 목재 막대
- 머리가 납작한 6번 크기 강철 나사
- 내부 반지름 약 2cm, 길이 약 15cm(최소)의 PVC 배수 파이프
- 가로, 세로 약 10cm, 두께 약 0.6cm 합판 조각 2개(합판에 구멍을 뚫기 위한 2.5cm 원통형 톱이나 포스너 날이 필요하다)
- 약 110g, 100m의 원통에 감긴 26게이지 에나멜선(magnet wire) 1개

실험 절차

먼저 자석이 필요하다. 네오디뮴 자석은 사용할 수 있는 가장 강력한 자석이며 원통형의 작은 유형을 산다면 가격도 꽤 저렴하다. 반지름 0.5cm, 길이 4cm 정도의 자석이면 충분하다. 그림 5-16과 같이 22게이지 전선을 그 주위에 단단히 감는다. 이제 전선을 조금 느슨하게 한 뒤 자석이 코일을 빠져나갈 수 있도록 하자.

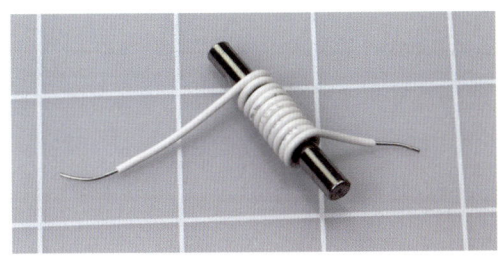

그림 5-16 자석이 코일 사이로 움직일 때 잠재 전기에너지를 조금 생성하기 위해서는 전선을 10번 감는 것만으로 충분하다.

계측기가 AC를 밀리볼트 단위로 측정하도록 설정한다(전기의 교류 펄스를 다룰 것이기 때문에 DC는 안 된다). 코일의 양끝에서 피복을 조금 벗겨내고 악어 클립이 달린 테스트 리드를 사용해서 계측기와 연결한다. 자석을 엄지와 검지로 쥐고 코일 안에서 빠르게 앞뒤로 움직인다. 그러면 계측기에 3~5mV의 값이 나타나는 것을 볼 수 있다. 그렇다. 이 작은 자석과 10번 감은 전선만으로 몇 밀리볼트의 전기를 발생시킬 수 있다.

그림 5-17처럼 코일을 겹쳐서 더 두껍게 감아보자. 또, 자석을 빠르게 움직여보자. 이 경우 더 큰 전압이 발생한다는 것을 알 수 있다.

그림 5-17 전선을 더 많이 감고 자석을 코일 내부에서 움직이면 측정되는 전압값이 증가한다.

앞 실험의 공식을 기억하자. 공식을 보면 전선을 더 많이 감은 코일에 전류를 흘려보낼 때 어떻게 더 강력한 자기장이 유도되는지 알 수 있다. 이는 반대도 역시 성립한다.

- 코일에 전선을 더 많이 감으면 자석이 코일 안을 움직일 때 보통 더 높은 전압이 유도된다.

이걸 보니 궁금한 점이 생겼다. 더 크고 강력한 자석을 사용하고 전선을 '많이' 감으면 무엇인가

에 전원을 인가해줄 수 있을 정도의 전기를 발생시킬 수 있을까? 예를 들면, LED 같은 것?

LED 불 밝히기

앞의 실험에서 이미 22게이지 전선을 썼기 때문에 여기에서도 사용한다. 문제는 22게이지 전선이 상대적으로 두꺼운 데다 피복도 두껍다는 것이다. 전선을 200번 감으면 두께가 정말로 엄청날 것이다. 그렇기 때문에 여기서는 셸락(shellac)[4]이나 플라스틱 필름으로 아주 얇게 코팅해 절연시키는 순동으로 된 에나멜선을 사용한다. 에나멜선은 전선을 최대한 빈틈없이 감기 위해 고안되었다.

그러나 다른 용도로 사용할 가능성이 없다는 것을 생각하면 에나멜선을 사는 데 돈을 들이고 싶지 않을 수도 있다. 그래서 나는 이 실험에 22게이지 연결용 전선을 사용할 수 있는지 알아보기로 했다. 답은 '사용할 수 있다'이지만 아주 잠깐 동안이다.

일단 약 60m의 전선이 필요하다. 이 정도를 구매하려면 돈이 좀 들지만 전선은 언제라도 브레드보드 점퍼선 등을 만드는 일반적인 용도로 다시 사용할 수 있다.

원통에 전선을 감을 때는 2개 이상의 전선을 함께 감아둘 수 있으며 피복이 벗겨진 끝을 단단히 꼬아두기만 한다면 납땜할 필요도 없다.

더욱 강력한 자석도 필요하다. 내가 사용한 자석 중 제일 작은 것은 축 방향으로 자기장이 형성되는 반지름 2cm, 길이 2.5cm의 원통형 자석이었다. 즉, 자석의 축 양끝이 각각 남극과 북극을 나타낸다(축은 원통의 한가운데를 통과해 지나가며 옆 모서리와 평행한 가상의 선을 말한다. 원통을 축을 중심으로 회전하는 회전체로 생각할 수 있다).

내가 최종적으로 만든 장치는 그림 5-18과 같다. 자석은 오른쪽에 있다. 약 0.6cm의 합판으로 만든 원통은 반지름이 10cm가 넘는다. 2cm PVC 배수 파이프는 합판 가운데를 통과하며 내부 반지름은 자석의 반지름보다 약간 더 커서 자석이 그 안에서 편하게 앞뒤로 움직일 수 있어야 한다.

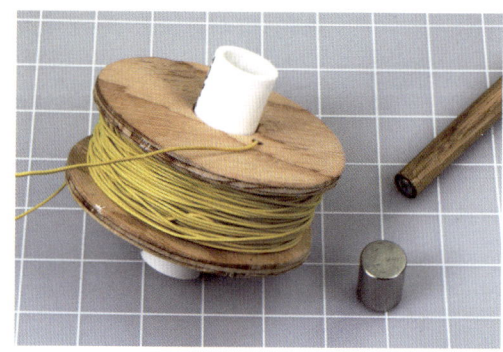

그림 5-18 직접 만든 원통에 200번 감은 22게이지 전선과 자석을 끌 수 있도록 나사를 단 나무 막대.

원 모양 합판에 파이프를 밀어 넣어서 원통 모양을 만든다. 이제 그 위에 전선을 200번 감아야 한다. 안쪽의 전선 끝은 필요할 때 찾을 수 있도록 신경 써서 빼 둔다. 나는 원통 위나 아래의 원 모양 합판 중간쯤에 작은 구멍을 뚫어 그곳으로 전선을 빼 두었다.

---

[4] 악기 등에 사용하는 칠감.

코일이 감긴 두께는 자석의 길이와 거의 같아야 하며 파이프 안쪽에 자석을 넣었을 때 자석이 감긴 코일의 어느 쪽으로든 완전히 빠져나올 수 있도록 해야 한다. 그림 5-19의 코일을 감아놓은 원통 단면을 보면 무슨 말인지 알 수 있다.

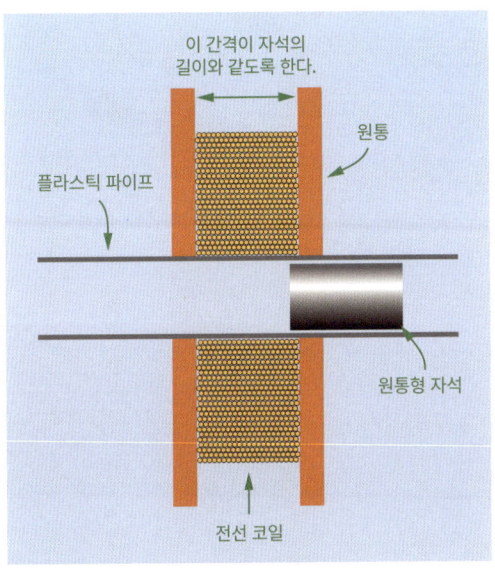

그림 5-19 LED를 밝히기에 충분한 전류를 생성하도록 설치.

자석을 편하게 움직이기 위해 1.2cm 나무 막대의 끝에 구멍을 뚫고 머리가 납작한 6번 크기, 2.5cm 나사를 끼운다. 그러면 자석이 나사를 단단히 붙잡고 있어서 나무 막대를 손잡이처럼 사용할 수 있다.

이제 중요한 순간이다. 양끝에 악어 클립이 달린 전선 2개를 사용해서 코일의 양쪽 끝을 계측기의 입력과 연결한 뒤 이전에 했던 것처럼 AC 전압을 측정하도록 설정한다. 이번에는 최대 2V까지 측정할 수 있도록 설정하자.

자석이 붙은 막대를 PVC 파이프 사이로 최대한 빠르게 움직여볼 수 있다. 아니면 막대에서 자석을 떼내 파이프 안에 넣고 파이프의 양쪽 끝을 엄지와 검지로 잡은 뒤 위아래로 흔들 수도 있다. 정말로 열심히 자석을 움직이면 계측기에 약 0.8V의 전압이 표시된다.

그렇게 고생을 했는데도 1V가 안 된다고?

아, 그렇지만 계측기는 전류를 '평균' 낸 값을 보여준다. 각각의 펄스를 보면 아마 그보다 전압이 높을 것이다.

계측기에서 테스트 리드를 제거하고 그곳에 저전류 LED를 연결하자. LED가 흔들리지 않도록 잘 고정한다. 이제 자석을 열심히 움직이면 LED가 깜빡이는 것을 볼 수 있다. 만약 보이지 않는다면 자석 방향을 거꾸로 해서 다시 해 보자. LED가 켜지려면 정말 낮은 전류로 켜지는 LED를 사용해야 한다.

선택적 확장

돈을 조금 더 쓴다면 좀 더 인상적인 결과를 얻을 수 있다.

첫째, 더 큰 자석을 사용한다. 길이 약 5cm, 반지름 약 1.5cm인 자석을 사용하면 훌륭한 결과를 얻는다. 물론 더 큰 자석을 사용하려면 PVC 파이프의 지름도 더 커야 한다.

둘째, 적절한 에나멜선을 구매한다. 나는 26게이지 에나멜선 약 150m를 사용했다. 인터넷에서 쉽게 살 수 있다. 10여 개의 공급업체를 찾을 수 있을 것이다.

운이 좋다면 에나멜선이 감긴 플라스틱 원통의 한가운데에 자석의 반지름보다 조금 더 큰 구멍이 뚫린 제품을 구매할 수도 있다. 운이 조금 더 좋다면 그림 5-20에서 빨간색 원으로 표시한 것처럼, 원통에 감긴 전선의 안쪽 끝부분을 사용할 수 있도록 원통의 가운데로 빼놓은 제품을 구매할 수도 있다.

걸린다. 10분이 조금 안 되는 시간이며 이 정도는 견딜 만하다고 생각한다.

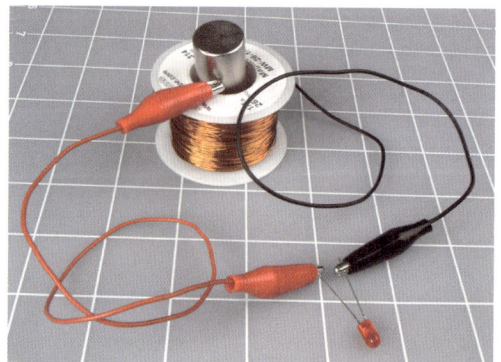

그림 5-21 발전 완료. 꽤 작은 규모다.

그림 5-20 에나멜선의 안쪽 끝이 사용할 수 있도록 나와 있는 원통. 빨간색 원 부분.

에나멜 끝부분의 필름 피복을 벗겨내기 위해서는 칼날로 아주 부드럽게 제거하거나 고운 사포로 문질러야 한다. 확대경을 사용해서 피복이 제거되었는지 확인한다. 또한 저항값을 확인하기 위해 계측기를 사용할 수도 있다. 저항값은 100Ω 미만이어야 한다.

이제 그림 5-21처럼 LED를 원통에 감긴 에나멜선의 양끝과 연결하고 자석을 원통의 가운데에 넣었다 빼서 전압을 발생시킬 수 있다.

만약 원통의 구멍 크기가 자석과 맞지 않거나 전선의 끝부분이 나와 있지 않으면 다른 원통에 다시 감아야 한다. 150m 전선이라면 약 2,000번 감아야 한다. 초당 4번을 감는다고 하면 500초가

그림 5-22 눈부신 결과를 낼 수 있음을 보여주는 장치.

그림 5-22는 실제로 보여주기 위해 조금 더 큰 크기로 만든 장치다. 에나멜 코일은 풀리지 않도록 에폭시 접착제로 고정시키고, 파이프는 단

단히 고정시키기 위해 플라스틱 블록에 부착했다. 사진에 보이는 네오디뮴 자석은 알루미늄 막대 끝에 철 나사로 고정한 것이다.

코일에는 고휘도 LED 2개를 극성이 반대가 되도록 추가했다. 자석이 위아래로 움직일 때 LED는 방 전체를 밝힌다. 또한 LED의 반대 극성은 자석을 위로 올릴 때 전압의 방향과 자석을 아래로 내릴 때 전압의 방향이 반대임을 보여준다(그림 5-23 참조).

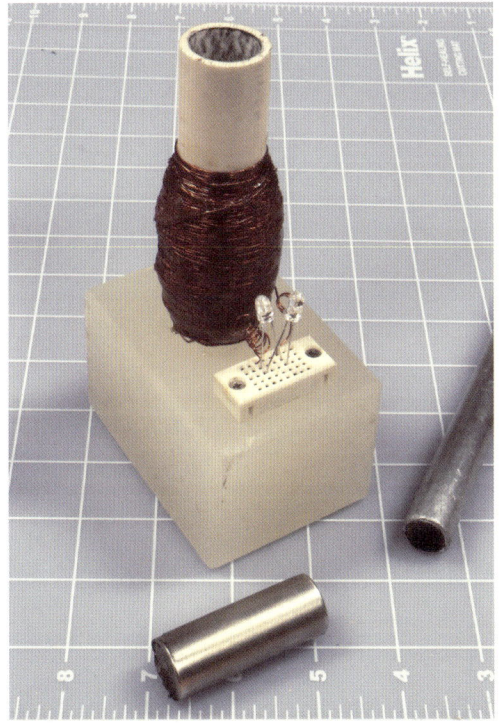

그림 5-23 작동 가능한 LED 발전기.

주의: 피멍울과 망가진 저장 장치

네오디뮴의 무서움을 잘 알아두어야 한다.

'네오디뮴 자석은 깨지기 쉽다.' 잘 부서질 뿐 아니라 자성이 있는 금속(또는 다른 자석)과 부딪치면 산산조각 날 수도 있다. 이러한 이유로 여러 네오디뮴 제조사들이 가급적 보안경을 쓸 것을 권장한다.

피부가 꽉 집혀서 '피멍울'이 생길 수도 있다(그보다 심할 수도 있다). 자석은 더 가까운 거리에서 더 작은 물체를 더 큰 힘으로 끌어당기기 때문에 마지막에 가서는 서로 순식간에 세게 달라붙는다. 아얏!

'자석은 잠들지 않는다.' 전자부품의 세상에서는 우리가 전원을 꺼버렸을 때 더 이상 그에 대해 걱정할 필요가 없다고 생각하기 쉽다. 그러나 자석은 그런 식으로 동작하지 않는다. 자석은 언제나 주변을 탐색하고 있다가 자성을 띤 물체를 감지하면 '즉시' 잡아챈다. 결과는 썩 유쾌하지 않을 수도 있다. 물체에 날카로운 모서리가 있는데 그 사이에 여러분의 손이 있다면 특히 더 그럴 것이다. 자석을 사용할 때는 자성을 띠지 않는 표면 위에 아무것도 없도록 치워 두고 표면 아래에도 자성을 띤 물체가 없는지 살펴야 한다. 예를 들어 자석이 주방 조리대 아래에 부착된 강철 나사를 감지하면 예기치 않게 자석이 조리대에 쾅 달라붙을 수 있다.

이런 일은 실제로 본인에게 일어나기 전에는 중요하다고 생각하기 쉽지 않다. 그러나 정말 중요하다. 네오디뮴 자석은 멍하니 있는 일이 없다. 신중하게 사용하자.

또한 '자석이 자석을 만든다'는 사실도 기억하자. 자기장이 철이나 강철 물질 주변을 통과하면 물체 자체도 약간의 자성을 띠게 된다. 시계를 차고 있다면 시계에 자성이 생기지 않도록 주의하자. 스마트폰을 사용한다면 자석에서 멀리 떨어뜨려 놓아야 한다. 마찬가지로 컴퓨터나 디스크 드라이브도 자성에 취약하다. 신용카드의 마그네틱도 쉽게 손상된다. 자석은 TV 화면과 비디오 모니터로부터 멀리 떨어뜨려 놓아야 한다 (특히 브라운관인 경우). 마지막으로 강력한 자석은 심박조정기의 정상 동작을 방해할 수 있다는 점도 주의해야 한다.

커패시터 충전하기

이번에는 또 다른 실험을 해보자. 전선 코일에서 LED를 제거하고 그림 5-24처럼 1,000μF 전해 커패시터를 1N4001 신호 다이오드와 직렬로 연결하자. DC전압(이번에는 AC가 아니다)이 측정되도록 계측기를 커패시터에 연결한다.

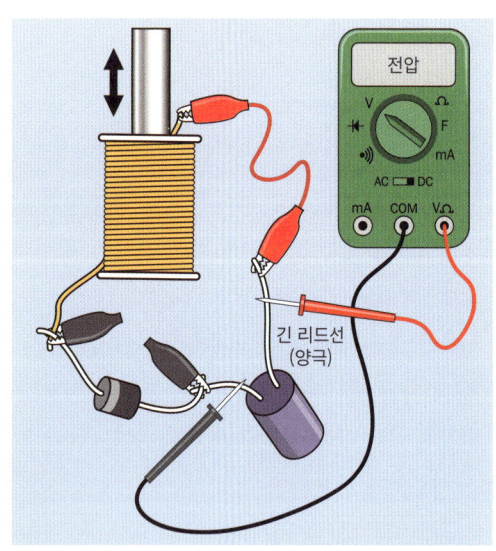

그림 5-24 다이오드를 사용하면 코일에서 나오는 전압을 커패시터에 축적할 수 있다.

계측기가 범위를 수동으로 조정하는 제품이라면 최소 2VDC를 측정하도록 설정한다. 반드시 다이오드의 양극(검은색 쪽)을 커패시터의 음극(짧은 전선 쪽)에 연결해야 양극 전압이 커패시터를 지나 다이오드로 간다.

이제 자석을 코일 내부에서 위아래로 힘차게 움직여준다. 계측기는 커패시터가 전하를 축적하고 있다고 알려준다. 자석의 움직임을 멈추면 전압 수치가 천천히 줄어드는데 가장 큰 원인은 커패시터가 계측기의 내부저항을 통해 방전되기 때문이다.

이 실험은 보기보다 훨씬 중요하다. 자석을 코일 내부에 넣으면 전류가 한 방향으로 흐르도록 유도되며 자석을 빼내면 전류는 다른 방향으로 유도된다. 다시 말해 실제로 교류 전류를 발생시키는 것이다.

다이오드는 전류가 회로의 한쪽 방향으로만 흐르도록 해준다. 다른 방향으로 가는 전류는 차단하며 커패시터는 이런 식으로 전하를 충전한다. 다이오드가 교류를 직류로 변환하는 데 사용할 수 있겠다고 생각했다면 정확히 맞춘 것이다. 이때 우리는 다이오드가 AC 전원을 '정류'한다고 말한다.

다음 차례: 음향

실험 25는 전압으로 자석을 만드는 과정을 보여준다. 실험 26은 자석이 전압을 생성하는 과정을 보여준다. 이제 이러한 개념을 음향의 탐지와 재생에 응용해볼 준비가 되었다.

실험 27: 스피커 망가뜨리기

전기가 코일을 통과하면 작은 금속 물체를 끌어당길 정도의 자력을 발생시킬 수 있다는 것을 배웠다. 코일이 아주 가볍고 물체가 더 무거우면 어떤 일이 일어날까? 이 경우, 코일이 물체 쪽으로 끌려갈 수 있다. 이러한 원리가 바로 스피커의 핵심이다.

스피커의 동작 방식을 이해하기에 직접 해체하는 것보다 좋은 방법은 없다. 파괴적이지만 동시에 교육적인 이번 과정에 별로 돈을 쓰고 싶지 않다면 고장 난 음향 장치를 사 와서 스피커만 떼낼 수도 있다. 아니면 그냥 단계별로 설명한 사진을 봐도 된다.

실험 준비물

- 최소 5cm의 가장 저렴한 스피커 1개
- 만능 칼 1개

실험 절차

그림 5-25는 소형 스피커를 뒤에서 본 모습이다. 자석은 감싸인 원통 부분에 숨어 있다.

스피커를 그림 5-26처럼 정면이 보이도록 뒤집자. 원뿔형의 콘(cone)[5]이라고도 불리는 진동판을 날카로운 만능 칼이나 엑스-액토 날을 사용해서 잘라낸다. 그런 다음 가운데를 둥글게 잘라서 그 결과로 생긴 O자 모양의 검은색 종이를 제거한다.

그림 5-25 소형 스피커의 뒷면.

그림 5-26 자신의 운명을 받아들일 준비를 마친 5cm 스피커.

그림 5-27은 진동판을 제거한 스피커의 모습이다. 가운데의 노란색 직물 부분은 신축성이 있어서 진동판이 안팎으로 움직일 수 있도록 해주면서도 중앙에서 벗어나지 않도록 잡아준다.

노란색 직물 부분의 가장자리를 잘라내면 숨어 있는 종이 원통을 꺼낼 수 있다. 여기에는 그림 5-28에서 보는 것처럼 구리 코일이 감겨 있다. 사진은 잘 볼 수 있도록 뒤집은 모양이다.

---

[5] 원뿔형 몸체의 스피커를 원추형 스피커(corn loud-speaker)라 부르며, 일반적인 스피커는 대부분 이런 모양이다.

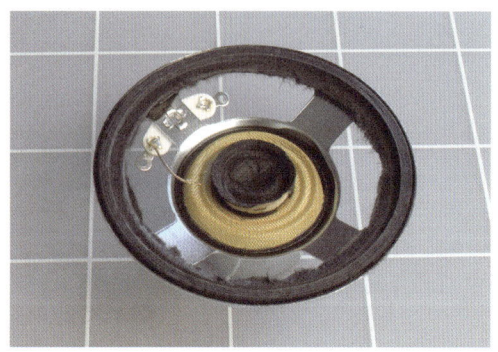

그림 5-27 진동판을 제거한 스피커.

그림 5-28 구리 코일은 보통 아래의 자석용 홈 안에 숨어 있다.

이 구리 코일의 양쪽 끝은 보통 스피커의 뒤쪽에 있는 2개의 단자로부터 구부러지는 유연한 전선을 통해 전력을 공급받는다. 코일은 자석이 보이는 홈 안에 들어 있으며 전압이 변동함에 따라 자기장이 발생하고 다시 이에 반응해서 위아래로 압력을 가한다. 이 압력이 스피커의 진동판을 진동시켜서 음파가 발생한다.

오디오 시스템의 대형 스피커도 같은 방식으로 동작한다. 단지 더 많은 출력(보통 100W)을 다룰 수 있도록 큰 자석과 코일을 사용할 뿐이다.

이와 같은 소형 부품을 뜯어볼 때마다 나는 부품의 정밀함과 섬세함에 감동하며 이런 부품이 그렇게 저렴한 가격에 대량생산된다는 데 경탄을 금치 못하겠다. 나는 패러데이나 헨리 같은 전기 연구 분야의 선구자들이 오늘날 우리가 당연하게 여기는 이런 부품들을 보면 얼마나 놀랄까 생각하곤 한다.

헨리는 값싸고 조그만 이 스피커보다 효율이 훨씬 낮은 전자석을 만드는 데도 며칠이나 손으로 코일을 감아야 했다.

배경지식: 스피커의 기원

이 실험 전에 말한 것처럼 코일은 자기장이 무겁거나 고정된 물체와 반응할 때 움직인다. 물체가 영구자석이면 코일의 반응이 더욱 강해져서 움직임이 한층 격렬해진다. 스피커는 바로 이런 식으로 동작한다.

이러한 아이디어는 수많은 발명품을 만든 독일의 발명가 에른스트 지멘스(Ernst Siemens)가 1874년 처음 생각해낸 것이다(그는 1880년 세계 최초로 전기로 구동되는 엘리베이터를 만들기도 했다). 오늘날 지멘스 AG는 세계에서 가장 큰 전자 회사 중 하나로 성장했다.

알렉산더 그레엄 벨(Alexander Graham Bell)이 1876년 전화기의 특허를 취득했을 때, 지멘스의 아이디어를 사용해서 수화기에서 가청 주파수를 생성해냈다. 그때부터 소리를 만들어내는 장치의 품질과 출력이 점점 향상되었다. 그리고 마침내 1925년, 제너럴 일렉트릭(General Electric)의 체스터 라이스(Chester Rice)와 에드

워드 켈로그(Edward Kellogg)가 오늘날의 스피커 설계에도 사용되는 기본적인 원리를 확립한 논문을 발표했다.

라디올라 가이(Radiola Guy)(http://bit.ly/radiolaguy) 등의 사이트에서 그림 5-29와 같이 효율을 극대화하기 위해 뿔 모양의 디자인을 사용한 아름다운 초기 스피커의 사진을 볼 수 있다. 소리 증폭기 기능이 점점 강력해지면서 스피커의 효율은 음질과 저렴한 생산 가격에 비해 그 중요성이 떨어지게 되었다. 오늘날 스피커는 전기 에너지의 1%만을 소리 에너지로 전환한다.

이론: 소리, 전기, 소리

소리가 전기로, 또 전기가 소리로 다시 어떻게 변환되는지 조금 더 구체적으로 알아볼 시간이다.

그림 5-30처럼 누군가 채로 징을 쳤다고 해보자. 징의 납작한 금속 표면이 앞뒤로 진동하면서 인간의 귀가 소리로 인식할 수 있는 압력파(pressure wave)를 발생시킨다. 공기의 압력이 높은 마루(peak)가 지나가면 공기의 압력이 낮은 골(valley)이 따라오며, 소리의 파장은 압력이 가장 클 때와 다음번 가장 클 때 사이의 거리(보통 수 미터에서 수 밀리미터 사이다)가 된다.

그림 5-29 이 아름다운 앰플리온(Amplion) AR-114x는 소리 증폭기의 출력이 극히 제한되어 있던 시절에 효율을 극대화하기 위해 애썼던 초기 설계자들의 노력을 보여준다.(사진 출처: Sonny, the RadiolaGuy) 이 사이트(http://www.radiolaguy.com)는 초기 스피커를 많이 보유하고 있으며 일부는 판매도 한다.

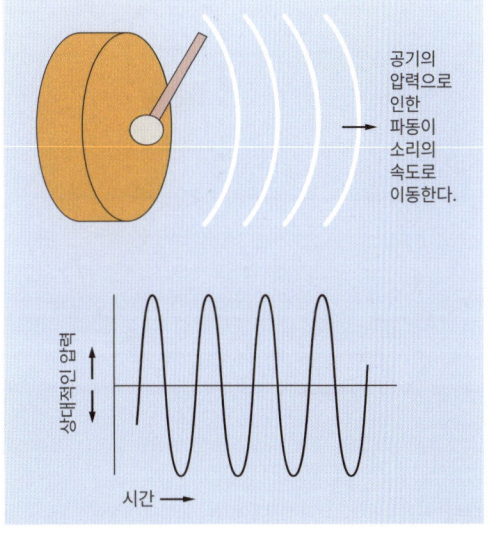

그림 5-30 징을 울리면 납작한 표면이 진동한다. 진동은 공기 중에 압력파를 발생시킨다.

소리의 주파수는 초당 파동수를 뜻하며 보통 헤르츠 단위로 표시한다.

압력파가 지나는 길에 아주 민감하고 작은 플라스틱 박막을 두었다고 생각해보자. 박막은 바람에 흔들리는 이파리처럼 파동에 반응해서 흔들린다. 이 박막 뒷면에 아주 얇은 전선으로 감은 조그만 코일을 부착해서 박막이 움직이도록 한다고 생각해보자. 그리고 코일 내부에는 움직이지 않는 자석을 위치시키자. 이러한 구성은 아주 작고 민감한 스피커와 같다. 차이가 있다면 소리를 만드는 데 전기를 사용하는 대신에 소리가 전기를 생산한다는 것뿐이다. 압력파는 자석 축 주변의 박막을 진동시키고, 자기장은 전선에 전압 변화를 일으킨다. 그림 5-31은 이런 원리를 나타낸 것이다.

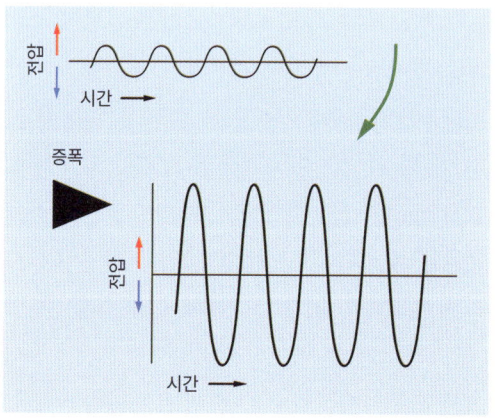

그림 5-32 마이크에서 나오는 작은 신호가 증폭기를 지난다. 증폭기는 진폭은 확대하지만 주파수와 파동의 형태는 유지시킨다.

그런 다음 스피커의 넥 주변에 감겨 있는 코일로 출력을 보내면 그림 5-33처럼 스피커가 공기 중의 압력파를 다시 만들어낸다.

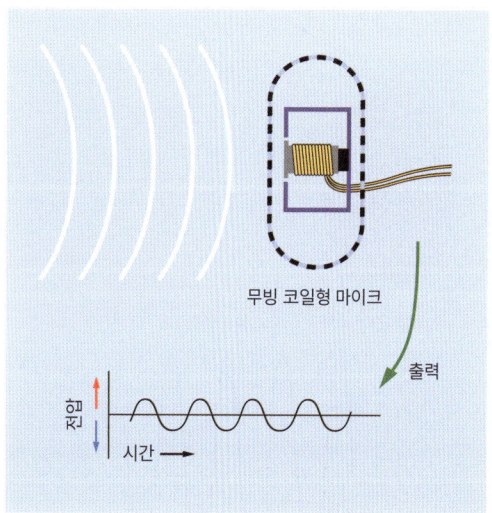

그림 5-31 무빙 코일형 마이크로 들어가는 음파는 박막을 진동시킨다. 박막은 자석 주변의 코일과 연결되어 있다. 코일이 움직이면 소량의 전류가 유도된다.

이런 장치를 '무빙 코일형 마이크(moving-coil microphone)'라고 한다. 마이크를 만드는 다른 방법도 있지만 이 구성이 가장 이해하기 쉽다. 물론, 마이크에서 생성되는 전압은 아주 작지만 그림 5-32처럼 트랜지스터 1개나 직렬로 연결한 트랜지스터로 전압을 증폭할 수 있다.

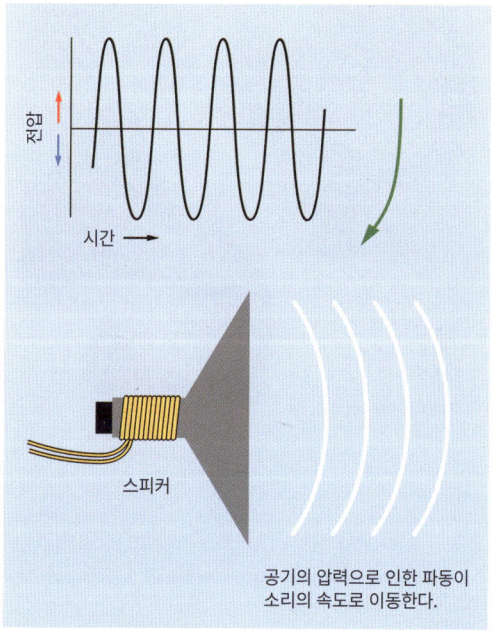

그림 5-33 증폭된 전기신호는 스피커 진동판의 넥(목) 주변에 감긴 코일로 보내진다. 전류로 유도된 자기장에 의해 진동판이 진동하면서 원래의 소리를 재생한다.

이 과정의 어딘가에서 소리를 녹음해서 다시 틀어보고 싶을 수 있다. 그러나 원리는 동일하다. 어려운 부분은 각 단계에서 '정확하게' 파형을 재생할 수 있도록 마이크, 증폭기, 스피커를 설계하는 일이다. 설계가 상당히 어렵기 때문에 정확한 소리를 재생하는 것 역시 아주 어려울 수 있다.

실험 28: 코일 리액터 만들기

앞에서 코일에 전류를 흘렸을 때 전류가 자기장을 생성하는 것을 확인해보았다. 전류를 끊으면 생성된 자기장에 어떤 일이 일어날까?

자기장의 에너지는 짧은 전기 펄스로 다시 변환된다. 우리는 이를 자기장이 '사라진다(collapse)'고 한다.

실험을 통해 이 현상을 직접 확인해보자.

실험 준비물

- 브레드보드, 연결용 전선, 니퍼, 와이어 스트리퍼, 계측기
- 저전력 LED 2개
- 22게이지(가능하면 26게이지) 연결용 전선 30m가 감긴 원통 1개
- 47Ω 저항 1개
- 1,000μF 이상의 커패시터 1개
- 텍타일 스위치 1개

실험 절차

그림 5-34의 회로도를 보자. 그림 5-35는 이 회로도를 브레드보드에 나타낸 모습이다. 코일은 22게이지 연결용 전선 30m가 감긴 원통을 하나 사용할 수 있다. 아니면 실험 26에서처럼 60m 전선을 감아서 코일을 만들었다면 그것을 사용해도 된다. 에나멜선이 감긴 원통을 사용하면 더욱 좋다.

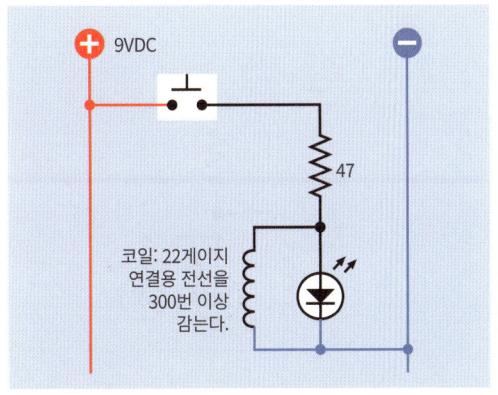

그림 5-34 코일의 자체유도를 보여주는 간단한 회로.

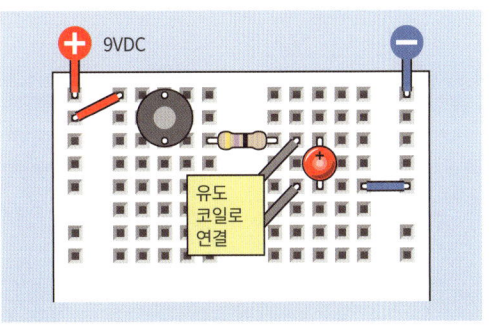

그림 5-35 자체유도 실험을 위한 회로를 브레드보드에 구성한 모습.

회로도는 조금 말이 안 되는 것처럼 보인다. 47Ω 저항은 LED를 보호하기에는 너무 작은 듯하다. 그렇지만 어째서 전기가 코일을 통과해 LED를 지나가는데 LED가 아무 문제없이 켜지는 것일까?

이제 회로를 점검해보면 아마 놀랄 것이다.

버튼을 누를 때마다 LED가 짧게 깜빡거린다. 이 유를 알 수 있겠는가?

그림 5-36과 그림 5-37처럼 두 번째 LED를 다른 방향으로 추가해보자. 다시 버튼을 누르면 이전처럼 첫 번째 LED가 켜진다. 그러나 버튼에서 손을 떼면 두 번째 LED가 켜진다.

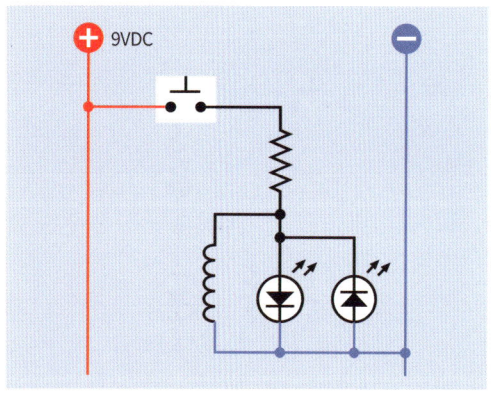

그림 5-36 LED 하나는 자기장이 생성될 때 켜지고 다른 LED는 자기장이 사라질 때 켜진다.

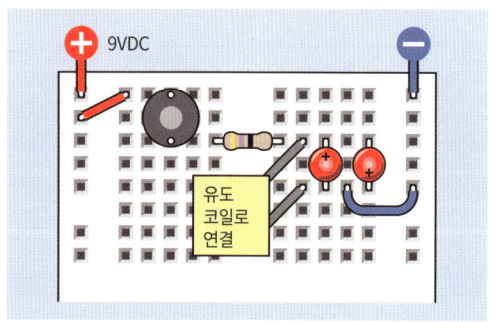

그림 5-37 LED 2개를 보여주는 회로를 브레드보드에 구성한 모습.

사라지는 자기장

이 실험이 진행되는 동안 어떤 일이 일어났는지 알아보자. 처음에 코일이 자기장을 형성하는 데 잠깐의 시간이 걸렸다. 짧은 시간이 지나는 동안 코일이 전류의 흐름을 일부 차단했다. 그 결과 전류의 일부가 첫 번째 LED로 돌아간다. 일단 자기장이 형성되면 전류는 지속적으로 코일을 통과해 흐른다.

코일의 이런 반응을 '자체유도(self-inductance)'라고 한다. '유도성 리액턴스(inductive reactance)'나 그냥 '리액턴스'라고 부르는 사람도 있지만 자체유도가 정확한 용어이기 때문에 이 용어를 사용하겠다.

전원 연결을 끊자 자기장이 사라지고 자기장의 에너지가 짧은 펄스의 전기로 변환되었다. 이 때문에 버튼에서 손을 떼면 두 번째 LED가 켜졌다. 당연하지만 코일의 크기가 다르면 저장되었다가 내보내는 에너지의 크기도 달라진다.

실험 15에서 릴레이 코일이 켜졌다 꺼질 때 과도한 전압이 발생하면 이를 흡수하기 위해 릴레이 코일에 다이오드를 연결하라고 했던 것이 기억날지 모르겠다. 여기에서 본 것이 바로 이 현상이다.

저항, 커패시터, 코일

전자부품에서 수동 소자의 대표적인 세 가지 유형이 저항, 커패시터, 코일이다. 이제 이들의 성질을 정리하고 비교해보자.

'저항'은 전류의 흐름을 제한하고 전압을 떨어뜨린다.

'커패시터'는 첫 번째 전기 펄스는 통과시키지만 직류는 차단한다.

'코일'(흔히 '인덕터(inductor)'라고 부른다)은 처음의 직류는 차단하지만 계속되는 직류는 흘려보낸다.

내가 보여준 회로에서 더 높은 값의 저항을 사용하지 않은 이유는 코일이 아주 짧은 펄스만 보낼 것임을 알았기 때문이다. 330Ω이나 470Ω 이상의 저항을 사용했다면 LED의 깜빡임을 보기가 더 어려웠을 것이다.

이 회로에는 코일 없이 전압을 인가해서는 안 된다. 코일 없이 사용하면 LED 1개나 2개를 모두 순식간에 태워버릴 수 있다. 코일은 아무 일도 안 하는 것처럼 보이지만 실제로는 중요한 일을 하고 있다.

마지막으로 이 실험을 변형시켜서 전자회로의 기초에 대한 기억력과 이해도를 점검해보자. 그림 5-38과 그림 5-39처럼 코일 대신 1,000μF 커패시터를 사용해서 새로운 회로를 만든다(커패시터의 극성을 잘 확인해서 양극 리드가 위쪽으로 가도록 해야 한다). 또한 전류를 차단해서 우회시켜주는 코일이 없기 때문에 470Ω 저항을 사용해야 한다.

먼저 버튼 B를 1, 2초 동안 눌러서 커패시터를 방전시킨다. 이제 버튼 A를 누르면 어떤 일이 일어날까? 추측해보자. 커패시터가 첫 번째 전기 펄스를 통과시킨다는 것을 기억하자. 따라서 아래쪽 LED가 켜졌다가 점점 어두워진다. 커패시터가 위쪽 판에 양극 전하를, 아래쪽 판에 음극 전하를 축적하기 때문이다. 이런 현상이 일어나면 아래쪽 LED의 전위차가 0으로 줄어든다.

이제 커패시터가 충전되었다. 오른쪽 버튼을

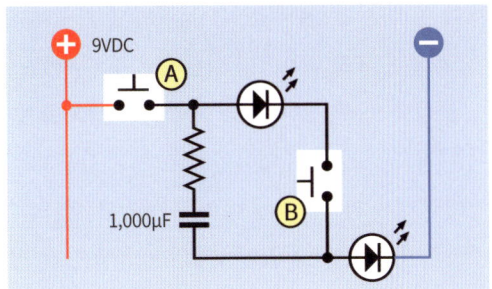

그림 5-38 여러 면에서 커패시터의 동작 방식은 코일의 동작 방식과 반대다.

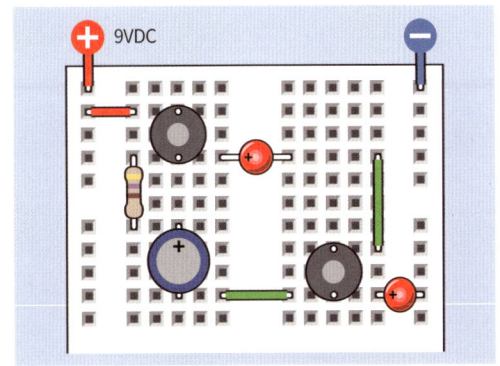

그림 5-39 커패시터 회로를 브레드보드에 구성한 모습.

누르고 위쪽 LED를 통해 커패시터를 방전시킨다. 이는 그림 5-37의 동일한 실험에서도 확인했지만 이번에는 코일 대신 커패시터를 사용한다.

커패시터와 인덕터는 모두 전기를 저장한다. 커패시터를 사용할 때 이 사실을 더 명확히 알 수 있었다. 크기에 비해 커패시터가 저장할 수 있는 전하량이 코일보다 더 크기 때문이다.

이론: 교류의 속성

간단한 사고 실험[6]을 해보자. 555 타이머를 연결

---

[6] 실행 가능성이나 입증 가능성에 구애되지 않고 생각만으로 해보는 실험.

해서 코일로 일련의 펄스를 보낸다고 가정해보자. 이는 교류의 원시적인 형태라고 할 수 있다.

코일의 자체유도가 펄스의 흐름을 방해할까? 이는 각 펄스의 폭이 얼마인지, 코일에 유도되는 인덕턴스가 얼마인지에 따라 달라진다. 펄스의 주파수가 높으면 코일의 자체유도 현상은 각 펄스를 차단할 정도로만 유지된다. 그런 뒤 코일이 다음 펄스를 차단하는 때에 맞춰 회복된다. 저항(또는 스피커의 저항값)과 결합하면 코일은 일부 주파수는 억제시키고 다른 주파수는 통과시킨다.

높은 음을 내는 소형 스피커와 낮은 음을 내는 대형 스피커를 사용하는 오디오 시스템이 있다면 스피커 상자의 어딘가에 고주파가 대형 스피커로 가지 못하도록 막는 코일이 거의 반드시 있다.

코일 대신 커패시터로 교체하면 어떤 일이 일어날까? AC 펄스 폭이 커패시터의 값에 비해 상대적으로 길기 때문에 커패시터가 펄스를 차단하는 경향이 있다. 그러나 펄스가 커패시터보다 짧으면 펄스의 높낮이에 맞춰 충전되고 방전될 수 있으며 펄스를 통과시킨다.

이 책에는 교류에 대해 깊게 다룰 공간이 없다. 교류는 방대하고 복잡한 영역으로 여기에서 전기는 낯설면서도 놀라운 성질을 보이며 이를 설명하는 데 필요한 수학은 미분방정식과 허수를 사용해야 할 정도로 상당히 어려워질 수 있다.(허수란 무엇인가? 가장 쉬운 예는 음수의 제곱근이 될 수 있다. 이런 수가 어떻게 존재할 수 있을까? 사실, 존재할 수 없으며 그렇기 때문에 허수라고 부른다. 그러나 허수는 전기 이론에 불쑥 등장하곤 한다. 재미있는 것처럼 들린다면 확인해볼 수도 있다.)

그러나 아직 코일에 대한 내용이 모두 끝난 것은 아니다. 다음 실험에서는 앞에서 설명한 음향 효과를 보여주겠다.

실험 29: 주파수 필터링하기

이 실험에서는 소리의 음을 변화시켜볼 것이다. 코일과 커패시터를 사용해서 가청 주파수를 필터링하면 다양한 음향 효과를 만들어낼 수 있다.

실험 준비물

- 브레드보드, 연결용 전선, 니퍼, 와이어 스트리퍼, 테스트 리드, 계측기
- 9VDC 전원(전지 또는 AC 어댑터)
- 반지름 최소 10cm, 8Ω 임피던스 스피커 1개
- 오디오용 증폭기 칩, LM386 1개
- 22게이지 연결용 전선 30m
- 스피커를 넣을 소형 플라스틱 수납 상자 1개
- 555 타이머 1개
- 10K 저항 2개
- 커패시터: 0.01μF 3개, 2.2μF 1개, 100μF 1개, 220μF 3개
- 반고정 가변저항: 10K 1개, 1M 1개
- SPDT 슬라이드 스위치 4개
- 텍타일 스위치 1개

스피커 보관함

짧은 소리를 몇 가지 내고 싶다면 앞의 프로젝트에서 추천했던 소형 스피커로 충분하지만 그런 스피커로 낮은 소리를 만들어내는 데는 한계가 있다. 전자부품이 음에 어떠한 영향을 미치는지 들려줄 것이기 때문에 그림 5-40의 것과 같이 진동판이 반지름 10cm인 조금 더 큰 스피커를 사용해보자.

위상을 벗어나는 음파가 스피커 뒤에서 나올 때 이전의 부품이 이를 제어해야 했던 것을 생각하면 스피커를 보관할 상자가 필요하다. 상자는 기타의 몸체가 현의 진동에 공명하는 것처럼 소리를 공명시켜서 증폭해주는 효과도 있다.

합판으로 상자를 만들 시간이 있다면 제일 좋겠지만, 간단하고 저렴하게 쓸 수 있는 것은 아마도 똑딱이로 닫히는 뚜껑이 달린 플라스틱 보관 상자일 것이다. 그림 5-41은 상자 바닥에 스피커를 고정시킨 모습을 보여준다. 얇은 플라스틱에 드릴로 깔끔하게 구멍을 뚫는 것은 상당히 힘들다. 그리고 나는, 구멍을 뚫는 데 대단한 노력을 들이지 않았다.

그림 5-40 이번 프로젝트에 사용하기 적합한 스피커.

그림 5-41 스피커에서 나오는 일부 낮은 소리(저주파)를 듣고 싶다면 공명하는 상자가 필요하다. 저렴한 플라스틱 수납 상자면 우리 실험에 사용하기에 충분하다.

플라스틱 상자의 특성을 보완하기 위해 뚜껑을 닫기 전에 부드럽고 무거운 섬유를 내부에 깔 수도 있다. 손수건이나 양말이면 진동을 흡수하기에 충분하다.

단일 칩

1950년대에 소리 증폭기를 만들려면 진공관과 변압기 외에도 무겁고 전력 소모가 많은 부품들이 필요했다. 오늘날에는 1달러 정도로 칩을 구입하고, 주변에 커패시터 몇 개와 음량 조절기만 부착하면 만들 수 있다.

증폭기로 사용하기 가장 간단하고 저렴하고 쉬운 칩 중 하나가 LM386이다. 이 칩은 다양한 제조사에서 판매하며 앞이나 뒤에 추가 식별 문자나 숫자가 붙는다. LM386N-1, LM386N, LM386M-1 모두 기본적으로 우리의 목적에 동일한 기능을 제공한다. 단, 표면 부착형이 아닌 스루홀 유형을 구매하자. 이 증폭기의 핀 배열은 그림 5-42와 같다.

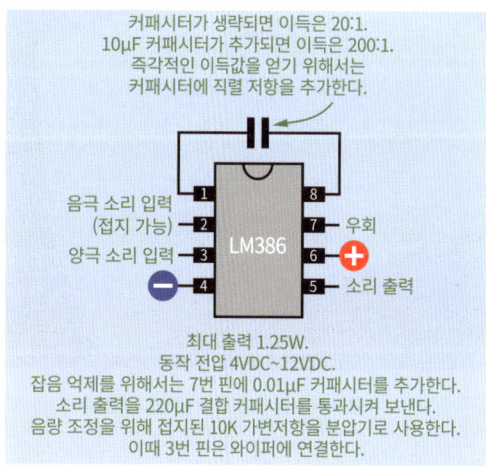

그림 5-42 LM386 단일 칩 증폭기의 핀 배열.

이 작은 칩은 4~12VDC 범위의 전압에서 동작하며 정격 출력이 1.25W지만 소리가 얼마나 큰지 들어보면 깜짝 놀랄 것이다. 공칭증폭비 (nominal amplification ratio)는 20:1이다.

아, 아, 테스트 하나, 둘, 셋

점검을 위해서 넓은 범위의 가청 주파수를 발생시키는 주파수 발생 장치가 필요하다. 이런 장치를 만드는 간단한 방법은 555 타이머를 사용하는 것이다. 그림 5-43의 회로도에서 타이머는 위에 위치해 있으며 1M 반고정 가변저항을 조정하면 약 70Hz부터 5KHz의 주파수를 전달한다. 아쉬운 점은 여기서 발생되는 주파수가 선형 반응을 보이지 않기 때문에 반고정 가변저항을 돌려 주파수를 높이더라도 주파수가 낮을 때보다 더

나은 음향을 경험할 수는 없다. 그러나 여기에서 사용하기에는 이 정도로 충분하며 낮은 주파수는 어쨌거나 소리 필터링을 더욱 인상적으로 보여줄 수 있다.

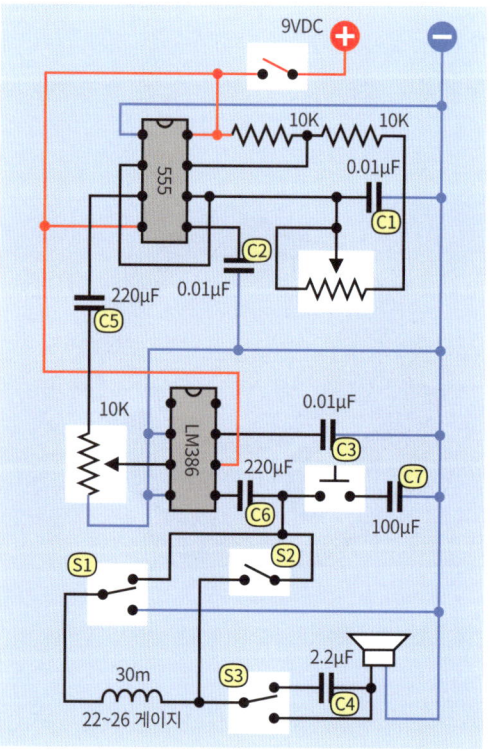

그림 5-43 기본적인 소리 실험 회로.

그림 5-44는 브레드보드에 구성한 회로를, 그림 5-45는 부품의 부품값을 나타낸 그림이다.

이 회로를 만들 때 한 가지 경고해두어야 할 점이 있다. 그것은 바로 증폭기가 여러분이 듣고 싶어 하는 신호 뿐만이 아니라 모든 전기 변동에 민감하다는 것이다. 전기 간섭은 긁히고 징징대는 소리로 나타나며 이런 문제는 부품을 연결할 때 불필요하게 긴 전선을 사용하면 더 심해진다.

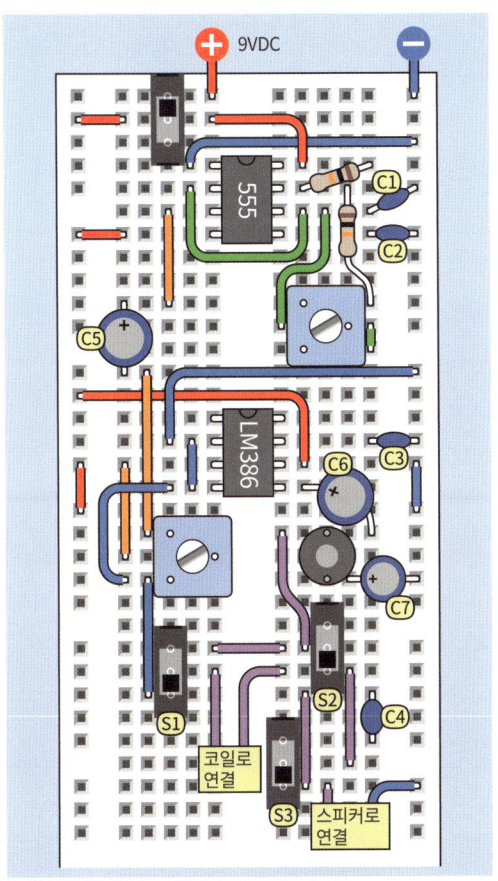

그림 5-44 소리 실험 회로를 브레드보드에 구성한 모습.

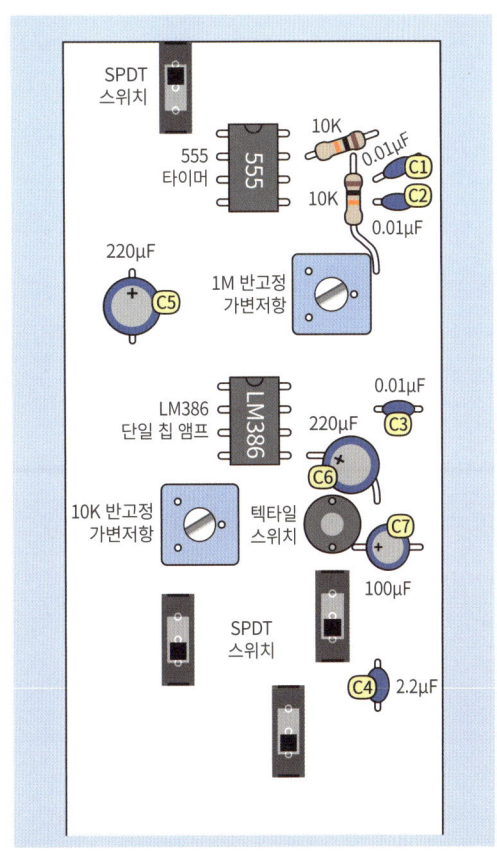

그림 5-45 소리 실험 회로의 부품값.

끝에 작은 플러그가 달린 점퍼선 유형은 무선 안테나와 같은 특성을 보이기 때문에 이런 증폭기 회로에서 특히 바람직하지 않다. 나는 그림 5-44의 브레드보드 배치에서 모든 전선의 길이를 최소화하려고 노력했으며 여러분도 그렇게 하기를 권한다. 전선 길이가 크게 상관없는 유일한 곳은 칩의 출력 부분으로 이곳의 전선은 스피커와 코일에 연결해야 한다.

코일의 경우 22게이지나 그보다 얇은 에나멜선을 사용하는 것이 이상적이지만 30m짜리 22게이지 연결용 전선으로도 소리를 들을 수 있을 정도의 결과를 얻을 수 있다. 이전 실험에서 제안했던 60m 연결용 전선을 사용하면 더 나은 결과를 얻을 수 있다.

이제 브레드보드에 전원을 인가하기 전에 회로 아랫부분에 있는 슬라이드 스위치가 3개 모두 '아래' 위치에 있는지 확인한다. 다시 말해 스위치를 모두 브레드보드의 아래쪽으로 밀어두라는 뜻이다. 또한 2개의 반고정 가변저항은 범위의 중간쯤으로 돌려둔다.

이 회로는 AC 어댑터나 9V 전지로 전원을 공급할 수 있으며 정류는 필요 없다. 그러나 어댑터를 사용한다면 회로에 약간의 험 잡음(hum noise)[7]이 생길 수 있다. 이런 험 잡음을 줄이려면 1,000μF 이상의 용량을 가진 커패시터를 브레드보드의 두 버스 사이에 연결시키면 된다. 전지를 사용한다면 증폭기의 전력 소모가 전지 수명을 2~3시간으로 줄일 수 있으며, 일부 소리 필터가 전압을 조금 낮추어서 555 타이머가 생성하는 가청 주파수에 영향을 미칠 수 있다.

전원을 인가하자마자 소리가 들려야 한다. 그렇지 않다면 문제 해결을 위한 첫 번째 전략은 220μF 커패시터의 위쪽 리드와 555 타이머의 출력 핀의 연결을 끊고 핀과 음의 버스 사이의 스피커 전선을 잠시 건드리는 것이다. 그러고도 아무 소리가 들리지 않으면 타이머 주변의 배선에서 오류가 생겼다고 보면 된다. 뭔가 들린다면 오류는 LM386 증폭기 칩과 관련해서 생긴 것이다.

전원을 LM386의 정확한 핀에 연결했는지 확인하자. LM386의 양극과 음극 전원 핀은 논리 칩과 다른 곳에 위치한다.

그래도 여전히 소리가 들리지 않는가? 10K 반고정 가변저항 위쪽으로 수직으로 연결된 짧은 파란색 전선을 분리해보자. 이 전선이 증폭기의 입력 핀(4번 핀)과 연결되어 있기 때문에, 이 전선 조각의 끝에 손가락을 갖다 대면 윙 또는 즈 같은 소리가 들릴 것이다. '그랬는데도' 아무 소리도 안 들리는가? 커패시터 C6의 음극과 음의 전원 버스 사이에 스피커를 연결해보자. C6은 LM386의 출력 핀과 직접 연결되는 결합 커패시터다.

이런 시도가 모두 실패로 돌아간다면 계측기를 회로 여기저기에 대 보며 전압을 확인해야 한다.

소리 탐험

회로가 이제 제대로 동작한다고 가정하면 뭔가 시도해보기 전에 부품의 기능을 먼저 설명하자. 그림 5-44의 브레드보드 배치에서 부품에 붙인 이름표에 대해 먼저 알아볼 생각이다.

커패시터 C1은 1M 반고정 가변저항과 연결되어 타이머의 주파수를 설정한다. 5KHz보다 더 높은 음을 듣고 싶다면 0.0068μF(6.8nF) 커패시터로 교체할 수 있다.

C5는 결합 커패시터다. 값이 크기 때문에 넓은 주파수 범위에서 쉽게 인식된다. 기본 전압이 아닌 전압 변동을 증폭시키고 싶기 때문에 C1은 555 타이머로부터 출력되는 DC를 차단시켜야 한다.

커패시터 C6 역시 결합 커패시터로 증폭기에서 나오는 DC로부터 스피커를 보호한다.

커패시터 C7은 옆에 있는 버튼을 눌렀을 때 증폭기 출력을 접지시킨다. C7의 값은 고주파를 접지로 보내기 위해 선택된다. 그러한 고주파가 없으면 스피커로 가는 소리가 조금 더 부드러워진다.

커패시터 C4는 회로에서 슬라이드 스위치 S3의 스위칭을 제어한다. 스위치 S3을 밀어 올리면 555 타이머로부터 나오는 소리가 C4를 통과해 스피커로 간다. C4의 값이 작기 때문에 저주파

---

[7] 스피커에서 웅 하고 들리는 잡음.

를 차단해서 얇고 작은 소리가 난다.

회로의 복잡한 부분은 코일과 관련되어 있다. 코일이 스피커와 병렬로 연결되었을 때와 직렬로 연결되었을 때의 소리에 어떤 차이가 있는지 들려주고자 했다. 스위치 S1과 S2는 그림 5-46과 그림 5-47에서 보는 것처럼 그 상태를 선택할 수 있다. 코일이 스피커와 병렬로 연결되어 있으면 이를 스피커를 우회한다고도 표현한다.

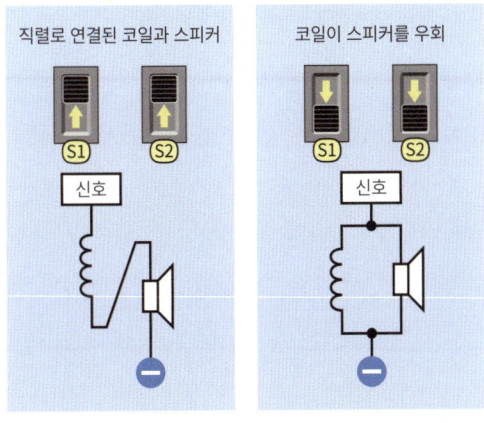

그림 5-46 스위치 S1과 S2(이 회로를 브레드보드로 나타낸 모습에서 확인)는 소리를 외부 코일과 병렬, 또는 직렬로 연결된 스피커로 보낸다.

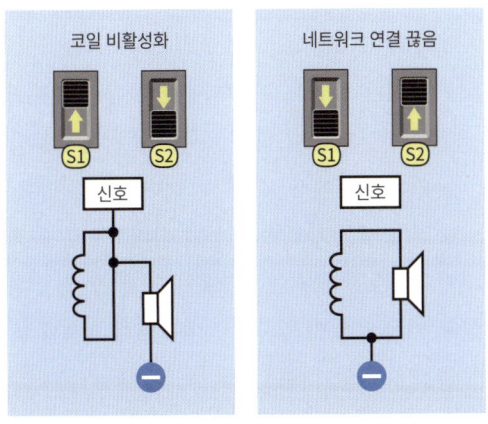

그림 5-47 S1과 S2로 서로 다르게 구성해서 코일을 우회하거나 증폭기의 출력을 줄인다.

여기에서는 해볼 수 있는 것들이 꽤 많다. 특히 다양한 필터를 점검해보면서 소리의 주파수와 음량을 조정할 수 있다는 점을 잊지 말자. 또한 필터 2개를 동시에 사용해서 효과를 점검해 볼 수도 있다. 예를 들어 우회 커패시터 C7을 활성화하는 버튼을 눌러 고주파를 차단하는 동시에 C4를 회로와 연결해서 저주파를 차단할 수도 있다. 이렇게 하면 '대역 필터(bandpass filter)'가 생긴다. 이런 이름이 붙은 이유는 주파수가 그 중간의 아주 좁은 주파수 대역만 지나갈 수 있기 때문이다.

왼쪽 아래의 반고정 가변저항은 음량 조절기의 역할을 하지만 저항의 중간 범위에서만 제대로 동작하는 것을 알 수 있다. 저항을 너무 높거나 너무 낮게 조정하면 회로가 진동하기 시작한다. 이는 증폭기 회로의 문제다. 이를 해결하려면 여러 곳에 크고 작은 커패시터를 추가해주어야 한다. 회로는 가변저항의 중간 범위로도 유용하게 사용할 수 있기 때문에 이런 문제는 신경 쓰지 않기로 했다.

이 회로의 커패시터와 코일은 모두 '수동(passive)' 소자를 기반으로 동작한다. 이들은 주파수를 차단하지만 증폭하지는 않는다. 더욱 정교한 소리 필터링 시스템에서는 '능동(active)' 필터링을 제공하기 위해 트랜지스터가 사용되지만 그 경우 더 많은 전자부품이 필요하다.

이론: 파형

병의 입구에 입김을 불어넣으면 병 안쪽의 공기가 진동하면서 부드러운 소리가 들린다. 압력의 파동 그래프를 그릴 수 있다면 이들의 파형은 둥근 모양일 것이다.

시간을 느리게 흐르도록 하고 집 안의 전원 콘센트에 흐르는 교류 전압의 그래프를 그릴 수 있다면 아마 같은 모양을 하고 있을 것이다.

진공에서 천천히 앞뒤로 흔들리는 추의 속도를 측정하고 그 속도를 시간에 대해 그래프로 나타낼 수 있다면 이것 역시 같은 모양일 것이다.

이런 모양을 '사인파(sine wave)'라고 하는데 기본적인 삼각함수에서 유도할 수 있기 때문이다. 직각삼각형에서 직각을 낀 한 변을 'a'라고 하자. 'a'의 길이를 삼각형의 빗변 길이로 나눈 값이 'a'와 마주 보는 대각의 '사인(sine)' 값이다.

이를 간단히 나타내려면 그림 5-48처럼 공 하나가 중심점을 기준으로 회전하는 실에 붙어 있다고 생각해보자. 중력과 공기저항, 기타 번거로운 변수들은 무시한다. 그냥 규칙적인 시간마다 공의 높이를 측정해서 실의 길이로 나눈다. 이때 공은 일정한 속도로 원 둘레를 지나간다고 생각한다. 그 결과를 그래프로 그리면 그림 5-49와 같은 사인파를 볼 수 있다. 공이 처음 출발한 수평선보다 아래로 내려가면 높이가 음이 된다고 생각하기 때문에 사인파 역시 음의 값이 된다.

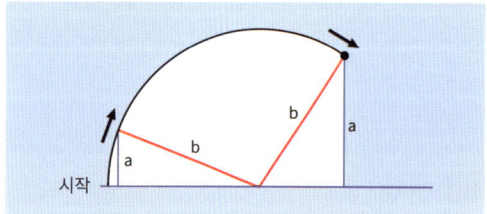

그림 5-48 단순한 기하학에서 시작하면 사인파를 그릴 수 있다.

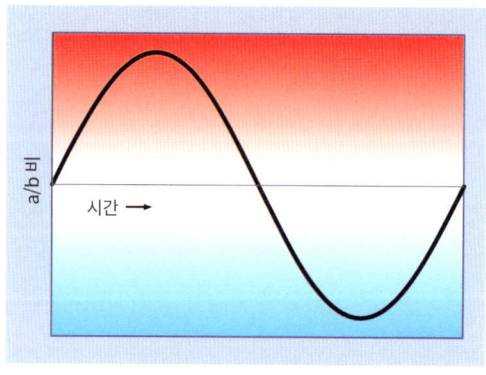

그림 5-49 소리 사인파는 플루트 같이 진동하는 공기 기둥을 사용하는 악기로 발생시킬 수 있다. 부드럽고 조화로운 소리다.

어째서 이런 특정한 곡선이 자연의 그렇게 많은 곳에 그렇게 다양한 방식으로 존재할까? 그 이유는 물리학에 근거하며 이 주제에 흥미가 있는 사람이라면 좀 더 깊이 공부해보기를 권한다. 다시 음향 재생의 주제로 돌아가면, 중요한 내용은 다음과 같다.

- 주변 공기의 일정한 압력은 '주위 압력(ambient pressure)'이라고 한다. 이는 중력이 끌어당기는 공기로 인해 생긴다(그렇다. 공기도 무게가 있다).
- 거의 모든 소리는 주위 압력보다 높은 파동으로 이루어지며 이 파동 뒤에는 주위 압력보다 낮은 파동이 따라온다. 마치 바다의 파도 같다.
- 높거나 낮은 압력의 파동을 상대적으로 높고 상대적으로 낮은 전압으로 나타낼 수 있으며 이 때문에 그림 5-49에서 배경에 빨간색과 파란색을 사용해 나타냈다.
- 소리는 다양한 주파수와 진폭의 사인파로 분해될 수 있다.

이는 다시 말하면 다음과 같다.

- 소리 사인파를 제대로 섞어 합치면 '어떤 소리도' 만들 수 있다.

두 가지 소리가 동시에 울린다고 생각해보자. 그림 5-50은 한 가지 소리를 보라색 곡선으로, 다른 소리를 초록색 곡선으로 나타냈다. 압력의 파동 형태로 공기를 통해 이동하거나, 또는 교류 전류가 전선을 통해 이동할 때처럼, 두 소리의 진폭이 더해져서 더욱 복잡한 곡선(그림의 검은색 곡선)을 만든다. 이제 수십, 수백 개의 다른 주파수가 함께 더해진다고 생각해보면 음악이 얼마나 복잡한 파형을 가지고 있을지 상상할 수 있을 것이다.

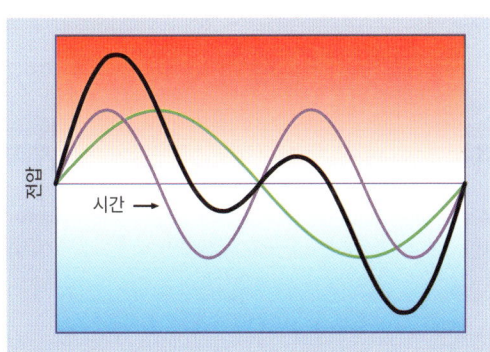

그림 5-50 사인파 2개가 동시에 생성될 때(예를 들어 음악가 2명이 각각 플루트를 연주할 때) 합쳐진 소리는 혼합된 파형을 만든다. 보라색 사인파의 주파수는 초록색 사인파의 2배다. 혼합된 곡선(검은색)은 그래프의 기준선에서 사인파까지 떨어진 거리의 합으로 나타난다.

비안정 555 타이머 회로는 '구형파(square wave)'를 발생시킨다. 이는 타이머의 출력이 갑작스럽게 낮은 전압 상태에서 높은 전압 상태로, 그리고 다시 낮은 전압 상태로 바뀌는 것을 말한다. 이 결과는 그림 5-51에서 보는 것과 같다. 사인파는 매끄럽게 변하기 때문에 부드럽고 듣기 좋은 소리가 난다. 구형파는 날카로운 '즈즈' 소리가 나는 경향이 있다. 즈즈 소리는 '배음(harmonics)'으로 구성되는데 기본 주파수의 2배 이상이 되는 주파수라는 뜻이다.

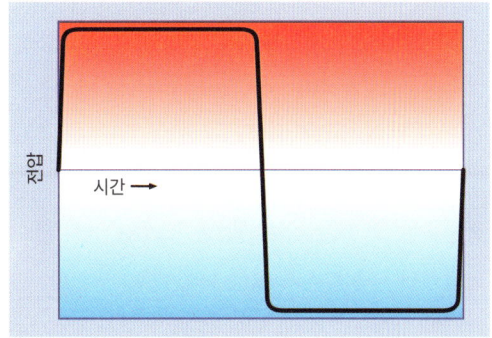

그림 5-51 555 타이머 등으로부터 얻을 수 있는 구형파. '켜짐'과 '꺼짐'의 출력 상태가 빠르게 전환된다.

구형파에는 주파수가 높은 배음이 포함되어 있기 때문에 오디오 필터를 점검하기에 좋다. 저주파를 통과시키는 저역 통과 필터(low-pass filter)는 구형파의 모서리를 둥글게 만들어서 즈즈 소리를 제거한다.

음악을 분해하기

어쩌면 이런 궁금증이 생길지도 모르겠다. LM386이 소리 증폭기라면 음악도 증폭할 수 있을까? 그렇다. 실제로 소리 증폭기는 그런 목적으로 고안된 것이다. 이는 헤드폰 출력 기능이 있는 오디오 장치를 사용해서 직접 점검해볼 수 있다.

LM386은 단채널 증폭기(mono amplifier)일 뿐이라서 음악 재생기로부터 음향 채널 2개를 동시에 들을 수 없다. 둘 중 한 채널을 들으려면 양쪽 끝에 소형 오디오 잭이 달린 케이블을 사용해야 한다. 둘 중 하나를 잘라내고 전선의 피복을 벗기면 케이블 안에 얇은 전선으로 이루어진 차폐선(shielding)이 보이는데 이는 접지해야 한다. 차폐선 안에는 도선이 2개 있어서 각각 왼쪽 채널과 오른쪽 채널로 신호를 전송한다. 그중 하나를 잘라내서(어느 쪽을 잘라내든 상관없다) 버리자. 그렇지만 남은 도선이 차폐선과 합선되지 않도록 해야 한다.

남아 있는 도선에서 피복을 벗겨낸다. 안의 전선은 아주 가늘어서 땜납을 조금만 가하면 이 실험에서 사용하기가 훨씬 수월해질 수 있다. 바람직한 결과는 그림 5-52에서 보는 것과 같다.

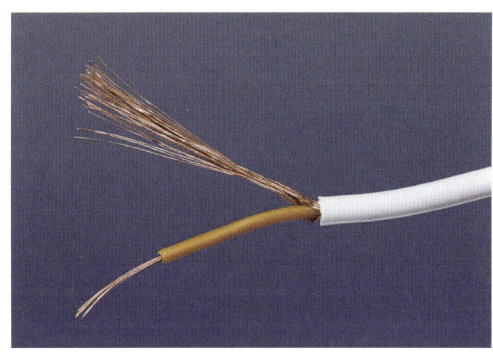

그림 5-52 피복을 벗겨 차폐선과 하나의 도선을 노출시킨 오디오 케이블. 차폐선은 접지시킨다.

증폭기 회로에 연결된 전원이 끊어지고 모든 슬라이드 스위치가 아래로 향하고 있는지 확인하자. 아래쪽에 220μF 커패시터가 있는 555 타이머의 3번 핀과 연결된 오렌지색 전선을 끊자. 이제 555 타이머를 꺼내고 커패시터 C5의 양극을 입력 지점으로 사용할 것이다.

악어 클립이 달린 테스트 리드의 한쪽 끝을 커패시터의 양극 리드로 고정하고 다른 쪽 끝을 케이블의 오디오 도선과 연결한다. 다른 테스트 리드는 케이블의 차폐선을 회로의 접지에 연결한다. 중요한 것은 음악 재생기가 증폭기와 접지를 공유해야 한다는 점이다.

회로에 전원을 인가하고 음악 재생기에 전원을 연결한 뒤 음악을 들어보자. 소리가 너무 크고 왜곡이 심하면 1K나 10K 저항을 음악 재생기의 오디오 선과 커패시터의 양극 사이에 삽입할 수 있다.

일단 음량이 적당히 맞춰지면 고역 통과 필터와 저역 통과 필터를 사용해서 음악이 어떻게 바뀌는지 알아볼 수 있다. 필터를 사용하면 듣기 좋은 소리가 나지는 않겠지만 소리가 달라지기는 한다.

배경지식: 크로스오버 회로

일반적인 오디오 시스템에서 각 스피커 상자는 높은 음을 재생하는 소형 스피커인 '트위터(tweeter)'와 낮은 음을 재생하는 대형 스피커인 '우퍼(woofer)' 2개의 드라이버 유닛으로 이루어진다(최신 시스템에서는 인간의 귀가 낮은 소리의 방향을 잘 감지하지 못한다는 성질을 이용해서 우퍼를 어디에나 두어도 상관없도록 별도의 스피커 상자로 만드는 경우가 많다. 이런 시스템에서는 우퍼가 아주 낮은 소리도 재생할 수 있기 때문에 우퍼 대신 '서브우퍼(subwoofer)'라고 부르기도 한다).

오디오 주파수는 필터링해서 트위터와 우퍼

용 주파수를 분리하기 때문에 트위터는 낮은 음을 처리할 필요가 없고 우퍼는 높은 음으로부터 보호된다. 이를 담당하는 회로를 '크로스오버 회로'라고 하며 골수 오디오 애호가들 중에는 자신이 직접 설계하고 제작한 스피커 상자에 원하는 스피커를 내장해서 자신만의 오디오 시스템(특히 자동차 오디오 시스템)을 만드는 사람들도 있다.

크로스오버 회로를 만들려면 고급 필름 커패시터(polyester capacitor, 극성이 없고 전해 커패시터보다 오래 지속되고 정밀도가 높다)[8]와 적절한 지점에서 고주파를 차단하기 위해 전선 감는 횟수를 정확히 세서 만든 정확한 크기의 코일을 사용해야 한다. 그림 5-53은 필름 커패시터, 그림 5-54는 내가 이베이에서 약 6달러에 구입한 음향 크로스오버 코일의 모습이다. 나는 안이 어떻게 생겼는지 궁금했기 때문에 실제로 뜯어보았다.

그림 5-54 고급 오디오 부품의 내부에서 어떤 독특한 부품을 발견할 수 있을까?

먼저 코일을 감싸고 있는 검은색 비닐 테이프를 벗겨냈다. 안에는 그림 5-55 같이 셀락이나 반투명 플라스틱이 얇게 발린 일반적인 구리 에나멜선이 있다. 감겨 있는 전선을 풀면서 감긴 횟수를 셌다.

그림 5-53 이런 고급 필름 커패시터 같은 비전해 커패시터 중에는 극성이 없는 것도 있다.

그림 5-55 검은 테이프를 벗기면 에나멜선 코일이 드러난다.

8 폴리에스터 커패시터가 원래 이름이지만, 국내에서는 필름 커패시터 혹은 마일러 커패시터라는 이름으로 더 많이 부른다. 참고로 전해, 탄탈, 필름, 세라믹 커패시터 모두 특성과 정확도에 차이가 있으므로 정밀하게 사용하기 위해서는 용도에 맞는 커패시터를 사용하는 것이 중요하다.

그림 5-56은 전선과 전선이 감겨 있던 원통을 보여준다.

그림 5-56 음향 크로스오버 코일은 플라스틱 원통과 약간의 전선으로 이루어져 있다. 다른 것은 없다.

따라서 음향 크로스오버 회로의 이 특별한 코일 사양은 이렇다. 소형 플라스틱 원통 1개와 거기에 200번 감긴 약 12m의 20게이지 에나멜선이다.

오디오 부품에는 신비로움이 상당히 가미되어 있다는 점에 주의하자. 이 때문에 지나치게 가격이 높게 책정되는 경우도 많지만, 이런 설정값들을 확인하고 자신에게 맞도록 조정하면 자신만의 부품을 만들 수 있다.

이번에는 차량에 쿵 소리를 내는 베이스 스피커를 장착하고 싶다고 가정해보자. 낮은 소리만 재생하는 필터를 직접 만들 수 있을까? 물론이다. 단순히 원하는 만큼 높은 소리가 차단되도록 코일을 감아주면 된다. 단, 100W 이상의 오디오 출력이 발생하더라도 과열되지 않도록 전선이 충분히 무거워야 한다.

생각해볼 수 있는 또 다른 프로젝트도 있다. 바로 컬러 오르간이다. 스테레오의 출력을 3개의 주파수 대역으로 나뉘도록 필터링한 다음 각의 대역이 서로 다른 색의 LED를 구동시키도록 한다. 빨간색 LED는 저음에 반응해서 켜지고, 노란색 LED는 중간음, 초록색 LED는 고음에 반응하도록 하자(사실 색깔은 취향에 따라 고르면 된다). 신호 다이오드를 LED와 직렬로 연결해서 교류를 정류하고 직렬 저항을 연결해서 LED에 걸리는 전압을, 예를 들어 2.5V로 제한할 수도 있다(음악의 음량을 최대로 올리는 경우). 계측기를 사용해서 각 저항을 통과하는 전류를 확인하고, 그 수치와 저항에서 발생하는 전압강하 수치를 곱해서 어느 정도의 전력을 다루고 있는지 구하면 어느 정도의 전력량으로 저항이 타지 않는지 알 수 있다.

음향 분야는 자신의 전자회로를 설계하고 만드는 과정을 즐긴다면 가능성이 아주 많이 열려 있다.

실험 30: 음을 왜곡하기

실험 29의 회로에 조금 변형을 가해보자. 이 실험을 통해 소리의 다른 속성인 음의 '왜곡(distortion)'을 보여줄 것이다.

실험 준비물

- 실험 29에서 브레드보드에 구성한 회로

추가

- 2N2222 트랜지스터 1개
- 저항: 330Ω 1개, 10K 1개
- 커패시터: 1μF 2개와 10μF 1개

회로 수정하기

회로는 아주 조금만 수정할 것이다. 트랜지스터 1개, 저항 2개, 커패시터 3개만 추가하면 된다. 그림 5-57은 브레드보드의 위쪽에 새롭게 추가된 부품을 보여준다. 그 전에 있던 부품은 회색으로 처리했다.

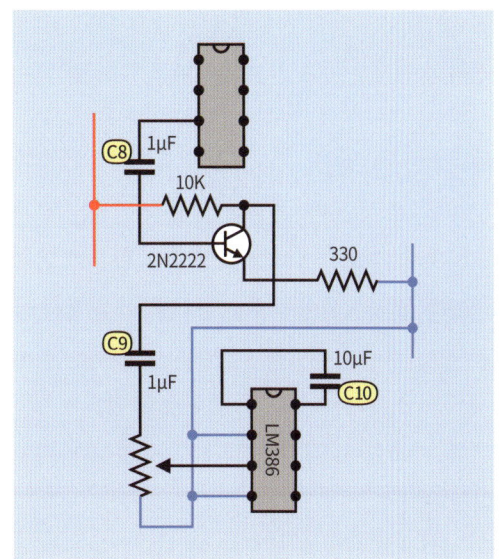

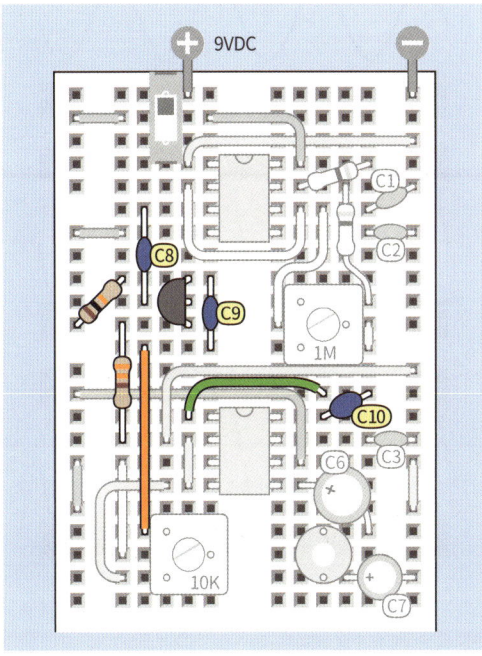

그림 5-57 왜곡 현상을 추가하기 위해 실험 29의 회로를 개조한 모습.

그림 5-58 추가된 부품과 부품값.

그림 5-58은 회로도의 관련 부분에서 다른 부품은 생략하고 추가된 부품만 부품값과 함께 보여준다.

2N2222 트랜지스터가 LM386의 입력에 과부하를 걸어주는 한편 1μF 커패시터 C8과 C9는 왜곡 현상을 강조하기 위해 낮은 음을 제한한다.

여기서 C10은 LM386의 출력을 증폭시키기 위해 사용되었다. 이는 칩의 기능이다. 1번 핀과 8번 핀 사이에 커패시터를 추가하면 증폭기의 출력은 20:1에서 200:1로 증가할 수 있다.

따라서 이 불행한 작은 증폭기 칩은 어쩔 수 없이 설계자들이 의도한 것 이상의 일을 두 가지 별도의 방식으로 해야 한다. 당연히 이런 잔인한 처사에 대해 불평을 할 수밖에 없다.

회로를 수정하고 전원을 인가하자. 이전의 출력은 기본적으로 구형파였기 때문에 회로에서 즈즈 소리가 났다. 그러나 10K와 1K 반고정 가변저항으로 실험을 하면 찢어지는 지미 헨드릭스[9] 스타일의 출력을 만들 수 있다.

결과가 지나치게 극단적이라면 330Ω 저항 대

---

9 유명한 미국의 록 기타리스트.

신 약간 높은 값의 저항으로 바꿔줄 수도 있다. 정확히 여기서 무슨 일이 일어나고 있는 걸까?

배경지식: 클리핑

고음질 '하이파이'[10] 음향의 개발 초기에는 엔지니어들이 완벽한 음향 재생 과정을 만들기 위해 애썼다. 증폭기에서 나오는 출력 끝의 파형이 입력 끝의 파형과 동일해 보이면서도 크기는 증폭시켜서 스피커를 구동할 정도로 강력해지기를 원했다. 파형에 생기는 약간의 왜곡도 용납되지 않았다.

이들은 아름답게 설계된 진공관 앰프를 새로운 세대의 록 기타리스트들이 왜곡을 극대화시키는 방향으로 사용할 것이라고는 전혀 예상하지 못했다.

진공관 튜브, 또는 트랜지스터를 사용해서 사인파를 부품의 성능 이상으로 증폭시키면 이는 출력의 범위를 벗어나 곡선의 위아래가 잘려나가는 클리핑(clipping) 현상이 나타난다. 이렇게 잘린 파형은 구형파에 가까워 보이는데 이런 구형파는 실험 29에서 설명한 것처럼 날카로우면서 지지직거리는 소리를 낸다. 이런 날카로운 소리야말로 음악에 강렬함을 가미하고 싶었던 록 기타리스트들이 바라던 것이었다.

그림 5-59에 나타난 그림들은 어떤 일이 일어나는지를 보여준다. 출력이 증폭기의 전압 범위 내에 있으면 신호는 충실히 재생될 수 있다. 그러나 두 번째 그림에서 증폭기의 입력은 출력 범위가 초과하는 지점까지 증가한다(곡선의 회색 구역). 증폭기가 사용할 수 있는 출력이 그 정도밖에 안 되기 때문에 증폭기는 세 번째 그림에서처럼 신호가 잘려 나간다.

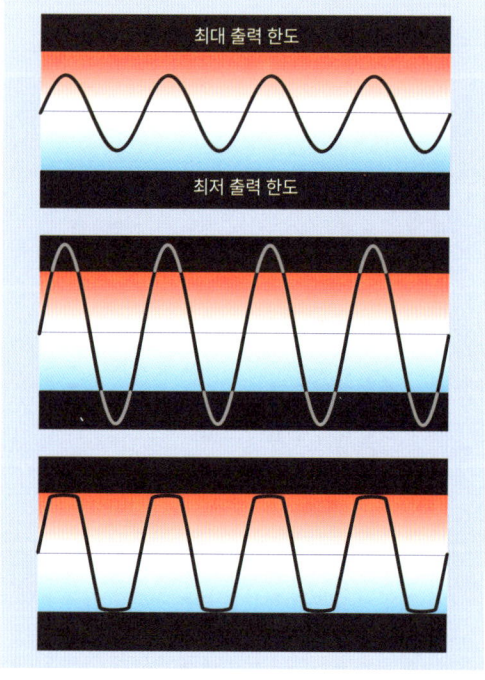

그림 5-59 사인파(위)가 부품의 한계를 넘도록 조정된 증폭기를 통과하면 증폭기는 파동을 잘라낸다(아래).

록 기타리스트들은 클리핑이 듣기 좋다고 생각했기 때문에 이런 효과를 내기 위해 '이펙터(stomp box)'가 출시되었다. 그림 5-60은 아주 초기의 이펙터를 보여준다.

---

10 High Fidelity의 약자.

그림 5-60 복스(Vox)의 와우 퍼즈(Wow-Fuzz) 페달은 초기 이펙터 중 하나로 음향 기사들이 수십 년간 제거하려고 노력했던 일종의 왜곡을 의도적으로 유도했다.

배경지식: 이펙터의 기원

미국의 록그룹 벤처스(Ventures)는 1962년 퍼즈 박스(fuzz box)[11]를 사용해서 첫 싱글 'The 2,000 Pound Bee'를 녹음했다. 지금껏 만들어진 가장 끔찍한 악기들 중 하나일 퍼즈 박스에서는 왜곡이 전략으로 사용되며, 이렇게 변형된 소리를 들은 다른 연주자들은 이런 소리가 흔적도 없이 사라질 거라고 생각했을 것이다.

그룹 킨크스(Kinks)의 레이 데이비스(Ray Davies)는 왜곡을 사용해 실험을 하기 시작했다. 첫 번째로 그는 히트곡 'You Really Got me'를 녹음하면서 한 앰프의 출력을 다른 앰프의 입력으로 연결해보았다. 이렇게 연결했더니 입력에 과부하가 걸리면서 음악 하는 사람들에게는 오히려 매력적으로 들리는 클리핑을 만들어냈다. 그로부터 얼마 지나지 않은 1965년, 키스 리처즈(Keith Richards)는 롤링스톤스가 '(I Can't Get No) Satisfaction'이라는 곡을 녹음할 때 깁슨

(Gibson)의 마에스트로 퍼즈톤이라는 이펙터를 사용했다.

오늘날 '이상적' 왜곡에 대한 수많은 미신 같은 이야기들을 퍼 나르는 옹호자들을 많이 찾아볼 수 있다. 그림 5-61은 이탈리아의 회로 설계자 플라비오 델레피아네(Flavio Dellepiane)가 무료로(구글 애드센스로부터 약간의 도움을 받기는 한다) 제공하는 그의 회로도를 가져온 것이다.

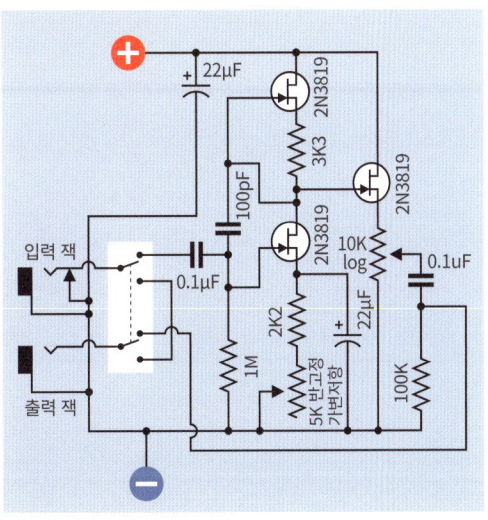

그림 5-61 플라비오 델레피아네가 설계한 이 회로는 트랜지스터 3개를 사용해서 진공관 앰프의 입력에 과부하가 걸렸을 때 생겨났던 일종의 왜곡 현상을 흉내낸다.

플라비오는 독학한 메이커로 상당한 지식을 옛날 영국에서 출간되던 『Wireless World』 같은 전자공학 잡지에서 배웠다. 여기에 수록한 퍼즈 회로에서 플라비오는 전계효과 트랜지스터(FET: field-effect transistor) 3개로 구성된 이득(gain)이 높은 증폭기를 사용한다. 전계효과 트

---

[11] 퍼즈(fuzz)는 기타에서 사용되는 이펙터의 일종으로, 신호를 클리핑해서 지직거리는 음의 왜곡을 만들어낸다.

랜지스터는 오버드라이브[12]된 진공관 앰프에서 출력되는 모서리가 둥근 평상 사각파를 거의 똑같이 모방해 출력한다.

플라비오는 자신의 홈페이지(http://www.redcircuits.com/)에 회로도를 10여 개 더 올려놓고 있으며 이들 회로도는 2채널 오실로스코프(dual-trace oscilloscope), (오디오 장치에서 사용하기 전의 입력이 '깨끗한' 상태로 제공되도록 하기 위한) 왜곡이 적은 사인파 오실레이터, 왜곡 측정기, 정밀 오디오 전압 측정기 등을 이용해서 개발하고 점검한 것이다. 전압 측정기와 오실레이터는 자신이 직접 설계해 만든 것으로 이 회로도 역시 무료로 제공된다. 그러니 가정용 오디오 전자 기기를 취미로 만드는 사람들이 독학을 위한 정보를 찾는다면 플라비오의 홈페이지를 한 번 방문하는 것만으로 필요한 모든 것을 다 구할 수 있을 것이다.

퍼즈 이전에는 트레몰로(tremolo)라는 장치가 있었다. 많은 사람들이 트레몰로와 비브라토를 혼동하기 때문에 여기에서 이 둘의 차이를 분명히 알아보자.

- 음에 비브라토를 적용시키면 기타리스트가 기타 줄을 튕기는 것처럼 주파수가 위아래로 움직인다.
- 음에 트레몰로를 적용시키면 전자 기타의 음량 조절기를 빠르게 위아래로 움직이는 것처럼 음량이 달라진다.

해리 디아몬드(Harry DeArmond)는 최초의 트레몰로 박스인 트렘트롤(Trem-Trol)을 판매한 사람이다. 트렘트롤은 전면에 다이얼이 2개 있고 위에 손잡이가 달려 있는 휴대용 골동품 라디오처럼 생겼다. 디아몬드는 아마도 비용을 줄일 생각이었겠지만 전자 부품을 하나도 사용하지 않았다. 스팀펑크[13] 스타일의 트렘트롤은 회전축의 끝부분이 가늘어지는 모터와 회전축을 누르는 고무바퀴 하나로 이루어져 있었다. 다이얼을 돌려서 바퀴가 축의 위나 아래로 움직이면 바퀴의 속도가 달라졌다. 대신 바퀴는 두 전선이 담겨 있는 '전기 유동체(hydro-fluid)'라는 작은 캡슐을 돌려서 음향 신호를 전달한다. 캡슐이 앞뒤로 흔들리면 유동체가 옆으로 흔들리고 전극 사이의 저항값이 변한다. 이런 식으로 소리의 음량을 변화시키는 것이다.

오늘날 트렘트롤은 골동품 수집 대상이다. 요한 버카드(Johann Burkard)는 인터넷에 자신이 소유한 디아몬드의 트렘트롤을 사용해 만든 MP3 파일을 올려서 사람들이 그 소리를 실제로 들을 수 있도록 해놓았다(http://johannburkard.de/blog/music/effects/DeArmond-Tremolo-Control-clip.html).

기계적인 방식을 사용해서 전자음을 변형시키려는 생각은 여기가 끝이 아니다. 최초의 해먼

---

[12] overdrive. 클리핑을 만들기 위해서 입력에 과부하를 건 상태를 뜻한다. 기타 이펙터에서 자주 사용되는 용어라 번역하지 않고 그대로 사용했다.

[13] 전자장치가 아닌 증기기관과 기계장치, 과학기술이 인간의 삶을 더 풍요롭게 만들어줄 것이라는 환상에 기반한 예술 장르.

드 오르간(Hammand organ)은 모터로 톱니바퀴를 회전시켜서 고유의 풍부한 소리를 낸다. 각각의 톱니는 카세트 플레이어의 녹음 헤드처럼 센서의 인덕턴스에 변화를 준다.

모터로 구동되는 이펙터를 다르게 사용하는 방법을 생각해보는 것은 즐겁다. 트레몰로로 돌아가서 투명한 디스크를 검은색 페인트로 칠하되 양끝으로 갈수록 좁아지는 원 모양의 띠는 칠하지 않는다고 하자. 디스크가 회전할 동안, 투명한 띠를 통해 포토 트랜지스터에 밝은 LED 불빛을 비추면 기본적인 트레몰로 장치가 완성된다. 다른 띠의 패턴을 사용한 디스크들을 모아서 한 번도 들어본 적 없는 트레몰로 효과를 만들 수도 있다. 그림 5-62는 내가 생각했던 장치를, 그림 5-63은 몇 가지 디스크 패턴을 보여준다. 실제로 만든다면 어려움이 있을 것이다. 예를 들어, 디스크는 어떻게 자동으로 교체할 수 있을까?

그림 5-63 다양한 트레몰로 효과를 내기 위해 여러 줄무늬 패턴이 사용될 수 있다.

반도체 공학의 세상에서 오늘날의 기타리스트들은 다양한 이펙터를 마음대로 고를 수 있다. 그러나 이 모든 것들은 인터넷에 올라와 있는 설계들을 사용하면 집에서도 만들 수 있다. 참고할 수 있도록 이런 특별한 분야에 관련된 책을 읽어볼 수도 있다.

Analog Man's Guide to Vintage Effects(Tom Hughes 저, For Musicians Only Publishing, 2004)
이 책은 상상할 수 있는 모든 빈티지 기타 이펙터나 페달에 대한 지침서이다.

How to Modify Effect Pedals for Guitar and Bass(Brian Wampler 저, Custom Books Publishing, 2007)
이 책은 제대로 된 지식이 거의 없거나 전혀 없는 초보자들이 보기에 좋은 지나치게 상세한 입문서다. 현재 오픈 라이브러리(http://www.openlibrary.org/) 같은 사이트에서 다운로드만 가능하

그림 5-62 가상의 새로운 전기기계식 트레몰로 생성기.

지만 저자와 도서명으로 검색하면 이전에 출간되었던 종이책을 중고로 구매할 수도 있다.[14]

물론 언제나 지름길은 있다. 수십만 원을 주고 디지털 처리 기술을 사용한 간편한 제품 하나를 구입해서 디스토션, 메탈, 퍼즈, 코러스, 페이저(phaser), 플랜저(flanger), 트레몰로, 딜레이, 리버브(reverb)[15] 등의 다양한 효과를 모방할 수 있다. 물론 순혈주의자라면 "소리가 그다지 똑같게 들리지 않는데"라고 말할 수 있겠지만 중요한 것은 소리의 차이가 아닐지도 모른다. 우리 중에는 직접 이펙터를 만들고 수정해서 판매되는 것과는 다른, 순수하게 나만의 소리를 찾지 않으면 만족하지 못하는 사람들이 있다.

실험 31: 납땜과 전원 없이 라디오 만들기

인덕턴스의 원리로 돌아가서, 인덕턴스를 사용해서 전원 없이 AM 라디오 신호를 수신할 수 있는 간단한 회로를 만드는 법을 알려주겠다. 이런 회로는 종종 크리스털 라디오[16]라고도 불리는데 초기 장치들이 실제로 광물 결정체(crystal)를 반도체로 사용했기 때문이다. 이 회로는 통신 기술이 움트던 시대에 처음 고안되었지만 한 번쯤 만들어보지 않는다면 정말 마법 같은 경험을 놓치게 될 것이다.

실험 준비물

- 비타민 통이나 물통 같은 반지름 약 8cm의 단단한 원통형 물체 1개
- 22게이지 연결용 전선 최소 18m
- 16게이지(가급적)의 무거운 전선 약 15~30m (연선을 사용할 수 있으며 비용을 줄이기 위해 더 얇은 전선을 사용할 수도 있지만 그 경우 라디오에서 방송국 채널을 많이 잡지 못한다.)
- 폴리프로필렌 끈이나 나일론 끈 약 3m
- 게르마늄 다이오드 1개
- 임피던스가 높은 이어폰 1개
- 테스트 리드 1개
- 악어 클립 3개나 추가 테스트 리드

선택:

- 9V 전원(전지 또는 AC 어댑터)
- LM386 단일 칩 증폭기
- 소형 스피커(약 5cm 가능)

다이오드와 이어폰은 사이토이 카탈로그(Sci-toys catalog)(http://www.scitoyscatalog.com/)에서 주문할 수 있다. 임피던스가 높은 이어폰도 아마존에서 구입할 수 있다.

1단계: 코일

AM 라디오 채널의 주파수 대역에서 송신되는 무선 신호와 주파수를 동조할 코일을 만들어야

---

[14] 아마존에서 구할 수 있다.
[15] 기타에서 사용되는 음향효과로, 영어 그대로 많이 사용되기 때문에 번역하지 않았다.
[16] 광석 수신기라고도 한다.

한다. 코일은 22게이지 연결용 전선을 65회 감아서 만들며, 이렇게 감았을 때 전선의 길이는 18m 정도 된다.

코일은 옆면 모서리가 평행하고 반지름이 약 8cm인 원통형의 빈 유리컵이나 플라스틱 통 주변에 감으면 된다. 물통도 가능하지만 플라스틱 두께가 너무 얇으면 압력에 의해 쉽게 찌그러지거나 형태가 달라질 수 있다.

나한테는 마침 원하는 크기에 딱 맞는 비타민 통이 있어서 그것을 사용했다. 사진을 보면 아무런 상표도 붙어 있지 않다. 히트건으로 접착제를 (통을 녹이지 않도록 살짝) 녹인 뒤 떼어냈다. 남아 있는 접착제는 자일렌(xylene)을 조금 묻혀 닦아냈다.

깨끗하고 단단한 통이 준비되었으면 송곳이나 못 같은 날카로운 물체로 그림 5-64처럼 통에 구멍을 2개씩 아래위로 2쌍 뚫는다. 구멍은 코일의 끝을 고정하는 데 사용된다.

그림 5-64 구멍은 통을 감싸는 전선을 고정시키는 용도로 사용된다.

연결용 전선의 끝에서 피복을 벗겨내고 그림 5-65처럼 한쪽 구멍에 고정시킨다. 통에 전선을 5번 감고 감은 전선이 풀리지 않도록 임시로 테이프를 작게 붙인다. 포장용 테이프면 좋지만 일반적인 셀로판테이프도 괜찮다. 벨크로 테이프는 접착력이 충분히 강하지 않으며 제거하기도 어렵다.

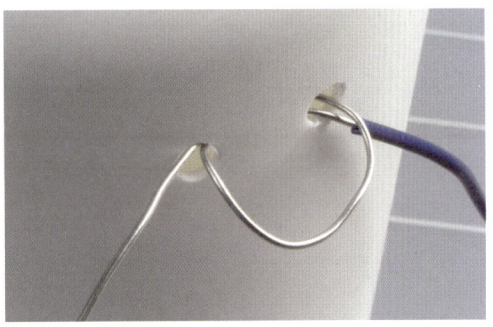

그림 5-65 한 쌍의 구멍에 전선의 한쪽 끝을 고정한다.

이제 전선 피복을 1cm 정도 벗겨야 한다. 이 부분에서 코일을 사용할 수 있도록 하기 위해서다. 와이어 스트리퍼를 사용해서 피복을 절개한 뒤 잡아당긴다(그림 5-56 참조).

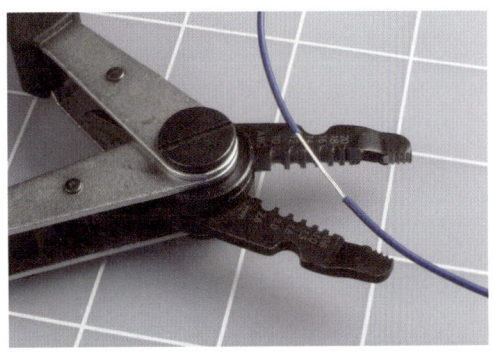

그림 5-66 와이어 스트리퍼와 엄지손톱을 이용해서 전선 피복을 1cm 정도 뒤로 당긴다.

다음 단계는 노출된 전선을 꼬아서 고리를 만드는 것이다. 이렇게 하면 잡기도 수월하고 피복이 움직여서 노출된 부분을 다시 덮는 일도 없다(그림 5-67 참조).

그림 5-68 통 주위를 단단히 감아 완성된 코일.

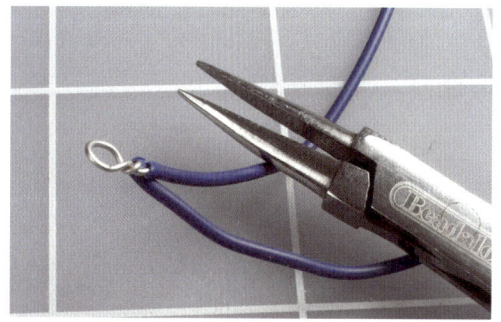

그림 5-67 노출시킨 전선을 꼬아 고리를 만든다.

지금 만든 것을 코일의 '탭(tap)'이라 한다. 처음에 5번 감은 전선을 임시로 고정하기 위해 붙여 둔 테이프를 제거하고 통에 전선을 다시 5번 감는다. 다시 테이프로 고정하고 탭을 하나 더 만든다. 각각의 탭이 정확하게 일렬을 이룰 필요는 없다. 마지막 탭을 만들고 통에 전선을 5번 더 감은 뒤 전선을 자르자. 끝부분을 반지름이 1cm 정도 되도록 U자 모양으로 구부려서 통 아래쪽에 뚫어놓은 한 쌍의 구멍에 통과시켜 걸어준다. 그런 다음 전선을 잡아당긴 뒤 다시 한 번 고리 모양으로 단단한 고정점을 만든다.

비타민 통에 감은 코일의 모습은 그림 5-68과 같다.

그 다음 단계는 안테나를 설치하는 것이다. 안테나 쪽의 전선은 가급적 두껍고 길어야 한다. 마당이 있는 집에 산다면 그다지 문제될 것은 없다. 그냥 창문을 연 뒤 원통에 감긴 16게이지 전선의 끝을 잡고 원통을 밖으로 던진다. 그런 다음 밖으로 나가 아무 철물점에서 구입한 폴리프로필렌 끈이나 나일론 끈을 나무나 지붕의 물받이, 막대 등에 고정시키고 그 위에 전선을 걸어서 안테나를 만들면 된다. 전선의 전체 길이는 15~30m 정도가 되어야 한다. 전선이 창문을 통과해 지나간다면 이때도 전선을 걸어둘 폴리프로필렌 끈이 필요하다. 안테나 전선은 땅이나 접지된 물체로부터 가급적 멀리 떨어져 있어야 하기 때문이다.

마당이 없다면 창틀이나 문고리 등 바닥에서 떨어진 곳을 폴리프로필렌 끈이나 나일론 끈으로 연결하고 거기에 안테나 전선을 걸 수 있다. 안테나는 반드시 직선일 필요는 없다. 사실 방을 빙 둘러서 걸쳐 놓아도 된다.

주의: 고전압!

우리 주변의 세상은 온통 전기로 둘러싸여 있다. 보통 때는 그 사실을 잘 인식하지 못하지만 천둥이 치면 아래쪽 땅과 위쪽 구름 사이에 엄청난 전위차가 존재한다는 것을 문득 깨닫게 된다.

외부에 안테나를 세워 둔다면 번개가 칠 가능성이 있을 동안은 절대 사용하지 않도록 한다. 정말로 위험할 수 있다. 안테나와 실내의 연결을 끊고 전선 끝을 밖으로 빼내 안전하도록 땅에 접지시켜 두어야 한다.

안테나와 접지

양끝에 악어 클립이 달린 테스트 리드를 사용해서 안테나 전선의 끝을 앞에서 만든 코일의 위쪽 끝과 연결한다. 그런 다음 전선을 접지해야 한다. 이는 말 그대로 밖의 지면과 연결한다는 뜻이다.[17] 제일 좋은 것은 피복을 벗긴 전선을 5~6cm 정도 부드럽고 습한 땅에 파묻는 것이지만 이런 방법은 나처럼 사막 지역에 살고 있다면 문제가 될 수 있다. 전자 부품 도매상에서 용접 장비의 접지용으로 판매하는 접지 막대를 사용한다면 이 막대를 박을 장소를 신중하게 골라야 한다. 땅속에 숨어 있는 도선을 쳐버릴 수도 있기 때문이다.

접지에는 냉수 파이프가 가장 일반적으로 사용된다. 그러나 이는 파이프가 금속 재질일 때만 가능하다. 여러분의 집 배관이 구리 파이프로 이루어져 있더라도 과거의 어느 시점에 수리를 하면서 일부가 플라스틱으로 교체되었을 수도 있으니 주의한다.

어쩌면 가장 믿을 만한 선택지는 전선을 전기 콘센트 덮개를 조이는 나사에 연결하는 것일 수도 있다. 가정의 전기 시스템은 궁극적으로 접지되어 있기 때문이다. 그러나 이 경우에는 전선을 단단히 고정시켜야 콘센트의 소켓을 건드리는 위험이 발생하지 않는다. 접지선을 콘센트의 접지 소켓에 연결하는 것은 썩 권장하지 않는다. 실수로 활선에 꽂으면 위험할 수 있다.

이제 조금 구하기 힘든 용품들이 한두 개 필요하다. 바로 게르마늄 다이오드와 임피던스가 높은 이어폰이다. 게르마늄 다이오드는 실리콘으로 만든 다이오드와 비슷한 기능을 하지만 여기서 다루는 미세한 전류와 전압에 더 적합하다. 미디어 플레이어에 꽂아서 사용하는 최신 이어폰 유형은 여기에서 동작하지 않으며 그림 5-69와 같은 구형 이어폰이어야 한다. 끝에 플러그가 달렸다면 잘라낸 뒤 각 전선의 끄트머리에서 조심스럽게 피복을 벗긴다.

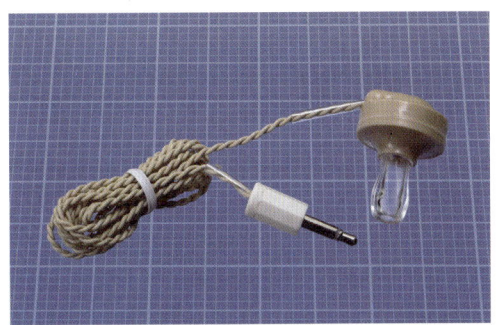

그림 5-69 전원을 사용하지 않는 라디오에 필요한 이어폰 유형이다.

이 부품은 그림 5-70에서 보는 것처럼 테스트 리드와 악어 클립으로 조립한다. 내가 실제로 만든 장치는 그림만큼 깔끔하지 않지만 그래도 그

---

[17] 영어로 '접지한다'와 '지면'은 'ground'라는 같은 단어를 사용한다.

림 5-71에서 보듯이 연결은 동일하다. 아래쪽의 테스트 리드를 코일의 탭 중 하나에 연결시킬 수 있다는 것을 알 수 있다. 이렇게 탭을 옮겨 연결하면 라디오 주파수를 바꿀 수 있다

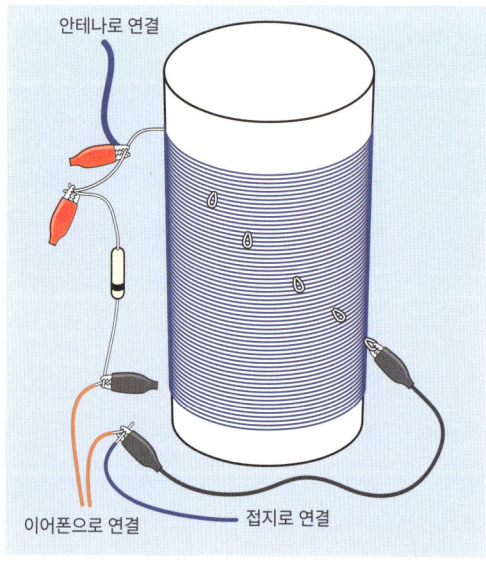

그림 5-70 조립된 부품.

그림 5-71 실제 모습.

설명대로 잘 따라 했고 AM 라디오 방송국에서 30~50km 이내에 살고 있으며 청력이 나쁘지 않다면 이어폰에서 나는 희미한 라디오 소리를 들을 수 있다. 소리는 만든 장치에 아무런 전력을 인가하지 않았는데도 들린다. 이 프로젝트는 수십 년이나 묵은 것이지만 그래도 여전히 놀라움과 새로움을 준다(그림 5-72 참조).

그림 5-72 전원 없이 아주 간단한 부품만으로 라디오 신호를 수신해 듣는 소박한 즐거움.

라디오 방송국에서 너무 멀리 떨어진 곳에 살거나 아주 긴 안테나를 설치하지 못하거나 접지 연결이 썩 좋지 않으면 아무것도 못 들을 수도 있다. 포기하지 말고 해가 질 때까지 기다려보자. AM 라디오의 수신 상태는 태양이 대기 중에 있으면서 태양에너지를 복사할 때와 하지 않을 때 급격한 차이를 보인다.

라디오 방송국을 선택하려면 테스트 리드의 끝에 달린 악어 클립을 코일의 한 탭에서 다른 탭으로 옮겨본다. 사는 곳에 따라 들을 수 있는

채널이 하나만 있거나 여러 개 있을 수도 있고, 한 번에 하나의 채널만 잡거나 동시에 여러 개를 잡을 수도 있다.

이 실험에서 아무것도 지불하지 않으면서 공짜로 뭔가를 얻고 있다고 생각할 수도 있지만 실제로 이 장치가 에너지를 받는 에너지원이 있다. 바로 라디오 방송국에 위치한 송신기다. 송신기는 방송탑에 전력을 보내서 고정된 주파수로 변조한다. 코일과 안테나의 조합이 방송사의 주파수와 일치하면 높은 임피던스의 헤드폰에 에너지를 공급할 수 있을 정도의 전압과 전류를 흡수한다.

접지를 잘해야 하는 이유는 전력이 어딘가로 간다고 할 때만 코일을 타고 흐르기 때문이다. 접지의 기준 전압이 영(0)이라 거의 무한히 전력을 빨아들인다고 생각할 수도 있다. AM 라디오 방송국의 송신기 또한 접지에 비해 전위를 가지고 있을 가능성이 높다(그림 5-73 참조).

개선점

이어폰으로 소리를 듣기가 쉽지 않다면 이어폰 대신 압전소자(piezoelectric transducer), 또는 피에조 부저(piezo beeper)를 사용해보자. 오실레이터가 내장되지 않은 유형이 필요하며 이때 압전소자는 스피커처럼 수동으로 동작한다. 압전소자를 귀에 딱 맞도록 갖다 대고 이어폰처럼 잘 동작하는지 확인해보자. 아니면 더 잘 동작할 수도 있다.

또한 신호를 증폭시켜볼 수도 있다. 제일 좋은 것은 첫 단계에서 아주 높은 임피던스를 가지는 연산 증폭기(op-amp)를 쓰는 것이다. 그러나 이 책에서는 연산 증폭기를 충분히 다룰 여유가 없다고 생각해서 이 내용은 『짜릿짜릿 전자회로 DIY 플러스』에 수록했다. 연산 증폭기 대신 실험 29에서 사용했던 것과 동일한 LM386 단일 칩 증폭기에 신호를 직접 보낼 수도 있다.

그림 5-74는 이 회로가 얼마나 간단한지 보여준다. 내 생각에 음량 조절이 필요하지는 않을 것이기 때문에 게르마늄 다이오드는 받은 신호를 LM386 칩의 입력으로 직접 연결해줄 수 있다. 1번 핀과 8번 핀 사이에 10μF 커패시터를 연

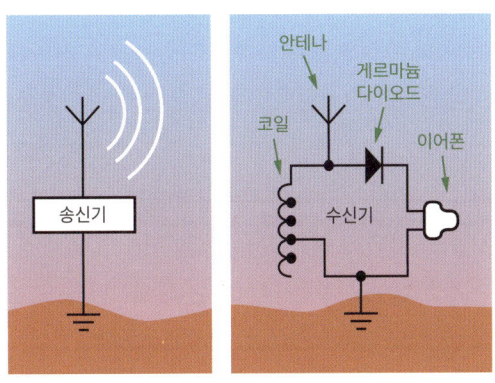

그림 5-73 전원을 사용하지 않는 라디오는 멀리 떨어져 있는 송신기로부터 이어폰으로 겨우 들을 수 있는 소리를 만들어낼 수 있을 정도의 에너지를 받는다.

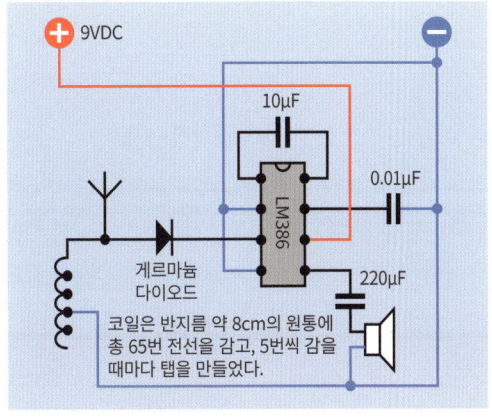

그림 5-74 LM386 단일 칩 증폭기는 크리스털 라디오의 소리를 스피커를 통해 들을 수 있도록 해준다.

결해서 칩의 증폭을 최대화하자. 이렇게 하면 내가 사는 곳이 애리조나 주 피닉스시로부터 약 200km나 떨어져 있는데도 그곳 방송국의 방송을 들을 수 있었다.

라디오의 분리 감도를 높이고 싶다면 가변 커패시터를 추가해서 회로가 더욱 정밀하게 동조(resonance)되도록 할 수 있다. 가변 커패시터는 오늘날 흔히 사용되지는 않지만 이어폰과 게르마늄 다이오드 구입처로 추천했던 동일한 전문 사이트인 사이토이 카탈로그(http://www.scitoyscatalog.com/)에서 구입할 수 있다.

이 사이트는 사이먼 퀄런 필드(Simon Quellan Field)라는 똑똑한 남자가 운영하는 곳으로, 집에서 해볼 수 있는 재미있는 프로젝트를 많이 소개한다. 재치 있는 아이디어 중 하나가 라디오 회로에서 게르마늄 다이오드 대신 저전력 LED를 1.5V 전지와 직렬로 연결해 사용하는 것이다. 이 방식은 내가 너무 외진 곳에 살았기 때문에 내가 만든 회로에서는 동작하지 않았다. 그러나 송신기 주변에 산다면 방송 신호의 전력이 통과하는 강도에 따라 LED의 세기가 달라지는 것을 알 수 있다.

이론: 무선 신호는 어떻게 동작하는가

고임피던스 전자기 복사는 수 킬로미터를 이동한다. 무선 신호 송신기를 만들려면 850kHz(초당 850,000 사이클) 정도에서 동작하는 555 타이머 칩을 사용해서 아주 강력한 증폭기를 통해 일련의 펄스를 전송탑으로 보낼 수 있다. 아니면 그냥 긴 전선으로 보낼 수도 있다. 공기 중의 다른 전자기 활동을 모두 차단할 수 있다면 내 신호를 감지해서 증폭할 수 있을 것이다.

이는 굴리엘모 마르코니(Guglielmo Marconi)가 1901년 혁신적인 실험을 실시했을 때 했던 것과 어느 정도 비슷하다. 차이가 있다면 마르코니는 555 타이머 대신 원시적인 전기 스파크를 사용해서 진동을 만들어냈다는 것뿐이다. 마르코니의 전송 방식은 상태가 켜짐과 꺼짐 두 가지밖에 없었기 때문에 사용이 제한적이었다. 그러나 이 정도면 모스 부호 메시지는 전송할 수 있었다.

그림 5-75는 마르코니의 사진이다.

그림 5-75 굴리엘모 마르코니. 무선 신호의 위대한 선구자다. (사진 출처: 위키미디어 공용)

5년 후 높은 주파수의 반송파(carrier wave)에 낮은 오디오 신호를 추가함으로써 최초의 진정한 오디오 신호가 전송되었다. 다시 말해, 오디오 신호가 반송파에 '추가'되어서 오디오 신호의 마루와 골을 따라 반송파의 전력이 변했다는 뜻이다.

이를 나타낸 것이 그림 5-76이다.

신호를 수신하는 쪽에서는 커패시터와 코일의 아주 단순한 조합으로 전자기 스펙트럼 상의 다른 모든 잡음 중에서 반송 주파수만 감지했다. 커패시터와 코일의 값은 회로가 반송파와 같은

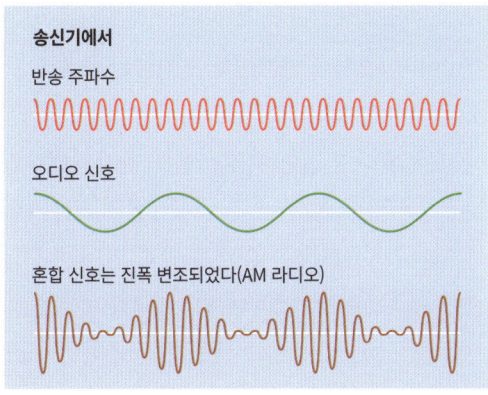

그림 5-76 고정 주파수의 반송파를 사용해서 오디오 신호 전송하기.

주파수에서 동조하도록 선택된다. 그림 5-77은 기본 회로를 나타낸 것으로 가변 커패시터는 화살표가 통과하는 커패시터 기호로 나타낸다.

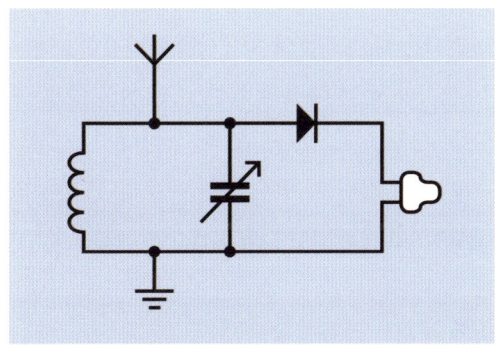

그림 5-77 가변 커패시터를 이전 회로에 추가하면 스펙트럼을 공유하는 다른 신호들을 더 잘 구별해낼 수 있다.

반송파는 위아래로 빠르게 변동하며 이어폰으로는 이러한 양극과 음극의 변화를 쫓아갈 수 없다. 그 결과 이어폰은 높은 전압 상태와 낮은 전압 상태의 중간 어디쯤에서 망설이는 바람에 소리를 전혀 재생하지 못한다. 다이오드를 사용하면 이러한 문제를 해결할 수 있다. 신호의 낮은 부분 절반을 차단해서 양극 전압 스파이크만 남기기 때문이다. 절반만 남은 신호는 여전히 작고 빠르지만 이어폰의 진동막을 같은 방향으로 밀어준다. 이 경우 신호의 평균값을 구할 수 있어서 원래의 음파를 어느 정도 비슷하게 재생한다. 이를 설명한 것이 그림 5-78이다.

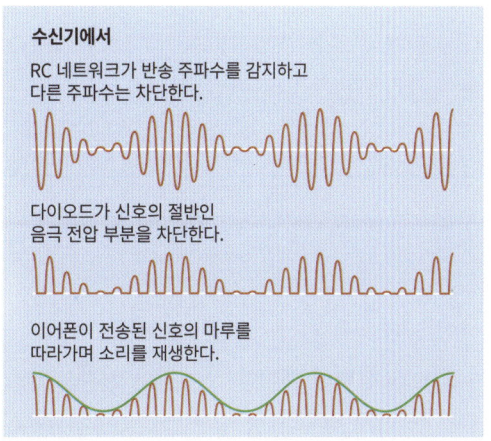

그림 5-78 단순한 AM 라디오 수신기가 신호를 디코딩한 뒤 이어폰에서 다시 재생시키는 방법.

수신기 회로에 커패시터를 추가하면 송신기에서 들어오는 펄스는 코일의 자체유도 현상에 의해 애초에 차단되는 동시에 커패시터가 충전된다. 똑같이 음의 전압 상태인 펄스가 코일 및 커패시터의 값과 적절히 동기화된 간격으로 수신되면 커패시터가 방전되면서 코일에 전류가 흐른다. 이런 식으로 반송파의 주파수가 적절하면 회로가 동조한다. 그와 동시에 신호 강도에서 음향 주파수가 변하면 회로의 전압이 변한다.

안테나에서 끌어온 다른 주파수에서는 어떤 일이 일어나는지 궁금할 것이다. 낮은 주파수는 코일을 통과해 접지되며 높은 주파수는 커패시터를 통과해 접지된다. 즉, 그냥 '버려진다'.

AM 라디오에 할당된 주파수 대역은 반송 주파수로 300kHz~3MHz이다. 다른 여러 주파수는 햄 무선 같은 특별한 용도로 할당되어 있다. 햄 무선 시험에 통과하기는 그렇게 어렵지 않으며 제대로 된 장비와 잘 설치한 안테나만 있으면 여러 곳에 떨어져 사는 사람들과 직접 대화를 나눌 수 있다. 다시 말해, 서로를 연결하는 통신 네트워크에 전혀 의지하지 않고 대화를 나눌 수 있다.

실험 32: 하드웨어, 소프트웨어를 만나다

아마도 이 책을 읽는 독자들 대부분은 아두이노(Arduino)에 대해 들어본 적이 있을 거라고 생각한다. 이 실험과 다음의 실험 2개는 아두이노를 설치하고, 인터넷에서 응용 프로그램을 그냥 다운받는 대신 아두이노에 사용할 프로그램을 직접 작성하는 법을 보여줄 것이다.

실험 준비물
- 아두이노 우노 보드나 호환 가능한 클론 1개
- 양쪽에 각각 A형과 B형 커넥터가 달린 USB 1개
- USB 포트를 지원하는 데스크톱 또는 노트북 컴퓨터 1대
- 일반 LED 1개

정의
마이크로컨트롤러는 작은 컴퓨터처럼 작동하는 칩이다. 사용자는 마이크로컨트롤러가 이해할 수 있는 명령어로 구성된 프로그램을 작성하고 이것을 칩의 메모리로 복사한다. 메모리는 비휘발성이다. 전원이 나가더라도 저장된 내용이 보호된다는 뜻이다.

보통 때라면 일단 프로그램을 작성해보자고 했겠지만 마이크로컨트롤러 사용법을 배우려면 이전까지 다루던 부품에 비해 더 많은 시간과 정신적 에너지를 투자해야 한다. 자세한 정보를 알기도 전에 프로그래밍을 하고 싶은지 아닌지 어떻게 알 수 있겠는가? 그렇기 때문에 먼저 이에 대해 설명하고 나아갈 방향을 이야기하는 것에서부터 시작해보자. 그 뒤에는 실험 과정을 따라가면서 아두이노를 설치하고 기본적인 점검을 해 나갈 것이다. 실험 33과 실험 34는 이보다 더 깊이 들어가 아두이노 프로그래밍과 아두이노에 연결되는 다른 부품의 사용법을 알아본다.

설치와 점검 과정은 한두 시간 정도 걸릴 수 있다. 방해 없이 설명을 잘 따라 한다면 그 정도의 시간이 걸릴 것이다. 일단 처음의 이 과정만 무사히 지나가면 모든 게 훨씬 쉬워진다.

실제 세계의 응용 분야
대표적인 응용 분야들에서 마이크로컨트롤러는 다음과 같은 역할을 한다.

- 자동차 오디오 장치에서 음량 조절기의 역할을 하는 회전 인코더(rotational encoder)로 입력 받기.
- 인코더가 회전하는 방향 확인하기.
- 인코더에서 들어오는 펄스 세기.
- 프로그래밍 가능한 레지스터(programmable

resistor)에 오디오의 음량을 위 또는 아래로 조절하기 위해 동일한 간격으로 얼마만큼 움직여야 하는지 같은 단계의 수 알려주기.
- 더 많은 입력 기다리기.

마이크로컨트롤러는 실험 15의 침입 경보기와 관련된 입력, 출력, 의사 결정 같이 훨씬 더 폭넓은 응용 방식을 모두 처리할 수 있다. 마이크로컨트롤러는 센서를 살펴서 지연 기간이 끝나면 릴레이를 통해 경보음을 활성화시키고 사용자가 경보기를 끄고 싶을 때는 키패드에서 코드를 입력 받아 검증하는 등 아주 많은 일을 할 수 있다.

최근의 모든 자동차에는 마이크로컨트롤러가 내장되어 있어서 엔진의 점화 타이밍을 맞추는 것 같은 복잡한 작업과 안전벨트를 매지 않았을 때 경고음을 울리는 등의 단순한 작업을 모두 처리한다.

마이크로컨트롤러는 이전의 실험에서 설명했던 푸시버튼의 바운스를 제거하거나 음향 주파수를 생성하는 작지만 중요한 작업도 처리할 수 있다.

작은 칩 한 개가 그렇게 많은 일을 할 수 있다면 어디든 사용해보면 어떨까?

작업에 알맞은 공구?

마이크로컨트롤러는 강력하고 다양한 목적으로 사용할 수 있지만 특히 적절한 상황이 있다. 예를 들어 "이 일이 일어나면 저 일을 실행하지만, 저 일이 일어나면 다른 일을 시행한다." 같은 논리 연산을 적용할 때 사용하면 좋다. 그러나 마이크로컨트롤러를 사용하면 프로젝트에 드는 비용이 증가하고 프로젝트 자체도 복잡해진다. 거기다, 당연한 이야기지만 마이크로소프트웨어에게 일을 시키려면 컴퓨터 언어에 완전히 익숙해져야 하고 배우는 과정도 상당히 힘들다.

언어를 배우고 싶지 않다면 다른 사람들이 작성한 프로그램을 다운로드해서 사용할 수도 있다. 이런 방법은 결과를 즉시 얻을 수 있기 때문에 많은 메이커들이 사용한다. 온라인 라이브러리에서 여러 아두이노 프로그램을 무료로 얻을 수 있다.

그러나 내가 원하는 대로 실행되는 프로그램이 없을 수 있다. 그럴 경우 어쩔 수 없이 직접 프로그램을 수정해야 한다. 결국 칩을 충분히 활용하기 위해서는 언어를 이해해야 한다는 결론으로 돌아갈 수밖에 없다.

아두이노 프로그램을 작성하는 것은 어떤 응용 분야에 사용할지에 따라 상대적으로 간단할 수 있다. 그러나 한 번에 되는 작업은 아니다. 코드를 테스트해야 하고, 수정과 디버깅 과정에도 시간이 걸린다. 작은 오류 하나 때문에 생각하지 못한 결과가 나오거나 프로그램이 아예 작동하지 않을 수도 있다. 그럴 때는 코드를 다시 읽고 실수를 고쳐서 재실행시켜야 한다.

모든 것이 제대로 동작하면 결과가 아주 멋질 것이다. 그렇기 때문에 기대가 현실적이기만 하다면 마이크로컨트롤러 프로그램은 작성해볼 만하다고 생각한다.

무엇인가를 적극적으로 얻고자 한다면 직접 체험해서 알아내야 한다.

하나의 보드, 여러 개의 칩

가장 기본적인 질문에서 시작해보자. 아두이노란 무엇인가?

　칩이라고 생각했다면 상당히 정답에 근접했다. 아두이노의 이름을 달고 나오는 제품은 아두이노에서 설계한 작은 회로 보드와 그 위에 부착되는 완전히 다른 회사에서 만든 마이크로컨트롤러 칩으로 구성된다. 아두이노 우노 보드는 아트멜(Atmel)의 ATmega 328P-PU 마이크로컨트롤러를 사용한다. 이 보드에는 전압조정기, 전선이나 LED를 연결하기 위한 소켓, 크리스털 오실레이터, 전원 커넥터, 컴퓨터가 보드와 통신할 수 있도록 해주는 USB 어댑터도 포함된다. 그림 5-79는 부품 일부를 표시한 보드의 사진이다.

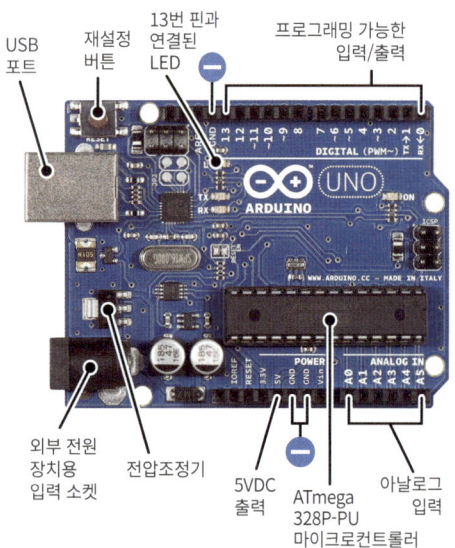

그림 5-79 아두이노 우노 보드. 아트멜에서 만든 ATmega 328P-PU 마이크로컨트롤러를 사용한다.

ATmega 328-P-PU 칩을 부품 공급업체에서 직접 구입한다면 칩을 포함한 아두이노 보드 소매가의 1/6 미만으로 구입할 수 있다. 그렇다면 어째서 그렇게 조그만 회로 보드 하나 얻자고 더 비싼 금액을 지불해야 할까? 그 이유는 보드와 보드를 사용할 수 있도록 해주는 똑똑한 소프트웨어를 만들기가 만만한 작업이 아니기 때문이다.

　똑똑한 소프트웨어는 '통합 개발 환경(integrated development environment)'의 머리글자를 따서 IDE라고 부른다. 컴퓨터에 IDE를 설치하면 IDE가 사용자 친화적인 환경에서 프로그램을 작성하고 '컴파일링(compile)'한다. 컴파일링이란 C언어 구조(인간이 이해할 수 있는 상태)를 기계언어(아트멜 칩이 이해할 수 있는 상태)로 변환해주는 것을 말한다. 그런 다음 컴파일링된 코드를 아트멜 칩으로 복사한다.

　이 내용이 복잡하다고 생각하는 이들을 위해 지금까지의 내용을 다음과 같이 정리했다.

- 아두이노는 회로 보드이며 아트멜 마이크로컨트롤러가 연결되어 있다.
- 아두이노에서 작성한 IDE 소프트웨어를 사용하면 컴퓨터에서 프로그램을 작성할 수 있다.
- 컴퓨터에서 프로그램을 작성하고 나면 IDE 소프트웨어로 컴파일링해서 칩이 이해할 수 있는 코드를 만든다.
- IDE 소프트웨어를 아트멜 칩으로 보내서 저장한다.

일단 칩에 코드가 들어가면 사실 아두이노 보드는 더 이상 필요하지 않다. 이론적으로 ATmega 328을 제거해서 다른 보드나 보드에 납땜한 회로에서 사용할 수 있다. 칩은 옮기더라도 프로그래밍된 코드가 칩 안에 저장되어 있기 때문에 원래 프로그래밍해둔 작업을 실행할 것이다.

실제로는 여기에 소소한 문제가 몇 가지 있지만 엘리엇 윌리엄스(Elliot Williams)가 쓴 『Make: AVR Programming』이라는 아주 훌륭한 책을 읽으면 이 문제를 해결할 방법을 배울 수 있다. 이 책은 ATmega 칩을 이식하는 방법을 정확히 알려준다.

이식 방법을 배워두면 상당한 이점이 있다. 아두이노를 하나만 구입하고 아트멜 칩을 아주 싼 가격에 많이 구입해서 사용할 수 있다. 칩 하나를 보드에 연결해서 프로그래밍한 뒤 제거해서 독립된 프로젝트에서 사용한다. 그런 뒤 이번에는 다른 칩을 보드에 연결하고 다른 프로그램을 전송해서 다른 프로젝트에 쓸 수 있다.

이런 식의 활용 방식은 스루홀 유형의 마이크로컨트롤러를 소켓으로 연결할 수 있는 아두이노 우노 유형에서 상당히 간단하게 사용할 수 있다. 소형 드라이버를 사용해서 칩을 꺼내고 다른 칩을 손가락으로 눌러 끼우면 된다(다른 우노 유형의 경우 표면 부착형 마이크로컨트롤러가 납땜되어 있다. 이 경우에는 칩을 교체할 수 없다).

모조품에 주의해야 한다고?

기본을 설명했으니 어떻게 설치하는지 알아보자.

아두이노에는 다양한 유형이 있지만 내가 여기서 설명할 것은 아두이노 우노 하나뿐이며 그 중에서도 R3나 그 이후의 버전에만 적용된다.

아두이노 보드는 여러 판매처에서 구입할 수 있다. 아두이노는 '오픈 소스' 제품으로 설계되고 판매되어 누구나 복제할 수 있기 때문이다. 어느 제조사나 555 타이머를 만들 수 있는 것과 마찬가지다(이유가 조금 다르기는 하다).

마우저(Mouser), 디지키(Digikey), 메이커셰드(Maker Shed), 스파크펀(Sparkfun), 에이다프루트(Adafruit) 모두 정품 아두이노를 판매한다. 그러나 이베이에서는 무허가 복제된 아두이노 보드가 원래 가격의 1/3 수준으로 판매되고 있다. 무허가 제품에는 아두이노 로고가 인쇄되어 있지 않기 때문에 보는 것만으로 무허가 제품인지 알 수 있다. 정품과 모조품을 구별할 수 있도록 실제 로고를 그림 5-80에 수록했다.

그림 5-80 아두이노가 직접 제조했거나 제조를 허가한 보드에만 이 로고를 부착할 수 있다.

무허가 보드도 전혀 불법은 아니다. 불법 복제된 소프트웨어나 음악을 사는 것과는 다르다. 아두이노가 규제하는 것은 상표권 하나뿐이며 이는 다른 제조사가 사용할 수 없다(사실 일부 사기꾼들이 불법으로 로고를 사용하기도 하지만 가격이 아주 저렴하기 때문에 정품 아두이노 보드가 아니라는 것을 알 수 있다). 상황이 좀 더 복잡해진 것이, 아두이노와 이전에 정품 아두이노 보드를 만들었던 제조사 간의 분쟁으로 인해 정품 아두이노 보드가 미국 밖에서는 제누이노(Genuino)

라는 이름으로 판매되고 있다는 사실이다.

복제 회로를 구입하면 이들 제품을 신뢰할 수 있을까? 에이다프루트, 스파크펀, 솔라보틱스(Solarbotics), 이블 매드 사이언티스트(Evil Mad Scientist) 등에서 나온 제품들은 믿을 수 있다. 그러나 내가 모든 제품을 다 구매해서 확인해볼 수 없기 때문에 무엇을 선택할지는 다른 구매자의 상품평과 판매자의 전반적인 인상을 바탕으로 직접 결정해야 한다. 그러나 아두이노 보드는 하나만 구매하고, 아트멜 칩은 앞에서 이야기한 대로 여러 개 구입해서 프로그래밍하려는 생각이라는 것만 기억해두자. 그러니 돈을 조금 더 주고 정품 아두이노 제품을 사는 것도 나쁘지 않다. 정품을 구입하면 해당 기업이 향후 새로운 제품을 지속적으로 개발해 나갈 수 있도록 도울 수 있다.

나는 정품 아두이노 보드를 구매했다.

설치

이제 아두이노 우노나 믿을 만한 복제품을 구입했을 것이다. 그 외에도 표준 USB 케이블이 필요하다. 케이블은 그림 5-81처럼 한쪽 끝에 A형 커넥터가, 다른 쪽 끝에 B형 커넥터가 있는 유형이어야 한다. 이런 케이블은 직접 보드를 구매할 때 함께 제공되지 않는다. 여분의 케이블이 없다면 설치와 초기 테스트를 하는 동안 다른 장치의 케이블을 빼내 올 수도 있다. 아니면 이베이 같은 사이트에서 저렴하게 구입할 수도 있다.

이제 보드와 케이블이 준비됐으니 그다음에는 IDE 소프트웨어가 필요하다. 아두이노 홈페이지(http://www.arduino.cc)로 가서

그림 5-81 아두이노 보드를 컴퓨터의 USB 포트에 연결하려면 이런 유형의 USB가 필요하다.

'Download(다운로드)' 메뉴를 클릭하자. 그런 다음 본인의 컴퓨터에 알맞은 IDE 소프트웨어를 선택한다. 현재는 맥 OX, 리눅스, 윈도우만 지원한다. 나는 1.6.3 버전을 사용하고 있지만 내가 설명하는 내용은 그 이후 버전에도 적용된다. IDE 소프트웨어는 무료로 다운로드할 수 있다.

운영체제의 최소 사양이 윈도우 XP 이후 버전이거나 맥 OS X 10.7 이후 버전, 리눅스 32비트 또는 리눅스 64비트라는 점에 주의하자(이러한 요건이 이 책을 쓰는 시점에서는 유효하지만 이후 아두이노에서 요건을 변경할 수도 있다).

세 가지 다른 운영체제에서의 설치 절차를 아래에서 설명한다. 설명은 뛰어난 입문서인 『손에 잡히는 아두이노』(마시모 벤지·마이클 실로 지음, 황주선 옮김, 인사이트, 2016)를 주로 참고했다. 스파크펀(https://www.sparkfun.com/)이나 에이다프루트(http://www.adafruit.com/)에서 설치 매뉴얼을 찾아볼 수도 있다. 그 외에 아두이노 홈페이지도 매뉴얼을 제공한다.

안타깝게도 이런 매뉴얼들에는 조금씩 차이가 있다. 예를 들어 아두이노 홈페이지에서는 회

로를 연결한 뒤 설치 관리자를 실행하라고 말하지만 『손에 잡히는 아두이노』에서는 설치 관리자를 실행한 뒤에 회로를 연결하라고 말한다. 아두이노 홈페이지의 매뉴얼과 『손에 잡히는 아두이노』는 모두 아두이노 개발자들과 협력해서 쓴 것으로, 이런 매뉴얼의 차이 때문에 내 책을 집필하는 작업이 상당히 힘들었다.

아래에서는 각 시스템에서의 설치 절차를 최대한 내가 이해한 바대로 설명하겠다.

리눅스 설치

리눅스는 종류가 아주 많기 때문에 이것이 아마도 가장 어려운 부분일 수 있다. 매뉴얼은 아두이노 사이트의 리눅스 설치 안내 페이지(http://playground.arduino.cc/learning/linux)를 참고하기 바란다.

리눅스 설치에 대해 직접 도움을 주지 못해 유감이다.

윈도우 설치

나는 『손에 잡히는 아두이노』에서 추천하는 방법을 사용하려 한다. 이 방법은 스파크펀의 홈페이지에서도 추천하고 있다.

아직 보드와 연결하지는 않는다. 우선, 다운로드할 IDE 설치 프로그램을 확인하자. 파일 이름이 아마도 arduino-1.6.3-windows.exe이겠지만 이 책을 읽는 시점에는 버전의 숫자가 분명 달라져 있을 거라고 생각한다. 파일명 끝에 붙은 .exe는 컴퓨터의 시스템 설정에 따라 보이지 않을 수도 있다.

- 일부 안내 페이지에서는 설치 파일을 압축된 형태로 제공하며, 압축을 풀어 사용한다. 직접 해보니 아두이노 때문에 압축 과정이 중단되었다. 이때는 다음과 같은 방식으로 실행시킬 수 있다.

아이콘을 더블클릭하면 다른 부품의 드라이버를 설치할 때와 비슷한 설치 과정이 나타난다.

이때 라이선스 계약 조건에 동의해야 한다(동의하지 않으면 소프트웨어를 실행시킬 수 없다).

다음으로 바탕화면과 시작 메뉴에 바로가기를 설치할지 물어본다. 바탕화면에는 바로가기를 설치하고 시작 메뉴는 취향에 따라 설치할지 선택한다.

그런 뒤 IDE 소프트웨어를 설치할 폴더를 허용할지 물어보면 처음에 제시된 폴더의 사용을 수락해야 한다.

나처럼 아직 윈도우 XP를 사용하는 구식 유저라면(사실, 우리 같은 사람이 아직 몇 백만 명은 있다) 그림 5-82와 같은 경고 창을 볼 수도

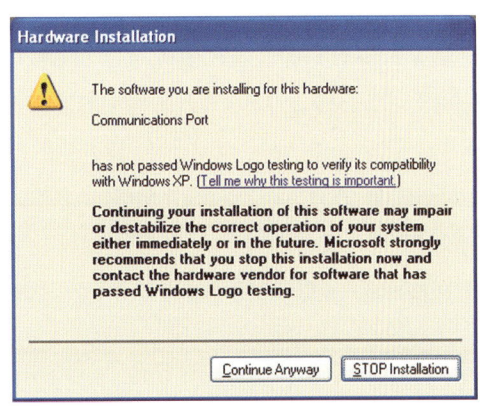

그림 5-82 구형 윈도우 XP 운영체제를 사용하는 사람이라면 이 경고는 무시한다.

있다. 정확한 창의 모습은 윈도우 버전에 따라 다를 수 있다. 경고를 무시하고 '설치 계속(continue anyway)'을 선택하자. 장치 드라이버를 설치할지 묻는다면 '네(yes)'라고 답한다.

- 윈도우 8에서는 보안 기능으로 허가되지 않은 장치 드라이버는 설치가 안 될 수도 있다. 최신 버전의 아두이노 IDE 인스톨러는 문제가 되지 않지만 그 외의 구형 버전이라면 구글에서 다음과 같이 검색해서 최신 버전을 구한다.

sparkfun disable driver signing (스파크펀 비활성화 드라이버 서명)

결과창에 문제 해결을 위한 도움말이 담긴 스파크펀 페이지가 검색된다.

IDE 소프트웨어를 설치하고 나면 USB 케이블을 사용해서 아두이노를 컴퓨터에 연결한다.

아두이노 보드가 USB 포트를 통해 컴퓨터와 연결되어 있다면 원형 전원 입력 잭을 사용하지 않아도 된다. 보드는 USB 케이블에서 충분한 전력을 공급받을 수 있다. 짧고 굵은 케이블을 사용하면 전압강하를 최소화할 수 있다는 점을 기억하자. 또한 노트북 컴퓨터, 특히 오래된 노트북 컴퓨터를 사용한다면 컴퓨터에서 USB를 통해 나갈 수 있는 전류가 최대 250mA까지 제한될 수 있다. 데스크톱 컴퓨터라 하더라도 USB를 통해 500mA의 전류가 전달된다고 할 때 이 전류를 3개나 4개의 USB 포트가 공유할 수 있다는 점에 주의한다. 외장 하드 드라이버 같은 장치는 상당한 양의 전류를 끌어갈 수 있다.

보드가 컴퓨터를 감지할 동안 보드를 살펴보자. 초록색 LED는 계속 켜져 있고, 노란색 LED는 계속 깜빡이는 것을 알 수 있다. 보드 옆에 TX와 RX라고 표시된 LED가 2개 더 있는데 이들은 잠깐씩 켜졌다가 꺼진다. TX와 RX는 데이터가 전송(transmit) 또는 수신(receive)되고 있음을 나타낸다.

컴퓨터에서 IDE 소프트웨어의 바로가기를 보자. 그냥 'Arduino(아두이노)'라고 표시되어 있으며 설치 관리자가 바탕화면에 설치한 것이다. 바탕화면에 두고 싶지 않다면 드래그해서 다른 곳으로 옮길 수 있다. 바로가기를 더블클릭해서 아두이노 IDE 소프트웨어를 실행시킨다.

창이 열리면 '도구(Tools)' 메뉴로 가서 하위 메뉴 중에 '포트(Ports)'(맥 버전에서는 '직렬 포트(Serial Ports)')를 클릭하면 컴퓨터의 직렬 포트 목록을 확인할 수 있다.[18] 직렬 포트는 COM1, COM2의 순으로 증가한다.

직렬 포트란 무엇인가? 윈도우 초기(그리고 그 이전인 MS-DOS 시절)에는 컴퓨터에 USB 커넥터가 없었다. 당시에는 D자형 커넥터를 통한

---

[18] 메뉴나 실행 결과는 IDE의 한국어 버전을 기준으로 한국어(영어)로 나타냈으며, 한국어로 번역되지 않은 경우는 영어(한국어)로 나타냈다.

'직렬 프로토콜(serial protocol)'을 사용했으며 컴퓨터는 '포트 번호'를 할당함으로써 사용하는 커넥터를 추적했다. 이런 시스템이 처음 구축되었던 것이 이미 수십 년 전이고 직렬 프로토콜이 응용되는 경우도 거의 없어졌지만 그 흔적은 여전히 윈도우에 남아 있다.

여러분은 아두이노 IDE 소프트웨어와 윈도우 시스템이 우노 보드에 할당한 포트 번호가 일치하는지만 확인하면 된다. IDE 소프트웨어에서 도구 > 포트를 선택할 때 목록에서 우노를 찾아 그 옆에 체크 표시를 하면 모든 것이 문제없이 돌아간다. 그랬다면 다음의 문제 해결 과정은 건너뛰고 아두이노의 오랜 깜빡임 테스트로 바로 넘어가자(351페이지 '아두이노의 오랜 깜빡임 테스트' 참조).

윈도우에서의 문제 해결

포트 할당에 문제가 생기는 경우가 두 가지 있을 수 있다.

- 아두이노 IDE 소프트웨어의 포트 메뉴에서 목록에 아두이노 우노가 있지만 체크 표시를 하지 않고 다른 포트에 체크했을 수 있다. 올바른 포트에 체크 표시를 한다. IDE 소프트웨어가 사용하고 있는 우노 보드를 허가하지 않으면 경고가 뜰 수 있다. 경고를 무시하고 '경고를 다시 표시 안 함(Don't show me this again)' 상자를 클릭한 뒤, 아두이노의 오랜 깜빡임 테스트로 넘어가자(351페이지 '아두이노의 오랜 깜빡임 테스트' 참조).

- 목록에 아두이노 우노라고 표시된 포트가 보이지 않을 수 있다. 이 경우 명시된 COM 포트를 적고 IDE 메뉴를 닫는다. 그런 뒤 우노 보드와의 연결을 끊고 5초 기다렸다가 IDE의 포트 메뉴를 다시 열어 어떤 COM 포트가 사라졌는지 확인한다. 그런 다음 메뉴를 닫고 우노 보드를 다시 연결한 뒤 하위 메뉴를 열어 사라졌던 포트를 클릭해 체크 표시한다. 이제 아두이노의 오랜 깜빡임 테스트로 넘어가자(351페이지 '아두이노의 오랜 깜빡임 테스트' 참조).

윈도우에서는 포트 설정을 확인할 수 있다. 시작 메뉴를 클릭해서 도움말 및 지원센터를 선택한다. 창이 열리면 검색어로 '장치 관리자(Device Manager)'를 입력한다. 검색 결과 중에서 제일 위의 항목이다. 이제 장치 관리자를 열자. 윈도우 XP를 사용한다면 장치 관리자에서 포트 목록을 확인할 수 있다. 윈도우 XP보다 이후 버전이라면 장치 관리자를 열었을 때 보기 > 숨겨진 장치 표시(View > Show Hidden Devices)를 선택해서 포트 목록을 봐야 할 수도 있다.

포트 목록에서 아두이노 우노를 찾을 수 있을 것이다. 그 옆으로 노란색 원 안에 느낌표가 나타나 있으면 문제가 있다는 뜻이므로 오른쪽 클릭해서 문제가 무엇인지 알아본다.

윈도우가 보드의 장치 드라이버를 찾을 수 없다고 불평하면, 윈도우에 설치 관리자가 압축을 푼 파일이 모두 보관된 아두이노 폴더를 검색하도록 명령한다.

아두이노 우노와 윈도우 포트에 대해 알려

진 사실 하나는 이미 할당된 포트가 9개 이상이면 IDE 소프트웨어가 혼란을 느낄 수 있다는 것이다. 흔하지는 않지만 이런 문제가 있다면 다른 포트의 할당을 해제하거나 사용하지 않는 포트 중에 한 자리 숫자의 번호를 가진 포트를 골라 수동으로 할당한다.

그래도 문제가 해결되지 않는다면 아래의 '모든 시도가 실패할 경우'를 참조한다.

맥에서 설치하기

IDE 인스톨러의 다운로드가 끝난 뒤 컴퓨터가 만든 아이콘을 찾아서 더블클릭하면 아두이노 IDE 소프트웨어가 포함된 디스크 이미지를 볼 수 있다. 이를 애플리케이션 폴더로 드래그할 수 있다. 이제 USB 케이블을 사용해서 아두이노를 컴퓨터에 연결한다.

- 아두이노 보드가 USB 포트를 통해 컴퓨터와 연결되어 있다면 원형 전원 입력 잭을 사용하지 않아도 된다. 보드는 USB 케이블에서 충분한 전력을 공급받을 수 있다.

보드가 컴퓨터를 감지할 동안 보드를 살펴보자. 초록색 LED는 계속 켜져 있고, 노란색 LED는 계속 깜빡이는 것을 알 수 있다. 보드 옆에 TX와 RX라고 표시된 LED가 2개 더 있는데 이들은 잠깐씩 켜졌다가 꺼진다. TX와 RX는 데이터가 전송(transmit) 또는 수신(receive)되고 있음을 나타낸다.

'새로운 네트워크 인터페이스'가 검색되었다는 창이 열리면 네트워크 환경설정(Network Preferences)을 클릭한 뒤 적용(Apply)을 누른다. 우노가 '구성되지 않음'이라고 나타나더라도 상관없다. 창을 닫는다.

애플리케이션 폴더에 드래그했던 아두이노 IDE의 프로그램 아이콘을 더블클릭한다. 우노 보드와 통신을 하기 위해서는 정확한 포트를 선택해야 한다. IDE 소프트웨어의 도구(Tools) 메뉴에서 직렬 포트를 클릭한 뒤 나타난 목록 중에서 /dev/cu.usbmodemfa141(또는 이와 비슷한 이름의 포트)을 선택한다.

설명한 대로 모든 과정이 진행되었다면 아두이노의 오랜 깜빡임 테스트로 넘어가자(351페이지 '아두이노의 오랜 깜빡임 테스트' 참조).

모든 시도가 실패할 경우

이 책은 한동안 절판되지 않고 살아남을 것이다. 적어도 그랬으면 좋겠다! 그러나 소프트웨어는 자주 바뀐다. 이 책의 아두이노 IDE의 설치 방법은 여러분이 이 책을 읽을 때쯤이면 더 이상 쓸모없을 수도 있다.

나는 증쇄하거나 전자책을 개정할 때마다 설치 방법을 가급적 정확하게 수정하려고 노력한다. 그러나 여러분이 이전에 출간된 책이나 개정하기 전의 전자책을 읽게 될 경우도 분명 있을 것이다.

그러면 어떻게 해야 할까? 가장 좋은 방법은 아두이노나 스파크펀 사이트로 가서 거기에서 설명하는 설치 방법을 따르는 것이다. 인터넷 홈페이지가 책보다 더 쉽고, 빠르게 갱신된다.

아두이노의 오랜 깜빡임 테스트

이제 IDE 소프트웨어를 실행시켰다고 해보자. 기본 창은 그림 5-83과 같이 생겼지만 이후 버전에서는 조금 변할 수도 있다.

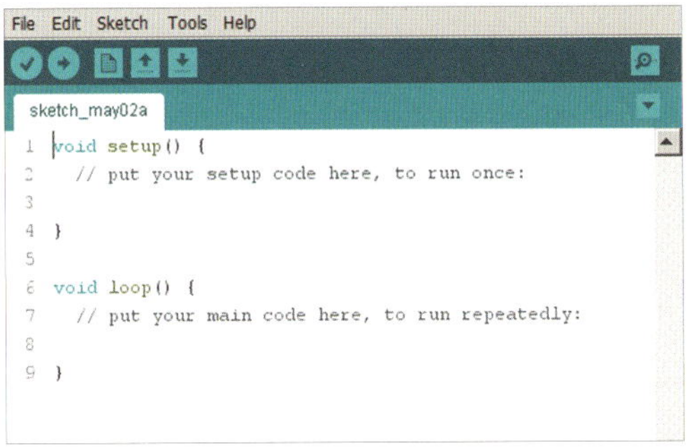

그림 5-83 아두이노 IDE를 실행했을 때 열리는 기본 화면.

아두이노에게 뭔가 시키려면 IDE 소프트웨어가 컴퓨터에 연결된 보드의 유형을 정확히 파악하고 있는지부터 확인해야 한다.

IDE의 기본 창에서 도구(Tools) 메뉴를 열어 하위 메뉴의 보드(Boards)를 선택한 뒤 그림 5-84처럼 아두이노 우노 옆에 점 표시가 되어 있는지 확인한다. 그렇지 않다면 클릭해서 선택한다.

이제 아두이노에게 명령할 준비가 완료되었다. IDE의 기본 창에서 작업 영역 위쪽을 보자. 오늘의 날짜와 글자 'a' 옆에 '스케치'라는 단어가 보인다. 여기서 '스케치'라는 건 대체 뭘까? 이제부터 그릴 그림이라는 뜻일까?

아니, 그렇지 않다. 아두이노의 세계에서 '스케치'는 '프로그램'과 같은 의미다. 스케치라는 표현을 쓴 것은 개발자들이 사람들로 하여금 컴퓨터를 프로그래밍해야 한다는 생각 때문에 움츠러들지 않기를 바랐기 때문일 것이다. 이와 마

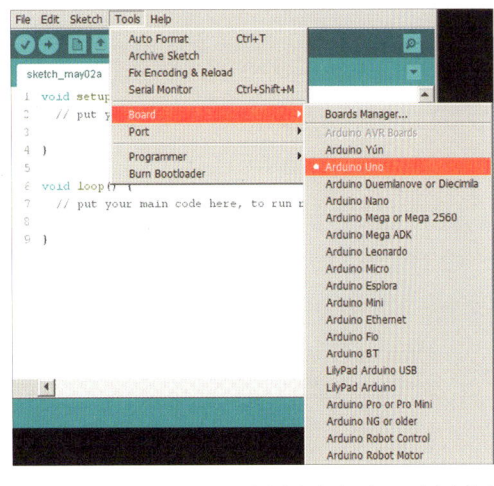

그림 5-84 아두이노 우노를 사용한다면 하위 메뉴인 보드 관리자의 아두이노 우노 옆에 점 표시가 있어야 한다.

찬가지로 스티브 잡스는 살아 있을 당시 프로그램을 '앱'이라고 부르면 소형 기기를 사용하는 사용자들이 좀 더 편하게 느낄 거라 생각했던 듯하다. 잡스가 옳았던 건지도 모르지만 메이커들이 그런 생각 때문에 쉽게 움츠러들 것 같지는 않다. 사실 나는 메이커들이 오히려 컴퓨터를 프로그래밍하고 싶어 할 거라 생각한다. 그렇지 않으면 왜 이걸 읽고 있겠는가?

'스케치'는 아두이노에서 '프로그램'을 뜻하지만 나는 그냥 '프로그램'이라는 단어를 계속 사용할 생각이다. 사실 프로그램이 스케치라는 단어의 진짜 의미이며 프로그램을 '스케치'라고 부르는 건 내 생각에 우스운 것 같다. 인터넷에서 관련 자료를 읽다 보면 사람들이 '스케치'라는 단어를 쓰는 빈도와 '프로그램'이라는 단어를 사용하는 빈도가 거의 비슷하다.

이제 우리가 할 일들을 순서대로 한 번 더 정리해보자. 먼저 IDE 창에서 '프로그램을 작성'한

다. 그런 다음 메뉴를 선택해 프로그램을 '컴파일링'하면 프로그램을 마이크로컨트롤러가 이해할 수 있는 명령어로 변환할 수 있다. 그런 뒤 컴파일링된 프로그램을 아두이노 보드에 '업로드'하면 아두이노가 자동으로 '프로그램을 실행'한다.

내 컴퓨터의 IDE 창에는 그림 5-83에서 보는 것처럼 초기 문자들이 포함되어 있다. 이후의 IDE 버전은 조금 다를 수도 있지만 기본은 같을 것이다. 창에는 다음과 같이 슬래시 2개(//)로 시작하는 행이 보인다.

```
// put your setup code here, to run once
   (여기에 한 번 실행할 setup 코드를 입력하시오.)
```

이는 '주석행(comment line)'이라고 한다. 어떤 일이 일어나고 있는지, 인간에게 어떤 일이 일어나는지 알려주는 데 사용한다.

- 작성하는 프로그램을 마이크로컨트롤러용으로 컴파일링할 때 컴파일러는 슬래시 2개(//)로 시작하는 모든 행을 무시한다.

그 뒤의 행은 다음과 같다.

```
void setup( )   {
```

이는 컴파일러와 마이크로컨트롤러가 이해하기 위한 '프로그램 코드(program code)'행이다. 그러나 사람인 여러분도 어떤 의미인지 알아야 한다. setup( ) 함수는 모든 아두이노 프로그램의 시작 부분에 위치해야 하며 나는 여러분이 이후에 자신의 프로그램을 작성하기를 바라기 때문이다.

void라는 단어는 컴파일러에게 이 과정에서 숫자로 된 결과나 출력이 발생하지 않는다고 알리는 역할을 한다.

setup( )이라는 표현은 다음의 과정이 프로그램의 제일 앞에서 반드시 한 번만 이루어져야 함을 뜻한다.

setup( ) 다음에 { 기호가 있는 것에 주의한다.

- C언어에서 완전한 함수는 반드시 { 와 } 기호 사이에 위치해야 한다.

{ 기호는 항상 } 기호와 함께 사용하기 때문에 열려 있는 화면 어딘가에 } 기호가 있어야 한다. 그렇다. 여기에서는 바로 몇 줄 아래에 있다. { 기호와 } 기호 사이에는 아무것도 없으니 명령어도 없다. 이제 이곳에 여러분이 명령어를 작성할 것이다.

- { 기호와 } 기호가 별도의 줄에 있어도 상관없다. 아두이노의 컴파일러는 줄바꿈과 단어 사이에 한 칸 이상 떨어진 공백을 무시한다.
- { 와 } 기호의 정확한 명칭은 '중괄호(brace)'다.

이제 "여기에 setup 코드를 입력하시오" 아래의 빈 공간에 뭔가 써보자.

```
pinMode(13, OUTPUT);
```

입력은 정확해야 한다. 컴파일러는 철자 오류를 봐주지 않는다. 또한 C언어는 '대문자를 구별'하기 때문에 대문자와 소문자를 구별해서 써주어야 한다. pinMode를 pin mode나 Pinmode로 쓰면 안 된다. OUTPUT도 정확히 OUTPUT이라고 써야 하며 output이나 Output은 안 된다.

pinMode라는 단어는 아두이노로 보내는 명령어로, 핀 중 하나의 사용법을 알려달라고 요청한다. 해당 핀은 입력 핀으로 데이터를 받거나 출력 핀으로 데이터를 보낼 수 있다. 13은 핀 번호이며 보드를 살펴보면 노란색 LED 바로 아래에 있는 작은 커넥터 중에 13이라고 표시된 핀을 찾을 수 있을 것이다.

세미콜론(;)은 명령문이 끝났음을 알려준다.

- 세미콜론은 각 명령문의 끝에 반드시 붙여야 한다. 잊어서는 안 된다!

이제 다음의 메시지 아래의 빈 공간으로 내려가 보자.

```
// put your main code here, to run
   repeatedly.
   (여기에 반복해서 실행할 주 코드를 입력하시오.)
```

슬래시 기호 2개를 보면 여러분에게 정보를 제공할 목적의 또 다른 주석행이라는 것을 알 수 있다. 컴파일러는 주석행을 무시한다. 그 아래에 다음의 명령문을 주의해서 입력한다.

```
void loop( )  {
digitalWrite(13, HIGH);
delay(100);
digitalWrite(13, LOW);
delay(100);
}
```

아두이노에 대한 사전 지식이 조금 있다면, 아마 짜증이 날 것이다. "으웩, 낡아빠진 깜빡임 테스트잖아!" 정말로 그렇다. 이 때문에 제목도 '아두이노의 오랜 깜빡임 테스트'라고 달았다. 이 프로그램은 거의 모든 사람들이 사전 테스트용으로 사용하는 프로그램이다(내가 지연 값을 바꾸기는 했다. 이유는 곧 명확히 알게 될 것이다). 지겹더라도 나를 봐서 IDE에 프로그램을 입력해 주기 바란다. 조금만 기다리면 더 어려운 프로젝트로 안내하겠다.

또한 이 명령문들이 실제로 무슨 의미인지 조금은 짐작할 수 있을 것이다.

void는 앞에서와 같은 뜻을 나타낸다.

loop( )는 아두이노로 보내는 명령문으로 무엇인가를 계속 반복하라는 뜻이다. loop( )는 어떤 일을 해야 하는가? 중괄호 사이의 명령어를 순서대로 따라야 한다.

digitalWrite는 핀에서 무엇인가를 내보내라는 명령어다. 어느 핀이어야 하나? 앞에서 13번의 핀 모드를 정의했기 때문에 여기에서도 13번 핀을 명시했다.

- 앞에서 핀 모드를 명시하지 않은 디지털 핀은 사용할 수 없다.

그러면 13번 핀은 무슨 일을 해야 하나? 높은 전압(HIGH) 상태로 가야 한다.

명령문 끝에 세미콜론을 붙이는 것을 잊지 말자.

delay는 아두이노에게 잠시 기다리라고 명령한다. 얼마나 기다려야 할까? 여기서 100은 100

밀리초를 뜻한다. 1초가 1,000밀리초이기 때문에 아두이노는 0.1초를 기다린다. 그동안 13번 핀은 높은 전압 상태를 유지한다.

그렇다면 다음 두 줄이 의미하는 바를 짐작할 수 있을 것이다.

곧 프로그램을 실행시켜보겠다. 그러나 먼저 보드로 돌아가 13번 커넥터와 그 바로 아래에 GND라고 쓰여진 커넥터 사이에 LED 리드를 삽입하자.

- LED의 짧은 리드를 GND 커넥터에 연결해야 한다.
- 13번 커넥터에 저항이 이미 내장되어 있기 때문에 LED에는 별도로 저항을 직렬 연결하지 않아도 된다.

보드에 처음부터 달려 있던 작은 노란색 LED는 보드에 전원을 인가하자마자 이미 깜빡이고 있었다. 여기에 내가 방금 끼운 LED 역시 깜빡이기 시작한다. 회로에 내장된 노란색 표면 부착형 LED가 13번 핀과 병렬로 연결되어 있기 때문이다.

아두이노 우노의 이전 버전에서는 보드에 내장된 LED는 전원을 인가하더라도 바로 깜빡이지 않았다. 이후 버전에서는 아두이노가 '처음부터 깜빡이는' 이 기능을 다시 비활성화시킬 수도 있다. 어느 쪽이든 상관없다. 왜냐하면 우리의 프로그램이 깜빡임 속도를 바꿀 것이기 때문이다.

확인과 컴파일

이제 오타가 없는지 확인해야 한다. 그림 5-85처럼 스케치(Sketch) 메뉴를 눌러 확인/컴파일(Verify/Compile)을 선택하자. IDE는 코드를 검사하고 문제를 발견하면 그에 대해 불만을 표시한다.

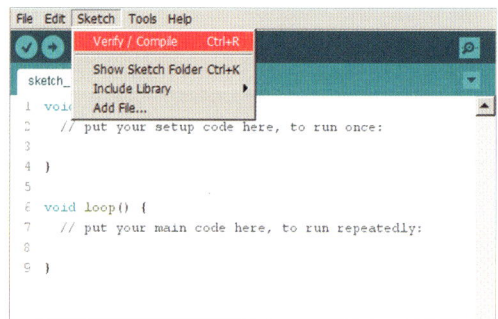

그림 5-85 프로그램을 아두이노로 보내기 전에 확인/컴파일을 선택하자.

그러면 불만 사항을 점검해볼 수 있다. 프로그램에서 pinMode를 piMode로 바꾼 뒤 확인/컴파일을 눌러 무슨 일이 일어나는지 확인해보자.

IDE 창 아래쪽의 검은 공간에 오류 메시지가 뜰 것이다. 이 창은 위쪽 테두리를 마우스로 드래그해서 늘릴 수 있기 때문에 스크롤 없이도 한 번에 두 줄 이상 볼 수 있다. 내 경우 오류 메시지는 "piMode was not declared in this scope." (이 범위에서 piMode가 선언되어 있지 않습니다)였다.

알고 있겠지만 C언어에는 '예약어(reserved word)'와 '정의 함수(defined function)'가 있으며 이들은 특별한 의미를 가진다. 이미 이런 것을 사용해본 적이 있다. digitalWrite와 dealy가 바로 그것이다.

그러나 piMode는 예약어나 정의 함수로 존재하지 않기 때문에 컴파일러가 이를 선언하지 않았다고, 이것이 무엇이냐고 불평을 하는 것이다.
　프로그램을 수정하고 나면 오류 없이 확인/컴파일할 수 있다.

업로드와 실행

이제 파일(File) 메뉴를 열고 업로드(Upload)를 선택하자. 나는 언제나 내 큰 컴퓨터에서 작은 아두이노로 프로그램을 다운로드한다고 생각하지만 나를 제외한 모든 이들이 이 과정을 업로드한다고 표현하기 때문에 나도 다운로드 대신 업로드라고 쓰겠다.

　업로드가 성공적으로 끝나면 검은색 오류 메시지 창 바로 위에 '업로드 완료(Done Uploading)'라는 메시지가 뜬다.

　업로드에 문제가 생겨서 업로드 과정이 끝나지 않는 것은 썩 좋지 않은 징조다. 여전히 통신에 문제가 있다는 뜻이며, 이는 할당된 COM 포트가 일치하지 않아서일 수 있다. 앞의 컴퓨터 운영체제 유형에 따른 문제 해결 설명으로 돌아가자. 그러나 먼저 프로그램부터 저장한다. 파일 메뉴의 저장(Save)을 선택하고 프로그램의 파일명을 정한다. COM 문제를 고치고 난 뒤 필요하다면 프로그램을 다시 업로드한다.

　모든 것이 계획대로 동작하면 보드에 내장된 노란색 LED와 새로 연결한 LED가 프로그램의 명령에 따라 0.1초간 켜졌다가 0.1초간 꺼지는 속도로 빠르게 깜빡인다.

　그렇게 많은 단계를 거치고 얻어낸 것치고는 아주 사소한 성취라고 느낄 수도 있지만 어디서든 시작은 해야 한다. 거기다 LED 깜빡임 테스트는 보통 마이크로컨트롤러 프로그래밍을 처음 시작할 때 다들 해보는 프로그램이다. 다음 실험에서는 조금 더 유용한 무언가를 하는 새로운 프로그램을 작성해보겠다.

　다음은 지금까지 배운 내용과 아두이노 프로그래밍을 할 때 보통 해야 하는 일들을 정리한 것이다.

- 새로운 프로그램(또는 아두이노의 표현을 빌리면 '스케치')을 시작한다.
- 필요하다면 파일 메뉴에서 새 파일(New)을 선택한다.
- 모든 프로그램은 setup( ) 함수로 시작하며 이는 한 번만 실행된다.
- 디지털 핀의 숫자와 모드는 뒤에서 핀으로 무언가를 하기 전에 반드시 pinMode 명령어를 사용해서 선언해주어야 한다.
- 핀 모드는 INPUT(입력)이나 OUTPUT(출력)이 될 수 있다.
- 유효하지 않은 핀 번호도 있으니 우노 보드에서 번호를 붙일 때 사용되는 체계를 살펴본다.
- 프로그램에서 모든 함수나 블록은 반드시 한 쌍의 중괄호로 감싸야 한다. 그러나 중괄호가 같은 줄에 위치할 필요는 없다.
- 컴파일러는 줄바꿈이나 한 칸 이상의 빈칸은 무시한다.
- 함수나 블록의 모든 명령문은 세미콜론으로 끝나야 한다.
- 모든 아두이노 프로그램에는 loop( ) 함수가 (setup( ) 함수 뒤에) 포함되어 있어야 하며 반

복해서 실행된다.
- digitalWrite는 출력으로 설정된 핀에 HIGH (높은 전압 상태)나 LOW(낮은 전압 상태)로 명시되는 상태를 부여한다.
- delay는 아두이노에게 정해진 밀리초(1/1,000초) 동안 아무것도 하지 않도록 명령한다.
- 명령어 뒤의 괄호 안에 들어가는 숫자는 '매개변수(parameter)'라고 하며 아두이노가 명령어를 어떻게 적용하는지 알려준다.
- 스케치 메뉴에서 확인/컴파일을 사용해 프로그램을 확인한 뒤 아두이노에 업로드한다.
- 확인/컴파일 과정에서 오류가 발견되면 반드시 오류를 수정해야 한다.
- 예약어는 아두이노가 이해할 수 있는 명령어 어휘를 말한다. 명령어는 철자를 정확히 써야 한다. 대문자와 소문자는 구별한다.
- 프로그램을 업로드하면 자동으로 실행되며 보드의 전원을 끊거나 새로운 프로그램을 업로드할 때까지 계속된다.
- 우노 보드의 USB 커넥터 옆에 재설정(Reset) 버튼(텍타일 스위치)이 있다. 재설정 버튼을 누르면 아두이노가 프로그램을 처음부터 실행하며 모든 값은 재설정된다.

주의: 사라진 코드

프로그램을 수정해서 마이크로컨트롤러에 업로드하면 새로운 프로그램이 이전의 프로그램을 '덮어쓴다(overwrite)'. 다시 말해 이전의 프로그램이 삭제된다는 듯이다. 다른 파일명으로 컴퓨터에 저장하지 않았다면 영원히 사라질 수 있다. 따라서 수정한 프로그램을 업로드할 때는 아주 주의해야 한다. 컴퓨터에 수정할 때마다 모든 프로그램을 새로운 파일명으로 저장하는 것이 합리적인 예방법이다.

프로그램 명령문이 마이크로컨트롤러에 일단 업로드되면 이를 다시 읽어 들일 수 있는 방법은 없다.

프로그래밍에는 세부 사항이 수반된다

눈치챘는지 모르겠지만 이번 실험에서 기억해야 할 요점이 개별 부품을 사용했던 다른 실험에서보다 훨씬 길었다. 프로그램을 작성하는 데는 세부 사항이 아주 많이 필요하며 모든 것을 정확히 제대로 해야 한다. 개인적으로는 이런 작업을 좋아하는데 일단 제대로 해두면 언제나 제대로 동작하며 항상 똑같이 동작하기 때문이다. 프로그램은 닳아서 사라지는 일이 없다. 적절한 매체에 저장해두면 영원히 유지될 수 있다. 실제로 1980년대에 내가 만든 소프트웨어는 30년이 지난 지금도 데스크톱 컴퓨터의 도스 창에서 실행된다.

어떤 사람들은 세부적인 작업을 좋아하지 않거나 철자를 틀리게 입력하거나 컴퓨터 언어가 융통성 따위는 없는 요구(예를 들어 setup( ) 함수에 쓸 내용이 없더라도 '항상' setup( ) 함수로 프로그램을 시작해야 한다)를 싫어한다. 사람마다 유형이 다르기 때문에 전자 분야에서 좋아하는 것도 다르며, 그것은 당연한 일이다. 모든 사람이 프로그램을 작성하고 싶어 했다면 하드웨어를 만지고 싶어 하는 사람은 아무도 없었을 것이고 결국 우리는 컴퓨터를 발명할 수 없었을 것이다. 어떤 활동이 자신에게 맞는지 결정하는 것은 자신의 몫이다.

개인적으로는 아두이노를 더욱 재미있는 방식으로 사용할 수 있는 다른 실험을 계속해보고 싶다. 나는 마이크로컨트롤러가 개별 부품보다 더 쉽게 할 수 있는 작업이 무엇인지, 또 어떤 경우에 어떤 방식으로 그렇게 할 수 있는지 보여줄 것이다. 그러나 이 실험을 끝내기 전에 아두이노를 컴퓨터에서 분리시키면 어떤 일이 일어나는지 알아보자.

- 아두이노는 프로그램을 '실행'시키려면 전원이 필요하다.
- 아두이노는 프로그램을 '저장'하는 데 전원이 필요하지 않다. 프로그램은 플래시 드라이브에 저장되는 데이터처럼 자동으로 마이크로컨트롤러에 저장된다.
- 보드가 컴퓨터에 연결되어 있지 않을 때 프로그램을 실행시키고 싶다면 보드의 USB 소켓 옆에 위치한 둥글고 검은 소켓에 전원을 인가해주어야 한다.
- 7VDC~12VDC 범위의 전압이 공급될 수 있다. 아두이노 보드는 자체 전압조정기가 있어서 보드에서 입력되는 전원을 5VDC로 변환해주기 때문에 전압을 정류할 필요는 없다(일부 아두이노는 3.3VDC를 사용하지만 우노는 5VDC를 사용한다).
- 전원 공급 잭은 반지름이 2.1mm이며 가운데 핀이 양극이다. 출력 전선에 해당 유형의 플러그가 달린 9V AC-DC 어댑터를 구입할 수
- 도 있다.
- 아두이노가 USB 케이블에 연결된 상태에서 외부 전원과 연결하면 아두이노가 자동적으로 외부 전원을 사용한다.
- 일부 윈도우에서 지원하는 '안전하게 하드웨어 제거' 없이 아무 때나 아두이노와 직렬 케이블의 연결을 끊어도 된다.

배경지식: 프로그래밍 가능한 칩의 기원과 선택

공장과 연구소에서는 반복되는 절차들이 많다. 유량 센서(유량계)는 가열소자를 제어할 수 있어야 하고 동작 센서는 모터의 속도를 조정할 수 있어야 한다. 마이크로컨트롤러는 이러한 반복적인 작업에 사용하기에 적당하다.

제너럴 인스트루먼트(General Instrument)는 1976년 마이크로컨트롤러의 초기 모델을 출시했다. PIC라 불렸던 이 모델의 전체 이름은 출처에 따라 프로그래밍 가능한 지능형 컴퓨터(Programmable Intelligent Computer), 또는 프로그램 가능한 인터페이스 컨트롤러(Programmable Interface Controller)라고 불린다. 제너럴 인스트루먼트는 PIC 브랜드를 마이크로칩 테크놀로지(Microchip Technology)에 팔았으며 지금도 이회사가 PIC 브랜드의 소유권을 보유하고 있다.

아두이노는 아트멜 마이크로컨트롤러를 사용하지만 PIC는 지금도 아두이노 대신 사용될 수 있으며 영국 기업 레볼루션 에듀케이션(Revolution Education Ltd.)에서 라이선스를 허가한 취미 교육용 제품에 기본으로 사용된다. 이들 제품

은 피캑스라고 불리는데 이름을 왜 이렇게 붙였는지 알 수가 없다. 그 사람들은 이 이름이 멋지게 들린다고 생각하나 보다(그 사람들 생각이 맞는지는 모르겠다).

피캑스는 자체 IDE를 제공하며 C언어가 아닌 베이직(BASIC)이라는 언어를 사용한다. 베이직은 어떤 면에서는 C언어보다 더 단순하다. 마이크로컨트롤러의 다른 제품으로는 베이직 스탬프가 있는데 마찬가지로 베이직 언어를 사용하지만 더 강력한 명령어를 더 많이 제공한다.

위키피디아에서 피캑스를 검색해보면 다양한 기능을 모두 훌륭히 소개하고 있다. 사실 이 소개가 피캑스 홈페이지에서 제공하는 것보다 더 명확한 것 같다.

아두이노와 달리 피캑스 칩을 프로그래밍하기 위해 특별한 보드를 구입할 필요는 없다. 전용 USB 케이블만 있으면 된다. 적절한 IDE 소프트웨어도 필요하지만 이는 무료로 내려받을 수 있다.

이 책의 초판에는 피캑스 제품에 대한 정보가 담겨 있다. 흥미가 있다면 초판을 중고로 구매할 수도 있다.

기초지식: 장점과 단점

기본적인 내용은 배웠으니 프로젝트에 마이크로컨트롤러를 사용할지 여부를 결정할 때 영향을 미치는 요소들에 대해 이야기해보자.

수명

프로그램을 ATmega 328에 저장하는 플래시 메모리는 제조사에서 읽기-쓰기 작업 10,000회에 대해 품질을 보증하며 문제가 생긴 메모리의 위치를 '자동 잠금'하는 기능을 제공한다. 이 정도 기능이면 충분한 듯하며 마이크로컨트롤러가 거의 무한히 동작할 것이라 생각할 수 있다. 그러나 마이크로컨트롤러가 정말로 구형 논리 칩과 수명이 같을지 여부는 아직 모른다. 어떤 논리 칩은 제조된 후 40년이 지난 지금도 동작한다. 수명이 중요할까? 그에 대한 결정은 사용자에게 달려 있다.

구식화

마이크로컨트롤러 기술은 빠르게 발달하고 있다. 내가 이 책의 초판을 썼을 때 아두이노는 상대적으로 새로운 제품이었고 그 미래는 불확실했다. 현재는 아두이노가 취미 전자공학 분야를 점령하다시피 하고 있지만, 또 5년이 지나고 나면 상황이 어떻게 변할까? 아무도 모른다. 라즈베리 파이 같은 제품은 칩 하나에 컴퓨터 전체가 다 들어가 있다. 그렇다고 해도 아무도 라즈베리 파이나 이와 비슷한 제품이 아두이노를 대체할 수 있을지 예측할 수 없다.

아두이노가 대표적인 마이크로컨트롤러 시스템으로 남는다 하더라도 새로운 하드웨어가 등장하고 칩을 프로그램할 때 사용해야 하는 IDE 소프트웨어가 업데이트되는 것도 이미 확인했다. 이는 어떤 식으로든 이 분야의 개발 상황에 대해 지속적으로 관심을 가져야 하며 하나의 마이크로컨트롤러를 버리고 다른 브랜드로 옮겨가야 할 수도 있다는 것을 보여준다.

그에 비해, 스루홀 유형의 개별 부품은 대부분 개발 사이클이 이미 완료되었다. 회전 인코더나 LCD 디스플레이, 소형 점 행렬 매트릭스 LED 등 상대적으로 새로운 혁신들이 도입되는 경우도 있다. 그러나 이러한 새로운 제품은 대부분 마이크로컨트롤러와 함께 사용하기 위해 고안된 것이다. 트랜지스터, 다이오드, 커패시티, 논리 칩, 단일 칩 증폭기로 이루어진 단순한 세상에서 여러분이 오늘 배운 지식은 10년 후에도 유효하다.

하이브리드 회로

마지막이자 아마도 가장 중요한 내용은, 마이크로컨트롤러가 단독으로 사용될 수 없다는 사실이다. 이들에게는 항상 다른 부품이 필요하다. 하다못해 스위치나 저항이나 LED라도 있어야 한다. 거기다 그런 부품이 마이크로컨트롤러의 입출력과 제대로 호환되어야 한다.

따라서 마이크로컨트롤러를 실제로 사용하려면 전자부품 전반에 익숙해져야 한다. 전압, 전류, 저항값, 정전용량, 인덕턴스 같은 기본 개념을 이해해야 한다. 트랜지스터와 다이오드, 영숫자 표시장치, 불의 논리 같은, 내가 지금까지 이 책의 앞에서 다루었던 모든 주제에 대해서 알아야 할 수도 있다. 게다가 시제품을 만들려고 한다면 결국 브레드보드 사용법이나 납땜 연결을 만드는 법을 배워야 할 수도 있다.

이 모든 것을 고려해서 장단점을 정리해볼 수 있다.

개별 부품: 장점

- 단순하다.
- 즉각적인 결과를 얻을 수 있다.
- 프로그램 언어가 필요 없다.
- 작은 회로의 경우 저렴하다.
- 오늘의 지식이 내일도 유효하다.
- 오디오처럼 아날로그 응용 분야에 더 적합하다.
- 마이크로컨트롤러를 사용할 때도 여전히 필요하다.

개별 부품: 단점

- 하나의 기능만 할 수 있다.
- 디지털 논리가 사용되는 응용 분야는 회로 설계가 어렵다.
- 확장하기가 쉽지 않다. 큰 회로는 구현하기 어렵다.
- 회로 수정이 힘들거나 불가능할 수 있다.
- 회로에 부품이 많아지면 보통 전력이 더 필요하다.

마이크로컨트롤러: 장점

- 아주 다양한 곳에 사용할 수 있으며 여러 기능을 수행할 수 있다.
- 회로에 추가하거나 회로를 수정하기가 쉬울 수 있다(그냥 프로그램 코드를 다시 작성하기만 하면 된다).
- 응용 분야의 방대한 온라인 라이브러리를 무료로 사용할 수 있다.
- 복잡한 논리가 사용되는 응용 분야에 적합하다.

마이크로컨트롤러: 단점

- 작은 회로에 사용하기에 상대적으로 비싸다.
- 상당한 프로그래밍 기술이 필요하다.
- 회로 하드웨어의 문제 해결은 물론이고 코드 작성, 코드 설치, 점검, 수정과 디버깅, 다시 설치 등 개발 과정에 시간이 걸린다.
- 기술이 빠르게 진보하다 보니 지속적으로 배워야 한다.
- 각 마이크로컨트롤러는 개별적인 특이성과 특징이 있어서 이를 학습하고 기억해야 한다.
- 복잡함이 늘어나면 잘못될 가능성도 늘어난다.
- 데스크톱이나 노트북 컴퓨터, 그리고 프로그램용 데이터 저장 공간이 필요하다. 데이터는 실수로 사라질 수 있다.
- 논리 칩처럼 정류된 공급 전원이 필요하다(보통 5VDC나 3.3VDC). 핀당 출력은 40mA 이하로 제한된다. 555 타이머처럼 릴레이나 스피커를 구동할 수 없다. 더 큰 전력을 공급하려면 별도의 드라이브를 구입해야 한다.

요약

이제 이 질문에 답할 준비가 됐다. "마이크로컨트롤러를 사용해야 할까, 개별 부품을 사용해야 할까?"

이에 대한 나의 대답은 '둘 다 필요하다'이다. 그렇기 때문에 주로 개별 부품을 다루는 이 책에 마이크로컨트롤러를 포함시켰다.

다음 실험에서 센서와 마이크로컨트롤러가 어떻게 함께 동작할 수 있는지 보여주려 한다.

실험 33: 실세계의 상태 확인하기

스위치는 '꺼짐' 또는 '켜짐' 둘 중 한 가지 상태로 존재하지만 우리가 실세계에서 받는 대부분의 입력은 그런 극단적인 값들 사이에 다양하게 존재할 수 있다. 온도에 따라 전기적 저항이 크게 달라지는 서미스터 온도 센서가 그 예다.

마이크로컨트롤러는 이러한 입력을 처리할 때 아주 유용할 수 있다. 예를 들어 마이크로컨트롤러는 서미스터에서 입력을 받고, 자동 온도 조절 장치 같은 기능을 할 수도 있다. 다시 말해 온도가 최솟값 미만으로 떨어지면 히터를 켜고 방 안이 충분히 따뜻해지면 히터를 끄는 식이다.

아두이노 우노에서 사용하는 ATmega328은 핀 6개가 '아날로그 입력'으로 분류되기 때문에 이런 작업이 가능하다. 아날로그 입력이 입력을 디지털 방식인 '정논리'나 '부논리'만 평가하지 않는다는 뜻이기 때문이다. 이런 핀은 '아날로그-디지털 컨버터(ADC: analog-digital converter)'를 사용해서 내부적으로 입력값을 변환한다.

5V 아두이노에서 아날로그 입력의 범위는 0VDC에서 5VDC 사이다(사실, 상한선은 수정할 수 있지만 복잡함이 늘어나기 때문에 이 부분은 나중에 다룬다). 서미스터는 전압을 생성하지 않는다. 단지 저항이 달라질 뿐이다. 따라서 저항값의 변화가 전압의 변화로 이어지도록 하는 방법을 찾아야 한다.

일단 이 문제가 해결되면 마이크로컨트롤러에 포함된 ADC가 아날로그 핀의 전압을 0과

1023 사이의 디지털 값으로 변환한다. 왜 숫자 범위여야 할까? 십진법 숫자로 나타낼 수 있고 ADC가 작게 변하는 온도와 큰 디지털 값의 범위를 일치시킬 수 있을 정도로 정확하지 않기 때문이다.

ADC가 숫자를 공급하면 프로그램이 이를 목표 값과 비교해서 출력 핀의 상태를 변화시키고, 이로 인해 반도체 릴레이에 전압을 공급해서 릴레이가 방의 히터를 활성화시킬 수 있도록 하는 따위의 적절한 행동을 취할 수 있다.

서미스터에서 시작하고 디지털 값으로 끝나는 차례를 그림 5-86에 보기 쉽게 나타냈다.

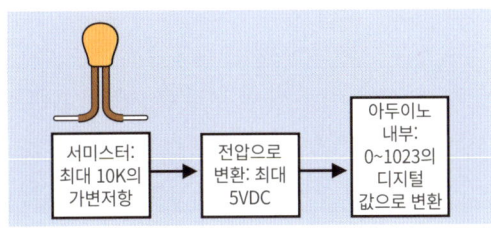

그림 5-86 서미스터의 상태를 처리하는 계획을 단순화해 나타냈다.

다음의 실험에서 이를 실행시키는 방법을 설명한다.

실험 준비물

- 브레드보드, 연결용 전선, 니퍼, 와이어 스트리퍼, 테스트 리드, 계측기
- 정확도가 1%나 5%인 10K 서미스터 1개(온도가 올라갈수록 저항값이 떨어지는 NTC 유형이어야 한다. PTC 서미스터는 이와 반대로 동작한다)
- 아두이노 우노 보드 1개
- USB 포트를 지원하는 노트북 또는 데스크톱 컴퓨터 1대
- 양쪽에 각각 A형과 B형 커넥터가 달린 USB 1개
- 6.8K 저항 1개

서미스터 사용하기

먼저 서미스터가 무엇인지 알아야 한다. 서미스터에는 아주 얇은 리드가 달려 있는데 온도 측정을 위한 접합 부위가 위치한 끝부분과 서로 열을 주고받지 않아야 하기 때문이다. 리드가 너무 얇아서 브레드보드에 안정적으로 꽂지 못할 수도 있기 때문에 그림 5-87에서 보는 것처럼 악어 클립이 달린 테스트 리드를 사용해서 서미스터의 리드와 계측기의 탐침을 연결하는 편이 낫다.

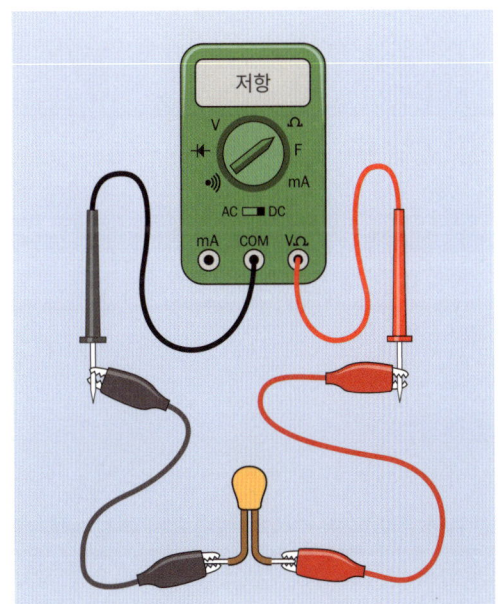

그림 5-87 서미스터 점검하기.

나는 10K 서미스터를 사용할 것을 추천한다. 10K는 정말 추울 때의 최대 저항값이다. 저항값

은 온도가 약 25℃(77°F)가 될 때까지는 크게 변하지 않는다. 그 값을 넘어서면 저항값이 급격히 떨어진다.

계측기를 사용해서 이를 확인해볼 수 있다. 실온에서 서미스터는 약 9.5K의 저항값을 가진다. 이제 엄지와 검지로 서미스터를 잡아보자. 서미스터가 체온을 흡수함에 따라 저항값이 점점 떨어진다. 체온과 같아지면(임의로 37℃, 또는 98.6°F라고 정하자) 저항값은 약 6.5K가 된다.

이런 저항값을 어떻게 마이크로컨트롤러가 요구하는 0V~5VDC의 범위로 변환할 수 있을까?

먼저 실온에 해당하는 최댓값이 실제로 5V보다 낮아야 한다는 점을 명심하자. 실제 세계는 예측이 불가능한 곳이다. 서미스터가 말도 안 되는 이유로 생각했던 것보다 훨씬 더 뜨거워지면 어떻게 될까? 옆에 납땜인두를 두었거나 전자장치의 열이 나는 곳에 올려둘 수도 있다.

여기에서 아날로그-디지털 컨버터에 대해 배우는 첫 번째 교훈은 실제 세계를 측정할 때 예상하지 못한 극단적인 값을 허용해야 한다는 것이다.

범위 변환

서미스터의 저항을 전압값으로 변환하는 가장 간단한 방법은 우리에게 해당되는 온도 범위에서 서미스터의 평균 저항값이 거의 비슷한 저항을 선택하는 것이다. 선택한 저항을 그림 5-88처럼 서미스터와 직렬로 연결해서 분압기를 만들고 한쪽 끝에 5VDC, 다른 쪽 끝에 0VDC를 걸어준 뒤 부품의 중간쯤에서 전압을 구한다.

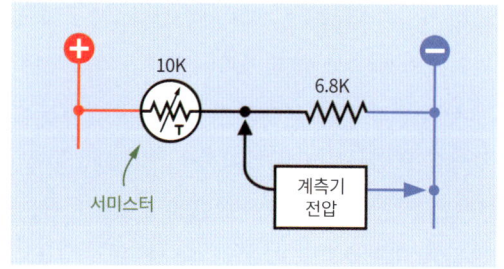

그림 5-88 변화하는 서미스터의 저항값에서 전압을 구하는 가장 단순한 회로.

보통 이러한 회로를 설치할 때 전압조정기를 설치해서 5VDC를 공급해야 한다. 그러나 아두이노는 자체 전압조정기가 있어서 편리하게 5VDC를 출력할 수 있다(그림 5-79 참조). 이제 점퍼선을 통해 출력을 브레드보드에 공급한다. 또한 아두이노에서 접지 출력 중 하나를 끌어와 브레드보드에 연결해주어야 한다.

이렇게 해서 서미스터의 온도를 25~37℃에서 변화시키면 계측기에는 2.1~2.5V의 전압이 측정된다. 직접 해보고 내 값이 맞는지 확인하자.

이런 전압값으로는 마이크로컨트롤러를 위험에 빠뜨릴 가능성이 전혀 없다. 그러나 지금 나는 다른 문제가 생긴 것을 알게 됐다. 최적의 정확도를 달성하기에 전압 범위가 너무 좁다.

그림 5-89는 입력 전압과 이에 해당하는 내부의 디지털 값 사이의 변환을 보여준다. 2.1~2.5V의 전압 범위는 어두운 파란색 사각형으로 정의된다. 이 값이 약 430~512의 디지털 값으로 변환되며 두 값의 차는 82다. 이는 0~1023의 전체 범위에서 아주 작은 부분에 불과하다.

제한된 범위를 사용하는 것은 고해상도 사진에서 몇 개의 픽셀만 사용하는 것과 마찬가지다.

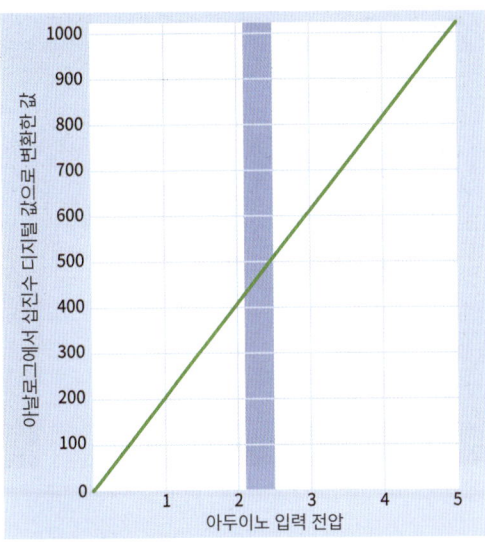

그림 5-89 아두이노 입력 전압을 ADC를 통해 디지털 값으로 변환하는 그래프. 파란색 사각형은 6.8K 저항과 직렬로 연결된 10K 서미스터에서 75~95°F 사이의 온도에 해당하는 전압의 근삿값을 나타낸다.

그럴 경우, 어쩔 수 없이 세부적인 내용들이 사라진다. 전압을 변환한 디지털 값의 범위가 82가 아닌 500이라면 좋지 않을까?

이 문제를 해결하는 한 가지 방법은 전압을 증폭하는 것이지만 그 경우 연산 증폭기 같은 부품을 추가로 사용해야 한다. 할 수는 있겠지만 하게 된다면 피드백을 제어할 저항이 필요하고 모든 것이 복잡해진다. 마이크로컨트롤러를 사용할 때의 핵심은 간단하게 만드는 것이다!

다른 방법도 있다. 범위의 최소 전압을 낮추어 설정하는 아두이노의 기능을 사용하는 것이다. 그러나 이 경우 핀에 새로운 최대 전압을 공급해주어야 한다. 새로운 최대 전압을 공급하려면 분압기가 추가로 필요하며 입력되는 전압을 ADC 값으로 변환하는 데 필요한 계산을 다시 해야 한다. 진심으로 이런 일은 피하고 싶다. 하더라도 간단한 프로그램을 완성시키고 난 뒤에나 하고 싶다.

이 문제를 조금 더 생각해보고 나니, 어쩌면 82의 값으로 약 75~95°F의 범위를 나타내는 데서 만족해야 할 듯하다. 이는 ADC가 변환하는 디지털 값 1에 대해 약 1/4°F가 대응되는 정도의 정확도다. 임상 체온계로 사용하기에는 좋지 않아도 실온을 측정하기에는 이 정도로 충분한 것 같다.

연결

자, 이제 한번 해보자. 그러나 그 전에, 마이크로컨트롤러가 부착된 우노 보드가 이렇게 멋져 보이는데, 그런데도 여전히 브레드보드를 별도로 사용해야 할까?

그렇다. 그게 우리의 계획이다. 모든 것을 연결하는 방법에는 세 가지가 있다.

- 소형 브레드보드처럼 생긴 '프로토실드(protoshield)'라는 장치를 구입할 수 있다. 이 장치는 우노 보드 위에 설치하고 커넥터로 연결한다. 나는 이 장치를 썩 좋아하지 않는데 이 장치를 사용하면 일반적인 브레드보드에서 회로를 완성하지 않게 되기 때문이다.
- 마이크로컨트롤러를 우노 보드에서 떼어 브레드보드에 끼우면 일반적인 방식으로 부품을 마이크로컨트롤러 핀과 연결할 수 있다. 그러나 그런 경우 마이크로컨트롤러로 프로그램을 업로드할 수 없으며 아두이노 보드에서 마이크로컨트롤러를 실행시키는 속도를

유지하기 위해 크리스털 오실레이터를 사용해야 한다.

- 서미스터와 저항을 일반 브레드보드에 부착해서 서미스터 회로로부터 점퍼 선을 통해 우노 보드로 전압을 보낼 수 있다. 이는 우노 보드로부터 브레드보드로 양전압과 접지를 공급해준 것과 동일한 방식이다. 이 방법이 지저분하기는 하지만 대부분의 사람들이 하는 방식이기도 하다. 작성이 끝난 프로그램을 마이크로컨트롤러에 영구적으로 업로드한 뒤 이 칩을 더욱 편리한 위치로 이동시킬 수도 있다.

그림 5-91 점퍼 선을 사용해서 서미스터 회로를 아두이노에 연결하기.

그림 5-90은 회로 배치를 보여주며 이는 사진에서 그림 5-91처럼 나타난다. 이번만은 양끝에 플러그가 달린 저 전선들을 사용하는 쪽이 더 편리하다는 사실을 인정해야겠다. 그렇다고 해도 나는 저런 전선을 완전히 신뢰하지 않는다.

뭐? 출력이 없다고?

이제 아날로그 입력을 내부의 디지털 값으로 변환할 준비가 모두 끝났다. 그러나 잠깐, 뭔가 빠졌다. 출력이 없다!

이상적인 세상에서라면 우노 보드를 구매했을 때 멋지고 조그만 영숫자 표시장치가 함께 따라와서 실제 컴퓨터처럼 쓸 수 있을 것이다. 사실 우노 보드에 사용할 수 있는 표시장치를 구할 수도 있지만, 그러면 또 다시 뭔가가 복잡해진다. 마이크로컨트롤러 세상에서 거의 다른 모든 것들이 그렇지만, 표시장치 역시 끼우기만 해도 바로 동작하는 플러그 앤 플레이 방식을 사용하지 않는다. 표시장치에서 문자를 나타내려면 마이크로컨트롤러를 프로그래밍해야 한다.

따라서 나는 간결한 상태를 유지할 생각이다. 우노 보드에 있는 작은 노란색 LED를 표시장치로 사용할 것이다. 이 LED가 방의 히터를 나타낸다고 간주하고 온도가 낮아지면 켜지고, 높아

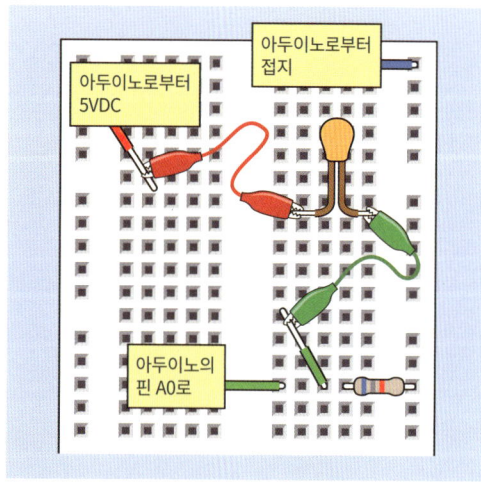

그림 5-90 서미스터 회로를 아두이노에 연결한 모습.

지면 꺼지도록 할 생각이다.

히스테리시스

온실을 85°F(섭씨 약 30도)로 훈훈하게 데운다고 생각해보자. 저항-서미스터 조합의 전압이 해당 온도에서 2.3V라고 가정하자. 그림 5-89의 그래프를 살펴보면 마이크로컨트롤러 내부의 ADC가 이 온도를 디지털 값 470으로 변환한다는 것을 알 수 있다.

그러니 470이 우리의 문턱값(threshold)이 된다. 디지털 값이 469로 내려가면 히터를 켠다(또는 히터를 시뮬레이션해서 LED를 켠다). 숫자가 471로 올라가면 히터를 끈다.

그러나 잠깐. 이게 말이 될까? 이는 서미스터가 감지한 온도가 조금 올라가면 LED가 켜지고 조금 내려가면 LED가 꺼진다는 뜻이다. 이 경우 시스템이 켜졌다 꺼졌다를 반복할 수밖에 없다.

실제로 자동 온도 조절 장치는 누군가 문을 열거나 닫더라도 작은 온도 변화마다 반응하지 않는다. 히터가 켜지면 켜진 상태가 유지되다가 온도가 목표 온도보다 조금 더 올라가면 그제야 히터가 꺼진다. 그런 뒤 히터가 꺼지면 꺼진 상태가 유지되다가 온도가 목표 온도보다 조금 더 내려가야 히터가 켜진다.

이런 성질을 히스테리시스(hysteresis)라고 하며, 더 자세한 내용은 이 책의 후속편인 『짜릿짜릿 전자회로 DIY 플러스』에서 비교기(comparator)라고 부르는 부품과 관련해 설명한다.

마이크로컨트롤러 프로그램에서 히스테리시스를 어떻게 구현할 수 있을까? 469와 471 사이보다 더 넓은 범위가 필요하다. 프로그램은 이렇게 말할 수 있겠다. "LED가 켜지면 온도 값이 490을 넘을 때까지 켜두자. 그런 다음 히터를 꺼." 또, "LED가 꺼지면 온도 값이 460 밑으로 떨어질 때까지 꺼두자. 그런 다음에 히터를 켜."

이렇게 할 수 있을까? 당연하다. 꽤 쉽다. 그림 5-92의 프로그램은 이러한 논리를 사용한다. 이 그림은 아두이노 IDE의 화면을 캡처한 것이기 때문에 프로그램이 제대로 실행된다고 할 수 있다.

```
// Heater Control Simulation
// by Charles Platt

int digitemp = 0;
// digitemp is a variable to store
// a digitized temperature value.

int ledstate = 0;
// Will be 0 if LED is currrently off.
// Will be 1 if LED is currently on.

void setup()
{
    pinMode (13, OUTPUT);
    // Onboard LED shows the output.

    // (No need to set the analog pin
    // which is input by default.)
}
void loop()
{
    digitemp = analogRead (0);
    // Thermistor is on analog input A0.

    if (ledstate == 1 && digitemp > 490)
        {
        ledstate = 0;
        digitalWrite (13, LOW);
        }

    if (ledstate == 0 && digitemp < 460)
        {
        ledstate = 1;
        digitalWrite (13, HIGH);
        }

    delay (100);
}
```

그림 5-92 가상의 가열 장치를 제어하는 프로그램.

프로그램은 또한 몇 가지 새로운 개념을 사용하지만, 우선 이 프로그램을 IDE에 입력하자. 주석행을 모두 포함시킬 필요는 없다. 이건 그냥 내가 설명하기 위해 삽입해둔 것뿐이다. 그림 5-93의 주석행을 생략한, 훨씬 짧은 프로그램을 입력해도 된다.

```
int digitemp = 0;
int ledstate = 0;
void setup()
{
    pinMode (13, OUTPUT);
}
void loop()
{
    digitemp = analogRead (0);
    if (ledstate == 1 && digitemp > 490)
        {
        ledstate = 0;
        digitalWrite (13, LOW);
        }
    if (ledstate == 0 && digitemp < 460)
        {
        ledstate = 1;
        digitalWrite (13, HIGH);
        }
    delay (100);
}
```

그림 5-93 앞(그림 5-92)의 동일한 프로그램에서 주석행을 생략한 모습.

프로그램을 확인/컴파일하고 입력 오류를 수정하자(한두 군데에서 세미콜론을 빠뜨렸을 수도 있다. 세미콜론 누락이 가장 흔한 오류다).

아두이노에 전원을 인가하고 프로그램을 업로드한 뒤 서미스터의 온도가 85°F보다 낮으면 노란색 LED가 켜진다.

엄지와 검지로 서미스터를 잡아서 서미스터가 실온이 올라간다고 착각하도록 만든다. 몇 초가 지나고 나면 LED가 꺼진다. 이제 손을 떼고 서미스터를 식히자. 그렇지만 LED는 한동안 켜져 있다. 시스템의 히스테리시스가 온도가 충분

히 낮아질 때까지 기다리라고 말하기 때문이다. 마침내, LED가 다시 켜진다. 성공이다!

그러나 프로그램은 어떻게 동작한 것일까?

한 줄씩 한 줄씩

이 프로그램에는 '변수(variable)'라는 개념이 사용되었다. 변수는 디지털 값을 저장할 수 있도록 마이크로컨트롤러의 메모리 안에 위치한 작은 공간을 말한다. '기억 상자'라고 생각할 수도 있겠다. 상자의 바깥에 변수의 이름을 써두고, 상자의 안에 그에 해당하는 값을 숫자로 넣어두는 것이다.

int digitemp = 0

digitemp라는 이름의 변수를 만들었다. '정수형(integer)' 변수이며 0의 값에서 시작한다.

int ledstate = 0

또 다른 정수형 변수를 만들었다. 보드의 LED가 켜졌는지 여부를 계속 파악한다. 마이크로컨트롤러가 LED의 상태를 계속 확인해서 LED의 켜짐/꺼짐 상태를 알려주는 쉬운 방법은 없었다.

프로그램의 setup은 마이크로컨트롤러에 13번 핀을 출력으로 사용한다고 알려준다. 핀 A0를 입력으로 사용한다고 말해줄 필요는 없다. 아날로그 핀은 처음부터 입력 핀이라고 정해져 있기 때문이다.

이제 프로그램의 핵심인 loop로 들어가 보자. 먼저, 나는 analogRead라는 명령어를 사용해서 마이크로컨트롤러가 아날로그 포트의 상태를 읽

어 들이도록 했다. 어느 쪽 포트냐고? 나는 0으로 지정했는데 이는 아날로그 포트 A0라는 뜻이다. 여기가 바로 브레드보드를 연결한 곳이다.

ADC가 포트의 상태를 읽어 들이면 그 정보로 무엇을 해야 할까? 이를 저장할 마땅한 장소는 한 군데뿐이다. 바로 여기에 사용하기 위해 만든 digitemp라는 이름의 변수다.

digitemp에 값이 저장되었기 때문에 이를 확인할 수 있다. 먼저 히터(LED)가 켜졌고 온도 값이 490 이상이면 히트를 끄도록 하고 싶다. if문은 다음과 같이 확인할 수 있다.

```
if (ledstate == 1 && digitemp > 490)
```

등호 2개(==)는 '비교해서 두 값이 같은지 확인한다'는 뜻이다. 등호 1개는 이와는 달리 '이 값을 변수에 할당한다'는 뜻이다.

&& 2개는 '논리 AND'다. 그렇다. 여기에도 불의 논리를 사용한다. AND 논리 게이트를 사용하는 것과 마찬가지다. 그러나 칩을 전선으로 연결하는 대신 그냥 코드로 입력한다.

부등호(>)는 '크다'라는 뜻이다.

if문은 괄호 안에 들어 있다. 괄호 안의 문장이 참이면 마이크로컨트롤러가 다음 차례인 중괄호 안의 내용을 실행한다. 여기에서는 ledstate =0은 LED가 꺼질 것이라는 사실을 저장한다. digitalWrite (13, LOW)는 실제로 LED가 꺼짐을 뜻한다.

두 번째 if문은 아주 비슷하다. 차이가 있다면 LED가 꺼지고 온도가 훨씬 낮아졌을 때 적용된다는 것뿐이다. 조건이 성립한다면 LED가 켜진다.

마지막으로 0.1초를 기다린다. 그보다 자주 온도를 측정할 필요가 없다.

이것으로 끝이다.

추가적인 세부 사항

if문, 등호 2개, && 논리 기호 등 몇 가지 문법을 설명했지만 C언어에서 사용할 수 있는 문법을 모두 알려준 것은 아니다. 그런 문법들은 인터넷에서 확인할 수 있다. 여기에서는 그런 내용을 다루지 않는다.

프로그램에 대한 다음의 몇 가지 사항에 주의하자.

- 프로그램은 논리 구조를 명확히 보여주기 위해 들여쓰기를 한다. 컴파일러는 공백을 무시하기 때문에 원하는 만큼 편한 대로 들여쓸 수 있다.
- IDE는 입력 오류가 있는지 확인하는 데 도움이 되도록 색깔을 사용한다.
- 변수의 이름을 정할 때 글자나 숫자, 밑줄 표시(_)를 어떤 식으로 조합해서 사용해도 된다. 단, 해당 조합이 C언어 내에서 이미 특별한 의미를 가지고 있지 않아야 한다. 예를 들어 void는 변수 이름으로 사용할 수 없다.
- 변수 이름을 대문자로 쓰고 싶어 하는 사람도 있고 그렇지 않은 사람도 있다. 원하는 대로 선택하면 된다.
- 각 변수는 프로그램의 시작 부분에서 선언해서 컴파일러에게 알려주어야 한다.

- 정수형 변수(int를 사용해 정의한다)는 -32,768 ~ +32,767 범위의 값을 가진다. 마이크로컨트롤러의 C언어에서는 값의 범위가 훨씬 넓거나 소수값을 가지는 다른 변수들의 유형도 사용할 수 있다. 그러나 실험 34에 들어가기 전에는 이보다 더 큰 숫자 값이 필요 없다.

기초적인 언어 관련 사항을 확인하려면 아두이노 홈페이지로 가서 Learning(학습) 메뉴의 Reference(매뉴얼)를 선택한다. 또는 Arduino IDE(아두이노 IDE)의 Help(도움말) 메뉴에서 Reference를 선택할 수도 있다.

개선점

프로그램은 내가 시키는 작업을 하지만 그 작업은 매우 한정적이다. 가장 큰 제한 사항은 최소와 최대 온도 값에 구체적인 숫자를 사용한다는 것이다. 이는 자동 온도 조절 장치를 하나의 값에 고정시켜서 조정이 불가능하게 만드는 것과 마찬가지다. 프로그램을 어떻게 개선하면 사용자가 히터를 켜고 끄는 문턱 온도를 조정할 수 있을까?

이렇게 만들려면 가변저항을 추가해야 할 것 같다. 가변저항의 트랙 양끝에 5V와 0V를 각각 연결하고 와이퍼를 마이크로컨트롤러의 다른 아날로그 입력과 연결한다. 이렇게 하면 가변저항이 분압기의 역할을 해서 0VDC와 5VDC 사이의 전 범위에 해당하는 전압을 공급할 수 있다.

그런 다음 마이크로컨트롤러가 가변저항의 설정을 확인해 디지털화하는 과정을 loop에 추가할 수 있다.

그렇게 하면 0부터 1,023까지의 전 범위 중에서 숫자 하나를 결과로 얻을 수 있다. 그런 다음 이 숫자를 digitemp 변수의 범위와 호환되는 숫자로 변환해야 한다. 이렇게 변환된 값을 새로운 이름의 변수, 예를 들어, usertemp에 저장한다. 그런 다음 실제 서미스터에서 측정된 실온이 usertemp보다 많이 높거나 많이 낮은지를 확인한다.

내가 한 가지 사소한 내용을 건너뛰었다는 것에 주의하자. 가변저항의 입력을 usertemp에 알맞은 범위로 변환하는 정확한 방법을 설명하지 않고 그냥 넘어갔다. 이제부터 그 방법을 알아보자.

서미스터 값에 할당될 수 있는 범위가 앞에서 추정했던 것처럼 430부터 512라고 할 때, 그 범위의 중간값은 471±41이라고 생각할 수 있다. 가변저항의 중간값은 512이고 전체 범위는 512±512이다. 따라서 다음과 같은 식이 성립한다.

```
usertemp = 471 + ( (potentiometer - 512) * .08)
```

이때 potentiometer는 가변저항의 입력 값이고 별표(*)는 C언어에서 곱셈 기호(×)로 사용된다. 이 정도면 거의 다 끝났다.

그렇다. 프로그래밍에는 언제든, 어디에서든, 산수가 포함될 수 있다. 다른 식으로 할 수 있는 방법은 없다. 그러나 고등학교 수학 수준을 넘어서는 일은 거의 없다.

수정한 프로그램에서도 히스테리시스를 신경

써야 한다. 첫 번째 if문은 다음과 같이 바꾸어야 한다.

```
if (ledstate == 1 && digitemp > (usertemp + 10) )
```

조건문이 성립하면 스위치를 끈다. 그러나 다음의 조건문이 성립할 수도 있다.

```
if (ledstate == 0 && digitemp < (usertemp - 10) )
```

그 경우에는 LED를 켠다. 여기에서는 히스테리시스 범위를 ADC에서 받은 값 ±10으로 두었다.

이런 식으로 수정할 수 있다는 것을 알려줬으니 직접 해볼 수도 있을 것이다. 새로운 변수는 프로그램의 본문에서 사용하기 전에 반드시 선언해주어야 한다는 사실을 잊지 않도록 하자.

실험 34: 더 좋은 주사위

마지막 실험에서는 논리 칩을 사용해 주사위 눈을 나타냈던 실험 24로 다시 가볼 것이다. 그러나 이번에는 논리 칩 대신 마이크로컨트롤러 프로그램의 논리 연산자를 사용한 if문을 사용한다. 하드웨어 부품 몇 가지는 프로그램 코드 몇 줄로 대신하고, 555 타이머, 카운터, 논리 칩 3개가 했던 일은 단 1개의 마이크로컨트롤러가 대신하게 될 것이다. 이는 적절한 응용 방법을 보여주는 아주 좋은 예다(물론, LED와 직렬 저항은 여전히 필요하다).

실험 준비물

- 브레드보드, 연결용 전선, 니퍼, 와이어 스트리퍼, 테스트 리드, 계측기
- 일반 LED 7개
- 직렬 저항 330Ω 7개
- 아두이노 우노 보드 1개
- USB 포트를 지원하는 노트북 또는 데스크톱 컴퓨터 1대
- 양쪽에 각각 A형과 B형 커넥터가 달린 USB 1개

발견을 통한 배움의 한계

발견을 통한 배움은 전자 부품에는 아주 효과가 크다. 브레드보드에 부품을 끼우고 전원을 인가하고 어떤 일이 일어나는지 확인하면 된다. 회로를 설계할 때에도 시행착오를 거치며 그 과정에서 회로를 수정해 나갈 수 있다.

그러나 프로그램 작성은 이와는 다르다. 연습과 논리가 필요하다. 그러지 않으면 프로그램 코드에 결함이 생겨서 안정적으로 실행되지 않는다. 또한 미리 계획을 세워야 이전의 작업을 다시 하거나 버리고 완전히 새로 작업하느라 시간을 낭비하는 일이 없다.

나는 계획 세우기는 좋아하지 않지만 시간 낭비는 정말 싫어한다. 그래서 계획을 세운다. 나는 이 마지막 프로젝트에서 계획 과정을 설명할 생각이다. 그냥 부품을 한데 꽂고 무슨 일이 일어나는지 볼 때처럼 즉각적인 즐거움이 없어서 아쉽기는 하지만 소프트웨어 개발 과정을 설명하지 않으면 프로그램 작성이 실제보다 훨씬 간단해 보이는 잘못된 인상을 줄 수 있다.

무작위성

제일 먼저 물어야 할 질문은 명백하다. "이 프로그램이 어떤 일을 했으면 좋겠는가?" 이 질문은 반드시 필요하다. 목표를 분명히 설정하지 않으면 마이크로컨트롤러가 목표를 파악할 방법이 없다. 이는 실험 15에서 경보기의 '희망 목록'을 작성할 때 설명했던 과정들과 비슷하다. 그러나 마이크로컨트롤러를 사용할 때는 훨씬 더 상세한 목록이 필요하다.

기본 요건은 아주 간단하다. 나는 임의의 수를 선택해서 LED로 이 수를 주사위 눈처럼 나타내는 프로그램을 작성하고 싶다.

임의의 수를 선택하는 것이 이 프로그램의 핵심이기 때문에 이 주제에 대해 충분히 알아야 한다. 그러니 아두이노 홈페이지에서 언어 매뉴얼 부분을 확인하자. 내가 원하는 만큼 자세하게 나와 있지는 않지만 시작하기에는 그다지 나쁘지 않다.

언어 매뉴얼 부분을 찾으려면 아두이노 홈페이지로 가서 학습(Learning) 메뉴의 Reference(매뉴얼)를 선택하면 Random Numbers(난수)라는 항목이 보인다. 여기를 클릭하면 아두이노용으로 특별히 만든 random( )이라는 함수가 나타난다.

이는 그다지 놀라운 일이 아니다. 고차원의 컴퓨터 언어는 거의 모두 임의의 숫자열을 생성하는 함수를 자체 내장하고 있으며 수학적인 방식을 사용해서 언제나 사람으로서는 예상할 수 없는 숫자들을 생성해낸다. 이때 생성되는 숫자열의 길이는 아주 길며, 이 숫자열이 끝나면 다시 처음부터 반복된다. 문제라고 한다면 이 숫자열이 수학적으로 생성되기 때문에 프로그램을 시작할 때마다 항상 숫자열을 같은 위치에서 시작한다는 것이다.

시작 위치를 바꾸려면 어떻게 해야 할까? 이를 해결하기 위해 사용하는 함수가 randomSeed( )다. 이 함수는 아무것도 연결되어 있지 않은 마이크로컨트롤러의 핀 상태를 확인해서 숫자 생성기를 초기화한다. 이전에 말했던 것처럼 논리 핀이 부동 핀이 되면 주변에 존재하는 전자기복사를 포착하기 때문에 실제로 어떤 값을 가지게 될지 알 수 없다. 따라서 randomSeed( )는 실제로 무작위일 수밖에 없으며, 이를 사용하는 것은 아주 좋은 생각처럼 보인다. 그러나 이 외의 경우에는 절대로 연결되지 않은 부동 핀을 사용하면 안 된다는 점을 반드시 기억하자.

난수 발생기가 숫자열을 임의의 위치에서부터 시작하도록 하는 문제는 잠시 옆으로 치워두고, 아두이노의 random( ) 함수를 통해 숫자를 선택한 뒤 주사위 프로그램의 출력으로 사용한다고 해보자. 실제로 어떤 식으로 실행되는 걸까?

내가 생각하는 모습은 사용자가 버튼을 눌렀을 때 그 시점에서 무작위로 선택된 주사위 눈이 나타나는 것이다. 그랬다고 치자! 그런 다음 두 번째로 '주사위를 던지고 싶다'면 다시 버튼을 누르고 다른 무작위의 주사위 눈이 나타난다.

듣기에는 아주 간단한 것 같지만 그렇게 재미있어 보이지는 않는다. 그다지 그럴듯해 보이지도 않는다. 사람들은 숫자가 정말로 무작위로 선택된 것인지 의심할 수도 있다. 나는 사용자가 해당 과정을 통제하는 능력을 뺏긴 데 문제가 있다고 생각한다.

이 프로젝트의 하드웨어 버전으로 돌아가보자. 내가 마음에 들었던 점은 주사위 눈금이 빠르게 바뀌는 모습을 보여주고 사용자가 그 순서를 임의로 멈추도록 버튼을 누를 수 있다는 것이다.

어쩌면 이 프로그램이 단순히 random() 함수를 사용하는 대신 하드웨어 버전을 모방할 수도 있겠다. 이전의 좋은 주사위 프로젝트에서 카운터가 했던 것처럼 1부터 6까지의 숫자가 계속해서 빠르게 반복될 수 있도록 프로그램을 작성할 수 있을 것이다.

그러나 이렇게 하면 다른 문제가 생긴다. 프로그램이 1부터 6까지 반복될 때 마이크로컨트롤러가 루프의 처음으로 돌아가려면 몇 마이크로초의 시간이 더 걸린다. 따라서 6이 표시되는 시간이 다른 숫자에 비해 아주 조금 더 길어진다.

어쩌면 두 가지 개념을 합칠 수도 있겠다. 숫자를 생성할 때는 난수 발생기를 사용하고 이를 아주 빠른 속도로 연속해서 보여주다가 사용자가 임의의 순간에 버튼을 눌러서 이를 중단시킬 수 있도록 하는 것이다.

이 계획이 마음에 든다. 그러나 그러고 나면 어떻게 해야 할까? 숫자가 다시 빠르게 바뀌도록 재시작 버튼을 둘 수도 있다. 그렇지만 재시작 버튼은 필요 없다. 하나의 버튼으로 두 경우에 모두 사용하면 된다. 눌러서 멈추고, 눌러서 다시 시작하도록 하자.

이제 프로그램이 무엇을 할지 명확해졌다. 앞의 과정으로 인해 다음 단계로 넘어가 마이크로컨트롤러가 실행해야 할 명령문을 파악하기가 수월해질 것이다.

의사코드

나는 '의사코드(pseudocode)' 작성을 좋아한다. 의사코드란 컴퓨터 언어로 변환하기 쉽도록 인간의 언어로 작성한 문장들을 말한다. '더 좋은 주사위'라고 이름 붙인 프로그램을 위해 내가 작성한 의사코드는 다음과 같다. 이러한 명령문이 아주 빠르게 실행되기 때문에 숫자가 흐릿하게 보인다는 것을 염두에 두자.

메인 루프
- 1단계: 임의의 수를 선택한다.
- 2단계: 선택한 수를 주사위 눈으로 변환하고 그에 맞도록 LED를 켠다.
- 3단계: 버튼이 눌렸는지 확인한다.
- 4단계: 버튼이 눌리지 않았다면 1단계로 돌아가 다른 임의의 수를 선택해서 숫자가 빠르게 나타나도록 한다.

버튼이 눌렸다면 다음 단계를 진행한다.

- 5단계: 표시장치를 정지시킨다.
- 6단계: 사용자가 다시 한 번 버튼을 누를 때까지 기다린다. 그런 뒤 다시 1단계로 돌아가 반복한다.

이 순서에 어떤 문제가 있을까? 마이크로컨트롤러의 관점에서 시각화해보자. 프로그램에서 명령을 받았을 때 작업을 완료하기 위해 필요한 모든 것을 갖추고 있을까?

아니, 그렇지 않다. 빠진 내용이 있는 명령문이 있기 때문이다. 예를 들어 2단계에서 '그에 맞도록 LED를 켠다'라고 되어 있지만, LED를 끄라는 명령문은 어디에도 없다!

다음을 반드시 기억하자.

- 컴퓨터는 '시키는 일만' 한다.

켜져 있는 LED를 끄고 난 뒤 새로운 숫자가 표시되도록 하려면 그에 해당하는 명령을 포함시켜야 한다.

어디에 넣어야 할까? 표시장치를 일단 초기화한 직후에 새로운 숫자를 선택하고 표시하도록 하고 싶다. 그러니 표시장치 초기화 단계가 들어갈 알맞은 장소는 메인 루프의 시작 부분이다. 0단계로 추가하자.

- 0단계: LED를 모두 끈다.

그러나 잠깐. 이전에 표시된 숫자에 따라 주사위 패턴에 켜져 있는 LED도 있고 꺼져 있는 LED도 있다. 다시 말해, 표시장치를 초기화하기 위해 모든 LED를 끈다고 했을 때 여기에는 이미 꺼져 있는 LED도 포함된다. 마이크로컨트롤러는 신경 쓰지 않겠지만 이 경우 명령문 실행에 시간이 조금 낭비된다. 어쩌면 이전에 켜져 있던 LED만 끄고 이미 꺼져 있는 LED는 무시하는 것이 더 효율적일 수 있다.

이러면 프로그래밍이 더 복잡해지지만, 그럴 필요가 없을 수도 있다. 컴퓨터를 처음 사용하던 시절에는 사람들이 처리기의 주기 횟수를 줄이기 위해 프로그램을 '최적화'해야 했지만 마이크로컨트롤러는 아주 빠르기 때문에 이미 꺼져 있는 LED를 2개나 3개쯤 다시 끈다고 해서 시간 낭비를 걱정할 필요는 없을 듯하다. 따라서 현재 상태에 관계없이 모든 LED를 끄는 루틴을 사용하자.

버튼 입력

의사코드 명령문에서 또 빠진 부분이 없을까?

버튼 문제가 남았다.

다시 한 번 프로그램이 어떤 일을 하기를 바라는지 시각화해보아야 한다. 표시장치는 숫자를 아주 빠르게 반복해서 보여준다. 사용자는 버튼을 눌러 장치를 정지시킨다. 표시장치가 멈추고 현재의 숫자를 보여준다. 6단계에서 마이크로컨트롤러는 사용자가 버튼을 눌러 다시 한 번 빠르게 숫자를 표시하기 전까지 무한정 기다린다.

잠깐만. 사용자가 손을 떼지도 않았는데 버튼을 어떻게 '다시' 누를 수 있을까?

현재 상태의 의사코드라면 마이크로컨트롤러가 다음과 같이 동작한다. 이 과정이 아주 빨리, 빨리 이루어진다는 사실을 기억한다.

- 프로그램이 마이크로컨트롤러에게 버튼을 확인하도록 명령한다.
- 마이크로컨트롤러가 버튼이 눌린 상태임을 파악한다.
- 표시장치가 멈춘다. 마이크로컨트롤러는 버

튼이 계속 눌린 상태라는 것을 알아챈다.
- 그러나 사용자가 버튼에서 손을 뗄 틈이 없어서 버튼은 여전히 눌린 상태다.
- 마이크로컨트롤러가 이렇게 말한다. "아, 버튼이 눌렸으니 다시 숫자를 나타내야겠다."

그 결과 정지됐던 표시장치가 아주 잠깐 멈춘다.

이 문제에 대한 해결 방법은 다음과 같다. 순서의 중간에 다음의 단계를 추가해주는 것이다.

- 5A단계: 사용자가 버튼에서 손을 뗄 때까지 기다린다.

이렇게 하면 사용자가 미처 준비되기 전에 컴퓨터가 먼저 실행되어서 숫자를 계속 표시하는 일이 없도록 할 수 있다.

이제 끝났나? 정말 끝난 건가?

아닌 것 같다. 이 작업이 좀 번거롭다고 생각할 수 있지만, 그렇다고 해도 이런 과정이 바로 프로그래밍이라는 것을 말해주고 싶다. 그냥 명령문을 던져놓고 일을 시키면 되지 않냐고 말할 수도 있겠지만 여기에는 해당되지 않는다.

버튼을 하나 더 사용할지의 문제가 아직 남았다. 6단계에서 기다렸다가 버튼이 다시 눌리면 주사위 눈을 빠르게 표시하라고 명령한다. 됐다. 사용자가 버튼을 누르고 주사위 눈이 다시 나타난다. 그러나 마이크로컨트롤러가 너무 빠르다 보니, 현재의 주사위 눈을 초기화하고 새로운 주사위 눈을 나타내는 과정이 순식간에 지나가고, 사용자가 버튼을 누르기도 전에 마이크로컨트롤러가 버튼을 다시 확인한다. 따라서 마이크로컨트롤러가 4단계로 돌아갈 때 버튼이 여전히 눌린 상태인지 확인한 뒤 표시장치를 다시 멈추어야 한다.

이제 무엇을 해야 할까? 7단계를 추가해서, 마이크로컨트롤러가 기다리다가 버튼이 떨어지면 주사위 눈이 다시 빠르게 바뀌도록 만들자.

이런 방식은 직관에 반한다. 버튼을 누른 뒤 주사위 눈이 다시 빠르게 바뀌기 전에 '버튼에서 손을 떼야 한다'는 점을 이해할 사람이 있을 것 같지 않다. 그냥 이렇게 말하자. "아, 그렇게 해야 해. 프로그램이 그렇게 하라고 하거든." 그러나 이는 '아주 나쁜 사고 방식'이다.

- 프로그램은 사용자의 기대대로 움직여야 한다. 사용자로 하여금 프로그램을 만족시키도록 강요해서는 안 된다.

어떤 경우든 버튼이 떨어지기를 기다렸다가 떨어지면 주사위 눈이 다시 바뀌도록 한다는 생각은 여전히 말이 안 된다. 다른 문제도 있다. 바로 접점의 바운스다. 바운스는 버튼이 눌렸을 때와 떨어졌을 때 '모두' 일어날 수 있다. 따라서 누군가가 버튼에서 손을 떼서 주사위 눈이 바뀌기 시작하고 몇 밀리초 후에 프로그램이 버튼을 확인하면 접점이 여전히 떨리고 있어서 버튼이 열려 있거나 떨어져 있는 것처럼 보일 수 있으며 이때의 바운스 여부는 예상할 수 없다.

이런 일들은 마이크로컨트롤러가 물리 세계와 소통하는 과정에서 일어날 수 있다. 마이크로컨트롤러에게는 모든 것이 정확하고 안정적이어야 하지만 물리 세계는 정확함이나 안정과는 거리가 멀다.

나는 이러한 특정한 문제들까지 주의 깊게 고려한 다음 어떻게 해결하고 싶은지 결정했다.

한 가지 해결책은 버튼을 2개 사용하는 방법으로 돌아가는 것이다. 이 경우 버튼 1개는 주사위 눈 표시장치를 시작하는 데, 다른 1개는 정지시키는 데 사용할 수 있다. 이런 방법을 사용하면 '시작' 버튼을 누르자마자 마이크로컨트롤러가 버튼의 상태와 접점의 바운스를 무시할 수 있으며, '정지' 버튼이 눌러질 때까지 그냥 기다리기만 하면 된다.

그러나 사용자의 관점에서 보면 버튼이 1개인 간단한 쪽이 좋다. 당연히 이렇게 만들 수 있는 방법이 있지 않을까?

나는 다시 프로그램이 했으면 하는 일을 가급적 명확하게 정리하는 과정으로 돌아갔다. 내 생각은 이랬다. "두 번째로 버튼을 누르면 프로그램이 주사위 눈 표시장치를 다시 시작시키도록 하고 싶어. 그러나 그 뒤에 버튼에서 손을 떼고 접점 바운스가 멈출 때까지 프로그램이 버튼을 무시해야 해."

그냥 1, 2초 버튼을 잠가두면 어떨까? 사실 이건 좋은 생각이다. 임의의 주사위 눈이 잠시 동안 표시되다가 사용자가 이를 멈추면 된다. 이렇게 하면 표시장치가 그 모든 숫자들을 나타내기 때문에 '조금 더 무작위'인 것처럼 보인다.

주사위 눈이 바뀌도록 버튼을 누르고 2초 정도 버튼을 잠갔다고 생각해보자. 그 경우 4단계는 다음과 같이 수정해야 한다.

- 4단계: 버튼을 누르지 않았거나 '또는(OR)' 주사위 눈이 바뀌기 시작하고 2초가 채 지나지 않았다면 처음으로 돌아가 다른 임의의 숫자를 선택한다. 버튼이 눌렸다면 다음 단계를 진행한다.

여기서 'OR'이라는 단어에 주목하자. 이 불의 연산자는 정말 쓸모가 있다.

시스템 클록

버튼 문제는 해결한 것 같지만 이제 새로운 문제가 생겼다. 2초라는 시간을 측정해야 한다.

마이크로컨트롤러 내부에 시스템 클록이 있을까? 아마도 있을 것이다. C언어가 시스템 클록에 접근해서 시간 간격 측정을 부탁할 수도 있을 것이다.

언어 매뉴얼(language reference)을 확인해보자. 그렇다. 밀리초를 측정할 수 있는 millis( ) 함수가 있다. 이 함수는 시계의 기능을 하며 프로그램이 실행될 때마다 0에서 시작한다. 이 함수는 아주 큰 수까지 구할 수 있으며, 약 50일 지나면 허용치에 도달해서 0에서 다시 시작한다. 그것으로 충분할 것이다.

그렇지만, 사소한 문제가 하나 더 남았다. 아두이노는 요청에 따라 프로그램의 시스템 클록을 초기화할 수 없다. 클록은 프로그램이 일단 실행되고 나면 스톱워치처럼 숫자가 증가하지만 스톱워치와 달리 멈출 수는 없다.

이 문제를 어떻게 해결할 수 있을까? 실제 세계의 주방 벽에 걸린 시계를 사용할 때처럼 시스템 클록을 사용하면 된다. 달걀을 삶을 때를 생각해보자. 물이 끓기 시작한 시간을 기억해둔다. 예를 들어 시간이 오후 5:02이고 달걀을 7분간 삶는다고 해보자. 그러면 이렇게 생각할 것이다. "5:02에서 7분이 지나면 5:09니까 5:09에 달걀을 꺼내자."

나는 시간이 흐르는 시계와 내가 기억해둔 시각인 5:09를 비교한다. '아직 5:09가 안 됐나?'라는 생각이 들 것이다. 시계의 시간이 5:09가 되거나 넘어서면 달걀 삶기가 끝난다.

주사위 프로그램에서 이를 구현하려면 달걀을 삶기 시작할 때의 시간을 기억하는 공간과 비슷한 역할을 해줄 변수를 만들어야 한다. 주사위 눈 표시장치를 실행시키기 직전에 시스템 클록의 현재 값을 변수에 저장하고 2초를 더한다. 그런 다음 클록이 저장된 값과 같아질 때까지 프로그램에게 "시스템 클록이 변수의 값과 같은가?"라고 물어본다.

변수의 이름은 'ignore(무시)'라고 하자. 이 변수는 프로그램이 이후에 버튼을 그만 무시해야 하는 시간을 알려주기 때문이다. 그런 다음 4단계에서 마이크로컨트롤러에게 "시스템 클록이 변수 'ignore' 값을 초과했는가?"라고 물어볼 수 있다. 만약 초과했다면 프로그램이 버튼의 상태를 다시 확인할 수 있다.

시스템 클록은 초기화할 수 없지만 변수 'ignore'는 표시장치가 다시 주사위 눈을 표시할 때마다 millis()의 현재 값에 2초를 더한 값으로 초기화할 수 있다.

의사코드의 최종안

이런 모든 문제들을 고려해서 프로그램의 최종 순서를 다음과 같이 수정했다.

- 루프를 시작하기 전에 논리 핀의 입력과 출력을 설정하고 변수 'ignore'의 값을 현재 시간에 2초를 더한 값으로 정한다.
- 0단계: LED를 모두 끈다.
- 1단계: 임의의 수를 선택한다.
- 2단계: 선택한 수를 주사위 눈으로 변환하고 그에 맞도록 LED를 켠다.
- 3단계: 버튼이 눌렸는지 확인한다.
- 4단계: 시스템 클록이 변수 'ignore' 값과 같아졌는지 확인한다.
- 4a단계: 버튼을 누르지 않았거나 '또는' 시스템 클록이 변수 'ignore' 값과 같지 않다면 0단계로 돌아간다. 버튼이 눌렸다면 다음 단계를 진행한다.
- 5단계: 표시장치를 정지시킨다.
- 5a단계: 사용자가 버튼에서 손을 뗄 때까지 기다린다.
- 6단계: 사용자가 다시 한 번 버튼을 눌러서 표시장치를 다시 실행시킬 때까지 기다린다.
- 7단계: 변수 'ignore'를 시스템 클록에 2초를 더한 값으로 재설정한다.
- 0단계로 돌아간다.

이제 제대로 동작할 것 같은가? 알아보자.

하드웨어 설정

그림 5-94는 주사위 눈을 나타내도록 브레드보드에 연결된 LED 7개를 보여준다. 개념은 그림 4-146과 동일하지만, 여기에서는 아두이노가 각각의 출력 핀으로부터 40mA의 전류를 전달할 수 있어서 쌍으로 이루어진 LED를 직렬로 연결하지 않아도 된다. 단일 출력 핀이 병렬로 연결된 한 쌍의 LED를 쉽게 구동할 수 있으며, 각각의 일반 LED에는 330Ω의 저항을 연결해주는 것으로 충분하다.

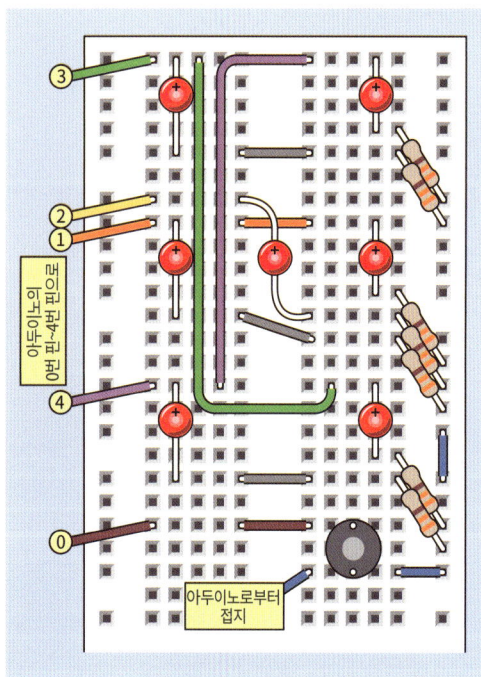

그림 5-94 브레드보드에 연결된 LED 7개가 점 패턴의 주사위를 나타낸다.

전선에 표시된 숫자들은 그림 4-146에서 숫자를 붙였던 방식과 동일하다. 이 숫자는 주사위의 눈 수와는 관계가 없으며 각 전선을 구별하기 위해 임의로 표시한 값일 뿐이다. 또한 1부터 4까지 숫자가 붙은 전선은 우노 보드의 1부터 4까지 번호가 붙은 디지털 출력과 연결된다. 이렇게 하면 모든 것이 명료해진다.

나는 우노 보드의 0번 디지털 연결을 푸시버튼의 상태를 확인하기 위한 입력으로 사용한다. 그러나 우노 보드가 USB 데이터를 받을 때 0번과 1번 디지털 핀을 사용한다는 점은 기억해두자. 프로그램을 업로드하는 데 문제가 있다면 0번 디지털 입력과의 연결을 잠시 끊어둔다.

브레드보드의 접지선은 아직 우노 보드와 연결하지 않는다. 프로그램이 마이크로컨트롤러에게 어떤 핀이 출력 핀이고 어떤 핀이 입력 핀인지 알려주기 때문에 프로그램을 먼저 업로드하는 편이 더 안전하다. 이전의 프로그램에서는 이를 다르게 구성했을 수도 있으며 아두이노 보드에 전원이 인가되어 있으면 프로그램이 마이크로컨트롤러의 메모리에 업로드되는 순간 자동으로 실행된다. 따라서 다음과 같은 경우 아두이노 출력이 안전하지 않을 수 있다.

- 출력으로 설정된 디지털 핀에 전원을 인가하지 않도록 주의해야 한다.

이제, 프로그램이다

그림 5-95는 의사코드에 맞게 작성한 프로그램을 보여준다. 그림 5-96은 동일한 프로그램에서 주석행만 삭제한 것이기 때문에 더 빨리 입력할 수 있다. 프로그램을 IDE 편집창에 입력하자.

```
// Nicer Dice
// by Charles Platt

int spots = 0;        // How many spots to display.
int outpin = 0;       // The number of an output pin.
long ignore = 0;      // When to stop ignoring the button.
void setup()
{
  pinMode(0, INPUT_PULLUP);
  pinMode(1, OUTPUT);
  pinMode(2, OUTPUT);
  pinMode(3, OUTPUT);
  pinMode(4, OUTPUT);
  ignore = 2000 + millis();
}

void loop()
{
  // First, we must blank the display.
  for (outpin = 1; outpin < 5; outpin++)
  { digitalWrite (outpin, LOW); }

  // Now pick a random number from 1 through 6.
  spots = random (1, 7);

  // Now display the appropriate spot pattern.
  if (spots == 6)
  { digitalWrite (1, HIGH); }   // Side pair of spots

  if (spots == 1 || spots == 3 || spots == 5)
  { digitalWrite (2, HIGH); }   // Center spot

  if (spots > 3)
  { digitalWrite (3, HIGH); }   // Diagonal spots, left

  if (spots > 1)
  { digitalWrite (4, HIGH); }   // Diagonal spots, right

  // Add a small delay for a pleasing display speed.
  delay (20);

  // After 2 seconds have passed, stop ignoring the button.
  // If the button is pressed, call the checkbutton function.
  if ( millis() > ignore && digitalRead(0) == LOW )
  { checkbutton(); }
}

// This function waits for the button to be released,
// then waits for it to be pressed to start the next run.
void checkbutton()
{
  delay (50);                            // Button pressed; debounce.
  while (digitalRead(0) == LOW)          // While button is pressed,
    { }                                  // do nothing while waiting.
  delay (50);                            // Button released, debounce.
  while (digitalRead(0) == HIGH)         // While button is released,
    { }                                  // do nothing while waiting.
  ignore = 2000 + millis();              // Set the new ignore time,
}                                        // and return to the main loop.
```

그림 5-95 더 좋은 주사위 프로그램.

```
int spots = 0;
int outpin = 0;
long ignore = 0;
void setup()
{
  pinMode(0, INPUT_PULLUP);
  pinMode(1, OUTPUT);
  pinMode(2, OUTPUT);
  pinMode(3, OUTPUT);
  pinMode(4, OUTPUT);
  ignore = 2000 + millis();
}

void loop()
{
  for (outpin = 1; outpin < 5; outpin++)
  { digitalWrite (outpin, LOW); }

  spots = random (1, 7);

  if (spots == 6)
  { digitalWrite (1, HIGH); }

  if (spots == 1 || spots == 3 || spots == 5)
  { digitalWrite (2, HIGH); }

  if (spots > 3)
  { digitalWrite (3, HIGH); }

  if (spots > 1)
  { digitalWrite (4, HIGH); }

  delay (20);

  if ( millis() > ignore && digitalRead(0) == LOW )
  { checkbutton(); }
}
void checkbutton()
{
  delay (50);
  while (digitalRead(0) == LOW)
    { }
  delay (50);
  while (digitalRead(0) == HIGH)
    { }
  ignore = 2000 + millis();
}
```

그림 5-96 같은 프로그램에서 주석행을 제거한 모습.

프로그램을 입력하는 동안 두 번째 if문에서 한 번도 보지 못한 문자가 포함되어 있는 것을 알 수 있다. 사실 키보드로 한 번도 입력해보지 않았을지도 모른다. 이는 수직선(|)으로, '파이프' 기호라고 부르기도 한다. 윈도우 키보드라면 엔터 키 위에서 찾을 수 있다. 시프트 키와 백슬래시(₩)를 함께 누르면 된다. 프로그램의 두 번째 if문에서는 한 쌍의 파이프 기호가 두 번 사용되며 이에 대해서는 프로그램을 한 줄 한 줄 살펴보면서 설명하겠다.

입력이 끝났으면 IDE에서 스케치 〉 확인/컴파일을 선택해서 오류가 없는지 확인한다.

오류 메시지는 중에는 이해하기 어려운 것도 있으며 메시지에는 줄 번호가 포함된다. 그런데 프로그램에는 줄 번호가 표시되지 않는다! 오류가 발생된 줄이 어디인지는 알려주지만 그 번호는 보여주지 않는다니, 이는 아주 잔인한 농담처럼 보인다. 줄 번호를 나타낼 수 있는 방법이 있을까? 도움말 메뉴에서 'line numbers(줄 번호)'로 검색해도 아무것도 나오지 않는다. 아두이노 포럼에 확인해보았더니 줄 번호를 나타낼 수 없다고 불평하는 사람들이 많았다.

아, 그러나 포럼에서는 오래된 게시글부터 보여준다. 스크롤을 아래로 내려서 가장 최신 글까지 확인한다면 해답을 찾을 수도 있다. 아두이노가 이에 대해 문서화해놓은 것은 없다. 파일(File) 〉 환경설정(Preferences)으로 가서 줄 번호를 나타내도록 선택할 수 있는지 확인해보자.

물론 오류 메시지를 이해하기는 어렵지만 가장 흔한 오류의 원인은 다음과 같다. 오류를 수정하기 전에 다음을 먼저 확인해보자.

- 명령문 끝에 세미콜론을 빠뜨렸을 수 있다.
- 중괄호를 닫지 않았을 수 있다. 중괄호는 반드시 {와 }를 쌍으로 사용해야 한다는 것을 기억하자.
- pinMode처럼 명령어에 대문자와 소문자가 섞여 있을 때 모두 소문자로 입력했을 수 있다. IDE는 명령어를 바르게 입력하면 빨간색으로 표시한다. 명령어가 검은색으로 표시되어 있다면 오타가 포함되어 있다.
- void loop( ) 같은 함수 이름에서 괄호를 생략했을 수 있다.
- 등호를 2개(==) 사용해야 할 자리에 1개(=)만 사용했을 수 있다. 등호 1개(=)는 '값을 할당'하는 반면 등호 2개(==)는 '값을 비교'한다는 점을 기억하자.
- 파이프 기호(|)나 & 기호를 2개 써야 하는 곳에 1개만 사용했을 수 있다.

확인/컴파일 작업에서 추가로 오류 메시지가 발견되지 않으면 프로그램을 업로드한다. 이제 접지선으로 브레드보드와 우노 보드를 연결하면 LED가 깜빡이기 시작한다. 잠시 기다렸다가 버튼을 누르면 표시장치가 멈추고 임의의 점 패턴을 보여준다. 버튼을 다시 누르면 표시장치가 다시 시작된다. 버튼을 계속 누른 채로 2초의 '무시' 시간이 지나면 표시장치가 다시 정지한다.

의사코드가 훌륭하게 구현되었다!

자, 프로그램이 어떤 식으로 실행되는가?

긴 정수와 짧은 정수

프로그램에는 이전에 본 적이 없는 몇 가지 단어들과 정말 중요한 새 개념이 포함되어 있다.

새로운 단어 중 하나는 long이다. 지금까지는 변수 이름 앞에 '정수(integer)'를 뜻하는 int를 입력했다. 그러나 int 값은 -32,768에서 +32,767까지의 값으로 한정되어 있다. 이보다 더 큰 숫자를 저장하고 싶을 때 긴 정수를 사용할 수 있다. 긴 정수는 -2,147,483,648과 2,147,483,647 사이의 값을 가진다.

그렇다면 모든 변수에 긴 정수를 사용하면 어떨까? 그렇게 하면 일반 정수의 범위를 신경 쓰지 않아도 된다. 그렇다. 그 말이 맞다. 그러나 긴 정수는 그냥 정수를 처리하는 것보다 2배(또는 그 이상)의 시간이 들며 차지하는 메모리도 2배가 된다. 아트멜 마이크로컨트롤러에는 메모리가 그렇게 많지 않다.

시스템 클록은 밀리초를 세는 데 millis( ) 함수를 사용한다. 32,767까지 세면 시간이 약 30초밖에 걸리지 않는다. 이보다 더 긴 시간이 필요할 수 있기 때문에 millis( ) 함수는 긴 정수로 값을 저장한다(내가 이걸 어떻게 알았냐고? 언어 매뉴얼에서 읽었다. 컴퓨터 언어를 사용하려면 이런 문서들을 읽어야 한다).

내가 시스템 클록의 현재 값을 저장하기 위해 변수 'ignore'를 생성했을 때 변수가 정의된 상태여야 클록과 호환될 수 있다. 따라서 'ignore'는 long을 사용해서 긴 정수로 정의해야 한다.

정수(또는 긴 정수) 변수에 허용된 범위를 넘어서는 수를 저장하려고 하면 어떻게 될까? 프로그램은 예상치 못한 결과를 출력한다. 이런 일이 일어나지 않도록 하는 것은 사용자의 책임이다.

셋업

프로그램의 셋업(setup) 영역은 상당히 간결하다. pinMode( ) 함수의 명령문은 이전에 사용한 적이 없었지만 이해하기 쉽다.

첫 번째 pinMode( )는 아주 유용한 INPUT_PULLUP이라는 매개변수를 가진다. 이 매개변수는 마이크로컨트롤러에 내장된 풀업 저항을 활성화시키기 때문에 풀업 저항을 별도로 추가할 필요가 없다. 그러나 이는 '풀업' 저항이지 '풀다운' 저항이 아니라는 점을 기억해야 한다. 따라서 핀의 입력 상태는 보통 높은 전압 상태이며 버튼을 누르면 칩의 핀이 접지되어 낮은 전압 상태가 된다. 다음을 기억해두자.

- 버튼을 누르면 digitalRead( ) 함수가 LOW 값을 돌려준다.
- 버튼에서 손을 떼면 digitalRead( ) 함수가 HIGH 값을 돌려준다.

for 루프

void loop( ) 함수 앞부분에 다른 유형의 루프가 보인다. 이는 for로 시작하기 때문에 for 루프라고 부른다. for 루프를 사용하면 마이크로컨트롤러가 숫자를 순서대로 세어주기 때문에 이전에 저장한 값은 버리고 새로운 숫자를 변수에 저장할 때 사용하는 아주 기본적이고 편리한 방법이다. for 루프의 문법은 다음과 같다.

- 예약어 for는 괄호 안에 3개의 매개변수가 따라온다.
- 각 매개변수는 세미콜론으로 구별된다.
- 첫 번째 매개변수는 특정 변수에 저장되는 첫 번째 값이다(정확한 이름은 초기화 코드(initialization code)다). 이 프로그램에서는 첫 번째 값이 1이며, 내가 생성한 outpin 변수에 저장된다.
- 두 번째 매개변수는 이 값까지만 숫자를 센다는 것을 보여준다(이를 정지 조건(stop condition)이라고 한다). 루프가 이 값에서 정지하기 때문에 변수의 마지막 값은 실제로 정지 조건보다 1이 작은 값이다. 이 프로그램에서 정지 조건이 '5보다 작다(<5)'이다. 따라서 루프는 outpin 변수를 사용해서 1부터 4까지 센다.

- 세 번째 매개변수는 루프가 반복될 때마다 변수에 더해지는 값을 의미한다(반복 표현식(iteration expression)이라고 한다). 이 경우 1씩 숫자를 세며 C언어에서는 더하기 기호 2개(++)를 사용해서 나타낼 수 있다. 따라서 outpin++의 뜻은 '반복할 때마다 outpin 변수의 값을 1씩 증가'시키라는 뜻이다.

for 루프를 사용하면 모든 종류의 조건을 명시할 수 있다. for 루프는 아주 유연하다. 언어 매뉴얼에서 for 루프 항목을 반드시 읽어보자. 이 프로그램에서 for 루프는 단순히 1부터 4까지 숫자를 세지만 100부터 400까지도 쉽게 셀 수 있고 루프에 사용된 정수 유형(int나 long)의 범위까지 원하는 대로 증가시킬 수도 있다.

루프를 반복하는 과정에서 마이크로컨트롤러는 무엇인가를 하도록 지시를 받는다. 마이크로컨트롤러가 수행하는 절차는 루프가 정의된 다음의 중괄호 내부에 나타낸다. 다른 절차들과 마찬가지로 여러 작업이 포함될 수 있으며 각각은 세미콜론으로 끝나야 한다. 이 프로그램에서는 한 가지 작업만 한다. 변수 outpin이 나타내는 핀을 LOW 상태로 만들어주는 것이다. outpin이 1부터 4까지 증가하기 때문에 for 루프는 1~4번 디지털 핀에 LOW 출력을 생성시킨다.

드디어, '이제' 이 명령문이 어떤 의미인지 알 수 있다. 루프는 모든 LED를 끈다.

이런 작업을 하는 데 더 간단한 방법이 있을까? 당연하다. 다음과 같이 명령어를 4개 사용할 수도 있다.

```
digitalWrite (1, LOW);
digitalWrite (2, LOW);
digitalWrite (3, LOW);
digitalWrite (4, LOW);
```

그러나 for 루프의 개념이 기본이고 중요하기 때문에 여러분에게 보여주고 싶었다. 또한, LED 9개를 끄려면 어떻게 해야 할까? 아니면 마이크로컨트롤러가 LED를 100번 깜빡이도록 하고 싶다면 어떻게 할까? for 루프는 반복되는 절차를 효율적으로 만들 수 있는 가장 좋은 방법이다.

random 함수

for 루프가 주사위의 표시장치를 초기화하면 random( ) 함수를 사용해서 괄호 안에 있는 범위 내의 수를 선택한다. 주사위 숫자를 1에서 6까지 선택하고 싶을 때 범위를 1부터 7까지로 설정하면 어떨까? 이 경우 random 함수는 실제로 1.00000001에서 6.99999999 사이의 소수값을 선택하며, 소수점 아래의 값은 버린다. 따라서 7은 사실 절대로 얻을 수 없는 수가 되어서 출력은 1에서 6까지가 된다. 선택된 임의의 수가 무엇이든 내가 만든 다른 변수이자 주사위 표면의 점(spot)의 개수를 뜻하는 spots에 저장한다.

if문

이번에는 spots의 값이 무엇인지 알아보고 그에 해당하는 LED를 켜볼 시간이다.

처음의 if문은 아주 간단하다. spots가 6일 때는 유일하게 왼쪽과 오른쪽 LED를 연결하는 1번 핀 출력에 높은 전압 상태를 걸어준다.

대각선의 LED도 모두 켜면 어떨까? 별로 좋

은 생각이 아니다. 대각선의 LED는 다른 spots 값에서 켜지며, 또한 사용하는 if문의 개수를 최소화하는 편이 더 효율적이다. 이것이 어떻게 동작하는지는 곧 보게 될 것이다.

다음의 if문에서는 앞에서 말한 파이프 기호를 사용한다. 한 쌍의 || 기호는 C언어에서 OR(또는)을 뜻한다. 그러므로 함수는 spots의 값이 1 또는 3, 또는 5일 때, 2번 핀에 높은 전압 상태를 출력해서 가운데 LED의 불을 밝힌다.

세 번째 if문에서는 spots의 값이 3보다 클 때 대각선에 위치한 LED 쌍을 켜줘야 한다. 이는 주사위 눈이 4, 5, 6일 때 켜져야 한다.

마지막 if문은 spots 값이 1보다 크면 다른 대각선 LED 쌍을 켜야 한다.

이 if 함수들의 논리는 그림 4-146의 점 패턴을 돌아보고 점검해볼 수 있다. 그림의 논리 게이트는 카운터 칩의 이진 출력에 맞도록 선택되었기 때문에 프로그램에 사용된 if 함수의 논리 연산과는 다르다. 그렇지만 LED가 짝을 짓는 방식은 동일하다.

깜빡임 속도

if 함수 다음에는 20밀리초의 지연 시간을 삽입했다. 이렇게 하면 주사위 눈을 표시하기가 더 재미있을 거라고 생각한다. 이런 시간의 지연이 없으면 LED가 너무 빨리 깜빡이기 때문에 흐릿하게 보인다. 시간을 지연시킨 덕분에 주사위 눈이 깜빡이는 것을 알 수 있지만, 그럼에도 여전히 아주 빨라서 원하는 주사위 눈에서 멈출 수는 없다. 노력은 해볼 수 있겠다!

지연 시간 값을 20 전후로 조정할 수도 있다.

새로운 함수의 생성

이제 중요한 부분이다. 내가 작성한 의사코드에서 이제 3단계, 4단계, 4a단계를 끝냈다. 기억을 더듬어보자.

- 3단계: 버튼이 눌렸는지 확인한다.
- 4단계: 시스템 클록이 변수 'ignore' 값과 같아졌는지 확인한다.
- 4a단계: 버튼을 누르지 않았거나 '또는' 시스템 클록이 변수 'ignore' 값과 같지 않다면 0단계로 돌아간다. 버튼이 눌렸다면 다음 단계를 진행한다.

이들 단계는 하나의 if 함수로 합칠 수 있다. 의사코드로 나타내면 다음과 같다.

- if (버튼을 누르지 않았거나, 또는 시스템 클록이 'ignore' 값보다 작을 때) 0단계로 돌아간다.

그러나 여기에는 문제가 있다. '…로 돌아간다'라는 말은 마이크로컨트롤러가 프로그램의 특정 부분으로 가도록 한다는 의미를 내포한다. 이는 자연스러운 일인 것처럼 보이지만 C에서 프로그램을 작성할 때는 프로그램의 한쪽에서 다른 쪽으로 이동시키는 일은 가급적 피해야 한다.

그 이유는 '여기로 간다'나 '저기로 간다' 같은 명령문을 많이 사용하면 프로그램을 이해하기 어려워지기 때문이다. 다른 사람뿐 아니라 작성한 본인도 이해하기 어렵다. 프로그램을 작성하고 6개월 후에 다시 보면 무슨 생각으로 그렇게 했는지 기억이 안 난다.

C언어의 개념은 프로그램의 각 부분이 별개의 블록에 담겨 있으며 프로그램은 이들 블록이 필요할 때 '호출(calling)'하는 방식으로 실행된다. 각 명령문의 블록을 설거지나 쓰레기 버리기 같은 한 가지 일만 하는 말 잘 듣는 하인이라고 생각해보자. 그런 작업을 실행해야 한다면 이름을 불러 하인을 호출하기만 하면 된다.

이런 블록을 '함수(function)'라고 한다. 이 표현은 이미 앞에서 setup( )과 loop( ) 같은 함수를 다루었기 때문에 혼동을 일으킬 수 있다. 그러나 사실 함수는 직접 만들 수 있으며, 실행되는 방식은 동일하다.

나는 이 프로그램을 작성하는 올바른 방법이 버튼을 확인하는 기능을 분해해서 하나의 함수로 만드는 것이라고 생각했다. 그래서 이 함수를 checkbuttom( )이라고 이름 붙였지만 사실 다른 목적으로 이미 사용되고 있는 단어만 아니라면 뭐라고 불러도 상관없다.

checkbutton( ) 함수는 프로그램의 제일 끝에서 볼 수 있다. 이름 앞에 void가 붙었는데 이는 나머지 프로그램으로 어떠한 값도 보내지 않는다는 뜻이다.

void checkbutton( )은 함수의 '헤더(header)'이며 이 뒤에 보통 중괄호가 따라와서 그 안에 순서를 작성한다. checkvoid( ) 함수는 다음과 같은 일을 한다.

- 접점이 바운싱을 멈출 때까지 50ms 동안 기다린다.
- 버튼이 떨어질 때까지 기다린다.
- 버튼이 떨어지면서 생긴 접점의 바운싱이 끝날 때까지 다시 50ms 동안 기다린다.
- 버튼이 다시 눌리기를 기다린다(즉, 떨어진 상태가 끝날 때까지 기다린다).
- ignore 변수를 재설정한다.

마이크로컨트롤러가 함수의 끝에 도착하면 그다음은 어디로 가게 될까? 간단하다. 함수를 호출했던 곳 바로 다음 줄로 돌아간다. 그게 어딘가? 여기서는 저 위의 if 함수 바로 아래가 된다. 함수 호출은 이런 식으로 이루어진다. 그냥 이름을 적으면 된다(비록 이번에는 없었지만 괄호와 괄호 안에 매개변수를 넣기도 한다.)

한 프로그램 안에 원하는 만큼 함수를 여러 개 만들 수 있고, 또 만들어서 함수 하나가 각각의 작업을 수행할 수 있도록 할 수 있다. 함수를 만드는 방법을 배우려면 C언어에 대한 일반적인 도움말을 읽어보기를 권한다. 아두이노의 문서에서는 함수를 그다지 자세하게 다루지 않는다. 어쨌거나 함수들이 값을 이리저리 주고받기 시작하면 이해하기가 쉽지 않기 때문이다. 그래도 함수는 C 언어의 핵심이다.

구조

if (millis( ) > ignore로 시작하는 줄은 의사코드의 4단계와 같은 일을 한다. 차이점이 있다면 반대로 동작한다는 것이다. 마이크로컨트롤러를 처음으로 돌려보낼지 여부를 결정하는 대신, 이 문장은 checkbutton() 함수를 호출할지 여부를 결정한다. 앞에서 나는 논리를 'if (버튼을 누르지 않았거나, 또는(OR) 시스템 클록이 'ignore' 값보다 작을 때) 0단계로 돌아간다'고 요약했다. 이를 다음과 같이 수정했다. '버튼 무시 기간이 끝나고, 그리고(AND) 버튼이 눌리면 checkbutton() 함수로 간다.'

마이크로컨트롤러가 함수를 끝내고 돌아가면, 메인 루프 함수의 끝에 도달하며, 루프 함수는 언제나 자동으로 반복된다.

정말로 이 프로그램은 한 가지만 한다. 임의의 수를 선택해서 주사위 점 패턴으로 나타내고, 그 과정을 반복하고 또 반복한다. 버튼을 누르면, 프로그램이 잠시 멈춰서 기다리지만 다시 버튼을 누르면 그 전에 하던 일을 다시 시작한다. 버튼을 확인하는 루틴은 그 과정을 아주 잠시 중단시킬 뿐이다.

따라서 이러한 프로그램의 구조는 자연적으로 숫자를 선택하고 보여주는 메인 루프가 있고, 그다음 버튼을 눌렀을 때 마이크로컨트롤러가 checkbutton() 함수로 잠시 갔다가 다시 돌아오는 식으로 되어 있다.

아두이노 문서는 구조에 대한 어떤 내용도 알려주지 않는다. 아두이노 문서는 여러분이 원하는 작업을 구현할 준비를 최대한 빠르게 갖출 수 있도록 도와줄 뿐이다. 따라서 아두이노는 여러분이 단순히 setup 함수를 반드시 사용하고, 그다음에 loop 함수를 위치시키도록 한다. 그뿐이다.

그러나 프로그램의 크기가 커지기 시작하면 복잡한 덩어리가 되지 않도록 프로그램을 쪼개서 자신만의 함수를 구현해야 한다. 표준 C언어 튜토리얼은 이를 더욱 자세히 설명한다.

물론 아두이노를 방이 추워졌을 때 히터를 켜는 스위치 같은 단순한 작업을 하는 데 사용하고 싶다면 메인 루프 함수에 절차들을 모두 집어넣을 수 있으며 그것만 하면 된다. 그러나 그런 식의 사용 방식은 마이크로컨트롤러의 성능을 낭비하는 것이다. 마이크로컨트롤러는 훨씬 더 많은 일을 할 수 있다. 문제는, 주사위를 던지는 것과 같은 어마어마한 무언가를 만들려고 하면, 명령문이 쌓인다는 것이다. 이들을 잘 조직하면 모든 것을 명확히 하는 데 도움이 된다.

프로그램을 함수로 쪼개면 다른 장점도 있다. 함수를 별도로 저장할 수 있기 때문에 이후에 다른 프로그램에서 다시 사용할 수 있다. checkbutton() 함수의 경우 버튼을 눌러서 행동을 멈추고 다시 눌러서 행동을 다시 시작시키는 게임에서 사용할 수도 있다.

마찬가지로 자신의 프로그램에 다른 사람이 작성한 함수를 사용할 수도 있다. 단, 작성한 사람이 저작권을 조정해서 사용을 막지 않아야 한다. 인터넷에서는 수많은 C언어 함수를 무료로 사용할 수 있으며, 이들 중에는 아두이노에 맞춰서 작성된 함수도 많다. 예를 들어 영숫자 표시 장치를 제어하기 위한 거의 모든 함수가 존재한다. 이는 프로그래머들에게 아주 중요하면서도 잊기 쉬운 충고를 상기시켜준다.

- 바퀴를 새로 발명하지 마라.

누군가가 만들어놓은 함수를 사용하도록 허가했다면 자신만의 함수를 만드느라 시간을 낭비할 필요가 없다.

이는 함수라는 개념이 C언어에서 아주 중요한 또 다른 이유다.

그렇지만 너무 어려운 게 아닌가?

프로그램을 작성하면 할수록 그 과정은 쉬워진다. 학습 곡선은 처음에는 가파르지만 어느 정도의 연습 후에는 별다른 생각 없이 for 루프를 작성할 수 있다. 모든 것이 아주 명백해 보이는 때가 온다.

프로그래머들은 그렇게들 얘기한다. 사실일까?

가끔은 그렇고, 가끔은 아니다. 메이커 운동에서는, 누구나 우리 주변의 기술이 세상을 지배할 수 있다고 가정한다. 사실 나도 이런 믿음을 가지고 있다. 그러나 컴퓨터 프로그래밍은 이러한 생각을 한계까지 몰아붙인다.

나는 한때 프로그래밍 입문 수업을 맡은 적이 있었는데 학생들 간에 소질이 확연히 차이 난다는 것을 깨달았다. 프로그래밍이 아주 자연스러운 사고 과정인 것처럼 느끼는 학생들이 있는가 하면 너무 어렵다고 생각하는 학생들도 있었는데, 이런 결과가 지능과 반드시 큰 상관관계를 보이는 것은 아니었다.

한편으로는 12주, 36시간의 수업이 끝나는 시점에서, 한쪽 극단에는 슬롯머신을 완전히 시뮬레이션하는 프로그램을 작성한 학생이 하나 있었다. 이 프로그램에는 바퀴가 돌아가고 돈이 굴러떨어지는 모습을 보여주는 그래픽도 포함되어 있었다.

다른 한쪽의 극단에는 약사인 학생이 있었다. 아주 똑똑하고, 교육을 잘 받은 학생이었지만 아무리 노력해도 프로그램 언어의 문법을 제대로 쓸 수 없었다. 심지어 간단한 if문도 힘들어 했다. 그 학생은 "이거 정말 짜증나요. 제가 바보가 된 것 같아요. 근데 전 바보가 아니거든요."라고 했다.

그 학생 말이 맞았다. 그는 바보가 아니었다. 그렇지만 나는 그 학생을 도울 수 없겠다고 결론 내렸다. 아주 기본적인 사실을 배웠기 때문이다.

- 프로그램 작성을 잘하기 위해서는 컴퓨터처럼 생각할 수 있어야 한다.

이유가 무엇이든, 약사인 그 학생은 그게 안 됐다. 그의 뇌는 그냥 그런 식으로 움직이지 않았다. 그는 나에게 약리학과 분자구조 같은 많은 것을 설명해줄 수 있었지만 그런 것들이 프로그램 작성에는 도움이 되지 않았다.

아두이노가 처음 출시되었을 때, 이를 찬양하던 이들은 아두이노가 창의적인 사람들과 프로그래머가 아니라고 생각했던 사람들 모두를 위한 제품이라고 설명했다. 아주 간단하니 모두 사용할 수 있을 것이라고 생각한 듯하다.

문제는 HTML이 처음 소개되었을 때 같은 생각을 했던 기억이 날 만큼 내가 나이를 먹었다는 사실이다. 나도 그렇게 생각했다. 너무 쉬워서 모든 사람들이 자신의 웹사이트를 직접 만들 거라고 생각했다. 그렇지만, 그런 사람들은 소수지, '모두'는 아니었다. 오늘날, 아주 소수의 사람들만이 툴 없이 HTML 프로그램을 작성한다(나도 그중의 하나지만 그런 일을 하는 괴짜다).

이보다 훨씬 앞인, 우리가 알다시피 컴퓨터 사용 초기로 돌아가보면 베이직 컴퓨터 언어는 '모든 사람'이 사용할 수 있도록 개발되었다. 1980년대, 데스크톱 컴퓨터가 처음 탄생했을 때 데스크톱 컴퓨터를 찬양하던 사람들은 모든 사람들이 가계부를 쓰거나 영수증을 보관하기 위해 베이직으로 소소한 프로그램을 짤 것이라고 예상했다. 글쎄, 시도했던 사람들은 많았지만 지금도 그러는 사람은 얼마나 될까?

이를 강조하는 이유는 프로그램 작성이 어려운 사람이라도 그것을 오점이라고 생각할 필요는 없다는 이야기를 하고 싶어서다. 다른 쪽으로 추구해 나갈 수 있는 기술이 있을 거라고 믿는다. 사실, 개별 부품으로 뭔가를 만드는 것도 그중의 하나일 수 있다. 다른 종류의 사고 과정이 필요하다고 생각하기 때문이다. 개인적으로, 회로 설계보다 프로그램 작성이 훨씬 더 쉽지만, 다른 사람들은 그 반대의 경우에 해당될 수도 있다.

더 나은 주사위 프로그램 업그레이드하기

이 프로그램의 하드웨어 버전인 실험 24에서처럼 눈에 띄게 업그레이드를 하려면 두 번째 주사위의 표시장치를 추가하는 게 제일 좋을 것이다. 이는 아두이노 보드를 사용하면 아주 쉽게 만들 수 있다. 아두이노 보드에는 두 번째 주사위용 LED를 구동할 수 있을 정도의 디지털 출력이 남아 있기 때문이다. 단순히 표시장치를 초기화하는 것으로 시작해서 delay(20); 함수로 끝나는 프로그램의 부분을 그대로 복제하기만 하면 된다. 대신 digitalWrite( ) 함수 안에 추가 LED의 새로운 핀 번호로 바꿔주자. 그러면 끝이다!

다른 마이크로컨트롤러

나는 이미 앞에서 피캑스에 대해 말했다. 피캑스는 문서화가 잘되어 있으며 기술 지원이 훌륭하고 언어도 C보다 쉽게 배울 수 있다. 그렇다면 어째서 피캑스가 모든 이들의 마음을 사로잡지 못했는가? 모르겠다. 어쩌면 저 웃긴 이름 때문일 수도 있다. 직접 확인해봐야 한다고 생각한다. 위키피디아의 항목부터 살펴보자.

베이직 스탬프는 피캑스보다 명령어 항목이 더 많고, 추가 장치가 더 다양하다(그래픽 성능을 갖춘 표시장치, 베이직 스탬프와의 사용을 위해 특별히 설계된 키보드 등). 그림 5-97에서 보는 것처럼 작은 기판 위에 빽빽하게 위치시킨 표면 부착형 부품의 형태로 구입해서 브레드보드에 부착할 수도 있다. 설계가 아주 훌륭하다.

그림 5-97 베이직 스탬프 마이크로컨트롤러는 표면 부착형 부품들이 핀 간격이 0.1인치 플랫폼 위에 위치한 형태로 되어 있다. 브레드보드나 만능기판에 끼우기 편리하다.

단점이라면 베이직 스탬프와 관련된 모든 것은 피캑스의 것보다 다 조금씩 비싸며 다운로드 절차가 그다지 쉽지 않다는 것이다.

라즈베리 파이같이 새로운 제품은 마이크로컨트롤러의 기능을 실제 컴퓨터로 사용할 수 있는 수준으로 확장한다. 이 책을 읽을 즈음에는 더 많은 다른 마이크로컨트롤러가 빠르게 변화하는 이 분야에 등장할 것이다. 이 중 하나를 깊게 공부하기 전에 인터넷의 문서들과 포럼을 통해 하루나 이틀 정도 공부해보는 편이 좋을 것이다.

새로운 무언가를 배울 때 나는 구글에서 다음과 같이 검색해본다.

microcontroller problems OR difficults

(마이크로컨트롤러 문제 OR 어려움)

(이 검색 문구의 '마이크로컨트롤러' 대신 실제 제품 이름을 넣을 수 있다)

내 본성이 부정적이어서가 아니다. 그냥 해결되지 않는 문제들이 있다고 알려진 제품에 시간을 너무 뺏기고 싶지 않을 뿐이다.

아직 탐구하지 못한 부분

이제 대략적으로 요약할 시간이다. 이 책에 수록된 대부분의 프로젝트를 직접 완성했다면 전자공학의 가장 기본적인 영역을 빠르게 살펴본 것이다.

그 사이에 무언가 놓친 게 있을까? 여러분이 탐구할 수 있는 주제들을 몇 가지 소개한다. 당연하겠지만 흥미가 있다면 인터넷에서 검색해볼 수 있다.

이 책에서는 발견을 통한 학습이라는 형식에 구애받지 않는 접근법을 사용하다 보니 이론을 가볍게 다룬 측면이 있다. 주제들을 조금 더 진지하게 배울 때 맞닥뜨릴 수 있는 대부분의 수식은 사용하지 않았다. 수학에 소질이 있다면 수학을 사용해서 회로가 동작하는 방식을 훨씬 더 깊이 이해할 수 있다.

우리는 이진법도 그다지 깊게 다루지 않았고 반가산기(half-adder)도 만들지 않았다. 반가산기 만들기는 가장 기본적인 수준에서 컴퓨터가 어떻게 동작하는지를 배울 수 있는 아주 좋은 방법이다. 이 내용은 『짜릿짜릿 전자회로 DIY 플러스』에서 설명한다.

교류의 매력적이고 신비한 성질도 의도적으로 깊이 다루지 않았다. 여기에도 역시 어느 정도의 수학이 필요하며 높은 주파수에서의 전류의 성질은 그것 자체로도 아주 재미있는 주제가 될 것이다.

앞에서 이유를 설명했지만 이 책에서는 표면 부착형 부품을 사용하지 않았다. 그러나 흥미로울 정도로 작은 부품을 만들고 싶다면 상대적으로 작은 투자만으로도 이 부품들을 사용할 수 있다.

진공관은 이 책에서 다루지 않았다. 이 시점에서는 주로 역사적인 관점에서 다루게 되기 때문이다. 그러나 진공관에는 특별하고 아름다운 무언가가 있다. 특히 고급스러운 장식장 안에 넣으면 더욱 그렇다. 진공관 증폭기와 라디오는 장인의 손에서 예술 작품으로 탄생할 수 있다.

인쇄 회로 기관(PCB: printed-circuit board)을

직접 에칭하는 방법은 보여주지 않았다. 이 작업에 매료되는 것은 아주 일부의 사람들이며 작업을 준비하려면 직접 도안을 그리거나 그런 용도의 소프트웨어를 사용해야 한다. 마침 그런 자원을 갖추고 있다면 직접 PCB를 만들고 싶을 수도 있다. 본인이 만든 제품을 대량생산하기 위한 첫 걸음이 될 수도 있다.

정전기도 전혀 다루지 않았다. 고전압 스파크는 실용적인 분야에 응용할 만한 게 없으며 안전 문제도 걸려 있다. 그러나 아주 인상적인 현상이며 정전기 발생 장치를 만드는 데 필요한 정보는 쉽게 구할 수 있다. 한번 시도해볼 수도 있겠다.

연산 증폭기와 더 고차원의 디지털 논리도 여기에서는 다루지 않은 주제다. 그러나 『짜릿짜릿 전자회로 DIY 플러스』에는 수록되어 있다.

맺는말

나는 입문서의 목표가 다양한 범위의 가능성을 경험하도록 해주되 다음번에 어떤 분야를 탐구하고 싶은지를 선택하는 것은 독자의 몫으로 남겨두는 것이라고 생각한다. 전자 분야는 우리같이 직접 뭔가를 해보기 좋아하는 사람들에게는 안성맞춤이다. 로봇에서 무선조종 비행기, 무선 통신, 컴퓨터 하드웨어에 이르기까지 대부분의 응용 분야를 제한된 자원으로 집에서 혼자 탐구할 수 있기 때문이다.

자신이 가장 관심 있는 전자 분야를 좀 더 깊게 파고들다 보면 학습 과정이 만족스러울 것이라고 믿는다. 그러나 무엇보다 그 과정에서 여러분이 아주 즐겁기를 바란다.

공구, 장비, 부품, 물품　06

이 장은 다섯 부분으로 나뉜다.

키트 이 책의 프로젝트를 완성하는 데 사용할 수 있는 부품과 물품이 포함된 다양한 키트가 준비되어 있다. 자세한 내용은 해당 페이지의 '키트'를 참고한다.

검색과 인터넷 구매 키트를 사는 대신 직접 구매하는 쪽을 선호할 수도 있다. 도움이 될 만한 팁을 정리했다. 자세한 내용은 해당 페이지의 '검색과 인터넷 구매'를 참고한다.

물품과 부품 구매 목록에서는 원하는 모든 것이 항목별로 정리되어 있다. 물품 목록은 397페이지 '물품'에, 부품 목록은 400페이지 '부품'에서 확인할 수 있다.

공구와 장비 구매하기 이 책의 각 장을 시작할 때 설명하는 모든 도구가 정리되어 있으며 판매처도 몇 군데 추천해두었다. 409페이지 '공구와 장비 구매하기'를 참고한다.

공급업체는 물품을 구매할 수 있는 판매처다. 구매 안내에서 사용하는 판매처 약어는 411페이지 '공급업체'를 참고한다.

키트

이 책의 여러 실험에 사용할 수 있는 부품 키트는 구매가 가능하다. 『짜릿짜릿 전자회로 DIY』의 초판용으로 나온 이전의 키트를 사지 않도록 주의한다. 이전의 키트 중 일부가 아직도 인터넷에서 판매되고 있으나 이번 판과는 호환되지 않는다.

www.plattkits.com에서 추천 키트의 정보를 확인할 수 있다. 이 사이트에서 취급하지 않는 키트는 호환이 되지 않을 수도 있다.

이 사이트는 구매할 수 있는 키트가 늘어나면 즉시 업데이트한다. 키트는 메이커 미디어와 제휴를 맺지 않은 개인 공급업체에서 판매할 수도 있다는 점에 주의하자.

검색과 인터넷 구매

부품을 검색하는 일반적인 요령을 몇 가지 수록했다. 이 책 초판의 많은 독자들이 원하는 검색 결과를 얻는 데 어려움을 느끼는 듯했기 때문이다. 가장 기본적인 고려 사항부터 설명할 생각이며, 분명 구매 경험이 많은 사람들이라도 유용한 정보를 몇 가지 얻을 수 있을 것이다.

추천 공급업체의 전체 목록을 보려면 411페이지의 '공급업체'를 참고한다. 여기에서는 중요하다고 생각되는 곳들만 다룬다.

전자부품은 인터넷의 대형 소매 판매업체에서 구입할 수 있지만 여기에서는 제품을 소량으로 취급하지 않는다. 대표적으로 재고를 많이 보유하고 있는 Mouser, Digikey, Newark를 추천한다.

Mouser Electronics(http://www.mouser.com)는 텍사스 주에서 배송한다.

Digikey(http://www.digikey.com)는 미네소타 주에서 배송한다.

Newark Element 14(http://www.newark.com)는 애리조나 주에서 배송한다.

eBay도 잊지 말자. eBay의 판매 가격은 다른 곳보다 저렴할 때가 많으며, 특히 아시아 판매자의 제품을 저렴하게 구매할 수 있다. eBay는 수요가 많지 않은 논리 칩 같은 부품을 구할 때는 그다지 유용하지 않다.

공구와 장비는 eBay, Amazon, Sears에서 구입할 수 있지만 정말 중요한 것을 살 때에는 McMaster-Carr(http://www.mcmaster.com)에서 구매하면 실패하지 않는다.

이들 사이트는 훌륭한 사용 지침도 제공한다. 예를 들어 유형이 다른 플라스틱의 성질이나 여러 드릴 날의 상대적 장점 등에 대한 사용 지침을 확인할 수 있다.

검색의 기술

특정 부품 번호를 검색하는 가장 쉬운 방법은 그 번호를 직접 입력하는 것이다. Mouser 등의 사이트에 들어가서 검색창에 해당 부품 번호를 입력하면 똑똑한 검색 알고리즘이 유사한 검색 결과까지 보여준다. 예를 들어 7402 논리 칩을 찾는다고 해보자. Mouser 사이트에서 검색하면 텍사스 인스트루먼트가 칩의 기본 부품 번호 앞에 SN, 뒤에 N을 붙인다는 사실을 감안해서 찾고 싶은 제품이 그 회사의 SN7402N이라는 검색 결과를 내놓을 것이다.

그러나 부품 번호 가운데에 문자가 추가된다면 검색 결과가 그다지 도움이 되지 않을 수도 있다. 예를 들어 7402를 검색하면 Mouser 사이트가 74HC02 패밀리의 칩은 검색 결과로 보여주지 않는다. 가운데에 HC가 추가되기 때문이다.

채팅 창을 사용해보자

부품 번호를 일부만 안다든가 부품이 단종됐는지 모른다든가, 그냥 도움이 필요하다고 가정해보자. 전화 상담이라는 선택지를 기억해두는 편이 좋다. 대형 공급업체의 경우 고객을 도와줄 판매 대리인이 있다. 여러분이 소량을 구매하는 개인이라는 사실은 중요하지 않다.

그래도 그보다는 채팅 창을 사용하자. 채팅 창에서는 부품 번호를 창에 복사해 붙일 수 있어서 상당히 빨리 답변을 얻을 수 있으며, 부품이 단종됐다면 비슷한 제품을 추천해주기도 한다.

구글에서 부품 검색하기

제품을 비교한 뒤 구매하고 싶다면 일반 검색 엔진을 사용하자. 구글을 기본 검색 사이트로 사용한다고 가정하겠다. 구글이 우리의 목적에 가장 적합하다고 생각하기 때문이다. 부품 번호가 길고 복잡하다면 원하는 부품을 찾을 가능성이 높다. 원치 않는 것들이 검색 결과에 뜨지 않을 확률도 크다. 구글에서 7402를 찾으면 팬톤(panton)의 잉크 색깔과 국립보건원의 표준이 포함된 결과가 나타난다. 그렇지만 74HC02로 검색하면 검색 결과를 논리 칩으로 좁힐 수 있다.

안타깝게도 검색 결과에는 데이터시트 재판매업체도 아주 많이 포함될 수 있다. 이런 재판매업체는 전자부품 제조사로부터 데이터시트를 사들인 뒤 광고를 붙여 이러한 '서비스'에 돈을 지불하는 사람들에게 다시 판매한다. 이는 한 가지만 빼면 별 문제될 것은 없다. 그 한 가지는 이런 재판매업체들이 데이터시트를 한 번에 한 페이지씩 보여주는 경우가 많다는 것이다. 왜냐하면 페이지마다 새로운 광고가 들어가고 재판매업체들은 이런 광고를 통해 돈을 벌기 때문이다. 매번 페이지가 뜨기를 기다리는 것은 시간 낭비이기 때문에 나는 구글에서 부품을 검색할 때는 종종 마이너스 기호(-)를 사용해서 데이터시트가 들어가는 검색 결과를 제외시킨다. 검색창에 다음과 같이 쓸 수 있다.

74HC02 -datasheet

부품 번호를 명시할 때 사소한 실수를 했다 하더라도 검색 엔진이 고쳐줄 가능성은 아주 낮다. 검색창에 '보품'이라고 입력하면 구글은 원래 입력하려던 검색어가 '부품'이었을 것이라고 짐작한다. 그러나 84HC02라고 입력되면 구글은 이를 입력한 사람이 원래 74HC02를 검색하려고 했다고는 짐작하지 못한다.

데이터시트

부품을 구매하기 전에 사양을 확인하기 위해 실제로 데이터시트를 보려면 어떻게 해야 할까? 대형 유통업체의 홈페이지로 가서 원하는 부품을 검색한 뒤 데이터시트 아이콘을 클릭할 수 있는지 확인한다. 아이콘을 누르면 부품 제조사가 직접 관리하며 프린트할 수 있는 여러 장으로 된 문서(거의 대부분 PDF 형식의 파일)를 보여주는 링크로 연결된다. 구글에서 데이터시트 재판매 업체들과 씨름하는 것보다 이쪽이 훨씬 빠른 것 같다.

일반 검색 기법

부품 유형을 찾는다면 단순하고 모호한 검색어로는 충분치 않은 경우가 보통이다. 예를 들어 다음과 같이 검색어를 입력했다고 생각해보자.

switch(스위치)

내가 있는 지역에서 맨 첫 번째 검색 결과는 조명 스위치이고, 두 번째 검색 결과는 지역의 와인 바이며 그 뒤로는 아주 많은 다양한 네트워크 스위치(일종의 라우터)가 나와 있었다. 또 사람들의 구직을 돕는 스위치(Switch)라는 이름의 회사도 발견했다. 이런 관계없는 검색 결과를 어떻게 피할 수 있을까?

먼저 흥미의 영역을 한정하는 단어를 추가한다. 예를 들어 다음과 같이 입력하면 도움이 될 수 있다.

switch electronic(스위치 전자)

그래도 정격 전류 1A의 DPDT 토글스위치를 검색하려면 다음을 입력하자.

"toggle switch" dpdt 1a("토글스위치" dpdt 1a)

따옴표를 사용해서 특정 문구를 지정하면 구글은 내가 찾으려던 것과 완전히 일치하지 않는 유사한 검색 결과는 제외하고 표시한다는 점을 알아두자. 또한 검색어가 대·소문자를 구별하지 않기 때문에 dpdt를 굳이 대문자로 쓸 이유가 없다.

검색하려는 판매 사이트의 이름을 추가하면 검색 결과를 더욱 좁힐 수 있다.

"toggle switch" dpdt 1a amazon("토글스위치" apdt 1a amazon)

왜 amazon을 입력했을까? 그냥 Amazon.com에 가서 거기서 검색해도 되지 않을까? 그 이유는 아마존이 구글만큼 검색 기능을 지원하지 않기 때문이다. 아마존은 이 예에서처럼 따옴표의 사용을 인식하지 않는다.

다행히 아마존의 허가 아래 구글이 아마존의 사이트와 색인 등 모든 것을 샅샅이 찾아볼 수 있어서 구글 검색 결과를 클릭하면 바로 Amazon의 토글스위치 목록으로 연결된다.

제외

마이너스 기호(-)를 사용하면 원치 않는 항목을 제외시킬 수 있다. 예를 들어 일반 크기의 토글스위치를 찾고 싶다면 다음과 같이 입력할 수 있다.

"toggle switch" dpdt 1a amazon -miniature

("토글스위치" dpdt 1a amazon -소형)

마이너스 기호 역시 아마존의 검색에서는 지원하지 않는 문법이라는 점에 주의하자.

대안

AND와 OR 논리 연산자를 잊지 말자. 단극쌍투(SPDT) 스위치와 쌍극쌍투(DPDT) 스위치의 작동이 비슷할 것 같으면 다음과 같이 입력할 수 있다.

"toggle switch" dpdt OR spdt 1a -miniature

("토글스위치" dpdt OR spdt 1a -소형)

그렇지만 이 경우에도 약간의 문제가 생길 수 있다. 전자 분야에서 이름을 붙이는 관행이 일관적이지 않을 수 있기 때문이다. DPDT 스위치를 2P2T 스위치라고 하는 사람도 있고 SPDT 스위치를 1P2T라고 하는 사람도 있다. 이러한 대안을 모두 포함시키려면 OR를 아주 많이 사용해야 한다.

너무 많은 검색어?

개인적으로는 검색어를 신중하고 자세하게 구성해서 검색하면 부차적인 검색 결과를 제거함으로써 시간을 아낄 수 있다고 생각한다. 그러나 검색어를 정성껏 골라 입력하는 수고를 원치 않는다면 다른 방법도 있다. 하나는 구글 검색 결과 위쪽의 '전체(All)' 메뉴 옆에 위치한 '이미지(Image)'를 클릭해보는 것이다. 구글 이미지 검색은 가능한 모든 종류의 스위치를 이미지로 보여주며, 우리의 뇌는 이미지를 더 빨리 인식할 수 있기 때문에 스크롤을 내리면서 많은 사진을 보는 편이 스크롤을 내리면서 많은 문자를 읽는 것보다 효율적일 수 있다.

그렇지 않으면 구글 검색 결과 위에 표시되는 '쇼핑(Shopping)'을 클릭하면 수십, 또는 수백 곳의 업체가 판매하는 제품을 가격순으로 볼 수 있다. 그렇지만 일부 판매업체는 포함되지 않을 수 있다.

판매업체의 분류

또 다른 방법은 판매업체의 홈페이지에 가서 그곳의 분류 시스템을 이용하는 것이다. Mouser, Digikey, Newark 같은 사이트에서 '스위치'를 검색하면 여러 유형의 스위치를 보여준다. 원하는 유형을 클릭하면 항목을 추가로 선택할 수 있어 한 번에 한 단계씩 검색 결과를 좁혀나갈 수 있다.

궁극적으로 Mouser나 다른 대형 판매업체 사이트에는 전압이나 전류 같은 특성을 나열한 작은 창을 사용하는 경우가 많다. 이를 사용하는 검색은 목록을 지능적으로 관리하지 않기 때문에 진이 빠질 수도 있다. 예를 들어 어떤 스위치의 정격전류가 0.5A라고 하면 0.5A 미만으로 분류하는 곳도 있지만 500mA만 별도로 분류하는 곳도 있다. 같은 값을 두고도 어떤 데이터시트는 암페어를, 다른 데이터시트는 밀리암페어를 단위로 사용하는데 판매업체의 목록을 만드는 사람들은 데이터시트의 이런 사양 표시 방법을 그냥 베끼는 듯하다.

그럼 어떻게 해야 할까? 컨트롤 키를 누르고 클릭(맥에서는 커맨드 키를 누르고 클릭)해보자. 컨트롤 키(또는 커맨드 키)를 누른 상태에서 클릭을 해서 추가하면 0.5A 스위치 '그리고' 500mA 스위치 '그리고' 기타 적절한 스위치를 모두 선택할 수 있다. 이때 정격전류 값이 높은 제품은 낮은 전류에서 잘 동작하기 때문에 1A 스위치도 적절한 스위치에 포함될 수 있다.

무엇을 먼저 클릭할까?

판매업체의 사이트에서 분류된 항목을 사용할 때 정말로 꼭 필요한 특성을 먼저 선택하는 편이 유용하다. 예를 들어 논리 칩을 구매하려고 할 때, 소형 표면 부착형 제품은 절대 구매하지 않을 거라면 제일 먼저 패키지부터 스루홀로 선택한다. 그러나 'DIP' 패키지(2열 핀이라는 뜻)와 'PDIP'(플라스틱 DIP)와 '스루홀' 유형은 거의 같은 유형의 제품에 사용된다는 점에 주의하자. 반대로 S로 시작하는 칩의 유형은 거의 언제나 우리가 원치 않는 표면 부착형이다. 특히 SMT는 표면 부착형을 의미한다.

실제 검색

내가 이 책에서 사용한 부품을 찾기 위한 실제 검색 과정을 예로 들어보겠다. 나는 어떤 식으로 동작하는 부품을 구매하고 싶은지 알았지만 정확한 부품 번호는 몰랐다.

나는 '좋은 주사위' 회로(269페이지 '실험 23: 플리핑과 바운싱' 참조)에서 사용할 3비트 출력 카운터를 사고 싶었다. 그래서 Mouser 사이트에 가서 우선 다음과 같이 검색했다.

counter (카운터)

내가 검색어를 입력하는 동안 Mouser의 자동완성 기능은 다음 검색어를 제시했다.

counter ICs (카운터 IC)

IC는 집적회로이고 칩과 같은 의미다. 그래서 자동완성된 검색어를 클릭했더니 결과창이 뜨면서 검색 결과가 821건이라고 표시되었다. 화면을 거의 스크롤하지 않아도 제조업체, 계수기 타입, 로직 제품군[1] 같은 여러 조건으로 검색 범위를 좁힐 수 있다는 것을 알 수 있다. 다음에는 뭘 해야 할까?

창을 수평으로 스크롤해서 부착 스타일을 선택할 수 있었다. 유형은 SMD/SMT(표면 부착형 칩)와 스루홀(브레드보드에 끼우는 유형. 확대경이 필요 없다) 두 가지뿐이다. 나는 Through Hole(스루홀) 유형을 클릭한 뒤 필터 적용 버튼을 눌렀다. 그랬더니 검색 결과가 177건이라고 표시됐다.

이 책의 모든 논리 칩은 7400 패밀리의 HC 유형이기 때문에 로직 제품군 창으로 가서 74HC를 클릭했다. 그렇지만, 너무 서두르지는 말자! Mouser에서 같은 유형을 종종 다른 이름으로 등록해둔다는 사실을 알고 있기 때문에 다른 선택 사항도 확인했다. 당연하게도 74HC와 별도로 HC도 목록에 있었다. 나는 두 검색어를 모두 선택하기 위해 컨트롤 키를 누르고 HC를 클릭했다.

이제 선택할 제품이 52개로 줄었다. 다음으로는 이진 출력을 원했기 때문에 계수기 타입으로 가서 Binary(이진)를 선택했다. 이제 검색 결과가 33개로 줄었다.

그중에 3비트 칩은 없었지만 4비트 칩을 사용하고 최고 비트는 무시할 수 있다. 비트 수에서 4와 4bit(비트) 두 가지가 보였다. 나는 컨트롤 키를 누르고 두 가지 모두 선택했다.

계수 순서는 Up(증가)과 Up/Down(증가/감소)이 있었다. 숫자가 증가하기만 하면 되기 때문에 계수 순서에서 Up(증가)을 클릭했다. 이제 검색 결과가 9개만 남았다! 결과를 찬찬히 살펴보자. 가장 흔하게 접할 수 있는 칩을 사용하고 싶었기 때문에 구매 가능 정보에서 재고 상태를 보고 결정했다. 텍사스 인스트루먼트의 SN-

---

[1] 이는 Mouser의 한국어 페이지를 기준으로 실제 검색한 결과이다. 이 책에서는 계수기 대신 카운터라는 용어를 사용했지만 의미하는 바는 같다.

74HC393N은 재고 수가 7,000 이상이었다.

데이터시트의 링크를 클릭해서 내가 원하는 제품이 맞는지 확인했다. 최대 연속 출력 전류가 ±25mA이고 공급 공칭전압(nominal supply)('공칭'은 '일반적으로 사용된다'는 뜻이다)이 5V인 14핀 칩이다. 됐다. 이 제품은 74HCxx 패밀리의 표준 논리 칩이었다. 사실 이 제품에는 4비트 카운터가 2개 포함되어 있었고 나는 하나면 충분했지만 그런 것에 불만을 가질 생각은 없었다. 거기다 사실 프로젝트의 범위를 확대한다면 칩의 두 번째 카운터도 사용할 수 있을 거라고 생각했다.

74HC393의 가격은 약 50센트였다. 6개 정도를 장바구니에 담는 게 낫다. 그래 봐야 3달러밖에 안 되기 때문에 적당히 작고 가벼운 다른 부품을 추가로 찾아볼 수도 있다. 상품을 일정 금액 이상 장바구니에 추가하면 배송료를 따로 물지 않아도 된다. 그러나 먼저 74HC393의 데이터시트를 인쇄해서 종이 파일 폴더에 넣어둔다.

검색 과정에서 클릭을 아주 많이 해야 한다는 사실을 알 수 있다. 그렇지만 내 경우 시간이 10분밖에 안 걸렸고 정확히 내가 원하는 제품을 찾을 수 있었다.

다른 방식으로 검색할 수도 있다. 원하는 칩이 74xx 패밀리임을 알고 있었기 때문에 다음의 URL을 사용할 수도 있다. 이 사이트는 참고하기 쉽도록 즐겨찾기에 보관해둔다.

www.wikipedia.org/wiki/List_of_7400_series_integrated_circuits

여기에는 지금까지 제조된 74xx 논리 칩이 모두 포함되어 있다. 이 페이지에서 컨트롤 키와 F 키를 함께 눌러 검색창을 열고 다음과 같이 입력한다.

4-bit binary counter(4비트 이진 카운터)

조금도 틀리지 않고 입력해야 한다. 그 말은 반드시 4 bit가 아닌 4-bit라고 입력해야 한다는 뜻이다. 검색 결과 13건 중에서 핀의 기능을 비교할 수 있다. 하나를 선택했다면 부품 번호를 복사해서 Mouser 같은 사이트의 검색창에 붙여 넣자. 바로 그 부품 구매 화면이 뜰 것이다.

문제가 하나 있다면 위키피디아 페이지는 칩이 구형인지 생산 중단 직전인지 인기가 있는지 등은 알려주지 않는다. 내 경우에는 웬만큼 오래 가는 책을 쓰고 싶기 때문에 가장 많이 사용되는 부품을 선택해야 했다. 이렇게 생각하는 편이 여러분의 입장에서도 좋다. 구형 칩으로 회로를 만들면 과거에 갇히기 때문이다.

다른 접근 방법을 사용할 수도 있었다. 구글에서 사람들이 카운터 칩에 대해 하는 이야기들과 추천을 검색할 수도 있다. 그러나 이미 검색의 기본은 습득했다. 원하는 것을 찾기 위해 부품 번호가 꼭 필요하지는 않다는 사실을 깨달았을 것이다.

eBay

나는 eBay에서 부품을 아주 많이 산다. 이 사이트에서는 물건을 싸게 살 수 있고, eBay를 통해 물건을 파는 대부분의 기업이 아주 빠르고 신뢰할 수 있기 때문이다. 시간과 문제를 최소화하기 위해서는 eBay에 특화된 검색 관련 기본 사항을 몇 가지 알아두어야 한다.

첫째, eBay 홈페이지의 'Search(검색)' 버튼 바로 오른쪽에 있는 'Advanced(다음)'를 서둘러 클릭하지 말자. eBay는 제조 국가(해외 공급업자를 피하고 싶다면 선택) 등의 특성을 명시할 수 있으며 Buy It Now(즉시 구매) 항목으로 검색을 한정할 수도 있다. 또한, 최저 가격을 명시할 수 있으므로 지나치게 싼 제품을 제외시켜서 쓸만한 제품을 구매할 때 사용하면 유용할 수 있다. 그런 뒤 실제 검색을 시작하기 전에 나는 보통 Price+Shipping: Lowest First(가격+배송비: 낮은 가격부터) 보여주기 방식을 선택해둔다.

일단 원하는 제품을 찾았다면 판매자 평가를 확인할 시간이다. 미국 내 판매자들의 경우 평가 수치가 99.8% 이상인 쪽이 좋다. 내 경우 판매자 평가가 99.9%인 제품은 아무런 문제도 생기지 않았지만 평가가 99.7%인 경우 서비스가 불만족스러운 때가 종종 있었다.

공급업체가 중국, 홍콩, 태국 같은 아시아 국가라면 평가를 보고 조조해할지도 모른다. 생각한 것만큼 빨리 물건을 배송해주지 않으면 수많은 구매자들이 악성 댓글을 달기 때문이다. 해외 판매자들은 소형 택배의 배송에 10~14일이 소요된다고 고지하고 있지만 구매자는 어쨌거나 불평을 늘어놓으며, 이 때문에 판매자 평가가 낮아진다. 내 경험에 비춰보면 실제로 해외 공급업체에서 주문한 용품은 모두 무사히 배송되었고, 언제나 내가 원하던 바로 그 제품이었다. 그냥 인내심을 조금 가지도록 하자.

eBay에서 원하는 물건을 찾으면 즉시 구매하기보다 Add to Cart(카트 보관) 버튼을 클릭할 수도 있다. 같은 판매자가 판매하는 용품을 추가로 찾아볼 수 있으며, 한 번에 모아 배송시키면 시간이 절약된다. 이렇게 하면 배송비도 아낄 수 있다.

Seller Information(판매자 정보) 창에서 Visit Store(상점 방문)를 클릭하거나, 판매자가 eBay에 상점을 개설하지 않았다면 Other Items(다른 항목)를 클릭한다. 그런 다음 해당 판매자의 제품 목록 내에서 추가로 제품을 검색할 수 있다. 카트에 가급적 원하는 부품을 많이 담았다면 이제 결제할 시간이다.

eBay를 통해서 찾는 대신 해외 공급업체와 직접 계약을 할 수도 있다. 나는 태국의 Tayda Electronics(내 목록에는 약어로 tay, 411페이지 '공급업체' 참조)에서 많이 구매한다.

Amazon

amazon.com이 부품을 사는 데 유용한 사이트라고 생각하지는 않지만 공구나 전선, 땜납 같은 물품을 사기에 좋은 곳일 수는 있다. 유일한 문제는 아마존이 가장 저렴한 물건을 제일 먼저 보여주려고 하지 않는다는 것이다. 검색할 때마다 계속해서 저렴한 가격을 선택해야 하고 제품이 다른 상점의 카테고리에 흩어져 있다면 그러한 결과를 순서대로 재정렬하는 기능은 없다. 최저가로 정렬하고 싶다 해도 eBay와 달리 Amazon은 배송비를 포함시켜 정렬해줄 정도로 똑똑하지 않다. 예를 들어, 펜치 가격이 4.95달러에 배송비가 6달러일 물건을 가격이 5.50달러에 배송비가 3달러인 것보다 더 저렴하다고 보여준다. 반면에 Amazon은 배송이 빠르고 한 번에 여러 개를 구입하면 알아서 한데 모아 배송해주기 때문에 구매 금액에 따라 무료 배송을 받을 수 있다.

자동완성 기능 끄기

마지막으로 구글과 관련해 도움이 될 정보를 하나 알려주겠다. 검색엔진은 기본적으로 문자를 입력하는 동안 연관 검색어를 보여준다. 나는 이런 자동완성 기능의 방해가 정말 짜증나면 이 기능을 껐다. 여러분도 끌 수 있다.

브라우저의 주소창에 다음의 URL을 쳐서 구글을 실행시킨다.

http://www.google.com/webhp?complete=0

이 주소를 즐겨찾기에 추가한 뒤 저장된 주소를 클릭하면 구글이 찾으려는 검색어를 더 이상 추천하지 않는다. 구글은 그냥 검색어 입력이 끝날 때까지 조용히 기다린다.

또한 위의 주소를 브라우저를 시작할 때마다 열리도록 기본 페이지로 사용할 수도 있다.

어려움을 무릅쓰고 검색할 가치가 있는가?

이 모든 검색 기법을 기억하고 싶지 않을지도 모른다. 좋다. 그래서 내가 Maker Shed와 협력해서 이 책에 사용할 수 있는 키트를 만든 것이다. 키트를 사면 원하는 부품이 모두 들어 있을 것이다. 검색할 필요가 없다.

그러나 이 책에 없는 프로젝트에 관심이 생긴다면 어떻게 해야 할까? 인터넷에서 회로를 하나 봤다고 해보자. 아니면 회로를 수정하거나 자기만의 회로를 설계하고 싶을 수도 있다. 그 시점에서 어차피 직접 부품을 사야 하고, 한 군데에서 모두 산다고 해도 검색 기법이 중요할 수 있다.

물품과 부품 구매 목록

사진과 일반 정보는 이 책 각 장의 시작에 수록했다. 1페이지 '1장에 필요한 항목', 51페이지 '2장에 필요한 항목', 121페이지 '3장에 필요한 항목', 173페이지 '4장에 필요한 항목'을 참고한다.

아래에서는 모든 부품과 물품의 목록을 확인할 수 있다. 그러나 이 두 단어를 좀 더 분명히 구별해두고 싶다.

물품은 땜납이나 전선 같은 항목으로 한 번 구매해서 모든 실험에 사용하기에 충분하다. 각 프로젝트에서 전선이 얼마나 필요한지를 고민하는 건 말이 안 된다.

부품은 프로젝트의 핵심이다. 이들 항목은 다시 사용할 수도 있지만 이전의 프로젝트에서 분리해야 사용할 수 있다. 예를 하나 들자면 브레드보드는 부품에 해당된다.

물품

다음의 물품이면 모든 실험에 사용하기에 충분하다. 이러한 물품을 구매할 수 있는 판매처 목록과 판매처 이름 대신 사용하는 약어는 411페이지 '공급업체'를 참조한다.

연결용 전선

22게이지, 단선 도선은 적어도 두 가지 색(빨간색, 파란색)이 필요하다. 가급적이면 두 가지 색(원하는 색으로)을 더 구입한다. 자동차용 전선도 사용할 수 있지만 단선이어야 한다. eBay나 구글에서는 다음과 같이 검색하면 된다.

solid wire 22 gauge OR awg

(22게이지 단선 전선 OR awg)

또는 elg와 jam 같은 할인 공급업체나 ada와 spk 같은 취미용품 공급업체의 사이트에서 확인해볼 수도 있다(AWG는 미국 전선 규격(American Wire Gauge)을 뜻하는 약어다).

양은 얼마나 사야 할까? 실험 26, 28, 29, 30, 31을 통해 인덕턴스의 세계를 탐험하려면 실제로는 약 60m의 전선이 필요하다. 색이 다른 전선도 코일을 감을 때는 일시적으로 연결해서 사용할 수 있다. 전선은 사용한 뒤에 다시 감아서 다른 곳에 다시 사용할 수도 있다.

인덕턴스 실험을 그냥 넘어간다면 원통에 감긴 약 8m 전선 묶음을 3개 사는 편이 좋다. 8m보다 짧은 전선을 찾을 수도 있지만 미터당 가격이 상당히 증가한다.

점퍼선

개인적으로는 기성품 점퍼선을 사용하지 않는 쪽이 좋지만 원한다면 한 상자로 충분하다. 그 외에도 상자에 든 점퍼선 중 가장 긴 전선보다 더 길게 연결해야 할 때를 대비해서 피복을 입히지 않은 연결용 전선이 약 8미터 필요하다. 기성품 점퍼선을 찾으려면 정확한 검색어를 사용해야 한다. 구글에 다음과 같이 입력하자.

jumper wire box (점퍼선 상자)

'상자'라는 단어가 원하는 것을 찾게 해줄 열쇠다. 이 단어를 입력하면 원치 않는, 양쪽 끝에 플러그가 달린 플러그 점퍼선은 자동적으로 검색에서 걸러진다. 플러그 점퍼선은 보통 묶음으로 팔지 상자로 팔지 않는다. 그게 썩 좋은 생각 같지는 않다.

연선

연선은 쉽게 휘어지는 전선이 필요한 경우를 위해 구매할 수도 있다. 원통에 감긴 약 8m 전선 묶음을 하나만 구매하면 충분히 사용할 수 있다.

땜납

땜납은 보통 무게 단위로 판매된다. 129페이지 '필수: 땜납'에서 납이 포함된 땜납의 장점과 단점을 참고한다. 어느 쪽이든 '수지 성분'이 포함된 '전기용 땜납'을 구입해야 한다. 두께는 0.5~1mm(0.02~0.04인치)면 된다. 한두 개의 프로젝트에만 납땜을 하려면 약 1m 길이로도 충분하며 eBay에 등록된 일부 판매업체들은 아주 소량으로도 판매한다. 아니면 elg, jam, ada, amz, spk에서도 확인해보자.

열 수축 튜브

필수는 아니지만 있으면 유용하게 쓸 수 있다. 서너 가지 (작은) 크기의 묶음이면 충분하다. 자동차용으로 사용되기 때문에 hom, har 같은 철물점에서 구입할 수 있으며, 취미용품 판매업체에서도 구매할 수 있다.

만능기판(비도금)

실험 14에서만 사용되지만 있으면 전선을 점대점으로 납땜해서 이 책의 모든 프로젝트를 계속 사용할 수 있는 형태로 만들 수 있다. 10×20cm 정도의 작은 기판이면 평균적인 프로젝트 3개를 수행하기에 충분하다. 대부분은 구리나 니켈 도금이 되어 있기 때문에 도금되지 않은 기판을 찾기 어려울 수 있다. 그러나 도금이 되어 있는 기판은 점대점 배선을 할 때 쇼트 회로가 될 위험이 높기 때문에 적합하지 않다. 다음과 같이 검색해보자.

perforated board bare -copper
(만능기판 도금 없음 -구리)

또한 'prototyping board(프로토타이핑 보드)'나 'protoboard(프로토보드)', 또는 'phenolic board(페놀폼 보드)'로 검색할 수도 있다. 비도금 기판은 영어로 'unplated' 대신 'unclad'로도 부른다. 이 책을 집필하던 당시에는 키스톤 일렉트로닉스(Keystone Electronics)에서 제조하는 아주 작고 저렴한 비도금 기판을 mou와 dgk에서 구입할 수 있었다. jam에서도 구매할 수 있다.

만능기판(도금)

이 유형의 기판은 실험 18의 최종 회로를 만드는 데 쓰지만 당연히 지속적으로 사용할 물건을 만드는 다른 프로젝트에도 활용할 수 있다. 편의를 위해 브레드보드의 내부 연결과 같은 패턴으로 구리 도금되어 있는 유형을 사용한다. 도금 패턴이 다른 경우가 많고 우리가 원하는 패턴에 일반적으로 통용되는 이름이 없기 때문에 검색이 어려울 수 있다.

버스보드(BusBoard)의 SB830에는 '납땜 가능한 브레드보드'를 사용하며 amz에서 판매하고 있다. ada에서는 '퍼마프로토(Perma-Proto)'라는 비슷한 이름의 보드를 찾을 수 있다. GC 일렉트로닉스(GC Electronics)의 22-508을 구매할 수도 있다. 이 제품은 jam에서 판매 중이다.

쉬마트보드(Schmartboard)의 201-0016-31(mou에서 판매)에는 브레드보드 외에 그와 일치하는 만능기판도 함께 들어 있다. 제조사의 설명에 따르면 회로를 만들고 점검하는 동안 만능기판을 브레드보드 위에 올려놓고 부품을 양쪽에 한꺼번에 끼우면 된다. 그런 다음 만능기판을 들어 올리면 부품이 제 위치에 놓여 있으니 바로 납땜하면 된다. 이 제품에 리드가 짧은 부품을 사용할 수 없다는 점은 아쉽다.

나사(볼트)

나일론 삽입제가 들어간 볼트와 너트는 철물점에서 구입할 수 있지만 만능기판을 프로젝트 상자에 부착하거나 그와 비슷한 작업을 하는 데 필요한 작은 크기 나사는 철물점에서 판매하지 않을 수도 있다. 1.2cm와 1cm 길이의 머리가 납작한 4번 크기 나사를 사면 좋다. 내가 이런 종류의 부품을 구매할 때 제일 선호하는 판매처는 McMaster-Carr다.

프로젝트 상자

가격에 따라 천차만별이다. ABS 플라스틱으로 만든 상자가 보통 제일 저렴하다. elg, jam 같은 할인 공급업체나 ada, spk 같은 취미용품 공급업체에서 구입할 수 있다.

부품

저항이나 커패시터 등의 부품 수량과 사양은 아래에 정리했다. 판매처 목록과 이름 대신 사용하는 약어는 411페이지 '공급업체'를 참조한다. 가장 규모가 큰 공급업체는 dgk, eby, mou, nwk다. elg, jam, spk에서 더 저렴한 부품을 구입할 수 있지만 선택할 수 있는 제품이 적으며 부품 가격이 싼 여러 판매처에서 부품을 구입해서 배송료를 여러 번 지불할 때와 부품 가격은 조금 더 비싸지만 한 곳에서 구입해서 배송료를 한 번만 지불할 때를 비교해보아야 한다.

저항

어떤 제조사 제품이라도 괜찮다. 리드 길이도 보통은 중요하지 않다. 이 책의 모든 프로젝트는 정격전력이 0.25W(가장 일반적)다. 10%의 오차는 허용 가능하며 20% 저항의 색깔 띠는 5%나 1% 저항의 색깔 띠보다 읽기가 쉽다. 그러나 원한다면 5%나 1% 저항을 구매할 수도 있다.

이 책의 각 실험에서 사용되는 저항의 전체 개수는 그림 6-1에 정리했지만 저항과 커패시터는 대량으로 저렴하게 구입할 수 있기 때문에 개별 실험에 맞춰서 정확한 수량대로 사는 것은 합리적이지 않다. 묶음으로 구매하면 돈과 시간을 아낄 수 있다.

- 이 책의 '모든' 프로젝트에 사용하기에 충분한 저항(약간의 여분 포함)을 사려면 47Ω, 100Ω, 150Ω, 330Ω, 680Ω, 1K, 2.2K, 4.7K, 6.8K, 10K, 47K, 100K, 220K, 330K, 470K, 1M 저항을 적어도 각각 10개씩 구매해야 한다. 또, 470Ω은 20개 구입하자. 그러니 묶음으로 판매하는 저항을 사는 편이 제일 좋다. 내가 명시한 수량은 간단한 실험에서 사용한 저항을 다시 사용한다는 전제하에 계산한 것이다.

저항	장 번호					합계
	01	02	03	04	05	
47Ω				2	1	3
100Ω				6		6
150Ω				6		6
220Ω				8		8
330Ω				3	8	11
470Ω	2	6	4	12		24
680Ω				10		10
1K	2	2	1	4		9
2.2K	1			5		6
4.7K		4	2			6
6.8K					1	1
10K		1	1	41	4	47
47K				1		1
100K		2	1	4		7
220K		2				2
330K				1		1
470K		4	2			6
1M		1		4		5

그림 6-1 이 책 각 장의 실험에 사용된 저항의 개수.

커패시터

커패시터도 앞의 저항에서 정리한 판매처에서 검색해보자. 제조사는 어디든 상관없다. 두 리드가 양쪽이 아닌 모두 같은 방향으로 나와 있는 래디얼 리드(radial lead) 쪽이 좋다. 공급 전압이 최대 12VDC일 때의 권장 동작 전압은 최소 16VDC다. 동작 전압이 더 높은 커패시터를 사용할 수도 있지만 그런 부품은 크기도 훨씬 크다. 이 책에서 온도나 임피던스(impedance)는 그다지 중요하지 않다.

세라믹 커패시터는 수십 년간 사용할 수 있는 반면 전해 커패시터의 수명에 대해서는 의견이 분분하다. 큰 용량에는 전해 커패시터를 사용해야 한다. 세라믹 커패시터는 엄두도 못 낼 정도로 비싸다. 개인적으로는 10μF 미만은 세라믹 커패시터를, 10μF 이상은 전해 커패시터를 사용하지만 1μF 이상에 전해 커패시터를 사용하면 비용을 줄일 수 있다.

이 책의 각 장에 필요한 커패시터의 정확한 수는 그림 6-2에서 확인할 수 있다.

- 이 책의 '모든' 프로젝트에 사용하기에 충분한 커패시터(약간의 여분 포함)를 사려면 0.022μF, 0.047μF, 0.33μF, 1μF, 2.2μF, 3.3μF, 100μF, 220μF를 적어도 각각 5개씩은 구매해야 한다. 또, 0.01μF, 0.1μF, 10μF는 최소 10개씩은 구매하자. 15μF, 22μF, 68μF, 1,000μF 커패시터는 각각 2개씩만 있으면 된다. 내가 명시한 수량은 간단한 실험에서 사용한 커패시터를 다시 사용한다는 전제하에 계산한 것이다.

기타 부품

저항과 저항 이외의 부품에 대해서는 그림 6-3에 1, 2, 3장의 프로젝트에 필요한 최소 수량을 나타냈다. 이 수량은 각 실험이 끝나고 다음 실험에서 부품을 재활용한다고 가정해서 계산한 것이다. 4장에 필요한 부품은 책의 앞부분에서 사용한 부품에 추가되는 항목이다. 5장에 필요한 부품은 실험이 너무 다양해서 여기서는 다루지 않는다. 5장의 각 실험 시작 부분에 정리해둔 선택 부품 목록을 참고한다. 손상에 취약한 칩이나 트랜지스터를 태워버리지 않을까 걱정된다면 그림 6-3의 수량에 각각 1개씩 추가해 구매한다.

프로젝트 중에서 다음 프로젝트에 부품을 재활용하는 대신 계속 사용할 수 있는 형태로 남겨

커패시터	장 번호					합계
	01	02	03	04	05	
0.01μF		2		18	3	23
0.022μF				1		1
0.047μF				1		1
0.1μF		3		9		12
0.33μF		2		5		7
1μF		2		4	2	8
2.2μF					1	1
3.3μF		2	2	3		7
10μF		1		8	1	10
15μF				1		1
22μF				2		2
33μF		1				1
68μF				2		2
100μF		2		5	1	8
220μF		1	1		3	5
1,000μF		2			2	4

그림 6-2 이 책 각 장의 실험에 사용된 커패시터의 개수.

저항이나 커패시터 이외의 부품	1,2,3장에 필요한 항목	4장에 추가로 필요한 항목
LED(일반)	4	2
LED(저전력)	1	15
9V 전지	1	
9V 전지 커넥터	1	
1.5V 전지	2	
1.5V 전지 홀더	1	
브레드보드	1	
500K 반고정 가변저항	1	
100K 반고정 가변저항		1
20K 또는 25K 반고정 가변저항		1
2N2222 트랜지스터	6	
스피커(소형)	1	
토글스위치	2	
텍타일 스위치	2	6
SPDT 슬라이드 스위치		2
9VDC DPDT 릴레이	2	
AC-DC 어댑터	1	
1N4001 다이오드	1	
8 × 15cm 만능기판	1	
1A 퓨즈	2	
1K 가변저항	2	
레몬(또는 레몬주스)	2	
2.5cm 아연 도금된 브래킷	4	
1N4148 다이오드		3
555 TTL 유형 타이머		4
세븐 세그먼트 LED 표시장치		3
4026B 카운터		3
74HC00 2입력 NAND		1
74HC08 2입력 AND		1
LM7805 전압조정기		1
74HC32 2입력 OR		1
74HC02 2입력 NOR		1
74HC27 3입력 NOR		1
74HC393 카운터		1

그림 6-3 부품의 최소 수량. 부품은 각 실험이 끝나면 다음 실험에서 재활용한다고 가정한다. 4장에 필요한 항목은 1, 2, 3장에 필요한 항목에 추가된다.

두고 싶다면 어떻게 할까? 그런 경우라면 개별 실험에 해당하는 표를 참고해서 원하는 실험에 해당하는 부품 개수를 추가하면 된다.

부품을 검색하고 구매하는 데 필요한 정보는 아래에서도 제공한다.

약어로 표시된 공급업체의 이름이 명시된 목록은 411페이지 '공급업체'를 참고한다. 대부분의 전자부품은 모든 곳에서 구입할 수 있고, 저렴하게 구매하려면 eby, elg, jam, spk가, 모든 것을 한 번에 구매하려면 dgk, mou, nwk가 편리하다.

1장에 필요한 부품

그림 6-4는 1장에 필요한 부품을 저항과 커패시터를 제외하고 나타낸 것이다.

일반 LED

루멕스(Lumex)의 SLX-LX5093ID나 라이트온(Lite-On)의 LTL-10223W가 대표적이지만 일반 LED라면 제조사는 관계없다. 다루기는 5mm LED가 쉽지만 부품이 빽빽하게 꽂힌 브레드보드에서는 3mm LED가 끼우기 쉽다. 평상 순방향 전류(typical forward current)는 약 20mA, 평

1장에 필요한 부품	실험 1	실험 2	실험 3	실험 4	실험 5	합계
LED(일반)			1	2		3
LED(저전력)					1	1
9V 전지	1		1	1		3
1.5V 전지		2				2
1.5V 전지 홀더		1				1
1A 퓨즈		2				2
레몬(또는 레몬주스)					2	2
2.5cm 아연 도금된 브래킷					4	4
1K 가변저항				2		2
탈염수(1잔)					1	1

그림 6-4 이 책의 1장에서 사용되는 부품. 저항과 커패시터 제외.

상 순방향 전압(typical forward voltage)은 약 2VDC다(파란색과 흰색 LED는 조금 더 높은 전압이 필요하다). eBay 등에서 저렴하게 묶음 판매하는 LED가 있다면 일반 LED라고 생각하면 된다.

저전류 LED

저전류 LED는 순방향 전류가 3.5mA 이하여야 한다. 킹브라이트(Kingbright)의 WP710A10LID가 대표적이지만 제조사, 크기, 색은 중요하지 않다. 이러한 LED는 사실 모든 실험에서 사용할 수 있지만 일반 LED에 걸리는 최대 전류가 최소 6mA이기 때문에 저전류 LED로 교체하면 LED를 보호하기 위해 사용되는 직렬 저항의 값을 모두 2배로 높여주어야 한다.

전지

9V 전지는 일반적으로 사용되는 알카라인 건전지로 슈퍼마켓이나 편의점에서 구입할 수 있다. 9V 충전지를 대신 사용할 수 있다. 실험 2에서 사용되는 1.5V AA형 건전지는 반드시 알카라인 건전지여야 한다. 이 실험에서는 충전지를 사용하지 않도록 하자.

전지 커넥터와 홀더

1.5V 전지용 홀더 1개가 필요하며 그것으로 충분하다. 전지 홀더는 '건전지 홀더'나 '건전지 수용부(battery receiver)'라고도 한다. AA형 건전지 하나(2개, 3개, 4개가 아닌)만 들어가는 유형을 사도록 하자. 이글(Eagle)의 12BH311A-GR가 대표적이다.

커넥터를 이미 만든 회로에 그대로 남겨두고 싶을 수도 있으니 9V 전지용 커넥터는 최소 3개를 구입한다. 9V 커넥터는 '스냅식 커넥터(snap connector)'나 '건전지용 스냅 홀더(battery snap)'라고도 한다. 키스톤의 235 모델이나 자메코 릴리어프로(Jameco Reliapro)의 BC6-R이 대표적이다. 가장 저렴한 제품을 고르되 단자가 리드인 것으로 구매하자.

퓨즈

실험 2의 1A 퓨즈는 차량용을 선택하면 단자 면이 넓어서 악어 클립으로 집기 편하기 때문에 좋다. 자동차 부품 판매처라면 어디나 이런 유형의 퓨즈를 판매한다. 크기는 중요하지 않다. 아니면 전자부품 공급업체에서 가장 작은 2AG 크기의 원통형 퓨즈를 구입할 수도 있다. 정격전압이 초과되고 퓨즈가 끊길 때까지 시간이 걸리는 지연 퓨즈(delay-fuse)나 '슬로블로(slow-blow)형'이 아닌 패스트블로(fast-blow)형이어야 한다. 정격전압은 중요하지 않다. 리틀퓨즈(Littelfuse)의 0208003.MXP가 대표적이다.

가변저항

실험 4에 필요한 큰 크기의 1K 가변저항은 반지름이 2.5cm인 제품이 적당하지만 절반 정도의 크기여도 괜찮다. 정격전력, 정격전압, 오차, 축 유형, 축의 반지름, 축의 길이는 중요하지 않다. 선택해야 하는 가변저항은 선형 테이퍼 유형의 패널 부착형(panel mounting)이고 손잡이를 한 바퀴만 돌릴 수 있으며 납땜할 수 있는 단자가 있어야 한다. 2개 구입하자. 알파(Alpha)의 RV24AF-10-15R1-B1K-3와 번스(Bourns)의 PDB181-E420K-102B가 대표적이다.

주스와 브래킷

실험 5에서 플라스틱 통에 든 레몬 주스를 사용한다면 당분이 들어 있지 않은 100% 농축액인지 확인하자. 주스 대신 식초를 사용할 수도 있다.

실험 5에서 사용하는 2.5cm 브래킷은 아연 도금이 된 것이어야 한다. 도관과 파이프를 고정할 때 사용하는 파이프 받침띠(pipe strap)나 고정용 걸이(hanger strap)를 브래킷 대신 사용할 수 있다. 어느 철물점에서나 저렴하게 구매할 수 있다.

탈염수

탈염수는 증류수라고도 한다. 동네 슈퍼마켓에서도 판매하지만 '용천수'가 아닌 '정제수'인지 확인하자. 미네랄 함량이 0이어야 한다.

2장에 필요한 부품

그림 6-5는 2장에 필요한 부품을 저항과 커패시터를 제외하고 나타낸 것이다.

브레드보드

브레드보드는 회로에서 분리할 수 없기 때문에 여기서는 부품으로 분류한다. 분리는 고사하고 브레드보드 없이는 회로가 성립할 수 없다. 브레드보드에 남겨놓고 싶은 회로가 몇 개이고 분리

2장에 필요한 부품	실험						합계
	6	7	8	9	10	11	
LED(일반)	1		2	1	1	1	6
9V 전지	1	1	1	1	1	1	6
9V 전지 커넥터			1	1	1	1	4
브레드보드			1	1	1	1	4
500K 반고정 가변저항					1		1
2N2222 트랜지스터					1	6	7
스피커(소형)						1	1
SPDT 토글 스위치	2						2
텍타일 스위치		1	1	2			4
9VDC DPDT 릴레이		2	1				3

그림 6-5 이 책의 2장에서 사용되는 부품. 저항과 커패시터 제외.

해서 브레드보드를 재사용할 수 있는 회로가 몇 개인지 결정해야 한다. 바람직한 브레드보드는 그림 2-10과 같이 양쪽에 각각 1열 버스가 있고 연결점이 700개인 제품이다. 구글이나 eBay에서 다음과 같이 검색한다.

solderless breadboard 700 (무땜납 브레드보드 700)

그러나 2열 버스를 구입한 뒤 추가 열은 무시할 수도 있다.

반고정 가변저항

권장하는 반고정 가변저항은 그림 2-22의 왼쪽과 오른쪽의 유형이며 다른 유형에 대한 설명은 해당 사진 아래에 있다. 정격전력은 중요하지 않다. 핀 간격이 0.1인치(2.54mm 또는 2.5mm)이며 저항 조정 나사를 한 바퀴 돌릴 수 있는 유형이 가장 선호된다. 비쉐이(Vishay)의 T73YP-504KT20은 저렴한 500K 반고정 저항이다.

트랜지스터

2N2222 트랜지스터를 구매하기 전에 61페이지의 '필수: 트랜지스터'에서 중요한 주의 사항을 확인한다.

토글스위치

패널 부착형이어야 하며 핀이나 납땜용 단자도 사용할 수 있지만 이왕이면 나사 단자가 있는 쪽이 좋다. SPDT나 DPDT 유형을 구매하자. 정격전압과 정격전류는 이 책의 실험에서는 중요하지 않다. 대표적인 제품으로는 NKK의 S302T가 있지만 eBay에서 더 저렴한 스위치를 구매할 수도 있다.

텍타일 스위치

그림 2-19의 텍타일 스위치 유형을 강력히 추천한다. 핀 간격이 0.2인치라서 브레드보드에 끼우기 좋다. 핀이 4개이거나 리드가 있는 더 일반적인 텍타일 스위치 유형은 피하자. 알프스(Alps)의 SKRGAFD-010을 사면 좋다(현재 Mouser에서 판매). 파나소닉(Panasonic)의 EVQ-11 시리즈 같이 핀 간격이 0.2인치이고 핀이 2개인 텍타일 스위치로 대체할 수 있다.

릴레이

9VDC, DPDT 릴레이의 추천 유형에 대한 정보는 60페이지 '필수: 릴레이'를 참고하자. 오므론의 G5V-2-H1-DC9, 액시콤(Axicom)의 V23105-A5006-A201, 후지쓰(Fujitsu)의 RY-9W-K 모두 테스트를 통해 적합성을 인정받았다.

3장에 필요한 부품

그림 6-6은 3장에 필요한 부품을 저항과 커패시터를 제외하고 나타낸 것이다.

3장의 프로젝트에 사용되는 부품 중 다수는 이미 1장과 2장에서 설명했다.

3장에 필요한 부품	실험			합계
	13	14	15	
LED(일반)	2	1	1	4
9V 전원	1	1	1	3
브레드보드			1	1
2N2222 트랜지스터		3	1	4
1N4001 다이오드			1	1
9VDC DPDT 릴레이			1	1

그림 6-6 이 책의 3장에서 사용되는 부품. 저항과 커패시터 제외.

AC 어댑터

AC 어댑터의 출력은 반드시 9VDC여야 한다. 다른 전압을 추가로 출력할 수도 있다. 선택 사항에 대한 설명은 121페이지 '필수: 전원 공급 장치'를 참고한다. 최소 출력은 500mA(0.5A) DC여야 한다.

여러 전압값을 출력하는 어댑터를 원한다면 검색하기가 조금 까다로울 수 있다. 'ac 어댑터'로 검색하면 수백 또는 수천 가지의 단일 전압 장치가 검색되기 때문이다. eBay 같은 판매처에서 구매하려면 다음과 같이 검색한다.

ac adapter 6v 9v(ac 어댑터 6v 9v)

이렇게 하면 여러 전압값을 출력하는 저렴한 어댑터가 몇 가지 검색된다. 사진을 보고 다양한 전압을 선택할 수 있는 작은 스위치가 있는지 확인한다.

다이오드

1N4001 스위칭 다이오드는 저렴하고 많이 사용된다. 1N4148 신호 다이오드와 같은 개수로 8개나 10개를 동시에 구매한다.

헤더

이런 소형 플러그와 소켓은 선택 항목이다. 대표적인 제품으로는 밀맥스(Mill-Max)의 부품 번호 800-10-064-10001000과 801-93-050-10-001000, 또는 3M의 부품 번호 929974-01-36RK와 929834-01-36-RK가 있다.

4장에 필요한 부품

그림 6-7은 4장에 필요한 부품을 저항과 커패시터를 제외하고 나타낸 것이다.

슬라이드 스위치

추천하는 슬라이드 스위치는 그림 4-5와 같은 핀 3개에 핀 간격이 0.1인치인 SPDT 스위치다. 이 스위치(E-switch)의 EG1218을 추천한다. 다른 슬라이드 스위치를 구입한다면 단자는 브레드보드에 끼울 수 있는 납땜용 핀이어야 한다. 대표적인 제품이 NKK의 CS12ANW03으로 eBay에서 다음과 같이 검색하면 찾을 수 있다.

slide switch breadboard (슬라이드 스위치 브레드보드)

정말로 저렴한 제품들을 찾을 수 있다. 접점의 도금 여부, 정격전압, 정격전류는 이 책의 프로젝트에서 중요하지 않다.

집적회로

칩에 대한 설명은 174페이지 '기초지식: 칩 선택하기'를 참고한다. 필요한 모든 칩이 그림 6-7에 정리되어 있지만(실험 29에서 555 타이머가 하나 더 필요한데 여기에는 빠졌다) 유형마다 칩을 하나 더 구매하는 것도 좋은 생각이다. 칩은 정확하지 않은 전압, 역극성, 과부하 출력, 정전압에 의해 손상되기 쉽다.

제조사는 중요하지 않다. 칩의 '패키지'는 물리적인 크기를 말하며 이 특성은 주문할 때 신경써서 확인해야 한다. 모든 논리 칩은 DIP 패키지

4장에 필요한 부품	실험 16	17	18	19	20	21	22	23	24	합계
LED(일반)	1	4	3	2		1	2		1	14
LED(저전력)					2	1	1	3	15	22
9V 전원	1	1	1	1	1	1	1	1	1	9
브레드보드	1	1	1	1	1	1	1	1	1	9
20K 또는 25K 반고정 가변저항	1			1						2
100K 반고정 가변저항		1								1
500K 반고정 가변저항	1									1
텍타일 스위치	2	1	1	3	2	8	2		1	20
SPDT 슬라이드 스위치			2		1		2	2	2	9
1N4001 다이오드			1		1					2
1N4148 다이오드		1			3					4
555 TTL 유형 타이머	1	4	4	3		1	2		1	16
스피커(소형)		1	1							2
세븐 세그먼트 LED 표시장치				3						3
4026B 카운터				3						3
74HC00 2입력 NAND						1		1		2
74HC08 2입력 AND						1	1		1	3
LM7805 전압조정기						1	1	1	1	5 (1)?
9VDC DPDT 릴레이				1						1
2N2222 트랜지스터			2		1					3
74HC32 2입력 OR							1		1	2
74HC02 2입력 NOR								1		1
74HC27 3입력 NOR									1	1
74HC393 카운터									1	1

그림 6-7 이 책의 4장에서 사용되는 부품. 저항과 커패시터 제외.

(모든 핀이 0.1인치 간격으로 2열로 나열된 2열 패키지)여야 한다. DIP는 PDIP(플라스틱 2열 패키지) 또는 '스루홀'이라고도 한다. DIP와 PDIP에는 DIP-14나 PDIP-16처럼 핀 개수가 따라붙기도 한다. 이 수는 무시할 수 있다.

표면 부착형 칩은 SOT나 SSOP처럼 S가 앞에 붙는다. 'S' 유형 패키지의 칩은 사지 않는다.

이 책에서는 74HC00, 74HC08 또는 그와 비슷한 식별자를 사용하는 HC(고속 CMOS) 칩 패밀리만을 사용한다. 이 부품 번호들에는 제조사가 추가하는 문자나 숫자가 앞뒤로 붙을 수 있다. 대표적인 예가 SN74HC00DBR(텍사스 인스트루먼트)와 MC74HC00ADG(온 세미컨덕터)다. 이러한 유형들은 기능 면에서 동일하다. 주의 깊게 살펴보면 각 등록 상표 번호에 포함된 일반 74HC00 번호를 찾을 수 있다.

74LS00 같은 구식 TTL 논리 칩은 호환성에 문제가 있다. 이 책의 프로젝트에는 사용을 권하지 않는다.

555 타이머

논리 칩과 달리 타이머의 CMOS 유형이 아닌 TTL 유형(바이폴라 유형이라고도 한다)이 필요하다. 여기 몇 가지 구매 지침이 있다.

TTL 유형(원하는 유형)은 데이터시트에 'TTL'이나 '바이폴라'라고 표시되는 경우가 많다. 최소 공급 전압은 4.5V 또는 5V, 대기 모드에서 전류 소모량은 최소 3mA이며 200mA의 전류를 끌어가거나 공급한다. 부품 번호는 LM555, NA555, NE555, SA555, SE555로 시작하는 제품이 많다. 가격을 기준으로 검색한다면 555 타이머의 TTL 유형이 제일 저렴하다.

CMOS 유형(원하는 유형 아님)은 데이터시트의 첫 페이지에 언제나 'CMOS'라고 표기된다. 대부분의 경우 최소 공급 전압이 2V이며 대기 모드에서 몇 마이크로암페어(밀리암페어가 아니다)의 전류를 소비한다. 100mA 이상의 전류를 끌어가거나 공급한다. 부품 번호에는 TLC555, ICM7555, ALD7555이 포함된다. 가격을 기준으로 검색하면 555 타이머의 CMOS 유형 중 가장 저렴한 제품이 TTL 유형 중 가장 저렴한 제품보다 약 2배 비싸다.

세븐 세그먼트 표시장치

실험 19에서 사용된 표시장치는 LED 장치여야 하며, 가급적 높이 약 1.4cm의 저전류 장치에 LED의 색은 빨간색으로 한다. 2V 순방향 전압과 5mA 순방향 전류에서 동작할 수 있다. 아바고(Avago)의 HDSP-513A나 라이트온의 LTS-5003AWC, 킹브라이트의 SC56-11EWA 등을 구입한다.

5장에 필요한 부품

그림 6-8은 5장에 필요한 부품을 저항과 커패시터를 제외하고 나타낸 것이다.

네오디뮴 자석

공급업체로 K&J 마그네틱스(K&J Magnetics) (http://www.kjmagnetics.com/neomaginfo.asp)를 추천한다. 이 사이트는 자석에 대한 아주 유

용한 입문서를 제공한다. 유럽이라면 http://www.supermagnete.de/가 인기 판매처다.

16게이지 전선

실험 31의 안테나 연결에만 필요하다. 가격이 너무 비싸다고 생각하면 22게이지 전선을 17m나 33m 정도 구입할 수도 있다. AM 라디오 방송국과 상대적으로 가까운 곳에 살고 있다면 그 정도로도 충분하다.

고임피던스 이어폰

실험 31에서만 필요하다. 사이토이 카탈로그(http://www.scitoyscatalog.com/)에서 판매한다.

Amazon에서도 구입할 수 있다. eBay에서는 다음과 같이 검색해보자.

crystal radio earphone (크리스털 라디오 이어폰)

eBay에서 이어폰 대신 크리스털 라디오 헤드폰을 검색하면 라디오 초기의 골동품 헤드폰이 나온다.

게르마늄 다이오드

위의 고임피던스 이어폰을 구입한 곳과 같은 곳에서 구입할 수 있다. dgk, mou, nwk에서도 판매한다.

아두이노 우노 보드

판매처에 대한 설명은 345페이지 '모조품에 주의해야 한다고?'를 참조한다.

서미스터

실험 33에 권장하는 서미스터는 비쉐이의 01-T-1002-FP다. 이 외에도 전선이 달린 정확도 1%나 5%의 10K NTC 유형 서미스터를 사용할 수도 있다.

5장에 필요한 부품	실험 25	26	27	28	29	30	31	32	33	34	합계
LED(일반)								1		7	8
LED(저전력)	1		2								3
9V 전원							1				2
브레드보드				1		1			1	1	4
종이 클립	1										1
1N4001 다이오드		1									1
네오디뮴 자석		1									1
저렴한 스피커				1							1
텍타일 스위치					1	1					2
슬라이드 스위치					4						4
10K 가변저항						1					1
1M 가변저항						1					1
TTL 유형 555 타이머						1					1
플라스틱 보관함						1					1
최소 10cm 스피커						1					1
LM386 증폭기 칩						1					1
2N2222 트랜지스터							1				1
16게이지 전선 약 15m							1				1
폴리프로필렌/나일론 끈 약 3m							1				1
고임피던스 이어폰							1				1
게르마늄 다이오드							1				1
아두이노 우노								1	1	1	3
A형-B형 USB 케이블								1	1	1	3
10K NTC 서미스터									1		1

그림 6-8 이 책의 5장에서 사용되는 부품. 저항과 커패시터 제외.

공구와 장비 구매하기

부품 목록은 400페이지 '부품'을, 물품의 목록은 397페이지 '물품'을 참고한다. 사진과 일반 정보는 각 장의 시작에 수록했다. 1페이지 '1장에 필요한 항목', 51페이지 '2장에 필요한 항목', 121페이지 '3장에 필요한 항목', 173페이지 '4장에 필요한 항목'을 참고한다. 4장과 5장에는 추가되는 공구가 없다.

제품은 생겼다가 사라지기 때문에 공구와 장비의 재고 번호와 제조사명은 명시하지 않는다. 각 장에 수록한 사양과 사진이면 구매에 충분한 도움이 될 것이다. amazon.com이나 ebay.com 같은 큰 사이트에서만 검색하면 원하는 제품을 한곳에서 꽤 빨리 구입할 수 있다.

비싼 공구의 경우 정밀도와 내구성이 훨씬 뛰어날 수 있지만 이 책의 목적에 맞게 사용하기 위해서라면 가장 저렴한 제품으로도 충분히 만족스러울 수 있다.

여기에서 알파벳 3개로 이루어진 판매처의 약어에 해당하는 홈페이지의 URL은 411페이지 '공급업체'를 참고한다.

1장에 필요한 공구와 장비

이 항목들의 사진과 설명은 '1장'을 참고한다.
별도로 명시하지 않으면 항목별로 각각 1개만 필요하다.

계측기

계측기의 특징에 대한 설명은 1페이지 '계측기(멀티미터)'를 참조한다. amz, eby, jam에서 판매한다.

테스트 리드

양끝이 약 2.5cm 길이의 악어 클립으로 끝나는 테스트 리드여야 한다. 악어 클립과 연결된 전선의 길이는 30~38cm다(이보다 길지 않다). 적어도 빨간색 3개, 검은색 3개가 필요하다. 다른 색상의 테스트 리드를 추가로 구매하면 유용하게 사용할 수 있다.

양끝에 플러그가 달린 테스트 리드 유형은 사용하지 않는다. 이런 테스트 리드를 '점퍼선'이라고도 한다. 양끝에 악어 클립이 달린 테스트 리드는 eBay 같은 사이트를 검색해보면 원하는 제품을 찾을 수 있다. 10개 구입한다. eby, jam, spk에서 구입할 수 있다.

보안경

amz, eby, har, hom, wal에서 판매한다. ANSI Z87 등급(이것을 검색어로 사용할 수 있다)을 받은 제품이 좋다. 색이 들어간 제품은 피한다.

2장에 필요한 공구와 장비

이 항목들의 사진과 설명은 '2장'을 참고한다.

롱노즈 펜치

끝에서부터 끝까지 13cm 정도의 길이이며 안쪽은 둥글지 않은 납작한 형태여야 한다. amz, eby, mcm, mic에서 판매한다.

니퍼

'사이드 커터(side cutter)'라고도 불리며 끝에서부터 끝까지의 길이가 약 13cm다. amz, eby, har, hom, nor, mcm에서 판매한다.

플러시 커터

선택 사항이다. amz, eby, har, hom, nor, mcm에서 판매한다.

와이어 스트리퍼

전선 게이지 번호별로 특정 크기의 구멍을 갖춘 유형이 필요하지만 가장 일반적인 범위(10게이지에서 20게이지)는 적합하지 않다.

22게이지용으로 특별 판매되는 와이어 스트리퍼를 구매해야 한다. 그러지 않으면 작업이 실제보다 더 어려울 수 있다. 인터넷에서 다음과 같이 검색한다.

wire strippers 20 30 (와이어 스트리퍼 20 30)

이렇게 검색하면 20, 22, 24, 26, 28, 30게이지 전선용 구멍이 있는 와이어 스트리퍼가 검색된다. 그렇지 않으면 amz, eby, elg, jam, spk를 확인한다.

3장에 필요한 공구와 장비

이 항목들의 사진과 설명은 '3장'을 참고한다.

저출력 납땜인두

정격출력이 15W이며 도금된 끝부분은 원뿔 모양으로 가늘어야 한다. amz, eby, jam, mcm에서 판매한다.

일반 납땜인두

정격출력이 30W나 40W여야 한다. amz, eby, har, hom, mcm, nor, srs에서 판매한다.

보조 도구

ada, amz, eby, jam, spk에서 판매한다. 작고 눈에 갖다 대고 볼 수 있는 확대경은 amz, eby, wal에서 판매한다. '돋보기'나 '루페(loupe)'로 등록되어 있을 수도 있다.

소형 갈고리

포모나(Pomona)의 6244-48-0을 amz, dgk, mou, nwk에서 판매한다. 더 저렴한 제품은 eby에서 구입할 수 있다. eby는 악어 클립이 달린 계측기 탐침을 구입할 때도 제일 먼저 살펴보아야 한다.

히트건

보통 범용 공구로 판매되기 때문에 철물점에서 구입할 수 있다. amz, har, hom, nor에서 판매한다. 소형 히트건은 eby에서 판매한다.

땜납 제거용 장비

다양한 제품을 amz, elg, jam, spk, eby에서 판매한다.

인두 스탠드

납땜인두를 판매하는 곳에서 구매할 수 있다.

소형 줄톱

내가 좋아하는 제품은 엑스-액토 날 15번이다. 그에 맞는 손잡이도 구매해야 한다. 타워 호비즈(Tower Hobbies), 호비링크(Hobbylinc), 아트시티(ArtCity) 등 인터넷 미술/공예 관련 판매자로부터 구입할 수 있다. 또한 더 큰 엑스-액토 톱날인 234번이나 239번을 구입하면 만능기판을 자를 때 사용할 수 있다.

디버링 도구

근처 철물점에 없다면 amz, eby, mcm, nor, srs와 전문 판매점에서 저렴하게 판매한다. 디버링 도구의 표준 날은 오른손잡이용으로 나오는 경우가 많다. 왼손잡이용 날은 제조하는 곳이 있기는 하지만 찾기가 힘들다. E300은 부드러운 금속과 대부분의 플라스틱에 사용된다는 의미다.

캘리퍼스

미쓰토요(Mitutoyo)의 캘리퍼스를 좋아하지만 이보다 더 저렴한 제품이 많이 있고 일상에서 사용하기에는 충분하다. 미쓰토요 홈페이지는 판매 중인 모든 제품을 보여주며, 구글에서 'mitu-toyo'를 입력해서 소매상을 찾을 수도 있다. 미터와 인치 변환이 가능한 디지털 화면이 있는 캘리퍼스를 선호하는 사람이 많다. 나는 전지가 필요 없는 캘리퍼스가 좋다.

순동 악어 클립

dgk, mou, nwk 같은 대형 전자부품 공급업체에서 저렴하게 대량으로 구입할 수 있다.

공급업체

각각의 공급업체 앞에 쓴 알파벳 3개로 이루어진 약어는 본문에서 적절한 공급업체를 추천할 때 사용한다.

- ada: Adafruit, www.adafruit.com
- all: All Electronics, www.allelectronics.com
- amz: Amazon, www.amazon.com
- dgk: Digi-Key, www.digikey.com/
- eby: eBay, www.ebay.com
- elg: Electronic Goldmine, www.goldmine-elec-products.com
- evl: Evil Mad Scientist, www.evilmadscientist.com
- har: Harbor Freight, www.harborfreight.com
- hom: Home Depot, www.homedepot.com
- ins: Instructables, www.instructables.com/
- jam: Jameco, www.jameco.com
- mcm: McMaster-Carr, www.mcmaster.com/#
- mic: Michaels crafts stores, www.michaels.com/
- mou: Mouser Electronics, www.mouser.com/
- nwk: Newark Electronics, www.newark.com/
- nor: Northern Tool, www.northerntool.com
- plx: Parallax, www.parallax.com/
- spk: Sparkfun, www.sparkfun.com/

- srs: Sears, www.sears.com/
- tay: Tayda Electronics, www.taydaelectronics.com

이들 사이트 중에는 사용 설명서와 기타 정보를 폭넓게 보유하고 있는 곳이 많다. 이들 사이트를 둘러보면 많은 것을 배울 수 있다.

찾아보기

숫자

1N4001 다이오드   133
1N4148 다이오드   133
2N2222 트랜지스터   22, 103
4026B 십진 카운터(→카운터 참조)   224, 227
555 타이머
    TTL과 CMOS 유형   191-192
    구매 안내   406
    기본 상식   178
    내부 기능   186, 195
    다이오드   196
    단안정   184, 229
    리셋 핀의 기능   183
    바이폴라 유형   192
    방전 핀의 기능   182
    보정   233
    비안정   182, 192, 324
    사양   191
    사이렌 소리   200
    소리 점검   194
    쌍안정   189, 228, 263
    역사   190
    응용 분야   188
    재활성화   182-183
    저항값   185
    점검 회로   193, 180
    제어 핀   184, 197
    조합   197
    주기의 불균형   196
    주파수   195, 197
    주파수 발생장치   320
    지연된 초기 반응   203
    카운터와 연결   227
    커패시터 값   185
    트리거 핀의 기능   181-182
    펄스 억제   187, 199
    펄스의 지속 시간   183, 195
    핀 배열   180
    핀 번호 붙이기   180
556 타이머   202
7402 4개의 2입력 NOR   244
7404 6입력 인버터 NOT   244
7410 3개의 3입력 NAND   244
7411 3개의 3입력 AND   244
7420 2개의 4입력 NAND   244
7421 2개의 4입력 AND   244
7427 3개의 3입력 NOR   244
7432 4개의 2입력 OR   244, 268
744002 2개의 4입력 NOR   244
744075 3개의 3입력 OR   244
747266 4개의 2입력 XNOR   244
7486 4개의 2입력 XOR   244
74HC00 4개의 2입력 NAND   238, 273
74HC08 4개의 2입력 AND   252
74HC393 이진 카운터   275
74xx 패밀리(→칩, 74xx 패밀리 참조)

A

AC 어댑터
    개조   142

구매 안내　405
기본 상식　121
범용 유형　122
한 가지 전압 유형　121
AND
　　7408 4개의 2입력　252
　　7411 3개의 3입력 AND　244
　　74HC08 4개의 2입력 AND　245
　　기호　238
　　증명　237
　　진리표　242

C, D, H, I, J
C 언어　285
CMOS 출력 전류　224
DIP(→칩, 2열 패키지 참조)
DPDT(→스위치, 구성 참조)
HC 세대(→칩, HC 참조)
IC 소켓(→칩, 소켓 참조)
IC(→칩 참조)
J. J. 톰슨　45

L
LED
　　LED 인디케이터　222
　　구매 안내　402
　　극성　23
　　기본 상식　7, 23
　　기호　68, 72
　　데이터 시트　35
　　문턱 전압　28
　　설치　155
　　순방향 전류　23
　　순방향 전압　23
　　스루홀 LED　222
　　열로 인한 손상　148
　　일반 LED　7
　　저전류 LED　7, 177
　　저전류 LED 구매 안내　403
　　점검 회로　23
　　직렬 저항　28, 35

표시 장치　222
LM 386 증폭기 칩　319, 339
LM7805 전압조정기　177, 236

N
NAND
　　7410 3개의 3입력 NAND　244
　　7420 2개의 4입력 NAND　244
　　74HC00 4개의 2입력 NAND　245
　　게이트　237
　　기호　242
　　스위치 디바운싱　271, 273
　　증명　236
　　진리표　240, 241
NOR
　　7402 4개의 2입력 NOR　244
　　7427 3개의 3입력 NOR　244
　　744002 2개의 4입력 NOR　245
　　기호　242
　　스위치 디바운싱　271
　　진리표　241

　　7404 6입력 인버터 NOT　244
　　기호　242
　　인버터　242

O
OR
　　3개 이상 입력　263
　　7432 4개의 2입력 OR　244
　　744075 3개의 3입력 OR　244
　　기호　242
　　진리표　242

P
P2N2222 트랜지스터　61
PDIP(→칩, 2열 패키지 참조)
PUT　116

R, S, W, X
RC 네트워크　93, 117, 184

SPDT(→스위치, 구성 참조)
SPST(→스위치, 구성 참조)
W. A. 더머   178
XNOR
    747266 4개의 2입력 XNOR   245
    기호   242
    진리표   243
XOR
    7486 4개의 2입력 XOR   245
    기호   242
    진리표   243

ㄱ

가변저항
    구매 안내   403
    기본 상식   6
    기호   72
    내부 부품   25
    반고정   61, 106
    와이퍼   26
    저항체   26
    점검 회로   26
건전지 쇼트 회로 만들기   14, 41
검색 기법   389
게르마늄   178, 337
게오르그 시몬 옴   10
경보기 시스템(→경보음 참조)
계측기(→멀티미터 참조)
고든 무어   179
공구
    구매 안내   408
    니퍼   52
    드라이버   51
    롱노즈 펜치   52
    와이어 스트리퍼   53
    주둥이가 뾰족한 롱노즈 펜치   52
    판매업자   389
    플러시 커터   53
공급업체   411
공통 아노드   223
공통 캐소드   223

관습적인 전류 흐름(→전류, 관습적 참조)
교류
    기본 상식   19
    기호   70
    커패시터와 연결   102
    코일을 통해 보내기   317-318
교류(→AC 참조)
구멍(→양의 전하)   43
구형파   325, 329
굴리엘모 마르코니   340
기판
    만능 기판   131, 153, 210
    만능 기판 구매 안내   400
    만능 기판 오류   212
    컷보드   131
끊길 때 동작하는 회로   163

ㄴ

나노패럿   87
나사   131
나사 구매 안내   399
나사형 연결 소켓   217
나이프 스위치(→스위치 참조)
납땜
    기법   134, 139, 142, 146, 211
    대안   138
    속설   136
    오류   136
    웨이브 솔더링   138
납땜인두
    권총형   124
    기본 상식   123
    스탠드   127
    웰러   124
    일반 LED   123, 133, 149
    저전력   123, 139, 149
    펜 타입   124
논리 게이트(→AND, NAND, OR, NOR, XOR, XNOR, NOT 참조)
    규칙   246
    전압   247

논리 기호   242
논리 칩(→칩 참조)
논리도
    NAND 실험   238
    자물쇠   249
    주사위 시뮬레이션   281-283
뉴턴   46
니퍼   52-53

ㄷ
다이오드
    1N4001   133
    1N4148   133
    555 타이머   195
    게르마늄   337
    게르마늄 구매 안내   408
    구매 안내   408
    기본 상식   133, 166
    기호   167
    논리 칩과 사용하기   254
    라디오   341
    보호   169
    아노드   167
    전압강하   167
    정류   166310
    캐소드   167
단투 스위치(→스위치, 구성 참조)
달링턴 어레이   224
더 좋은 주사위 아두이노 프로그램   377
데이터 시트, LED   34-35
도체의 정의   10
드라이버   51
디바운싱(→스위치, 바운스 참조)
디버깅 도구   128
땜납   123, 124, 127, 129
땜납 구매 안내   398
땜납 제거용 끈   127
땜납 흡입기   124, 126

ㄹ
라디오

AM   334, 338
    개선점   339
    안테나   336
    역사   340
    접지   337
    증폭기   339
    코일   335, 340-341
    크리스탈   334
래치   189
레몬 전지   41
로버트 노이스   178
로직 프루브   174
루페   125
리드 스위치(→스위치, 리드 참조)
리액턴스   316
리튬 충전지(→전지, 리튬 충전지 참조)
릴레이
    LED 점멸 장치   82
    경보기   163, 203
    구매 안내   405
    기본 상식   60
    기호   78
    내부 부품   76, 79
    데이터 시트   77
    동작 전류   79
    래칭   61, 77, 165
    릴레이 열어보기   78
    릴레이 오실레이터   80, 85
    벌레 소리 내는 회로   85
    세트 전압   80
    소신호 유형   78
    스위칭 용량   81
    용어   80
    유도성 부하   81
    자동 잠김   165
    자물쇠   252
    저항성 부하   81
    전압 요건   258
    점검 회로   75
    코일 전압   80
    코일의 극성   60, 75

트랜지스터와의 비교　111
　　　핀의 기능　77

ㅁ

마이크　313
마이크로암페어　17
마이크로컨트롤러
　　ATmega　344
　　선택할 수 있는 제품　385
　　역사　357
　　응용 분야　342
마이크로패럿　87
마이클 프라이데이　87
만능기판(→기판, 만능 참조)
멀티미터
　　BK
　　가장 저렴한 제품　2
　　괜찮은 제품　2
　　구매 옵션　2
　　기본 상식　3, 4, 8
　　목적　2
　　범위 조정　3
　　설정　8
　　소켓　9
　　연결 점검　4
　　익스테크　2
　　자동 범위 조정　3
　　전류 측정　30
　　제일 좋은 제품　3
　　추천　2
　　탐침　9
멀티미터의 범위 조정(→멀티미터, 범위 조정 참조)
멀티미터의 자동 범위 조정(→멀티미터, 자동 범위 조정 참조)
메가옴　10
메가와트　40
무납땜 브레드보드(→브레드보드 참조)
무작위성　288, 371
물　12
　　저항　12
물품 구매 목록　397

물품과 부품 구매 목록　397
미터법　10
　　기원　157
　　인치로 변환　155
밀리볼트　17
밀리암페어　17
밀리와트　40

ㅂ

바이어스　107
바퀴의 근사값　302-303
반고정 가변저항(→가변저항, 반고정 참조)
반도체　109
반송 주파수　341
반응시간 측정기
　　개선점　234
　　기본 상식　220
　　동작　230
　　보정　233
　　회로 오작동　231
　　희망 목록　227
발광 다이오드(→LED 참조)
배음　3325
버블　242
버튼 차단기
　　1단계　261
　　2단계　261
　　3단계　262
　　4단계　263
　　5단계　263
　　브레드보드에 연결　267
　　순서　264
　　회로도　264
번개　45
베이직 스탬프　385
벤 다이어그램　240
벤자민 프랭클린　44
변압기　303
변위전류　100
보안경　5
보조 도구　123, 124, 134, 145, 149

보호 다이오드   170
보호용 안경(→보안경 참조)
볼트   131
    변환 표   17
    어원   16
볼트 구매 안내   400
부논리   238
부동 핀   183, 220
불의 논리   241
브레드보드
    1열 버스   55
    2열 버스   55
    구매 안내   404
    기본 상식   54, 81
    내부 연결   83
    버스   55, 83
    부품 설명   81
    소형   55
    오류 찾기   89
비교기   186
비브라토   332
비통제 변수   3, 98

ㅅ

사운드 합성 장치   112
사인파   324
상자, 프로젝트용   131, 214
서미스터   360, 361
서미스터 구매 안내   408
서브우퍼   326
세라믹 커패시터(→커패시터, 세라믹 참조)
세븐 세그먼트 표시장치   177, 221, 222
세븐 세그먼트 표시장치 구매 안내   407
소리
    마이크   314
    사이렌   200
    소리와 전기   313
    왜곡   330
    주파수   196
    파동   313
    필터링 주파수   332

소수점   37
소형 갈고리   126
소형 줄톱   128
솔더윅   127
수납 상자   293
수지 성분   124
순방향 전류   23
순방향 전압   23
숫자 표시 장치(→세븐 세그먼트 LED 참조)
스위치
    가정용 조명   69
    구성   64
    극   64, 216
    기호   70
    나사 단자   59
    나이프   64
    납땜   216
    리드   162
    바운스   269
    스파크 예방   67
    슬라이드   177
    슬라이드 스위치 구매 안내   406
    연결 점검   67
    요약표   66
    일시적   66
    자기 센서   162, 177, 218
    잭나이프   68
    전화 시스템   68
    점검 회로   63
    텍타일   59
    텍타일 스위치 구매 안내   405
    텍타일 스위치 기호   72
    토글   59, 64
스위치의 극(→스위치, 극 참조)
스피커
    기본 상식   63
    수납 상자   319
    역사   312
    진공관에 설치   120
    코일로 유도   312
    해체하기   311

슬라이드 스위치(→스위치, 슬라이드 참조)
시그네틱스 190
시상수 94
쌍투 스위치(→스위치, 구성 참조)

ㅇ

아노드 167
아두이노
    IDE 344, 345
    random 함수 381
    setup 344
    개요 342
    깜빡임 테스트 351
    맥 설치 347
    무허가 복제 346
    설치 346
    스케치 352
    아날로그 입력 360
    언어 매뉴얼 369
    오류 377
    요약 355
    윈도우 문제해결 349
    의사코드 371
    자동 온도 조절 장치 시뮬레이션 프로그램 365
    장점과 단점 359
    정수 378
    주사위 시뮬레이션 프로그램 369, 376-377
    주석행 352
    클록 374
    프로토실드 363
아트멜 344, 346
악어 클립
    순동 130, 149, 150
    테스트 리드 6, 125-126
알레산드로 볼타 19-20
알렉산더 그레이엄 벨 311
암페어(→전류 참조)
    기본 상식 16, 17
    변환 표 17
    측정 29, 45

앙드레 마리 앙페르 16, 19
앰프(→암페어 참조)
에나멜선 328
에른스트 지맨스 312
에지에서 활성화되는 카운터 278
연결 점검 40, 66
연결용 전선(→전선 참조)
열 수축 튜브 130, 140, 143, 146, 147
열 수축 튜브 구매 안내 399
열 전달 140, 149-150
오디오 주파수 필터링 322
오류 찾기 xiii, 89, 213
오메가 기호 10
오실레이터, 트랜지스터 2개 사용 115
오탈자 등록 xiv
온라인 구매 389
옴
    변환 표 10
    어원 10
    유럽식 표기 10
    정의 10
옴의 법칙
    기본 상식 33
    단위 33
    적용 34, 35
와이어 래핑 138
와이어 스트리퍼 53
와트
    기본 상식 39, 47
    변환 표 40
    식 40
    전력 39
왜곡 329
우퍼 327
원자 구조 43
월터 브래튼 110
웨이퍼 175
윌리엄 쇼클리 110, 178
유도성 부하 317
음향(→소리 참조)
의사코드 371

이어폰   337
이어폰 구매 안내   408
이진 코드   277
이펙터   330
인덕턴스
    기본 상식   33
    코일로 유도   302-303
인버터(→NOT 참조)
인쇄 기판   152
인치
    미터로 변환   157
    소수점 변환   157
인터넷에서 참고 자료를 찾을 수 있는 곳   297

ㅈ

자기 센서(→스위치, 자기 센서 참조)
자기와 전기   300
자기장   316
자동차 배터리   14, 39
자물쇠
    개선점   258
    개요   247
    논리도   249
    브레드보드   249, 252
    설치   256
    점검   254
    컴퓨터 인터페이스   256
    회로도   249
자석
    구매 안내   407
    발전기   305
    전선   305
    주의   309
    커패시터 충전하기   310
자체유도   316
작업 공간 배치   292
작업대 구성   292
잭 킬비   178
잭 플러그   67
잼 형식 플립플롭   274
저자에게 연락하기   xiii

저항
    값 측정   21, 24
    구매 안내   400
    기본 상식   7
    기호   71
    보관함   20
    색깔 코드   21-22
    정격 출력   40
    표준 배율기   25
    풀다운 저항   183, 225
    풀업 저항   183
저항값
    기본 상식   16
    물   12
    병렬 연결   33
    전류와의 관계   16
    전선과 열   37
    직렬 연결   33
    피부   12
    혀   8
전기와 자기   301
전력
    공급 전력   121, 122, 155
    기본 요건   4
    기호   71
    자석과 코일로 발생   305
    콘센트   19
    파워 커넥터   132
전력 코드 길이 줄이기   144
전력, 와트   39
전류량(→전류 참조)
    간단한 회로에서의 전류량   31
    관습적   68
    기본 상식   16, 18
    변위전류   100
    위험   39
    저항과의 관계   16
    측정   29
    흐르는 방향   44
전선
    게이지   54, 56, 82

꾸러미 56
단선 56
두 전선 연결하기 142
색깔 코드 57, 73
연결용 56, 134
연결용 전선 구매 안내 398
연선 56, 58
연선 구매 안내 398
원통 56
자석 307
전선 게이지(→전선, 게이지 참조)
전선, 점퍼(→점퍼선 참조)
전압
   기본 상식 15, 16, 17, 45
   전압 강하 167
   전압조정기 122, 177, 235
전위차
   정의 29
   측정 29, 33
전자 12, 17, 39, 42-44
전자부품 백과사전 298
전자석 301-302
전지
   건전지 홀더 5
   구매 안내 402
   기본 상식 4
   기호 70
   내부 저항 39
   레몬 주스 42
   리튬 충전지 14, 39
   병렬연결 48
   브레드보드에 연결 83
   쇼트 회로 14, 15, 39
   어떻게 동작하나 12, 15
   이차전지 44
   일차전지 44
   자동차 배터리 14, 39
   전해액 15
   직렬연결 48
전지의 내부 저항 39
전해 커패시터(→커패시터, 전해 참조)

전해질 15
절연체의 정의 10
점대점 전선 연결 153
점퍼선
   기본 상식 57
   기성품 84
   기성품 점퍼선 구매 안내 398
   만드는 방법 82
   플러그가 달린 점퍼선 5, 57, 321
접지
   기호 70
   라디오 337-338
   자신을 접지하기 220
   전원 콘센트 19
정공 43
정논리 238
정수 378
정전기 방지 밴드(→팔목 밴드 참조)
정전기(→칩, 정전기로 인한 손상 참조)
정전용량 4
제임스 와트 41
제퍼디 쇼 260
조셉 헨리 302
조지 불 239
존 바딘 110
주기적으로 반짝이는 빛 프로젝트 151
주사위 시뮬레이션
   2개의 주사위 286
   개요 274
   논리도 282
   느려지는 효과 288
   무작위성 288
   회로도 284
주위 압력 324
줄(joule) 39
증폭기 칩 LM 386 319, 339
직류
   기본 상식 19
   플러그와 소켓 132
직류(→DC 참조)
진리표 240

집적회로(→칩 참조)
짜릿짜릿 전자회로 플러스   xiii, 109, 242, 274, 289,
        296, 339, 365, 386

ㅊ

찰스 E. 스크리브너   68
참고 도서   298
책 업데이트 소식을 받는 방법   xiii
책 오류 공지   xiii
책상용 스탠드   155
추천 도서   298
측정 단위   155
측정 단위   156
침입 경보기
    1부 작업   160
    경보 설정   207
    납땜   211
    마무리 작업   202
    브레드보드 배열   170
    사용   207
    설치   217-219
    완성된 회로   207
    희망 목록   160
칩
    2열 패키지   174
    4000 시리즈   243
    74xx 제품군   174
    HC   174
    LS 시리즈   244
    TTL과 CMOS   243
    구매 안내   407
    부품 번호   174
    소켓   176
    스루홀 칩   174
    역사   178, 243
    정전기로 인한 손상   220
    크기   180
    패키지   174
    표면 부착형   174, 175
    핀 번호 붙이기   180
칩의 부품 번호(→칩, 부품 번호 참조)

ㅋ

카운터
    4026B   224
    74HC393   275
    모듈러스   279
    십진   224, 275
    에지에서 활성화된다   278
    이진   275
    자리 올림   226
    초기화 핀의 기능   279
    코드화된 출력   224
    클록 꺼짐   226
    클록 입력   226
카운터의 모듈러스   279
캐소드   167
캘리퍼스   129
커넥터   132
커패시터
    AC 응용   103
    DC 차단   92
    RC 네트워크   92
    감전 위험   88
    값 측정   4
    구매 안내   401
    극성   86, 89
    기본 상식   61, 87
    기호   88
    변수   339
    변위전류   100
    세라믹   62, 87
    시상수   94
    오디오 주파수 필터링   322
    용량 결합   98, 118
    우회   118
    전해   62, 88
    점검 회로   91
    충전-방전   86, 92
    탄탈룸   89
    폴리에스테르   327
코일
    AM 라디오   334, 341

기호   303
발전   305
변압기   303
소리 필터링   322, 327
스피커   312
유도성 저항   316
인덕턴스   302
전압 스파이크   181
철심   303
커패시터와의 비교   316
탭   336
쿨롱
크로스오버 회로   327
클로드 섀넌   241
클록이 사용되는 플립플롭   274
클리핑   330
키패드 코드화   258
킬로볼트   17
킬로옴   10
킬로와트   40

ㅌ

타이머, 555(→555 타이머 참조)
테스트 리드   6, 125
텍사스 인스트루먼트   178
텍타일 스위치(→스위치, 텍타일 참조)
토글 구매 안내   405
토글스위치(→스위치, 토글 참조)
트랜지스터
    NPN 유형과 PNP 유형   105
    P2N2222   62, 103
    값 측정   4, 110
    기본 상식   61
    릴레이 비교   111
    베이스   105
    손가락 테스트   104
    손상   110
    역사   110
    요약   109
    원리   104, 107
    이미터   105

전류 증폭   107
접합형   105
컬렉터   105
트랜지스터의 베이스   105
트랜지스터의 이미터   104-105
트랜지스터의 컬렉터   105
트레몰로   332
트위터   327

ㅍ

파형   324, 325, 330
판매업자   389
    URL   411
    공구와 장비   390
    목록   400
    부품   389
팔목 밴드   220
패럿
    기본 상식   87-88
    변환 표   87-88
펜치(→공구 참조)
표시 장치, 숫자
    세븐 세그먼트 LED   177
푸시버튼(→스위치, 텍타일 참조)
    기호   72
    스위치   177
풀다운 저항(→저항, 풀다운 참조)
풀업 저항(→저항, 풀업 참조)
퓨즈
    구매 안내   403
    원통형 퓨즈   6, 8
    자동차용 퓨즈   6, 18
    적절한 유형   6
    퓨즈가 끊어지는 원리   18
프로그램
    아두이노 IDE 환경   352
    업로드   352, 355
    의사코드   371
    저장 공간   357
    컴파일   352-354
    코드   352

프로그램 가능한 단접합 트랜지스터(→PUT 참조)
프로젝트용 상자   131, 214
프로젝트용 상자 구매 안내   400
프로토타이핑 보드(→브레드보드 참조)
플러그와 소켓   132
플러시 커터   53
플립플롭   186, 189, 256, 263, 270, 274
피드백
    독자가 저자에게   xiv
    저자가 독자에게   xiii
피부 저항   12
피캑스(PICAXE)   358, 385
피코패럿   87
핀 배열
    4026B 카운터   224
    555 타이머   180
    7402 4개의 2입력 NOR   224
    7404 6입력 인버터 NOT   224
    7410 3개의 3입력 NAND   224
    7411 3개의 3입력 AND   224
    7420 2개의 4입력 NAND   224
    7421 2개의 4입력 AND   224
    7427 3개의 3입력 NOR   224
    7432 4개의 2입력 OR   224, 267
    744002 2개의 4입력 NOR   224
    744075 3개의 3입력 OR   224
    747266 4개의 2입력 XNOR   224
    7486 4개의 2입력 XOR   224
    74HC00 4개의 2입력 NAND   224
    74HC08 4개의 2입력 AND   224
    74HC393 이진 카운터   275
    LM386 amplifier chip   319
    LM7805 전압조정기   236
    세븐 세그먼트 표시장치   223

ㅎ

하인리히 헤르츠   194
학습 방법   xi
한스 카멘진트   190
합판   131

해리 디아몬드   332
해먼드 오르간   332-333
헤더 구매 안내   406
헤더핀   132
헤르츠   194
헨리(인덕턴스의 단위)   302
혀
    9V 전지를 사용한 실험   8
    저항값   11
확대경   125, 153
회로도
    기본 상식   68-72
    배치   72, 184
    색깔 코드   74
    전선의 교차   73
    핀 섞기   184
히스테리시스   365
히트 싱크   150
히트건   126, 141